中 国 国 家 标 准 汇 编

2009 年修订-32

中国标准出版社　编

中 国 标 准 出 版 社

北　京

图书在版编目（CIP）数据

中国国家标准汇编：2009年修订.32/中国标准出版社编.—北京：中国标准出版社，2010

ISBN 978-7-5066-6029-7

Ⅰ.①中… Ⅱ.①中… Ⅲ.①国家标准-汇编-中国-2009 Ⅳ.①T-652.1

中国版本图书馆CIP数据核字（2010）第166683号

中国标准出版社出版发行
北京复兴门外三里河北街16号
邮政编码：100045

网址 www.spc.net.cn
电话：68523946 68517548
中国标准出版社秦皇岛印刷厂印刷
各地新华书店经销

*

开本 880×1230 1/16 印张 39.25 字数 1 167 千字
2010年9月第一版 2010年9月第一次印刷

*

定价 220.00 元

出 版 说 明

1.《中国国家标准汇编》是一部大型综合性国家标准全集。自1983年起，按国家标准顺序号以精装本、平装本两种装帧形式陆续分册汇编出版。它在一定程度上反映了我国建国以来标准化事业发展的基本情况和主要成就，是各级标准化管理机构，工矿企事业单位，农林牧副渔系统，科研、设计、教学等部门必不可少的工具书。

2.《中国国家标准汇编》收入我国每年正式发布的全部国家标准，分为"制定"卷和"修订"卷两种编辑版本。

"制定"卷收入上一年度我国发布的、新制定的国家标准，顺延前年度标准编号分成若干分册，封面和书脊上注明"20××年制定"字样及分册号，分册号一直连续。各分册中的标准是按照标准编号顺序连续排列的，如有标准顺序号缺号的，除特殊情况注明外，暂为空号。

"修订"卷收入上一年度我国发布的、修订的国家标准，视篇幅分设若干分册，但与"制定"卷分册号无关联，仅在封面和书脊上注明"20××年修订-1，-2，-3，……"字样。"修订"卷各分册中的标准，仍按标准编号顺序排列(但不连续)；如有遗漏的，均在当年最后一分册中补齐。需提请读者注意的是，个别非顺延前年度标准编号的新制定的国家标准没有收入在"制定"卷中，而是收入在"修订"卷中。

读者配套购买《中国国家标准汇编》"制定"卷和"修订"卷则可收齐上一年度我国制定和修订的全部国家标准。

3. 由于读者需求的变化，自1996年起，《中国国家标准汇编》仅出版精装本。

4. 2009年我国制修订国家标准共3158项。本分册为"2009年修订-32"，收入新制修订的国家标准34项。

中国标准出版社
2010年8月

目　　录

ICS 91.100.30
Q 21

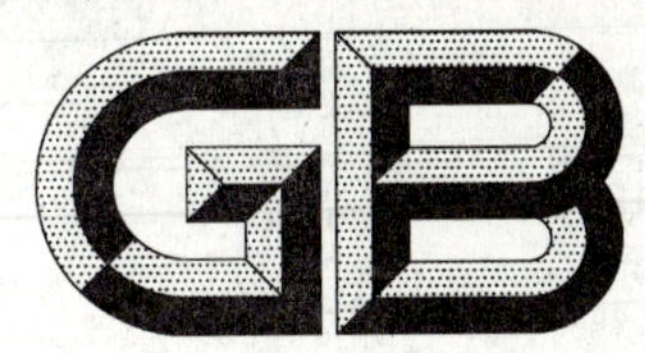

中华人民共和国国家标准

GB/T 18600—2009
代替 GB/T 18600—2001

天然板石

Natural slate

2009-03-25 发布　　2010-01-01 实施

中华人民共和国国家质量监督检验检疫总局
中国国家标准化管理委员会　发布

前　言

本标准与美国 ASTM C 629-03《板石标准规范》、ASTM C 406-05《瓦板标准规范》、ASTM C 120-05《板石弯曲强度试验方法(断裂模量、弹性模量)》、ASTM C 121-90(1999)《板石吸水率试验方法》、ASTM C 217-94《天然板石耐气候性试验方法》的一致性程度为非等效。

本标准代替 GB/T 18600—2001《天然板石》。

本标准与 GB/T 18600—2001 相比主要变化如下:

——删除了原标准中的第 3 章定义;

——修改了命名与标记(原标准 4.4;本标准 3.4);

——细分了理化性能的技术要求(原标准 5.5、5.6.1、5.6.2;本标准 4.1.5);

——增加了耐磨性性能指标和要求(本标准 4.1.5 表 7);

——增加了附录 E。

本标准的附录 A、附录 B、附录 C、附录 D 是规范性附录,附录 E 是资料性附录。

本标准由中国建筑材料联合会提出。

本标准由全国石材标准化技术委员会(SAC/TC460)归口。

本标准起草单位:中材人工晶体研究院(国家石材质量监督检验中心)、北京中材人工晶体有限公司。

本标准主要起草人:李永强、周俊兴。

本标准于 2001 年首次发布。

天 然 板 石

1 范围

本标准规定了天然板石的产品分类、技术要求、试验方法、检验规则、标志、包装、运输、贮存等。

本标准适用于建筑装饰用的天然板石，包括饰面板石和瓦板。其他用途的天然板石也可参照使用。

2 规范性引用文件

下列文件中的条款通过本标准的引用而成为本标准的条款。凡是注日期的引用文件，其随后所有的修改单(不包括勘误的内容)或修订版均不适用于本标准，然而，鼓励根据本标准达成协议的各方研究是否可使用这些文件的最新版本。凡是不注日期的引用文件，其最新版本适用于本标准。

GB/T 191 包装储运图示标志

GB/T 17670 天然石材统一编号

GB/T 19766—2005 天然大理石建筑板材

3 产品分类

3.1 按用途分为：

a) 饰面板(CS)：用于地面和墙面等装饰用途的板石；按弯曲强度分为 C_1、C_2、C_3、C_4 类。

b) 瓦板(RS)：用于房屋盖顶用途的板石；按吸水率分为 R_1、R_2、R_3 类。

3.2 按形状分为：

a) 普形板(NS)；

b) 异形板(IS)。

3.3 等级

按尺寸偏差、平整度公差、角度公差、外观质量、干湿稳定性分为一等品(A)、合格品(B)两个等级。

3.4 命名与标记

3.4.1 命名：采用 GB/T 17670 规定的名称或编号。

3.4.2 标记顺序为：名称、类别、规格尺寸、等级、标准编号。

3.4.3 标记示例：

用编号为 S1115 北京霞云岭青色板石加工的 300 mm×300 mm×15 mm 的 C_1 类一等品普形饰面板的示例如下：

标记：霞云岭青板石(S1115)CS C_1 NS 300×300×15 A GB/T 18600—2009

4 技术要求

4.1 普形板的技术要求

4.1.1 规格尺寸允许偏差

4.1.1.1 饰面板规格尺寸允许偏差见表1。

表 1

单位为毫米

项　目		技术指标	
		一等品	合格品
长、宽度	≤300	±1.0	±1.5
	>300	±2.0	±3.0
厚度(定厚板[a])		±2.0	±3.0

[a] 定厚板是指合同中对厚度有规定要求的板材。

4.1.1.2　瓦板规格尺寸允许偏差见表 2。

表 2

项　目		技术指标	
		一等品	合格品
长、宽度/mm	≤300 mm	±1.5	±2.0
	>300 mm	±2.0	±3.0
单块板材厚度/mm		±1.0	±1.5
100 块板材厚度变化率/%,≤	厚度≤5 mm	15	20
	厚度>5 mm	20	25

4.1.1.3　同一块板材的厚度允许极差为:饰面板(定厚板)3 mm;瓦板 1.5 mm。

4.1.2　平整度允许极限公差见表 3。

表 3

单位为毫米

项　目	技术指标		
	饰面板		瓦板
	一等品	合格品	
长度≤300	1.5	3.0	不超过长度的 0.5%
长度>300	2.0	4.0	

4.1.3　角度允许极限公差见表 4。

表 4

单位为毫米

项　目	技术指标			
	饰面板		瓦板	
	一等品	合格品	一等品	合格品
长度≤300	1.0	2.0	不超过长度的 0.5%	不超过长度的 1.0%
长度>300	1.5	3.0		

4.1.4　外观质量

4.1.4.1　同一批板材的色调应基本调和,花纹应基本一致。

4.1.4.2　板材表面不允许有疏松碎屑物及风化孔洞。

4.1.4.3　板材不允许有碳质夹杂物形成的线条。

4.1.4.4　饰面板正面的外观缺陷应符合表 5 的规定。

表 5

缺陷名称	规定内容	技术指标	
		一等品	合格品
缺角	沿板材边长，长度≤5 mm，宽度≤5 mm（长度≤2 mm，宽度≤2 mm 不计），每块板允许个数（个）	1	2
色斑	面积不超过 15 mm×15 mm（面积小于 5 mm×5 mm 的不计），每块板允许个数（个）	0	2
裂纹	贯穿其厚度方向的裂纹	不允许	
人工凿痕	劈分板石时产生的明显加工痕迹		
台阶高度	装饰面上阶梯部分的最大高度	≤3 mm	≤5 mm

4.1.4.5 瓦板正面的外观缺陷应符合表 6 的规定。

表 6

缺陷名称	规定内容	技术指标	
		一等品	合格品
缺角	沿板材边长，长度不大于边长的 8%（长度小于边长 3%的不计），允许缺角部位见图 1。每块板允许个数（个）	2	
白斑	面积不超过 15 mm×15mm（面积小于 5 mm×5 mm 的不计），每块板允许个数（个）	0	2
裂纹	可见裂纹和隐含裂纹	不允许	
人工凿痕	劈分板石时产生的明显加工痕迹		
台阶高度	装饰面上阶梯部分的最大高度	≤1 mm	≤2 mm
崩边	打边处理时产生的边缘损失	宽度≤15 mm	

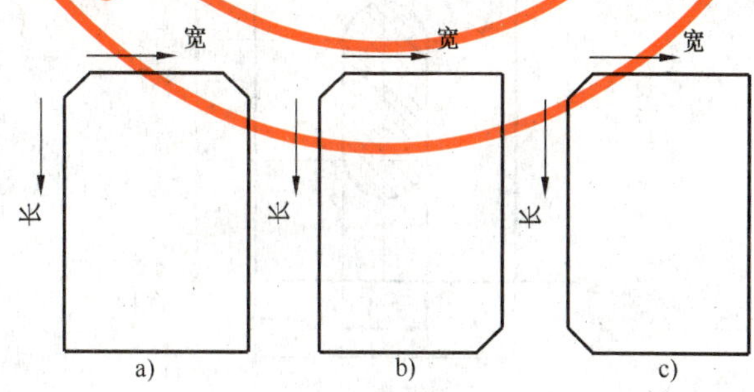

a)——可允许缺角类型；
b)、c)——不允许缺角类型。

图 1 瓦板缺角类型

4.1.5 理化性能

4.1.5.1 饰面板的理化性能指标应符合表 7 的规定。

表 7

项　　目	技 术 指 标			
	室　　内		室　　外	
	C_1 类	C_2 类	C_3 类	C_4 类
弯曲强度/MPa,≥	10.0	50.0	20.0	62.0
吸水率/%,≤	0.45		0.25	
耐气候性软化深度/mm,≤	0.64			
耐磨性[a]/(1/cm^3),≥	8			
[a] 仅适用在地面、楼梯踏步、台面等易磨损部位。				

4.1.5.2　瓦板的理化性能指标应符合表 8 的规定,干湿稳定性按表 9 中的规定划分等级。

表 8

项　　目	技 术 指 标		
	R_1 类	R_2 类	R_3 类
吸水率/%,≤	0.25	0.36	0.45
破坏载荷/N,≥	1 800		
耐气候性软化深度/mm,≤	0.35		

表 9

项　　目			技 术 指 标	
			一 等 品	合 格 品
含未氧化的黄铁矿结晶			允许有	允许有
含已氧化的黄铁矿结晶	非贯穿型	外观可见	不允许有	允许有
		外观不可见	允许有	
	贯穿型		不允许有	不允许在图 2 阴影部位出现

4.1.5.3　供需双方对理化性能指标有特殊要求的,按双方协议执行。

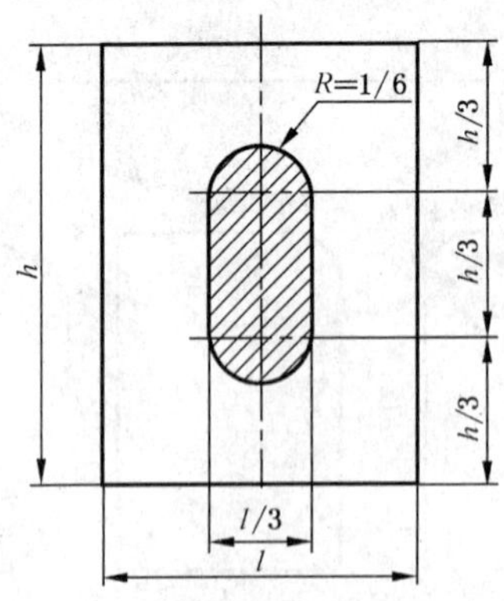

图 2　贯穿型已氧化黄铁矿结晶部位

4.2　异形板的技术要求

4.2.1　加工质量

饰面板和瓦板的规格尺寸允许偏差、平整度允许极限公差、角度允许极限公差、外观质量由供需双方协商确定。

4.2.2 理化性能

4.2.2.1 饰面板的理化性能指标应符合 4.1.5.1 的规定。供需双方对理化性能指标有特殊要求的，按双方协议执行。

4.2.2.2 瓦板的理化性能指标应符合 4.1.5.2 的规定。供需双方对理化性能指标有特殊要求的，按双方协议执行。

5 试验方法

5.1 规格尺寸

5.1.1 饰面板

用游标卡尺或能满足精度要求的量器具测量板材的长度、宽度、厚度。长度、宽度分别在板材的三个部位测量，见图 3；厚度测量 4 条边的中点部位，见图 4。分别用测量值与标称值的偏差最大值和最小值表示长度、宽度、厚度的尺寸偏差。测量值精确到 0.1 mm。

单位为毫米

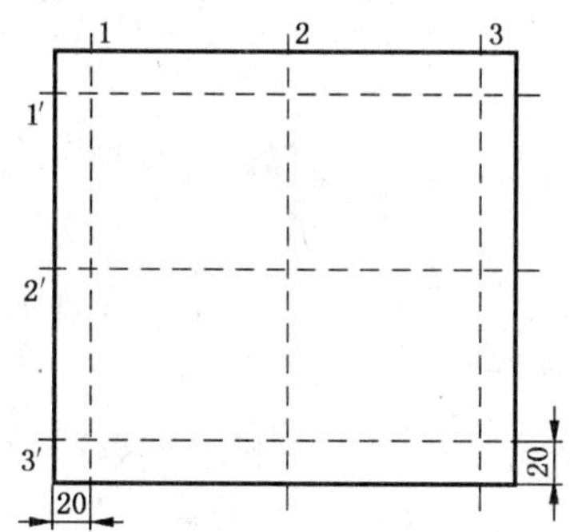

1,2,3——宽度测量线；
1′,2′,3′——长度测量线。

图 3 板材规格尺寸测量位置

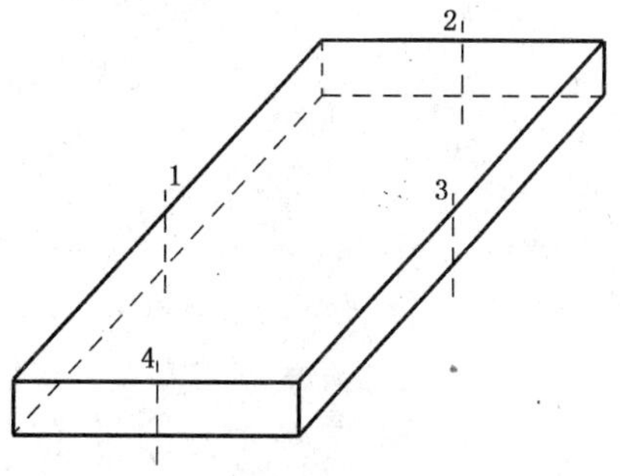

1,2,3,4——厚度测量线。

图 4 板材厚度测量位置

5.1.2 瓦板

瓦板的长度、宽度测量方法同 5.1.1 的规定；单块瓦板的厚度在 4 条边的中点向板材中心延伸 20 mm处测量。从同一批瓦板中随机抽取 200 块板材，平均分为两组。将每组样品自然叠放后，用刻度值为 1 mm 的钢卷尺分别测量 100 块板材的总厚度，分别记为 h_1、h_2，测量值精确至 1 mm。100 块板材的厚度变化率按式(1)计算：

$$\Delta_h = \frac{|h_1 - h_2|}{\min(h_1, h_2)} \times 100 \qquad \cdots\cdots(1)$$

式中：

Δ_h——100块板材的厚度变化率，%；

h_1、h_2——每组样品的总厚度，单位为毫米(mm)；

$\min(h_1, h_2)$——两组板材中总厚度的较小值，单位为毫米(mm)。

5.2 平整度

将直线度公差为0.1 mm的钢平尺自然贴放在被检面的两条对角线上，用塞尺或游标卡尺测量尺面与板面的间隙。

以最大间隙的测量值表示板材的平整度公差。测量值精确到0.1 mm。

5.3 角度

用内角垂直度公差为0.13 mm，内角边长为500 mm×400 mm的90°钢角尺检测。将角尺的短边紧靠板材的短边，角尺长边贴靠板材的长边，用塞尺或游标卡尺测量板材长边与角尺长边之间的最大间隙。测量板材的四个角。

以最大间隙的测量值表示板材的角度公差。测量值精确至0.1 mm。

5.4 外观质量

5.4.1 花纹色调：将协议板与被检板材并列平放在地上，距板材1.5 m处站立目测。

5.4.2 疏松碎屑物、风化孔洞、碳质夹杂物形成的线条：目测。

5.4.3 缺角和崩边：用游标卡尺测量缺陷的长度、宽度和高度，目测缺角个数。

5.4.4 色斑、白斑：用游标卡尺测量色斑的尺寸，目测色斑个数。

5.4.5 裂纹：可见裂纹采用目测法，隐含裂纹用金属锤轻敲，辨其声音，清脆无劈裂声为无裂纹。

5.4.6 人工凿痕：将板材平放在地上，距板材1 m处目测。

5.4.7 台阶：用游标卡尺测量台阶的高度，取测量的最大值作为台阶高度。

5.5 吸水率

按附录A的规定检验。

5.6 弯曲强度和破坏载荷

按附录B的规定检验。

5.7 耐气候性

按附录C的规定检验。

5.8 耐磨性

按GB/T 19766—2005中附录A的规定检验。

5.9 瓦板干湿稳定性

按附录D的规定检验。

6 检验规则

6.1 出厂检验

6.1.1 检验项目：规格尺寸偏差、平整度公差、角度公差、外观质量。

6.1.2 组批：同一规格、品种、等级的同一供货批的板材为一批；或按同一工程连续性安装部位的板材为一批。

6.1.3 抽样：瓦板的厚度变化率进行一次随机抽样检验，其余检验项目按表10进行。

表 10

单位为块

批量范围	样本数	合格判定数(Ac)	不合格判定数(Re)
≤25	5	0	1
26～50	8	1	2
51～90	13	2	3
91～150	20	3	4
151～280	32	5	6
281～500	50	7	8
501～1 200	80	10	11
1 201～3 200	125	14	15
≥3 201	200	21	22

6.1.4 判定:单块板材的所有检验结果均符合技术要求中相应等级时,则判定该块板材符合该等级。

根据样本检验结果,若样本中发现的等级不合格数小于或等于合格判定数(Ac),则判定该批符合该等级;若样本中发现的等级不合格数大于或等于不合格判定数(Re),则判定该批不符合该等级。

6.2 型式检验

6.2.1 检验项目:技术要求中的全部项目。

6.2.2 有下列情况之一时,进行型式检测:

——新建厂投产;

——荒料、生产工艺有重大改变;

——正常生产时,每两年进行一次。

6.2.3 组批:同 6.1.2。

6.2.4 抽样:规格尺寸、平整度、角度、外观质量的抽样同出厂检验;其余项目的试验样品可从检验批中随机抽取双倍数量样品。

6.2.5 判定:吸水率、弯曲强度、耐气候性、耐磨性、干湿稳定性的试验结果,均符合 4.1.5 的相应类别要求时,则判定该批板材以上物理性能符合该类别;若有两项及以上不符合 4.1.5 的相应类别要求时,则判定该批板材为不符合该类别;有一项不符合 4.1.5 的相应类别要求时,用备样对该项进行复检,复检结果符合 4.1.5 的相应类别要求时,则判定该批板材以上物理性能符合该类别,否则判定该批板材为不符合该类别。其他项目检验结果的判定同出厂检验。

7 标志、包装、运输与贮存

7.1 标志

包装箱上应注明企业名称、商标、品名、规格、数量、序号等标记;须有"向上"和"小心轻放"的标志并符合 GB/T 191 中规定。

7.2 包装

7.2.1 包装时按板材品种、规格、等级分别包装,并附产品合格证。

7.2.2 包装质量应符合产品在正常条件下安全装卸、运输的要求。

7.3 运输

运输板材过程中应防碰撞、滚摔。

7.4 贮存

7.4.1 板材应在室内贮存,室外贮存应加遮盖。

7.4.2 按板材品种、规格、等级或按工程部位分别码放。

附　录　A
（规范性附录）
天然板石吸水率试验方法

A.1　范围

本方法规定了天然板石吸水率的试验方法。

A.2　设备及量具

A.2.1　干燥箱：温度可控制在 60 ℃±2 ℃范围内。

A.2.2　天平：最大称量 1 000 g，感量 10 mg。

A.3　试验方法

A.3.1　试样

试样的边长为 100 mm，厚度为使用厚度。每次试验的样品数量为六块。

A.3.2　试验步骤

将样品用清水洗净擦干，放入 60 ℃±2 ℃的恒温干燥箱中干燥 48 h 至恒重，放入干燥器中冷却至室温。称量其重量(m_1)，读数精确到 0.01 g。将样品浸入 20 ℃±5 ℃的清水中 48 h 后，取出并用拧干的湿毛巾轻轻地擦干表面水分，立即称量其重量(m_2)，读数精确至 0.01 g。

A.4　结果计算

吸水率按式(A.1)计算：

$$w = \frac{m_2 - m_1}{m_1} \times 100 \qquad \cdots\cdots\cdots\cdots(A.1)$$

式中：

w——样品的吸水率，%；

m_1——样品干燥时的重量，单位为克(g)；

m_2——样品水饱和时的重量，单位为克(g)。

以每组试样吸水率的算术平均值作为试样的吸水率。结果保留两位有效数字。

A.5　试验报告

试验报告应包含以下内容：

——该组试样吸水率的平均值。

——试样名称、品种及编号。

——试样尺寸、数量。

——试验条件。

附 录 B
（规范性附录）
天然板石弯曲强度试验方法

B.1 范围

本方法规定了天然板石弯曲强度试验方法。

B.2 设备与量具

B.2.1 试验机：测量精度为±1％的试验机，试样破坏载荷应在设备示值的20％～90％的范围内。
B.2.2 游标卡尺：精度为0.02 mm。
B.2.3 干燥箱：温度可控制在60 ℃±2 ℃范围内。

B.3 试样

B.3.1 饰面板试样：长度300 mm±1 mm、宽度40 mm±0.5 mm、厚度25 mm±0.5 mm。长度方向与层理平行的试样五块。
B.3.2 瓦板试样：长度100 mm、宽度100 mm、厚度4.8 mm～6.4 mm。试样表面标出制取样品前瓦板的长度方向，并以此方向作为试样的长度方向，试样表面为自然劈分状态，每组样品六块。

B.4 试验步骤

B.4.1 将试样置于干燥箱中，在60 ℃±2 ℃下干燥48 h至恒重，放入干燥器中冷却至室温。
B.4.2 在饰面板试样上用铅笔和直尺画出试样的中心线作为加载线，并距中心线125 mm处画两条与中心线平行的平行线作为跨距线；在瓦板试样上用铅笔和直尺画出与试样长度方向垂直的中心线作为加载线，并距中心线25 mm处画出两条与中心线平行的直线作为跨距线（见图B.1）。

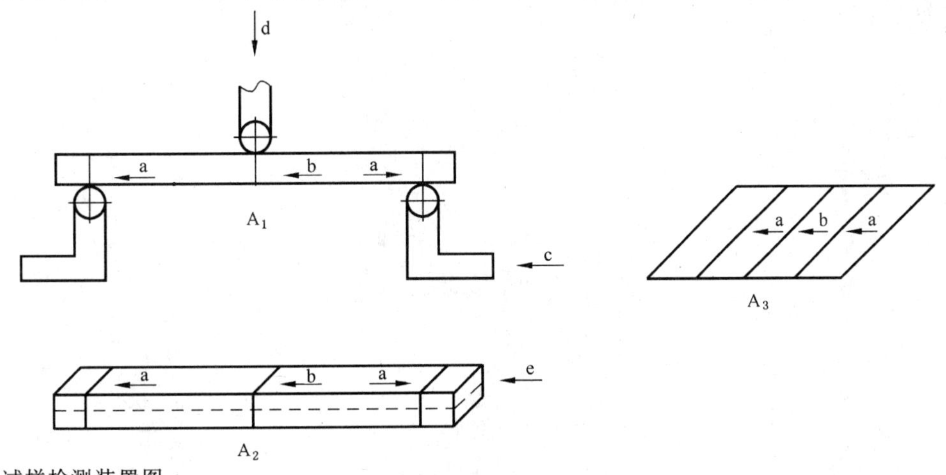

A_1——试样检测装置图；
A_2——饰面板平行纹理方向试样；
A_3——瓦板试样；
a——跨距线；
b——中心线；
c——支架；
d——加载压头；
e——层理。

图 B.1

B.4.3 将试样放置在支架上，调节支架横梁至跨距线正下方，用一个与支架横梁直径相同的压头向试样中心线以每分钟 1 800 N±50 N 的速率加压至试样破坏，记录试样破坏载荷值（P），精确到 1 N。装置图如图 B.1 所示。

B.4.4 用游标卡尺测量试样断裂面的宽度（b）和厚度（h），精确到 0.1 mm。

B.5 结果计算

B.5.1 饰面板弯曲强度按式（B.1）计算：

$$R_f = \frac{3Pl}{2bh^2} \qquad \cdots\cdots\cdots\cdots (B.1)$$

式中：

R_f——试样的弯曲强度，单位为兆帕（MPa）；

P——破坏载荷，单位为牛顿（N）；

l——支点间距离，单位为毫米（mm）；

b——试样宽度，单位为毫米（mm）；

h——试样高度，单位为毫米（mm）。

试验结果保留一位小数。

B.5.2 瓦板以每组试样的破坏载荷算术平均值作为该组试样的破坏载荷。

B.6 试验报告

试验报告应包含以下内容：

——该组试样弯曲强度的平均值；

——试样名称、品种及编号；

——试样的纹理方向；

——试样的尺寸、数量；

——试验条件。

附 录 C
（规范性附录）
天然板石耐气候性试验方法

C.1 范围

本方法规定了天然板石耐气候性试验方法。

C.2 设备、量具及试剂

C.2.1 刮刀：将腻子刀的刃磨掉，制成长约 76 mm，宽约 19 mm 的刮刀。刮刀的前端应为平面且与其长度方向垂直。以该平面的两条长边作为切削刃。
C.2.2 千分尺：精度为 0.001 mm。
C.2.3 试剂：1%（质量分数）化学纯硫酸溶液。
C.2.4 干燥箱：可控制在 105 ℃±2 ℃范围内。

C.3 试样

试样为长约 100 mm，宽约 50 mm，厚度为使用厚度，每组试样五块。用 80 号砂将试样表面磨平。

C.4 试验步骤

C.4.1 在试样的一面用铅笔画出样品的两条对角线，对角线的交点为试验位置，用千分尺测量出该点的厚度，测量值精确到 0.001 mm。
C.4.2 将刮刀置于试验点处，与试样表面约成 30°倾角，施加约 13 N 的力，用刮刀一侧的切削刃在同一部位沿同一方向刮削试样 8 次，每次刮削长度约为 40 mm。再用另一侧的切削刃按同样方法刮削 8 次。测量刮削后试验点的厚度，测量值精确到 0.001 mm。

注：每块试样进行试验前，应修磨刮刀，保证刮刀有两个锋利的切削刃。

C.4.3 刮削前试验点的厚度与刮削后试验点的厚度的差值作为浸酸前的刮削深度，记为 h_1；
C.4.4 将刮削完毕的试样浸入 1%的硫酸溶液中，浸泡七天（每天更换硫酸溶液）。取出样品，用水将样品冲洗干净，放入 105 ℃±2 ℃的烘箱内干燥 24 h 后取出，冷却至室温。
C.4.5 在试样的另一面重复 C.4.1～C.4.2 的试验步骤，刮削前试验点的厚度与刮削后试验点的厚度的差值作为浸酸后的刮削深度，记为 h_2。

C.5 结果计算

耐气候性软化深度计算公式：

$$\Delta_h = h_2 - h_1 \quad \cdots\cdots (C.1)$$

式中：

Δ_h——耐气候性软化深度，单位为毫米（mm）；
h_1——浸酸前的刮削深度，单位为毫米（mm）；
h_2——浸酸后的刮削深度，单位为毫米（mm）。

以每组试样耐气候性软化深度的算术平均值作为试样的耐气候性软化深度。结果保留两位小数。

C.6 试验报告

试验报告应包含以下内容：

——该组试样的耐气候性软化深度的平均值；
——试样名称、品种及编号；
——试样尺寸、数量；
——试验条件。

附 录 D
（规范性附录）
瓦板干湿稳定性试验方法

D.1 范围

本方法规定了干湿试验检测瓦板中黄铁矿结晶的方法。

D.2 原理

铁的硫化物以各种矿物形态（黄铁矿结晶、磁黄铁矿）呈杂质出现在板石中，一般统称为黄铁矿结晶，对瓦板的使用寿命有很大的影响。

经过一定次数的干燥、水浸的循环过程，瓦板中的黄铁矿结晶将发生一定程度的氧化反应，由此判定黄铁矿的存在性质。经干湿循环后黄铁矿结晶表征发生变化的称为已氧化黄铁矿结晶，未发生变化的称为未氧化的黄铁矿结晶。

D.3 仪器设备

D.3.1 显微镜：25倍以上放大倍数。

D.3.2 干燥箱：温度可控制在105 ℃±2 ℃范围内。

D.4 试验样品

长度约为100 mm，宽度约为50 mm，厚度为使用厚度。样品数量为六块。其中一块样品作为比对样品。

D.5 试验步骤

D.5.1 在显微镜下观察六块样品黄铁矿结晶形态，并记录。

D.5.2 将五块样品浸入室温下的清水中7.5 h，取出后将其置于105 ℃±2 ℃的恒温干燥箱中干燥16 h，取出样品冷却0.5 h，此为一次循环，共进行25次循环。

D.5.3 在显微镜下将比对样品和经过干湿循环的样品进行比较，并记录。

D.6 试验报告

试验报告应包含以下内容：

——该组样品的黄铁矿结晶形态；

——试样名称、品种及编号；

——试样尺寸、数量；

——试验条件。

附 录 E
（资料性附录）
饰面板、瓦板的使用建议

E.1 饰面板

本标准中按照饰面板弯曲强度的不同分为 C_1、C_2、C_3、C_4 四个类别，设计者或使用者可以按照不同使用部位和用途选取不同类别的板石。针对四类板石提出以下建议，供相关方参考。

C_1、C_3 类饰面板板石建议用于装饰装修工程中室内、室外非结构性承载用途部位，例如：湿贴的墙面或地面。不建议使用在结构性承载部位，例如：室内外墙面的干挂。

C_2、C_4 类饰面板板石可应用于装饰装修工程中室内、室外结构性承载用途部位，例如：室内外墙面的干挂。

E.2 瓦板

本标准按照瓦板吸水率的不同分为 R_1、R_2、R_3 三个类别，参考美国 ASTM C406-05 标准将其与其他性能进行匹配，可预计瓦板的使用年限，在此提出，供使用者参考，见表 E.1。

表 E.1

类别	吸水率/% ≤	破坏荷载最小值/ N	软化深度最大值/ mm	预期使用寿命/ 年
R_1	0.25	2 558	0.05	>75
R_2	0.36	2 558	0.20	40～75
R_3	0.45	2 558	0.36	20～40

ICS 91.100.30
Q 21

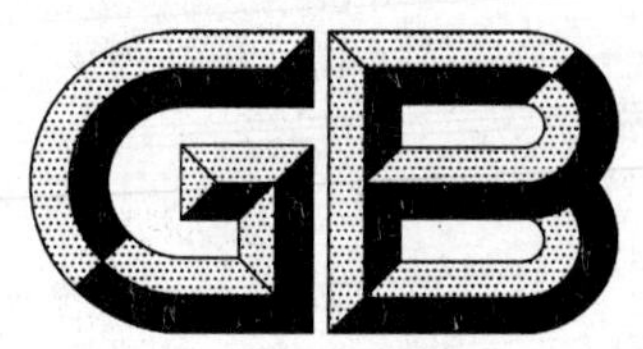

中华人民共和国国家标准

GB/T 18601—2009
代替 GB/T 18601—2001

天然花岗石建筑板材

Natural granite for building slab

2009-03-25 发布　　2010-01-01 实施

中华人民共和国国家质量监督检验检疫总局
中国国家标准化管理委员会　发布

前　言

本标准与美国 ASTM C 615-03《花岗石标准规范》、欧洲 EN 12407:2000《天然石材试验方法-岩相分析》的一致性程度为非等效。

本标准代替 GB/T 18601—2001《天然花岗石建筑板材》。

本标准与 GB/T 18601—2001 相比主要变化如下：

——石材命名采用统一编号标准名称或编号；

——增加了石材规格板推荐尺寸要求；

——增加了毛光板产品技术要求；

——增加了功能用途时的物理性能要求；

——增加了石材岩矿分析要求和试验方法；

——增加了地面石材耐磨性性能指标要求。

本标准的附录 A 是规范性附录。

本标准由中国建筑材料联合会提出。

本标准由全国石材标准化技术委员会(SAC/TC 460)归口。

本标准负责起草单位：中材人工晶体研究院(国家石材质量监督检验中心)

本标准参加起草单位：环球石材(东莞)有限公司、山东冠鲁建材工业集团公司、福建溪石股份有限公司、南安市水头康利石材有限公司、福建省凤山石材集团有限公司、福建宏发集团有限公司、福建泉州南星大理石有限公司、厦门三美石材有限公司、晋江华宝石材有限公司、北京荔刚石材有限公司。

本标准主要起草人：周俊兴、张世红、范辉明、王德坤、王伯瑶、刘武强、张革文、吴友情、林松江、蔡小楷、郭扬灿、林树烟、黄文庆。

本标准于 2001 首次发布。

天然花岗石建筑板材

1 范围

本标准规定了天然花岗石建筑板材(以下简称板材)的术语和定义、分类、等级与标记、要求、试验方法、检验规则、标志、包装、运输与贮存等。

本标准适用于建筑装饰用的天然花岗石板材,也可供其他用途的天然花岗石板材参照使用。

2 规范性引用文件

下列文件中的条款通过本标准的引用而成为本标准的条款。凡是注日期的引用文件,其随后所有的修改单(不包括勘误的内容)或修订版均不适用于本标准,然而,鼓励根据本标准达成协议的各方研究是否可使用这些文件的最新版本。凡是不注日期的引用文件,其最新版本适用本标准。

GB/T 191 包装储运图示标志

GB/T 1182 形状和位置公差 通则、定义、符号和图样表示方法

GB/T 1800.3 极限与配合 基础 第3部分:标准公差和基本偏差数值表

GB/T 1801 极限与配合 公差带和配合的选择

GB/T 2828.1 计数抽样检验程序 第1部分:按接受质量限(AQL)检索的逐批检验抽样计划

GB 6566 建筑材料放射性核素限量

GB/T 9966.1 天然饰面石材试验方法 干燥、水饱和、冻融循环后压缩强度试验方法

GB/T 9966.2 天然饰面石材试验方法 干燥、水饱和弯曲强度试验方法

GB/T 9966.3 天然饰面石材试验方法 体积密度、真密度、真气孔率、吸水率试验方法

GB/T 13890 天然石材术语

GB/T 13891 建筑饰面材料镜向光泽度测定方法

GB/T 17670 天然石材统一编号

GB/T 19766—2005 天然大理石建筑板材

3 术语和定义

GB/T 1182 和 GB/T 13890 确立的术语和定义适用于本标准。

4 分类、等级与标记

4.1 分类

4.1.1 按形状分为:

a) 毛光板(MG);

b) 普型板(PX);

c) 圆弧板(HM);

d) 异型板(YX)。

4.1.2 按表面加工程度分为:

a) 镜面板(JM);

b) 细面板(YG);

c) 粗面板(CM)。

4.1.3 按用途分为:

a) 一般用途:用于一般性装饰用途;

b) 功能用途:用于结构性承载用途或特殊功能要求。

4.2 等级

按加工质量和外观质量分为:

a) 毛光板按厚度偏差、平面度公差、外观质量等将板材分为优等品(A)、一等品(B)、合格品(C)三个等级;

b) 普型板按规格尺寸偏差、平面度公差、角度公差、外观质量等将板材分为优等品(A)、一等品(B)、合格品(C)三个等级;

c) 圆弧板按规格尺寸偏差,直线度公差,线轮廓度公差,外观质量等将板材分为优等品(A)、一等品(B)、合格品(C)三个等级。

4.3 标记

4.3.1 名称:采用 GB/T 17670 规定的名称或编号。

4.3.2 标记顺序为:名称、类别、规格尺寸、等级、标准编号。

4.3.3 示例:

用山东济南青花岗石荒料加工的 600 mm×600 mm×20 mm、普型、镜面、优等品板材示例如下:

标记:济南青花岗石(G3701)PX JM 600×600×20 A GB/T 18601—2009

5 要求

5.1 一般要求

5.1.1 天然花岗石建筑板材的岩矿结构应符合商业花岗石的定义范畴。

5.1.2 规格板的尺寸系列见表1,圆弧板、异型板和特殊要求的普型板规格尺寸由供需双方协商确定。

表 1

单位为毫米

边长系列	300[a]、305[a]、400、500、600[a]、800、900、1 000、1 200、1 500、1 800
厚度系列	10[a]、12、15、18、20[a]、25、30、35、40、50
[a] 常用规格。	

5.2 加工质量

5.2.1 毛光板的平面度公差和厚度偏差应符合表 2 的规定。

表 2

单位为毫米

项目		技术指标					
		镜面和细面板材			粗面板材		
		优等品	一等品	合格品	优等品	一等品	合格品
平面度		0.80	1.00	1.50	1.50	2.00	3.00
厚度	≤12	±0.5	±1.0	+1.0 −1.5	—		
	>12	±1.0	±1.5	±2.0	+1.0 −2.0	±2.0	+2.0 −3.0

5.2.2 普型板规格尺寸允许偏差应符合表 3 的规定。

表 3

单位为毫米

项目		技术指标					
		镜面和细面板材			粗面板材		
		优等品	一等品	合格品	优等品	一等品	合格品
长度、宽度		0 −1.0		0 −1.5	0 −1.0		0 −1.5
厚度	≤12	±0.5	±1.0	+1.0 −1.5	—		
	>12	±1.0	±1.5	±2.0	+1.0 −2.0	±2.0	+2.0 −3.0

5.2.3 圆弧板壁厚最小值应不小于 18 mm，规格尺寸允许偏差应符合表 4 的规定。圆弧板各部位名称及尺寸标注如图 1 所示。

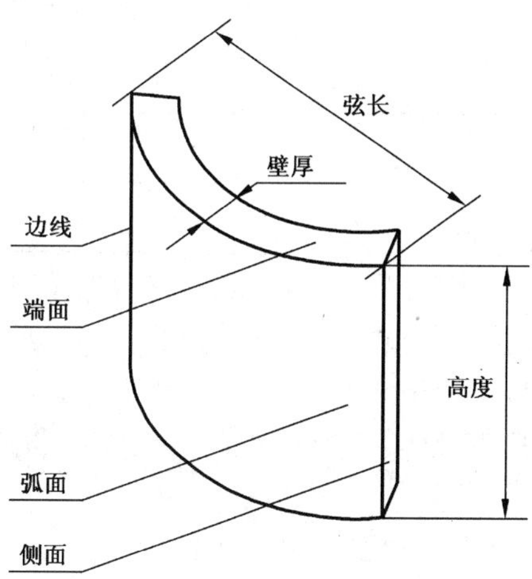

图 1 圆弧板部位名称

表 4

单位为毫米

项目	技术指标					
	镜面和细面板材			粗面板材		
	优等品	一等品	合格品	优等品	一等品	合格品
弦长	0 −1.0		0 −1.5	0 −1.5	0 −2.0	0 −2.0
高度				0 −1.0	0 −1.0	0 −1.5

5.2.4 普型板平面度允许公差应符合表 5 规定。

表 5

单位为毫米

板材长度(L)	技术指标					
	镜面和细面板材			粗面板材		
	优等品	一等品	合格品	优等品	一等品	合格品
$L\leqslant400$	0.20	0.35	0.50	0.60	0.80	1.00
$400<L\leqslant800$	0.50	0.65	0.80	1.20	1.50	1.80
$L>800$	0.70	0.85	1.00	1.50	1.80	2.00

5.2.5 圆弧板直线度与线轮廓度允许公差应符合表 6 规定。

表 6

单位为毫米

项目		技术指标					
		镜面和细面板材			粗面板材		
		优等品	一等品	合格品	优等品	一等品	合格品
直线度（按板材高度）	≤800	0.80	1.00	1.20	1.00	1.20	1.50
	>800	1.00	1.20	1.50	1.50	1.50	2.00
线轮廓度		0.80	1.00	1.20	1.00	1.50	2.00

5.2.6 普型板角度允许公差应符合表 7 的规定。

表 7

单位为毫米

板材长度(L)	技术指标		
	优等品	一等品	合格品
$L\leqslant 400$	0.30	0.50	0.80
$L>400$	0.40	0.60	1.00

5.2.7 圆弧板端面角度允许公差：优等品为 0.40 mm，一等品为 0.60 mm，合格品为 0.80 mm。

5.2.8 普型板拼缝板材正面与侧面的夹角不应大于 90°。

5.2.9 圆弧板侧面角 α（见图 5）应不小于 90°。

5.2.10 镜面板材的镜向光泽度应不低于 80 光泽单位，特殊需要和圆弧板由供需双方协商确定。

5.3 外观质量

5.3.1 同一批板材的色调应基本调和，花纹应基本一致。

5.3.2 板材正面的外观缺陷应符合表 8 规定，毛光板外观缺陷不包括缺棱和缺角。

表 8

<table>
<tr><th rowspan="2">缺陷名称</th><th rowspan="2">规定内容</th><th colspan="3">技术指标</th></tr>
<tr><th>优等品</th><th>一等品</th><th>合格品</th></tr>
<tr><td>缺棱</td><td>长度≤10 mm，宽度≤1.2 mm（长度＜5 mm，宽度＜1.0 mm 不计），周边每米长允许个数（个）</td><td rowspan="5">0</td><td rowspan="3">1</td><td rowspan="3">2</td></tr>
<tr><td>缺角</td><td>沿板材边长，长度≤3 mm，宽度≤3 mm（长度≤2 mm，宽度≤2 mm 不计），每块板允许个数（个）</td></tr>
<tr><td>裂纹</td><td>长度不超过两端顺延至板边总长度的 1/10（长度＜20 mm 不计），每块板允许条数（条）</td></tr>
<tr><td>色斑</td><td>面积≤15 mm×30 mm（面积＜10 mm×10 mm 不计），每块板允许个数（个）</td><td rowspan="2">2</td><td rowspan="2">3</td></tr>
<tr><td>色线</td><td>长度不超过两端顺延至板边总长度的 1/10（长度＜40 mm 不计），每块板允许条数（条）</td></tr>
<tr><td colspan="5">注：干挂板材不允许有裂纹存在。</td></tr>
</table>

5.4 物理性能

天然花岗石建筑板材的物理性能应符合表 9 的规定；工程对石材物理性能项目及指标有特殊要求的，按工程要求执行。

表 9

项目		技术指标	
		一般用途	功能用途
体积密度/(g/cm³),≥		2.56	2.56
吸水率/%,≤		0.60	0.40
压缩强度/MPa,≥	干燥	100	131
	水饱和		
弯曲强度/MPa,≥	干燥	8.0	8.3
	水饱和		
耐磨性[a](1/cm³),≥		25	25
[a] 使用在地面、楼梯踏步、台面等严重踩踏或磨损部位的花岗石石材应检验此项。			

5.5 放射性

天然花岗石建筑板材应符合 GB 6566 的规定。

6 试验方法

6.1 岩矿

按附录 A 的试验方法进行。

6.2 加工质量

6.2.1 毛光板

6.2.1.1 平面度

将平面度公差为 0.1 mm 的 1 000 mm 钢平尺分别自然贴放在距板边 15 mm 处和被检平面的两条对角线上，用塞尺测量尺面与板面的间隙。当被检边长或对角线长度大于 1 000 mm 时，用钢平尺沿边长和对角线分段检测，重叠位置不小于钢平尺长度的三分之一。以最大间隙的测量值表示毛光板的平面度公差，测量值精确到 0.05 mm。

6.2.1.2 厚度

用游标卡尺或能满足精度要求的量器具测量毛光板的厚度，测量 4 条边的中点部位(见图 3)。分别用测量值与标称值之间偏差的最大值和最小值表示毛光板厚度的尺寸偏差，测量值精确到 0.1 mm。

6.2.2 普型板规格尺寸

用游标卡尺或能满足精度要求的量器具测量板材的长度、宽度、厚度。长度、宽度分别在板材的三个部位测量(见图 2)，厚度测量 4 条边的中点部位(见图 3)。分别用测量值与标称值之间偏差的最大值和最小值表示长度、宽度、厚度的尺寸偏差，测量值精确到 0.1 mm。

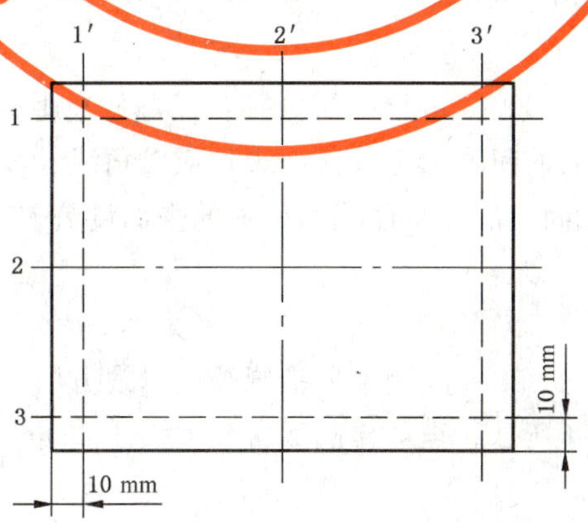

1,2,3——长度测量线；
1′,2′,3′——宽度测量线。

图 2 板材规格尺寸测量示意图

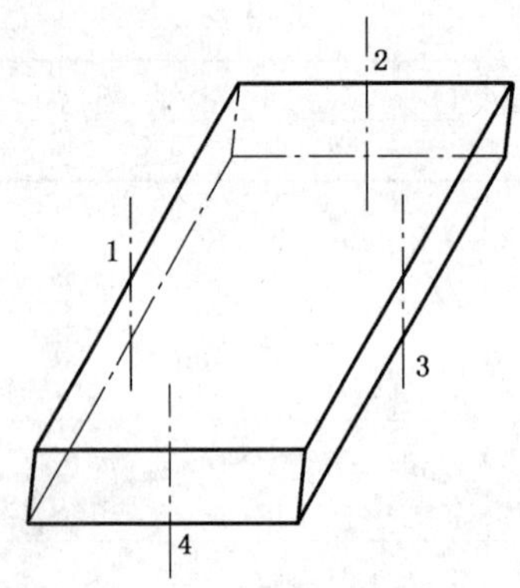

1,2,3,4——厚度测量线。

图 3 板材厚度测量示意图

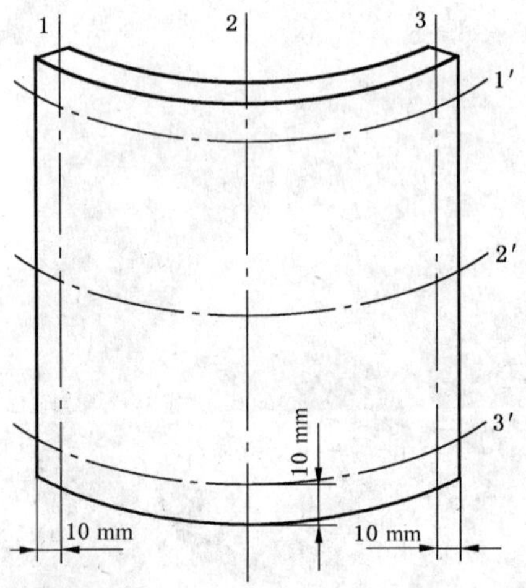

1,2,3——高度和直线度测量线;

1′,2′,3′——线轮廓度测量线。

图 4 圆弧板高度、直线度和线轮廓度测量部位示意图

6.2.3 圆弧板规格尺寸

用游标卡尺或能满足测量精度要求的量器具测量圆弧板的弦长、高度及最小壁厚。在圆弧板的两端面处测量弦长(见图 1)。在圆弧板端面与侧面测量壁厚(见图 1);圆弧板高度测量部位如图 4 所示。分别用测量值与标称值之间偏差的最大值和最小值表示弦长、高度及壁厚的尺寸偏差,测量值精确到 0.1 mm。

6.2.4 普型板平面度

将平面度公差为 0.1 mm 的 1 000 mm 钢平尺分别自然贴放在距板边 10 mm 处和被检平面的两条对角线上,用塞尺测量尺面与板面的间隙。当被检面边长或对角线长度大于 1 000 mm 时,用钢平尺沿边长和对角线分段检测。以最大间隙的测量值表示板材的平面度公差,测量值精确到 0.05 mm。

6.2.5 圆弧板

6.2.5.1 圆弧板直线度

将平面度公差为 0.1 mm 的 1 000 mm 钢平尺沿圆弧板母线方向贴放在被检弧面上,用塞尺测量尺面与板面的间隙,测量位置如图 4 所示。当被检圆弧板高度大于 1 000 mm 时,用钢平尺沿被检测母线分段测量。

以最大间隙的测量值表示圆弧板的直线度公差,测量值精确到 0.05 mm。

6.2.5.2 圆弧板线轮廓度

按 GB/T 1800.3 和 GB/T 1801 的规定,采用尺寸精度为 JS7(js7)的圆弧靠模自然贴靠被检弧面,圆弧靠模的弧长与被检弧面的弧长之比应不小于2∶3,用塞尺测量尺面与圆弧面之间的间隙,测量位置如图4所示。

以最大间隙的测量值表示圆弧板的线轮廓度公差,测量值精确到0.05 mm。

6.2.6 普型板角度

用内角垂直度公差为0.13 mm,内角边长为500 mm×400 mm的90°钢角尺。将角尺短边紧靠板材的短边,长边贴靠板材的长边,用塞尺测量板材长边与角尺长边之间的最大间隙。测量板材的四个角,以最大间隙的测量值表示板材的角度公差,测量值精确到0.05 mm。

6.2.7 圆弧板角度

用内角垂直度公差为0.13 mm,内角边长为500 mm×400 mm的90°钢角尺。将角尺短边紧靠圆弧板端面,用角尺长边贴靠圆弧板的边线,用塞尺测量圆弧板边线与角尺长边之间的最大间隙。测量圆弧板的四个角,以最大间隙的测量值表示圆弧板的角度公差,测量值精确到0.05 mm。

6.2.8 正面与侧面夹角

用内角垂直度公差为0.13 mm,内角边长为500 mm×400 mm的90°钢角尺,将角尺短边紧靠装饰面,用角尺长边贴靠侧面,观察间隙的位置确定夹角的大小。

6.2.9 圆弧板 α 角

将圆弧靠模贴靠圆弧板装饰面并使其上的径向刻度线延长线与圆弧板边线相交,将小平尺沿径向刻度线置于圆弧靠模上,测量圆弧板侧面与小平尺间的夹角(见图5)。

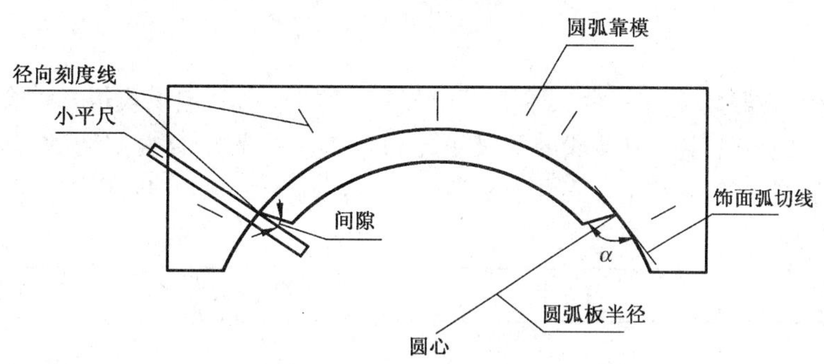

图5 α 角测量示意图

6.2.10 镜向光泽度

采用60°入射角、光孔直径不小于18 mm的光泽度仪,按GB/T 13891的规定试验。

6.3 外观质量

6.3.1 花纹色调

将协议板与被检板材并列平放在地上,距板材1.5 m处站立目测。

6.3.2 缺陷

用游标卡尺或能满足精度要求的量器具测量缺陷的长度、宽度,测量值精确到0.1 mm。

6.4 物理性能

6.4.1 体积密度、吸水率

按GB/T 9966.3的规定试验;在无法满足GB/T 9966.3规定的试样尺寸时,应从具有代表性的板材产品上制取50 mm×50 mm×板材厚度的试样,其余按GB/T 9966.3的规定进行。采用该方法时应在报告中注明样品尺寸。

6.4.2 压缩强度

按GB/T 9966.1的规定试验;在无法满足GB/T 9966.1规定的试样尺寸时,采用叠加粘结的方式达到规定尺寸。粘结面应磨平达到细面要求,采用环氧型胶粘剂,用加压的方式挤净多余的胶粘剂,固化后进行规定试验。压缩时沿叠加方向加载,采用该种方法时应在报告中注明。

6.4.3 弯曲强度

按 GB/T 9966.2 的规定试验。

6.4.4 耐磨性

按 GB/T 19766—2005 附录 A 的规定试验。

6.5 放射性

按 GB 6566 的规定试验。

7 检验规则

7.1 出厂检验

7.1.1 检验项目

毛光板为厚度偏差、平面度公差、镜向光泽度、外观质量；

普型板为规格尺寸偏差、平面度公差、角度公差、镜向光泽度、外观质量；

圆弧板为规格尺寸偏差、角度公差、直线度公差、线轮廓度公差、外观质量。

7.1.2 组批

同一品种、类别、等级、同一供货批的板材为一批；或按连续安装部位的板材为一批。

7.1.3 抽样

采取 GB/T 2828.1 一次抽样正常检验方式，检查水平为Ⅱ。合格质量水平(AQL 值)取 6.5；根据表 10 抽取样本。

7.1.4 判定

单块板材的所有检验结果均符合技术要求中相应等级时，则判定该块板材符合该等级。

根据样本检验结果，若样本中发现的等级不合格数小于或等于合格判定数(Ac)，则判定该批符合该等级；若样本中发现的等级不合格数大于或等于不合格判定数(Re)，则判定该批不符合该等级。

表 10

单位为块

批量范围	样本数	合格判定数(Ac)	不合格判定数(Re)
≤25	5	0	1
26～50	8	1	2
51～90	13	2	3
91～150	20	3	4
151～280	32	5	6
281～500	50	7	8
501～1 200	80	10	11
1 201～3 200	125	14	15
≥3 201	200	21	22

7.2 型式检验

7.2.1 检验项目

第 5 章要求中的全部项目。

7.2.2 检验条件

有下列情况之一时，进行型式检验：

a) 新建厂投产；

b) 荒料、生产工艺有重大改变；

c) 正常生产时，每一年进行一次。

7.2.3　**组批**

同出厂检验。

7.2.4　**抽样**

规格尺寸偏差、平面度公差、角度公差、直线度公差、线轮廓度公差、镜向光泽度、外观质量的抽样同出厂检验；

其余项目的样品从检验批中随机抽取双倍数量样品。

7.2.5　**判定**

体积密度、吸水率、压缩强度、弯曲强度、耐磨性、放射性水平的试验结果中，均符合第5章相应要求时，则判定该批板材以上项目合格；有两项及以上不符合第5章相应要求时，则判定该批板材为不合格；有一项不符合第5章相应要求时，利用备样对该项目进行复检，复检结果合格时，则判定该批板材以上项目合格；否则判定该批板材为不合格。其他项目检验结果的判定同出厂检验。

8　标志、包装、运输与贮存

8.1　标志

8.1.1　板材外包装应注明：企业名称、商标、标记；须有"向上"和"小心轻放"的标志并符合 GB/T 191 中的规定。

8.1.2　对安装顺序有要求的板材，应在每块板材上标明安装序号。

8.2　包装

8.2.1　按板材品种、等级等分别包装，并附产品合格证(包括产品名称、规格、等级、批号、检验员、出厂日期)；板材光面相对且加垫。

8.2.2　包装应满足在正常条件下安全装卸、运输的要求。

8.3　运输

板材运输过程中应防碰撞、滚摔。

8.4　贮存

8.4.1　板材应在室内贮存，室外贮存应加遮盖。

8.4.2　按板材品种、规格、等级或工程安装部位分别码放。

附 录 A
（规范性附录）
石材岩矿分析方法

A.1 适用范围

本附录适用于天然石材岩相的分析判断。

A.2 原理

通过肉眼和显微镜观察，根据岩石中矿物的物理特征、光学性质特征确定矿物成分、结构构造，判定石材的岩石学性质和属相。

A.3 试验设备

A.3.1 岩石切片机；

A.3.2 岩石磨片机；

A.3.3 偏光显微镜。

A.4 制样

样品应有足够的尺寸以能够代表待检矿物的特征，应备有一个或多个样品薄片，将薄片粘贴在玻璃载片上，经由 100 μm～10 μm 等级的氧化铝研磨膏进行研磨，加工成 0.030 mm+0.005 mm 厚。

通常情况下，试样尺寸为 33 mm×20 mm，但如果石材颗粒较大，则宜采用较大尺寸的试样，如 75 mm×50 mm，或采用多个通常状况下的样品。如果岩石呈现各向异性的特征，则有必要按每种纹理方向进行制样。

所选样品应具有较高的强度，以便在切割时不发生碎裂。对强度较低的样品，采用注入折射率大约在 1.54 左右的树脂（如环氧树脂）加固后制样。

A.5 肉眼观察描述

肉眼观察描述应包括以下内容：

a） 颜色；

b） 构造特征；

c） 结构特征，如大颗粒、中颗粒、小颗粒；

d） 表面状况，如缝隙、微孔（洞）、化石、风化程度、蚀变等。

A.6 微观观察描述

微观观察描述应包括以下内容：

A.6.1 微观构造特征

A.6.2 矿物和结构特征

a） 矿物种类；

b） 含量；

c） 大小；

d） 形态；

e） 接触关系；

f) 分布状态；

g) 斑晶和基质特征；

h) 风化和蚀变特征等。

A.7 判定

借助肉眼和显微镜对岩石颗粒、构造和矿物组分等观测所得出的数据，确定其岩石种类，对照 GB/T 13890 给出石材样品的商业种类。

如果岩石的岩相学描述不能够给岩相判定提供足够的依据，则需要借助其他分析方法进行确定，如 X 光衍射分析。

A.8 检验报告

检验报告至少包括以下内容：

a) 报告编号；

b) 所依据的本标准编号；

c) 肉眼观测描述；

d) 显微镜观测描述；

e) 对照 GB/T 13890 做出的岩相判定。

ICS 17.040.10
J 04

中华人民共和国国家标准

GB/T 18618—2009/ISO 12085:1996
代替 GB/T 18618—2002

产品几何技术规范(GPS)
表面结构　轮廓法
图形参数

**Geometrical Product Specifications (GPS)—
Surface texture:Profile method—
Motif parameters**

(ISO 12085:1996,IDT)

2009-11-15 发布　　　　2010-09-01 实施

中华人民共和国国家质量监督检验检疫总局
中国国家标准化管理委员会　发布

前　言

本标准等同采用 ISO 12085:1996《产品几何技术规范(GPS)　表面结构　轮廓法　图形参数》(英文版)。

本标准等同翻译 ISO 12085:1996。

为了方便使用,本标准做了如下编辑性修改:

——“本国际标准”一词改为“本标准”;

——删除国际标准的前言和引言。

本标准代替 GB/T 18618—2002《产品几何量技术规范(GPS)　表面结构　轮廓法　图形参数》。

本标准与 GB/T 18618—2002 的主要差异为:

——增加了附录 C,与国际标准保持了一致。

本标准的附录 A 为规范性附录,附录 B 和附录 C 为资料性附录。

本标准由全国产品尺寸和几何技术规范标准化技术委员会提出并归口。

本标准起草单位:中机生产力促进中心、哈尔滨量具刃具集团有限责任公司、中国计量科学研究院。

本标准主要起草人:王欣玲、郎岩梅、高思田、陈秀娟。

本标准所代替标准的历次版本发布情况为:

——GB/T 18618—2002。

产品几何技术规范(GPS)
表面结构　轮廓法
图形参数

1　范围

本标准规定了用于图形法的术语、定义和表面结构参数。

本标准对相应的完整规范操作集和测量条件作了说明。

2　规范性引用文件

下列文件中的条款通过本标准的引用而成为本标准的条款。凡是注日期的引用文件，其随后所有的修改单(不包括勘误的内容)或修订版均不适用于本标准，然而，鼓励根据本标准达成协议的各方研究是否可使用这些文件的最新版本。凡是不注日期的引用文件，其最新版本适用于本标准。

GB/T 131　产品几何技术规范(GPS)　技术产品文件中表面结构的表示法(ISO 1302:2002,IDT)

GB/T 3505　产品几何技术规范(GPS)　表面结构　轮廓法　术语、定义及表面结构参数(ISO 4287:1997,IDT)

GB/T 6062　产品几何技术规范(GPS)　表面结构　轮廓法　接触(触针)式仪器的标称特性(ISO 3274:1996,IDT)

GB/T 10610　产品几何技术规范(GPS)　表面结构　轮廓法　评定表面结构的规则和方法(ISO 4288:1996,IDT)

3　术语和定义

下列术语和定义适用于本标准。

3.1　基本术语

3.1.1

表面轮廓　surface profile

一个指定平面与实际表面相交所得的轮廓(见 GB/T 3505)。

3.1.2

原始轮廓　primary profile

通过 λs 轮廓滤波器后的总轮廓(见 GB/T 6062)。

3.1.3

轮廓单峰　local peak of profile

两相邻轮廓最低点之间的轮廓部分(见图 1)。

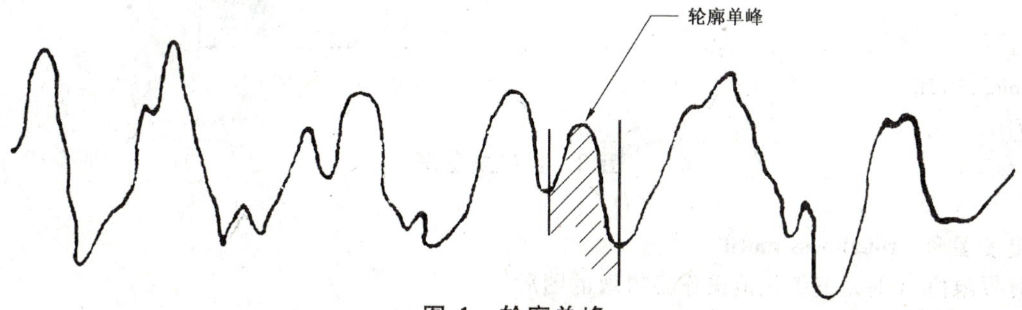

图 1　轮廓单峰

3.1.4

轮廓单谷 local valley of profile

两相邻轮廓最高点之间的轮廓部分(见图 2)。

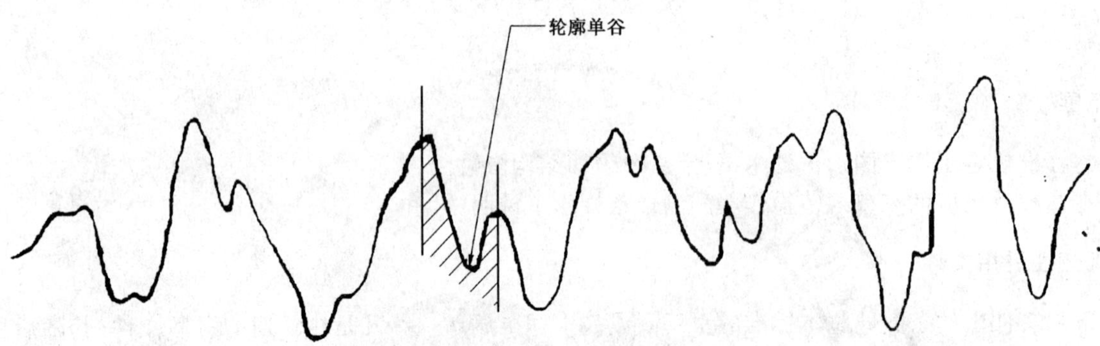

图 2 轮廓单谷

3.1.5

图形 motif

不一定相邻的两个轮廓单峰的最高点之间的原始轮廓部分。用以下参量来描述图形的特征(见图 3 和图 5):

——图形的长度 AR_i 或 AW_i,在平行于轮廓的总方向上测得;

——两个深度 H_j 和 H_{j+1} 或 HW_j 和 HW_{j+1},在垂直于原始轮廓的总方向上测得;

——图形的 T 型特征,两个深度中的最小深度。

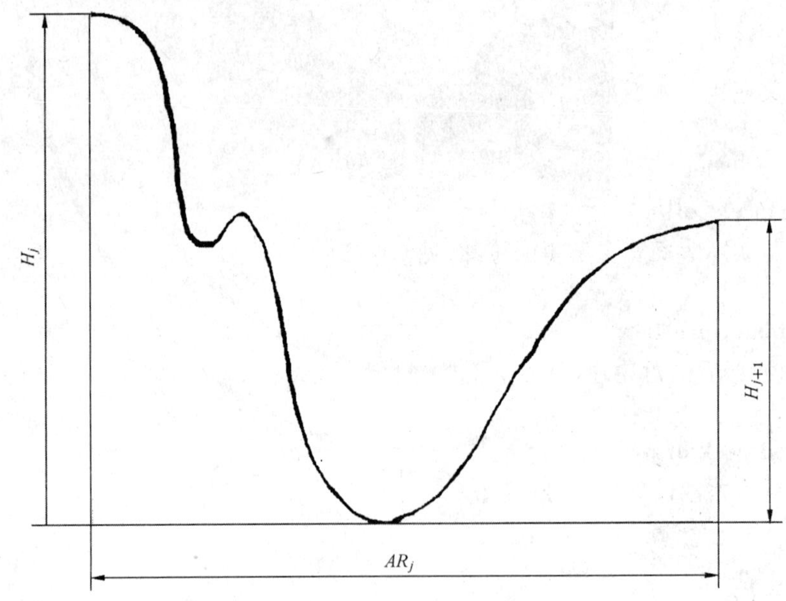

$T=\min[H_j,H_{j+1}]$

$T=H_{j+1}$

图 3 粗糙度图形

3.1.6

粗糙度图形 roughness motif

用有界限值 A 的完整的规范操作集提取的图形。

注:依照此定义,一个粗糙度图形的长度 AR_i 应小于或等于 A(见图 3)。

3.1.7

原始轮廓的上包络线(波纹度轮廓)　upper envelope line of the primary profile (waviness profile)

经过对轮廓峰的常规识别后,连接原始轮廓各个峰的最高点的折线(见图 4)。

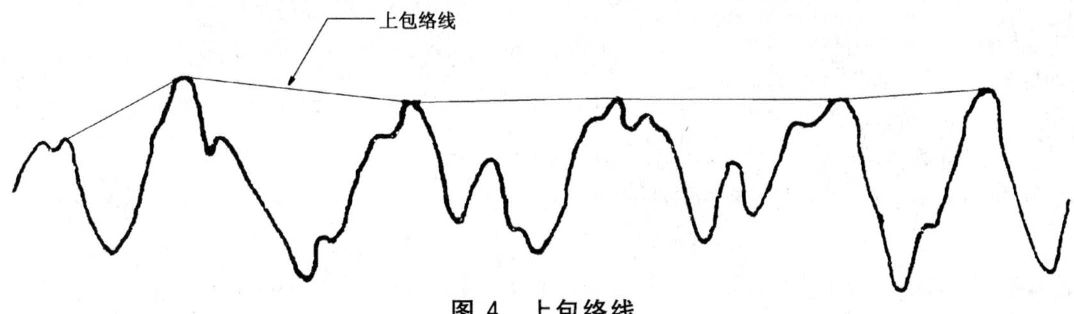

图 4　上包络线

3.1.8

波纹度图形　waviness motif

用有界限值 B 的完整的规范操作集从上包络线上提取的图形(见图 5)。

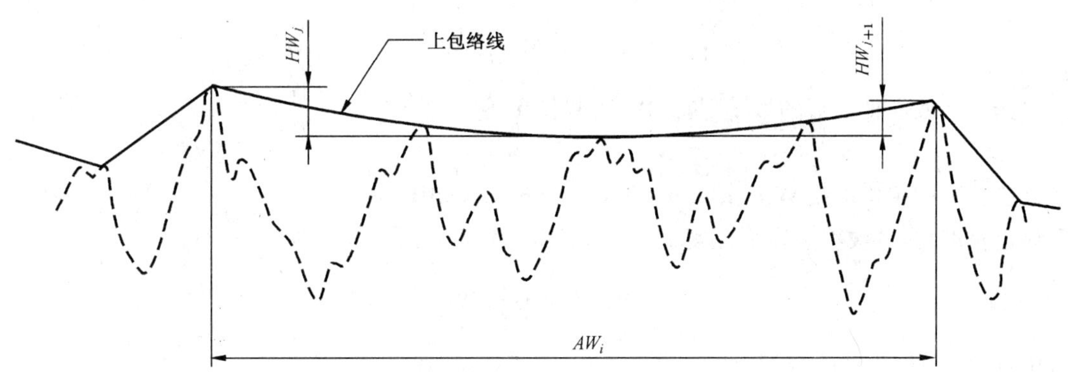

$T=\min[HW_j, HW_{j+1}]$

$T=HW_{j+1}$

图 5　波纹度图形

3.2　参数定义

3.2.1

粗糙度图形的平均间距 *AR*　mean spacing of roughness motifs, *AR*

在评定长度内,各粗糙度图形长度 AR_i 的算术平均值(见图 6),即

$$AR = \frac{1}{n}\sum_{i=1}^{n} AR_i$$

式中:n——粗糙度图形的数量(与 AR_i 的数量相等)。

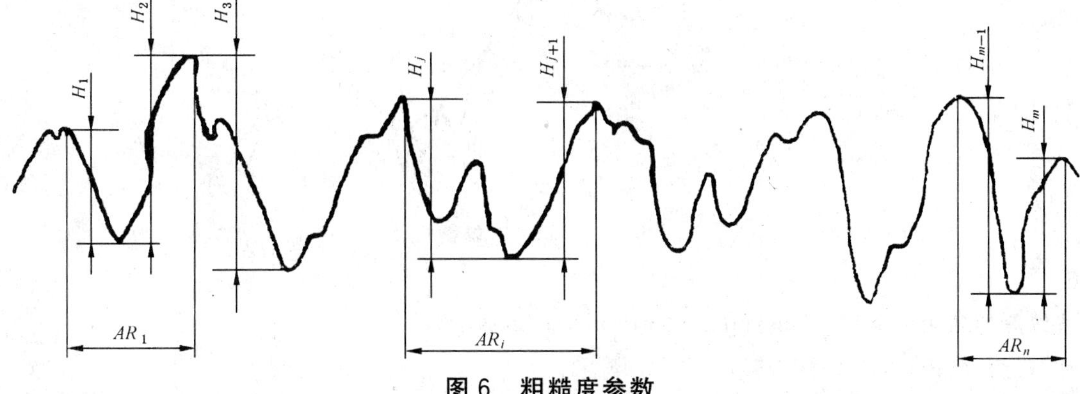

图 6　粗糙度参数

3.2.2

粗糙度图形的平均深度 R　mean depth of roughness motifs, R

在评定长度内，各粗糙度图形深度 H_j 的算术平均值(见图 6)，即

$$R=\frac{1}{m}\sum_{j=1}^{m}H_j$$

式中：

m——H_j 值的数量。

注：H_j 值的数量是 AR_i 值数量的两倍($m=2n$)。

3.2.3

轮廓微观不平度的最大深度 R_x　maximum depth of profile irregularity, R_x

在评定长度内，图形深度 H_j 的最大值，例如图 6：$R_x=H_3$。

3.2.4

波纹度图形的平均间距 AW　mean spacing of waviness motifs, AW

在评定长度内，各波纹度图形长度 AW_i 的算术平均值(见图 7)。即

$$AW=\frac{1}{n}\sum_{i=1}^{n}AW_i$$

式中：n——波纹度图形的数量(与 AW_i 的数量相等)。

3.2.5

波纹度图形的平均深度 W　mean depth of waviness motifs, W

在评定长度内，各波纹度图形深度 HW_j 的算术平均值(见图 7)。即

$$W=\frac{1}{m}\sum_{j=1}^{m}HW_j$$

式中：m——HW_j 值的数量。

注：HW_j 值的数量是 AW_j 值数量的两倍($m=2n$)。

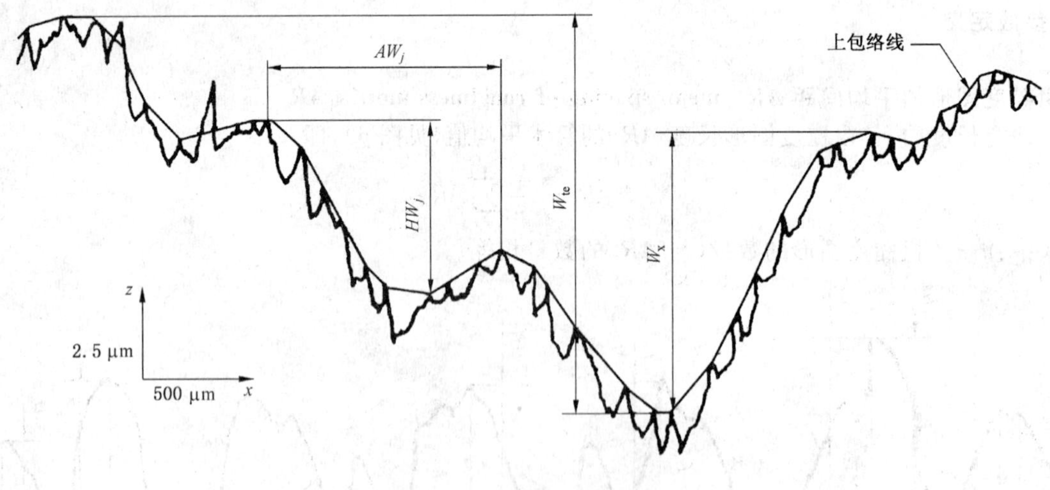

图 7　波纹度参数

3.2.6

波纹度的最大深度 W_x　maximum depth of waviness, W_x

在评定长度内，深度 HW_j 的最大值(见图 7)。

3.2.7

波纹度的总深度 W_{te}　total depth of waviness, W_{te}

在与原始轮廓总方向垂直的方向上，原始轮廓上包络线的最高点与最低点之间的距离(见图7)。

4　图形法的理论准确操作集

4.1　概述

本节描述图形的识别条件(长度和深度识别)并给出计算粗糙度和波纹度参数的程序。

4.2　图形的常用界限值

图8中界限值 A、B 的推荐值参见第5章内容。

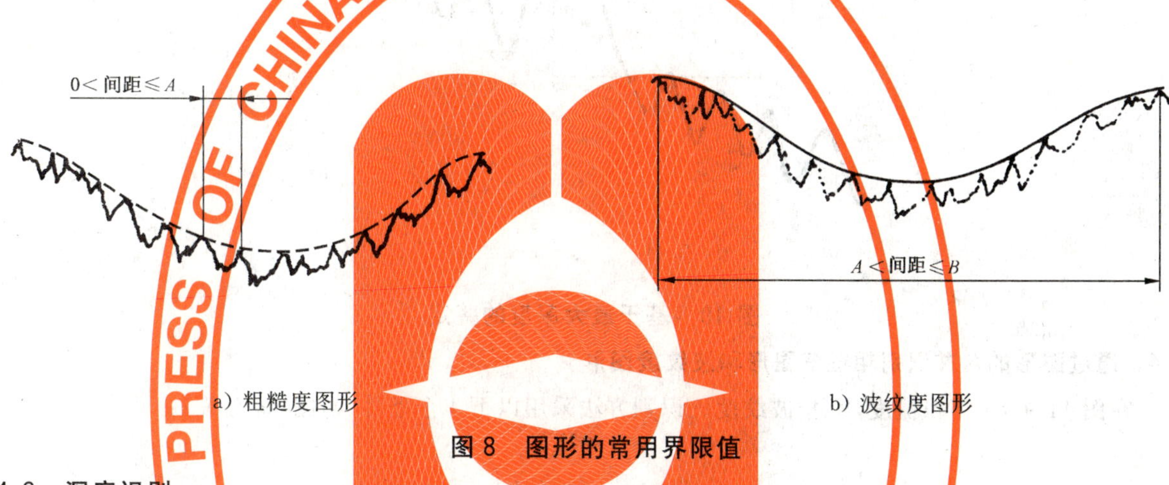

图8　图形的常用界限值

4.3　深度识别

深度识别适合于评定表面粗糙度的原始轮廓。

4.3.1　基于最小深度的识别

将原始轮廓分成宽度为 $A/2$ 的单元，并计算出每个长方形的高度。深度大于这些矩形平均高度的5%的单峰可被计入(见图9)。

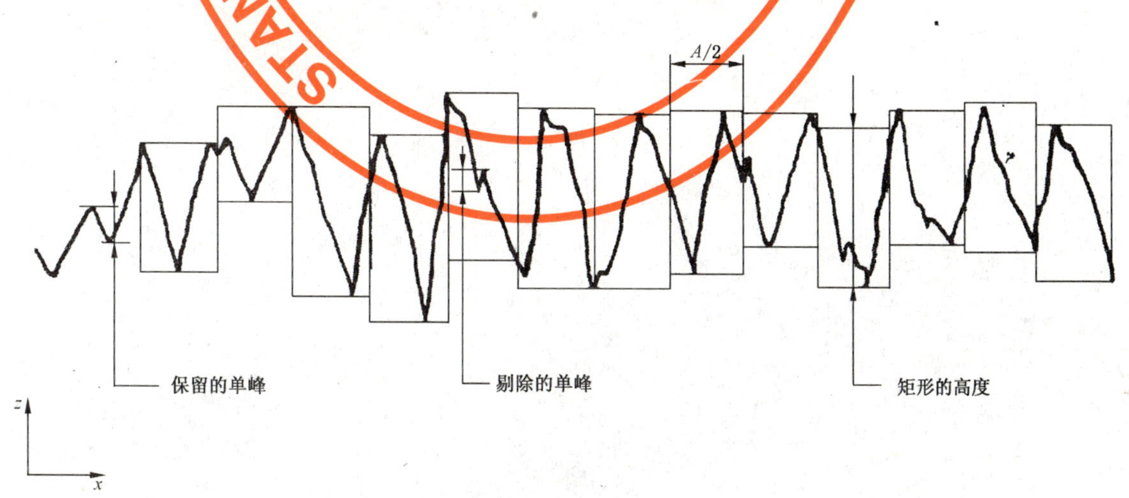

图9　基于最小深度识别

4.3.2 基于最大深度的识别

对于深度为 H_j 的粗糙度图形，计算 $\overline{H_j}$（H_j 的平均值）和 σ_{Hj}（标准偏差），若存在任何深度值大于 $H=\overline{H_j}+1.65\sigma_{Hj}$ 的单峰或单谷，则使其深度等于 H（见图 10）。

注：假如 H_j 呈高斯分布，这个条件所处理的峰和谷的数量约占 5%。这种识别避免了孤立的高单峰对包络线的干扰。

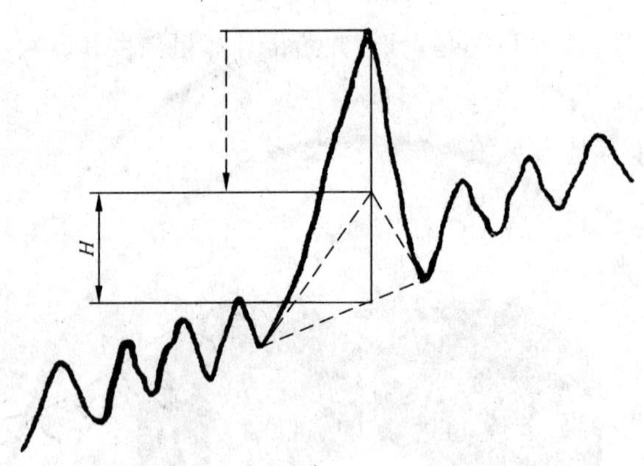

图 10 基于最大深度的鉴定

4.4 通过图形的合并识别粗糙度图形和波纹度图形

在图 11 中，R 指粗糙度，W 指波纹度。识别方法采用以下 4 个条件（与图 11 有关）：

无合并
条件
可能的合并
检查图形 i 和 i+1
条件Ⅰ
任一个峰≤任意
一个相邻峰
P_1 > P_2 和 P_3
P_1 ≤ P_2 或 P_3
否
是
A 或 B
AR_i 或 AW_i
AR_{i+1} 或 AW_{i+1}
条件Ⅱ
图形长度
$(AR_i + AR_{i+1}) \leq A$（对 R）
$(AW_i + AW_{i+1}) \leq B$（对 W）
$(AR_i + AR_{i+1}) > A$（对 R）
$(AW_i + AW_{i+1}) > B$（对 W）
条件Ⅲ
两个图形的
T 特性的扩展
$T < T_1$ 或 T_2
$T \geq T_1$ 和 T_2
条件Ⅳ
任一深度≤所检查
图形的T特性的60%
H_{j+1} 和 H_{j+2} > 60%T（对 R）
HW_{j+1} 和 HW_{j+2} > 60%T（对 W）
H_{j+1} 或 H_{j+2} ≤ 60%T（对 R）
HW_{j+1} 或 HW_{j+2} ≤ 60%T（对 W）
测试是否还有另一个图形
合并两个图形
检测图形 i+1和 i+2
检测图形 i+2和 i+3
结束合并过程

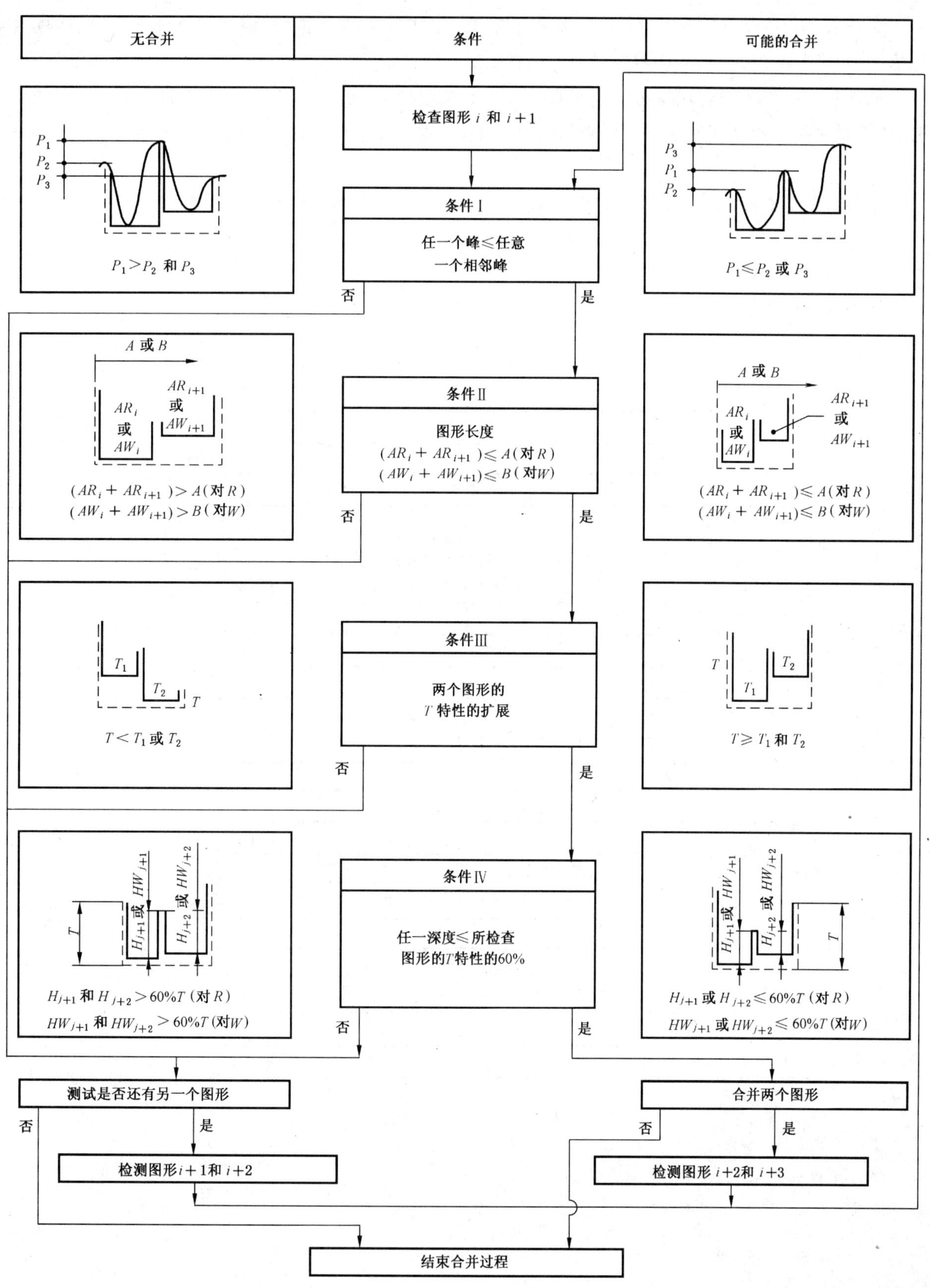

图 11　图形的合并

条件Ⅰ 包络条件 保留比一个相邻的峰更高的峰。

条件Ⅱ 长度条件 将图形长度限制在4.2和5.2中定义的 A 值(粗糙度和波纹度之间的约定界限值)或 B 值(波纹度和形状偏差之间的常用界限值)之内。

条件Ⅲ 扩展条件 通过寻找尽可能大的图形来剔除最小的峰。在将两个图形合并为一个图形时,如果得到图形的 T 值小于两个原来的图形的 T 值,则不能进行这种合并(这个条件剔除了插在大峰之间的小峰)。

条件Ⅵ 类似深度条件限制具有相似深度的图形的合并,尤其是对于周期性表面(这个条件避免了剔除与相邻峰深度相近的峰)。

4.5 参数计算的步骤

参数计算的步骤如下,其图解见图12。

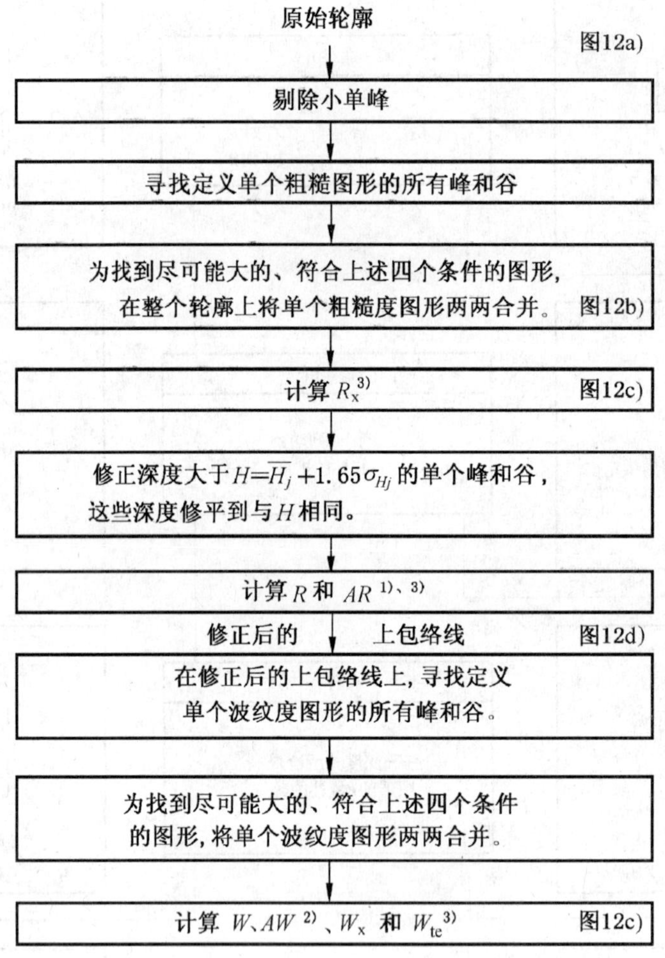

1) 计算 R 和 AR 参数至少要有三个图形。

2) 计算 W 和 AW 参数至少要有三个图形。

3) 若图形少于三个,则用 R_x 或 W_x 计算。

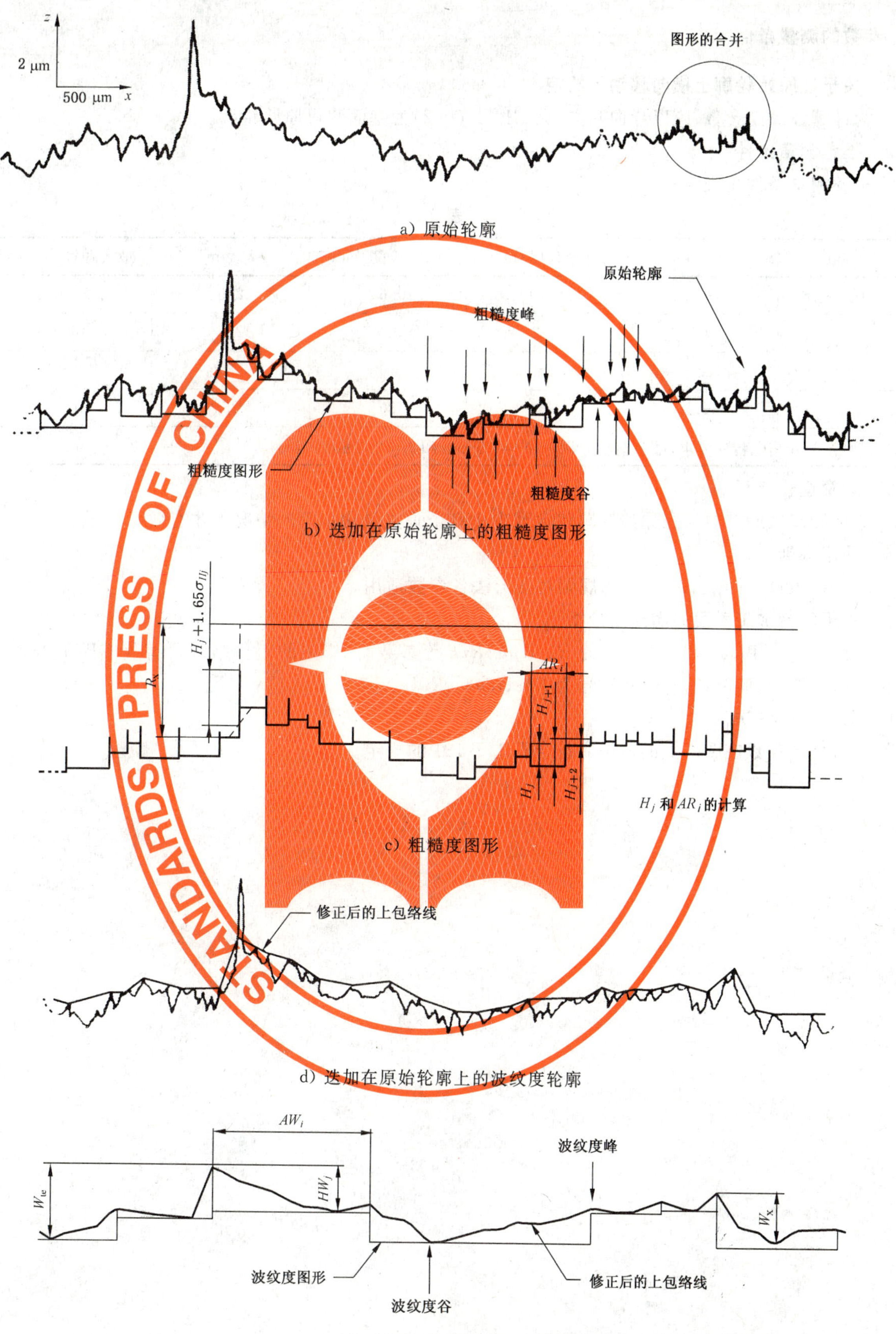

图 12　参数计算步骤图解

5 参数的测量条件

5.1 关于在原始轮廓上横向移动的约定

为计算波纹度参数,应以导向基准(见 GB/T 6062)为基面测得原始轮廓。

5.2 推荐测量条件

推荐测量条件见表 1。

表 1

A^{a}/mm	B^{a}/mm	行程长度/mm	评定长度/mm	λ_s/μm	最大触针半径/μm
0.02	0.1	0.64	0.64	2.5	2±0.5
0.1	0.5	3.2	3.2	2.5	2±0.5
0.5	2.5	16	16	8	5±1
2.5	12.5	80	80	25	10±2

[a] 如果没有其他特殊要求,缺省值将分别为 A=0.5 mm 和 B=2.5 mm。

5.3 轮廓量化步距

本标准涉及的参数仅在原始轮廓包含至少 150 个垂直量化步距的情况下才有效。

5.4 评定规则

GB/T 10610 中给出的 16%的规则对图形法各参数适用。

5.5 用于复合加工表面的图形法分析

在评定 GB/T 18778.1 中定义的 *Rk*、*Rpk*、*Rvk* 等参数时,修正的上包络线可替代 GB/T 18778.2 中定义的滤波器,此时,这些参数符号为 *Rke*、*Rpke*、*Rvke*。

5.6 图样上的注法

图形法各参数在图样上的注法应符合 GB/T 131 的规定。

附 录 A
（规范性附录）
图形合并的计算方法

为了用现有的仪器获得可重复的测量结果，在软件中要使用 A.1～A.3 中给出的计算方法（见图 A.1）。

A.1 轮廓成段分解

粗糙度：段长小于等于“A”；波纹度：段长小于等于“B”（“A”和“B”的值见 5.2）。

寻找满足如下条件的两个峰 P_i、P_{i+1}：

——两峰间的水平距离最大；

——水平距离小于等于 A 或 B（见表 1）；

——两峰之间没有比两个峰中任一个峰更高的峰。

包含在两峰间的轮廓部分称为段。

A.2 段内图形合并

在每段中，顺序判别每一对图形是否满足 4.4 中的三个条件Ⅰ、Ⅲ、Ⅳ。只有在完全满足这三个条件时才能合并两个单独的图形。

对于条件Ⅳ，H_{j+1}、H_{j+2} 中的最小值图形（H_{j+1}、H_{j+2}）是与段的垂直参考值 T（T=段的两个 h_1、h_2 中的最小值）的 60%、而不是与可能被合并的图形的 T 进行比较的。

当顺序差别了段内所有单独的图形后，合并操作要再次从段的起始点开始进行，直到段内不可能有合并发生。

其他段也用同样的方法进行测试。

A.3 在整个轮廓范围内的合并

对于由前面的步骤得到的所有图形，在整个轮廓范围内进行两两合并，对于每一对图形顺序进行条件Ⅰ、Ⅱ、Ⅲ、Ⅳ的差别只有在完全满足这四个条件时，才可以合并所差别的两个图形。对于条件Ⅳ，垂直特征 T 是所判别的可能被合并的图形的两个高度的最小值。

当顺序差别了轮廓上段内所有的图形后，合并操作要再次从轮廓起始点开始进行，直到没有合并发生。

A.4 图形合并的计算方法概述

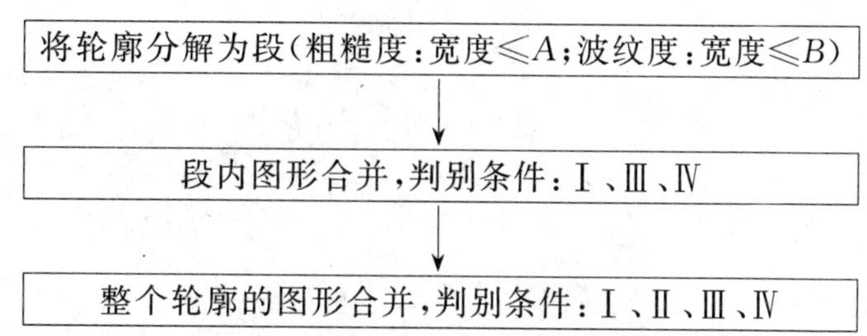

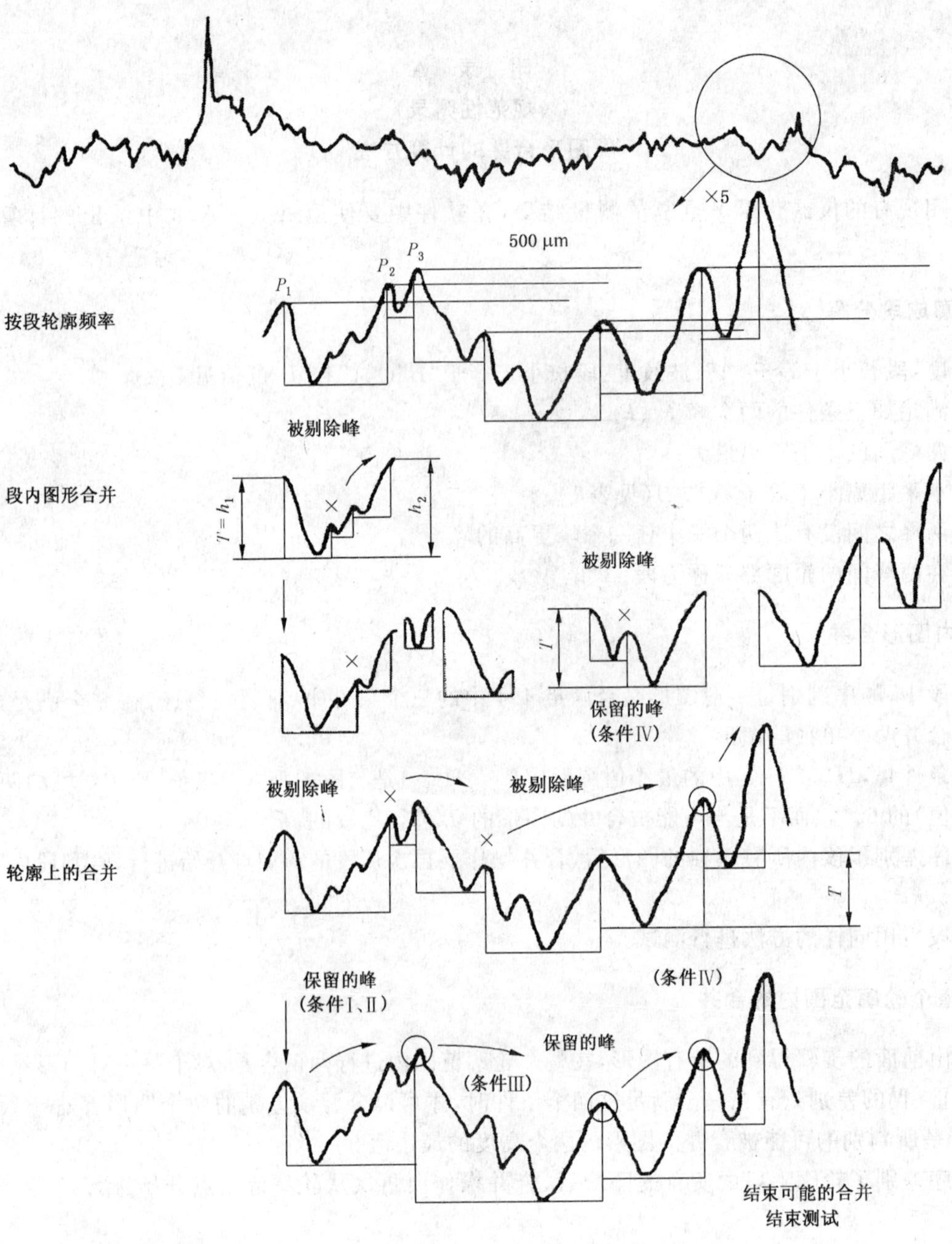

×——剔除峰(条件Ⅰ、Ⅱ、Ⅲ、Ⅳ完全满足);

○——保留峰。

图 A.1 图形合并

附　录　B
（资料性附录）
图形参数与表面功能的关系

表 B.1 给出了根据表面的功能所能标注的图形参数作为参考。

表 B.1

表面		适用的表面功能			参数								
					粗糙度轮廓			波纹度轮廓				原始轮廓	
		名称		符号[a]	R	R_x	AR	W	W_x	W_{te}	AW	Pt	$P\delta c$
两个接触表面	有相对位移	滑动(有润滑)		FG	●			≤0.8R			○		●
		干摩擦		FS	●		○		●		○		
		滚动		FR	●			≤0.3R	●		○		○
		阻抗锤击		RM	○		○	○			○		●
		流体摩擦		FF	●		○				○		
		动态密封	有垫片	ED	●	○	○	≤0.6R	●		○		
			无垫片		○	●		≤0.6R					●
	无相对位移	静态密封	有垫片	ES	○	●		≤R		○	○		
			无垫片		○	●		≤R		●			
		无位移有应力的调整		AC	○								●
		黏附度(粘结)		AD	●							○	
单独表面	有应力	工具(切削表面)		OC	○		○	●			●		
		疲劳强度		EA	○	●	○						○
	无应力	腐蚀阻抗		RC	●	●							
		喷涂		RE			○				○		
		电解涂层		DE	●	≤2R	●						
		量具		ME	●			≤R					
		外观		AS	●		○	○			○		

●为最重要的参数，至少要标注一个。
○为第二重要的参数，根据部件功能，如果需要，也要标注。
例：标注值≤0.8R 意思是：如果在图样上标注了符号 FG，但未标注 W，则 W 的上公差为 R 的上公差乘以 0.8。

[a] 符号(FG 等)是法语名称的缩写。

附 录 C
（资料性附录）
在 GPS 矩阵模型中的位置

GPS 矩阵模型参见 GB/Z 20308—2006。

C.1 本标准的信息及其应用

本标准规定了用于图形方法的术语、定义和表面结构参数。还对相应的完整规范操作集和测量条件作了说明。

C.2 本标准在 GPS 矩阵模型中的位置

本标准是 GPS 通用标准，它影响 GPS 通用标准矩阵中粗糙度轮廓、波纹度轮廓标准链的链环 2、链环 3 和链环 4，如图 C.1 所述。

<table>
<tr><td rowspan="21">GPS
基础
标准</td><td colspan="7">GPS综合标准</td></tr>
<tr><td colspan="7">GPS通用标准</td></tr>
<tr><td>链环号</td><td>1</td><td>2</td><td>3</td><td>4</td><td>5</td><td>6</td></tr>
<tr><td>尺寸</td><td></td><td></td><td></td><td></td><td></td><td></td></tr>
<tr><td>距离</td><td></td><td></td><td></td><td></td><td></td><td></td></tr>
<tr><td>半径</td><td></td><td></td><td></td><td></td><td></td><td></td></tr>
<tr><td>角度</td><td></td><td></td><td></td><td></td><td></td><td></td></tr>
<tr><td>与基准无关的线形状</td><td></td><td></td><td></td><td></td><td></td><td></td></tr>
<tr><td>与基准相关的线形状</td><td></td><td></td><td></td><td></td><td></td><td></td></tr>
<tr><td>与基准无关的面形状</td><td></td><td></td><td></td><td></td><td></td><td></td></tr>
<tr><td>与基准相关的面形状</td><td></td><td></td><td></td><td></td><td></td><td></td></tr>
<tr><td>方向</td><td></td><td></td><td></td><td></td><td></td><td></td></tr>
<tr><td>位置</td><td></td><td></td><td></td><td></td><td></td><td></td></tr>
<tr><td>圆跳动</td><td></td><td></td><td></td><td></td><td></td><td></td></tr>
<tr><td>全跳动</td><td></td><td></td><td></td><td></td><td></td><td></td></tr>
<tr><td>基准</td><td></td><td></td><td></td><td></td><td></td><td></td></tr>
<tr><td>粗糙度轮廓</td><td></td><td></td><td></td><td></td><td></td><td></td></tr>
<tr><td>波纹度轮廓</td><td></td><td></td><td></td><td></td><td></td><td></td></tr>
<tr><td>原始轮廓</td><td></td><td></td><td></td><td></td><td></td><td></td></tr>
<tr><td>表面缺陷</td><td></td><td></td><td></td><td></td><td></td><td></td></tr>
<tr><td>棱边</td><td></td><td></td><td></td><td></td><td></td><td></td></tr>
</table>

图 C.1

C.3 相关的标准

相关的标准为图 C.1 所示标准链涉及的标准。

参考文献

［1］ GB/T 18778.1—2002 产品几何量技术规范(GPS) 表面结构 轮廓法 具有复合加工特征的表面 第1部分:滤波和一般测量条件

［2］ GB/T 18778.2—2003 产品几何量技术规范(GPS) 表面结构 轮廓法 具有复合加工特征的表面 第2部分:用线性化的支承率曲线表征高度特性

［3］ GB/Z 20308—2006 产品几何技术规范(GPS) 总体规划

［4］ VIM:1993 计量学国际通用基础术语(BIPM、IFCC、IEC、ISO、IUPAC、IUPAP、OIML,1993年第2版)

ICS 65.120
B 46

中华人民共和国国家标准

GB/T 18634—2009
代替 GB/T 18634—2002

饲用植酸酶活性的测定 分光光度法

Determination of feed phytase activity—Spectrophotometric method

2009-05-26 发布　　2009-10-01 实施

中华人民共和国国家质量监督检验检疫总局
中国国家标准化管理委员会　发布

前言

本标准代替 GB/T 18634—2002《饲用植酸酶活性的测定　分光光度法》。

本标准与 GB/T 18634—2002 相比主要变化如下：

——缩小了方法的适用范围；

——改变了方法的最低定量限；

——改变了缓冲溶液的配制方法；

——细化了测定过程中的操作步骤；

——删除了相对法；

——扩大了添加植酸酶的配合饲料样品两次试验的允许差，相对偏差≤15%。

本标准附录 A 为资料性附录。

本标准由全国饲料工业标准化技术委员会提出并归口。

本标准负责起草单位：中国农业科学院农业质量标准与检测技术研究所[国家饲料质量监督检验中心(北京)]，广东溢多利生物科技股份有限公司，武汉新华扬生物有限公司。

本标准主要起草人：马东霞、詹志春、史宝军、苏晓鸥、詹连生、梁雪霞、张苏。

本标准所代替标准的历次版本发布情况为：

——GB/T 18634—2002。

饲用植酸酶活性的测定
分光光度法

1 范围

本标准规定了以分光光度法测定饲用植酸酶的活性。

本标准适用于作为饲料添加剂使用的植酸酶产品，也适用于添加有植酸酶的配合饲料。方法最低定量限为 130 U/kg。

2 规范性引用文件

下列文件中的条款通过本标准的引用而成为本标准的条款。凡是注日期的引用文件，其随后所有的修改单(不包括勘误的内容)或修订版均不适用于本标准，然而，鼓励根据本标准达成协议的各方研究是否可使用这些文件的最新版本。凡是不注日期的引用文件，其最新版本适用于本标准。

GB/T 14699.1　饲料　采样

3 术语和定义

下列术语和定义适用于本标准。

3.1

植酸酶活性　phytase activity

在温度 37 ℃、pH 5.50 条件下，每分钟从浓度为 5.0 mmol/L 植酸钠溶液中释放 1 μmol 无机磷，即为一个植酸酶活性单位，以 U 表示。

4 原理

植酸酶在一定温度和 pH 条件下，将底物植酸钠水解，生成正磷酸和肌醇衍生物。在酸性溶液中，能与钒钼酸铵生成黄色的复合物，可于波长 415 nm 下进行比色测定。

5 试剂和材料

除非另有说明，在分析中仅使用确认为分析纯的试剂和蒸馏水或去离子水或相当纯度的水。清洗试验用器皿不要用含磷清洗剂。

5.1　磷酸二氢钾(KH_2PO_4)：基准物。

5.2　乙酸缓冲液(1)，$c(CH_3COONa)$=0.25 mol/L：称取 20.52 g 无水乙酸钠于 1 000 mL 烧杯中，加入 900 mL 水搅拌溶解，用冰乙酸调节 pH 至 5.50±0.01，再转移至 1 000 mL 容量瓶中，并用蒸馏水定容至刻度。室温下存放 2 个月内有效。

5.3　乙酸缓冲液(2)，$c(CH_3COONa)$=0.25 mol/L：称取 20.52 g 无水乙酸钠，0.5 g 曲拉通 X-100 (Triton X-100)，0.5 g 牛血清白蛋白(BSA)于 1 000 mL 烧杯中，加入 900 mL 水搅拌溶解，用冰乙酸调节 pH 至 5.50±0.01，再转移至 1 000 mL 容量瓶中，并用蒸馏水定容至刻度。室温下存放 2 个月内有效。

5.4　底物溶液，$c(C_6H_6O_{24}P_6Na_{12})$=7.5 mmol/L：称取 0.69 g 植酸钠($C_6H_6O_{24}P_6Na_{12}$，相对分子质量为 923.8，纯度为 95%)，精确至 0.1 mg，置于 100 mL 烧杯中，用约 80 mL 乙酸缓冲液(5.2)溶解，用冰乙酸调节 pH 至 5.50±0.01，转移至 100 mL 容量瓶中，并用乙酸缓冲液(5.2)定容至刻度，现用现配

(实际反应液中的最终浓度为 5.0 mmol/L)。

5.5 硝酸溶液:1+2 水溶液。

5.6 钼酸铵溶液,100 g/L: 称取 10 g 钼酸铵[$(NH_4)_6Mo_7O_{24} \cdot 4H_2O$]于 50 mL 烧杯中加水溶解,必要时可微加热,再转移至 100 mL 容量瓶中,加入 1.0 mL 氨水(25%)用水定容至刻度。

5.7 偏钒酸铵溶液,2.35 g/L:称取 0.235 g 偏钒酸铵(NH_4VO_3)于 50 mL 烧杯中,加入 2 mL 硝酸溶液(5.5)及少量水,并用玻璃棒研磨溶解,再转移至 100 mL 棕色容量瓶中,用水定容至刻度。避光条件下保存一周内有效。

5.8 酶解反应终止及显色液:移取 2 份硝酸溶液(5.5),1 份钼酸铵溶液(5.6),1 份偏钒酸铵溶液(5.7)混合后使用,现用现配。

6 仪器和设备

实验室常用仪器设备及以下设备。

6.1 分析天平:感量 0.1 mg。

6.2 恒温水浴:37 ℃±0.1 ℃。

6.3 分光光度计:有 10 mm 比色皿,可在 415 nm 下测定吸光度。

6.4 磁力搅拌器。

6.5 涡流式混合器。

6.6 酸度计:pH 精确至 0.01。

6.7 离心机:转速为 4 000 r/min 以上。

6.8 超声波溶解器。

6.9 回旋式振荡器。

7 试样制备

7.1 固体样品

按 GB/T 14699.1 的规定进行采样,选取有代表性样品,用四分法将试样缩分至 100 g,植酸酶产品不需粉碎,配合饲料需粉碎通过 0.45 mm 标准筛,装入密封容器,防止试样成分变化。

7.2 液体样品

按 GB/T 14699.1 的规定进行采样,选取有代表性样品用前摇匀。

8 测定步骤

8.1 标准曲线

准确称取 0.680 4 g 在 105 ℃烘至恒重的基准磷酸二氢钾(5.1)于 100 mL 容量瓶中,用乙酸缓冲液(5.2)溶解,并定容至刻度,浓度为 50.0 mmol/L。按表 1 的比例用乙酸缓冲液(5.3)稀释成不同浓度,与待测试样一起反应测定。以无机磷的量为横坐标,吸光值为纵坐标,列出直线回归方程($y=a+bx$)。

表 1 标准稀释比例

标准溶液序号	稀释量/mL	浓度/(μmol/mL)
1	0.5→16	1.562 5
2	0.5→8	3.125 0
3	0.5→4	6.250 0
4	0.5→2	12.500
5	0.5→1	25.000

8.2 试样溶液的制备

8.2.1 酶制剂样品中酶的提取

参照附录A中建议的称样量称取植酸酶试样两份，精确至0.000 1 g，置于100 mL容量瓶中，加入乙酸缓冲液(5.3)摇匀并定容至刻度。放入一个磁力棒，在磁力搅拌器(6.4)上高速搅拌30 min。或在超声波溶解器(6.8)上超声溶解15 min，再放入回旋式振荡器(6.9)中振荡30 min。

8.2.2 加酶饲料样品中酶的提取

称取添加植酸酶的饲料试样两份，精确至0.000 1 g，置于200 mL刻度锥形瓶中，加入乙酸缓冲液(5.3)100.0 mL。在超声波溶解器(6.8)上超声溶解15 min，再放入回旋式振荡器(6.9)中振荡30 min。

所有提取后的试样必要时在离心机(6.7)上以4 000 r/min离心10 min。分取不同体积的上清液用乙酸缓冲液(5.3)稀释，使试样溶液的浓度保持在0.4 U/mL左右，待反应。

建议在测定样品时附加一个已知活性的植酸酶参考样，便于检验整个操作过程是否有偏差。

8.3 反应

取10 mL试管按下面的反应顺序进行操作，标准空白加入0.2 mL乙酸缓冲液(5.3)。在反应过程中，从加入底物溶液(5.4)开始，向每支试管中加入试剂的时间间隔要一致，在恒温水浴(6.2)中37 ℃水解30 min。

反应步骤及试剂、溶液用量见表2。

表2 反应步骤及试剂、溶液用量

反应顺序	样品、标准	样品空白
1. 加乙酸缓冲液(5.2)	1.8 mL	1.8 mL
2. 加入待反应液	0.2 mL	0.2 mL
3. 混合	√	√
4. 水浴(6.2)中37℃预热5 min	√	√
5. 依次加入底物溶液(5.4)	4 mL	4 mL(第二步)
6. 混合	√	√
7. 水浴(6.2)中37 ℃水解30 min	√	√
8. 依次加入终止及显色液(5.8)	4 mL	4 mL(第一步)
9. 混合	√	√
总体积	10 mL	10 mL

8.4 样品测定

反应后的试样在室温下静置10 min，如出现混浊需在离心机(6.7)上以4 000 r/min离心10 min，上清液以标准曲线的空白调零，在分光光度计(6.3)415 nm波长处测定试样空白(A_0)和试样溶液(A)的吸光值，$A-A_0$为实测吸光值。用直线回归方程计算植酸酶的活性。

9 结果计算和表示

9.1 结果计算

试样中植酸酶活性以X表示，单位为酶活性单位每克(U/g)或酶活性单位每毫升(U/mL)，按式(1)计算：

$$X=\frac{y}{m\times t}\times n \qquad (1)$$

式中：

X——试样中植酸酶的活性，单位为酶活性单位每克(U/g)或酶活性单位每毫升(U/mL)；

y——根据实际样液的吸光值由直线回归方程计算出的无机磷的量，单位为微摩尔（μmol）；

t——酶解反应时间，单位为分钟（min）；

n——试样的稀释倍数；

m——试样的量，单位为克（g）或毫升（mL）。

9.2 结果表示

两个平行试样的测定结果用算术平均值表示，酶制剂样品保留整数，加酶饲料样品保留三位有效数字。

9.3 重复性

同一试样两个平行测定值的相对偏差，植酸酶产品不大于8%，添加植酸酶的各种饲料样品不大于15%。

附 录 A
（资料性附录）
建议称样量

根据样品植酸酶活性的不同，建议称样量见表 A.1。

表 A.1 建议称样量

植酸酶活性/(U/g)	称样量/g
5 000 以上	0.1～1
1 000～5 000	0.2～1
500～1 000	1～2
1～500	2～5
0.13～1	5～10

ICS 11.040.20
C 31

中华人民共和国国家标准

GB 18671—2009
代替 GB 18671—2002

一次性使用静脉输液针

Intravenous needles for single use

2009-05-06 发布　　2010-03-01 实施

中华人民共和国国家质量监督检验检疫总局
中国国家标准化管理委员会　发布

前　　言

本标准的全部技术内容为强制性。

本标准代替 GB 18671—2002《一次性使用静脉输液针》。本标准与 GB 18671—2002 的主要区别如下：

——适用范围扩大到适用于与重力输液式输液器、压力输液设备用输液器和输血器配套的输液针，并增加相应的要求；

——增加了 0.36 mm 针管规格的输液针及相应的要求；

——将产品标记改为了规格标记；

——连接座要求修改为强制性的；

——将快速评价针管畅通性的通针直径的要求以资料性附录的形式给出；取消了针尖穿刺性能定性试验方法；

——酸碱度试验改为了滴定法；

——对于采用环氧乙烷灭菌的输液针，取消了环氧乙烷残留量要求，增加了初包装应采用透析材料的要求；

——修改了标志、包装的要求；

——取消了出厂检验。

本标准附录 A 和附录 B 是规范性附录，附录 C 和附录 D 是资料性附录。

本标准由国家食品药品监督管理局提出。

本标准由全国医用输液器具标准化技术委员会归口。

本标准起草单位：浙江康德莱医疗器械股份有限公司、国家食品药品监督管理局济南医疗器械质量监督检验中心。

本标准主要起草人：张洪辉、宋金子、吴平、贾彧飞。

本标准所代替标准的历次版本发布情况为：

——GB 18671—2002。

引　言

一次性使用静脉输液针主要有两种供应方式。一种是与输液器、输血器配套供应给医院，另一种是作为独立的商品供应给医院。国内以第一种供应方式占绝大多数。对与输液器、输血器配套供应的静脉输液针，本标准所规定的无菌、包装、标志的要求不适用。

应临床的不同要求，本标准不限定针管外径与长度的组合。但考虑到产品销售和临床使用的识别，标准要求在给出针管外径标识的同时，还要给出针管长度和管壁类型、针尖类型标识；

作为过渡，GB 18671—2002 标准将内圆锥接头执行 GB/T 1962 的要求作为推荐性要求。鉴于不少企业已逐步采用半刚性 6%内圆锥接头，本版改为强制性要求。

一次性使用静脉输液针

1 范围

本标准规定了针管公称外径为0.36 mm至1.2 mm的一次性使用静脉输液针(以下简称“输液针”)的要求,以保证与相应的重力输液式输液器、压力输液设备用输液器或输血器相适应。

本标准为输液针所用材料的性能及其质量规范提供了指南。

本标准的第3章至第8章中8.1和8.3给出了与输液器、输血器配套供应的输液针的质量规范。

2 规范性引用文件

下列文件中的条款通过本标准的引用而成为本标准的条款。凡是注日期的引用文件,其随后所有的修改单(不包括勘误的内容)或修订版均不适用于本标准,然而,鼓励根据本标准达成协议的各方研究是否可使用这些文件的最新版本。凡是不注日期的引用文件,其最新版本适用于本标准。

GB/T 1962.1 注射器、注射针及其他医疗器械6%(鲁尔)圆锥接头 第1部分:通用要求(GB/T 1962.1—2001,idt ISO 594-1:1986)

GB/T 1962.2 注射器、注射针及其他医疗器械6%(鲁尔)圆锥接头 第2部分:锁定接头(GB/T 1962.2—2001,idt ISO 594-2:1998)

GB/T 6682 分析实验室用水规格和试验方法(GB/T 6682—2008,ISO 3696:1987,MOD)

GB 8368—2005 一次性使用输液器 重力输液式(ISO 8536-4:2004,MOD)

GB/T 14233.1—2008 医用输液、输血、注射器具检验方法 第1部分:化学分析方法

GB/T 14233.2 医用输液、输血、注射器具检验方法 第2部分:生物学试验方法

GB/T 16886.1 医疗器械生物学评价 第1部分:评价与试验(GB/T 16886.1—2001,idt ISO 10993-1:1997)

GB 18457 制造医疗器械用不锈钢针管(GB 18457—2001,eqv ISO 9626:1991)

YY 0286.4—2006 专用输液器 第4部分:一次性使用压力输液设备用输液器(ISO 8536-8:2004,IDT)

YY/T 0296 一次性使用注射针 识别色标(YY/T 0296—1997,ISO 6009:1992,IDT)

3 结构型式与命名

典型的输液针的结构型式,各部分的名称和针管长度(L)如图1所示:

单位为毫米

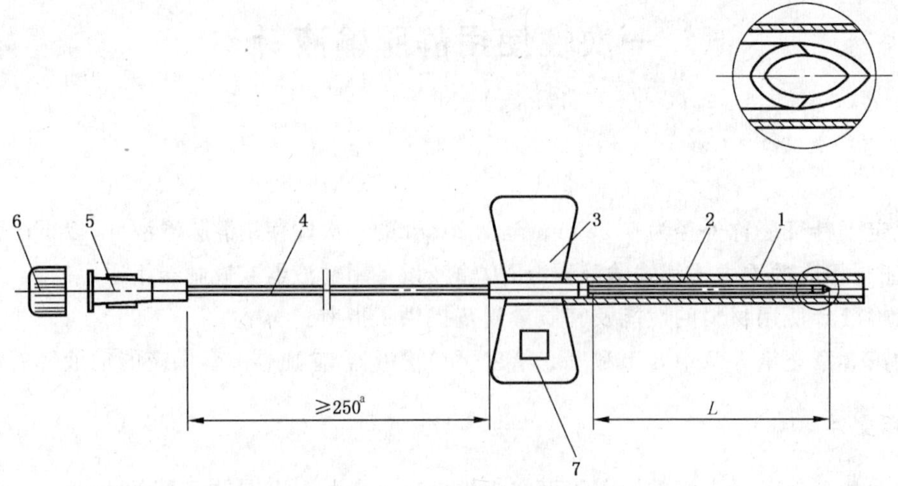

1——保护套；

2——针管；

3——针柄；

4——软管；

5——连接座；

6——保护帽[b]；

7——针管外径规格[c]；

a 软管长度尺寸为推荐性的。

b 与其他产品装配在一起供应时，可以没有保护帽。

c 见 GB 18457。

注 1：连接座可以带保护器件。

注 2：图 1 给出了输液针的典型结构，只要能达到相同的效果，也可采用其他结构。

图 1 典型的输液针示例

4 标记示例

4.1 输液针规格的标记以针管公称外径、公称长度、管壁类型和针尖第一斜面角度(α)表示。外径和长度单位以"mm"表示。管壁类型以 RW(正常壁)、TW(薄壁)或 ETW(超薄壁)表示。针尖第一斜面角度以 LB(长斜面角)或 SB(短斜面角)表示。

4.2 符合本标准要求的针管公称外径为 0.7 mm，公称长度(L)为 30 mm，管壁类型为薄壁，针尖第一斜面角度为长斜面角的输液针规格标记为：

0.7×30 TW LB

注 1：针管壁厚，针尖第一斜面角度可按需要选用。另见第 D.1 章。

注 2：本标准推荐使用薄壁或超薄壁针管。

5 材料

制造输液针的针管应符合 GB 18457 的要求。

输液针与药液接触的组件(包括润滑剂)，还应符合第 7 章和第 8 章的要求。

6 物理要求

6.1 色标

输液针应以针柄和/或保护套的颜色作为针管的公称外径的色标。其颜色应符合 YY/T 0296

的要求。

6.2 微粒污染

按第 A.1 章试验时，输液针污染指数应不超过 90。

6.3 连接牢固度

6.3.1 输液针针柄与针管连接处施加 20 N 的轴向静拉力持续 10 s，应不断开或松动。

6.3.2 输液针软管与针柄及软管与连接座之间的连接应能承受 15 N 或伸长为 50% 的静态轴向拉力(取先达到者)持续 10 s，各连接处无松动或分离。

6.4 泄漏

输液针的内腔应有良好的密封性。按第 A.2 章试验时，不应有泄漏。

与压力输液设备用输液器配套使用的输液针应符合 YY 0286.4—2006 中 6.3 的要求。

6.5 流量

按第 A.3 章试验时，在 20 kPa 的压力下水的输出流量应不低于表 1 规定。

注：可用第 D.1 章给出的通针直径快速评价针管的畅通性。

表 1 输液针流量指标

规格/mm	0.36	0.4	0.45	0.5	0.55	0.6	0.7	0.8	0.9	1.1	1.2
流量/(mL/min)	2.0	2.5	2.8	3.2	3.8	5.0	11.0	21.0	36.0	48.0	

6.6 针管长度

针管公称长度小于或等于 15 mm 时，针管长度(图 1 中的 L)应为公称值 ±1.0 mm；公称长度大于 15 mm 时，针管长度应为公称值 $^{+1.5\ \mathrm{mm}}_{-2.0\ \mathrm{mm}}$。

6.7 针尖

输液针针尖应锋利，在放大 2.5 倍条件下，用正常或矫正视力检查时，针尖应无毛边、毛刺和弯钩等缺陷。

注 1：针尖的第一斜面角度通常采用(17±2)°，通称“短斜面角”，但也可采用 (12±2)°，通称“长斜面角”，第 D.2 章给出了针尖几何图形和命名标示。当要说明针尖构型时，可不必使用图示的所有标示。

注 2：第 D.3 章给出了针尖穿刺性能的评价方法。

6.8 润滑剂

如果针管涂有润滑剂，用正常或矫正视力观察，针管的外表面不应有可见的润滑剂积聚。

注 1：适宜的润滑剂为聚二甲基硅氧烷。

注 2：每平方厘米针管表面上润滑剂的用量不宜超过 0.25 mg。

6.9 连接座

连接座的圆锥接头应符合 GB/T 1962.1 或 GB/T 1962.2 的要求。

与压力输液设备用输液器配套使用的输液针的连接座应采用锁定式接头。

6.10 针柄

输液针针柄应完整，标志清晰，针柄应与针尖第一斜面角在同一方向(如图 1 所示)，其倾斜应不大于 30°。

6.11 软管

输液针的软管应柔软、透明、光洁，并无明显机械杂质、异物、扭结，其透明度应保证能观察气泡和回血。

6.12 保护套、保护帽

输液针保护套、保护帽不应自然脱落并易于拆除。

7 化学要求

7.1 还原物质

按第 B.2 章试验时，检验液和空白液消耗高锰酸钾溶液[$c(KMnO_4)=0.002$ mol/L]的体积之差应不超过 2.0 mL。

7.2 金属离子

按 B.3.1 用原子吸收分光光度计法(AAS)或相当的方法进行测定时，检验液中钡、铬、铜、铅和镉的总含量应不超过 1 μg/mL。镉的含量应不超过 0.1 μg/mL。

按 B.3.2 试验时，检验液呈现的颜色应不超过质量浓度 $\rho(Pb^{2+})=1\ \mu g/mL$ 的标准对照液。

7.3 酸碱度

按第 B.4 章试验时，使指示剂颜色变灰色所需的任何一种标准溶液应不超过 1 mL。

7.4 蒸发残渣

按第 B.5 章试验时，蒸发残渣的总量应不超过 2 mg。

7.5 紫外吸光度

按第 B.6 章试验时，检验液的吸光度应不大于 0.1。

8 生物要求

8.1 生物相容性

输液针应不释放出任何对患者产生副作用的物质。GB/T 16886.1 给出了生物相容性评价与试验的指南。评价与试验的结果应表明输液针无毒性。

注：GB/T 16886(所有部分)和 GB/T 14233.2 给出了适用的生物相容性评价试验方法。

8.2 无菌

初包装内的输液针应经过一确认过的灭菌过程使产品无菌。

注 1：GB/T 14233.2—2005 规定了无菌试验方法，但该方法不能用于证实灭菌批的灭菌效果。

注 2：适宜的灭菌过程的确认和常规控制见 GB 18279 或 GB 18280。

8.3 细菌内毒素

按 GB/T 14233.2 试验时，取注射器抽取 5 mL 浸提介质与输液针连接，注入输液针内腔至充满后密封针头端，一起置 37 ℃恒温箱中浸提 1 h。将注射器中的剩余浸提介质推注流过输液针内腔，收集全部浸提液进行试验，细菌内毒素限量应小于 0.5 EU/mL。

注：YY/T 0618 给出了细菌内毒素常规监控与跳批检验的指南。

9 标志

9.1 初包装

初包装上至少应有下列信息：

a) 产品名称和符合第 4 章的规格标记；

b) “无菌”、“无热原”或“无细菌内毒素”字样；

c) 批号，以“批”字打头；

d) 失效年月；

e) “一次性使用”字样或相当文字；

f) 表示压力的字母“P”，其高度应突出于周围的文字，如适用；

g) 使用前检查每一初包装完整性的警示；

h) 制造商和/或经销商的名称和地址；

注：可用 YY/T 0466 中给出的图形符号来满足上述相应要求。

9.2 中包装

中包装内至少应有下列信息：

a) 产品名称和符合第 4 章的规格标记；

b) 数量；

c) “无菌”、“无热原”或“无细菌内毒素”字样；

d) 批号，以“批”字打头；

e) 失效年月；

f) “一次性使用”字样或相当文字；

g) 表示压力的字母“P”，其高度应突出于周围的文字，如适用；

h) 搬运、贮存和运输的要求(需要时)；

i) 制造商和/或经销商的名称和地址；

j) 推荐的贮存条件(如果有)。

注：可用 YY/T 0466 中给出的图形符号来满足上述相应要求。

9.3 运输包装

运输包装上至少应有以下标志：

a) 产品名称和符合第 4 章的规格标记；

b) 数量；

c) “无菌”、“无热原”或“无细菌内毒素”字样；

d) 批号，以“批”字打头；

e) 失效年月；

f) “一次性使用”字样或相当文字；

g) 搬运、贮存和运输的要求；

h) 制造商和/或经销商的名称和地址；

注：可用 YY/T 0466 中给出的图形符号来满足上述相应要求。

10 包装

每一支输液针应封装在初包装中。此包装的材料和设计应确保：

a) 若采用环氧乙烷灭菌，应采用透析材料；

b) 输液针的包装和灭菌使其在使用前无扁瘪或打折现象；

c) 识别内装物；

d) 在使用前保持内装物无菌；

e) 一旦打开，包装物不能轻易地重新密封，且有明显被打开的痕迹。

附 录 A
（规范性附录）
物理试验方法

A.1 微粒污染试验

A.1.1 方法

按 GB 8368 规定的方法进行，但洗脱液制备按 A.1.2 规定进行。

A.1.2 洗脱液制备

取 5 支输液针制备洗脱液。在 1m 静压头下，使冲洗液分别流过 5 支输液针各 100 mL，共收集 500 mL洗脱液。

另取 500 mL 冲洗液作为空白对照液。

A.2 泄漏试验

将输液针的针管封闭，浸入 20 ℃～30 ℃水中，从连接座锥孔通入高于大气压强 50 kPa 的气压 10 s。检查输液针漏气的迹象。

A.3 流量试验

A.3.1 仪器

流量试验仪器如图 A.1 所示。

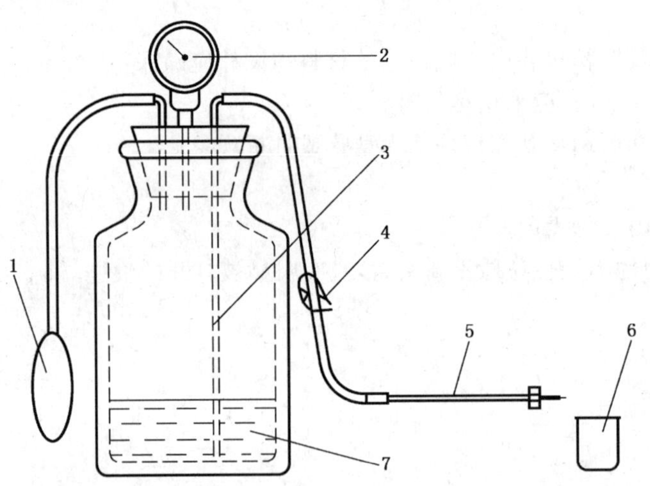

1——有单向阀的充气球（带有单向阀）；
2——血压表；
3——液体管路；
4——开关；
5——供试输液针；
6——称量容器。

图 A.1 流量试验装置

A.3.2 步骤

按图 A.1 将输液针连接到试验仪器上，使出口端与液面保持同一水平，用充气球向系统内加压至 20 kPa，测量 1 min 内从输液针中流出液体的体积。

附 录 B
（规范性附录）
溶出物化学分析方法

B.1 检验液制备

取 25 支输液针，去除保护套并将软管部分剪成 1 cm 长小段，连针管部分一同放入玻璃容器中，加入 250 mL 符合 GB/T 6682 的二级水并在 37 ℃±1 ℃下恒温 2 h，收集所有液体冷至室温作为检验液。

取同体积水置于玻璃容器中，不装样品同法制备对照液。

B.2 还原物质（易氧化物）试验

按 GB/T 14233.1—2008 中 5.2.2 方法二规定进行。

B.3 金属离子试验

B.3.1 原子吸收：按 GB/T 14233.1—2008 中 5.9.1 规定进行。

B.3.2 比色：按 GB/T 14233.1—2008 中 5.6.1 方法一规定进行。

B.4 酸碱度试验

按 GB/T 14233.1—2008 中 5.4.2 规定进行。

B.5 蒸发残渣试验

按 GB/T 14233.1—2008 中 5.5 规定进行。

B.6 紫外吸光度试验

按 GB/T 14233.1—2008 中 5.7 规定，在 250 nm～320 nm 波长范围内进行。

附 录 C
（资料性附录）
型 式 检 验

C.1 型式检验为全性能检验。其中，生物相容性评价应按 GB/T 16886.1 的要求进行。

C.2 型式检验时，第 6 章、9.1 和第 10 章各项要求均随机抽检 5 支。

C.3 所有检验项目均合格，则通过型式检验。型式检验未通过时，不得进行批量生产。

附　录　D
（资料性附录）
进一步评价输液针针管和针尖质量的相关信息

D.1　测量针管畅通性用的通针直径

表 D.1 给出了测量针管畅通性用的通针直径。

表 D.1　通针直径

单位为毫米

针管标称外径	通针的直径 $D_{-0.01}^{\ 0}$		
	正常壁	薄壁	超薄壁
0.36	0.11	0.15	—
0.4	0.15	0.19	—
0.45	0.18	0.23	—
0.5	0.18	0.23	—
0.55	0.22	0.27	—
0.6	0.25	0.29	0.30
0.7	0.30	0.35	0.37
0.8	0.40	0.42	0.44
0.9	0.48	0.49	0.50
1.1	0.58	0.60	0.68
1.2	0.70	0.73	0.83

D.2　针尖几何图形的尺寸和命名

图 D.1 给出了输液针针尖几何形状和各尺寸的命名。

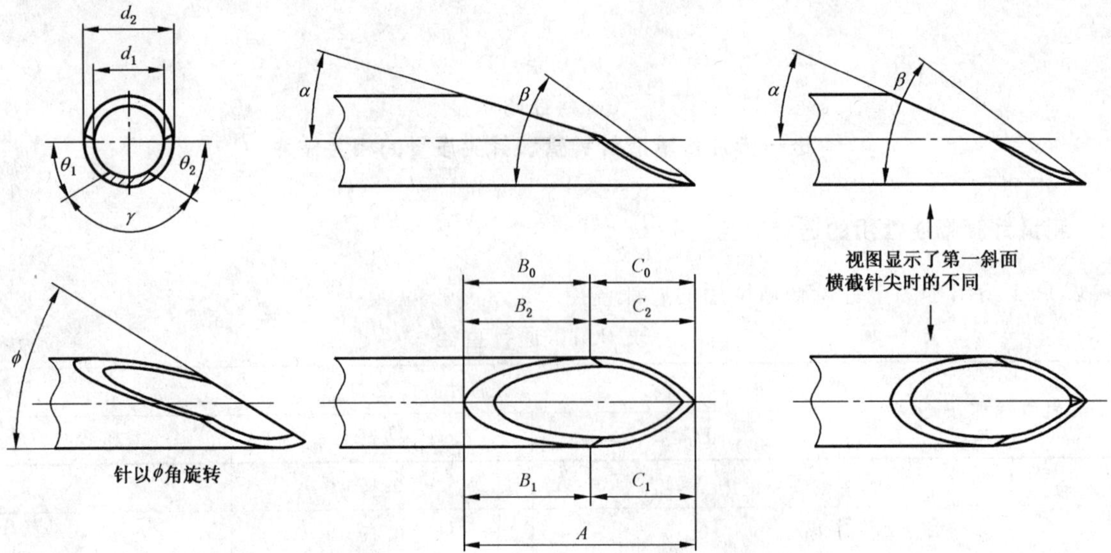

d_2——针管外径；

d_1——针管内径；

A——针尖长度；

B_0——第一斜面公称长度；

B_1——右第一斜面长度；

B_2——左第一斜面长度；

C_0——第二斜面公称长度；

C_1——右第二斜面长度；

C_2——左第二斜面长度；

α——第一斜面角度；

ϕ——第二斜面角度；

β——针尖角度；

θ_1——右第二斜面旋转角；

θ_2——左第二斜面旋转角；

γ——联合第二斜面角。

图 D.1　针尖几何图形的尺寸和命名的标示

D.3　针尖穿刺性能试验方法

D.3.1　穿刺力评价用试验仪器

图 D.2 是测量和记录穿刺力的典型仪器构成示意图，也可用具有相同性能和精度的其他装置。仪器应提供：

a）速度 V＝50 mm/min～250 mm/min，平均驱动精度≤设定驱动速度±5%；

b）0 N～50 N 的传感器，平均精度为满量程的±5%；

c）聚合膜夹持后穿刺区直径等于 10 mm。

D.3.2　聚合膜材料

适合于穿刺试验的聚合膜是具有弹性、厚度为 0.35 mm±0.05 mm、邵尔(A)硬度为 85±10 的聚氨酯膜。

D.3.3　穿刺力评价试验步骤

D.3.3.1　聚合膜在 22 ℃±2 ℃下放置至少 24 h，并在相同的温度下进行试验。

D.3.3.2 将一片连续长度的聚合膜(c)的一部分竖直夹于夹持装置(d)中,应避免聚合膜受张力。如果聚合膜具有精加工面,此面要朝向针尖。

D.3.3.3 试验用针装于固定装置,其轴线与聚合膜的表面垂直,针尖指向供穿刺的圆形区域的中心。

D.3.3.4 移动速度设为 100 mm/min。

D.3.3.5 启动试验仪器。

D.3.3.6 穿刺聚合膜,同时记录力对应于位移的曲线图。

D.3.3.7 测定相应的峰值力 F_0、F_1、F_2、F_4。

D.3.3.8 每穿刺一次聚合膜片,要选择以前没有使用和没有穿刺过的区域。

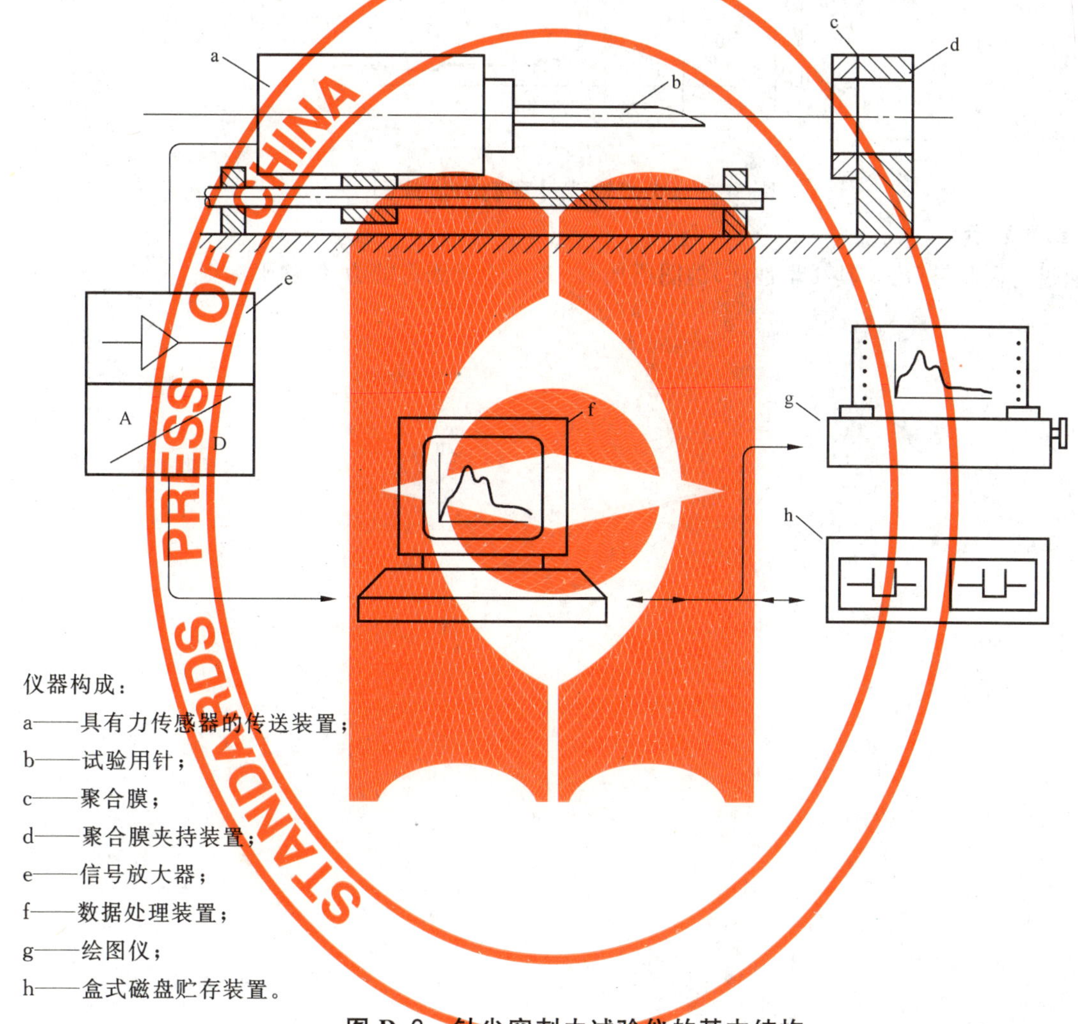

仪器构成:

a——具有力传感器的传送装置;

b——试验用针;

c——聚合膜;

d——聚合膜夹持装置;

e——信号放大器;

f——数据处理装置;

g——绘图仪;

h——盒式磁盘贮存装置。

图 D.2 针尖穿刺力试验仪的基本结构

D.3.4 记录坐标图中的峰值力

针在穿刺时,可通过观察穿过聚合膜的几个典型峰值来识别各力值。

F_0:针尖刺过聚合膜时的峰值力;

F_1:针的第二平面切过聚合膜时的峰值力;

F_2:针的第一平面斜刃扩张聚合膜时的峰值力;

F_4:沿针管长度穿过聚合膜时的摩擦峰值力。

注:当本试验用于对套针导管进行穿刺力试验时,用 F_3 表示导管扩张聚合膜时的峰值力,F_4 则表示沿导管长度穿过聚合膜时的摩擦峰值力。

图 D.3 给出了典型的针穿刺力 F_0、F_1、F_2 和 F_4 坐标图。

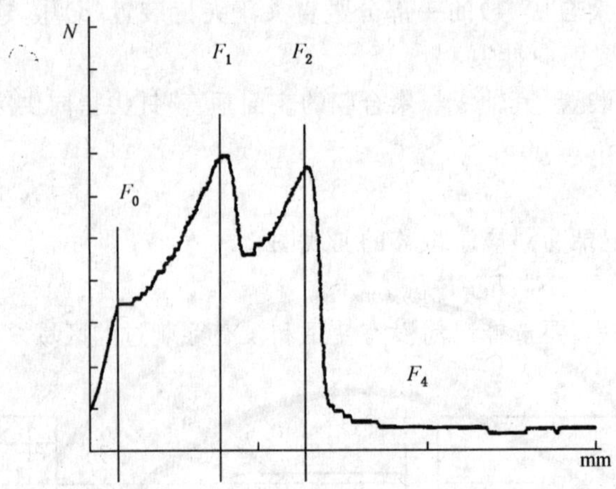

图 D.3 典型输液针穿刺力坐标图

D.3.5 结果表示

应通过与同种针(已知其质量性能)的图形比较,来评价所测得的力-位移坐标图。

参 考 文 献

[1] GB 15593—1995 输血(液)器具用软聚氯乙烯塑料

[2] GB 15811—2000 一次性使用无菌注射针(eqv ISO 7864:1993)

[3] GB/T 16886(所有部分) 医疗器械生物学评价

[4] GB 18279 医疗器械 环氧乙烷灭菌确认和常规控制(GB 18279—2000,idt ISO 11135:1994)

[5] GB 18280 医疗保健产品的灭菌 确认和常规控制要求 辐射灭菌(GB 18280—2000,idt ISO 11137:1995)

[6] YY 0466 医疗器械 用于医疗器械标签、标记和提供信息的符号(YY 0466—2003,ISO 15223:2000,IDT)

[7] YY/T 0618 细菌内毒素试验方法 常规监控与跳批检验

ICS 65.060.40
B 91

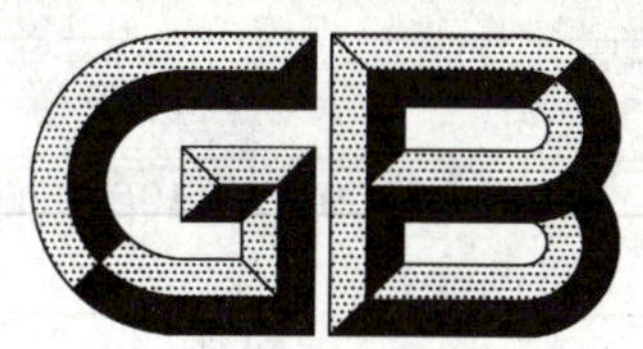

中华人民共和国国家标准

GB/T 18676—2009/ISO 10625:2005
代替 GB/T 18676—2002

植物保护机械 喷雾机(器)喷头 标识用颜色编码

Equipment for crop protection—Sprayer nozzles—Colour coding for identification

(ISO 10625:2005,IDT)

2009-11-30 发布　　2010-04-01 实施

中华人民共和国国家质量监督检验检疫总局
中国国家标准化管理委员会　发布

前 言

本标准等同采用 ISO 10625:2005《植物保护机械　喷雾机(器)喷头　标识用颜色编码》(英文版)。

本标准等同翻译 ISO 10625:2005。

为便于使用,本标准作了如下编辑性修改:

——用“本标准”代替“本国际标准”;

——删去国际标准的前言;

——压力单位用“MPa”代替“kPa”。

本标准是对 GB/T 18676—2002《植物保护机械　喷头　颜色标识规范》的修订,与 GB/T 18676—2002 相比,主要修改内容如下:

——扩展了原标准中的喷头流量系列;

——扩展了喷头颜色。

本标准由中国机械工业联合会提出。

本标准由全国农业机械标准化技术委员会归口。

本标准负责起草单位:农业部南京农业机械化研究所、中国农业机械化科学研究院、山东华盛中天集团有限公司。

本标准主要起草人:陈长松、王忠群、胡桧、陈俊宝、严荷荣、郭丽。

本标准所代替标准的历次版本发布情况为:

——GB/T 18676—2002。

植物保护机械
喷雾机(器)喷头 标识用颜色编码

重要提示:本标准电子文本所代表的颜色在屏幕上显示或在彩色打印时,可能与实际颜色有所不同。

1 范围

本标准规定了用于标识各种液力喷头(例如农业植物保护机械用扁平雾喷头或圆锥雾喷头)的颜色编码系统。

本标准仅适用于具有确定流量的单个喷头,它可能不适用于施用液态肥料的喷头。

本标准通过颜色对小部件喷头进行流量识别,以避免产生混淆。

2 要求

喷雾机(器)喷头的颜色编码应符合第3章的规定。如果喷头是塑料制品,其原材料颜色应均匀一致。

3 喷头颜色编码

以工作压力0.3 MPa下喷头的流量作为基准,喷头颜色应符合表1规定。

注:喷头流量测试应按GB/T 20183.1—2006 植物保护机械 喷雾设备 第1部分:喷雾机喷头试验方法的规定进行。

表 1

0.3 MPa下流量(相对允差±5%)/(L/min)	喷头号码[a]	颜色	颜色名称 中文(英文)	RAL编号[b]
0.2	0050		丁香蓝(Blue lilac)	4005
0.25	0067		橄榄绿(Olive green)	6003
0.3	0075		淡粉红(Light pink)	3015
0.4	01		纯橙色(Pure orange)	2004
0.6	015		交通绿(Traffic green)	6024

表 1 (续)

0.3 MPa 下流量(相对允差±5%)/(L/min)	喷头号码[a]	颜色	颜色名称 中文(英文)	RAL 编号[b]
0.8	02		绿黄色(Zinc yellow)	1018
1.0	025		信号紫罗兰(Signal violet)	4008
1.2	03		龙胆蓝(Gentian blue)	5010
1.4	035		红玄武土(Brown red)	3011
1.6	04		火焰红(Flame red)	3000
2.0	05		深棕色(Nut brown)	8011
2.4	06		信号灰(Signal grey)	7004
3.2	08		交通白(Traffic white)	9016
4.0	10		淡蓝色(Light blue)	5012
6.0	15		黄绿色(Yellow green)	6018

a 仅作为参考;

b RAL 是德国质量保证确认协会的首字母缩写词。

ICS 65.060.35
B 91

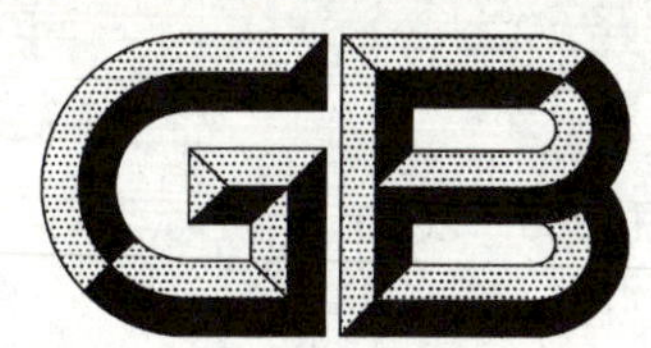

中华人民共和国国家标准

GB/T 18689—2009
代替 GB/T 18689—2002

农业灌溉设备 小型手动塑料阀

Agricultural irrigation equipment—Manually operated small plastics valves

(ISO 9911:2006,MOD)

2009-11-30 发布　　2010-04-01 实施

中华人民共和国国家质量监督检验检疫总局
中国国家标准化管理委员会　发布

前 言

本标准修改采用国际标准 ISO 9911:2006《农业灌溉设备 小型手动塑料阀》(英文版)。

本标准根据 ISO 9911:2006 重新起草。

与国际标准 ISO 9911:2006 技术差异为:

——引用了采用国际标准的我国标准,但我国标准并非等同采用国际标准。

为便于使用,本标准还对 ISO 9911:2006 做了下列编辑性修改:

——“本国际标准”改为“本标准”;

——用小数点“.”代替作为小数点的逗号“,”;

——删除 ISO 9911:2006 的前言;

——删除以英制为单位的有关数据。

本标准是对 GB/T 18689—2002 的修订,主要技术内容变化如下:

——扩大了标准的适用范围;

——明确了阀及其材料的耐压性能型式试验的样本大小和合格判定数;

——增加了材料为加强聚酰胺(NP)阀的有关要求;

——细化了阀瓣密封圈的要求和试验方法。

本标准自实施之日起代替 GB/T 18689—2002。

本标准的附录 A 为规范性附录。

本标准由中国机械工业联合会提出。

本标准由全国农业机械标准化技术委员会(SAC/TC 201)归口。

本标准起草单位:中国农业机械化科学研究院、江苏大学流体机械工程技术研究中心、国家农机具质量监督检验中心。

本标准主要起草人:张咸胜、王洋、赵丽伟。

本标准所代替标准的历次版本发布情况为:

——GB/T 18689—2002。

农业灌溉设备　小型手动塑料阀

1　范围

本标准规定了农业灌溉系统中使用的小型手动塑料阀的技术要求和试验方法。

本标准适用于公称尺寸 8 mm～100 mm 的手动塑料阀。该阀适宜安装在水温不超过 60 ℃的灌溉管路中，阀的公称压力由制造厂确定。

2　规范性引用文件

下列文件中的条款通过本标准的引用而成为本标准的条款。凡是注日期的引用文件，其随后所有的修改单(不包括勘误的内容)或修订版均不适用于本标准，然而，鼓励根据本标准达成协议的各方研究是否可使用这些文件的最新版本。凡是不注日期的引用文件，其最新版本适用于本标准。

GB/T 2828.1—2003　计数抽样检验程序　第1部分：按接收质量限(AQL)检索的逐批检验抽样计划(ISO 2859-1:1999,IDT)

GB/T 3512　硫化橡胶或热塑性橡胶　热空气加速老化和耐热试验(GB/T 3512—2001,eqv ISO 188:1998)

GB/T 6031—1998　硫化橡胶或热塑性橡胶硬度的测定(10～100 IRHD)(idt ISO 48:1994)

GB/T 6111　流体输送用热塑性塑料管材耐内压试验方法(GB/T 6111—2003,ISO 1167:1996,IDT)

GB/T 7306.1　55°密封管螺纹　第1部分：圆柱内螺纹与圆锥外螺纹(GB/T 7306.1—2000,eqv ISO 7-1:1994)

GB/T 7306.2　55°密封管螺纹　第2部分：圆锥内螺纹与圆锥外螺纹(GB/T 7306.2—2000,eqv ISO 7-1:1994)

GB/T 7759　硫化橡胶、热塑性橡胶　常温、高温和低温下压缩永久变形测定(GB/T 7759—1996,eqv ISO 815:1991)

GB/T 12221　金属阀门　结构长度(GB/T 12221—2005,ISO 5752:1982,Metal valves for use in flanged pipe systems—Face-to-face and center-to-face dimensions,MOD)

GB/T 18688　农业灌溉设备　灌溉阀的压力损失　试验方法(GB/T 18688—2002,idt ISO 9644:1993)

GB/T 20201　灌溉用聚乙烯(PE)压力管　机械连接管件(GB/T 20201—2006,ISO 9625:1993,NEQ)

ISO 7349:1983　热塑性塑料阀　连接参数

ISO 7508:1985　用于压力管道的未增塑聚氯乙烯(PVC-U)阀　基本尺寸　公制系列

ISO 8233:1988　热塑性塑料阀　转矩　试验方法

ISO 8242:1989　用于压力管道的聚丙烯(PP)阀　基本尺寸　公制系列

ISO 8659:1989　热塑性塑料阀　疲劳强度　试验方法

ISO 9393-1:2004　热塑性塑料阀　压力试验方法和技术要求　第1部分：总则

3　术语和定义

下列术语和定义适用于本标准。

3.1

阀体 body

形成水流通道和阀端的主要部件。

3.2

阀座 seat

具有接触启闭件密封表面的阀零件。

注：阀座可以是阀体整体组成部分或是独立的组件。

3.3

阀体分界壁 body dividing wall

阀体上将进口和出口分隔开，并在其上形成阀座的阀体整体组成部分。

3.4

公称压力 nominal pressure

PN

与阀机械强度相关基准数字标记。

注：公称压力通常等于水温为 20 ℃时阀的设计工作压力，单位为巴(bar)。

(1 bar=0.1 MPa=10^5 Pa;1 MPa=1 N/mm^2)

3.5

公称尺寸 nominal size

表示阀规格的数字标记。该标记等于直接与阀相连的管路的直径。

注：如果阀的进出口尺寸相同，则只需用一组数字标记。

3.6

角阀 angle valve

阀体通常是圆柱体形，阀体两端在同一平面内互成直角，阀杆中心线和阀体一端的中心线在同一直线上的阀。

3.7

球阀 ball valve

通过改变阀内球的通道方向，从而控制流量的阀。

3.8

隔膜阀 diaphragm valve

通过阀内的柔性隔膜关闭阀，并用调节机构控制流量的阀。

3.9

直通阀 globe valve

阀体通常是圆柱体形，阀体两端中心线在同一条直线上，阀杆中心线和阀体两端中心线互成直角的阀。

3.10

斜杆阀 oblique

Y型直通阀 Y-globe valve

阀体两端中心线在同一条直线上，阀杆中心线和阀体两端中心线互成斜角的阀。

3.11

阀瓣 closing disc

启闭件的一部分，其上制有阀瓣密封面，以保证阀瓣密封圈位置可靠。

3.12

启闭件 obturator

阀内用于封闭阀的运动部件，它可能包含一个垫圈或类似的密封件。

3.13

阀瓣密封面　disc face

当阀关闭时，与阀座相接触的启闭件的光滑端面。

3.14

阀瓣密封圈　disc facing ring

固定在阀瓣上，材料不同于阀瓣的圆环。当阀关闭时，用于保证阀瓣的密封性。

3.15

阀杆　stem

阀轴　shaft

具有转动螺纹并控制启闭件动作的启闭件组件。

3.16

关闭转矩　closing torque

在公称压力下，阀达到完全关闭时所需施加的转矩。

3.17

开启转矩　opening torque

在公称压力下，阀从完全关闭到完全打开过程中所施加的转矩。

3.18

阀耐压试验　shell test

静水压下测定阀体设计强度的试验。

4　标记

每个小型手动塑料阀都应具有包括以下a)、b)和e)项内容的清晰耐久标记；c)和d)项内容也可在不干胶标签上或在包装物上给出：

a)　制造厂名称或注册商标；

b)　进口和出口的公称尺寸；对于直接与塑料管承插连接的阀，应标出连接管的公称外径(mm)；对于螺纹接口的阀，应按GB/T 7306.1和GB/T 7306.2的规定标出螺纹公称尺寸；

c)　公称压力，单位为兆帕(MPa)；

d)　阀材料类型(PE、PVC、PP、NP等)；

e)　如需要，水流方向标志，该标志宜标在阀体上。

5　检验规则

5.1　型式检验

样本应由检测部门从批量不少于100个的阀中随机抽取。各检验项目所需的样本大小应符合表1规定。

表1　样本大小和合格判定数

章条编号	检验项目	样本大小	合格判定数
6	技术性能	2	0
7.2.1	关闭转矩	3	1
7.2.2	耐转矩试验	3	0
7.3	压力损失	2	0
7.4	阀及其材料的耐压性能	4	0

表 1（续）

章条编号	检验项目	样本大小	合格判定数
7.5	阀座和阀杆密封性试验	5	1
7.6	加大压力时阀的性能	2	0
7.7	耐久性试验	2	0
A.1	阀体塑料材料——压力试验	2	0
A.2	阀耐压试验	3	0

如果样本中的不合格数等于或小于表 1 中的合格判定数，则判定该批合格。如果样本中的不合格数大于合格判定数，则判定该批不合格。

阀的所有零部件都应具有良好的工艺性和表面光洁度，且无孔眼。

5.2 验收检验

对生产批或装运批进行验收时，抽样应按 GB/T 2828.1—2003 的规定进行，采用 AQL＝2.5 和特殊检验水平为 S-4 的检验方案。

对 7.5 中规定的 1 h 检验项目，应对按 GB/T 2828.1—2003 中表 2-A 的规定随机抽取的所有样本进行试验。

如果样本中的不合格数不大于 GB/T 2828.1—2003 规定的合格判定数，则判定该生产批或装运批符合本标准的规定。

对其他检验项目，样本按表 1 的规定随机抽取。

如果样本中的不合格数小于或等于表 1 中规定的合格判定数，则判定该生产批或装运批符合本标准的规定。

6 技术性能

6.1 一般要求

与水接触的阀零部件都应能适用于水、灌溉常用的肥料和化学物质以及被处理过的污水。

阀体材料应不透光。

阀的所有零部件都应具有良好的工艺性和表面光洁度，并没有孔眼、气泡、飞边、凸起及其他可能削弱阀性能或使人致伤的缺陷。

同一制造厂生产的类型、规格和型号相同的阀的所有零部件应能互换。

制造厂应提供阀的材料符合本标准的书面证明。

应用户要求，制造厂应提供阀对农用肥料和化学物质耐腐蚀性的资料。

6.2 基本尺寸

根据阀两端的连接方式，阀的基本尺寸应符合表 2 中所列标准的规定。

表 2 基本尺寸

材 料	相关标准
聚丙烯(PP)	ISO 8242
聚乙烯(PE)	GB/T 20201
未增塑聚氯乙烯(PVC-U)	ISO 7508
加强聚酰胺(NP)	GB/T 12221

6.3 阀与管路的连接

阀与管路的连接应符合 ISO 7349 和表 2 中所列的标准。

注：不包括法兰连接。

对于直接与管路连接的带螺纹接口的阀，其螺纹应符合 GB/T 7306.1 和 GB/T 7306.2 的规定。如果采用中间接头与管路连接，则阀的接口可以采用其他螺纹，但该中间接头与管路连接的螺纹应符合 GB/T 7306.1 和 GB/T 7306.2 的规定。对于采用机械接头与聚乙烯管连接的阀，其接头应符合 GB/T 20201 的规定。

6.4 手轮或手柄

手轮或手柄上不应有尖锐凸台、毛刺及其他可能造成人员伤害的缺陷。

手轮或手柄应牢固地连接在阀杆上并能更换。

6.5 直通阀、斜杆阀和角阀的特殊结构要求

6.5.1 螺纹阀杆

阀杆的螺纹由制造商设计，并应设计成自锁型。

阀杆应有足够的长度，以保证将手轮或手柄安装在阀杆上并卸掉阀瓣密封圈时，阀能完全关闭。

6.5.2 阀瓣密封圈

6.5.2.1 一般要求

阀运行时阀瓣密封圈应牢固地贴附在阀瓣上，并且不需从管路系统中卸下阀即可将它单独或与阀瓣一起拆下更换。

当阀瓣密封圈采用弹性材料时，材料应符合 6.5.2.2～6.5.2.4 的要求。

6.5.2.2 硬度

阀瓣密封圈的硬度试验应按 GB/T 6031—1998 的规定进行，根据阀瓣密封圈的形状，采用方法 N 或 M。

阀瓣密封圈的肖氏硬度应为 80 A±5 A。

6.5.2.3 压缩永久变形

阀瓣密封圈的压缩永久变形试验应按 GB/T 7759 的规定在 70 ℃温度下进行 24 h。

压缩后的永久变形应不大于 20%。

6.5.2.4 老化性能

按 GB/T 3512 中的规定，使阀瓣密封圈在 70 ℃温度下保持 16 h，而后重做硬度试验(6.5.2.2)。

由老化引起的硬度变化范围应在－5 A～＋8 A 之间。

6.6 球阀的特殊结构要求

6.6.1 阀杆应装有密封装置以保证其密封性，密封装置应采用弹性材料或机械性能和化学性能均适宜的其他材料。

6.6.2 如果密封装置采用 O 形密封圈，则 O 形圈的硬度应按 GB/T 6031 中规定的试验方法测定，其硬度不应大于 75 IRHD。

O 形圈材料的压缩永久变形应按 GB/T 7759 中规定的试验方法(70 ℃温度下进行 22 h)测定，其变形量应不大于 20%。

7 机械性能和功能特性试验

7.1 一般要求

除有特殊要求外，试验应在水温为 23 ℃±3 ℃下进行。

测量参数的测量仪表读数值相对于真值的允许偏差应符合表 3 的规定。

表 3 测量准确度

测量参数	允许偏差/%
流量	±2
压力	±2
转矩	±2

注：测量仪表应按国家现行的标定规范进行标定。

7.2 操作转矩

7.2.1 关闭转矩

试验应按 ISO 8233 的规定进行。在公称压力下，阀从完全打开到完全关闭所需的转矩应不大于表 4 规定的关闭转矩。

表 4 关闭转矩

阀的公称直径/mm	关闭转矩/N·m
20	1.5
25	3
32	5
40	7.7
50	11
63	20
90	30

7.2.2 耐转矩试验

试验应按 ISO 8233 的规定进行，在阀杆上施加表 4 规定的关闭转矩 3 倍的转矩，沿阀关闭方向和阀打开方向各持续 1 min。

阀及其零部件应能承受该转矩而不损坏，各个零部件应不松动或脱落。

施加加大的转矩后，阀应能通过 7.5 的阀座和阀杆填料密封性试验。

7.3 压力损失

压力损失参数的测定应按 GB/T 18688 的规定进行。

实测值相对于制造厂声明值的偏差应不大于 5%。

7.4 阀及其材料的耐压性能

阀及其材料的耐压性能试验应按附录 A 的规定进行，并应符合附录 A 的要求。

7.5 阀座和阀杆密封性试验

7.5.1 阀座密封性试验

将阀进口与供水管路相连，出口与大气相通。在表 5 规定的试验条件下，以规定的试验转矩关闭启闭件，并在规定的时间内，施加规定的压力。在两种试验条件分别进行试验。

表 5 试验条件

试验温度/℃	试验转矩/N·m	试验条件	
		压力/MPa	持续时间/h
23±3	1.2×关闭转矩[a] 1.5×关闭转矩[a]	1.5×PN 1.1×PN	1 100

a 见表 4。

如果阀座没有泄漏，则试样符合试验要求。如果试验期间阀座出现泄漏，可以施加表 5 规定的试验转矩再密封一次。

试验中阀的任何部件均不应产生永久变形。

7.5.2 阀杆密封性试验

将阀的进口与供水管相连，打开启闭件，关闭阀出口。施加压力至 1.5 倍公称压力，持续 1 h。交替打开、关闭启闭件 3 次(即 6 个动作)。

要特别注意确保关闭状态时的压力不大于上述规定压力。

如果密封处没有泄漏，则试样符合试验要求。试验期间，如果密封处有泄漏，可利用填料压盖螺母再密封一次。

试验中阀的任何部件均不应产生永久变形。

如果阀杆采用O形圈密封，应在0.20 MPa压力下重复密封性试验。

合格判定条件同上。

7.6 加大压力时阀的性能

将阀与装有流量计的有压供水管路相连。使阀进口压力(流动时)为1.5倍的公称压力，阀出口与大气相通。调节阀门，将公称直径等于阀进口直径的管路中的流速调整到0.1 m/s。

保持该压力和流速30 s。

关阀机构应运行正常，密封件应不移位，并无振动噪声。

7.7 耐久性试验

7.7.1 一般要求

本试验总体上按ISO 8659的规定进行，并附加7.7.2～7.7.3的内容。

7.7.2 初密封性试验

关闭阀，在阀进口施加等于公称压力的静水压力1 min。阀的出口与大气相通。

阀应不出现肉眼可见的泄漏现象。

7.7.3 试验程序

阀保持打开状态10 s，流速应不大于1.5 m/s。

阀关闭后，施加等于公称压力的静水压力。保持该压力：

——5 s，对于公称尺寸不大于32 mm的阀；

——10 s，对于公称尺寸不小于40 mm的阀。

进行5 000次试验循环，其中在水温45 ℃下进行2 500次，在常温下进行2 500次。

在阀打开和关闭过程中，密封处应无肉眼可见的泄漏。

完成上述循环后，重新进行7.5.1和7.5.2规定的试验。

试验期间，阀应无肉眼可见的泄漏现象。

附 录 A
（规范性附录）
阀及其材料的耐压性能

A.1 阀体材料——压力试验

如果制造厂给检测部门提供的按表 A.1 规定的强度要求的试验报告令人满意，则本试验可以省去。本试验应采用与阀体材料相同的注塑管试件。

试件尺寸，见图 A.1。

单位为毫米

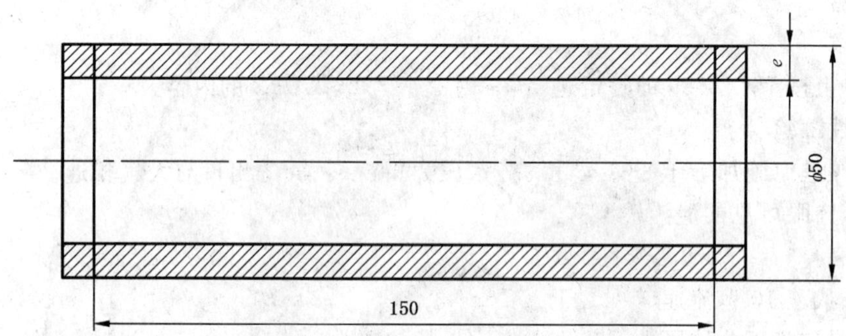

图 A.1 试件有效长度

试件应按 GB/T 6111 的规定进行试验，并应符合表 A.1 规定的强度要求。试验中，试件应不产生裂纹或其他损坏。

表 A.1 试验条件和要求

材 料	温 度/℃	环向应力/(N/mm²)	最短持续时间/h
PVC-U	60	10	1 000
HDPE，Ⅰ型	80	3	170
HDPE，Ⅱ型	80	4	170
PP，Ⅰ型	95	3.5	1 000
PP，Ⅱ型	95	2.5	1 000
POM	60	10	1 000
ABS	70	4	1 000
NP(增强型)	80	10	250

A.2 阀耐压试验

试验应按 ISO 9393-1 的规定进行，但试验条件和要求应符合表 A.2 及下列规定：

a） 试验条件应在两种条件下进行，即每种材料都应进行 1 h 和 1 000 h 的试验（表 A.2）；

b） 对于各种不同的阀，都应进行两种试验；

c） 试验期间，阀关闭机构应打开；

d) 所有试验都应在水温为 23 ℃±3 ℃下进行。

试验中,如果阀体未出现渗漏现象,也未出现裂纹和其他缺陷,则判定试件符合试验要求。

在最短试验持续时间结束前,如果阀破裂或出现渗漏迹象,则判定试件不合格。

试验期间,密封件渗漏不作为判定不合格的依据。

表 A.2 试验条件

材 料	持续时间/ h	压 力/ MPa
PVC-U	1 1 000	4.2×PN 3.2×PN
HDPE,Ⅰ型	1 1 000	3×PN 2.3×PN
HDPE,Ⅱ型	1 1 000	2.3×PN 2×PN
PP,Ⅰ型(均聚物)	1 1 000	3.2×PN 2.5×PN
PP,Ⅱ型(共聚物)	1 1 000	2.7×PN 2.1×PN
POM	1 1 000	4.2×PN 3.2×PN
ABS	1 1 000	3.2×PN 2.5×PN
NP(增强型)	1 250	4.2×PN 3.2×PN

参 考 文 献

[1] ISO 9393-2 Thermoplastics valves for industrial applications—Pressure test methods and requirements—Part 2:Test conditions and basic requirements.

ICS 65.060.35
B 91

中华人民共和国国家标准

GB/T 18690.1—2009/ISO 9912-1:2004

农业灌溉设备 微灌用过滤器 第1部分:术语、定义和分类

Agricultural irrigation equipment—Filters for micro-irrigation—Part 1:Terms,definitions and classification

(ISO 9912-1:2004,IDT)

2009-11-30 发布　　2010-04-01 实施

中华人民共和国国家质量监督检验检疫总局
中国国家标准化管理委员会　发布

前　言

GB/T 18690《农业灌溉设备　微灌用过滤器》分为以下3部分：

——第1部分：术语、定义和分类；

——第2部分：网式过滤器；

——第3部分：自动清洗网式过滤器。

本部分是GB/T 18690《农业灌溉设备　微灌用过滤器》的第1部分。

本部分等同采用ISO 9912-1:2004《农业灌溉设备　微灌用过滤器　第1部分：术语、定义和分类》(英文版)。

本部分等同翻译ISO 9912-1:2004。

为便于使用，本部分作了下列编辑性修改：

——“ISO 9912本部分”一词改为“本部分”；

——删除了国际标准的前言。

本部分附录A为资料性附录。

本部分由中国机械工业联合会提出。

本部分由全国农业机械标准化技术委员会(SAC/TC 201)归口。

本部分起草单位：中国农业机械化科学研究院、江苏大学流体机械工程技术研究中心、现代农装科技股份有限公司。

本部分主要起草人：张咸胜、王洋、兰才有、王新坤、张金凤、蔡彬、潘中永。

引　言

灌溉系统元件尤其是滴头的堵塞是微灌溉中遇到的主要问题之一。导致堵塞的物质有碎屑、有机和无机悬浮颗粒(沙子、残渣、泥土、藻类和水生虫类),化学沉淀物(碳化钙、碳化镁、硫化钙、金属氧化物和金属氢化物)和生物悬浮物(黏性分泌物和纤维)。严重的堵塞通常是由以上几种物质混合作用引起。

堵塞物质的影响因水源(见附录 A 列出的灌溉水源)不同而不同。对于地表水,水质可能会随季节变化和化学物质的注入而变化。另外,堵塞故障还取决于工作条件、抽送流态、灌溉系统和注入的化学物质。

灌溉系统中过滤器的作用是将可能堵塞或腐蚀系统各种元件的物质从水中去除。当然,在典型的灌溉条件下,鉴于水中悬浮物的大小和硬度的范围很大,完全去除所有悬浮物是不可能的。

此外,在碱性或硬水的条件下,再结合高生物活性和/或高有机物悬浮颗粒含量,通过过滤器的物质易于在系统管壁和滴头凝结而造成堵塞。因此,根据水质的不同,有必要在灌溉系统的不同元件中成序列使用两个或更多个过滤器,以将堵塞降低到最小程度。

对于有问题的水和高过滤效率情况,过滤器本身的堵塞可能也是一个主要问题,由于需要经常清洗会妨碍整个灌溉系统的运行。

为了将堵塞物质从灌溉水中分离出和/或去除,可以使用各种方法,或吸取或分离。分离有表面分离(重力表面分离、压力表面分离或自循环表面分离)、离心分离、截留或拦截等方式,它们可以轮流使用。

农业灌溉设备 微灌用过滤器 第1部分：术语、定义和分类

1 范围

GB/T 18690 的本部分规定了农业微灌系统，特别是承压微灌系统中使用的过滤器的术语和定义，给出了过滤器按结构、工作原理和功能特性以及过滤方法的分类。

本部分未按所过滤水的类型对过滤器进行分类。

本部分不适用于饮用水或家庭用水所用过滤器的分类。

2 术语和定义

下列术语和定义适用于本部分。

2.1

过滤 filtration

采用可渗透性介质和/或离心元件将可能堵塞灌溉系统的物质从水中分离出，并采取措施将这些物质从可渗透性介质或离心元件上除去，使介质或元件分离堵塞物质能力恢复的过程。

2.2

预过滤 pre-filtration

将主要的大颗粒从被过滤的水中分离，以减少过滤元件上的堵塞物并降低过滤元件水头损失的过程。

2.3

拦截 inter ception

利用水池底的砂砾隔层，借助重力从水中分离悬浮颗粒的一种悬浮颗粒去除方法。

2.4

表面分离 surface separation

利用倾斜的分离元件，如筛网、格栅或滤网等，借助重力从水中分离出悬浮颗粒和较大堵塞物的一种无压力分离方法。

2.5

离心分离 centrifugal separation

采用自旋转技术使旋流分离器内的被过滤水产生离心力，使比重大于水的堵塞物从水中分离出去的一种方法。

2.6

截获 entrapment

将堵塞物捕集在三维空间过滤介质内部的一种过滤方法。

2.7

自循环分离 self-circulating separation

利用筛网或其他适用的过滤介质，采用(具有或不具有流量调节的)自旋转技术，将堵塞物从水中分离出去的一种过滤方法。

2.8

网式过滤器 strainer-type filter

过滤器 strainer

装有一个或多个过滤元件(例如筛网或网眼),通过过滤元件把水流中的堵塞物截留在其表面而把堵塞物从水中分离出来的装置。

2.9

滤出物 filtrate

过滤过程中从水中分离出去的碎屑、有机或无机悬浮颗粒或其他混合物。

2.10

冲洗 flushing

不拆出过滤元件用水清除过滤器中的堵塞物,或拆出过滤元件人工用水清除过滤器中的堵塞物的方法。

2.11

反冲洗 back flushing

不拆开过滤器,使一个与正常水流方向相反的已过滤水水流流经过滤介质或通过过滤元件表面,以从过滤器中清除聚积、捕集或分离出的滤出物的方法。

2.12

连续冲洗 continuous flushing

利用控制的连续清洗水流,从过滤元件上清除堵塞物的方法。

2.13

通透冲洗 through flushing

使高速、高压水流流经过滤器上的排污阀或专为这种冲洗方式设计的过滤器出水口进行冲洗的方法。

2.14

同时反冲洗 simultaneous back flushing

对过滤元件的所有过流面或多过滤元件过滤器的所有过滤元件同时进行反冲洗。

2.15

顺次反冲洗 sequential back flushing

利用正在工作的一部分或全部过滤元件过滤过的水,对与之并联的退出工作状态的一个或多个过滤元件进行的反冲洗。

2.16

直接喷射冲洗 directed jet flushing

将高速清洁水流直接对准位于过滤器下游侧的过滤元件的一部分表面,由此产生的局部反向水流冲洗掉这部分过滤元件上的滤出物,然后使水流在过滤元件表面上移动,逐步对整个表面进行反冲洗。

2.17

一次性过滤元件过滤器 disposable element filter

更换过滤元件时,其上的堵塞物不能冲洗或清除掉的过滤器。

2.18

自动冲洗过滤器 automatic flushing filter

间歇冲洗循环起动和停止均利用差异(压力降、过滤时间、流经过滤器的水量等)方式自动实现的过滤器。

2.19

半自动冲洗过滤器 semi-automatic flushing filter

由人工起动顺次冲洗或循环冲洗,通常利用冲洗时间或水量自动停止冲洗的过滤器。

2.20

人工冲洗过滤器　manual flushing filter

无需拆开过滤器，手动开启其上设置的阀门即可向适当方向排水，并产生足够水量和流速以对过滤器进行冲洗的过滤器。

2.21

人工清洗过滤器　manually cleaned filter

必须将其拆开后人工用水清洗，以去除过滤元件上的滤出物的过滤器。

2.22

叠片式过滤器　disc filter

过滤元件由多个表面为沟槽或网纹的圆盘组成，这些圆盘上下堆叠在一起，相邻圆盘间形成多孔空间，以捕集或沉积滤出物的过滤器。

2.23

滤筒式过滤器　cartridge filter

由介质过滤元件组成一个可更换的过滤器部件用于过滤的过滤器。

2.24

过滤元件　filter element

将过滤介质或表面分离装置连接或组合在一起，利用截获或分离方式从水中去除滤出物的部件或组件。

2.25

网式过滤元件　strainer filter element

网式过滤器的一个部件，它由孔板、筛网、网眼或它们的组合构成，用于从流经它的水中截留大于某规定尺寸的堵塞物。

2.26

介质过滤元件　media filter element

装有砂子、砾石、织物、纤维或多孔粘结颗粒等三维空间过滤介质的部件、箱壳或组件，利用截获方式进行过滤。

2.27

过滤介质　filter medium

过滤时采用的可渗透性多孔材料，用以捕集或沉积滤出物。

2.28

承压过滤器　pressurized filter

在进水口压力大于大气压力下运行的过滤器。

2.29

重力过滤器　gravity filter

不需要借助压力或真空产生压差，仅靠过滤器内水的自由表面与过滤介质之间的高程差形成的驱动力进行过滤的过滤器。

2.30

真空过滤器　vacuum filter

在出水口侧压力低于大气压条件下运行的过滤器，一般位于水泵吸水口一侧。

2.31

旋流分离器　hydrocyclone

依靠水流旋转产生的离心力使堵塞物从水中分离出去的一种装置。通常是使进入分离器的水产生密致旋流，将堵塞物甩向壁面，使大部分水从位于旋流中心的腔体出口流出，堵塞物和其余的水从腔体顶部或底部流出。

2.32

同轴过滤器 co-axial filter

进水口和出水口位于同一轴线上的过滤器。

2.33

非同轴过滤器 non-coaxial filter

进水口和出水口不在同一轴线上的过滤器。

2.34

过滤器壳体 filter housing

容纳或支撑过滤介质的过滤器部件。

2.35

介质过滤器 media filter

堵塞物被捕集在砂子、砾石、织物、纤维或多孔粘结颗粒等三维空间过滤介质内的过滤器。

2.36

砂石过滤器 sand filter

过滤介质由砂子、砾石、其他天然或人工颗粒等组成的介质过滤器；过滤介质可为多层，且各层的介质颗粒大小不同。

2.37

公称过滤流量 nominal flow rate of filtration

制造厂声明的、保证正常过滤的过滤器流量。

3 分类

3.1 概述

灌溉水过滤装置应按3.2～3.11列出的各种特征分类。为了涵盖各种不同类型装置，过滤装置应考虑下列因素：

——过滤方式、构造形式和过滤介质；

——从过滤器中清除滤出物所采用的系统；

——实现过滤器冲洗的方法；

——过滤器运行的压力要求；

——过滤速度；

——过滤器结构和冲洗机构；

——过滤器进水口和出水口的位置；

——过滤器壳体的布置方向；

——过滤器壳体的主要材料；

——过滤器在灌溉系统中的安装位置。

3.2 按过滤方式、构造形式和过滤介质分类

3.2.1 网式过滤器

3.2.1.1 单过滤元件的过滤器

3.2.1.2 多过滤元件的过滤器

3.2.1.3 组合过滤元件的过滤器

3.2.2 旋流分离器

3.2.2.1 单离心式

3.2.2.2 双离心式

3.2.3 介质过滤器

3.2.3.1 砂石过滤器

3.2.3.1.1 均一颗粒(单介质)过滤器

3.2.3.1.2 多层分级颗粒(多介质)过滤器

3.2.3.2 叠片式过滤器

3.2.3.3 滤筒式过滤器

3.2.3.4 其他介质过滤器

3.2.4 组合过滤器

由两个及以上按3.2.1～3.2.3所列过滤装置组合在一起的过滤器。

3.3 按过滤器清除滤出物的系统分类

3.3.1 一次性过滤元件过滤器

3.3.2 人工清洗过滤器

3.3.3 冲洗过滤器

3.3.3.1 人工冲洗过滤器

3.3.3.2 半自动冲洗过滤器

3.3.3.3 自动冲洗过滤器,可按下列因素再分类:

a) 起动方式:

——预置时间或各次冲洗之间的时间间隔;

——进水口与出水口之间的压力差;

——流经过滤器的灌溉水量;

——其他方式;

——各种方式的组合。

b) 冲洗顺次:

——同时冲洗;

——顺次冲洗;

——直接喷射冲洗。

3.3.3.4 连续冲洗过滤器

3.4 按冲洗方法分类

3.4.1 反冲洗过滤器

3.4.2 通透冲洗过滤器

3.4.3 采用其他冲洗方式的过滤器

3.5 按运行压力分类

3.5.1 重力过滤器

3.5.2 承压过滤器

3.5.3 真空过滤器

3.6 按过滤速度分类

3.6.1 慢速过滤(也称小流量过滤)——过滤速度≤15 m/h

3.6.2 快速过滤(也称大流量过滤)——过滤速度>15 m/h

3.6.2.1 连续水流

3.6.2.2 间歇水流(一般为间歇反冲洗)

3.7 按过滤器结构和冲洗机构分类

3.7.1 单一壳体过滤器

3.7.2 组合过滤器(由两个或更多过滤器壳体组合的、共用一个进水口和一个出水口的过滤器)

3.7.2.1 具有同时冲洗所有过滤器壳体机构的组合过滤器

3.7.2.2 具有顺次冲洗过滤器壳体机构的组合过滤器

3.8 按过滤器进水口和出水口排列方式分类

3.8.1 同轴过滤器

3.8.2 非同轴过滤器

3.9 按过滤器壳体布置方向分类

3.9.1 立式过滤器

3.9.2 卧式过滤器

3.9.3 斜式过滤器

3.9.4 其他任意方向安装的过滤器

3.10 按过滤器壳体主要材料分类

3.10.1 金属过滤器

3.10.2 塑料过滤器

3.10.3 其他材质过滤器

3.10.4 组合材质过滤器

3.11 按过滤器在灌溉系统中的安装位置分类

3.11.1 安装在水源的过滤器

例如:河流、水库和泵站。

3.11.2 安装在供水系统(管路)中的过滤器

例如:提水干管。

3.11.3 安装在灌溉系统首部的过滤器

3.11.4 安装在灌溉支管进口的过滤器

附 录 A
（资料性附录）
灌 溉 水 源

A.1 地表水

地表水是指来自河流、渠道、湖泊和水库里的水。地表水可能会存在严重问题，问题的严重程度随其类型、来源和污染程度不同而变化。地表水中的污染物可能是有机物（例如树叶、种子、藻类、虫卵或幼虫）、无机物（水中夹带的粉沙或黏土）、工业废弃物或生活废弃物。

A.2 地下水

地下水是指来自水井、水泉及其他水源的水。地下水中的污染物可能是矿物质（砂子）、化学物质（钙、铁、锰和硫磺）和生物质（例如细菌、藻类和幼虫）。地下水通常具有良好的物理特性，但在水泵提取的过程中仍可能将大量粗砂带入灌溉系统。

A.3 再生水或废水

再生水或废水是指经过不同程度处理的生活或工业废水。采用过滤技术可从未经处理的废水中去除堵塞物，但不能依靠该技术去除病原体。如果用废水灌溉供人类或动物食用的作物，则需要对其进行消毒处理。如果采用适宜的过滤设备和废水处理工艺，一部分经处理或再生的废水可用于灌溉。

A.4 多源（混合）水

多源（混合）水是指来自若干不同水源的水。由于该类水中含有各种各样的污染物，并且污染物之间可能会相互作用，因此可能需要解决复杂的水处理和过滤问题。多源水也会诱发污染，例如：在高峰灌水期因需水量增加、流速加大，会导致水流中产生新的水生物或各种尺寸颗粒沉积物。堵塞的危害程度取决于灌溉系统进水口的位置，系统中的低洼处和末端常常特别容易堵塞。

ICS 59.120.20
W 90

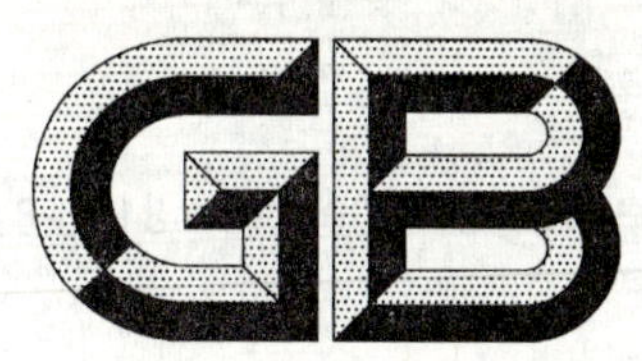

中华人民共和国国家标准

GB/T 18737.8—2009/ISO 8116-8:1995

纺织机械与附件　经轴
第8部分:跳动公差的定义和测量方法

Textile machinery and accessories—Beams for winding—
Part 8:Definitions of run-out tolerances and methods of measurement

(ISO 8116-8:1995, IDT)

2009-03-19 发布　　2010-02-01 实施

中华人民共和国国家质量监督检验检疫总局
中国国家标准化管理委员会　发布

前　言

GB/T 18737《纺织机械与附件　经轴》分为九个部分：

——第1部分：词汇；

——第2部分：整经轴；

——第3部分：织轴；

——第4部分：整经轴、织轴和分段整经轴边盘的性能等级；

——第5部分：经编机用分段整经轴；

——第6部分：织带机和钩编机用经轴；

——第7部分：条子、粗纱和纱线染色用轴；

——第8部分：跳动公差的定义和测量方法；

——第9部分：织物染色用轴。

本部分为GB/T 18837的第8部分。

本部分等同采用ISO 8116-8:1995《纺织机械与附件　经轴　第8部分：跳动公差的定义和测量方法》(英文版)。

本部分等同翻译ISO 8116-8:1995。

为方便使用，本部分作了下列编辑性修改：

——"本国际标准"改为"本部分"；

——去掉ISO前言。

本部分由中国纺织工业协会提出。

本部分由全国纺织机械与附件标准化技术委员会(SAC/TC 215)归口。

本部分主要起草单位：江阴市第四纺织机械制造有限公司、西安新纺工矿设备有限公司、无锡先达纺织机械厂、无锡金太阳新纺织机配套有限公司、绍兴县鼎丰纺织器材有限公司、中国纺织机械器材工业协会。

本部分主要起草人：曹亚洪、冯雪良、丁尧鑫、万浩兴、丁尧钟、余定泉、黄鸿康。

纺织机械与附件 经轴
第8部分:跳动公差的定义和测量方法

1 范围

GB/T 18737的本部分定义了带轴头和不带轴头的经轴的形位公差,即边盘的端面圆跳动和轴管的全跳动,并给出了该形位公差的测量方法。

不同类型经轴的公差最大值和推荐的残余不平衡极限值在GB/T 18737的相关部分中规定。

2 定义和测量方法

2.1 边盘的端面圆跳动 T_a(见图1)

单位为毫米

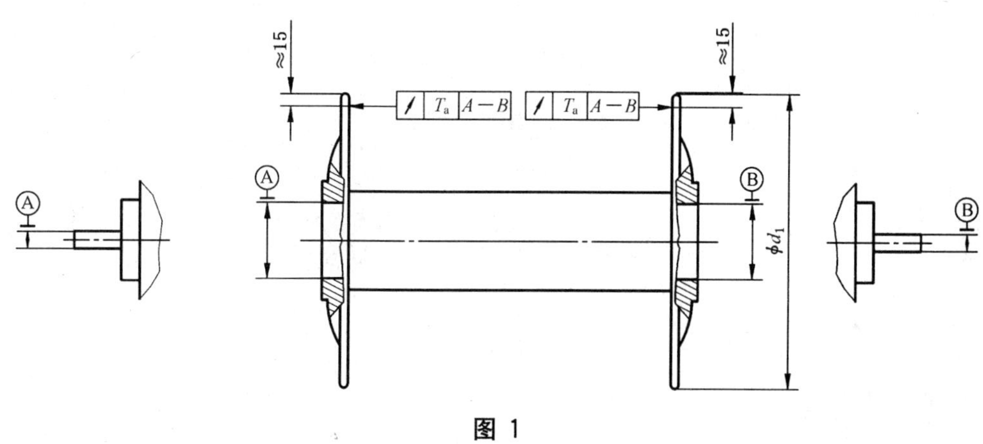

图1

端面圆跳动 T_a 是指经轴转一整圈时离边盘外边缘约15 mm处测得的边盘内侧相对于轴线 $A—B$ 之最大和最小间的偏差值。

2.2 轴管的全跳动 T_r(见图2)

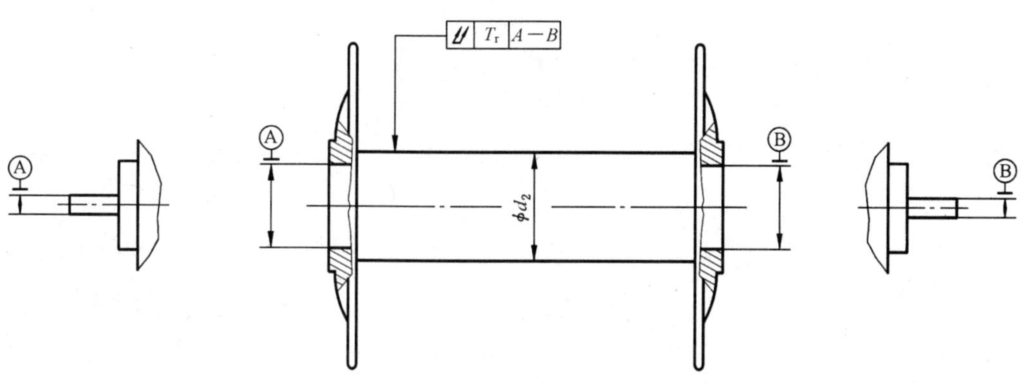

图2

轴管的全跳动 T_r 是指轴管跳动的总和，主要由以下引起：

——轴管的直线度；

——轴管的圆度；

——轴管的径向圆跳动。

当经轴的轴管带有螺纹时，边盘应置于轴管外边沿，显示的最大读数为轴管的全跳动值，该值不应超过允许的公差值。

参 考 文 献

[1] GB/T 1182—2008 产品几何技术规范(GPS) 几何公差 形状、方向、位置和跳动公差标注(ISO 1101:2004,IDT)

ICS 29.020
J 07

中华人民共和国国家标准

GB/T 18759.3—2009

机械电气设备　开放式数控系统
第3部分：总线接口与通信协议

Electrical equipment of machines—Open numerical control system—Part 3：Fieldbus interface and communication protocol

2009-06-11 发布　　2009-11-01 实施

中华人民共和国国家质量监督检验检疫总局
中国国家标准化管理委员会　发布

前　言

GB/T 18759《机械电气设备　开放式数控系统》分为如下几部分：

——第1部分：总则；

——第2部分：体系结构；

——第3部分：总线接口与通信协议；

——第4部分：硬件平台(暂定名称)；

——第5部分：软件平台(暂定名称)；

——第6部分：通用技术条件(暂定名称)；

——第7部分：试验与验收(暂定名称)。

本部分为GB/T 18759的第3部分，规定了机械电气设备用开放式数控系统中总线接口与通信协议。

本部分的附录A、附录B为规范性附录，附录C为资料性附录。

本部分由中国机械工业联合会提出。

本部分由全国工业机械电气系统标准化技术委员会(SAC/TC 231)归口。

本部分负责起草单位：中国科学院沈阳计算技术研究所有限公司、国家机床质量监督检验中心。

本部分参加起草单位：北京凯恩帝数控技术有限责任公司、北京和利时电机技术有限公司、沈阳高精数控技术有限公司、山东大学机械学院、浙江大学、广州数控设备有限公司、武汉华中数控股份有限公司、大连光洋数控技术有限公司、大连理工大学、华南理工大学、北京航空航天大学机械学院。

本部分主要起草人：于东、黄祖广、杨洪丽、王健、张承瑞、冯冬芹、王宇晗、何平、尹震宇、任清荣、陈虎、王永青、胡毅、刘明烈、裴海龙、刘艳强。

机械电气设备　开放式数控系统
第3部分:总线接口与通信协议

1　范围

GB/T 18759的本部分规定了机械电气设备开放式数控系统中总线接口和通信协议规范,目的在于实现机械电气设备开放式数控系统中数控装置、传感器、驱动、I/O等装置之间传输命令和应答,以支持装置间的互操作。

本部分适用于金属加工机械、纺织机械、印刷机械、缝制机械、塑料和橡胶机械、木工机械等电气设备用的开放式数控系统。其他工业机械设备用的开放式数控系统亦可参照执行。

2　规范性引用文件

下列文件中的条款通过GB/T 18759的本部分的引用而成为本部分的条款。凡是注日期的引用文件,其随后所有的修改单(不包括勘误的内容)或修订版均不适用于本部分,然而,鼓励根据本部分达成协议的各方研究是否可使用这些文件的最新版本。凡是不注日期的引用文件,其最新版本适用于本部分。

GB 5226.1—2008　机械电气安全　机械电气设备　第1部分:通用技术条件(IEC 60204-1:2005,IDT)

GB/T 9387.1—1998　信息技术　开放系统互连　基本参考模型　第1部分:基本模型(idt ISO/IEC 7498-1:1994)

GB/T 16262.1—2006　信息技术　抽象语法记法一(ASN.1)　第1部分:基本记法规范(ISO/IEC 8824-1:2002,IDT)

GB/T 17626.2—2006　电磁兼容　试验和测量技术　静电放电抗扰度试验(IEC 61000-4-2:2001,IDT)

GB/T 17626.3—2006　电磁兼容　试验和测量技术　射频电磁场辐射抗扰度试验(IEC 61000-4-3:2002,IDT)

GB/T 17626.4—2008　电磁兼容　试验和测量技术　电快速瞬变脉冲群抗扰度试验(IEC 61000-4-4:2004,IDT)

GB/T 17967—2000　信息技术　开放系统互连　基本参考模型　OSI服务定义约定(idt ISO/IEC 10731:1994)

GB/T 18759.1—2002　机械电气设备　开放式数控系统　第1部分:总则

GB/T 18759.2—2006　机械电气设备　开放式数控系统　第2部分:体系结构

IEC 61158-5:2003　工业控制系统用现场总线　第5部分:应用层服务定义

3　术语和定义

下列术语和定义适用于本部分。

3.1

应用协议数据单元　application protocol data unit

在应用层协议中规定的数据单元,由控制信息与用户数据负载组成。

3.2

状态机　state machine

表示有限个状态以及在这些状态之间的转移和动作等行为的数学模型。

3.3

客体标识符　object identifier

与无歧义地标识它的客体相关的全局唯一值。

[GB/T 16262.1—2006,3.6.47]

3.4

类型　type

已命名的值集合。

[GB/T 16262.1—2006,3.6.74]

3.5

应用进程　application process

在开放实系统中,为具体应用执行信息处理的元素。

[GB/T 9387.1—1998,4.1.4]

3.6

帧　frame

包括目的地址、源地址、长度字段、数据、填充和帧检验序列。

3.7

网络　network

开放式数控系统中由数控装置、驱动装置、I/O 装置、检测装置等构成的互连系统。

3.8

服务　service

由本层向上一层用户提供的能力和特性。

3.9

目的地址　destination address

数据帧准备发往的站点。

3.10

源地址　source address

发送数据帧的站点。

3.11

开放式数控系统　open numerical control system

指应用软件构筑于遵循公开性、可扩展性、兼容性原则的系统平台之上的数控系统,使应用软件具备可移植性、互操作性和人机界面的一致性。

[GB/T 18759.1—2002,3.1]

3.12

开放式数控系统应用编程接口　open numerical control system application programming interface

开放式数控系统应用软件与系统软件平台之间的及与开放式数控系统应用软件之间的接口。

[GB/T 18759.1—2002,3.10]

3.13

互操作性　interoperability

a)　两个或多个系统交换信息并相互使用已交换的信息的能力。

b)　两个或两个以上系统可互相操作的能力。

[GB/T 18759.1—2002,3.14]

3.14

装置/设备 device

开放式数控系统中具有控制或检测功能(特定功能行为)的单元或单元集合,如数控装置、驱动装置、I/O装置、检测装置。

3.15

总线 fieldbus

连接开放式数控系统中装置间的数字式、双向、多点的通信系统。

3.16

站点 station

总线中具有唯一地址标识的通信节点,一个装置至少包含一个站点。

3.17

主站 master station

总线中控制、管理其他站点的站点。

3.18

从站 slave station

总线中受主站监视和控制的站点。

3.19

协议 protocol

总线中控制数据通信的一组规则,具有语法、语义、同步三要素。

3.20

总线体系结构 fieldbus architecture

总线中各层及其协议的集合,由物理层、数据链路层、应用层、用户层行规组成。

3.21

物理层 physical layer

接口和通信媒体的机械和电气规范。

3.22

数据链路层 data link layer

控制对通信媒体的访问,执行差错检测,由抽象数据链路子层和实数据链路子层组成。

3.23

抽象数据链路子层 abstract data link sublayer

提供应用层与实数据链路子层协议数据的转换。

3.24

实数据链路子层 real data link sublayer

制造商和用户选定的符合现有国际标准或国家标准的总线数据链路通信规范。

3.25

应用层 application layer

为用户程序提供访问总线通信环境的规则,定义允许装置间相互通信的协议。

3.26

用户层行规 user layer profile

以格式化的数据结构形式给出的与行业有关的装置的特征、功能特性及行为的规范。

3.27

命令 command

一组能够被站点识别以完成特定功能的代码。

3.28

应答 response

站点针对已接收命令而产生的反馈信息。

3.29

封装 encapsulating

将抽象数据链路子层数据帧直接装入实数据链路子层数据帧中，作为后者的数据部分。

3.30

映射 mapping

根据实数据链路子层数据帧结构规范，将抽象数据链路子层数据帧分解并构成前者的数据部分。

3.31

周期通信 periodic communication

站点间以固定时间间隔进行的数据交换。

3.32

非周期通信 aperiodic communication

站点间以非固定时间间隔进行的数据交换。

3.33

通信周期 communication period

周期通信的时间间隔。

3.34

实时通信 real-time communication

可预见的具有特定时效的通信。

3.35

传输 transportation

应用层间的数据交换。

3.36

连接 connection

站点间的数据传输通路，以支持站点间命令与应答的传输。

3.37

同步传输 synchronous transportation

确保站点间时间状态行为一致性的传输。

3.38

抖动 jitter

信号或行为的实际发生时间与理想时间的偏差。

3.39

循环冗余校验 cyclic redundancy check

利用线性编码理论，将比特模式表示为一个多项式的差错检验方法。

3.40

总线安全 fieldbus safety

防止系统资源与系统运行受到损坏和非正常停止而采用的安全措施。

3.41 **符号及缩略语**

ADLL	Abstract Data Link subLayer	抽象数据链路子层
AL	Application Layer	应用层
ALP	Application Layer Protocol	应用层协议

AP	Application Protocol	应用协议
APDU	Application Protocol Data Unit	应用协议数据单元
API	Application Programming Interface	应用编程接口
CRC	Cyclic Redundancy Check	循环冗余校验
DLL	Data Link Layer	数据链路层
IEC	International Electrotechnical Commission	国际电工委员会
IEEE	Institute of Electrical & Electronic Engineers	国际电气与电子工程师协会
ISO	International Standardization Organization	国际标准化组织
OD	Objects Dictionary	对象字典
ONC	Open Numerical Control system	开放式数控系统
OSI	Open System Interconnection	开放系统互连
PDU	Protocol Data Unit	协议数据单元
PHY	PHYsical layer	物理层
RDLL	Real Data Link subLayer	实数据链路子层

4 基本要求

4.1 概述

开放式数控系统总线是用于连接系统装置间的数字式、双向、多点的通信系统。为了满足系统对周期性、实时性、同步、可靠性、安全及开放的要求，本部分以 ISO/OSI 开放系统互连参考模型为基础，并对其加以改造，由物理层、数据链路层、应用层与用户层行规组成。为了兼顾现有的国际、国家标准或事实标准，满足数控系统的开放要求，本部分对应用层和用户层行规进行了定义，并通过将链路层划分为抽象数据链路子层与实数据链路子层，以便用户选用现有标准协议或引入新的标准。

4.2 总线结构

开放式数控系统由数控装置、伺服驱动装置、主轴驱动装置、传感器装置、I/O 装置等组成，装置间需通过总线等通信设备来支持装置间的互操作。总线由站点、通信介质与设备组成，如图 1 所示。

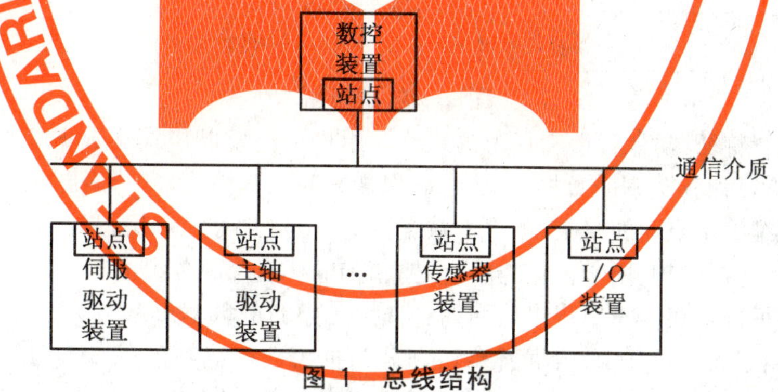

图 1 总线结构

站点为装置的数据发送与接收设备，其基本功能是将装置产生的命令与应答经编码，变换为便于传送的信号形式，以送往通信介质。产生命令的站点为主站，产生应答的站点为从站。

通信介质为站点间信号传递所经的媒介。

通信设备为确保信号可靠传递的插头、插座及中继器等设备。

为了实现开放式数控系统控制、检测、参数调整、故障诊断等功能，装置的站点间需建立连接，并生成相关功能所需的命令与应答。

4.3 总线要求

针对开放式数控系统的控制要求，总线接口与通信协议应满足如下要求：

周期通信：为满足装置的转矩、速度与位置等控制的采样周期要求，总线应支持周期通信方式。通信周期应根据装置的控制要求进行调整。

实时通信:为满足装置的转矩、速度与位置等控制的响应时间,总线通信应支持实时通信。

同步/异步传输:为满足开放式数控系统的多轴联动插补与快移等功能要求,总线应支持同步/异步传输。

可靠通信:针对工业现场不可避免的干扰,总线应具有差错处理机制,以支持可靠通信。

安全通信:为防止总线与装置的运行受到损坏和非正常停运,总线应支持安全通信。

开放:为确保不同厂家装置间的互操作,并适应控制技术与通信技术的不断发展,总线应具有开放性,以便引入新的技术与产品。

4.4 总线模型

为了满足开放式数控系统总线的要求,模型以ISO/OSI开放系统互连参考模型为基础,并对其加以改造,由物理层、数据链路层、应用层与用户层行规组成,如图2所示。

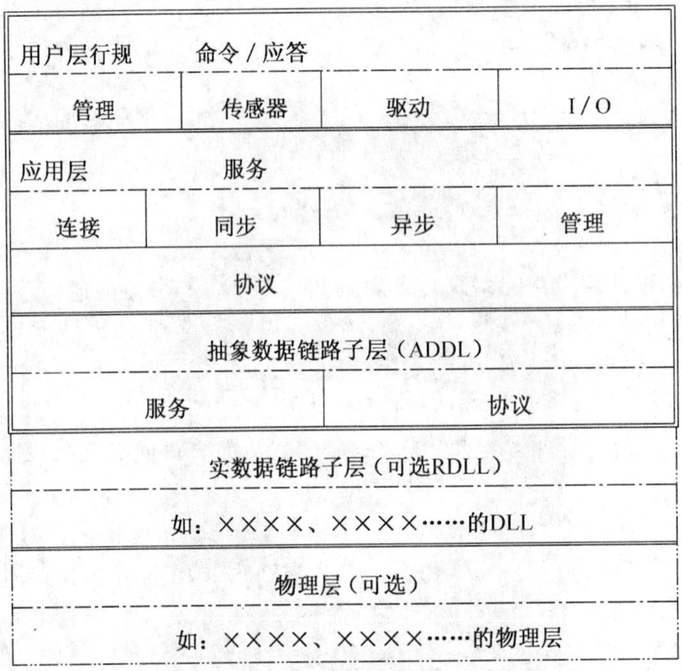

图2 总线模型

用户层行规:装置特征、功能特性和行为的规范。用户层行规以格式化数据结构形式定义,包括管理、传感器、驱动与I/O四种类别的数据定义,以确保装置间的互操作,支持面向应用的实现。

应用层:应用层维护站点间的安全、可靠的数据传输通路,并为用户层行规的命令与应答提供传输服务。应用层服务由连接管理、同步传输、异步传输和传输管理等服务组成。

数据链路层:数据链路层为应用层提供周期、实时、无差错的数据链路。为了便于用户针对不同系统的性能要求而选用不同通信技术,数据链路层划分为抽象数据链路子层(ADLL)和实数据链路子层(RDLL)。抽象数据链路子层规定了数据链路层的服务与协议,为应用层提供通信服务并实现与实数据链路子层的数据交换。实数据链路子层允许用户自定义或选用现有国际或国家标准,在本部分中不作规定。

物理层:为了便于用户引入新的通信技术,本部分对物理层不做具体规定,只给出选用时的一般要求。

5 物理层

5.1 概述

物理层协调总线在物理媒体中传送比特流所需的各种功能,定义总线接插件和传输媒体的机械和电气规约,以及为发生传输所必须完成的过程和功能。

本协议不具体规定物理层规范，用户可选定符合国际或国家标准的物理层规范。

5.2 机械接口

机械接口要求总线插座/插头采用符合国际或国家标准的接插单元。

5.3 电气接口协议

用户所采用的总线的物理层应遵循符合国际或国家标准的电气接口协议规范。

5.4 总线拓扑

总线拓扑方式可采用树状、链式或环状。

5.5 电磁兼容测试项目及指标

总线通信电缆电磁兼容测试应符合 GB/T 17626 系列标准。

5.6 安全

物理层安全要求详见附录 A。

6 数据链路层

6.1 概述

数据链路层实现应用层与物理层之间数据交互，完成应用层 APDU 到物理层传输的数据帧之间的转换及对各个站点的寻址和地址管理，实现点到点的可靠数据传输。

针对开放式数控系统的要求，数据链路层划分为抽象数据链路子层(ADLL)及实数据链路子层(RDLL)，以允许用户自定义或选用已有的数据链路通信规范。

6.2 数据链路层模型

本部分对数据链路层服务的实现不做具体规定，仅将数据链路层提供的协议规范、服务内容、性能指标及对应用层的接口加以规范，并将规范化的服务接口、协议规范划分为抽象数据链路子层，约束各数据链路层服务的服务内容和性能，数据链路层服务内容的具体实现开放给用户，允许用户自定义或选用已有的数据链路通信规范。数据链路层模型如图 3 所示。

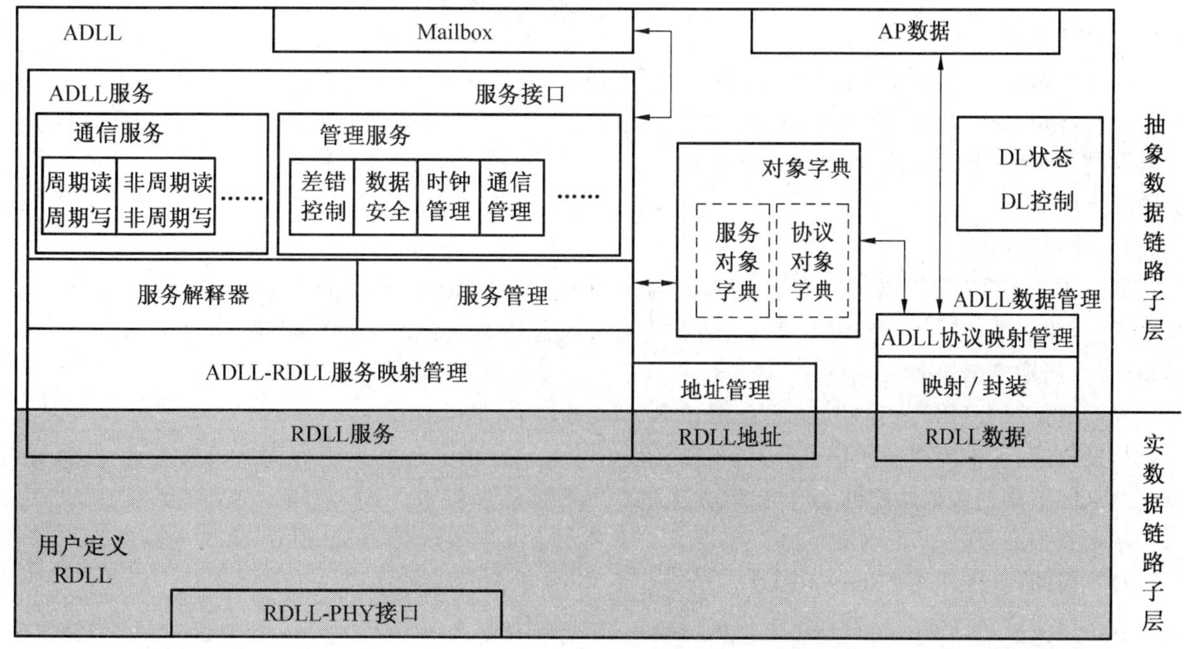

图 3 数据链路层模型

6.2.1 实数据链路子层

实数据链路子层中包括ADLL规定的数据链路层通信服务的具体实现，以及用于实际数据通信的数据帧的封装。在本子层中所使用的数据帧与ADLL中所使用的数据帧，通过ADLL与RDLL之间的数据封装及数据映射服务实现交换。

RDLL在实现上，允许用户自定义或选用现有国际或国家标准，在本部分中不作描述，但所选标准应满足开放式数控系统在周期性通信、实时通信、差错控制、安全、抖动等方面的要求。

6.2.2 抽象数据链路子层

ADLL主要包括ADLL服务(ADLL Service)，ADLL数据管理(ADLL Data Management，ADLL DM)，ADLL对象字典(Objects Directionary，OD)以及抽象数据链路子层地址管理(ADLL Address Management，Addr Management)，用以实现应用层APDU到RDLL之间的协议转换。

ADLL服务处理模型如图4所示。

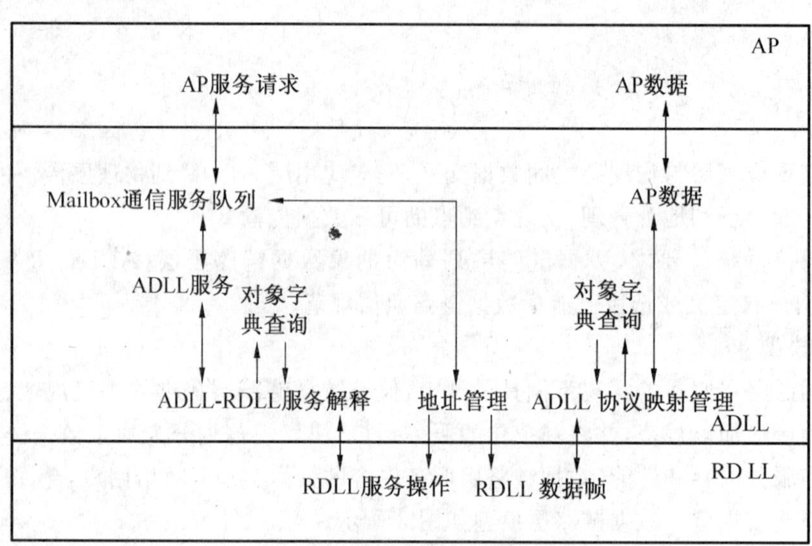

图4 ADLL服务处理模型

6.3 ADLL服务

ADLL服务向应用层提供标准的服务访问接口，包括通信服务(Communication Service，Com-Service)接口以及管理服务(Management Service)接口。ADLL所提供的服务通过ADLL-RDLL服务映射管理(ADLL-RDLL Service Mapping Management，ADLL-RDLL SMM)转换成RDLL能够使用的实链路子层服务。

6.3.1 通信服务

通信服务主要提供周期性的通信服务，以实现开放式数控系统装置之间的通信。此外，也提供非周期性通信，非周期性通信服务主要完成装置的配置以及总线通信管理、维护等工作。

6.3.1.1 周期通信服务

周期通信服务(Periodic Communication Service，PCOM-Service)。

功能描述：提供周期性通信服务，是本部分数据链路层提供的最基本的数据通信服务之一，该服务确保站点间传送的数据均能够实时到达。

基本服务命令接口：

a) 周期读(Periodic Read，PRD)。

从指定站点读取指定标识的数据信息。

基本输入参数：站点标识，〈数据长度〉，〈数据标识〉

基本返回参数：站点标识，状态，数据长度，数据，〈数据标识〉

注："〈 〉"表示该参数为可选参数。

b) 周期写(Periodic Write,PWR)

将指定标识的数据传输给指定站点。

基本输入参数:站点标识,数据长度,数据,〈数据标识〉

基本返回参数:站点标识,状态,〈数据标识〉,〈数据长度〉

6.3.1.2 **非周期通信服务**

非周期通信服务(Aperiodic Communication Service,APCOM-Service)。

功能描述:提供非周期性通信服务。

基本性能要求:非周期通信服务在进行通信时,应不影响周期通信服务。

基本服务命令接口:

a) 非周期读(Aperiodic Read,APR)。

从指定站点读取指定标识的数据信息。

基本输入参数:站点标识,〈数据长度〉,〈数据标识〉

基本返回参数:站点标识,状态,数据,〈数据长度〉,〈数据标识〉

b) 非周期写(Aperiodic Write,APW)

将指定标识的数据传输给指定站点。

基本输入参数:站点标识,数据长度,数据,〈数据标识〉

基本返回参数:站点标识,状态,〈数据长度〉,〈数据标识〉

6.3.2 **管理服务**

管理服务包括差错控制(Fault Control Service,FCS)、数据安全(Data Safe and Security,DSS)、时钟管理(Distributed Clock Management,DCM)以及通信管理(Communication Management,COM)等服务。应用层通过 ADLL 提供的 Mailbox 机制实现对管理服务接口的访问。

6.3.2.1 **差错控制服务**

差错控制服务(Fault Control Service,FCS)

功能描述:识别接收到的帧数据是否正确。

根据用户使用的数据链路层协议规范的不同,可使用 CRC 或者奇偶校验等方式进行数据差错检验或自动修复。

6.3.2.2 **数据安全服务**

数据安全服务(Data Safe and Security Service,DSS)

功能描述:提供数据链路层通信安全及可靠性保证。包括:通过重传等机制实现数据帧的可靠送达,对网络连接状态实时监测,当发生通信故障时发出报警并对系统实现保护操作。

6.3.2.3 **时钟管理服务**

时钟管理服务(Data link Clock Management,DCM)

功能描述:提供以 IEC 61588 等协议为基础的时间同步服务,维护各个站点之间的时钟同步。

6.3.2.4 **通信管理服务**

通信管理服务(Communication Management,COM)

功能描述:对周期通信和非周期通信的管理。

6.3.2.5 **扩充服务**

本部分允许用户添加自定义的服务,以支持特定应用。

6.4 **ADLL 对象字典**

ADLL 对象字典(Objects Dictionary,OD)包括服务对象字典(Service Objects Dictionary,SOD)以及协议对象字典(Protocol Objects Dictionary,POD)。对象字典为 ADLL 服务以及 ADLL 数据管理提供对应的 RDLL 通信服务以及协议数据结构的解释和定义。ADLL 通过查询对象字典,完成应用层所发出的数据通信请求到实数据链路子层数据通信之间的解释和操作。

6.5 ADLL 地址管理

抽象数据链路子层地址管理(ADLL Address Management,Addr Management)实现抽象数据链路子层所使用的站点地址到实数据链路子层地址空间之间的管理和转换(见图 5)。

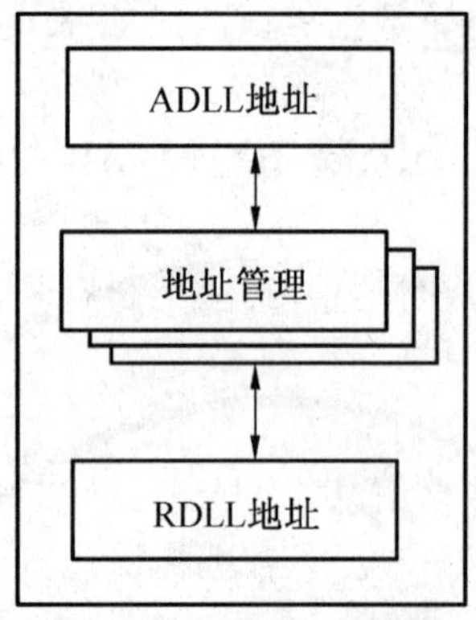

图 5 ADLL 地址管理

6.6 ADLL 数据管理

ADLL 数据管理向应用层提供标准的数据访问接口,并通过抽象链路层协议映射管理(Abstracted Data Link Sublayer Protocol Mapping Management, ADLL PMM)提供的 ADLL 与 RDLL 之间的数据封装、数据映射服务实现 ADLL 与 RDLL 之间的数据帧的交换。

封装将指定的 ADLL 帧数据结构直接放在 RDLL 数据帧结构的数据区(见图 6)。

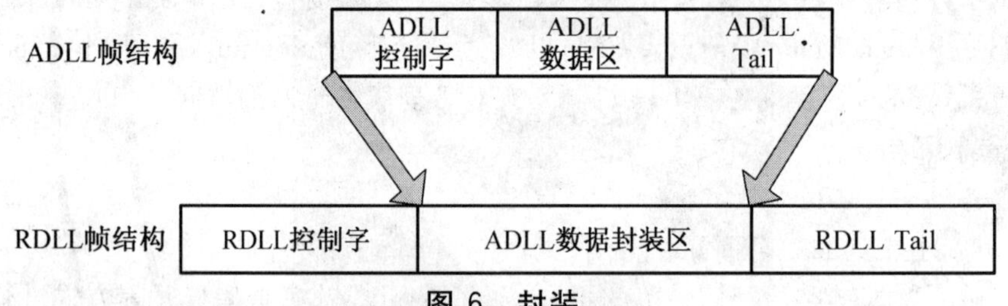

图 6 封装

映射根据 RDLL 帧结构规定将指定的 ADLL 帧结构数据分解,分解后的各个数据元素内容放置到 RDLL 帧对应的规定位置(见图 7)。

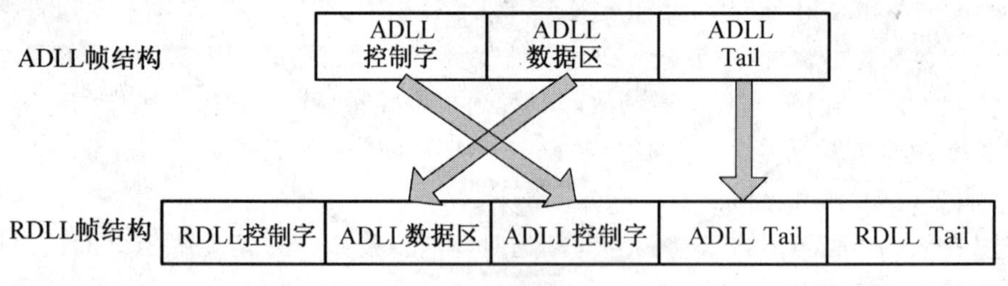

图 7 映射

6.7 ADLL 协议规范

6.7.1 ADLL 站点地址域

ADLL 协议中,规定地址域范围为 0～255。

6.7.2 ADLL 帧数据结构

抽象数据链路子层接收应用层消息,并组建成 ADLL 帧,包括两部分:ADLL 用户数据以及 ADLL 控制信息。

ADLL 用户数据存放的是 RDLL 所需要的数据区数据内容。

ADLL 控制信息数据结构的伪代码描述如下:

ADLL_Hdr

```
{
    D-addr;
    S-addr;
    Data-Length;
    RDLL-Type;
    Data-Check;
    Head-Check;
    SN;
    Send_DateTime;
    Rcv_DateTime;
    Union CTRL
    {
        DCheck_EN;
        HCheck_EN;
        Synbit;
        StoreTypebit;

    };
};
```

D-addr:目的地址。

S-addr:源地址。

Data-Length:表示 ADLL 用户数据帧的长度。

RDLL-Type:RDLL 使用的协议类型。

Data-Check:RDLL 数据帧的校验值。

Head-Check:RDLL 数据帧头部信息校验值。

SN:数据帧序号,该序号按照构造的 RDLL 数据帧顺序递增,是数据帧的唯一标识。

Send_DateTime:RDLL 数据帧发送时间戳。

Rcv_DateTime:RDLL 数据帧接收时间戳。

CTRL:控制字。

DCheck_EN:RDLL 数据帧校验使能位,该位为"1"时,表示进行 RDLL 数据帧校验。

HCheck_EN:RDLL 数据帧头部帧校验使能位,该位为"1"时,表示进行 RDLL 数据帧头部帧信息的校验。

Synbit:周期性帧标记,该位为"1",表示本数据帧为周期数据帧,否则为非周期数据帧。

StoreTypebit:数据存储格式,该位为"1"表示数据在内存中的存储格式按照"Intel"格式进行存储,该位为"0"表示数据在内存中按照"MAC"格式进行存储。

6.7.3 ADLL 帧定界符

由于 ADLL 数据帧不直接交付至物理层,因而在 ADLL 中不定义起始定界符 BOF 以及结束定界符 EOF。定界符规则由具体的 RDLL 定义。

7 应用层

7.1 概述

应用层(Application Layer,AL)为用户层行规提供传输服务及数据安全支持,并实现用户层与数据链路层之间的数据交互。

7.2 应用层模型

应用层由传输服务、APDU、状态机组成，应用层结构模型如图8所示。传输服务为用户层行规提供连接服务、同步传输服务、异步传输服务、传输管理服务等，状态机管理应用层的运行状态并控制传输，应用层以APDU形式实现与链路层数据交换。

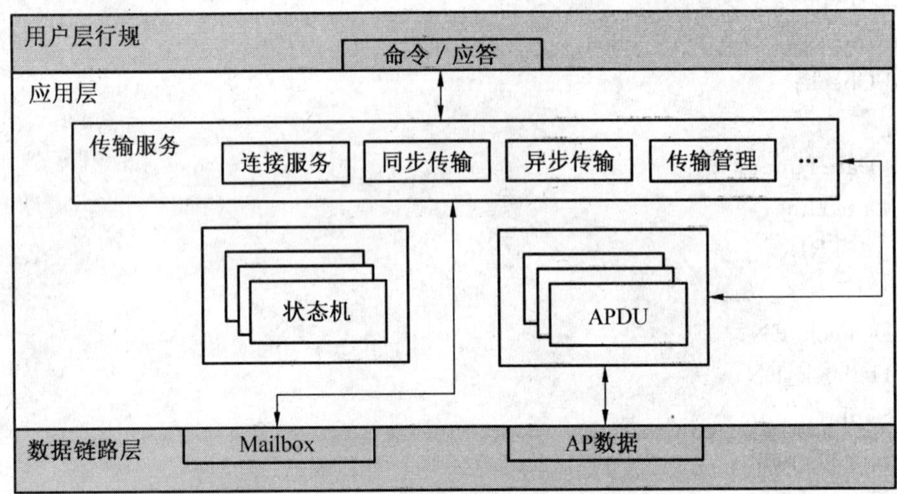

图8 应用层模型

7.3 传输服务

7.3.1 连接服务

连接服务实现站点间连接的建立与释放。

a) 建立连接

传输服务为连接型服务，必须建立站点间的连接后才能处理响应的命令与应答。

基本参数：站点标识，连接类型

连接类型包括同步连接与异步连接，连接建立的状态通过传输管理服务查询。

b) 释放连接

当传输结束后，必须释放连接。

基本参数：站点标识

连接释放的状态通过传输管理服务查询。

7.3.2 同步传输服务

同步传输服务为用户层行规中的插补等同步命令提供传输服务。

基本参数：站点标识，命令标识，WDOG数据

在同步传输过程中，站点间共同维护一组WDOG数据(包括：Watchdog Data/Response Watchdog Data，WDOG/R_WDOG)，用于检测同步错误。当站点间的WDOG数据不一致时，产生同步错误。

同步传输的状态通过传输管理服务查询。

7.3.3 异步传输服务

异步传输服务为用户行规中的非同步命令提供传输服务。

基本参数：站点标识，命令标识，异步数据

在异步传输中通过超时机制(Timeout)保证数据的时效性。

7.3.4 传输管理服务

传输管理服务对应用层的传输状态进行管理，包括初始化、同步异步转换、状态查询及安全等服务。

a) 初始化服务

初始化服务完成对应用层传输服务的状态及传输参数(如周期、超时、WDOG/R_WDOG 等)的初始设置。

b) 同步/异步转换服务

同步/异步转换服务实现同步传输与异步传输间的转换。

基本参数:站点标识,传输方式

返回状态通过状态查询服务查询。

c) 状态查询服务

状态查询服务提供应用层运行、出错状态,包括:运行状态,连接状态,服务执行状态,错误及错误类型等。

运行状态包括应用层状态机的各种状态,见 7.4。

连接状态包括已连接、未连接。

服务执行状态包括进行中、已完成。

应用层所定义的错误包括初始化错误、传输错误、WDOG 数据错误、命令超时错误及同步命令错误等。

d) 安全服务

安全服务可通过权限控制、数据保护等确保应用层数据操作与传输的安全性(见附录 A)。

7.4 状态机

应用层可处于不同的运行状态,应用层的操作可触发状态间的转换,在不同的状态下可提供不同的服务及操作。

状态机包括初始状态、就绪状态、异步连接状态、同步连接状态、连接释放状态、故障状态和结束状态,状态间的转换见图 9。

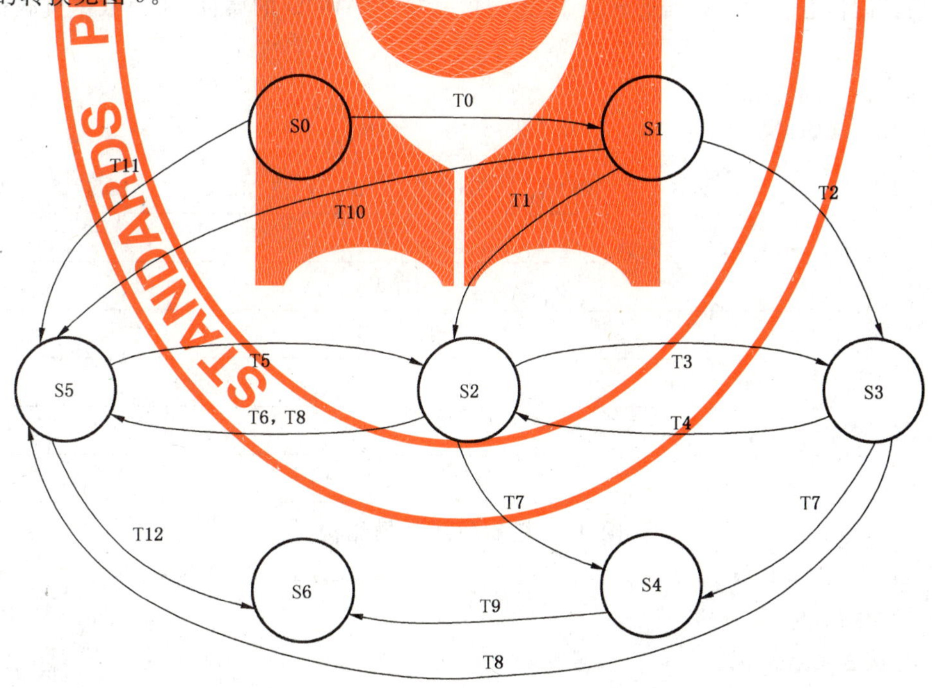

图 9 状态机

状态说明:

S0:初始状态。装置上电后站点的应用层初始状态;

S1:就绪状态。站点初始化成功后等待建立连接的状态;

S2:异步连接状态。在该状态下可提供异步传输服务;

S3:同步连接状态。在该状态下既可提供同步传输服务也提供异步传输服务;

S4:连接释放状态。数据传输结束后进入的状态;

S5:错误状态。在该状态下不能提供传输服务;

S6:结束状态。服务关闭等待装置下电的状态。

操作说明:

T0:执行初始化服务(无异常);

T1:执行异步连接服务(无异常);

T2:执行同步连接服务(无异常);

T3:执行同步/异步转换服务(无异常);

T4:发生同步错误;

T5:执行恢复操作;

T6:发生异步传输故障;

T7:执行释放连接服务(无异常);

T8:执行释放连接服务(异常);

T9:执行结束处理;

T10:执行连接服务(异常);

T11:执行初始化服务(异常);

T12:执行故障处理。

7.5 应用层协议规范

7.5.1 APDU 结构

APDU 由控制信息与用户数据负载组成,控制信息描述 APDU 的属性,用户数据负载存储用户层行规数据。

7.5.2 控制信息

控制信息数据结构见图 10。

<table>
<tr><th></th><th>Bit 7</th><th>Bit 6</th><th>Bit 5</th><th>Bit 4</th><th>Bit 3</th><th>Bit 2</th><th>Bit 1</th><th>Bit 0</th></tr>
<tr><td>Byte 1</td><td colspan="8">AP ID</td></tr>
<tr><td>Byte 2</td><td colspan="8">源标识</td></tr>
<tr><td>Byte 3</td><td colspan="8">目的标识</td></tr>
<tr><td>Byte 4</td><td colspan="8">长度</td></tr>
<tr><td>Byte 5</td><td colspan="6">控制字</td><td>A/S</td><td>C/R</td></tr>
<tr><td>Byte 6</td><td colspan="8">WDOG/R_WDOG</td></tr>
</table>

图 10 控制信息数据结构

AP ID:APDU 的标识号。

源标识:发送站点标识。

目的标识:接收站点标识。

长度:用户数据负载长度。

控制字:Bit 0(C/R)用于标识命令或应答,Bit 1(A/S)用于标识同步命令(A/S=1),异步命令(A/S=0),其余位用于表示数据安全,见附录 A。

WDOG/R_WDOG:同步计数器,用于检测同步错误,在 A/S=1 时有效。

7.5.3 用户数据负载

用户数据负载存储命令与应答,标志位“C/R=1”表示命令,“C/R=0”表示应答。

8 用户层行规

8.1 概述

用户层行规通过定义命令与应答的数据结构，确保装置间的互操作，支持面向应用的实现。根据开放式数控系统中装置的参数与行为特性，用户层行规包括管理、传感器控制、驱动控制与I/O控制4部分。

8.2 数据类型

用户层行规使用的数据类型见附录B。

8.3 数据结构

数据结构包括命令数据结构与应答数据结构，其中命令格式由命令号及命令参数两部分组成，具体数据结构见图11。

<table>
<tr><td colspan="2">2 Bytes</td><td>2-N Bytes（可变长）</td></tr>
<tr><td colspan="2">命令号</td><td rowspan="3">命令参数</td></tr>
<tr><td>bit15～bit12（高4位）</td><td>bit11～bit0（低12位）</td></tr>
<tr><td>命令分组号</td><td>组内命令号</td></tr>
</table>

图11 命令数据结构

应答数据格式由命令号、告警/故障号、应答状态及应答数据组成，其中命令号表示针对某一命令的应答，告警/故障号为命令执行所产生的告警，应答状态为命令的返回状态，具体数据结构见图12。

Byte 0-Byte 1	Byte 2	Byte 3- Byte 4	Byte 5- Byte N（可变长）
命令号	告警/故障号	应答状态/R_Status	应答数据

图12 应答数据结构

告警号与具体装置相关，由用户定义。

应答状态的数据结构见图13。

<table>
<tr><td>bit7-bit3</td><td>bit2</td><td>bit1</td><td>bit0</td></tr>
<tr><td>与装置类型相关</td><td>就绪位</td><td>告警位</td><td>故障位</td></tr>
<tr><td colspan="4">bit15-bit8</td></tr>
<tr><td colspan="4">与装置类型相关</td></tr>
</table>

图13 应答状态数据结构

bit0：故障位，1：发生故障，0：未发生故障

bit1：告警位，1：发生告警，0：未发生告警

bit2：就绪位，1：可接受命令，0：不能接受命令

8.4 用户层行规命令

根据命令功能和所属装置的种类，可对用户层行规命令分组。最多可支持16个分组，其中每组可支持4 096个命令。本部分定义如下4个分组（用户可按需求扩展）：

管理命令组：用于执行站点间的连接、释放、同步建立、参数管理等。

传感器命令组：用于打开、关闭传感器等。

驱动命令组：用于伺服使能、定位、插补、停止等。

I/O命令组：用于I/O数据的读写等。

命令分组号的定义见表1。

表 1 命令分组定义

分组名称	命令分组号
管理	0H
传感器	1H
驱动	2H
I/O	3H
其他命令组	XH

具体的命令分组与命令见表 2、表 3、表 4、表 5。其中同步命令只能在建立同步操作后运行。

表 2 管理命令组

命令号	命令名称	命令类型	说　　明
0000H	NOP_SET	异步命令	空操作
0001H	CONN_SET	异步命令	建立连接
0002H	CONN_REL	异步命令	释放连接
0003H	PARM_RD	异步命令	读参数
0004H	PARM_WR	异步命令	写临时参数
0005H	SPARM_WR	异步命令	写永久参数
0006H	ID_RD	异步命令	读产品信息
0007H	UNIT_CFG	异步命令	站点配置
0008H	ALM_RD	异步命令	读告警信息
0009H	ALM_CLR	异步命令	清除告警信息
000AH	SYN_SET	异步命令	同步切换

表 3 传感器命令组

命令号	命令名称	命令类型	说　　明
1000H	SENS_ON	异步命令	打开传感器
1001H	SENS_OFF	异步命令	关闭传感器

表 4 驱动命令组

命令号	命令名称	命令类型	说　　明
2000H	SERV_ON	异步命令	打开伺服
2001H	SERV_OFF	异步命令	关闭伺服
2002H	CORD_SET	异步命令	设置坐标
2003H	BRAK_ON	异步命令	打开制动器
2004H	BRAK_OFF	异步命令	关闭制动器
2005H	MOT_HOLD	异步命令	进给保持
2006H	MON_SET	异步命令	监视伺服状态
2007H	RAPOS_CTR	异步命令	定位
2008H	INTPO_CTR	同步命令	插补
2009H	FD_CTR	异步命令	恒速进给

表 4（续）

命令号	命令名称	命令类型	说　　明
200AH	ZR_RET	异步命令	回零
200BH	LAT_INTPO	同步命令	带位置检测功能的插补
200CH	EX_POS	异步命令	外部输入定位
200DH	VEL_CTR	异步命令	速度控制
200EH	TRQ_CTR	异步命令	转矩控制
200FH	SPIND_CTR	异步命令	主轴控制

表 5　I/O 命令组

命令号	命令名称	命令类型	说　　明
3000H	DATA_RW_ASYN	异步命令	数据异步读写
3001H	DATA_RW_SYN	同步命令	数据同步读写

8.5　管理命令

8.5.1　空操作(NOP_SET:0000H)

NOP_SET( )

a) 参数

无。

b) 描述

报告当前装置的应答状态。

c) 应答

命令的执行情况在应答状态字中表示(见图 13),无应答数据。

8.5.2　建立连接(CONN_SET:0001H)

CONN_SET(SET_COM_MD,SET_COM_CYC)

a) 参数

表 6　CONN_SET 命令参数

参数名称	参数描述
SET_COM_MD	同步或异步模式设定 Boolean 型 0:进行异步传输。不可使用同步命令。 1:进行同步传输。可以使用同步或异步命令。
SET_COM_CYC	设定周期 Int 型

b) 描述

建立连接后方可对站点进行控制。

c) 应答

命令的执行情况在应答状态字中表示(见图 13),应答数据域为连接参数。

8.5.3　释放连接(CONN_REL:0002H)

CONN_REL( )

a) 参数

无。

b） 描述

释放连接后将无法对站点进行控制。

c） 应答

命令的执行情况在应答状态字中表示(见图 13)，无应答数据。

8.5.4 读参数(PARM_RD:0003H)

PARM_RD(PARM_NO,PARM_SIZE)

a） 参数

表 7 PARM_RD 命令参数

参数名称	参数描述
PARM_NO	参数编号 Int 型
PARM_SIZE	参数数据长度 Int 型

b） 描述

读出站点装置的设置参数。

c） 应答

命令的执行情况在应答状态字中表示(见图 13)，应答数据域为所读参数。

8.5.5 写临时参数(PARM_WR:0004H)

PRAM_WR(PARM_NO,PARM_SIZE,PARAMETER)

a） 参数

表 8 PRAM_WR 命令参数

参数名称	参数描述
PARM_NO	参数编号 Int 型
PARM_SIZE	参数数据长度 Int 型
PARAMETER	参数内容 Int 型

b） 描述

向站点装置写入临时参数。

c） 应答

命令的执行情况在应答状态字中表示(见图 13)，应答数据域为所写参数。

8.5.6 写永久参数(SPARM_WR:0005H)

SPARM_WR (PARM_NO,PARM_SIZE,PARAMETER)

a） 参数

表 9 SPARM_WR 命令参数

参数名称	参数描述
PARM_NO	参数编号 Int 型
PARM_SIZE	参数数据长度 Int 型
PARAMETER	参数内容 Int 型

b) 描述

向站点装置写入参数并保存。

c) 应答

命令的执行情况在应答状态字中表示(见图 13),应答数据域为所写参数。

8.5.7 读产品信息(ID_RD:0006H)

ID_RD (DEVICE_ID,DEVICE_OFFSET,DEVICE_SIZE)

a) 参数

表 10 ID_RD 命令参数

参数名称	参数描述
DEVICE_ID	ID 数据标识 Int 型
DEVICE_OFFSET	ID 偏置 Int 型
DEVICE_SIZE	数据长度 Int 型

b) 描述

读出装置的产品信息。

c) 应答

命令的执行情况在应答状态字中表示(见图 13),应答数据域为读出的产品信息。

8.5.8 站点配置(UNIT_CFG:0007H)

UNIT_CFG (CFG_MD)

a) 参数

表 11 UNIT_CFG 命令参数

参数名称	参数描述
CFG_MD	设置模式 Boolean 型 0:设置无效。 1:设置有效。

b) 描述

使站点装置的设置参数生效。

c) 应答

命令的执行情况在应答状态字中表示(见图 13),无应答数据。

8.5.9 读告警信息(ALM_RD:0008H)

ALM_RD (ALM_RD_MD)

a) 参数

表 12 ALM_RD 命令参数

参数名称	参数描述
ALM_RD_MD	调用模式(告警或故障) Int 型

b) 描述

读出告警号或故障号。

c) 应答

命令的执行情况在应答状态字中表示(见图 13),应答数据域为告警及故障信息。

8.5.10 清除告警信息(ALM_CLR:0009H)

ALM_CLR (ALM_CLR_MD)

a) 参数

表 13 ALM_CLR 命令参数

参数名称	参数描述
ALM_CLR_MD	告警模式 Int 型

b) 描述

清除告警信息与告警状态。

c) 应答

命令的执行情况在应答状态字中表示(见图 13),无应答数据。

8.5.11 同步切换(SYN_SET:000AH)

SYN_SET ( )

a) 参数

无。

b) 描述

由异步状态切转到同步状态。

c) 应答

命令的执行情况在应答状态字中表示(见图 13),无应答数据。

8.6 传感器命令

8.6.1 打开传感器 (SENS_ON:1000H)

SENS_ON ( )

a) 参数

无。

b) 描述

传感器使能命令。

c) 应答

命令的执行情况在应答状态字中表示(见图 13),无应答数据。

8.6.2 关闭传感器 (SENS_OFF:1001H)

SENS_OFF ( )

a) 参数

无。

b) 描述

传感器禁用命令。

c) 应答

命令的执行情况在应答状态字中表示(见图 13),无应答数据。

8.7 驱动命令

8.7.1 打开伺服(SERV_ON:2000H)

SERV_ON (MONITOR)

a) 参数

表 14　SERV_ON 命令参数

参数名称	参数描述
MONITOR	选择监视信号 Int 类型

b）　描述

伺服使能命令。

c）　应答

命令的执行情况在应答状态字中表示(见图 14),应答数据域为 MONITOR 指定的数据。

bit7	bit6	bit5	bit4	bit3	bit2	bit1	bit0
命令结束	定位结束	原点位置	主电源打开	伺服打开	就绪	告警位	故障位
bit15	bit14	bit13	bit12	bit11	bit10	bit9	bit8
预留			反向软限	正向软限	定位附近	位置闩锁	转矩限制

图 14　伺服状态数据结构

bit3:伺服打开,1:伺服打开状态,0:伺服关闭状态

bit4:主电源打开,1:主电源打开状态,0:主电源关闭状态

bit5:原点位置,1:在原点位置,0:未在原点位置

bit6:定位结束,1:在定位目标位置,0:未在定位目标位置

bit7:命令结束,1:已结束,0:进行中

bit8:转矩限制,1:限制,0:未限制

bit9:位置闩锁,1:闩锁结束,0:闩锁未结束

bit10:定位附近,1:反馈位置与定位目标位置的差在定位附近范围内,0:未在范围内

bit11:正向软限,1:反馈超出正向软限制值,0:未超出正向软限制值

bit12:反向软限,1:反馈超出反向软限制值,0:未超出反向软限制值

8.7.2　关闭伺服(SERV_OFF:2001H)

SERV_OFF (MONITOR)

a）　参数

表 15　SERV_OFF 命令参数

参数名称	参数描述
MONITOR	选择监视信号 Int 类型

b）　描述

伺服禁用命令。

c）　应答

命令的执行情况在应答状态字中表示(见图 14),应答数据域为 MONITOR 指定的数据。

8.7.3　设置坐标(CORD_SET:2002H)

CORD_SET (CORD_SET_MD,CORD_DATA)

a）　参数

表 16 CORD_SET 命令参数

参数名称	参数描述
CORD_SET_MD	坐标设定模式 Int 类型
CORD_DATA	坐标设定值 Int 类型

b) 描述

设定站点装置的坐标。

c) 应答

命令的执行情况在应答状态字中表示(见图 14),应答数据域为所设置的坐标值。

8.7.4 打开制动器(BRAK_ON:2003H)

BRAK_ON ( )

a) 参数

无。

b) 描述

打开制动器。

c) 应答

命令的执行情况在应答状态字中表示(见图 14),应答数据域为 MONITOR 指定的数据。

8.7.5 关闭制动器(BRAK_OFF:2004H)

BRAK_OFF ( )

a) 参数

无。

b) 描述

关闭制动器。

c) 应答

命令的执行情况在应答状态字中表示(见图 14),应答数据域为 MONITOR 指定的数据。

8.7.6 进给保持(MOT_HOLD:2005H)

MOT_HOLD (MOT_HOLD_MD)

a) 参数

表 17 MOT_HOLD 命令参数

参数名称	参数描述
MOT_HOLD_MD	停止方式设置 Int 类型

b) 描述

伺服停止运动,并保持在当前位置。

c) 应答

命令的执行情况在应答状态字中表示(见图 14),应答数据域为 MONITOR 指定的数据。

8.7.7 监视伺服状态(MON_SET:2006H)

MON_SET (MONITOR)

a) 参数

表 18 MON_SET 命令参数

参数名称	参数描述
MONITOR	监视器设置 Int 类型

b) 描述

用于监视伺服的数据。监视器指定需要监视的位置、速度、转矩等的信息。

c) 应答

命令的执行情况在应答状态字中表示(见图 14),应答数据域为 MONITOR 指定的数据。

8.7.8 定位(RAPOS_CTR:2007H)

RAPOS_CTR (DEST_POSITION,VELOCITY,MONITOR)

a) 参数

表 19 PAROS_CTR 命令参数

参数名称	参数描述
DEST_POSITION	定位位置 Int 类型
VELOCITY	定位速度 Int 类型
MONITOR	监视器设置 Int 类型

b) 描述

根据指定位置进行定位操作。

c) 应答

命令的执行情况在应答状态字中表示(见图 14),应答数据域为 MONITOR 指定的数据。

8.7.9 插补(INTPO_CTR:2008H)

INTPO_CTR(INTPO_POSITION,FWD_VELOCITY,MONITOR)

a) 参数

表 20 INTPO_CTR 命令参数

参数名称	参数描述
INTPO_POSITION	插补位置 Int 类型
FWD_VELOCITY	速度前馈 Int 类型
MONITOR	监视器设置 Int 类型

b) 描述

插补命令通过给定每个周期的插补位置来实现,周期是通过 CONN_SET 命令设置的。

c) 应答

命令的执行情况在应答状态字中表示(见图 14),应答数据域为 MONITOR 指定的数据。

8.7.10 恒速进给(FD_CTR:2009H)

FD_CTR (FD_VELOCITY,MONITOR)

a) 参数

表 21 **FD_CTR 命令参数**

参数名称	参数描述
FD_VELOCITY	进给速度 Int 类型
MONITOR	监视器设置 Int 类型

b) 描述

根据指定的速度恒速进给。

c) 应答

命令的执行情况在应答状态字中表示(见图 14),应答数据域为 MONITOR 指定的数据。

8.7.11 回零(**ZR_RET**:200**AH**)

ZR_RET (LAT_SIGNAL,FD_VELOCITY,MONITOR)

a) 参数

表 22 **ZR_RET 命令参数**

参数名称	参数描述
LAT_SIGNAL	闩锁信号 Int 类型
FD_VELOCITY	进给速度 Int 类型
MONITOR	监视器设置 Int 类型

b) 描述

根据给定速度与位置闩锁信号进行回零操作。

c) 应答

命令的执行情况在应答状态字中表示(见图 14),应答数据域为 MONITOR 指定的数据。

8.7.12 带位置检测功能的插补(**LAT_INTPO**:200**BH**)

LAT_INTPO (LAT_SIGNAL,INTPO_POSITION,FWD_VELOCITY,MONITOR)

a) 参数

表 23 **LAT_INTPO 命令参数**

参数名称	参数描述
LAT_SIGNAL	闩锁信号 Int 类型
INTPO_POSITION	插补位置 Int 类型
FWD_VELOCITY	速度前馈 Int 类型
MONITOR	监视器设置 Int 类型

b） 描述

进行插补，并根据执行指定的闩锁信号进行位置检测。

c） 应答

命令的执行情况在应答状态字中表示(见图 14)，应答数据域为 MONITOR 指定的数据。

8.7.13 外部输入定位(EX_POS:200CH)

EX_POS (LAT_SIGNAL,DEST_POSITION,VELOCITY,MONITOR)

a） 参数

表 24 EX_POS 命令参数

参数名称	参数描述
LAT_SIGNAL	闩锁信号 Int 类型
DEST_POSITION	定位目标位置 Int 类型
VELOCITY	进给速度 Int 类型
MONITOR	监视器设置 Int 类型

b） 描述

通过外部信号来进行定位操作。

c） 应答

命令的执行情况在应答状态字中表示(见图 14)，应答数据域为 MONITOR 指定的数据。

8.7.14 速度控制(VEL_CTR:200DH)

VEL_CTR (VREF,MONITOR)

a） 参数

表 25 VEL_CTR 命令参数

参数名称	参数描述
VREF	速度大小 Int 类型
MONITOR	监视器设置 Int 类型

b） 描述

执行速度控制。

c） 应答

命令的执行情况在应答状态字中表示(见图 14)，应答数据域为 MONITOR 指定的数据。

8.7.15 转矩控制(TRQ_CTR:200EH)

TRQ_CTR (TQREF,MONITOR)

a） 参数

表 26 **TRQ_CTR 命令参数**

参数名称	参数描述
TQREF	转矩大小 Int 类型
MONITOR	监视器设置 Int 类型

b) 描述

执行转矩控制。

c) 应答

命令的执行情况在应答状态字中表示(见图 14),应答数据域为 MONITOR 指定的数据。

8.7.16 主轴控制(SPIND_CTR:200FH)

SPIND_CTR (VREF,DIRECTION)

a) 参数

表 27 **SPIND_CTR 命令参数**

参数名称	参数描述
VREF	速度大小 Int 类型
DIRECTION	旋转方向 Int 类型

b) 参数

设置主轴速度及方向。

c) 应答

命令的执行情况在应答状态字中表示(见图 14),应答数据域为 MONITOR 指定的数据。

8.8 I/O 控制命令

8.8.1 数据异步读写(DATA_RW_ASYN:3000H)

DATA_RW_ASYN (OUTP_DATA)

a) 参数

表 28 **DATA_RW_ASYN 命令参数**

参数名称	参数描述
OUTP_DATA	输出数据 Int 类型

b) 描述

对 I/O 数据进行异步读写操作。

c) 应答

命令的执行情况在应答状态字中表示(见图 14),应答数据为 I/O 设备的数据。

8.8.2 数据同步读写(DATA_RW_SYN:3001H)

DATA_RW_ASYN (OUTP_DATA)

a) 参数

表 29　DATA_WR_SYN 命令参数

参数名称	参数描述
OUTP_DATA	输出数据 Int 类型

b) 描述

对 I/O 数据进行同步读写操作。

c) 应答

命令的执行情况在应答状态字中表示(见图 14),应答数据为 I/O 设备的数据。

附 录 A
（规范性附录）
总线安全导则

A.1 概述

总线安全包括通信安全与设备安全，可参照 IEC 62061 和 GB 5226.1。

A.2 通信安全

通信安全应确保物理层、数据链路层以及应用层对安全通信的要求。

A.2.1 物理层的安全要求

为保证物理层对比特序列可靠的传送，应采取如下的措施：

导线介质选用抗干扰性能强的传输媒体和线路码；

支持信息传输通路的冗余；

发送电路和接收电路规范有较强的抗干扰特性；

发送电路具有位闭环自检功能；

采用有效的隔离和屏蔽等措施减弱传输介质的外界干扰；

支持本质安全。

物理层要对通信线路的状态进行监督，并提供故障状态的报告。

A.2.2 数据链路层的安全要求

链路安全服务应提供基本的数据链路层通信安全及可靠性保证。这些安全性保证包括数据报文的可靠送达，网络发生连接错误时，对网络出错情况、网络错误位置的基本监测，对发生的网络错误进行自动修复，当网络出错并且不可修复时，向用户发出报警并且自动对系统执行待机、停机等保护操作。

A.2.3 应用层的安全要求

应用层安全应包括用户授权、密码管理、数据保护等措施。

用户授权应对用户的合法性进行鉴别，合理规范用户访问权限，避免未授权用户访问系统。

密码管理应建立密码管理程序，包括使用密码的强度要求，密码更换时间间隔要求，对非活动状态用户密码的回收机制等。

数据保护应避免数据在传输过程中可能遇到的传输误差、重复、删除、重新排序、破坏、延迟和伪装等问题，可基于“黑通道”模型，在应用层 APDU 上增加安全控制机制，用以保护数据传输的安全性。

A.3 设备安全

对总线设备出现的故障，设备安全应能及时检测、报警并采取相应的处理方案。具体包括以下方面：

对驱动设备与电源系统应提供过压、过流、过载、过温等故障的检测与报警。

对控制刀库/刀架系统的 I/O 设备应提供定位、液压系统油压、行程开关、超程、垂直轴制动器失效等监督与报警。

为避免设备的误操作，应提供对越权操作、违规操作、误操作、参数的选定错与删除、更改程序等的避免机制。

附 录 B
（规范性附录）
数据类型定义

B.1 数据类型概述

数据类型可参考 GB/T 16262 标准。

B.2 数据、变量规定

B.2.1 位元 Bit

最小的内存存储单位，取值包括“0”和“1”两种。

约定：在本规范中以“b”为位元单位的缩写，即 1b 表示 1 个位元(1 Bit)。

B.2.2 字节 Byte

每 8 个 bit 构成 1 字节 Byte。

约定：在本规范中以“B”为字节单位的缩写，即 1B 表示 1 个字节(1 Byte)。

B.2.3 八位位组 Oct

每 8 个 bit 构成 1 个八位位组。

约定：在本规范中以“1 oct”或者“1 Oct”表示 1 个八位位组。

B.2.4 布尔变量 Boolean

规定布尔变量取值为 0、以及非 0，存储空间可以是任意长度，其中“0”表示假逻辑，非零数据表示真逻辑。

B.2.5 整数变量 Int

带有符号的整型数。可以使用 8Bits、16Bits、32Bits、64Bits 等多种方式进行存储。其中最高位为符号位。

整数取值范围：

8Bits　$-128\sim127$

16Bits　$-32768\sim32767$

32Bits　$-2^{31}\sim2^{31}-1$

64Bits　$-2^{63}\sim2^{63}-1$

编码方式，规定最高存储位 MSB 为符号位，所记录数据为负数时，符号位为 1，数据以补码形式表示；所记录数据为 0 或者正数时，符号位为 0，数据以原码形式表示。

约定：以 8Bits、16Bits、32Bits、64Bits 存储的有符号整型数在本部分中以 Int xx 表示：

8Bits 整型数　Int8

16Bits 整型数　Int16

32Bits 整型数　Int32

64Bits 整型数　Int64

B.2.6 无符号整数变量

不带有符号的整型数。可以使用 8Bits、16Bits、32Bits、64Bits 等多种方式进行存储。

整数取值范围：

8Bits　$0\sim255$

16Bits　$0\sim65535$

32Bits　$0\sim2^{32}-1$

64Bits　$0 \sim 2^{64}-1$

约定：以8Bits、16Bits、32Bits、64Bits存储的无符号整型数在本部分中以Unsigned xx表示：

8Bits整型数　Unsigned8

16Bits整型数　Unsigned16

32Bits整型数　Unsigned32

64Bits整型数　Unsigned64

B.2.7　浮点数变量

浮点数标准遵从IEEE 754标准的实数表示方法。

约定：本部分中，以float或者Float表示浮点数。

B.2.8　串

串是由一组同类、固定长度的基本数据类型或者结构数据类型元素组成。字符串标准遵从ISO 2375以及ISO 646。

B.2.9　位元串

规定在本部分中，支持高位优先以及低位优先位元串结构。

低位优先位元串结构如下：

1Byte

MSB							LSB
Bit7	Bit6	Bit5	Bit4	Bit3	Bit2	Bit1	Bit0

2Byte

1个字节			1个字节		
Bit7	……	Bit0	Bit15	……	Bit8

图 B.1　低位优先位元串结构

高位优先位元串结构如下：

1Byte

MSB							LSB
Bit7	Bit6	Bit5	Bit4	Bit3	Bit2	Bit1	Bit0

2Byte

1个字节			1个字节		
Bit15	……	Bit8	Bit7	……	Bit0

图 B.2　高位优先位元串结构

B.2.10　日期时间

由两部分结构体元素组成，分别用来表示日历的日期和时间。

时间部分结构体包括：毫秒ms，秒sec，分钟min，小时hrs，时区，夏令时标识。

日历日期部分结构体包括：日期day，月month，年份year。

取值范围：

毫秒(ms)：0～999

秒(sec)：0～59

分钟(min)：0～59

小时(hrs)：0～23

时区：－12～＋12

夏令时标识:0、1

日期(day):1～31

月(month):1～12

年(year):0～9999

B.2.11 时差

包括两部分结构体数据,分别表示毫秒和日。用来表示两个时间的差值。

取值范围:

毫秒:$0 \sim 2^{31}-1$

日:$0 \sim 2^{16}-1$

B.2.12 空

空数据类型长度为零。

约定:以 NULL 表示。

B.2.13 数组

数组 Array 是由一个同类元素的有序集合组成。本部分对数组元素的数据类型没有约束但每个元素需要来自同一个类型。数组一旦被定义了,数组中元素的数量不能改变。

B.2.14 结构体

结构 Structure 是由一组相同或者不同数据类型元素构成。本部分不限制字段的数据类型。一个结构可以包含基本数据元素、更多其他结构元素或者用户定义的数据元素。

约定:一个数据结构由:结构体名称{元素类型 元素名称;//注释}构成。

附 录 C
（资料性附录）
文 献 目 录

GB/T 5271 系列标准

GB/T 16262.2—2006 信息技术 抽象语法记法一(ASN.1) 第2部分:信息客体规范

GB/T 16262.3—2006 信息技术 抽象语法记法一(ASN.1) 第3部分:约束规范

GB/T 16262.4—2006 信息技术 抽象语法记法一(ASN.1) 第4部分:ASN.1规范的参数化

GB/T 17176—1997 信息技术 开放系统互连 应用层结构

GB/T 17967—2000 信息技术 开放系统互连 基本参考模型 OSI服务定义约定

GB/T 20540.1—2006 测量和控制数字数据通信 工业控制系统用现场总线 类型3:PROFIBUS规范 第1部分:概述和导则

GB/T 20540.2—2006 测量和控制数字数据通信 工业控制系统用现场总线 类型3:PROFIBUS规范 第2部分:物理层规范和服务定义

GB/T 20540.3—2006 测量和控制数字数据通信 工业控制系统用现场总线 类型3:PROFIBUS规范 第3部分:数据链路层服务定义

GB/T 20540.4—2006 测量和控制数字数据通信 工业控制系统用现场总线 类型3:PROFIBUS规范 第4部分:数据链路层协议规范

GB/T 20540.5—2006 测量和控制数字数据通信 工业控制系统用现场总线 类型3:PROFIBUS规范 第5部分:应用层服务定义

GB/T 20540.6—2006 测量和控制数字数据通信 工业控制系统用现场总线 类型3:PROFIBUS规范 第6部分:应用层协议规范

ISO/IEC 646:1991 信息技术 信息交换用ISO 7位编码字符集

ISO/IEC 2375:2003 信息技术 换码系列和编码字符集的注册规程

IEC 61588—2004 网络测量和控制系统的精密时钟同步协议

IEC 61499-4:2005 工业过程测量和控制系统功能块 第4部分:行规符合准则

IEC 62061—2005 机械安全 与安全有关的电气、电子和可编程序电子控制系统的功能安全

IEEE 754—1985 二进制浮点运算

ICS 33.060;47.020.70
U 66

中华人民共和国国家标准

GB/T 18766—2009
代替 GB 11411—1989,GB/T 18766—2002

奈伕泰斯系统技术要求

Technical requirements of NAVTEX system

2009-03-31 发布　　　　2009-11-01 实施

中华人民共和国国家质量监督检验检疫总局
中国国家标准化管理委员会　发布

前　言

本标准对应于国际海事组织(IMO)MSC.148(77)决议《通过经修改的关于接收航行警告、气象信息和紧急信息(NAVTEX)窄带直接打印电报设备的性能标准》,与IMO MSC.148(77)决议一致性程度为非等效。

本标准代替GB 11411—1989《发播航行警告、气象信息和信息系统(NAVTEX)技术条件和使用要求》和GB/T 18766—2002《中文奈伏泰斯(NAVTEX)系统技术要求》。

本标准与GB 11411—1989和GB/T 18766—2002相比,主要技术差异如下:

——中文奈伏泰斯信息使用频率486 kHz播发(见4.2);

——接收机应至少能够接收二个频率的奈伏泰斯信息(见4.5.2);

——汉字错误率小于1%(见4.5.4);

——接收机应能提供存储至少400个信息标识(见4.5.6.2);

——删除了原第6章工作特性的内容;

——增加汉字-英文字母字符集(见附录A)。

本标准的附录A为规范性附录。

本标准由中华人民共和国交通运输部提出。

本标准由交通部信息通信及导航标准化技术委员会归口。

本标准起草单位:大连海事大学、中国交通通信中心、中海电信有限公司。

本标准主要起草人:庞福文、朱金发、江帆、孔祥伦、唐万伟、陈晓红。

本标准所代替标准的历次版本发布情况为:

——GB 11411—1989;

——GB/T 18766—2002。

奈伏泰斯系统技术要求

1 范围

本标准规定了奈伏泰斯(NAVTEX)系统的术语、技术特性、编码方式和工作特性。

本标准适用于中英文奈伏泰斯业务的使用和管理,也适用于设备的设计和生产。

2 规范性引用文件

下列文件中的条款通过本标准的引用而成为本标准的条款。凡是注日期的引用文件,其随后所有的修改单(不包括勘误的内容)或修订版均不适用于本标准,然而,鼓励根据本标准达成协议的各方研究是否可使用这些文件的最新版本。凡是不注日期的引用文件,其最新版本适用于本标准。

GB 2312—1980 信息交换用汉字编码字符集 基本集

ITU-R M.476 建议 海上移动业务中的窄带直接印字电报设备

IMO MSC.199(80) 关于 GMDSS 无线电服务规定的修正案

3 术语和定义

下列术语和定义适用于本标准。

3.1

奈伏泰斯系统 NAVTEX system

使用窄带直接印字电报或其他显示方式用中文或英文播发和自动接收水上安全信息的系统。

3.2

奈伏泰斯业务 NAVTEX service

使用窄带直接印字电报或其他显示方式用中文或英文播发和自动接收水上安全信息的业务。

3.3

奈伏泰斯接收机 NAVTEX receiver

能够自动选择接收和打印(或显示)中英文奈伏泰斯系统播发的水上安全信息的接收装置。

3.4

奈伏泰斯汉字编码 NAVTEX Chinese character code

奈伏泰斯系统中用于传输汉字的一种编码方式。

3.5

汉字错误率 error ratio of Chinese character

传输过程中产生错误的汉字数与所传输汉字总数之比。

3.6

字符错误率 error ratio of symbol

传输过程中产生错误的字符数与传输字符总数之比。

4 技术特性

4.1 播发模式

使用直接印字电报技术。播发的信号应符合 ITU-R M.476 建议等有关直接印字电报系统 B 模式的规定。

4.2 播发频率

英文奈伏泰斯信息使用 518 kHz 播发,中文奈伏泰斯信息使用 486 kHz 播发,国内奈伏泰斯业务也可使用 4 209.5 MHz 播发。

4.3 信号的技术格式

信号的技术格式如下：

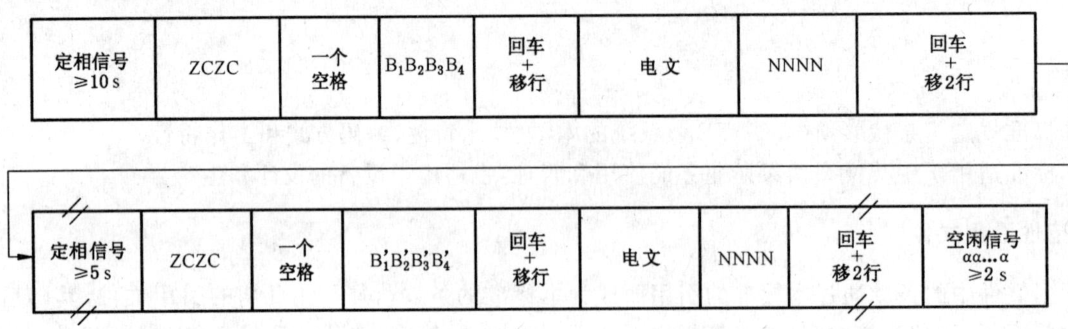

其中：

ZCZC——定相信号的结束。

$B_1B_2B_3B_4$——技术编码。

B_1——播发台识别标志。

B_2——各种电报的分类识别字母，表示如下：

A:航行警告；

B:气象警告；

C:冰况报告；

D:搜救信息；【注】搜救信息可随时播发。

E:气象预报；

F:引航业务信息；

G:船舶自动识别系统(AIS)；

H:劳兰信息；

I:空；

J:卫星导航信息；

K:其他电子助航信息；

L:航行警告(附加)；

M～U:保留待定；

V～Y:特别业务；

Z:现无电报。

B_3B_4——每一类 B_2 电报的序号，从 01 开始至 99 后再重新从 01 开始，但要避免使用仍然有效的电报编号。编号 00 只能用于特别重要的电报，如始发的遇险电报。

电文——分为英文奈伏泰斯电报电文和中文奈伏泰斯电报电文格式两种：

英文奈伏泰斯电报电文格式如下：

ddhhmmUTC MMM YYYY (始发报文时间) (电文正文)

其中：

dd——日(2 字符)；

hh——小时(2 字符);

mm——分钟(2 字符);

UTC——报文始发时间采用世界标准时间;

MMM——月(3 字符);

YYYY——年(4 字符)。

中文奈伏泰斯电报电文格式如下:

YYMMddhhmm (始发报文时间) (电文正文)

报文始发时间采用北京时间,其中:

YY——年(2 字符);

MM——月(2 字符);

dd——日(2 字符);

hh——小时(2 字符);

mm——分钟(2 字符)。

NNNN——电文结束符号。

4.4 奈伏泰斯发射机的性能要求

4.4.1 发射频率容差应不大于±10 Hz。

4.4.2 在无线电路上的调制速率是 100 Bd。控制调制速率的设备时钟的精度应不大于 30×10^{-6}。

4.4.3 用 F1B 类发射,射频信道上的频移为 170 Hz。

4.4.4 应使较高的发射频率对应"空号"(起始极性),较低的发射频率对应"传号"(终止极性)。

4.4.5 发射机的调制解调器应符合下列要求:

a) 输入阻抗为 600 Ω,输入电平为 0 dBm;

b) 输出阻抗为 600 Ω,输出电平不小于 3 dBm;

c) 频率为 1 700 Hz±85 Hz。

4.4.6 发射机的性能应满足国际海事组织 IMO MSC.199(80)附录 4 的要求。

4.5 奈伏泰斯接收机的性能及功能要求

4.5.1 结构组成

奈伏泰斯接收机应由射频接收、信息处理和以下任一种装置所构成:

a) 一个集成打印装置;

b) 一个专用显示装置,打印输出口和一个非易失信息存储器;

c) 一个与综合导航系统连接的非易失信息存储器。

4.5.2 接收

奈伏泰斯接收机应至少能够接收二个频率的奈伏泰斯信息,其中 518 kHz 用于接收英文奈伏泰斯信息,486 kHz 用于接收中文奈伏泰斯信息。518 kHz 接收器应优先显示或打印所接收的信息。从一个接收器打印或显示信息不应妨碍另一个接收器接收信息。

4.5.3 检测、控制和显示

4.5.3.1 接收机应提供一个对射频接收、信息处理、存储和印字(或显示)功能测试的装置。

4.5.3.2 能够对接收频率、接收区域、信息种类、输出方式进行控制和显示。

4.5.4 错误率

接收机的灵敏度应在用一个 2 μV 电动势源串联一个 50 Ω 无感电阻时,英文字符错误率小于 4%,汉字错误率应小于 1%。

4.5.5 **显示装置和打印**

4.5.5.1 带有中文接收功能的接收机应具备以中文方式显示的功能。

4.5.5.2 英文显示装置和(或)打印装置应每行至少显示或打印 32 个字符,分辨率优于 5×7 点阵;中文显示装置和(或)打印装置应每行至少显示或打印 16 个汉字,分辨率优于 16×16 点阵。

4.5.5.3 如果使用显示装置,应同时满足:

a) 应立即显示最新收到的未抑制的信息指示直到确认或收到 24 h 后;

b) 也应显示最新收到的未抑制的信息。

4.5.5.4 英文显示装置应能显示 16 行以上信息电文。

4.5.5.5 如果自动换行使一个英文单词分隔,应在显示或打印文本上标示。

4.5.5.6 显示装置在每次接收信息结束时应有明显标示;打印装置在接收信息打印完成后自动插入换行。

4.5.5.7 如果接收字符(或汉字)残缺,设备应显示或打印"*"号。

4.5.5.8 应具备避免重复打印已经收妥的同一电报的功能。

4.5.5.9 英文字符错误率小于 4%或汉字错误率小于 1%即属电报完全收妥。打印(或显示)并存储技术编码($B_1B_2B_3B_4$)及报文内容。

4.5.5.10 没有集成打印装置的,应能选择以下数据输出至打印装置:

a) 接收到的所有信息;

b) 存储在内存中的所有信息;

c) 按指定的频率、播发台或信息制定者所接收到的所有信息;

d) 所有当前显示的信息;

e) 从显示内容中选出的单个信息。

4.5.6 **存储**

4.5.6.1 **非易失信息存储器**

4.5.6.1.1 每个接收机装有的非易失信息存储器应能记录至少平均长度 500 个字符的 200 条英文信息和平均长度 500 个汉字的 200 条中文信息。当存储器满时,最旧的信息应被新的信息所覆盖。

4.5.6.1.2 使用者应能对需要长期保留的单个信息作标记,这些信息可以占存储空间的 25%,不应被新的信息覆盖。当不再需要时,使用者应能够移去这些信息标记,被移去标记的信息可通过正常程序覆盖。

4.5.6.2 **信息标识**

4.5.6.2.1 接收机只存储已收妥电文的信息标识,其数量不少于 400 个。

4.5.6.2.2 经过 72 h,信息标识能够自动从存储器中删除。如果收到的标识信息超过存储器的容量,最早收到的标识信息应被删除。

4.5.7 **断电处理**

电源断电 6 h 以内,设定在存储器中的技术编码不应丢失。

4.5.8 **技术编码预置**

4.5.8.1 通过预置技术编码中的播发台识别码 B_1 自动选择接收所需要的播发台。

4.5.8.2 除 A、B、D 和 L 类强制接收的电报外,通过预置技术编码中的主题标识符 B_2 自动选择接收所需要的各类电报。

4.5.8.3 应能随时显示已设定的 B_1、B_2 选择的详情。

4.5.9 **报警**

4.5.9.1 收到搜救信息(B_2=D)时,应向驾驶室发出报警。消除报警音应由人工操作。

4.5.9.2 打印纸用完应发出报警。

4.5.10 接口

4.5.10.1 接收机应该至少包括一个接口，将接收的数据传送到其他的导航或通信设备。

4.5.10.2 所有与其他导航或通信设备连接的接口都应符合相关的国际标准。

4.5.10.3 如果接收机没有集成打印设备，则应设置标准的打印接口。

5 汉字编码与交换方式

5.1 中文奈伏泰斯系统采用三个英文字母(按 ITU-R M.476 建议表 I 规定)对应一个 GB 2312—1980 编码的汉字交换方式。

5.2 ITU-R M.476 建议表 I 中的字母对应 GB 2312—1980 编码交换表见附录 A。

附 录 A
（规范性附录）
汉字-英文字母字符集

汉字-英文字母字符集见表 A.1。

表 A.1

	A	B	C	D	E	F	G	H	I	J	K	L	M	N	O	P	Q	R	S	T	U	V	W	X	Y	Z
AA		、	。	·	ˉ	ˇ	¨	〃	々	—	～	‖	…	'	'	"	"	〔	〕	〈	〉	《	》	「	」	『
AB	』	〖	〗	【	】	±	×	÷	∶	∧	∨	∑	∏	∪	∩	∈	∷	√	⊥	∥	∠	⌒	⊙	∫	∮	≡
AC	≌	≈	∽	∝	≠	≮	≯	≤	≥	∞	∵	∴	♂	♀	°	′	″	℃	$	¤	¢	£	‰	§	№	☆
AD	★	○	●	◎	◇	◆	□	■	△	▲	※	→	←	↑	↓	〓	ⅰ	ⅱ	ⅲ	ⅳ	ⅴ	ⅵ	ⅶ	ⅷ	ⅸ	ⅹ
AE							1.	2.	3.	4.	5.	6.	7.	8.	9.	10.	11.	12.	13.	14.	15.	16.	17.	18.	19.	20.
AF	(1)	(2)	(3)	(4)	(5)	(6)	(7)	(8)	(9)	(10)	(11)	(12)	(13)	(14)	(15)	(16)	(17)	(18)	(19)	(20)	①	②	③	④	⑤	⑥
AG	⑦	⑧	⑨	⑩			㈠	㈡	㈢	㈣	㈤	㈥	㈦	㈧	㈨	㈩			Ⅰ	Ⅱ	Ⅲ	Ⅳ	Ⅴ	Ⅵ	Ⅶ	Ⅷ
AH	Ⅸ	Ⅹ	Ⅺ	Ⅻ			!	"	#	￥	%	&	'	(	)	*	+	,	—	.	/	0	1	2	3	4
AI	5	6	7	8	9	:	;	<	=	>	?	@	A	B	C	D	E	F	G	H	I	J	K	L	M	N
AJ	O	P	Q	R	S	T	U	V	W	X	Y	Z	[	\	]	^	_	`	a	b	c	d	e	f	g	h
AK	i	j	k	l	m	n	o	p	q	r	s	t	u	v	w	x	y	z	{	|	}		ぁ	あ	ぃ	い
AL	ぅ	う	ぇ	え	ぉ	お	か	が	き	ぎ	く	ぐ	け	げ	こ	ご	さ	ざ	し	じ	す	ず	せ	ぜ	そ	ぞ
AM	た	だ	ち	ぢ	っ	つ	づ	て	で	と	ど	な	に	ぬ	ね	の	は	ば	ぱ	ひ	び	ぴ	ふ	ぶ	ぷ	へ
AN	べ	ぺ	ほ	ぼ	ぽ	ま	み	む	め	も	ゃ	や	ゅ	ゆ	ょ	よ	ら	り	る	れ	ろ	ゎ	わ	ゐ	ゑ	を
AO	ん												ァ	ア	ィ	イ	ゥ	ウ	ェ	エ	ォ	オ	カ	ガ	キ	ギ
AP	ク	グ	ケ	ゲ	コ	ゴ	サ	ザ	シ	ジ	ス	ズ	セ	ゼ	ソ	ゾ	タ	ダ	チ	ヂ	ッ	ツ	ヅ	テ	デ	ト
AQ	ド	ナ	ニ	ヌ	ネ	ノ	ハ	バ	パ	ヒ	ビ	ピ	フ	ブ	プ	ヘ	ベ	ペ	ホ	ボ	ポ	マ	ミ	ム	メ	モ
AR	ャ	ヤ	ュ	ユ	ョ	ヨ	ラ	リ	ル	レ	ロ	ヮ	ワ	ヰ	ヱ	ヲ	ン	ヴ	ヵ	ヶ						
AS			Α	Β	Γ	Δ	Ε	Ζ	Η	Θ	Ι	Κ	Λ	Μ	Ν	Ξ	Ο	Π	Ρ	Σ	Τ	Υ	Φ	Χ	Ψ	Ω
AT									α	β	γ	δ	ε	ζ	η	θ	ι	κ	λ	μ	ν	ξ	ο	π	ρ	σ
AU	τ	υ	φ	χ	ψ	ω								︵	︶	︹	︺	︿	﹀	︽	︾	﹁	﹂	﹃	﹄	
AV		︻	︼	︷	︸	︱													А	Б	В	Г	Д	Е	Ё	Ж
AW	З	И	Й	К	Л	М	Н	О	П	Р	С	Т	У	Ф	Х	Ц	Ч	Ш	Щ	Ъ	Ы	Ь	Э	Ю	Я	
AX															а	б	в	г	д	е	ё	ж	з	и	й	к
AY	л	м	н	о	п	р	с	т	у	ф	х	ц	ч	ш	щ	ъ	ы	ь	э	ю	я					
AZ									ā	á	ǎ	à	ē	é	ě	è	ī	í	ǐ	ì	ō	ó	ǒ	ò	ū	ú

表 A.1（续）

	A	B	C	D	E	F	G	H	I	J	K	L	M	N	O	P	Q	R	S	T	U	V	W	X	Y	Z
BA	ǔ	ù	ǖ	ǘ	ǚ	ǜ	ü	ê	ɑ	ḿ	ń	ň	ǹ	ɡ					ㄅ	ㄆ	ㄇ	ㄈ	ㄉ	ㄊ	ㄋ	ㄌ
BB	ㄍ	ㄎ	ㄏ	ㄐ	ㄑ	ㄒ	ㄓ	ㄔ	ㄕ	ㄖ	ㄗ	ㄘ	ㄙ	ㄚ	ㄛ	ㄜ	ㄝ	ㄞ	ㄟ	ㄠ	ㄡ	ㄢ	ㄣ	ㄤ	ㄥ	ㄦ
BC	ㄧ	ㄨ	ㄩ																							
BD		─	━	│	┃	┄	┅	┆	┇	┈	┉	┊	┋	┌	┍	┎	┏	┐	┑	┒	┓	└	┕	┖	┗	┘
BE	┙	┚	┛	├	┝	┞	┟	┠	┡	┢	┣	┤	┥	┦	┧	┨	┩	┪	┫	┬	┭	┮	┯	┰	┱	┲
BF	┳	┴	┵	┶	┷	┸	┹	┺	┻	┼	┽	┾	┿	╀	╁	╂	╃	╄	╅	╆	╇	╈	╉	╊	╋	וֹ
BG	ךְ	ךָ	לֹ	לֹ																						
BH																										
BI																										
BJ																										
BK																										
BL																										
BM																										
BN																										
BO																										
BP																										
BQ																										
BR																										
BS																										
BT																										
BU																										
BV																										
BW																										
BX																										
BY																										
BZ																										

表 A.1（续）

	A	B	C	D	E	F	G	H	I	J	K	L	M	N	O	P	Q	R	S	T	U	V	W	X	Y	Z
CA																										
CB																										
CC							啊	阿	埃	挨	哎	唉	哀	皑	癌	蔼	矮	艾	碍	爱	隘	鞍	氨	安	俺	按
CD	暗	岸	胺	案	肮	昂	盎	凹	敖	熬	翱	袄	傲	奥	懊	澳	芭	捌	扒	叭	吧	笆	八	疤	巴	拔
CE	跋	靶	把	耙	坝	霸	罢	爸	白	柏	百	摆	佰	败	拜	稗	斑	班	搬	扳	般	颁	板	版	扮	拌
CF	伴	瓣	半	办	绊	邦	帮	梆	榜	膀	绑	棒	磅	蚌	镑	傍	谤	苞	胞	包	褒	剥	薄	雹	保	堡
CG	饱	宝	抱	报	暴	豹	鲍	爆	杯	碑	悲	卑	北	辈	背	贝	钡	倍	狈	备	惫	焙	被	奔	苯	本
CH	笨	崩	绷	甭	泵	蹦	迸	逼	鼻	比	鄙	笔	彼	碧	蓖	蔽	毕	毙	毖	币	庇	痹	闭	敝	弊	必
CI	辟	壁	臂	避	陛	鞭	边	编	贬	扁	便	变	卞	辨	辩	辫	遍	标	彪	膘	表	鳖	憋	别	瘪	彬
CJ	斌	濒	滨	宾	摈	兵	冰	柄	丙	秉	饼	炳	病	并	玻	菠	播	拨	钵	波	博	勃	搏	铂	箔	伯
CK	帛	舶	脖	膊	渤	泊	驳	捕	卜	哺	补	埠	不	布	步	簿	部	怖	擦	猜	裁	材	才	财	睬	踩
CL	采	彩	菜	蔡	餐	参	蚕	残	惭	惨	灿	苍	舱	仓	沧	藏	操	糙	槽	曹	草	厕	策	侧	册	测
CM	层	蹭	插	叉	茬	茶	查	碴	搽	察	岔	差	诧	拆	柴	豺	搀	掺	蝉	馋	谗	缠	铲	产	阐	颤
CN	昌	猖	场	尝	常	长	偿	肠	厂	敞	畅	唱	倡	超	抄	钞	朝	嘲	潮	巢	吵	炒	车	扯	撤	掣
CO	彻	澈	郴	臣	辰	尘	晨	忱	沉	陈	趁	衬	撑	称	城	橙	成	呈	乘	程	惩	澄	诚	承	逞	骋
CP	秤	吃	痴	持	匙	池	迟	弛	驰	耻	齿	侈	尺	赤	翅	斥	炽	充	冲	虫	崇	宠	抽	酬	畴	踌
CQ	稠	愁	筹	仇	绸	瞅	丑	臭	初	出	橱	厨	躇	锄	雏	滁	除	楚	础	储	矗	搐	触	处	揣	川
CR	穿	椽	传	船	喘	串	疮	窗	幢	床	闯	创	吹	炊	捶	锤	垂	春	椿	醇	唇	淳	纯	蠢	戳	绰
CS	疵	茨	磁	雌	辞	慈	瓷	词	此	刺	赐	次	聪	葱	囱	匆	从	丛	凑	粗	醋	簇	促	蹿	篡	窜
CT	摧	崔	催	脆	瘁	粹	淬	翠	村	存	寸	磋	撮	搓	措	挫	错	搭	达	答	瘩	打	大	呆	歹	傣
CU	戴	带	殆	代	贷	袋	待	逮	怠	耽	担	丹	单	郸	掸	胆	旦	氮	但	惮	淡	诞	弹	蛋	当	挡
CV	党	荡	档	刀	捣	蹈	倒	岛	祷	导	到	稻	悼	道	盗	德	得	的	蹬	灯	登	等	瞪	凳	邓	堤
CW	低	滴	迪	敌	笛	狄	涤	翟	嫡	抵	底	地	蒂	第	帝	弟	递	缔	颠	掂	滇	碘	点	典	靛	垫
CX	电	佃	甸	店	惦	奠	淀	殿	碉	叼	雕	凋	刁	掉	吊	钓	调	跌	爹	碟	蝶	迭	谍	叠	丁	盯
CY	叮	钉	顶	鼎	锭	定	订	丢	东	冬	董	懂	动	栋	侗	恫	冻	洞	兜	抖	斗	陡	豆	逗	痘	都
CZ	督	毒	犊	独	读	堵	睹	赌	杜	镀	肚	度	渡	妒	端	短	锻	段	断	缎	堆	兑	队	对	墩	吨

表 A.1（续）

	A	B	C	D	E	F	G	H	I	J	K	L	M	N	O	P	Q	R	S	T	U	V	W	X	Y	Z
DA	蹲	敦	顿	囤	钝	盾	遁	掇	哆	多	夺	垛	躲	朵	跺	舵	剁	惰	堕	蛾	峨	鹅	俄	额	讹	娥
DB	恶	厄	扼	遏	鄂	饿	恩	而	儿	耳	尔	饵	洱	二	贰	发	罚	筏	伐	乏	阀	法	珐	藩	帆	番
DC	翻	樊	矾	钒	繁	凡	烦	反	返	范	贩	犯	饭	泛	坊	芳	方	肪	房	防	妨	仿	访	纺	放	菲
DD	非	啡	飞	肥	匪	诽	吠	肺	废	沸	费	芬	酚	吩	氛	分	纷	坟	焚	汾	粉	奋	份	忿	愤	粪
DE	丰	封	枫	蜂	峰	锋	风	疯	烽	逢	冯	缝	讽	奉	凤	佛	否	夫	敷	肤	孵	扶	拂	辐	幅	氟
DF	符	伏	俘	服	浮	涪	福	袱	弗	甫	抚	辅	俯	釜	斧	脯	腑	府	腐	赴	副	覆	赋	复	傅	付
DG	阜	父	腹	负	富	讣	附	妇	缚	咐	噶	嘎	该	改	概	钙	盖	溉	干	甘	杆	柑	竿	肝	赶	感
DH	秆	敢	赣	冈	刚	钢	缸	肛	纲	岗	港	杠	篙	皋	高	膏	羔	糕	搞	镐	稿	告	哥	歌	搁	戈
DI	鸽	胳	疙	割	革	葛	格	蛤	阁	隔	铬	个	各	给	根	跟	耕	更	庚	羹	埂	耿	梗	工	攻	功
DJ	恭	龚	供	躬	公	宫	弓	巩	汞	拱	贡	共	钩	勾	沟	苟	狗	垢	构	购	够	辜	菇	咕	箍	估
DK	沽	孤	姑	鼓	古	蛊	骨	谷	股	故	顾	固	雇	刮	瓜	剐	寡	挂	褂	乖	拐	怪	棺	关	官	冠
DL	观	管	馆	罐	惯	灌	贯	光	广	逛	瑰	规	圭	硅	归	龟	闺	轨	鬼	诡	癸	桂	柜	跪	贵	刽
DM	辊	滚	棍	锅	郭	国	果	裹	过	哈	骸	孩	海	氦	亥	害	骇	酣	憨	邯	韩	含	涵	寒	函	喊
DN	罕	翰	撼	捍	旱	憾	悍	焊	汗	汉	夯	杭	航	壕	嚎	豪	毫	郝	好	耗	号	浩	呵	喝	荷	菏
DO	核	禾	和	何	合	盒	貉	阂	河	涸	赫	褐	鹤	贺	嘿	黑	痕	很	狠	恨	哼	亨	横	衡	恒	轰
DP	哄	烘	虹	鸿	洪	宏	弘	红	喉	侯	猴	吼	厚	候	后	呼	乎	忽	瑚	壶	葫	胡	蝴	狐	糊	湖
DQ	弧	虎	唬	护	互	沪	户	花	哗	华	猾	滑	画	划	化	话	槐	徊	怀	淮	坏	欢	环	桓	还	缓
DR	换	患	唤	痪	豢	焕	涣	宦	幻	荒	慌	黄	磺	蝗	簧	皇	凰	惶	煌	晃	幌	恍	谎	灰	挥	辉
DS	徽	恢	蛔	回	毁	悔	慧	卉	惠	晦	贿	秽	会	烩	汇	讳	诲	绘	荤	昏	婚	魂	浑	混	豁	活
DT	伙	火	获	或	惑	霍	货	祸	击	圾	基	机	畸	稽	积	箕	肌	饥	迹	激	讥	鸡	姬	绩	缉	吉
DU	极	棘	辑	籍	集	及	急	疾	汲	即	嫉	级	挤	几	脊	己	蓟	技	冀	季	伎	祭	剂	悸	济	寄
DV	寂	计	记	既	忌	际	妓	继	纪	嘉	枷	夹	佳	家	加	荚	颊	贾	甲	钾	假	稼	价	架	驾	嫁
DW	歼	监	坚	尖	笺	间	煎	兼	肩	艰	奸	缄	茧	检	柬	碱	硷	拣	捡	简	俭	剪	减	荐	槛	鉴
DX	践	贱	见	键	箭	件	健	舰	剑	饯	渐	溅	涧	建	僵	姜	将	浆	江	疆	蒋	桨	奖	讲	匠	酱
DY	降	蕉	椒	礁	焦	胶	交	郊	浇	骄	娇	嚼	搅	铰	矫	侥	脚	狡	角	饺	缴	绞	剿	教	酵	轿
DZ	较	叫	窖	揭	接	皆	秸	街	阶	截	劫	节	桔	杰	捷	睫	竭	洁	结	解	姐	戒	藉	芥	界	借

表 A.1（续）

	A	B	C	D	E	F	G	H	I	J	K	L	M	N	O	P	Q	R	S	T	U	V	W	X	Y	Z
EA	介	疥	诫	届	巾	筋	斤	金	今	津	襟	紧	锦	仅	谨	进	靳	晋	禁	近	烬	浸	尽	劲	荆	兢
EB	茎	睛	晶	鲸	京	惊	精	粳	经	井	警	景	颈	静	境	敬	镜	径	痉	靖	竟	竞	净	炯	窘	揪
EC	究	纠	玖	韭	久	灸	九	酒	厩	救	旧	臼	舅	咎	就	疚	鞠	拘	狙	疽	居	驹	菊	局	咀	矩
ED	举	沮	聚	拒	据	巨	具	距	踞	锯	俱	句	惧	炬	剧	捐	鹃	娟	倦	眷	卷	绢	撅	攫	抉	掘
EE	倔	爵	觉	决	诀	绝	均	菌	钧	军	君	峻	俊	竣	浚	郡	骏	喀	咖	卡	咯	开	揩	楷	凯	慨
EF	刊	堪	勘	坎	砍	看	康	慷	糠	扛	抗	亢	炕	考	拷	烤	靠	坷	苛	柯	棵	磕	颗	科	壳	咳
EG	可	渴	克	刻	客	课	肯	啃	垦	恳	坑	吭	空	恐	孔	控	抠	口	扣	寇	枯	哭	窟	苦	酷	库
EH	裤	夸	垮	挎	跨	胯	块	筷	侩	快	宽	款	匡	筐	狂	框	矿	眶	旷	况	亏	盔	岿	窥	葵	奎
EI	魁	傀	馈	愧	溃	坤	昆	捆	困	括	扩	廓	阔	垃	拉	喇	蜡	腊	辣	啦	莱	来	赖	蓝	婪	栏
EJ	拦	篮	阑	兰	澜	谰	揽	览	懒	缆	烂	滥	琅	榔	狼	廊	郎	朗	浪	捞	劳	牢	老	佬	姥	酪
EK	烙	涝	勒	乐	雷	镭	蕾	磊	累	儡	垒	擂	肋	类	泪	棱	楞	冷	厘	梨	犁	黎	篱	狸	离	漓
EL	理	李	里	鲤	礼	莉	荔	吏	栗	丽	厉	励	砾	历	利	傈	例	俐	痢	立	粒	沥	隶	力	璃	哩
EM	俩	联	莲	连	镰	廉	怜	涟	帘	敛	脸	链	恋	炼	练	粮	凉	梁	粱	良	两	辆	量	晾	亮	谅
EN	撩	聊	僚	疗	燎	寥	辽	潦	了	撂	镣	廖	料	列	裂	烈	劣	猎	琳	林	磷	霖	临	邻	鳞	淋
EO	凛	赁	吝	拎	玲	菱	零	龄	铃	伶	羚	凌	灵	陵	岭	领	另	令	溜	琉	榴	硫	馏	留	刘	瘤
EP	流	柳	六	龙	聋	咙	笼	窿	隆	垄	拢	陇	楼	娄	搂	篓	漏	陋	芦	卢	颅	庐	炉	掳	卤	虏
EQ	鲁	麓	碌	露	路	赂	鹿	潞	禄	录	陆	戮	驴	吕	铝	侣	旅	履	屡	缕	虑	氯	律	率	滤	绿
ER	峦	挛	孪	滦	卵	乱	掠	略	抡	轮	伦	仑	沦	纶	论	萝	螺	罗	逻	锣	箩	骡	裸	落	洛	骆
ES	络	妈	麻	玛	码	蚂	马	骂	嘛	吗	埋	买	麦	卖	迈	脉	瞒	馒	蛮	满	蔓	曼	慢	漫	谩	芒
ET	茫	盲	氓	忙	莽	猫	茅	锚	毛	矛	铆	卯	茂	冒	帽	貌	贸	么	玫	枚	梅	酶	霉	煤	没	眉
EU	媒	镁	每	美	昧	寐	妹	媚	门	闷	们	萌	蒙	檬	盟	锰	猛	梦	孟	眯	醚	靡	糜	迷	谜	弥
EV	米	秘	觅	泌	蜜	密	幂	棉	眠	绵	冕	免	勉	娩	缅	面	苗	描	瞄	藐	秒	渺	庙	妙	蔑	灭
EW	民	抿	皿	敏	悯	闽	明	螟	鸣	铭	名	命	谬	摸	摹	蘑	模	膜	磨	摩	魔	抹	末	莫	墨	默
EX	沫	漠	寞	陌	谋	牟	某	拇	牡	亩	姆	母	墓	暮	幕	募	慕	木	目	睦	牧	穆	拿	哪	呐	钠
EY	那	娜	纳	氖	乃	奶	耐	奈	南	男	难	囊	挠	脑	恼	闹	淖	呢	馁	内	嫩	能	妮	霓	倪	泥
EZ	尼	拟	你	匿	腻	逆	溺	蔫	拈	年	碾	撵	捻	念	娘	酿	鸟	尿	捏	聂	孽	啮	镊	镍	涅	您

表 A.1（续）

	A	B	C	D	E	F	G	H	I	J	K	L	M	N	O	P	Q	R	S	T	U	V	W	X	Y	Z
FA	柠	狞	凝	宁	拧	泞	牛	扭	钮	纽	脓	浓	农	弄	奴	努	怒	女	暖	虐	疟	挪	懦	糯	诺	哦
FB	欧	鸥	殴	藕	呕	偶	沤	啪	趴	爬	帕	怕	琶	拍	排	牌	徘	湃	派	攀	潘	盘	磐	盼	畔	判
FC	叛	乓	庞	旁	耪	胖	抛	咆	刨	炮	袍	跑	泡	呸	胚	培	裴	赔	陪	配	佩	沛	喷	盆	砰	抨
FD	烹	澎	彭	蓬	棚	硼	篷	膨	朋	鹏	捧	碰	坯	砒	霹	批	披	劈	琵	毗	啤	脾	疲	皮	匹	痞
FE	僻	屁	譬	篇	偏	片	骗	飘	漂	瓢	票	撇	瞥	拼	频	贫	品	聘	乒	坪	苹	萍	平	凭	瓶	评
FF	屏	坡	泼	颇	婆	破	魄	迫	粕	剖	扑	铺	仆	莆	葡	菩	蒲	埔	朴	圃	普	浦	谱	曝	瀑	期
FG	欺	栖	戚	妻	七	凄	漆	柒	沏	其	棋	奇	歧	畦	崎	脐	齐	旗	祈	祁	骑	起	岂	乞	企	启
FH	契	砌	器	气	迄	弃	汽	泣	讫	掐	恰	洽	牵	扦	钎	铅	千	迁	签	仟	谦	乾	黔	钱	钳	前
FI	潜	遣	浅	谴	堑	嵌	欠	歉	枪	呛	腔	羌	墙	蔷	强	抢	橇	锹	敲	悄	桥	瞧	乔	侨	巧	鞘
FJ	撬	翘	峭	俏	窍	切	茄	且	怯	窃	钦	侵	亲	秦	琴	勤	芹	擒	禽	寝	沁	青	轻	氢	倾	卿
FK	清	擎	晴	氰	情	顷	请	庆	琼	穷	秋	丘	邱	球	求	囚	酋	泅	趋	区	蛆	曲	躯	屈	驱	渠
FL	取	娶	龋	趣	去	圈	颧	权	醛	泉	全	痊	拳	犬	券	劝	缺	炔	瘸	却	鹊	榷	确	雀	裙	群
FM	然	燃	冉	染	瓤	壤	攘	嚷	让	饶	扰	绕	惹	热	壬	仁	人	忍	韧	任	认	刃	妊	纫	扔	仍
FN	日	戎	茸	蓉	荣	融	熔	溶	容	绒	冗	揉	柔	肉	茹	蠕	儒	孺	如	辱	乳	汝	入	褥	软	阮
FO	蕊	瑞	锐	闰	润	若	弱	撒	洒	萨	腮	鳃	塞	赛	三	叁	伞	散	桑	嗓	丧	搔	骚	扫	嫂	瑟
FP	色	涩	森	僧	莎	砂	杀	刹	沙	纱	傻	啥	煞	筛	晒	珊	苫	杉	山	删	煽	衫	闪	陕	擅	赡
FQ	膳	善	汕	扇	缮	墒	伤	商	赏	晌	上	尚	裳	梢	捎	稍	烧	芍	勺	韶	少	哨	邵	绍	奢	赊
FR	蛇	舌	舍	赦	摄	射	慑	涉	社	设	砷	申	呻	伸	身	深	娠	绅	神	沈	审	婶	甚	肾	慎	渗
FS	声	生	甥	牲	升	绳	省	盛	剩	胜	圣	师	失	狮	施	湿	诗	尸	虱	十	石	拾	时	什	食	蚀
FT	实	识	史	矢	使	屎	驶	始	式	示	士	世	柿	事	拭	誓	逝	势	是	嗜	噬	适	仕	侍	释	饰
FU	氏	市	恃	室	视	试	收	手	首	守	寿	授	售	受	瘦	兽	蔬	枢	梳	殊	抒	输	叔	舒	淑	疏
FV	书	赎	孰	熟	薯	暑	曙	署	蜀	黍	鼠	属	术	述	树	束	戍	竖	墅	庶	数	漱	恕	刷	耍	摔
FW	衰	甩	帅	栓	拴	霜	双	爽	谁	水	睡	税	吮	瞬	顺	舜	说	硕	朔	烁	斯	撕	嘶	思	私	司
FX	丝	死	肆	寺	嗣	四	伺	似	饲	巳	松	耸	怂	颂	送	宋	讼	诵	搜	艘	擞	嗽	苏	酥	俗	素
FY	速	粟	僳	塑	溯	宿	诉	肃	酸	蒜	算	虽	隋	随	绥	髓	碎	岁	穗	遂	隧	祟	孙	损	笋	蓑
FZ	梭	唆	缩	琐	索	锁	所	塌	他	它	她	塔	獭	挞	蹋	踏	胎	苔	抬	台	泰	酞	太	态	汰	坍

表 A.1（续）

	A	B	C	D	E	F	G	H	I	J	K	L	M	N	O	P	Q	R	S	T	U	V	W	X	Y	Z
GA	摊	贪	瘫	滩	坛	檀	痰	潭	谭	谈	坦	毯	袒	碳	探	叹	炭	汤	塘	搪	堂	棠	膛	唐	糖	倘
GB	躺	淌	趟	烫	掏	涛	滔	绦	萄	桃	逃	淘	陶	讨	套	特	藤	腾	疼	誊	梯	剔	踢	锑	提	题
GC	蹄	啼	体	替	嚏	惕	涕	剃	屉	天	添	填	田	甜	恬	舔	腆	挑	条	迢	眺	跳	贴	铁	帖	厅
GD	听	烃	汀	廷	停	亭	庭	挺	艇	通	桐	酮	瞳	同	铜	彤	童	桶	捅	筒	统	痛	偷	投	头	透
GE	凸	秃	突	图	徒	途	涂	屠	土	吐	兔	湍	团	推	颓	腿	蜕	褪	退	吞	屯	臀	拖	托	饦	鸵
GF	陀	驮	驼	椭	妥	拓	唾	挖	哇	蛙	洼	娃	瓦	袜	歪	外	豌	弯	湾	玩	顽	丸	烷	完	碗	挽
GG	晚	皖	惋	宛	婉	万	腕	汪	王	亡	枉	网	往	旺	望	忘	妄	威	巍	微	危	韦	违	桅	围	唯
GH	惟	为	潍	维	苇	萎	委	伟	伪	尾	纬	未	蔚	味	畏	胃	喂	魏	位	渭	谓	尉	慰	卫	瘟	温
GI	蚊	文	闻	纹	吻	稳	紊	问	嗡	翁	瓮	挝	蜗	涡	窝	我	斡	卧	握	沃	巫	呜	钨	乌	污	诬
GJ	屋	无	芜	梧	吾	吴	毋	武	五	捂	午	舞	伍	侮	坞	戊	雾	晤	物	勿	务	悟	误	昔	熙	析
GK	西	硒	矽	晰	嘻	吸	锡	牺	稀	息	希	悉	膝	夕	惜	熄	烯	溪	汐	犀	檄	袭	席	习	媳	喜
GL	铣	洗	系	隙	戏	细	瞎	虾	匣	霞	辖	暇	峡	侠	狭	下	厦	夏	吓	掀	锨	先	仙	鲜	纤	咸
GM	贤	衔	舷	闲	涎	弦	嫌	显	险	现	献	县	腺	馅	羡	宪	陷	限	线	相	厢	镶	香	箱	襄	湘
GN	乡	翔	祥	详	想	响	享	项	巷	填	像	向	象	萧	硝	霄	削	哮	嚣	销	消	宵	淆	晓	小	孝
GO	校	肖	啸	笑	效	楔	些	歇	蝎	鞋	协	挟	携	邪	斜	胁	谐	写	械	卸	蟹	懈	泄	泻	谢	屑
GP	薪	芯	锌	欣	辛	新	忻	心	信	衅	星	腥	猩	惺	兴	刑	型	形	邢	行	醒	幸	杏	性	姓	兄
GQ	凶	胸	匈	汹	雄	熊	休	修	羞	朽	嗅	锈	秀	袖	绣	墟	戌	需	虚	嘘	须	徐	许	蓄	酗	叙
GR	旭	序	畜	恤	絮	婿	绪	续	轩	喧	宣	悬	旋	玄	选	癣	眩	绚	靴	薛	学	穴	雪	血	勋	熏
GS	循	旬	询	寻	驯	巡	殉	汛	训	讯	逊	迅	压	押	鸦	鸭	呀	丫	芽	牙	蚜	崖	衙	涯	雅	哑
GT	亚	讶	焉	咽	阉	烟	淹	盐	严	研	蜒	岩	延	言	颜	阎	炎	沿	奄	掩	眼	衍	演	艳	堰	燕
GU	厌	砚	雁	唁	彦	焰	宴	谚	验	殃	央	鸯	秧	杨	扬	佯	疡	羊	洋	阳	氧	仰	痒	养	样	漾
GV	邀	腰	妖	瑶	摇	尧	遥	窑	谣	姚	咬	舀	药	要	耀	椰	噎	耶	爷	野	冶	也	页	掖	业	叶
GW	曳	腋	夜	液	一	壹	医	揖	铱	依	伊	衣	颐	夷	遗	移	仪	胰	疑	沂	宜	姨	彝	椅	蚁	倚
GX	已	乙	矣	以	艺	抑	易	邑	屹	亿	役	臆	逸	肄	疫	亦	裔	意	毅	忆	义	益	溢	诣	议	谊
GY	译	异	翼	翌	绎	茵	荫	因	殷	音	阴	姻	吟	银	淫	寅	饮	尹	引	隐	印	英	樱	婴	鹰	应
GZ	缨	莹	萤	营	荧	蝇	迎	赢	盈	影	颖	硬	映	哟	拥	佣	臃	痈	庸	雍	踊	蛹	咏	泳	涌	永

表 A.1（续）

	A	B	C	D	E	F	G	H	I	J	K	L	M	N	O	P	Q	R	S	T	U	V	W	X	Y	Z
HA	恿	勇	用	幽	优	悠	忧	尤	由	邮	铀	犹	油	游	酉	有	友	右	由	釉	诱	又	幼	迂	淤	于
HB	盂	榆	虞	愚	舆	余	俞	逾	鱼	愉	渝	渔	隅	予	娱	雨	与	屿	禹	宇	语	羽	玉	域	芋	郁
HC	吁	遇	喻	峪	御	愈	欲	狱	育	誉	浴	寓	裕	预	豫	驭	鸳	渊	冤	元	垣	袁	原	援	辕	园
HD	员	圆	猿	源	缘	远	苑	愿	怨	院	曰	约	越	跃	钥	岳	粤	月	悦	阅	耘	云	郧	匀	陨	允
HE	运	蕴	酝	晕	韵	孕	匝	砸	杂	栽	哉	灾	宰	载	再	在	咱	攒	暂	赞	赃	脏	葬	遭	糟	凿
HF	藻	枣	早	澡	蚤	躁	噪	造	皂	灶	燥	责	择	则	泽	贼	怎	增	憎	曾	赠	扎	喳	渣	札	轧
HG	铡	闸	眨	栅	榨	咋	乍	炸	诈	摘	斋	宅	窄	债	寨	瞻	毡	詹	粘	沾	盏	斩	辗	崭	展	蘸
HH	栈	占	战	站	湛	绽	樟	章	彰	漳	张	掌	涨	杖	丈	帐	账	仗	胀	瘴	障	招	昭	找	沼	赵
HI	照	罩	兆	肇	召	遮	折	哲	蛰	辙	者	锗	蔗	这	浙	珍	斟	真	甄	砧	臻	贞	针	侦	枕	疹
HJ	诊	震	振	镇	阵	蒸	挣	睁	征	狰	争	怔	整	拯	正	政	帧	症	郑	证	芝	枝	支	吱	蜘	知
HK	肢	脂	汁	之	织	职	直	植	殖	执	值	侄	址	指	止	趾	只	旨	纸	志	挚	掷	至	致	置	帜
HL	峙	制	智	秩	稚	质	炙	痔	滞	治	窒	中	盅	忠	钟	衷	终	种	肿	重	仲	众	舟	周	州	洲
HM	诌	诌	轴	肘	帚	咒	皱	宙	昼	骤	珠	株	蛛	朱	猪	诸	诛	逐	竹	烛	煮	拄	瞩	嘱	主	著
HN	柱	助	蛀	贮	铸	筑	住	注	祝	驻	抓	爪	拽	专	砖	转	撰	赚	篆	桩	庄	装	妆	撞	壮	状
HO	椎	锥	追	赘	坠	缀	谆	准	捉	拙	卓	桌	琢	茁	酌	啄	着	灼	浊	兹	咨	资	姿	滋	淄	孜
HP	紫	仔	籽	滓	子	自	渍	字	鬃	棕	踪	宗	综	总	纵	邹	走	奏	揍	租	足	卒	族	祖	诅	阻
HQ	组	钻	纂	嘴	醉	最	罪	尊	遵	昨	左	佐	柞	做	作	坐	座						亍	丌	兀	丐
HR	廿	卅	丕	亘	丞	鬲	孬	噩	丨	禺	丿	匕	乇	夭	爻	卮	氐	囟	胤	馗	毓	睾	鼗	丶	亟	鼐
HS	乜	乩	亓	芈	孛	啬	嘏	仄	厍	厝	厣	厥	厮	靥	赝	匚	叵	匦	匮	匾	赜	卦	卣	刂	刈	刎
HT	刭	刳	刿	剀	剌	剞	剡	剜	蒯	剽	劂	劁	劐	劓	冂	罔	亻	仃	仉	仂	仨	仡	仫	仞	伛	仳
HU	伢	佤	仵	伥	伧	伉	伫	佞	佧	攸	佚	佝	佟	佗	伲	伽	佶	佴	侑	侉	侃	侏	佾	佻	侪	佼
HV	侬	侔	俦	俨	俪	俅	俚	俣	俜	俑	俟	俸	倩	偌	俳	倬	倏	倮	倭	俾	倜	倌	倥	倨	偾	偃
HW	偕	偈	偎	偬	偻	傥	傧	傩	傺	僖	儆	僭	僬	僦	僮	儇	儋	仝	氽	佘	佥	俎	龠	汆	籴	兮
HX	巽	黉	馘	冁	夔	勹	匍	訇	匐	凫	夙	兕	亠	兖	亳	衮	袤	亵	脔	裒	禀	嬴	蠃	羸	冫	冱
HY	冽	冼	凇	冖	冢	冥	讠	讦	讧	讪	讴	讵	讷	诂	诃	诋	诏	诎	诒	诓	诔	诖	诘	诙	诜	诟
HZ	诠	诤	诨	诩	诮	诰	诳	诶	诹	诼	诿	谀	谂	谄	谇	谌	谏	谑	谒	谔	谕	谖	谙	谛	谘	谝

表 A.1(续)

	A	B	C	D	E	F	G	H	I	J	K	L	M	N	O	P	Q	R	S	T	U	V	W	X	Y	Z
IA	谟	谠	谡	谥	谧	谪	谫	谮	谯	谲	谳	谵	谶	卩	卺	阝	阢	阡	阱	阪	阽	阼	陂	陉	陔	陟
IB	陧	陬	陲	陴	隈	隍	隗	隰	邗	邛	邝	邙	邬	邡	邴	邳	邶	邺	邸	邰	郏	郅	邾	郐	郄	郇
IC	郓	郦	郢	郜	郗	郛	郫	郯	郾	鄄	鄢	鄞	鄣	鄱	鄯	鄹	酃	酆	刍	奂	劢	劬	劭	劾	哿	勐
ID	勖	勰	叟	燮	矍	廴	凵	凼	鬯	厶	弁	畚	巯	坌	垩	垡	塾	墼	壅	壑	圩	圬	圪	圳	圹	圮
IE	圯	坜	圻	坂	坩	垅	坫	垆	坼	坻	坨	坭	坶	坳	垭	垤	垌	垲	埏	垧	垴	垓	垠	埕	埘	埚
IF	埙	埒	垸	埴	埯	埸	埤	埝	堋	堍	埽	埭	堀	堞	堙	塄	堠	塥	塬	墁	墉	墚	墀	馨	鼙	懿
IG	艹	艽	艿	芏	芊	芨	芄	芎	芑	芗	芙	芫	芸	芾	芰	苈	苊	苣	芘	芷	芮	苋	苌	苁	芩	芴
IH	芡	芪	芟	苄	苎	芤	苡	茉	苷	苤	茏	茇	苜	苴	苒	苘	茌	苻	苓	茑	茚	茆	茔	茕	苠	苕
II	茜	荑	荛	荜	茈	莒	茼	茴	茱	莛	荞	茯	荏	荇	荃	荟	荀	茗	荠	茭	茺	茳	荦	荥	荨	茛
IJ	荩	荬	荪	荭	荮	莰	荸	莳	莴	莠	莪	莓	莜	莅	荼	莶	莩	荽	莸	荻	莘	莞	莨	莺	莼	菁
IK	萁	菥	菘	堇	萘	萋	菝	菽	菖	萜	萸	萑	萆	菔	菟	萏	萃	菸	菹	菪	菅	菀	萦	菰	菡	葜
IL	葑	葚	葙	葳	蒇	蒈	葺	蒉	葸	萼	葆	葩	葶	蒌	蒎	萱	葭	蓁	蓍	蓐	蓦	蒽	蓓	蓊	蒿	蒺
IM	蓠	蒡	蒹	蒴	蒗	蓥	蓣	蔌	甍	蔸	蓰	蔹	蔟	蔺	蕖	蔻	蓿	蓼	蕙	蕈	蕨	蕤	蕞	蕺	瞢	蕃
IN	蕲	蕻	薤	薨	薇	薏	蕹	薮	薜	薅	薹	薷	薰	藓	藁	藜	藿	蘧	蘅	蘩	蘖	蘼	廾	弈	夼	奁
IO	耷	奕	奚	奘	匏	尢	尥	尬	尴	扌	扪	抟	抻	拊	拚	拗	拮	挢	拶	挹	捋	捃	掭	揶	捱	捺
IP	掎	掴	捭	掬	掊	捩	掮	掼	揲	揸	揠	揿	揄	揞	揎	摒	揆	掾	摅	摁	搋	搛	搠	搌	搦	搡
IQ	摞	撄	摭	撖	摺	撷	撸	撙	撺	擀	擐	擗	擤	擢	攉	攥	攮	弋	忒	甙	弑	卟	叱	叽	叩	叨
IR	叻	吒	吖	吆	呋	呒	呓	呔	呖	呃	吡	呗	呙	吣	吲	咂	咔	呷	呱	呤	咚	咛	咄	呶	呦	咝
IS	哐	咭	哂	咴	哒	咧	咦	哓	哔	呲	咣	哕	咻	咿	哌	哙	哚	哜	咩	咪	咤	哝	哏	哞	唛	哧
IT	唠	哽	唔	哳	唢	唣	唏	唑	唧	唪	啧	喏	喵	啉	啭	啁	啕	唿	啐	唼	唷	啖	啵	啶	啷	唳
IU	唰	啜	喋	嗒	喃	喱	喹	喈	喁	喟	啾	嗖	喑	啻	嗟	喽	喾	喔	喙	嗪	嗷	嗉	嘟	嗑	嗫	嗬
IV	嗔	嗦	嗝	嗄	嗯	嗥	嗲	嗳	嗌	嗍	嗨	嗵	嗤	辔	嘞	嘈	嘌	嘁	嘤	嘣	嗾	嘀	嘧	嘭	噘	嘹
IW	噗	嘬	噍	噢	噙	噜	噌	噔	嚆	噤	噱	噫	噻	噼	嚅	嚓	嚯	囔	囗	囝	囡	囵	囫	囹	囿	圄
IX	圊	圉	圜	帏	帙	帔	帑	帱	帻	帼	帷	幄	幔	幛	幞	幡	岌	屺	岍	岐	岖	岈	岘	岙	岑	岚
IY	岜	岵	岢	岽	岬	岫	岱	岣	峁	岷	峄	峒	峤	峋	峥	崂	崃	崧	崦	崮	崤	崞	崆	崛	嵘	崾
IZ	崴	崽	嵬	嵛	嵯	嵝	嵫	嵋	嵊	嵩	嵴	嶂	嶙	嶝	豳	嶷	巅	彳	彷	徂	徇	徉	後	徕	徙	徜

表 A.1（续）

	A	B	C	D	E	F	G	H	I	J	K	L	M	N	O	P	Q	R	S	T	U	V	W	X	Y	Z
JA	徨	徭	徵	徼	衢	彡	犭	犰	犴	犷	犸	狃	狁	狎	狍	狒	狨	狯	狩	狲	狴	狷	猁	狳	猃	狺
JB	狻	猗	猓	猡	猊	猞	猝	猕	猢	猹	猥	猬	猸	猱	獐	獍	獗	獠	獬	獯	獾	舛	夥	飧	夤	夂
JC	饣	饧	饨	饩	饪	饫	饬	饴	饷	饽	馀	馄	馇	馊	馍	馐	馑	馓	馔	馕	庀	庑	庋	庖	庥	庠
JD	庹	庵	庾	庳	赓	廒	廑	廛	廨	廪	膺	忄	忉	忖	忏	怃	忮	怄	忡	忤	忾	怅	怆	忪	忭	忸
JE	怙	怵	怦	怛	怏	怍	怩	怫	怊	怿	怡	恸	恹	恻	恺	恂	恪	恽	悖	悚	悭	悝	悃	悒	悌	悛
JF	惬	悻	悱	惝	惘	惆	惚	悴	愠	愦	愕	愣	惴	愀	愎	愫	慊	慵	憬	憔	憧	憷	懔	懵	忝	隳
JG	闩	闫	闱	闳	闵	闶	闼	闾	阃	阄	阆	阈	阊	阋	阌	阍	阏	阒	阕	阖	阗	阙	阚	丬	爿	戕
JH	氵	汔	汜	汊	沣	沅	沐	沔	沌	汨	汩	汴	汶	沆	沩	泐	泔	沭	泷	泸	泱	泗	沲	泠	泖	泺
JI	泫	泮	沱	泓	泯	泾	洹	洧	洌	浃	浈	洇	洄	洙	洎	洫	浍	洮	洵	洚	浏	浒	浔	洳	涑	浯
JJ	涞	涠	浞	涓	涔	浜	浠	浼	浣	渚	淇	淅	淞	渎	涿	淠	渑	淦	淝	淙	渖	涫	渌	涮	渫	湮
JK	湎	湫	溲	湟	溆	湓	湔	渲	渥	湄	滟	溱	溘	滠	漭	滢	溥	溧	溽	溻	溷	滗	溴	滏	溏	滂
JL	溟	潢	潆	潇	漤	漕	滹	漯	漶	潋	潴	漪	漉	漩	澉	澍	澌	潸	潲	潼	潺	濑	濉	澧	澹	澶
JM	濂	濡	濮	濞	濠	濯	瀚	瀣	瀛	瀹	瀵	灏	灞	宀	宄	宕	宓	宥	宸	甯	骞	搴	寤	寮	褰	寰
JN	蹇	謇	辶	迓	迕	迥	迮	迤	迩	迦	迳	迨	逅	逄	逋	逦	逑	逍	逖	逡	逵	逶	逭	逯	遄	遑
JO	遒	遐	遨	遘	遢	遛	暹	遴	遽	邂	邈	邃	邋	彐	彗	彖	彘	尻	咫	屐	屙	孱	屣	屦	羼	弪
JP	弩	弭	艴	弼	鬻	屮	妁	妃	妍	妩	妪	妣	妗	姊	妫	妞	妤	姒	妲	妯	姗	妾	娅	娆	姝	娈
JQ	姣	姘	姹	娌	娉	娲	娴	娑	娣	娓	婀	婧	婊	婕	娼	婢	婵	胬	媪	媛	婷	婺	媾	嫫	媲	嫒
JR	嫔	媸	嫠	嫣	嫱	嫖	嫦	嫘	嫜	嬉	嬗	嬖	嬲	嬷	孀	尕	尜	孚	孥	孳	孑	孓	孢	驵	驷	驸
JS	驺	驿	驽	骀	骁	骅	骈	骊	骐	骒	骓	骖	骘	骛	骜	骝	骟	骠	骢	骣	骥	骧	纟	纡	纣	纥
JT	纨	纩	纭	纰	纾	绀	绁	绂	绉	绋	绌	绐	绔	绗	绛	绠	绡	绨	绫	绮	绯	绱	绲	缍	绶	绺
JU	绻	绾	缁	缂	缃	缇	缈	缋	缌	缏	缑	缒	缗	缙	缜	缛	缟	缡	缢	缣	缤	缥	缦	缧	缪	缫
JV	缬	缭	缯	缰	缱	缲	缳	缵	幺	畿	巛	甾	邕	玎	玑	玮	玢	玟	珏	珂	珑	玷	玳	珀	珉	珈
JW	珥	珙	顼	琊	珩	珧	珞	玺	珲	琏	琪	瑛	琦	琥	琨	琰	琮	琬	琛	琚	瑁	瑜	瑗	瑕	瑙	瑷
JX	瑭	瑾	璜	璎	璀	璁	璇	璋	璞	璨	璩	璐	璧	瓒	璺	韪	韫	韬	杌	杓	杞	杈	杩	枥	枇	杪
JY	杳	枘	枧	杵	枨	枞	枭	枋	杷	杼	柰	栉	柘	栊	柩	枰	栌	柙	枵	柚	枳	柝	栀	柃	枸	柢
JZ	栎	柁	柽	栲	栳	桠	桡	桎	桢	桄	桤	梃	栝	桕	桦	桁	桧	桀	栾	桊	桉	栩	梵	梏	桴	桷

表 A.1(续)

	A	B	C	D	E	F	G	H	I	J	K	L	M	N	O	P	Q	R	S	T	U	V	W	X	Y	Z
KA	梓	桫	棂	楮	棼	椟	椠	棹	椤	棰	椋	椁	楗	棣	椐	楱	椹	楠	楂	楝	榄	楫	榀	榘	楸	椴
KB	槌	榇	榈	槎	榉	楦	楣	楹	榛	榧	榻	榫	榭	槔	榱	槁	槊	槟	榕	槠	榍	槿	樯	槭	樗	樘
KC	橥	槲	橄	樾	檠	橐	橛	樵	檎	橹	樽	樨	橘	橼	檑	檐	檩	檗	檫	猷	獒	殁	殂	殇	殄	殒
KD	殓	殍	殚	殛	殡	殪	轫	轭	轱	轲	轳	轵	轶	轸	轷	轹	轺	轼	轾	辁	辂	辄	辇	辋	辍	辎
KE	辏	辘	辚	軎	戋	戗	戛	戟	戢	戡	戥	戤	戬	臧	瓯	瓴	瓿	甏	甑	甓	攴	旮	旯	旰	昊	昙
KF	杲	昃	昕	昀	炅	曷	昝	昴	昱	昶	昵	耆	晟	晔	晁	晏	晖	晡	晗	晷	暄	暌	暧	暝	暾	曛
KG	曜	曦	曩	贲	贳	贶	贻	贽	赀	赅	赆	赈	赉	赇	赍	赕	赙	觇	觊	觋	觌	觎	觏	觐	觑	牮
KH	犟	牝	牦	牯	牾	牿	犄	犋	犍	犏	犒	挈	挲	掰	搿	擘	耄	毪	毳	毽	毵	毹	氅	氇	氆	氍
KI	氕	氘	氙	氚	氡	氩	氤	氪	氲	攵	敕	敫	牍	牒	牖	爰	虢	刖	肟	肜	肓	肼	朊	肽	肱	肫
KJ	肭	肴	肷	胧	胨	胩	胪	胛	胂	胄	胙	胍	胗	朐	胝	胫	胱	胴	胭	脍	脎	胲	胼	朕	脒	豚
KK	脶	脞	脬	脘	脲	腈	腌	腓	腴	腙	腚	腱	腠	腩	腼	腽	腭	腧	塍	媵	膈	膂	膑	滕	膣	膪
KL	臌	朦	臊	膻	臁	膦	欤	欷	欹	歃	歆	歙	飑	飒	飓	飕	飙	飚	殳	彀	毂	觳	斐	齑	斓	於
KM	旆	旄	旃	旌	旎	旒	旖	炀	炜	炖	炝	炻	烀	炷	炫	炱	烨	烊	焐	焓	焖	焯	焱	煳	煜	煨
KN	煅	煲	煊	煸	煺	熘	熳	熵	熨	熠	燠	燔	燧	燹	爝	爨	灬	焘	煦	熹	戾	戽	扃	扈	扉	礻
KO	祀	祆	祉	祛	祜	祓	祚	祢	祗	祠	祯	祧	祺	禅	禊	禚	禧	禳	忑	忐	怼	恝	恚	恧	恁	恙
KP	恣	悫	愆	愍	慝	憩	憝	懋	懑	戆	肀	聿	沓	泶	淼	矶	矸	砀	砉	砗	砘	砑	斫	砭	砜	砝
KQ	砹	砺	砻	砟	砼	砥	砬	砣	砩	硎	硭	硖	硗	砦	硐	硇	硌	硪	碛	碓	碚	碇	碜	碡	碣	碲
KR	碹	碥	磔	磙	磉	磬	磲	礅	磴	礓	礤	礞	礴	龛	黹	黻	黼	盱	眄	眍	盹	眇	眈	眚	眢	眙
KS	眭	眦	眵	眸	睐	睑	睇	睃	睚	睨	睢	睥	睿	瞍	睽	瞀	瞌	瞑	瞟	瞠	瞰	瞵	瞽	町	畀	畎
KT	畋	畈	畛	畲	畹	疃	罘	罡	罟	詈	罨	罴	罱	罹	羁	罾	盍	盥	蠲	钅	钆	钇	钋	钊	钌	钍
KU	钏	钐	钔	钗	钕	钚	钛	钜	钣	钤	钫	钪	钭	钬	钯	钰	钲	钴	钶	钷	钸	钹	钺	钼	钽	钿
KV	铄	铈	铉	铊	铋	铌	铍	铎	铐	铑	铒	铕	铖	铗	铙	铘	铛	铞	铟	铠	铢	铤	铥	铧	铨	铪
KW	铩	铫	铮	铯	铳	铴	铵	铷	铹	铼	铽	铿	锃	锂	锆	锇	锉	锊	锍	锎	锏	锒	锓	锔	锕	锖
KX	锘	锛	锝	锞	锟	锢	锪	锫	锩	锬	锱	锲	锴	锶	锷	锸	锼	锾	锿	镂	锵	镄	镅	镆	镉	镌
KY	镎	镏	镒	镓	镔	镖	镗	镘	镙	镛	镞	镟	镝	镡	镢	镤	镥	镦	镧	镨	镩	镪	镫	镬	镯	镱
KZ	镲	镳	锺	矧	矬	雉	秕	秭	秣	秫	稆	嵇	稃	稂	稞	稔	稹	稷	穑	黏	馥	穰	皈	皎	皓	皙

表 A.1（续）

	A	B	C	D	E	F	G	H	I	J	K	L	M	N	O	P	Q	R	S	T	U	V	W	X	Y	Z
LA	皤	瓞	瓠	甬	鸠	鸢	鸨	鸩	鸪	鸫	鸬	鸲	鸱	鸶	鸸	鸷	鸹	鸺	鸾	鹁	鹂	鹄	鹆	鹇	鹈	鹉
LB	鹋	鹌	鹎	鹑	鹕	鹗	鹚	鹛	鹜	鹞	鹣	鹦	鹧	鹨	鹩	鹪	鹫	鹬	鹱	鹭	鹳	疒	疔	疖	疠	疝
LC	疬	疣	疳	疴	疸	痄	疱	疰	痃	痂	痖	痍	痣	痨	痦	痤	痫	痧	瘃	痱	痼	痿	瘐	瘀	瘅	瘌
LD	瘗	瘊	瘥	瘘	瘕	瘙	瘛	瘼	瘢	瘠	癀	瘭	瘰	瘿	瘵	癃	瘾	瘳	癍	癞	癔	癜	癖	癫	癯	翊
LE	竦	穸	穹	窀	窆	窈	窕	窦	窠	窬	窨	窭	窳	衤	衩	衲	衽	衿	袂	袢	裆	袷	袼	裉	裢	裎
LF	裣	裥	裱	褚	裼	裨	裾	裰	褡	褙	褓	褛	褊	褴	褫	褶	襁	襦	襻	疋	胥	皲	皴	矜	耒	耔
LG	耖	耜	耠	耢	耥	耦	耧	耩	耨	耱	耋	耵	聃	聆	聍	聒	聩	聱	覃	顸	颀	颃	颉	颌	颍	颏
LH	颔	颚	颛	颞	颟	颡	颢	颥	颦	虍	虔	虬	虮	虿	虺	虼	虻	蚨	蚍	蚋	蚬	蚝	蚧	蚣	蚪	蚓
LI	蚩	蚶	蛄	蚵	蛎	蚰	蚺	蚱	蚯	蛉	蛏	蚴	蛩	蛱	蛲	蛭	蛳	蛐	蜓	蛞	蛴	蛟	蛘	蛑	蜃	蜇
LJ	蛸	蜈	蜊	蜍	蜉	蜣	蜻	蜞	蜥	蜮	蜚	蜾	蝈	蜴	蜱	蜩	蜷	蜿	螂	蜢	蝽	蝾	蝻	蝠	蝰	蝌
LK	蝮	螋	蝓	蝣	蝼	蝤	蝙	蝥	螓	螯	螨	蟒	蟆	螈	螅	螭	螗	螃	螫	蟥	螬	螵	螳	蟋	蟓	螽
LL	蟑	蟀	蟊	蟛	蟪	蟠	蟮	蠖	蠓	蟾	蠊	蠛	蠡	蠹	蠼	缶	罂	罄	罅	舐	竺	竽	笈	笃	笄	笕
LM	笊	笫	笏	筇	笸	笪	笙	笮	笱	笠	笥	笤	笳	笾	笞	筘	筚	筅	筵	筌	筝	筠	筮	筻	筢	筲
LN	筱	箐	箦	箧	箸	箬	箝	箨	箅	箪	箜	箢	箫	箴	篑	篁	篌	篝	篚	篥	篦	篪	簌	篾	篼	簏
LO	簖	簋	簟	簪	簦	簸	籁	籀	臾	舁	舂	舄	臬	衄	舡	舢	舣	舭	舯	舨	舫	舸	舻	舳	舴	舾
LP	艄	艉	艋	艏	艚	艟	艨	衾	袅	袈	裘	裟	襞	羝	羟	羧	羯	羰	羲	籼	敉	粑	粝	粜	粞	粢
LQ	粲	粼	粽	糁	糇	糌	糍	糈	糅	糗	糨	艮	暨	羿	翎	翕	翥	翡	翦	翩	翮	翳	糸	絷	綦	綮
LR	繇	纛	麸	麴	赳	趄	趔	趑	趱	赧	赭	豇	豉	酊	酐	酎	酏	酤	酢	酡	酰	酩	酯	酽	酾	酲
LS	酴	酹	醌	醅	醐	醍	醑	醢	醣	醪	醭	醮	醯	醵	醴	醺	豕	鹾	趸	跫	踅	蹙	蹩	趵	趿	趼
LT	趺	跄	跖	跗	跚	跞	跎	跏	跛	跆	跬	跷	跸	跣	跹	跻	跤	踉	跽	踔	踝	踟	踬	踮	踣	踯
LU	踺	蹀	踹	踵	踽	踱	蹉	蹁	蹂	蹑	蹒	蹊	蹰	蹶	蹼	蹯	蹴	躅	躏	躔	躐	躜	躞	豸	貂	貊
LV	貅	貘	貔	斛	觖	觞	觚	觜	觥	觫	觯	訾	謦	靓	雩	雳	雯	霆	霁	霈	霏	霎	霪	霭	霾	龀
LW	龁	龃	龅	龆	龇	龈	龉	龊	龌	黾	鼋	鼍	隹	隼	隽	雎	雒	瞿	雠	銎	銮	鋈	錾	鍪	鏊	鎏
LX	鐾	鑫	鱿	鲂	鲅	鲆	鲇	鲈	稣	鲋	鲎	鲐	鲑	鲒	鲔	鲕	鲚	鲛	鲞	鲟	鲠	鲡	鲢	鲣	鲥	鲦
LY	鲧	鲨	鲩	鲫	鲭	鲮	鲰	鲱	鲲	鲳	鲴	鲵	鲶	鲷	鲺	鲻	鲼	鲽	鳄	鳅	鳆	鳇	鳊	鳋	鳌	鳍
LZ	鳎	鳏	鳐	鳓	鳔	鳕	鳗	鳘	鳙	鳜	鳝	鳟	鳢	靼	鞅	鞑	鞒	鞔	鞯	鞫	鞣	鞲	鞴	骱	骰	骷

表 A.1（续）

	A	B	C	D	E	F	G	H	I	J	K	L	M	N	O	P	Q	R	S	T	U	V	W	X	Y	Z
MA	鹘	骶	骺	骼	髁	髀	髅	髂	髋	髌	髑	魅	魃	魇	魉	魈	魍	魑	飨	餍	餮	饕	饔	髟	髡	髦
MB	髯	髫	髻	髭	髹	鬈	鬏	鬓	鬟	鬣	麽	麾	縻	麂	麇	麈	麋	麒	鏖	麝	麟	黛	黜	黝	黠	黟
MC	黢	黩	黧	黥	黪	黯	鼢	鼬	鼯	鼹	鼷	鼽	鼾	齄												

ICS 91.140.90
Q 78

中华人民共和国国家标准

GB/T 18775—2009
代替 GB/T 18775—2002

电梯、自动扶梯和自动人行道维修规范

Specification for the service of lifts, escalators and moving walks

2009-10-15 发布　　2010-03-01 实施

中华人民共和国国家质量监督检验检疫总局
中国国家标准化管理委员会　发布

前　言

本标准修改采用 EN 13015:2001《电梯、自动扶梯和自动人行道的维护　维护指导规则》(英文版)，主要差异如下：

——删除了 EN 13015:2001 的前言，因其存在与否对本标准的理解和使用没有任何影响；

——在 EN 13015:2001 中增加了有关电梯设备修理和改装的要求(包括：范围、引言、3.1、3.3、3.4、4.4、4.5、4.6、4.7 以及 4.10)，以便适合我国国情并与所修订的 GB/T 18775—2002 衔接；

——调整了 EN 13015:2001 的结构：增加了第 4 章“总则”，将 EN 13015:2001 的 4.1 作为本标准的 4.1、4.2、4.3、4.8、4.9、5.1.1 以及 5.1.2，将 EN 13015:2001 的 4.2 作为本标准的 5.2，将 EN 13015:2001 的 4.3 作为本标准的 5.3，将 EN 13015:2001 的第 5 章作为本标准的第 6 章，将 EN 13015:2001 的第 6 章作为本标准的 5.4，将 EN 13015:2001 的第 7 章作为本标准的 5.5，将 EN 13015:2001 的第 8 章作为本标准的 5.6；

——修改了 EN 13015:2001 的部分术语：将制造商与安装者合并为制造商，将业主改为电梯设备管理组织，以便适合我国国情；

——删除了 EN 13015:2001 规范性引用文件中的 prEN 81-5《电梯制造与安装安全规范　第 5 部分：螺杆式电梯》、prEN 81-6《电梯制造与安装安全规范　第 6 部分：带导向的链条式电梯》和 prEN 81-7《电梯制造与安装安全规范　第 7 部分：齿条和齿轮式电梯》，因这些型式的电梯在我国极少应用；在 EN 13015:2001 规范性引用文件中增加了 GB/T 7024《电梯、自动扶梯、自动人行道术语》，以便与相关的电梯标准统一术语和定义。

本标准代替 GB/T 18775—2002《电梯维修规范》。

本标准与 GB/T 18775—2002 相比主要变化如下：

——本标准修改采用了 EN 13015:2001；

——标准名称由《电梯维修规范》改为《电梯、自动扶梯和自动人行道维修规范》；

——标准的适用范围由“电力驱动的曳引式或强制式乘客电梯及载货电梯”扩展为“电梯、自动扶梯和自动人行道”；

——修改了第 4 章一般要求：将维护组织、业主责任的内容改为本标准第 5 章“维护说明书的编制要求”，将风险评价的内容改为本标准第 6 章“风险评价”；

——修改了第 5 章至第 16 章以及附录 A，部分内容体现在本标准第 5 章，部分内容引用了 GB 7588—2003、GB 16899—1997、GB/T 20900—2007、GB 21240—2007、EN 81-3:2001、EN 81-28:2003 等标准；

——按 EN 13015:2001 修改了附录 B、附录 C，部分内容本标准直接引用了 GB/T 20900—2007。

本标准的附录 A 和附录 B 为资料性附录。

本标准由全国电梯标准化技术委员会(SAC/TC 196)提出并归口。

本标准负责起草单位：上海三菱电梯有限公司。

本标准参加起草单位：奥的斯电梯(中国)投资有限公司、日立电梯(中国)有限公司、通力电梯有限公司、西子奥的斯电梯有限公司、上海永大电梯设备有限公司、上海市特种设备监督检验技术研究院、华升富士达电梯有限公司、苏州江南嘉捷电梯股份有限公司、沈阳三洋电梯有限公司、北京航天金羊电梯有限公司、大连星玛电梯有限公司。

本标准主要起草人：阮为民、沈吟、蒋灏、曾健智、归建昌、温爱民、刘鸣壮、陈蓉、竺卫文、赵东方、钱富全、韦国斌、陈文蔚。

本标准所代替标准的历次版本发布情况为：

—— GB/T 18775—2002。

引 言

对于电梯、自动扶梯和自动人行道(电梯设备,见3.8)的维修,按其技术要求和工作内容不同,可划分为:维护、修理和改装。

维护是保证电梯设备的安全性和预期功能的基本条件。只有通过称职的维护人员根据维护要求执行正确的、预防性的维护,才能确保电梯设备的安全性和预期功能。由于各制造商提供的产品必然存在差异,无法编制统一的具体维护要求,因此制造商应提供其产品的维护说明书,以指导维护组织和电梯设备管理组织。维护组织则应根据所维护产品的特点制定相应的维护计划、维护工艺等。此外,维护工作需要得到电梯设备管理组织的配合,为此也需要通过某种文件形式告知电梯设备管理组织应承担的责任。

电梯设备的修理或改装工作可能会对整机或其他相关部件的安全性和功能产生影响,因此修理和改装工作需要对所修理或改装的电梯设备有全面、系统地了解,此外,修理和改装现场情况复杂,需要施工组织有能力对不同的情况进行风险评价及采取相应措施。基于上述原因,电梯设备的修理和改装工作一般应由该产品的制造商或其委托的具有规定资格的组织实施。

本标准假定所要维护的电梯设备属于合法投入市场的产品。

电梯、自动扶梯和自动人行道维修规范

1 范围

本标准规定了电梯设备维修所应遵守的要求。

本标准适用于电梯、自动扶梯和自动人行道。

2 规范性引用文件

下列文件中的条款通过本标准的引用而成为本标准的条款。凡是注日期的引用文件,其随后所有的修改单(不包括勘误的内容)或修订版均不适用于本标准,然而,鼓励根据本标准达成协议的各方研究是否可使用这些文件的最新版本。凡是不注日期的引用文件,其最新版本适用于本标准。

GB 2893—2008 安全色(ISO 3864:2002,MOD)

GB 2894—2008 安全标志及其使用导则

GB/T 7024—2008 电梯、自动扶梯、自动人行道术语

GB 7588—2003 电梯制造与安装安全规范(eqv EN 81-1:1998)

GB 16899—1997 自动扶梯和自动人行道的制造与安装安全规范(eqv EN 115:1995)

GB/T 20900—2007 电梯、自动扶梯和自动人行道 风险评价和降低的方法(ISO/TS 14798:2006,IDT)

GB 21240—2007 液压电梯制造与安装安全规范(EN 81-2:1998,MOD)

EN 81-3:2001 电梯制造与安装安全规范 第3部分:电力和液压杂物电梯(Safety rules for the construction and installation of lifts—Part 3:Electric and hydraulic service lifts)

EN 81-28:2003 电梯制造与安装安全规范 运载乘客和货物的电梯 第28部分:乘客电梯和客货电梯远程报警器(Safety rules for the construction and installation of lifts—Part 28:Remote alarms on passenger and goods passenger lifts)

3 术语和定义

GB/T 7024—2008、GB 7588—2003、GB 16899—1997、GB/T 20900—2007、GB 21240—2007、EN 81-3:2001、EN 81-28:2003中确立的以及下列术语和定义适用于本标准。

3.1

维修 service

电梯设备交付使用后的所有维护、修理和改装。

3.2

维护 maintenance

电梯设备安装之后,为确保电梯设备和零部件达到安全性能和预期功能所需的操作,包括:

a) 润滑,清洁工作等,但下列清洁工作不属于维护范围:
   1) 电梯井道以外部分的清洁工作;
   2) 自动扶梯或自动人行道外部的清洁工作;
   3) 轿厢内的清洁工作。
b) 检查工作;

c) 乘客救援作业；

d) 设定和调整操作；

e) 易损件的更换工作，这些工作不能影响电梯设备特性。

下列内容不属于维护工作范围：

a) 主要零部件或安全部件的改变或更换，即使新零部件的特性与原件相同；

b) 整台电梯设备的替换；

c) 电梯设备的更新，包括电梯设备特性的任何变化；

d) 消防部门执行的救援工作。

3.3

修理　repair

以相应新的零部件取代旧的零部件或对旧的零部件进行加工、修配的工作，这些工作并不影响电梯设备特性。

3.4

改装　modification

在电梯设备交付使用后，由于某种原因对电梯及其部件进行的一系列操作，这些操作对电梯的特性会产生影响，如改变额定速度、额定载重量、轿厢重量，更换曳引机、轿厢、控制系统、导轨及导轨类型等。

采用新技术、新材料全面地或部分地改进在用电梯的功能、性能、可靠性、安全性和装潢的这类改造也属于改装范畴。

3.5

称职的维护人员　competent maintenance person

已经过适当的培训，拥有足够的知识和实际经验，并能得到其所在维护组织必要的指导和支持以便能够安全的进行所要求的维护操作的维护人员。

3.6

维护组织　maintenance organization

具备规定资格的，代表电梯设备所有人并由称职的维护人员执行维护工作的法人或法人下属部门。

3.7

制造商　manufacturer

负责电梯整机(电梯、自动扶梯和自动人行道)或部件的设计、制造和投放市场的法人。

3.8

电梯设备　installation

完全安装完成并经检验合格的电梯、自动扶梯和自动人行道。

3.9

电梯设备管理组织　manager of the installation

业主或受业主合同委托管理电梯设备运行服务的组织。

3.10

救援作业　rescue operation

自获取电梯中人员受困的信息开始，直到电梯中受困人员获救为止的整个救援过程。

4 总则

4.1 电梯设备应考虑维修工作不会导致人员伤害或影响健康。

4.2 制造商应提供基于风险评价结果的电梯设备维护说明书，安全部件制造商应向整机制造商提供安全部件维护说明书。维护说明书应按第5章的要求编制。

4.3 电梯设备应由取得规定资格的维护组织根据制造商提供的维护说明书的要求进行维护，以保证电梯设备处于维护说明书中所要求的正常工作状态。为达到该目的，电梯设备应定期维护，必要时还需进行修理或改装，以保证电梯设备的正常运行，尤其是电梯设备的安全性能。

4.4 电梯设备每年应根据 GB 7588—2003 的附录 E.1 或 GB 16899—1997 的 16.2.3 或 GB 21240—2007 的附录 E.1 或 EN 81-3 的附录 E.1 进行定期检验，确认其安全性能。

4.5 实施电梯设备修理或改装的组织应取得规定的资格。这类组织应对所修理或改装的电梯设备有全面、系统地了解，有能力根据 GB/T 20900 的要求对实施修理或改装作业相关的风险(包括电梯设备本身和施工现场)进行评价，并应基于风险评价的结果制定、实施作业方案。

4.6 经过修理的电梯设备，所涉及的部分应按 GB 7588 或 GB 16899 或 GB 21240 或 EN 81-3 进行检验，合格后方可投入使用。

4.7 经改装的电梯设备，应按 GB 7588—2003 的附录 E.2 或 GB 16899—1997 的 16.2.2 或 GB 21240—2007 的附录 E.2 或 EN 81-3:2001 的附录 E.2 进行改装后的检验，合格后方可投入使用。

4.8 进入或接近电梯设备的通道及电梯设备周围环境应符合相关国家标准的规定。

4.9 电梯维护组织和电梯设备管理组织应按维护说明书中的相应要求开展相关工作。

4.10 电梯设备的维修情况应记录在电梯设备档案中，该档案应始终记载电梯维修的最新情况。

5 电梯设备维护说明书的编制要求

5.1 通则

5.1.1 维护说明书的表述应容易被称职的维护人员理解。

5.1.2 维护说明书应强调维护组织的资格需符合相应的国家法律、法规。

5.2 维护说明书应包括的要素

a) 电梯设备的规格和用途(电梯设备类型、性能，运送货物的类型，用户类型等)；

b) 电梯设备以及零部件的安装环境(气候条件、可能的破坏行为等)；

c) 任何限制使用的条件；

d) 各工作区以及各项任务风险评价的结果；

e) 安全部件制造商提供的维护说明书；

f) 对于不属于安全部件范围但有维护要求的零部件，制造商提供的有关这些零部件的维护说明书。

5.3 维护说明书包括的内容

5.3.1 通则

维护说明书应包括电梯设备管理组织以及维护组织的相关任务。

5.3.2 电梯设备管理组织的任务

5.3.2.1 电梯设备管理组织有必要使电梯设备处于安全状态。为此，电梯设备管理组织应委托满足相关规定的维护组织进行维护。

注：建议告知电梯设备管理组织，委托由保险公司提供足够且适当保险的维护组织的必要性。

5.3.2.2 电梯设备管理组织应关注相关的法规及国家标准要求。

5.3.2.3 最迟在电梯设备投入使用时，或者长期不使用的电梯设备再次投入使用前，应通过维护组织执行有计划的维护工作。

5.3.2.4 如果多台电梯设备安装在共用电梯井道或空间或同一机房内，电梯设备管理组织应委托同一个维护组织进行维护。

5.3.2.5 如 EN 81-28 中所述，在电梯设备整个使用期间，乘客电梯和载货电梯的电梯设备管理组织应保证报警装置有效并与救援服务组织保持每天 24 h 联系。

5.3.2.6 通信工具一旦出现故障，电梯设备管理组织应立即停止乘客电梯和载货电梯的运行。

5.3.2.7 出现危险状况时，电梯设备管理组织应停止电梯设备的运行。

5.3.2.8 在下列情况下，电梯设备管理组织应及时通知维护组织：

a) 一旦察觉电梯设备出现异常或电梯设备所在环境有异常变化时；

b) 一旦电梯设备在危险状况下停止运行后；

c) 由其授权和指派的人员介入救援后；

d) 与电梯设备本身和(或)其使用环境或使用有关的任何改变前；

注：电梯设备管理组织应从实施改变的组织获得用于指导维护组织的维护说明书。

e) 在任何对电梯设备的第三方检查或工作前；

f) 在电梯设备准备长期停止运行前；

g) 在电梯设备长期停止运行后再次恢复使用前。

5.3.2.9 电梯设备管理组织应考虑维护组织所提出的风险评价结论。

5.3.2.10 电梯设备管理组织应在下列情况下进行维护方面的风险评价：

a) 更换维护组织；

b) 建筑物和(或)电梯设备的使用发生变化；

c) 电梯设备经改装或建筑物变化之后；

d) 在发生了与电梯设备有关的事故之后。

5.3.2.11 电梯设备管理组织应通过风险评价确保下列各项：

a) 建筑设施包括进入建筑设施和电梯设备的通道应安全，在使用期内不会产生危害健康的风险，物品和材料应符合所在工作地点的使用规定；

b) 建筑设施使用人员已了解遗留风险；

c) 根据风险评价结果所需采取的措施已实施；

d) 电梯设备管理组织应告知维护组织进入为维护人员保留的空间的通道，尤其是涉及：

1) 通常使用的通道，以及建筑物着火时的撤离通道；

2) 可找到进入保留空间的钥匙的地点；

3) 陪伴维护人员到达电梯设备的相关人员；

4) 提供在通道中所需的个体防护装备，或者告知何处可找到此类防护装备。

维护组织也应能在现场获得这些信息。

5.3.2.12 电梯设备管理组织应保证电梯设备使用者总能获取正确和有效的维护组织的名称和电话，这些信息应永久粘贴在明显可见的地方。

5.3.2.13 电梯设备管理组织应妥善保管机房和滑轮间门(活板门)、检修门和安全门(活板门)以及层门的钥匙，并保证始终可在建筑物内获得，同时应保证仅提供给授权允许进入这些区域的人员使用。

5.3.2.14 电梯设备管理组织应为维护组织和实施救援的人员提供安全进入建筑物和电梯设备区域的通道。

5.3.2.15 电梯设备管理组织应确保供维护人员进入工作区域的通道的安全和畅通，并告知维护组织有关工作区域和(或)通道存在的危险或照明、阻碍物、地面状况等的变化。

5.3.2.16 除了那些由电梯设备管理组织委托维护组织进行的检查和测试工作外，电梯设备管理组织还需定期完成下列各项工作：

a) 电梯

应保持电梯井道外部分及轿厢内的清洁，通过全程上行及下行来评价乘运质量的变化，以及电梯设备的损坏情况。

以下列出评价电梯设备未发生缺失或移位、未受损伤和功能正常的典型检查项目：

——层门和门地坎；

——平层准确度；

——非限制区内的指示器；

——层站按钮；

——轿内选层按钮；

——开关门按钮；

——轿厢内与救援服务永久保持联系的双向通信工具；

——轿厢内正常照明；

——门保护装置；

——安全标志/须知。

对仅载货电梯和杂物电梯只检查相关项目。

b） 自动扶梯和自动人行道

应保持自动扶梯和自动人行道外部的清洁，进行全程双向运行（如果有）来评价乘运质量的变化，以及电梯设备的损坏情况。

以下列出评价电梯设备未发生缺失或位移、未受损伤和功能正常的典型检查项目：

——所有的照明和指示器；

——紧急停止装置；

——扶手带；

——围裙板和防夹装置；

——梳齿板；

——安全标志/须知；

——扶手带和梯级/踏板之间的速度差；

——梯级/踏板；

——扶手装置和护板；

——头部防护和前沿板；

——出入口处的安全性和通畅性。

5.3.3 维护组织的任务

5.3.3.1 应根据维护说明书以及基于系统维护检查的理念实施维护工作。维护组织应按照维护说明书的要求制定维护检查工艺、质量检查标准和实施日程计划。附录A为维护说明书包含的典型检查项目示例。

注：鉴于零件的设计与操作各有不同，因而无法在本标准中给出具体要求。

5.3.3.2 如果电梯设备已改变其原有用途，或电梯设备所处环境条件已发生变化，原有的维护说明书应由改装组织（对于电梯设备本身的改变）或电梯设备管理组织（对于电梯设备所处环境的改变）更新。

注：电梯设备管理组织应向维护组织提供电梯设备更改后的有关维护说明书。

5.3.3.3 应在充分考虑制造商提供的维护说明书以及电梯设备管理组织提供的其他信息的前提下，对工作区域以及工作内容进行风险评价。

5.3.3.4 应根据风险评价结果将需要采取的措施通知电梯设备管理组织，尤其是对于通道以及与建筑物/电梯设备有关的环境。

5.3.3.5 为减少电梯设备的停梯时间，维护组织应实施维护计划，实现对电梯设备的预防性维护，以使维护时间尽可能短，同时又不降低电梯设备的安全水平。

5.3.3.6 维护组织应编制维护计划以适应任何可预见的故障，例如：因误用、误操作和锈蚀引起的故障等。

注：为此，符合GB/T 24476—2009要求的、报告所发生的事件或故障的远程监视系统，有助于提供相关信息。

5.3.3.7 维护组织应指派称职的维护人员承担维护工作，并为其提供必要的工具、设备和个体防护装备。

5.3.3.8 维护组织应通过专业培训等途径，保持其维护人员的工作能力。

5.3.3.9 维护组织应定期开展维护工作。

注：当远程监视系统与电梯设备相连时，有助于更准确地确定维护的实际频率。

在确定维护频率时，至少应考虑下列因素：

——每年运行次数、工作时间和任何非工作时间段；

——电梯设备年龄和工况；

——电梯设备所在建筑物的位置和类型，用户的需求以及运送物的类型；

——电梯设备的周围环境，以及外部环境要素，例如气候条件(雨、炎热、寒冷等)或破坏行为。

5.3.3.10 维护组织应提供每天 24 h 救援呼叫服务。

注：为改善救援呼叫的响应，可采用远程监视系统来提供有关信息。

5.3.3.11 维护组织应详细记录每次因电梯设备故障所作的维护结果。这些记录应包含故障的类型，以便检查此类故障是否重复出现。电梯设备管理组织需要时应能获得该记录。

5.3.3.12 在维护期间，如果维护组织认为电梯设备存在危险状况，且无法立即消除时，维护组织应将电梯设备停用，并通知电梯设备管理组织在修复前不应使用该电梯设备。

5.3.3.13 维护组织应有能力提供所需的备件。

5.3.3.14 当授权的第三方在进行任何检查时，或对为维护组织所保留的区域进行建筑维修时，应安排称职的维护人员在场。

5.3.3.15 当电梯设备有必要更新时应及时告知电梯设备管理组织。

5.3.3.16 维护组织应协助电梯设备管理组织制定切实可行的火灾、地震等环境下的救援应急预案，并配合实施救援作业。

5.4 电梯救援作业时的电梯设备管理组织须知

5.4.1 电梯设备管理组织授权的救援被困乘客的人员应通过维护组织的培训。

注：作为一种替代方案，电梯设备管理组织可安排符合维护说明书要求的胜任的第三方对被授权的人员进行培训。

5.4.2 培训内容应与特定的电梯设备相符，并应不断更新。

5.4.3 所授权的救援人员仅可通过层门解救电梯内乘客。

5.4.4 所授权的救援人员无法通过手动和(或)电气应急装置移动轿厢时，应与维护组织取得联系。

5.4.5 电梯设备管理组织应告知其授权的救援人员只能由维护组织施行的救援作业。

5.5 标记、标志、图示和书面警示

5.5.1 如果维护组织所作的风险评价结果表明为维护之目的需要增加某种附加警示时，应将这些警示直接设置在电梯设备或零部件上，如不能，也应在附近处设置。

5.5.2 标记、标志、图示和书面警示应易于理解，无歧义。应尽可能采用易理解的标志和图示。

5.5.3 不应使用仅标注“危险”的标志或书面警示。

5.5.4 直接附在电梯设备或零部件上的标记、标志、图示和书面警示应能长久地保持清晰。

5.5.5 电梯设备上的标记、标志、图示和书面警示模糊时应予以更新。

5.5.6 书面警示应采用中文编写。

5.6 维护说明书的格式

5.6.1 电梯设备的维护说明书首页应至少包含下列内容：

a) 所适用的电梯设备的型号及其序列号(如果有)；

b) 标题；

c) 发布日期；

d) 制造商的名称和地址；

e) 如果编写者不是制造商，则应标明编写者名称。

5.6.2 在维护说明书中：

a) 所有单位应采用国际单位制(SI)；

b) 所有页次编排应能识别缺页(缺号);

c) 所有对其他文件的引用应完整。

5.6.3 警告内容应包括危险、相关危险和适用的安全措施。

5.6.4 印刷形式和尺寸需达到最佳的清晰度。安全警示应通过颜色或符号和(或)大印刷体强调。标志应符合 GB 2893 和 GB 2894 的要求。

5.6.5 维护说明书应采用中文编写。如采用多种语言,每种语言应便于与其他语言区分,译文应尽量与有关插图编排在一起。

5.6.6 维护说明书应采用可长期保存的形式(即在频繁转手后仍可使用)或提供的文件为一式二份。

6 风险评价

6.1 通则

6.1.1 电梯设备投放市场之前,制造商应对其进行风险评价。应通过相应的安全措施和适当的指导说明,尽可能合理地降低各种风险。指导说明不能替代用以减小危险的安全措施。

6.1.2 应确定维护工作的不同方法,确定每一种方法所需采取的相应措施。

6.1.3 利用诊断系统(例如符合 GB/T 24476—2009 要求的远程监视系统)可帮助查找故障,改善电梯设备的可维护性,以及降低维护人员身处危险的可能性。

6.1.4 通过采取安全措施和提供指导说明来确保电梯设备维护工作中的安全。电梯设备的安全措施以及建筑物中的安全措施应由制造商和电梯设备管理组织分别提供。

6.1.5 在任何工作区域内,均应识别与健康和安全有关的危险,并对各项维护工作进行风险评价,包括进入工作区域的通道等。

为此,应考虑下列因素:

a) 工作区域中存在一名或多名维护人员;

b) 可预见的除维护人员以外的其他人员的行动(例如合上或断开电源电路、从属电路或照明电路的人员,以及维护工作期间试图使用电梯设备的人员等)。

c) 电梯设备可能出现的状态(因零件可预见的故障、外界干扰、电源干扰等导致的正常或异常状况)。

6.1.6 附录B给出了在进行维护工作风险评价时应予考虑的要素。GB/T 20900 提供了进行风险评价的具体方法。

6.2 维护组织须知

6.2.1 为了达到安全维护的目的并提供相应的指导,应首先对维护工作加以识别,尤其是下列维护工作:

a) 在电梯设备安装完成后,对于维持电梯设备及其零件正常和安全功能所需的操作;

b) 某些零部件使用寿命期间,对于确定零部件使用期限和状况必要的操作。

注:期限是指,过了这一时限即使良好维护也不能保证零部件功能和完整性。

6.2.2 在实施某些特定维护工作时,如果需要使某些安全功能无效(如电气安全装置),应识别这些情况下的危险。

6.2.3 应就下列各项对维护人员给予通告和警告:

——遗留风险,如通过设计和安全保护技术不能或不能完全消除的风险;

——为某些特定维护工作而需要拆除某些保护装置所引起的风险。

6.2.4 维护说明书和警告应对防止这些风险所采取的措施和操作方式给以说明,必要时,应规定个体防护装备、仪器、工具和应急预案。

附 录 A
（资料性附录）
维护说明书包括的典型检查项目示例

表 A.1 电梯

项 目	要 求
所有零部件	检查是否清洁、无腐蚀
电梯底坑区域	检查导轨底部是否有过多油料/油脂 检查底坑内是否清洁、干燥、无碎屑垃圾或异物
防跳装置和开关(如果有)	检查是否可自由运动与工作状态 检查钢丝绳张力是否均衡 检查开关状态 检查润滑状态
缓冲器	检查油面位置 检查润滑状态 检查开关(如果有)状态 检查固定状态
驱动电机/发电机	检查轴承是否有异常噪声和(或)振动 检查润滑状态 检查换向器状态
齿轮箱	检查齿轮磨损状态 检查润滑状态
曳引轮	检查曳引轮状态和轮槽的磨损 检查轴承是否有异常噪声和(或)振动 检查防护装置 检查润滑状态
制动器	检查制动系统 检查零件磨损状态 检查制停状态
控制装置	检查控制屏/柜是否清洁、干燥 检查控制屏/柜内接线端子、接插件等是否松动、是否可靠
限速器和张紧轮	检查活动件是否自由运动及其磨损状态 检查工作状态 检查开关状态
悬挂绳导向滑轮	检查工作状态和磨损状态 检查轴承是否有异常噪声和(或)振动 检查防护装置 检查润滑状态

表 A.1（续）

项　　目	要　　求
轿厢/对重导向装置	检查所有导向面的油膜(如果有)是否达到要求 检查固定状态
轿厢/对重导靴	检查靴衬/滚轮磨损状态 检查固定状态 检查必要的润滑状态
电气线路	检查绝缘状态
轿厢	检查应急照明、轿厢按钮、开关 检查面板和天花板的固定状态
安全钳/轿厢上行超速保护装置	检查活动件是否自由运动及其磨损状态 检查润滑状态 检查固定状态 检验工作状态 检查开关状态
悬挂绳/链	检查磨损、断丝、伸长和张力等状态 检查润滑状态(如果有)
悬挂绳/链端部	检查损伤和磨损状态 检查固定状态
层站出入口	检查层门锁、闭合触点的工作状态 检查层门是否能无阻碍地开门和关门 检查层门的导向装置 检查层门间隙 检查钢丝绳、链条或皮带(如果有)是否完整 检查紧急开锁装置 检查润滑状态
轿门	检查轿门的闭合触点或锁紧装置(如果有) 检查轿门是否能无阻碍地开门和关门 检查轿门的导向装置 检查轿门间隙 检查钢丝绳或链条(如果有)是否完整 检查门保护装置 检查润滑状态
平层	检查层站处的平层准确度
极限开关	检查工作状态
电机运行时间限制器	检查工作状态
电气安全装置	检查工作状态 检查电气安全回路 检查是否安装正确的熔断器

表 A.1（续）

项　目	要　求
紧急报警装置	检查工作状态
层站控制和指示器	检查工作状态
井道照明	检查工作状态

表 A.2　液压电梯

项　目	要　求
所有零部件	检查是否清洁、无腐蚀
底坑区域	检查导轨底部是否有过多油料/油脂 检查底坑内是否清洁、干燥、无碎屑垃圾或异物
缓冲器	检查油面位置 检查润滑状态 检查开关(如果有)状态 检查固定状态
油箱	检查液压油油量 检查油箱和阀门装置是否泄漏
液压缸	检查漏油状态
多级式液压缸	检查同步状态
控制装置	检查控制屏/柜是否清洁、干燥 检查控制屏/柜内接线端子、接插件等是否松动、是否可靠
限速器和张紧轮	检查活动件是否自由运动及其磨损状态 检查工作状态 检查开关状态
悬挂绳导向滑轮	检查状态和绳槽磨损 检查轴承是否有异常噪声和(或)振动 检查防护装置 检查润滑状态
轿厢/对重/液压缸导向装置	检查所有导向面的油膜(如果有)是否达到要求 检查固定状态
轿厢/对重/液压缸导靴	检查靴衬/滚轮是否磨损 检查固定状态 检查必要的润滑状态
电气线路	检查绝缘状态
轿厢	检查应急照明、轿厢按钮、开关 检查面板和天花板的固定状态

表 A.2（续）

项　　目	要　　求
安全钳/棘爪/夹紧装置	检查活动件是否自由运动及其磨损状态 检查润滑状态 检查固定状态 检验工作状态 检查开关状态
悬挂绳/链	检查磨损、断丝、拉伸和张力等状态 检查润滑(如果有)状态
悬挂绳/链端部	检查损伤和磨损状态 检查固定状态
层站出入口	检查层门锁、闭合触点的工作状态 检查层门是否能无阻碍地开门和关门 检查层门的导向装置 检查层门间隙 检查钢丝绳、链条或皮带(如果有)是否完整 检查紧急开锁装置 检查润滑状态
轿门	检查轿门的闭合触点或锁紧装置(如果有) 检查轿门是否能无阻碍地开门和关门 检查轿门的导向装置 检查轿门间隙 检查钢丝绳或链条(如果有)是否完整 检查门保护装置 检查润滑状态
平层	检查层站处的平层准确度
极限开关	检查工作状态
电机运行时间限制器	检查工作状态
电气安全装置	检查工作状态 检查电气安全回路 检查是否安装正确的熔断器
紧急报警装置	检查工作状态
层站控制和指示器	检查工作状态
井道照明	检查工作状态
防沉降装置	检查工作状态
截止阀、单向节流阀	检查工作状态
溢流阀	检查工作状态
手动下降阀	检查工作状态
手动泵	检查工作状态
软管/管道系统	检查是否受损和泄漏

表 A.3 自动扶梯和自动人行道

项　目	要　求
所有零部件	检查是否清洁、无腐蚀
控制装置	检查控制屏/柜是否清洁、干燥 检查控制屏/柜内接线端子、接插件等是否松动、是否可靠
减速箱	检查齿轮和相关零件 检查润滑状态
驱动电机	检查轴承是否有异常噪声和(或)振动 检查润滑状态
制动器	检查制动系统 检查零件磨损状态
辅助制动器	检查制动系统 检查零件磨损状态
中间减速器	检查齿轮和相关零件 检查润滑状态
主驱动链	检查张力和磨损状态 检查润滑状态
梯级/踏板链条	检查张力和磨损状态 检查润滑状态
梯级/踏板	检查梯级/踏板和梯级/踏板轮是否完整
胶带	检查其状态和张力
驱动带	检查其状态和张力
间隙	检查梯级与梯级的间隙和梯级与围裙板的间隙
梳齿	检查工作状态 检查与梯级、踏板或胶带的间隙
梳齿板	检查间隙与工作状态
扶手带	检查是否运转平稳及工作状态 检查张紧状态 检查梯级/踏板、胶带与扶手之间的同步状态
导向系统	检查其状态和磨损 检查固定状态
安全装置	检查工作状态
防夹装置	检查工作状态
照明	检查工作状态
显示	检查工作状态
标志/图示	检查状态
扶手装置	检查护板状态 检查固定件状态

附 录 B
（资料性附录）
维护工作中风险评价时所考虑的要素示例

表 B.1 电梯

要 素	维护区					
	轿厢	机器设备空间	滑轮空间	电梯外区域[a]	底坑	轿顶
进出方式不适合（梯子不安全、无扶手、不合适的活板门、轿顶有阻挡物等）。		×	×	×	×	×
未经准许擅自进入		×	×	×	×	×
照明不足（包括通道）	×	×	×	×	×	×
地面不平整（坑洞、凸台）	×	×	×	×	×	×
地面易滑倒	×	×	×	×	×	×
地面强度	×	×	×	×	×	×
尺寸不合适（通道、维护地点）	×	×	×	×	×	×
轿厢位置识别	×	×				
与电气部件的间接接触	×	×	×	×	×	×
开关		×	×	×	×	×
与活动件的接触（钢丝绳、滑轮）		×	×	×	×	×
意外动作	×	×	×	×	×	×
被活动件挤压（轿厢、对重、平衡重、液压缸、其他电梯）		×	×	×	×	×
轿厢和电梯井道壁之间的间隙		×	×			×
同一区域内有多台电梯		×	×	×	×	×
架空横梁和滑轮		×	×	×	×	×
躲避空间		×	×		×	×
检修运行		×	×	×	×	×
多名维护人员工作		×	×	×	×	×
缺乏通信工具	×	×	×	×	×	×
通风和温度对人员的影响	×	×	×	×	×	×
意外的水/污垢	×	×	×	×	×	×
危险物	×	×	×	×	×	×
坠落物体	×	×	×	×	×	×
被困	×	×	×	×	×	×
救援作业方法和控制	×	×	×	×	×	×
火情	×	×	×	×	×	×
注：×表示相关。						
[a] 电梯外区域是指：对电梯外部设备、电梯外围以及从外部对井道、机器设备或滑轮空间内的设备进行维护工作的区域。						

表 B.2 自动扶梯和自动人行道

要素	维护区					
	机器设备空间	梯级/踏板、胶带载客空间	梯级/踏板、胶带的载客和返回分支之间	上/下前沿板	控制柜	机房（外部驱动）
通道和入口	×	×	×	×	×	×
照明不足(包括通道)	×	×	×	×	×	×
坠落/滑动	×	×	×	×	×	×
在自动扶梯/自动人行道上跌倒		×		×		
翻越扶手装置跌落		×		×		
与运动的机械设备接触	×	×	×	×	×	×
与电气部件的间接接触	×	×	×	×	×	×
挤压和剪切(梯级/踏板之间、梯级/踏板与梳齿或梯级/踏板与围裙板)	×	×	×			
扶手装置间隙		×				
楼板和(或)自动扶梯之间的交叉点		×				
梯级/踏板/胶带上的人员		×		×		
安全开关和紧急停止装置	×	×	×	×	×	×
检修控制	×	×	×	×	×	×
固定件和活动件之间的相对运动		×				
意外启动/停止	×	×	×	×	×	×
设备运行(在无电源情况下)	×	×	×	×	×	×
多名维护人员工作	×	×	×	×	×	×
手动启动/停止	×		×	×	×	×
坠落物体	×	×	×	×		×
意外的水/污垢	×	×	×	×	×	×
油脂污染	×	×	×	×		×
危险物	×	×	×	×	×	×
火情	×		×		×	×
梯级/踏板缺失	×	×	×	×		

注：×表示相关。

参考文献

[1] GB/T 24476—2009 电梯、自动扶梯和自动人行道数据监视和记录规范(EN 627:1995,IDT).

ICS 17.040.20
J 04

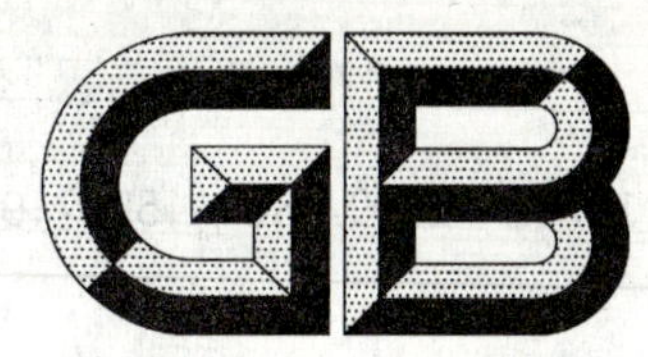

中华人民共和国国家标准

GB/T 18777—2009/ISO 11562:1996
代替 GB/T 18777—2002

产品几何技术规范(GPS) 表面结构 轮廓法 相位修正滤波器的计量特性

Geometrical Product Specifications (GPS)—Surface texture: Profile method—Metrological characteristics of phase correct filters

(ISO 11562:1996,IDT)

2009-11-15 发布 2010-09-01 实施

中华人民共和国国家质量监督检验检疫总局
中国国家标准化管理委员会 发布

前　言

本标准等同采用 ISO 11562:1996《产品几何技术规范(GPS)　表面结构　轮廓法　相位修正滤波器的计量特性》(英文版)。

本标准等同翻译 ISO 11562:1996。

为了便于使用,本标准做了如下编辑性修改:

——"本国际标准"一词改为"本标准";

——删除国际标准的前言和引言;

——本标准范围中增加了说明:"本标准适用于表面结构相位修正滤波器的计量特性"。

本标准代替 GB/T 18777—2002《产品几何技术规范(GPS)　表面结构　轮廓法　相位修正滤波器的计量特性》。

本标准与 GB/T 18777—2002 的主要差异为:

——第 2 章术语和定义的编写格式进行了改写;

——附录 B 的文字和图 B.1 进行了重新编写,与国际、国内相关标准取得了一致;

——增加了附录 C,与国际标准取得了一致。

本标准的附录 A、附录 B 为资料性附录。

本标准由全国产品尺寸和几何技术规范标准化技术委员会提出并归口。

本标准主要起草单位:中机生产力促进中心、哈尔滨量具刃具集团有限责任公司、中国计量科学研究院、北京市计量科学研究院。

本标准主要起草人:王欣玲、王忠滨、郎岩梅、高思田、吴迅、邓高见。

本标准所代替标准的历次版本发布情况为:

——GB/T 18777—2002。

产品几何技术规范(GPS) 表面结构 轮廓法 相位修正滤波器的计量特性

1 范围

本标准规定了用于表面轮廓测量的相位修正滤波器的计量特性。

本标准还特别规定了如何分离表面轮廓中的长波和短波成分。

本标准适用于表面结构相位修正滤波器的计量特性。

2 术语和定义

下列术语和定义适用于本标准。

2.1

轮廓滤波器 profile filter

将轮廓分离成长波和短波成分的滤波器。

2.1.1

相位修正轮廓滤波器 phase correct profile filter

不产生导致非对称轮廓变形的相位移的轮廓滤波器。

2.2

相位修正滤波器中线(中线) phase correct filter mean line (mean line)

由相邻点的加权平均值确定的轮廓上所有点的长波轮廓成分。

2.3

滤波器的传输特性 transmission characteristic of a filter

表明正弦轮廓的幅值随其波长的变化而衰减的特性。

2.4

加权函数 weighting function

用于计算轮廓上每一点由其相邻点加权所形成中线的函数。

注:中线的传输特性是加权函数的傅立叶变换。

2.5

相位修正滤波器的截止波长 cut-off wavelength of the phase correct filter

正弦轮廓通过轮廓滤波器时其幅值衰减50%所对应的波长。

注:轮廓滤波器由其截止波长值来标识。

2.6

轮廓传输带 transmission band for profiles

当两个不同截止波长的相位修正滤波器应用到轮廓上时,幅值传输超过50%以上的正弦轮廓波长的范围。

注:短截止波长的轮廓滤波器保留长波轮廓成分,长截止波长的轮廓滤波器保留短波轮廓成分。

2.7

截止比 cut-off ratio

一个给定传输带的长波截止波长与短波截止波长之比。

3 相位修正轮廓滤波器的特性

3.1 相位修正轮廓滤波器的加权函数

符合高斯密度分布的相位修正滤波器加权函数(见图1)如式(1)：

$$s(x)=\frac{1}{\alpha\lambda_{co}}e^{-\pi\left[\frac{x}{\alpha\lambda_{co}}\right]^2} \quad \cdots\cdots(1)$$

式中：

x——相对加权函数中心的位置；

λ_{co}——轮廓滤波器的截止波长(co是cut-off的缩写)；

$\alpha=\sqrt{\frac{\ln 2}{\pi}}=0.469\ 7$。

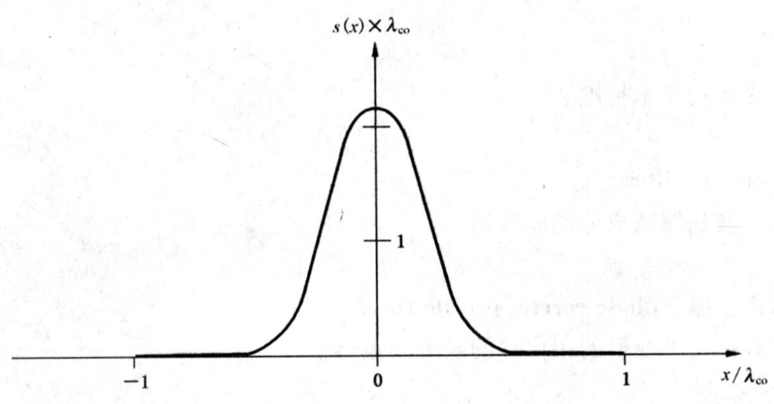

图1 轮廓滤波器的加权函数

3.2 传输特性

3.2.1 长波轮廓成分的传输特性(中线)

滤波器的特性(见图2)是加权函数经傅立叶变换确定的。中线的滤波特性符合式(2)：

$$\frac{a_1}{a_0}=e^{-\pi\left[\frac{\alpha\lambda_{co}}{\lambda}\right]^2} \quad \cdots\cdots(2)$$

式中：

a_0——滤波前正弦波粗糙度轮廓的幅值；

a_1——滤波后这个正弦轮廓的幅值；

λ_{co}——轮廓滤波器的截止波长；

λ——正弦轮廓的波长。

3.2.2 短波轮廓成分的传输特性

短波轮廓成分的传输特性(见图3)与长波轮廓成分的传输特性是互补的。

短波轮廓成分是表面轮廓和长波轮廓成分之差，它是截止波长λ_{co}的函数，如式(3)：

$$\frac{a_2}{a_0}=1-e^{-\pi\left[\frac{\alpha\lambda_{co}}{\lambda}\right]^2};\ \frac{a_2}{a_0}=1-\frac{a_1}{a_0} \quad \cdots\cdots(3)$$

式中：

a_2——滤波后正弦波粗糙度轮廓的幅值。

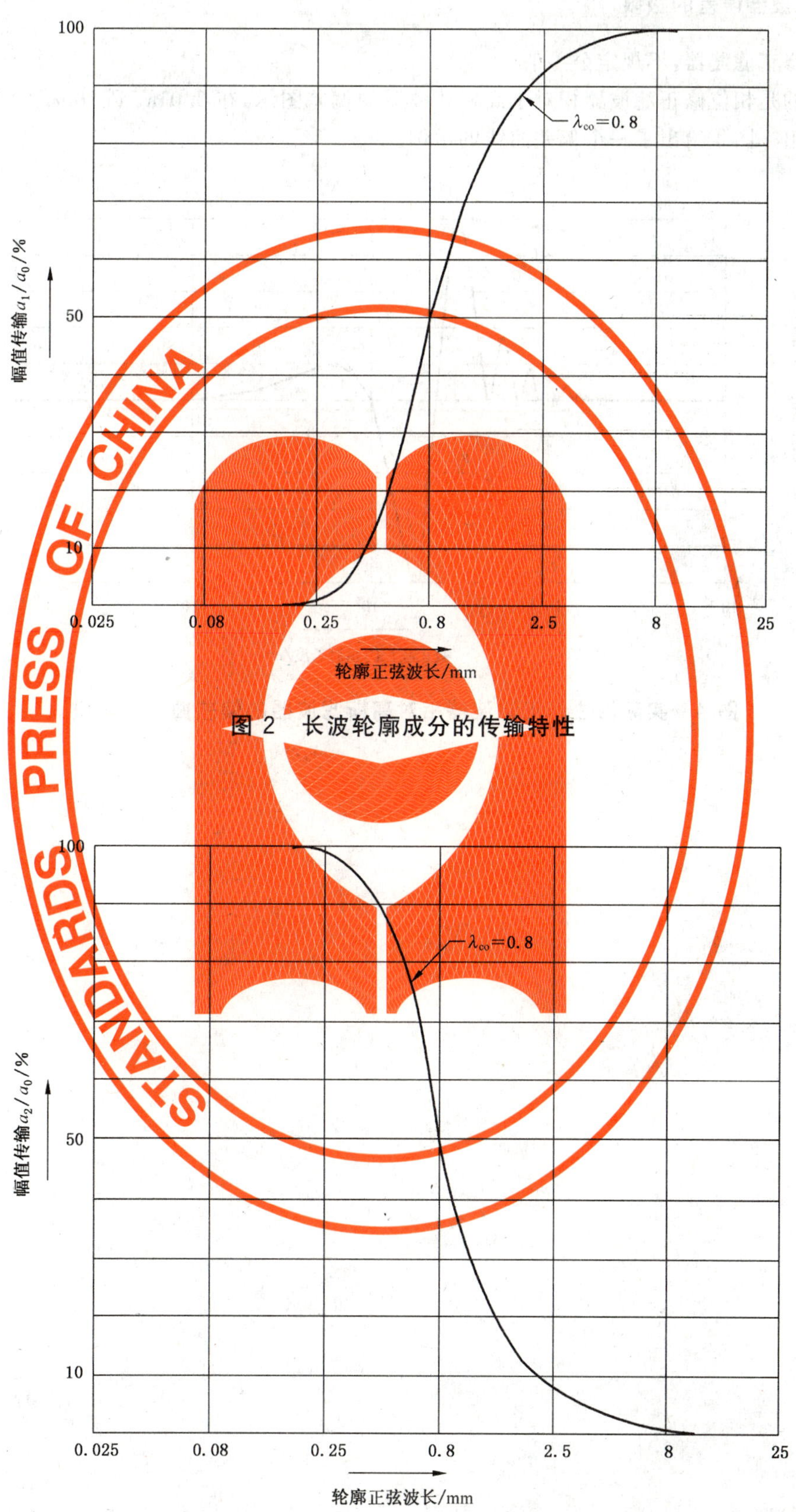

图 2　长波轮廓成分的传输特性

图 3　短波轮廓成分的传输特性

4 相位修正滤波器误差的极限

对于相位修正滤波器,不规定公差值。

代替公差的是相位修正滤波器相对于高斯滤波器的偏差图示,在 0.01λ_{co}到 100λ_{co}的全部波长范围内以百分值给出。图 4 给出了一个偏差曲线的示例。

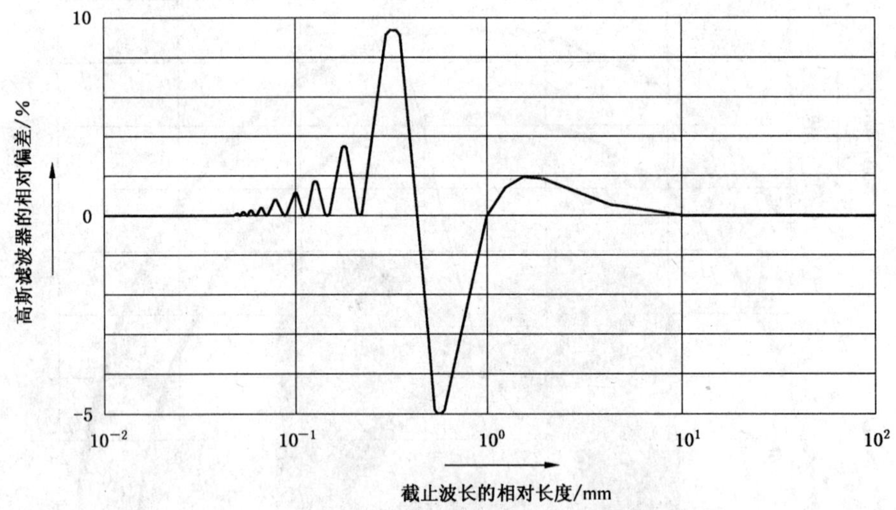

图 4 实际相位修正滤波器相对高斯滤波器的偏差曲线的示例

附 录 A
（资料性附录）
选择相位修正滤波器的准则

在本标准制定的过程中拟定了以下准则：

a） 空间和频率特性是同等重要的。加权函数振荡的影响，随着多种处理技术的出现变得越来越重要，新的仪器应要考虑这个影响；

b） 滤波轮廓即使很接近截止波长也不再有因相位移引起的变形，使得滤波后的短波轮廓成分看起来可能像原始轮廓上的短波成分；

c） 使截止波长附近的轮廓支承长度率和峰高这类参数的测量变得更准确；

d） 在短波和长波轮廓成分传输特性之间存在一个互补关系，因此两个特性应符合：
——相位修正性能；
——在截止波长处的幅值传输为50%；

e） 对于数字系统，相位修正滤波器将通过使用高斯近似方法来实现；

f） 如果允许误差是已知的，无论从标定还是应用的角度看它都应是有意义的。通过给出单纯允许误差的方法来实现是不可能的。因此，仪器制造商应提供一个正文第4章中给出实际滤波器的图示说明；

g） 为了获得与2RC滤波器可比较的结果，新滤波器应和现有的国家标准中定义的2RC滤波器并存。

附　录　B
（资料性附录）
在GPS矩阵模型中的位置

GPS矩阵模型参见GB/Z 20308—2006。

B.1　本标准的信息及其应用

本标准规定用于表面轮廓测量的相位修正滤波器的计量特性。它特别指出如何分离表面轮廓中的长波和短波成分。

B.2　本标准在GPS矩阵模型中的位置

本标准是GPS通用标准，它影响GPS通用标准矩阵中与基准无关的线的形状、与基准有关的线的形状、粗糙度轮廓、波纹度轮廓和原始轮廓标准链的链环2和链环3，如图B.1所示。

GPS综合标准

GPS基础标准

GPS通用标准						
链环号	1	2	3	4	5	6
尺寸						
距离						
半径						
角度						
与基准无关的线形状						
与基准相关的线形状						
与基准无关的面形状						
与基准相关的面形状						
方向						
位置						
圆跳动						
全跳动						
基准						
粗糙度轮廓						
波纹度轮廓						
原始轮廓						
表面缺陷						
棱边						

图B.1

B.3　相关的标准

相关的标准为图B.1所示标准链涉及的标准。

参 考 文 献

[1] GB/Z 20308—2006 产品几何技术规范(GPS) 总体规划

[2] VIM:1993 计量学国际通用基础术语(BIPM、IFCC、IEC、ISO、IUPAC、IUPAP、OIML,1993年第二版)

ICS 17.040.01
J 04

中华人民共和国国家标准

GB/T 18779.3—2009/ISO/TS 14253-3:2002

产品几何技术规范(GPS) 工件与测量设备的测量检验 第3部分:关于对测量不确定度的表述达成共识的指南

Geometrical Product Specifications (GPS)—Inspection by measurement of workpieces and measuring equipment—Part 3:Guidelines for achieving agreements on measurement uncertainty statements

(ISO/TS 14253-3:2002,IDT)

2009-03-16 发布

2009-11-01 实施

中华人民共和国国家质量监督检验检疫总局
中国国家标准化管理委员会 发布

前　言

GB/T 18779《产品几何技术规范(GPS)　工件与测量设备的测量检验》分为以下四部分：

——第 1 部分：按规范检验合格或不合格的判定规则；

——第 2 部分：测量设备校准和产品检验中 GPS 测量的不确定度评定指南；

——第 3 部分：关于对测量不确定度的表述达成共识的指南；

——第 4 部分：有关判定规则的结果和 PUMA 方法的信息。

本部分为 GB/T 18779 的第 3 部分。

本部分等同采用 ISO/TS 14253-3:2002《产品几何量技术规范(GPS)　工件与测量设备的测量检验　第 3 部分：关于对测量不确定度表述达成共识的指南》(英文版)。

为便于使用，本部分做了下列编辑性修改：

——“本部分国际标准”一词改为“本部分”；

——在第 2 章“规范性引用文件”中将已转化为国家标准的 ISO 标准给出一致性程度标识；

——删除了国际标准的前言；

——增加了国家标准的前言；

——将国际标准表述改为适用于国家标准的表述。

本部分的附录 A 为资料性附录。本部分在 GPS 体系中的位置在附录 A 中说明。

本部分由全国产品尺寸和几何技术规范标准化技术委员会提出并归口。

本部分起草单位：中机生产力促进中心、郑州大学、北京市计量检测科学研究院。

本部分主要起草人：李晓沛、张琳娜、倪育才、吴迅、陈景玉。

产品几何技术规范(GPS) 工件与测量设备的测量检验 第3部分:关于对测量不确定度的表述达成共识的指南

1 范围

GB/T 18779的本部分给出了关于测量不确定度的表述达成协议的方法和详细说明的程序,以帮助供、需双方解决依据GB 18779.1—2002判定合格与否时,解决由测量不确定度引起的争议,从而避免高额昂贵的争论。

2 规范性引用文件

下列文件中的条款通过GB/T 18779的本部分的引用而成为本部分的条款。凡是注日期的引用文件,其随后所有的修改单(不包括勘误的内容)或修订版均不适用于本部分,然而,鼓励根据本部分达成协议的各方研究是否可使用这些文件的最新版本。凡是不注日期的引用文件,其最新版本适用于本部分。

GB/T 18779.1—2002 产品几何量技术规范(GPS) 工件与测量设备的测量检验 第1部分:按规范检验合格或不合格的判定规则(eqv ISO 14253-1:1998)

GB/T 18779.2—2004 产品几何量技术规范(GPS) 工件与测量设备的测量检验 第2部分:测量设备校准和产品检验中GPS测量的不确定度评定指南(ISO/TS 14253-2:1999,IDT)

GB/Z 20308—2006 产品几何技术规范(GPS) 总体规划(ISO/TR 14638:1995,MOD)

JJF 1001—1998 通用计量术语及定义[国际计量学通用基础术语(VIM)BIPM,IEC,IFCC,ISO,IUPAC,IUPAP,OIML,第2版,1993]

JJF 1059—1999 测量不确定度评定与表示指南

ISO 14978:2006 几何产品技术规范(GPS) GPS测量设备的基本概念和要求[Geometrical Product Specifications(GPS)—General concepts and requirements for GPS measuring equipment]

ISO/TS 17450-1:2005 几何产品技术规范(GPS) 通用概念 第1部分:几何规范和验证的模式[Geometrical Product Specifications (GPS)—General concepts—Part 1: Model for geometric specification and verification]

ISO/TS 17450-2:2002 几何产品技术规范(GPS) 通用概念 第2部分:基本原则、规范、操作集和不确定度[Geometrical Product Specifications (GPS)—General concepts—Part 2: Basic tenets, specifications, operators and uncertainties]

3 术语和定义

GB/T 18779.1—2002、GB/T 18779.2—2004、JJF 1001—1998、JJF 1059—1999、ISO 14978:2006、ISO/TS 17450-1:2005、ISO/TS 17450-2:2002确立的以及下列术语和定义适用于GB/T 18779的本部分。

3.1

操作集 operator

操作算子 operator

一组有序的操作。

注：为获得产品的功能要求的完整描述、几何特征规范值(公差等)或特征值(实际偏差等)而使用的一组有序操作的集合。操作集也可称为操作算子。

3.2

规范操作集 specification operator

一组有序的规范操作。

注1：规范操作集是根据GPS标准，在产品技术文件中规定的GPS规范的完整、综合描述。

注2：规范操作集可能是不完整的，在这种情况下，会导致规范不确定度。

注3：例如规范操作集定义圆柱直径，它并不定义通用概念上的直径，而是定义特定的直径(两点直径、最小外接圆直径、最大内切圆直径、最小二乘圆直径等)。

注4：规范操作集与功能操作集之间的差异会导致相关不确定度。

3.3

检验操作集 verification operator

一组有序的检验操作。

注1：检验操作集是规范操作集的计量学仿真，是测量程序的基础。

注2：检验操作集可能不是给定的规范操作集的理想模拟，在这种情况下，两者之间的差异会导致不确定度产生，该不确定度属于测量不确定度的一部分。

3.4

实际规范操作集 actual specification operator

由实际的产品技术文件给出的实际规范得到的规范操作集。

注1：由实际规范操作集所确定的规范设计结果可能是明确的，也可能是不明确的。

注2：实际规范操作集既可能是完整的规范操作集，也可能是不完整的规范操作集。

注3：一个实际规范操作集可能是特定规范操作集，也可能是缺省规范操作集。

3.5

实际检验操作集 actual verification operator

一组有序的实际检验操作。

注：可能所选定的实际检验操作集与理想检验操作集不同。两者之间的差异会引起测量不确定度(即：方法不确定度与执行不确定度之和)。

3.6

理想检验操作集 perfect verification operator

按规定顺序组合的完整的一组理想检验操作的检验操作集。

注1：理想检验操作集唯一的测量不确定度分量是由操作集所用测量仪器的计量特性偏差引起的。

注2：校准的目的通常是为获取由测量仪器产生的测量不确定度的值。

3.7

规范不确定度 specification uncertainty

用于实际工件(要素)的实际规范操作集内在的不确定度。

注1：规范不确定度与测量不确定度性质相同，它可能是不确定度概算的一部分。

注2：规范不确定度量化了规范操作集的不确定性。

注3：GB/T 18779本部分中，规范不确定度被认为是符合不确定度的一部分。

注4：规范不确定度是与实际规范操作集有关的特性。

注5：规范不确定度的大小也取决于工件预期的或实际的几何特性偏差(形状或角度偏差)。

3.8

简化检验操作集　simplified verification operator

包含一个或多个简化检验操作，或偏离预定的排列顺序，或皆而有之的检验操作集。

注1：在操作集执行过程中，除了计量特性偏差引起的测量不确定度贡献因素外，简化检验操作集、操作顺序的偏离或二者一起也会引起测量不确定度贡献因素。

注2：这些不确定度分量的数值与实际工件的几何特征(形状和角度的偏差)有关。

3.9

测量任务　measuring task

根据定义对被测量的定量确定。

[GB/T 18779.2—2004 定义 3.3]

3.10

基本测量任务　basic measurement task

作为评估工件或测量设备更复杂特征量之基础的(一个或多个)测量任务。

[GB/T 18779.2—2004 定义 3.4]

3.11

总体测量任务　overall measurement task

复杂的测量任务，被测量之值以若干可能不同的基本测量为基础而确定的。

[GB/T 18779.2—2004 定义 3.5]

3.12

测量　measurement

以确定量值为目的的一组操作。

注：由于本部分的目的，术语“测量过程”作为测量的同义词使用。

3.13

基本测量过程(基本测量)　basic measuring process (basic measurement)

单独的测量过程或与其他同类测量过程一起，构成更综合的 GPS 特征的测量或评估的基础。

3.14

总体测量过程(总体测量)　overall measuring process (overall measurement)

由若干可能不同的基本测量过程组成的综合测量过程。

3.15

与任务相关的校准　task-related calibration

仅针对预期应用中影响测量不确定度的计量特性的校准。

注1：与工作任务相关的校准通常只包括对在预期应用中对测量不确定度有主要影响的那些计量特性的校准。

注2：执行相关任务校准时可用其他的比综合校准更经济的程序；它也可被设计用于特定的校准方案(量值和条件)的优化。

[ISO 14978:2006 定义 3.11]

4　在给定的扩展不确定度上达成协议

4.1　关于给定测量不确定度的早期协议

客户或供方中的任一方如对另一方提供的测量不确定度产生质疑时，就必须要有一个支持和证明该测量不确定度的不确定度概算。这个证明不确定度评定中的各个分量和扩展不确定度评估结果合理性的不确定度概算应由测量不确定度的提出方准备。

理想情况下，客户和供方应在讨论工件的产品规范的预签约阶段同时讨论其测量不确定度。在签订合同之前就测量不确定度的大小和它的使用规则取得共识，可以避免以后在接收或拒收产品时的纠纷，避免以后应用 GB/T 18779.1 中给出的缺省规则判定产品合格时的纠纷。

注：一个工件多数情况下都具有几个规定的 GPS 特性，对每一个规定的 GPS 特性，一定有一个带有相应测量不确定度的测量任务。

由于学识、经验和假设的不同，不同的人可能会给出不同的不确定度。在签订合同之前解决这些差异，多半会减少在生产或交货阶段因产品的接收或拒收产生的争论，以及由此引起的代价昂贵的等待。

4.2 解决给定测量不确定度的争议的可能性

取得共识的最基本的方法是同意从双方的测量不确定度报告中选定一个。如果这种解决方式不合适，另一种方案是采用第 5 章中给出的更精细的程序，或向第三方咨询和(或)由第三方来评定测量不确定度。

GB/T 18779.1—2002 中的第 6 章给出了按规范检验合格或不合格时处理测量不确定度的具体规则：

——供方按规范检验合格(GB/T 18779.1—2002 中 6.2)；

——客户按规范检验不合格(GB/T 18779.1—2002 中 6.3)。

测量不确定度的大小非常重要，因为它将使规范区减小(当供方证明合格时)或增加(当客户方证明不合格时)。

根据 GB/T 18779.1，测量不确定度由按规范检验合格或不合格的一方给定，例如确定测量值的一方。在本部分的以下条文中，确定测量不确定度的一方称为“甲方”，双方中另一方称为“乙方”，“乙方”多半是质疑或否定给定测量不确定度的一方。

注：当供方按技术规范进行合格检验时，供方是“甲方”，而客户是给出技术规范的“乙方”。当客户进行不合格检验时，客户是“甲方”并被认为是提供了规范的一方，因此供方是“乙方”。

当“甲方”给定的测量不确定度被“乙方”质疑时，有许多种协调程序可以采用，图 1 给出了一种最常用的协调程序。具体内容如下：

a) 测量不确定度由“甲方”给定(框 a)。

b) “乙方”有两种选择 (框 b)。

 1) 如果“乙方”同意这个测量不确定度表述(框 b“是”)，双方结论一致，协议达成(框 z)。

 注：测量不确定度表述可以是一个没有任何依据的简单值，或者是依据 GB/T 18779.2 产生的扩展不确定度的不确定度概算。

 2) 如果“乙方”不同意这个测量不确定度表述(框 b“否”)，则可应用本部分。

c) 双方可利用第三方解决不一致。

 1) 如果利用第三方(框 c“是”)，第三方将评估不确定度概算(框 v)。协议达成(框 z)。

 2) 如果不利用第三方(框 c“否”)，双方按程序继续(框 d)。

d) “甲方”根据 GB/T 18779.2 可能形成一个不确定度概算，也可能没有形成确定度概算(框 d)。

 1) 如果甲方的不确定度概算不存在，则有两种选择(框 d“否”)。

 ——双方同意根据决议而不需更多的支持文件来达成一种“新的”测量不确定度表述(框 e“是”)，在这种情况下，“甲方”应根据协议修改不确定性表述(框 f)，则协议达成(框 z)。

 ——“乙方”向“甲方”索要不确定度概算(框 e“否”)。则“甲方”有两种选择。

  i) 利用第三方(框 g“是”)。第三方将进行不确定度概算(框 v)。协议达成(框 z)。

  ii) 不利用第三方(框 g“否”)。“甲方”将根据 GB/T 18779.2 (框 j)中给出的指南形成一个不确定概算(框 h)。当甲方给出一个不确定度概算后，程序回归起点重新开始(框 a)。

 2) 如果不确定度概算存在(框 d“是”)，则进行到下一选项。

e) 此时“甲方”可抉择是否将其不确定度概算告知“乙方”(框 k)。

 1) 如果不确定度概算存在，但是只有测量不确定度被告知“乙方”(框 k“否”)。“甲方”还应告知“乙方”不确定度概算和相关文件(框 m)。则程序回归起点重新开始(框 a)。

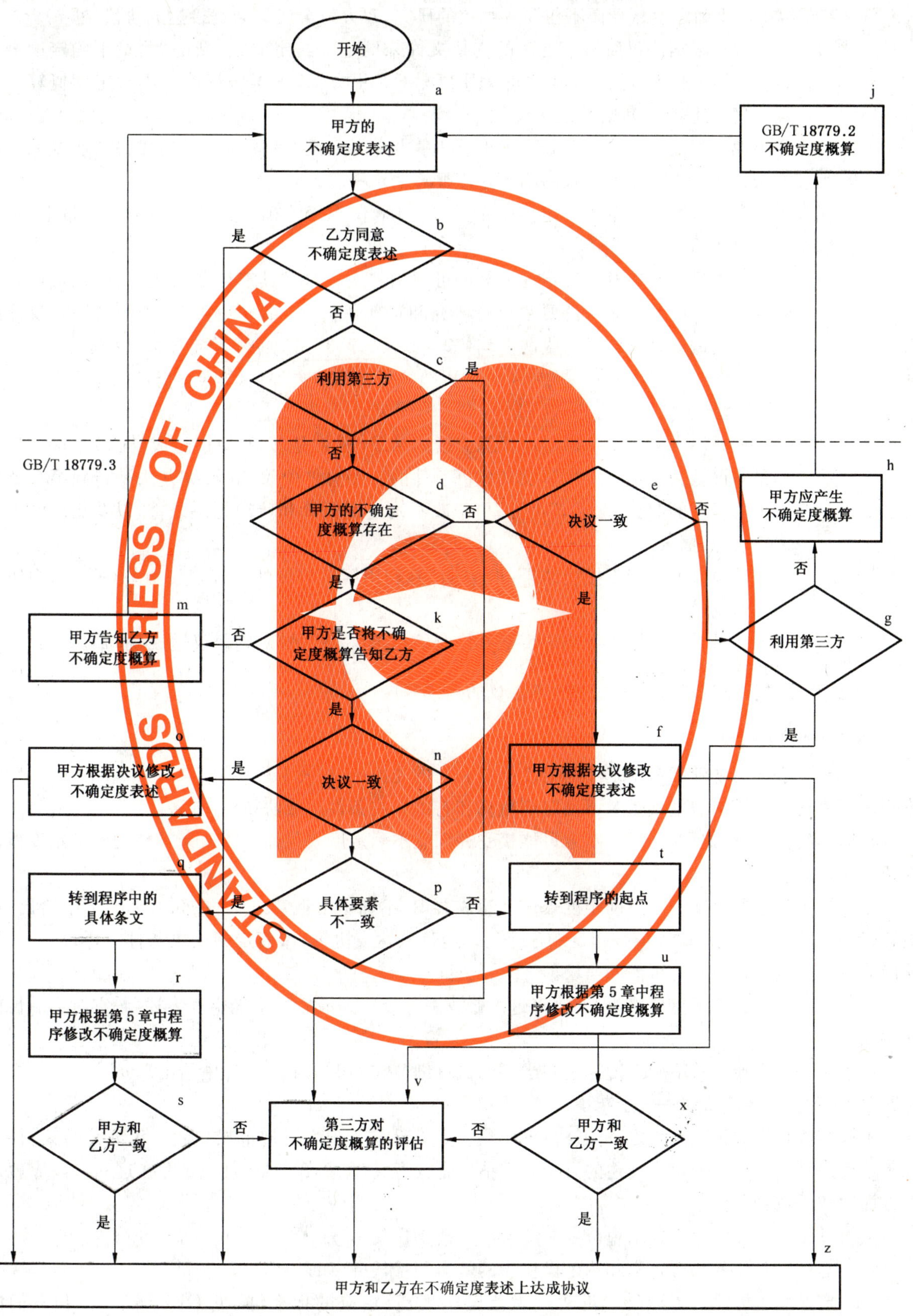

图 1　在不确定度表述上达成协议的程序

2) 如果不确定度概算被告知“乙方”，则出现以下情况(框 k“是”)。

f) 基于给出的不确定度概算而不作深入细致的研究，双方将会或不会直接达成协议(框 n)。

1) 双方可以根据决议而不需更多的支持文件来约定一给定的或“新的”测量不确定度表述(框 n“是”)。在“新的”不确定度表述情况下，“甲方”将根据协议改变不确定度概算和不确定度表述(框 o)，则协议达成(框 z)。

2) 如果双方不能在给出的不确定度概算上直接达成一致(框 n“否”)，达成一致所要采用的方法将取决于他们不一致的不确定度概算的水平。

g) 现有不确定度概算或测量不确定度值的争议，可能仅限于不确定度概算的特定分量上，也可能是一个总体的争议(框 p)。

1) 如果这种争议只涉及不确定度概算的可识别特定分量及其产生的先决条件，则可以直接对第 5 章中所述程序中的要素进行研究和重新评估(框 q)，“甲方”应根据共同协议修改不确定度概算或先决条件或两者均修改，以及修改其相应的不确定度表述(框 r)。

——其中一方可能不接受结果(框 s“否”)。凭借第三方评估(框 v)，仍可能有适当的解决办法，由此达成协议(框 z)。

——如果双方都接受不确定度概算修改的结果(框 s“是”)，则协议达成(框 z)。

2) 如果争议是关于不确定概算及其先决条件的一个总体争议，其解决办法是转到第 5 章中给出的程序的起点(框 t)，“甲方”应修改不确定度概算和(或)先决条件，以及相应的不确定度表述(框 u)。

——其中一方可能不接受结果(框 x“否”)，利用第三方评估不确定度概算(框 v)，则协议达成(框 z)。

——如果双方都接受不确定度概算修改的结果(框 x“是”)，则协议达成(框 z)。

5 对不确定度进行评估及对其表述及达成协议的后续程序

5.1 概述

不确定度表述的基础和依据是不确定度概算和它的先决条件(见 GB/T 18779.2—2004 中 9.2)，对不确定度表述达成协议的基础是对不确定度概算和它的先决条件达成协议。

在简单的情况下，如果有经验，双方可能接受并同意不确定度表述而不需关于具体的不确定度概算的证明文件。

为了在更复杂的情况下在不确定度表述上达成共识，不确定度概算过程(在 5.2～5.12 中给出)中概算(见图 2 中 1～11)的顺序应按指定顺序进行。应逐条达成协议，像商定的先决条件一样，从一开始就确立不确定度的证明和有可能的争议。

如果在某一阶段作了重要修改，就要将这一修改一直应用到最后的不确定度表述，看它对产品性能和协议的影响。

以下子条款中涉及的不确定度评定和必要的概算细节在 GB/T 18779.2 中给出。

5.2 关于测量任务的协议——规范操作集(被测量)

不确定度概算的先决条件之一是规范操作集。如果没有关于实际规范操作集的定义和协议，任何关于不确定度概算和不确定度表述的讨论或评估都毫无意义(见图 2 中框 1)。双方在这一阶段应就以下方面达成一致：

——基于产品文件中的技术规范定义的实际规范操作集；

——总体测量任务和符合实际规范操作集的基本测量任务(如果必要)；

——定义图纸标注的 GPS 标准(实际规范操作集)及相应的标准链(见 GB/Z 20308)和它们的内容；

——可能影响规范不确定度和测量不确定度的测量对象(工件或测量设备)的不完善性。

实际规范操作集的结果可成为商定测量不确定度评估过程后一阶段的基础(见图2)。

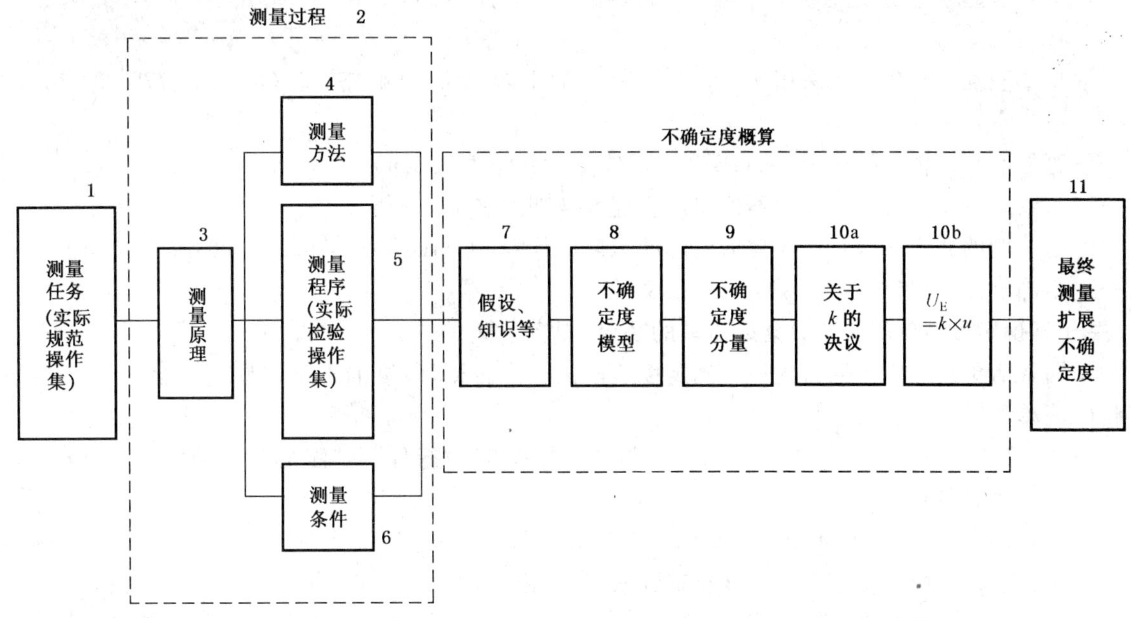

图2 从测量任务(实际规范操作集)到给定不确定度的过程

5.3 关于实际检验操作集可接受性的协议(GB/T 18779.2—2004中9.2和9.3)

不确定度概算的先决条件之二是根据实际规范操作集选择实际检验操作集。

如果没有关于检验操作集的定义和协议,任何关于不确定度概算和不确定度表述的讨论或评估都毫无意义(见图2中框3～6)。基于商定的实际规范操作集,可以在检验操作集的详细定义上达成协议。

双方在这一阶段应就以下方面达成协议:

——即将实施的总体和基本测量过程(见图2框3～6及GB/T 18779.2—2004中9.2和9.3);

——测量原理(见图2框3及GB/T 18779.2—2004中9.2和9.3);

——测量方法(见图2框4及GB/T 18779.2—2004中9.2和9.3);

——测量程序,包括测量设备的选择(见图2框5及GB/T 18779.2—2004中9.2和9.3);

——说明或程序文件中的必要细节;

——划分、提取、过滤、拟合、集成、构造和估值(见ISO/TS 17450-1:2005中第8章和附录C);

——工件测量设备(或测量设备组)的识别;

——测量条件已列入文件(见图2框6)。

实际检验操作集的结果应列入文件,以作为商定的不确定度评估过程随后阶段的基础。

在双方确立形成不确定度概算、要求和测量的基础上,后续阶段只计算或评估不确定度的影响因素。

5.4 关于假设的协议(图2中框7)

通常不需要把所有行为和条件列入文件,此时应该作多种假设。在这一阶段的协议应包括:

——补充假设的清单。如果有争议,则“甲方”和“乙方”的联合清单能帮助解决问题。

——对用于假设的文件是否足够的考虑。

——对简化检验操作集是否可用的考虑:关于如何解决相对于理想检验操作集的差异的方法的文件,是利用简化检验操作集、相关任务校准、或者二者同时采用。

5.5 关于不确定度模型的协议(图2中框8)

不确定度模型的选择非常重要,因为它必须反映实际检验操作集和有关条件的信息水平。这种协议应包括：

——黑箱模型或透明模型或半黑箱-半透明模型的选择(见 GB/T 18779.2—2004 中 8.4,8.5 和 8.6)；

——在拿不准的情况下,采用 PUMA 原理中的上界评估的策略(见 GB/T 18779.2—2004 中第 5 章)；

——可能的数学模型的确定(见 GB/T 18779.2—2004 中 9.3.4)；

——与双方协议有效期一致的不确定度表述有效期的确定；

——对可能的异常值以及由异常值引起的风险的检验(见 GB/T 18779.2—2004 中第 7 章)；

——不确定度模型确立所需说明及协议文件。

5.6 关于不确定度贡献因素或分量的清单的协议(图 2 中框 9)

贡献因素清单最少应包括占优势不确定度贡献因素。否则,最终的不确定度一定会太小。作为获得完整的清单和系统方法的工具,可用：

——GB/T 18779.2—2004 图 6 中的三个要素:“参考点”、“行程”和“测量点”(见 GB/T 18779.2—2004 中 9.1)；

——GB/T 18779.2—2004 中第 7 章的检查清单及图 3 和图 4；

——包含于列表中的规范不确定度贡献因素(如果相关)。

如果双方对此清单无争议,则按此清单中所列出的不确定度贡献因素进行不确定度概算。

如果有争议,则需再研究双方商定的清单以及清单中所未列出的重要贡献因素(与已有的重要贡献因素相关的更重要因素)。

5.7 关于可能修正的协议

当在不确定度概算中考虑到修正时,双方应商定：

——依据现有的文件和标准提供的修正值进行修正；

——不确定度概算中所用的修正程序与测量程序一致；

——修正本身的不确定度(即剩余不确定度分量)包含于不确定度概算中。

5.8 关于不确定度贡献因素大小的协议(图 2 中框 9)

在不确定度贡献因素或贡献的清单上达成完全一致后,必要的任务就是评估它们的大小。开始研究主要(重要)的贡献因素,检查每一个贡献因素对相应扩展不确定度的影响。

对每一个不确定度分量(GB/T 18779.2—2004 中第 8 章)研究并商定：

a) 有关单个分量所需或所作的修正和(或)详细假设；

b) 评定方法,A 类或 B 类(见 GB/T 18779.2—2004 中第 8 章)；

c) 对于不确定度分量大小的证明和争议(A 类评定的数据有效性和正确性；B 类评定的极限值和分布类型假设)(见 GB/T 18779.2—2004 中的 8.3 和附录 A～附录 C),应特别注意：

——用于不确定度表述的校准证书(MPE 的可溯源校准值)；

——校准记录；

——校准间隔；

——影响量及所用的物理方程式和常量；

——公式和计算。

5.9 关于贡献因素之间的相关性的协议(图 2 中框 10a)

不确定度贡献因素之间的未被确认的相关性会导致显著的低估或高估最终的扩展不确定度。因此关于可能的相关性及其性质的协议对于总体协议非常重要。应研究并商定不确定度贡献因素间可能的相关性(见 GB/T 18779.2—2004 中 8.6,8.7 和 9.3.7)。

如有拿不准,应用 GB/T 18779.2—2004 中的规则:相关系数只取 0,1 和 −1 三个数值,并采用评估其上限(PUMA)的策略(见 GB/T 18779.2—2004 中 8.6 和 8.7)。

5.10 关于合成规则的协议(GB/T 18779.2—2004 中 8.6,8.7 和 9.3.8)

检查合成标准不确定度的计算公式是否与双方同意的数学模型(见 5.6)和贡献因素之间的相关性(见 5.9)相符。

5.11 关于 *k* 值的协议——测量结果的分布、置信水准(GB/T 18779.2—2004 中 8.7 和 8.8)

通常用于不确定度概算的数据所包含的全部信息还不足以对对应于给定置信水准的包含因子 k 进行详细的讨论并确定其数值。根据 GB/T 18779.1—2002,如果没有任何理由表明测量结果接近于某种分布的话,应选择 k 等于 2。

在某些情况下,如果已知占优势的不确定度贡献因素的分布类型时,可以选择 k 不等于 2。

如果占优势的不确定度贡献因素的分布类型是:

——矩形,k 值 1.7～1.8,对应于 100%的置信水准;

——U 形,k 值 1.4～1.5,对应于 100%的置信水准。

对于某些分布来说,为达到 95%～100%的置信水准需要选择大于 2 的 k 值,例如三角分布。

如果在现有文件基础上不能达成改变 k 值的协议,则取 $k=2$。

5.12 关于扩展不确定度 *U* 的协议

关于从 5.3～5.11 过程中的所有阶段的协议可自动达成关于扩展不确定度 U 的评定值的协议。

附　录　A
（资料性附录）
在 GPS 矩阵模型中的位置

关于 GPS 矩阵模式的详细信息参见 GB/Z 20308。

A.1　本部分的信息及应用

本部分根据 GB/T 18779.1—2002，帮助客户和供应商为有争议的测量不确定度提供了表述上达成友善协议过程的指南。

A.2　在 GPS 矩阵模型中的位置

本部分是 GPS 综合标准，影响 GPS 通用标准矩阵中所有标准链环的链环 4，5 和 6，见图 A.1。

<table>
<tr><td rowspan="22">GPS 基础标准</td><td colspan="7">GPS 综合标准</td></tr>
<tr><td colspan="7">GPS 通用标准</td></tr>
<tr><td>要素几何特征\链环</td><td>1</td><td>2</td><td>3</td><td>4</td><td>5</td><td>6</td></tr>
<tr><td>尺寸</td><td></td><td></td><td></td><td></td><td></td><td></td></tr>
<tr><td>距离</td><td></td><td></td><td></td><td></td><td></td><td></td></tr>
<tr><td>半径</td><td></td><td></td><td></td><td></td><td></td><td></td></tr>
<tr><td>角度</td><td></td><td></td><td></td><td></td><td></td><td></td></tr>
<tr><td>与基准无关的线的形状</td><td></td><td></td><td></td><td></td><td></td><td></td></tr>
<tr><td>与基准有关的线的形状</td><td></td><td></td><td></td><td></td><td></td><td></td></tr>
<tr><td>与基准无关的面的形状</td><td></td><td></td><td></td><td></td><td></td><td></td></tr>
<tr><td>与基准有关的面的形状</td><td></td><td></td><td></td><td></td><td></td><td></td></tr>
<tr><td>方向</td><td></td><td></td><td></td><td></td><td></td><td></td></tr>
<tr><td>位置</td><td></td><td></td><td></td><td></td><td></td><td></td></tr>
<tr><td>圆跳动</td><td></td><td></td><td></td><td></td><td></td><td></td></tr>
<tr><td>全跳动</td><td></td><td></td><td></td><td></td><td></td><td></td></tr>
<tr><td>基准</td><td></td><td></td><td></td><td></td><td></td><td></td></tr>
<tr><td>轮廓粗糙度</td><td></td><td></td><td></td><td></td><td></td><td></td></tr>
<tr><td>轮廓波纹度</td><td></td><td></td><td></td><td></td><td></td><td></td></tr>
<tr><td>原始轮廓</td><td></td><td></td><td></td><td></td><td></td><td></td></tr>
<tr><td>表面缺陷</td><td></td><td></td><td></td><td></td><td></td><td></td></tr>
<tr><td>棱边</td><td></td><td></td><td></td><td></td><td></td><td></td></tr>
<tr><td colspan="7">GPS 补充标准</td></tr>
</table>

图 A.1　在 GPS 矩阵模型中的位置

A.3 相关的标准

相关的标准为图 A.1 所示标准链涉及的标准。

ICS 59.080.01
W 55

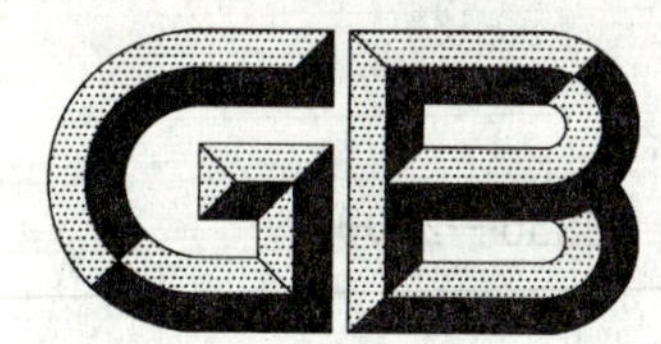

中华人民共和国国家标准

GB/T 18830—2009
代替 GB/T 18830—2002

纺织品　防紫外线性能的评定

Textiles—Evaluation for solar ultraviolet radiation protective properties

2009-06-11 发布　　2010-01-01 实施

中华人民共和国国家质量监督检验检疫总局
中国国家标准化管理委员会　发布

前　言

本标准代替 GB/T 18830—2002《纺织品　防紫外线性能的评定》。

本标准与 GB/T 18830—2002 的主要技术性差异为：

——对第 8 章“计算和结果的表达”进行了修改，增加式(4)、式(5)和式(6)；

——防紫外线产品的评定指标由“UPF＞30”改为“UPF＞40”。

本标准的附录 A 为规范性附录。

本标准由中国纺织工业协会提出。

本标准由全国纺织品标准化技术委员会基础标准分会(SAC/TC 209/SC 1)归口。

本标准主要起草单位：杭州天堂伞业集团有限公司、纺织工业标准化研究所。

本标准主要起草人：徐路、郑宇英、王奇伟、何玲君、赵纯圭。

本标准所代替标准的历次版本发布情况为：

——GB/T 18830—2002。

纺织品　防紫外线性能的评定

1　范围

本标准规定了纺织品的防日光紫外线性能的试验方法、防护水平的表示、评定和标识。

本标准适用于评定在规定条件下织物防护日光紫外线的性能。

2　规范性引用文件

下列文件中的条款通过本标准的引用而成为本标准的条款。凡是注日期的引用文件，其随后所有的修改单(不包括勘误的内容)或修订版均不适用于本标准，然而，鼓励根据本标准达成协议的各方研究是否可使用这些文件的最新版本。凡是不注日期的引用文件，其最新版本适用于本标准。

GB/T 6529　纺织品　调湿和试验用标准大气(GB/T 6529—2008,ISO 139:2005,MOD)

3　术语和定义

下列术语和定义适用于本标准。

3.1

日光紫外线辐射　solar ultraviolet radiation;UVR

波长为 280 nm～400 nm 的电磁辐射。

3.2

日光紫外线 UVA　solar UV-A

波长在 315 nm～400 nm 的日光紫外线辐射。

3.3

日光紫外线 UVB　solar UV-B

波长在 280 nm～315 nm 的日光紫外线辐射。

3.4

紫外线防护系数　ultraviolet protection factor;UPF

皮肤无防护时计算出的紫外线辐射平均效应与皮肤有织物防护时计算出的紫外线辐射平均效应的比值。

3.5

日光辐照度　solar irradiance

$E(\lambda)$

在地球表面所接受到的太阳发出的单位面积和单位波长的能量，以 $W \cdot m^{-2} \cdot nm^{-1}$ 表示。在地球表面测得的 UVR 光谱是 290 nm～400 nm。

3.6

红斑　erythema

由各种各样的物理或化学作用引起的皮肤变红。

3.7

红斑作用光谱　erythema action spectrum

$\varepsilon(\lambda)$

与波长 λ 相关的红斑辐射效应。

3.8

光谱透射比 spectral transmittance

$T(\lambda)$

波长为 λ 时，透射辐通量与入射辐通量之比。

3.9

积分球 integrating sphere

为中空球，其内表面是一个非选择性的漫反射器。

3.10

荧光 fluorescence

吸收特定波长的辐射，并在短时间内再发射出较大波长的光学射线。

3.11

光谱带宽 spectral bandwidth

由单色光产生的光学辐射强度的半高峰之间的宽度，以纳米(nm)表示。

4 原理

用单色或多色的 UV 射线辐射试样，收集总的光谱透射射线，测定出总的光谱透射比，并计算试样的紫外线防护系数 UPF 值。

可采用平行光束照射试样，用一个积分球收集所有透射光线；也可采用光线半球照射试样，收集平行的透射光线。

5 仪器

5.1 UV 光源

提供波长为 290 nm～400 nm 的 UV 射线。适合的 UV 光源有氙弧灯、氘灯和日光模拟器。

在采用平行入射光束时，光束端面至少 25 mm^2，覆盖面至少应该是织物循环结构的 3 倍。此外，对于单色入射光束，积分球入口的最小尺寸与照明斑的最大尺寸之比应该大于 1.5。光束应该与织物表面垂直，在 $\pm 5°$ 之间，光束与光束轴的散角应该小于 $5°$。

5.2 积分球

积分球的总孔面积不超过积分球内表面积的 10%。内表面应涂有高反射的无光材料，例如涂硫酸钡。积分球内还装有挡板，遮挡试样窗到内部探测头或试样窗到内部光源之间的光线。

5.3 单色仪

适合于在波长 290 nm～400 nm 范围内，以 5 nm 或更小的光谱带宽的测定。

5.4 UV 透射滤片

仅透过小于 400 nm 的光线，且无荧光产生。

如果单色器装在样品之前，应把较适合的 UV 透射滤片放在样品和检测器之间。如果这种方式不可行，则应将滤片放在试样和积分球之间的试样窗口处。UV 透射滤片的厚度应在 1 mm～3 mm 之间。

5.5 试样夹

使试样在无张力或在预定拉伸状态下保持平整。该装置不应遮挡积分球的入口。

6 试样的准备和调湿

6.1 试样的准备

对于匀质材料，至少要取 4 块有代表性的试样，距布边 5 cm 以内的织物应舍去。

对于具有不同色泽或结构的非匀质材料，每种颜色和每种结构至少要试验两块试样。

试样尺寸应保证充分覆盖住仪器的孔眼。

6.2 试验的调湿

调湿和试验应按 GB/T 6529 进行，如果试验装置未放在标准大气条件下，调湿后试样从密闭容器中取出至试验完成应不超过 10 min。

7 程序

7.1 在积分球入口前方放置试样试验，将穿着时远离皮肤的织物面朝着 UV 光源。

7.2 对于单色片放在试样前方的仪器装置，应使用 UV 透射滤片，并检验其有效性。

7.3 记录 290 nm～400 nm 之间的透射比，每 5 nm 至少记录一次。

8 计算和结果的表达

8.1 通则

按式(1)计算每个试样 UVA 透射比的算术平均值 $T(\text{UVA})_i$，并计算其平均值 $T(\text{UVA})_{\text{AV}}$，保留两位小数。

$$T(\text{UVA})_i = \frac{1}{m}\sum_{\lambda=315}^{400} T_i(\lambda) \qquad \cdots\cdots (1)$$

按式(2)计算每个试样 UVB 透射比的算术平均值 $T(\text{UVB})_i$，并计算其平均值 $T(\text{UVB})_{\text{AV}}$，保留两位小数。

$$T(\text{UVB})_i = \frac{1}{k}\sum_{\lambda=290}^{315} T_i(\lambda) \qquad \cdots\cdots (2)$$

式中 $T_i(\lambda)$ 是试样 i 在波长 λ 时的光谱透射比；m 和 k 是 315 nm～400 nm 之间和 290 nm～315 nm之间各自的测定次数。

注：式(1)和式(2)仅适用于测定波长间隔$\triangle\lambda$为定值(如 5 nm)的情况。

按式(3)计算每个试样 i 的 UPF。

$$\text{UPF}_i = \frac{\sum\limits_{\lambda=290}^{\lambda=400} E(\lambda)\times\varepsilon(\lambda)\times\Delta\lambda}{\sum\limits_{\lambda=290}^{\lambda=400} E(\lambda)\times T_i(\lambda)\times\varepsilon(\lambda)\times\Delta\lambda} \qquad \cdots\cdots (3)$$

式中：

$E(\lambda)$——日光光谱辐照度(见附录 A)，单位为瓦每平方米纳米($\text{W}\cdot\text{m}^{-2}\cdot\text{nm}^{-1}$)；

$\varepsilon(\lambda)$——相对的红斑效应(见附录 A)；

$T_i(\lambda)$——试样 i 在波长为 λ 时的光谱透射比；

$\Delta\lambda$——波长间隔，单位为纳米(nm)。

8.2 匀质试样

按式(4)计算紫外线防护系数的平均值 UPF_{AV}。

$$\text{UPF}_{\text{AV}} = \frac{1}{n}\sum_{i=1}^{n}\text{UPF}_i \qquad \cdots\cdots (4)$$

按式(5)计算 UPF 的标准偏差 s。

$$s = \sqrt{\frac{\sum\limits_{i=1}^{n}(\text{UPF}_i - \text{UPF}_{\text{AV}})^2}{n-1}} \qquad \cdots\cdots (5)$$

样品的 UPF 值按式(6)计算，修约到整数。$t_{\alpha/2,\,n-1}$ 按表 1 规定。

$$\text{UPF} = \text{UPF}_{\text{AV}} - t_{\alpha/2,\,n-1}\frac{s}{\sqrt{n}} \qquad \cdots\cdots (6)$$

表 1 α 为 0.05 时 $t_{\alpha/2,n-1}$ 的测定值

试样数量	$n-1$	$t_{\alpha/2,n-1}$
4	3	3.18
5	4	2.77
6	5	2.57
7	6	2.44
8	7	2.36
9	8	2.30
10	9	2.26

对于匀质材料，当样品的 UPF 值低于单个试样实测的 UPF 值中最低值时，则以试样最低的 UPF 作为样品的 UPF 值报出。当样品的 UPF 值大于 50 时，表示为“UPF>50”。

8.3 非匀质试样

对于具有不同颜色或结构的非匀质材料，应对各种颜色或结构进行测试，以其中最低的 UPF 值作为样品的 UPF 值。当样品的 UPF 值大于 50 时，表示为“UPF>50”。

9 评定和标识

9.1 评定

按本标准测定，当样品的 UPF>40，且 $T(UVA)_{AV}<5\%$ 时，可称为“防紫外线产品”。

9.2 标识

防紫外线产品应在标签上标有：

——本标准的编号，即 GB/T 18830—2009；

——当 40<UPF≤50 时，标为 UPF 40+。当 UPF>50 时，标为 UPF 50+；

——长期使用以及在拉伸或潮湿的情况下，该产品所提供的防护有可能减少。

10 试验报告

报告应包括下列内容：

a) 试验是按本标准进行的；

b) 对样品的描述；

c) 试验温度和相对湿度；

d) 试样的数量；

e) $T(UVA)_{AV}$、$T(UVB)_{AV}$ 和 UPF_{AV}；

f) 样品的 UPF 值；

g) 试验人员和试验日期；

h) 任何偏离本标准的情况。

附 录 A
（规范性附录）
日光光谱辐照度和红斑效应

表 A.1

λ/nm	$E(\lambda)$/（$W \cdot m^{-2} \cdot nm^{-1}$）	$\varepsilon(\lambda)$
290	3.090×10^{-6}	1.000
295	7.860×10^{-4}	1.000
300	8.640×10^{-3}	0.649
305	5.770×10^{-2}	0.220
310	1.340×10^{-1}	0.745×10^{-1}
315	2.280×10^{-1}	0.252×10^{-1}
320	3.140×10^{-1}	0.855×10^{-2}
325	4.030×10^{-1}	0.290×10^{-2}
330	5.320×10^{-1}	0.136×10^{-2}
335	5.135×10^{-1}	0.115×10^{-2}
340	5.390×10^{-1}	0.966×10^{-3}
345	5.345×10^{-1}	0.810×10^{-3}
350	5.590×10^{-1}	0.684×10^{-3}
355	6.080×10^{-1}	0.575×10^{-3}
360	5.640×10^{-1}	0.484×10^{-3}
365	6.830×10^{-1}	0.407×10^{-3}
370	7.660×10^{-1}	0.343×10^{-3}
375	6.635×10^{-1}	0.288×10^{-3}
380	7.540×10^{-1}	0.243×10^{-3}
385	6.055×10^{-1}	0.204×10^{-3}
390	7.570×10^{-1}	0.172×10^{-3}
395	6.680×10^{-1}	0.145×10^{-3}
400	1.010	0.122×10^{-3}
注：日光辐照度 $E(\lambda)$ 和相对红斑效应 $\varepsilon(\lambda)$ 的数据引自欧盟标准 EN 13758。		

ICS 53.020.20
J 80

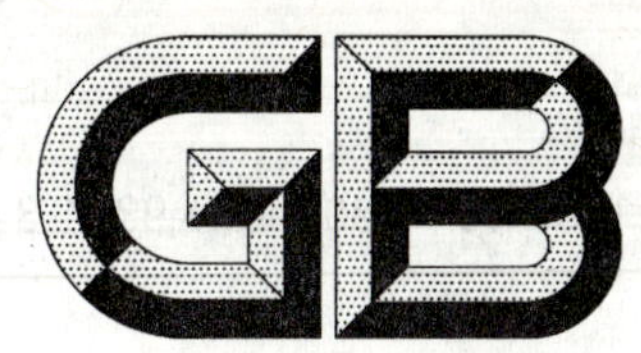

中华人民共和国国家标准

GB/T 18874.3—2009/ISO 9374-3:2002

起重机 供需双方应提供的资料
第3部分:塔式起重机

Cranes—Information to be provided—
Part 3:Tower cranes

(ISO 9374-3:2002,Cranes—Information to be provided for enquiries, orders, offers and supply—Part 3:Tower cranes,IDT)

2009-12-15 发布　　2010-07-01 实施

中华人民共和国国家质量监督检验检疫总局
中国国家标准化管理委员会　发布

前　言

GB/T 18874《起重机　供需双方应提供的资料》分为5个部分：

——第1部分：总则

——第2部分：流动式起重机

——第3部分：塔式起重机

——第4部分：臂架起重机

——第5部分：桥式和门式起重机

本部分为GB/T 18874《起重机　供需双方应提供的资料》的第3部分。

本部分等同采用ISO 9374-3:2002《起重机　咨询、订货、销售、供货各方应提供的资料　第3部分：塔式起重机》(英文版)。

本部分等同翻译ISO 9374-3:2002。

为便于使用，本部分做了下列编辑性修改：

——"ISO 9374 本部分"一词改为"GB/T 18874 的本部分"；

——删除国际标准的前言；

——用小数点"."代替作为小数点的逗号","；

——对于ISO 9374-3:2002中引用的其他国际标准中有被等同采用为我国标准的，本部分引用我国的这些国家标准代替对应的国际标准；

——图1、图2中增加最大回转半径 W_1；

——将各图中相同的符号及说明统一。

本部分的附录A、附录B为规范性附录。

本部分由中国机械工业联合会提出。

本部分由全国起重机械标准化技术委员会(SAC/TC 227)归口。

本部分负责起草单位：北京建筑机械化研究院、抚顺永茂建筑机械有限公司。

本部分主要起草人：李静、史勇。

起重机 供需双方应提供的资料
第3部分:塔式起重机

1 范围

GB/T 18874的本部分规定了塔式起重机(以下简称"塔机")的以下各方应提供的相关资料:

a) 咨询方(咨询塔机的需方);

b) 订货方(订购塔机的需方);

c) 销售方;

d) 制造商/供货方。

2 规范性引用文件

下列文件中的条款通过GB/T 18874的本部分的引用而成为本部分的条款。凡是注日期的引用文件,其随后所有的修改单(不包括勘误的内容)或修订版均不适用于本部分,然而,鼓励根据本部分达成协议的各方研究是否可使用这些文件的最新版本。凡是不注日期的引用文件,其最新版本适用于本部分。

GB/T 6974.1 起重机 术语 第1部分:通用术语(GB/T 6974.1—2008,ISO 4306-1:2007,IDT)

GB/T 6974.3 起重机 术语 第3部分:塔式起重机(GB/T 6974.3—2008,ISO 4306-3:2003,IDT)

GB/T 17908 起重机和起重机械 技术性能和验收文件(GB/T 17908—1999,idt ISO 7363:1986)

3 术语和定义

GB/T 6974.1和GB/T 6974.3所确立的术语和定义适用于本部分。

4 需方在咨询和订购塔机时应提供的资料

需方应提供附录A中所列的相关资料。该资料便于塔机制造商/供货方提供满足需方要求的产品。

图1和图3为需方提供所需的塔机尺寸示意图。

注:附录A中所给出的数据格式仅作为示例。

5 制造商应提供的资料

5.1 销售塔机时应提供的资料

制造商/供货方应提供附录B所列的相关资料。

注:附录B中所给出的数据格式仅作为示例。

5.2 塔机供货时应提供的资料

5.2.1 技术资料

5.2.1.1 场地准备和塔机基础的设计数据

应向塔机基础设计者提供以下数据:

a) 与所提供塔机的结构型式相对应的塔机的垂直力、水平力、扭矩和倾翻力矩。并应说明提供的数据是来自工作状态还是非工作状态的风压，以及相应的风速和风向。对轨道运行的塔机，这些数据可用轮压或台车载荷来描述。

b) 对轨道运行的塔机，应说明满足抗风防滑要求所能承受的最大风速，以及当超过工作风速时应采取的安全措施。

c) 轨道的安装要求。

d) 安装在固定基础上塔机的锚固布置方案。

e) 必要时，压重的要求。

5.2.1.2 安装说明

应向塔机安装人员提供以下资料：

a) 组件与部件的尺寸和质量。

b) 必要时，提供推荐使用的吊装点。

c) 按规定程序安装/拆卸时，非均衡组件和部件的重心位置。

d) 推荐的安装方法和顺序。当组件强度或稳定性需要采用特殊安装方法或顺序时，应对安装人员给出警示。

e) 关键连接部件的详细资料，必要时用示意图进行描述和说明：

 1) 螺栓、销轴和其他所需零件；

 2) 连接点的装配方法；

 3) 高强度螺栓的预紧力矩和预紧力；

 4) 在安装过程中需要施加关键力矩或力的位置；

 5) 销轴类零部件的固定方法。

5.2.1.3 安装、调试和使用

制造商应提供附录 B 的技术资料，并应提供符合 GB/T 17908 的要求且与塔机设备配套的技术资料和试验合格证书，以便于塔机的安装、调试及使用。

5.2.1.4 操作说明、限制和防护

制造商应向塔机司机和管理人员提供与操作使用有关的资料、数据和建议，以使其能按设计要求进行操作，减少事故或故障的发生。

5.2.1.5 维护要求与建议

这部分应包括确定可以采用非拆卸手段定期观察或检测的组件或部位，检查金属结构是否产生疲劳，预紧螺栓有无松动或有无影响塔机额定承载能力的磨损。

5.2.1.6 影响塔机使用性能的设计参数

除 5.2.1.2 规定的资料外，还需提供以下资料：

a) 限制器和指示器的功能、正确的安装位置和调试；

b) 液压阀或气压减压阀的安装及安装位置，回路压力的检查位置；

c) 制造商按塔机使用的繁忙程度建议的检查周期。

5.2.2 尺寸

制造商应提供与所售塔机结构型式相符的尺寸数据，如图 2、图 4 和图 5 所示尺寸。

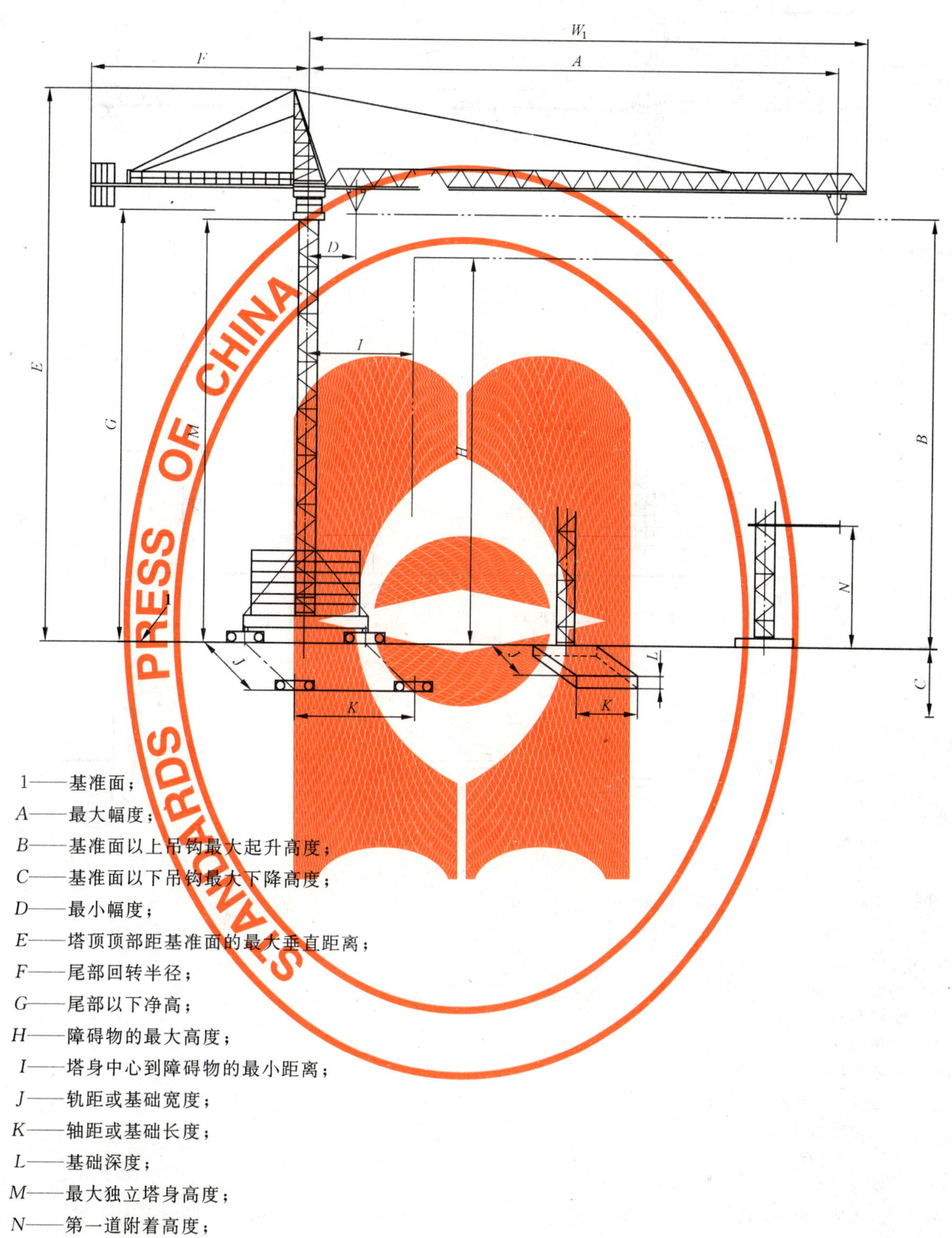

1——基准面；
A——最大幅度；
B——基准面以上吊钩最大起升高度；
C——基准面以下吊钩最大下降高度；
D——最小幅度；
E——塔顶顶部距基准面的最大垂直距离；
F——尾部回转半径；
G——尾部以下净高；
H——障碍物的最大高度；
I——塔身中心到障碍物的最小距离；
J——轨距或基础宽度；
K——轴距或基础长度；
L——基础深度；
M——最大独立塔身高度；
N——第一道附着高度；
W_1——最大回转半径。

图 1 需方应提供的塔机使用尺寸示例

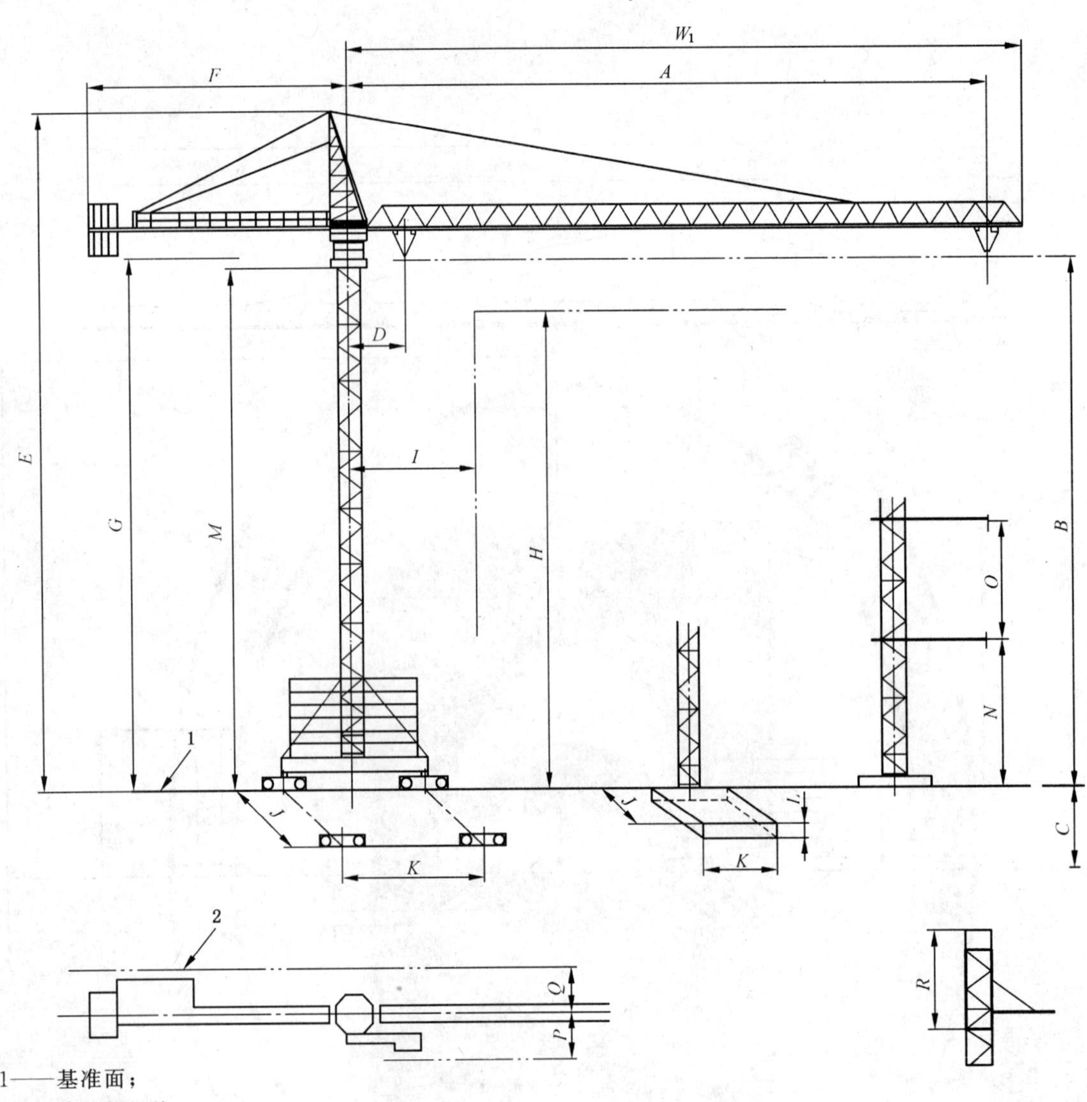

1——基准面；

2——建筑物界线；

A——最大幅度；

B——基准面以上吊钩最大起升高度；

C——基准面以下吊钩最大下降高度；

D——最小幅度；

E——塔顶顶部距基准面的最大垂直距离；

F——尾部回转半径；

G——尾部以下净高；

H——障碍物的最大高度；

I——塔身中心到障碍物的最小距离；

J——轨距或基础宽度；

K——轴距或基础长度；

L——基础深度；

M——最大独立塔身高度；

N——第一道附着高度；

O——附着间距；

P——司机室侧的最小间距；

Q——司机室对侧的最小间距；

R——爬升架高度；

W_1——最大回转半径。

图 2　制造商应提供的塔机使用尺寸示例

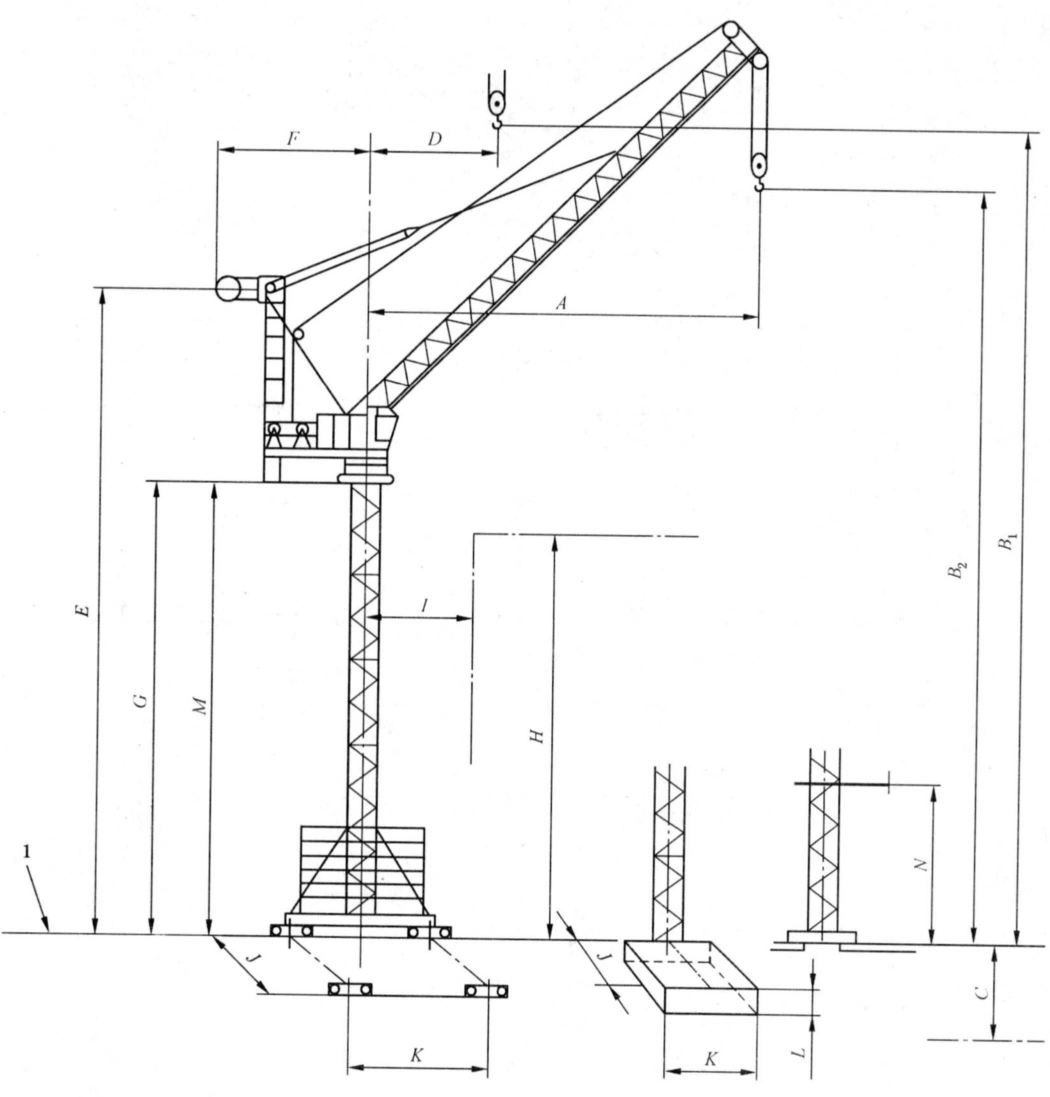

1——基准面；

A——最大幅度；

B_1——最小幅度基准面以上吊钩最大起升高度；

B_2——最大幅度基准面以上吊钩最大起升高度；

C——基准面以下吊钩最大下降高度；

D——最小幅度；

E——塔顶顶部距基准面的最大垂直距离；

F——尾部回转半径；

G——尾部以下净高；

H——障碍物的最大高度；

I——塔身中心到障碍物的最小距离；

J——轨距或基础宽度；

K——轴距或基础长度；

L——基础深度；

M——最大独立塔身高度；

N——第一道附着高度。

图 3 需方应提供的塔机使用尺寸示例

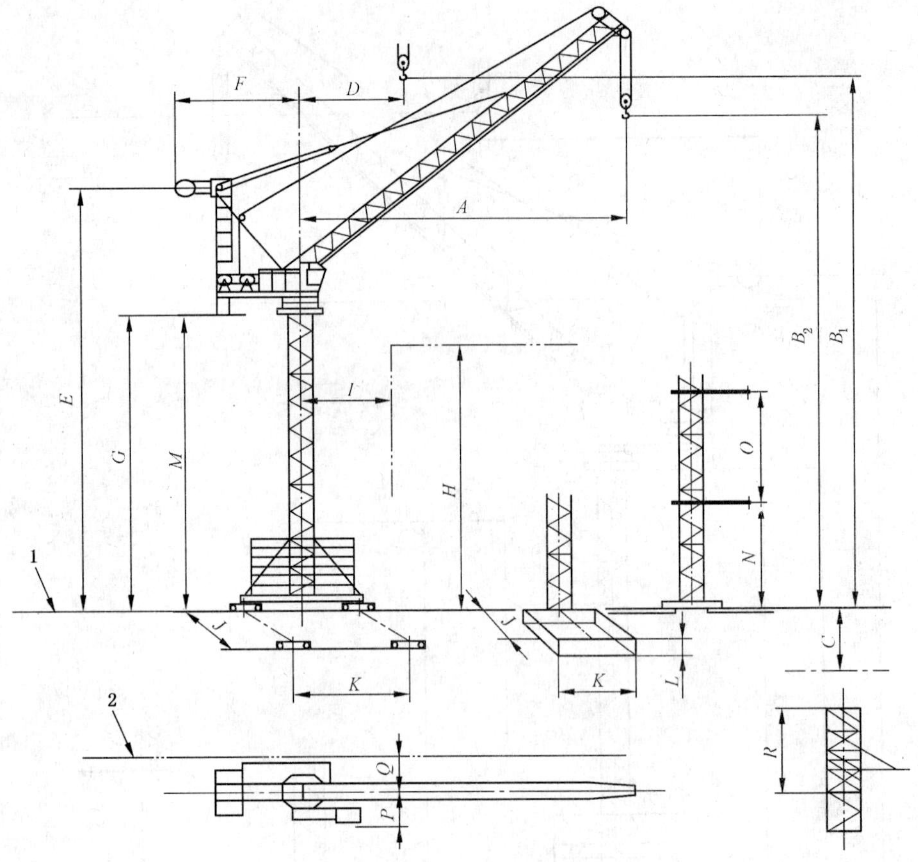

表(示例)

塔身节数	吊钩高度/m	
	B_1	B_2
1	10.00	3.90
2	14.52	8.43
3	15.98	12.93

1——基准面；
2——建筑物界线；
A——最大幅度；
B_1——最小幅度基准面以上吊钩最大起升高度；
B_2——最大幅度基准面以上吊钩最大起升高度；
C——基准面以下吊钩最大下降高度；
D——最小幅度；
E——塔顶顶部距基准面的最大垂直距离；
F——尾部回转半径；
G——尾部以下净高；
H——障碍物的最大高度；
I——塔身中心到障碍物的最小距离；
J——轨距或基础宽度；
K——轴距或基础长度；
L——基础深度；
M——最大独立塔身高度；
N——第一道附着高度；
O——附着间距；
P——司机室侧的最小间距；
Q——司机室对侧的最小间距；
R——爬升架高度。

图 4　制造商应提供的塔机使用尺寸示例

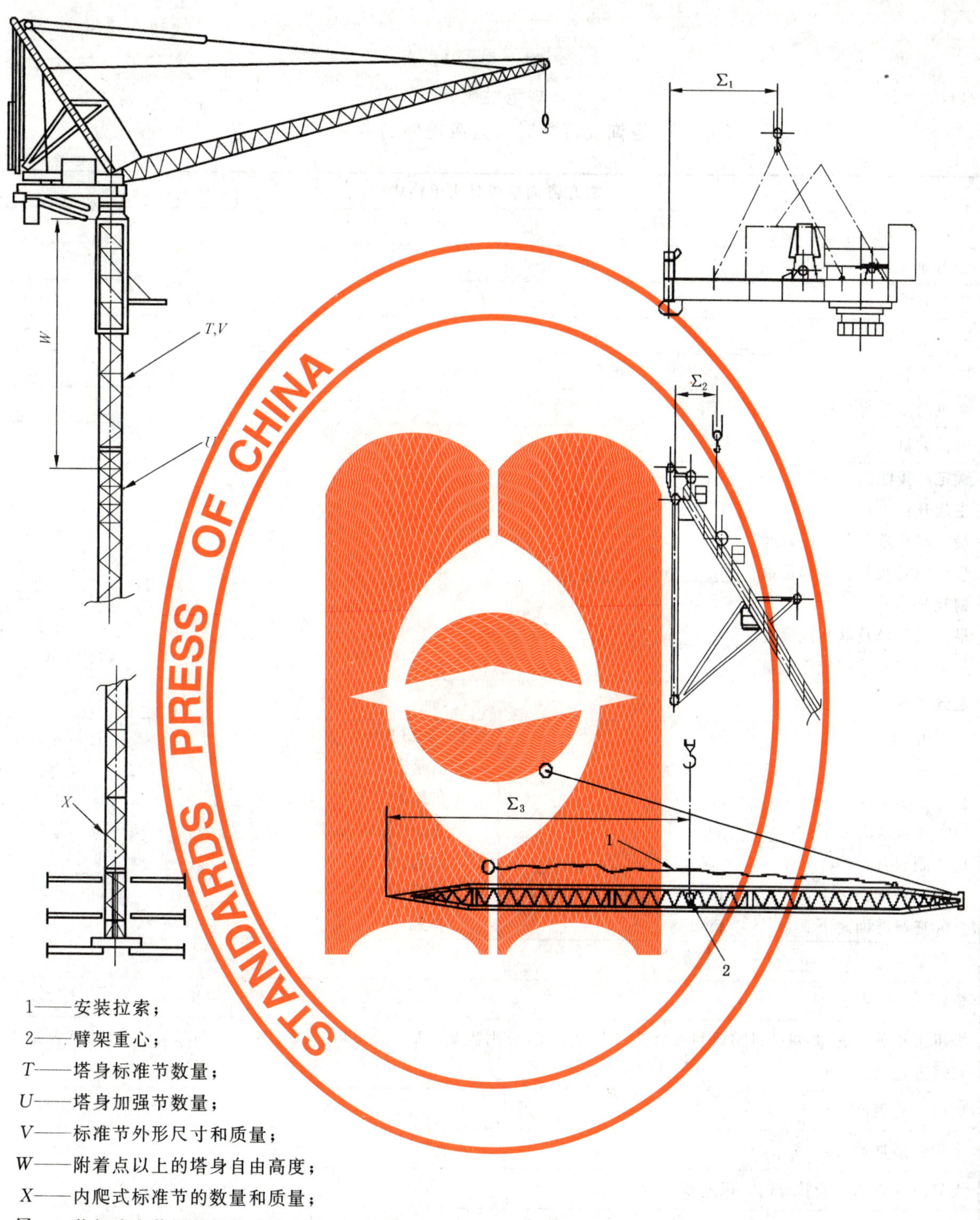

1——安装拉索；

2——臂架重心；

T——塔身标准节数量；

U——塔身加强节数量；

V——标准节外形尺寸和质量；

W——附着点以上的塔身自由高度；

X——内爬式标准节的数量和质量；

Σ——装船或安装用零部件质量和重心标示图。

图5 制造商应提供的塔机附加使用尺寸示例

附 录 A
(规范性附录)
咨询或订货时需方应提供的资料

需方咨询单或订货单格式[a]

公司名称：

公司地址：

联系人姓名：

联系电话：

塔机安装地：　　　　　　　　(国家)　　　　　(市)

塔机的型号与名称：

购机数量：

额定起重能力

主起升：

最大起重量及其相应幅度：________ t　________ m

最大幅度及其相应起重量：________ m　________ t

副起升：

最大起重量及其相应幅度：________ t　________ m

最大幅度及其相应起重量：________ m　________ t

起升高度

水平臂(见图 1)	动臂(见图 3)
a) 主起升： 在基准面之上：________ m 在基准面之下：________ m b) 副起升： 在基准面之上：________ m 在基准面之下：________ m	a) 主起升： 在最大工作幅度时：________ m 在最小工作幅度时：________ m b) 副起升： 在最大工作幅度时：________ m 在最小工作幅度时：________ m

司机室位置：________ m

轨距(如有时)：________ m

塔机工作级别说明：对塔机整机和每个机构进行分级(分别满足 GB/T 20863.1 和 GB/T 20863.3 的要求，或制造商与需方达成协议)。

塔机主要用途：　　　　　　　　吊运物料类型：

吊钩或吊具类型：

大气或气候的一般状况(如：风速、降雨和污染等)：

工作风速：________ m/s

空气温度状况：

a) 工作环境温度：________ ℃

b) 最高温度：________ ℃

c) 最低温度：________ ℃

供电系统(柴油发电机或工业供电)

a) 电缆卷筒或集电器系统(详细说明)：

b) 电缆长度：________ m

<table>
<tr><td colspan="2">
电力供应
a) 电压：________ V
b) 相制：________
c) 频率：________ Hz
d) 避雷措施：________
e) 是否有零线？
如有零线是否接地？
</td></tr>
<tr><td colspan="2">
特殊服务情况
特殊要求详细说明，如：
a) 在有危险气体、水蒸气、固体或挥发性的液体的环境中使用；
b) 用于电镀、酸洗或热镀等作业；
c) 用于盐碱性环境中的，需说明暴露程度；
d) 需要防范白蚁的特殊说明；
e) 不能预先给定净空尺寸的障碍物；
f) 供电电压的变化超过正常电压6%的情况；
g) 其他。
</td></tr>
<tr><td colspan="2">
轴距：________ m
轨道的型式：________
许用轮压：________ N
每米轨道许用载荷：________ N
限位开关：
特殊限位开关说明：
</td></tr>
<tr><td colspan="2">工作速度</td></tr>
<tr><td>
正常速度
主起升：________ m/min
副起升：________ m/min
小车变幅：________ m/min
大车行走：________ m/min
回转：________ r/min
动臂变幅(全程变幅时间)：________ min
</td><td>
慢就位速度(如有时)
主起升：________ m/min
副起升：________ m/min
小车变幅：________ m/min
大车行走：________ m/min
回转：________ r/min
动臂变幅(全程变幅时间)：________ min
</td></tr>
<tr><td colspan="2">法律或技术的其他特殊要求说明：</td></tr>
<tr><td colspan="2">
几种净空要求(见图1)：
G：________ m；
H：________ m；
I：________ m。
</td></tr>
<tr><td colspan="2">[a] 本附录给出的订单形式仅供参考。</td></tr>
</table>

附　录　B
（规范性附录）
销售塔机时制造商应提供的资料

供货单或塔机相关资料[a]	
公司名称：	
公司地址：	
联系人姓名：	
联系电话：	
塔机安装地：　　　　　　　　（国家）　　　　　　　（市）	
塔机的型号及名称：	
塔机数量：	
额定起重能力（净载荷）（如果需要，单独提供起重量列表） **主起升：** 最大起重量及其相应幅度：________ t　________ m 最大幅度及其相应起重量：________ m　________ t **副起升：** 最大起重量及其相应幅度：________ t　________ m 最大幅度及其相应起重量：________ m　________ t	
起升高度	
水平臂（见图 2） a）主起升 在基准面之上：________ m 在基准面之下：________ m b）副起升 在基准面之上：________ m 在基准面之下：________ m	动臂（见图 4） a）主起升 在最大工作幅度时：________ m 在最小工作幅度时：________ m b）副起升 在最大工作幅度时：________ m 在最小工作幅度时：________ m
工作速度	
正常速度 主起升：________ m/min 副起升：________ m/min 小车变幅：________ m/min 大车行走：________ m/min 回转：________ r/min 动臂变幅（全程变幅时间）：________ min	慢就位速度（如有时） 主起升：________ m/min 副起升：________ m/min 小车变幅：________ m/min 大车行走：________ m/min 回转：________ r/min 动臂变幅（全程变幅时间）：________ min
风载荷状况 设计风载荷（在塔机计算中要加以考虑）： 塔机主要用途：　　　　　　　　　　吊运物料类型：	
吊钩或吊具类型： 钢丝绳的型式： 主起升：　　　　　　　　副起升： 小车变幅：　　　　　　　动臂变幅：	
司机室位置：	

<table>
<tr><td>轨距(如有时)：
轨道型式：
轮压：　　　　　　工作状态：________N　　　　　非工作状态________N
每米轨道上的载荷：工作状态：________N　　　　　非工作状态________N</td></tr>
<tr><td>限制器/指示器的安装：
限制器/指示器的规格：</td></tr>
<tr><td>大气或气候的一般状况(如：风速、降雨和污染等)：
空气温度状况
a)　工作环境温度：________℃
b)　最高温度：　　________℃
c)　最低温度：　　________℃</td></tr>
<tr><td>塔机工作级别说明：对塔机整机和每个机构进行分级(分别满足 GB/T 20863.1 和 GB/T 20863.3 的要求或制造商与需方达成协议)。</td></tr>
<tr><td>供电系统
a)　电缆卷筒或集电器系统(详细说明)：
b)　电缆长度：________m</td></tr>
<tr><td>电力供应
a)　电压：　　________V
b)　相制：　　________
c)　频率：　　________Hz
d)　避雷措施：________
e)　是否有零线?
如有零线是否接地?</td></tr>
<tr><td>特殊服务情况
特殊要求情况说明，如：
a)　在有危险的气体、水蒸气、固体或挥发性液体的环境中使用；
b)　用于电镀、酸洗或热镀作业；
c)　用于盐碱环境中时，需说明暴露程度；
d)　需要防范白蚁的特殊说明；
e)　不能预先给定净空尺寸的障碍物；
f)　供电电压的变化超过正常电压 6%的情况；
g)　其他。
法律或技术的其他特殊要求说明：</td></tr>
<tr><td>几种净空要求(见图 1)：
G：________m；　　　　H：________m；　　　　I：________m</td></tr>
<tr><td>[a] 本附录给出的供货单形式仅供参考。</td></tr>
</table>

参 考 文 献

[1] GB/T 20863.1 起重机械 分级 第1部分:总则(GB/T 20863.1—2007,ISO 4301-1:1986,IDT).

[2] GB/T 20863.3 起重机械 分级 第3部分:塔式起重机(GB/T 20863.3—2007,ISO 4301-3:1993,IDT).

ICS 53.020.20
J 80

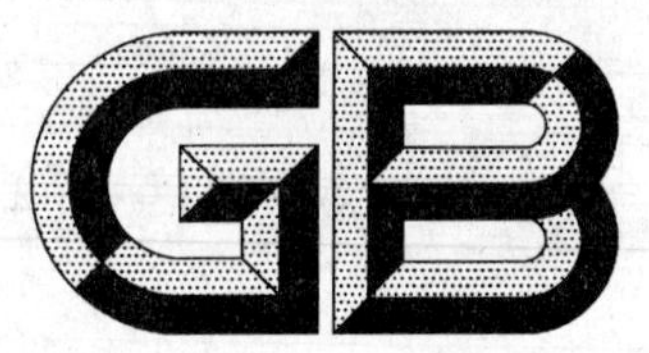

中华人民共和国国家标准

GB/T 18874.4—2009/ISO 9374-4:1989

起重机 供需双方应提供的资料 第4部分:臂架起重机

Cranes—Information to be provided—Part 4:Jib cranes

(ISO 9374-4:1989,IDT)

2009-04-24 发布 2010-01-01 实施

中华人民共和国国家质量监督检验检疫总局
中国国家标准化管理委员会 发布

前 言

GB/T 18874《起重机　供需双方应提供的资料》分为五个部分：

——第 1 部分：总则；

——第 2 部分：流动式起重机；

——第 3 部分：塔式起重机；

——第 4 部分：臂架起重机；

——第 5 部分：桥式和门式起重机。

本部分为 GB/T 18874 的第 4 部分。

本部分等同采用 ISO 9374-4:1989《起重机　供需双方应提供的资料　第 4 部分：臂架起重机》(英文版)。

本部分等同翻译 ISO 9374-4:1989。

为便于使用，本部分做了下列编辑性修改：

——“ISO 9374 的本部分”一词改为“GB/T 18874 的本部分”；

——删除 ISO 9374-4:1989 的前言；

——对于 ISO 9374-4:1989 引用的国际标准均用已等同采用为我国国家标准代替对应的国际标准(见本部分第 2 章)。

本部分的附录 A 为规范性附录。

本部分由中国机械工业联合会提出。

本部分由全国起重机械标准化技术委员会(SAC/TC 227)归口。

本部分起草单位：北京起重运输机械研究所负责起草、天津港(集团)有限公司。

本部分主要起草人：何铀、李勋、杜明。

起重机　供需双方应提供的资料
第4部分:臂架起重机

1　范围

GB/T 18874的本部分规定了:

a)　买方在咨询或订购臂架起重机时应提供的资料;

b)　制造商在投标或销售臂架起重机时应提供的资料。

2　规范性引用文件

下列文件中的条款通过GB/T 18874的本部分的引用而成为本部分的条款。凡是注日期的引用文件,其随后所有的修改单(不包括勘误的内容)或修订版均不适用于本部分,然而,鼓励根据本部分达成协议的各方研究是否可使用这些文件的最新版本。凡是不注日期的引用文件,其最新版本适用于本部分。

GB/T 17908　起重机和起重机械　技术性能和验收文件(GB/T 17908—1999,idt ISO 7363:1986)

GB/T 20863.1　起重机械　分级　第1部分:总则(GB/T 20863.1—2007,ISO 4301-1:1986,IDT)

GB/T 20863.4　起重机械　分级　第4部分:臂架起重机(GB/T 20863.4—2007,ISO 4301-4:1989,IDT)

3　买方咨询或订货时应提供的资料

买方应提供附录A给出的有关资料,以便起重机制造商提供最合适的臂架起重机和相关设备,满足起重机使用要求和工作条件,包括图1所示的间隙要求。

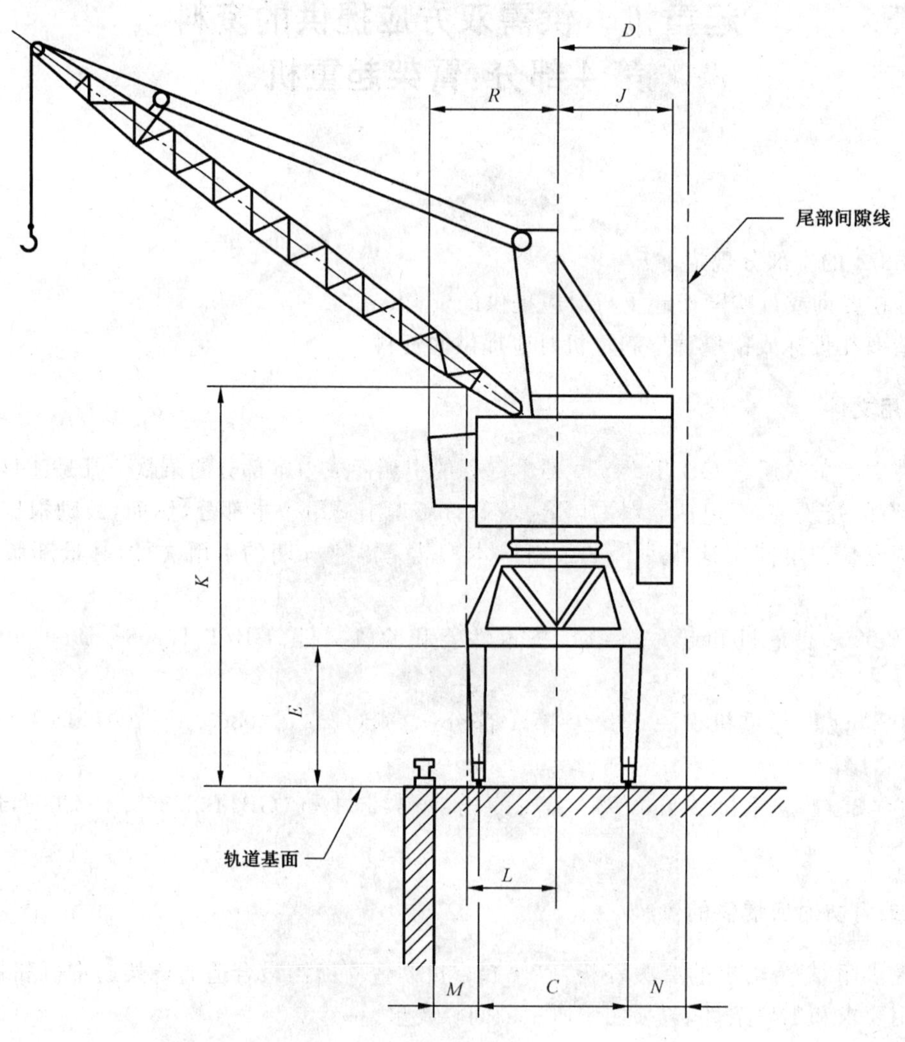

C——轨距；

D——尾部限界尺寸；

E——最低门座高度；

J——允许的最大尾部回转半径；

K——从起重机回转中心线到臂架根部距离为 L 时的最低净空高度；

M——轨道和码头上障碍物间的距离；

N——轨道和尾部间隙线之间的距离；

R——回转中心线到起重机机身最远突出点间的距离。

图 1 买方应给出的起重机尺寸

4 制造商应提供的资料

4.1 技术资料

制造商应提供符合 GB/T 17908 的要求、且与该起重机设备配套的技术资料和试验合格证书，以利于起重机的安装、试验和使用。

4.2 尺寸

制造商应给出如图 2 所示的尺寸。

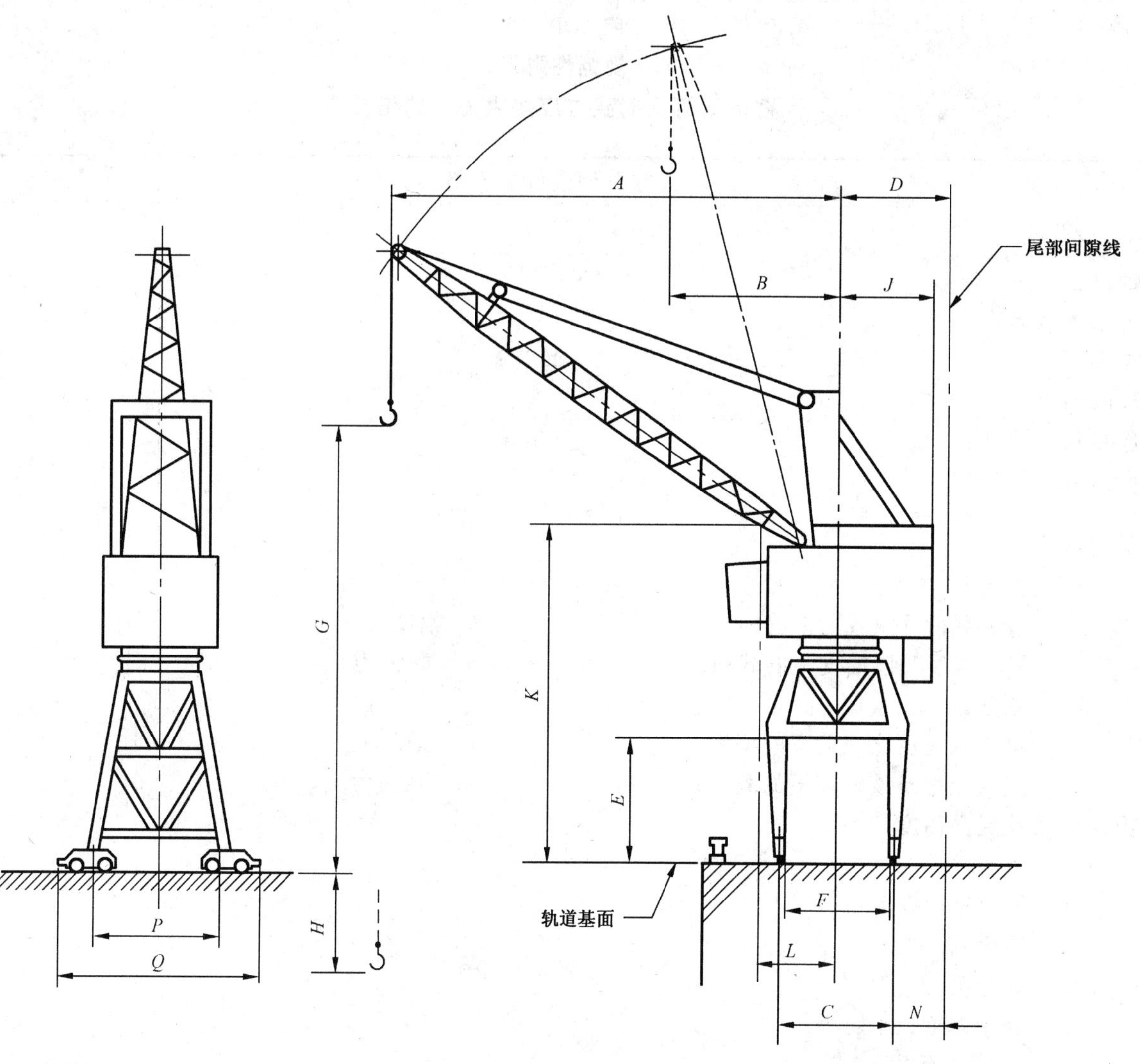

A——臂架最大幅度；

B——臂架最小幅度；

F——门座下部宽度；

G——轨道基面上方吊钩最大起升高度；

H——吊钩下降深度；

P——行走台车中心距离；

Q——行走台车的最大距离。

注：其他尺寸定义见图 1。

图 2　制造商应给出的起重机尺寸

附 录 A
（规范性附录）
咨询或订货时买方应提供资料的格式

<table>
<tr><th>买方咨询或订货表格</th></tr>
<tr><td>公司名称：……………………
地址：……………………
联系人姓名：……………………
电话：…………………… 传真：……………………
Email：……………………
起重机安装在：…………（国家）…………（城镇）
所需起重机台数：……………………</td></tr>
<tr><td>额定起重量
a） 主起升
最大载荷及该载荷下的幅度：…………t 幅度为…………m时
最大幅度及该幅度下的载荷：…………m 载荷为…………t时
b） 副起升
最大载荷及该载荷下的幅度：…………t 幅度为…………m时
最大幅度及该幅度下的载荷：…………m 载荷为…………t时
要求的吊钩起升高度
a） 主起升
轨道基面以上：……………………mm
轨道基面以下：……………………mm
b） 副起升
轨道基面以上：……………………mm
轨道基面以下：……………………mm
司机位置高度：……………………mm
轨道中心距：……………………mm
起重机型式说明：……………………
整机和各机构的分级可使起重机和各机构符合工作任务的要求（符合GB/T 20863.1和GB/T 20863.4）（起重机和各机构的分级也可由制造商和买方商定）：……………………</td></tr>
<tr><td>供电系统
a） 电缆卷筒或集电器装置（详细说明）：……………………
b） 电缆长度：……………………m
电源
a） 电压：……………………V
b） 相数：……………………
c） 频率：……………………Hz
d） 导线：……………………
e） 有无中线：……………………
如有中线，如何接地：……………………</td></tr>
</table>

买方咨询或订货表格

载荷类型：………… 搬运的物料：…………

吊钩或起升装置的型式：…………

大气或气候方面的一般状况(包括如风速、降雨量和污染)：…………

温度条件

a) 环境温度：………… ℃

b) 最高温度：………… ℃

c) 最低温度：………… ℃

特殊使用条件

说明特殊使用条件，典型状况有：

a) 用于危险气体、蒸汽、固体或挥发性液体：…………

b) 用于镀锌、酸洗、热浸等加工作业：…………

c) 用于盐雾环境，应说明暴露程度：…………

d) 对铅基轴承合金需采取的特殊防护措施的要求：…………

e) 间隙尺寸中不明显的具体障碍物：…………

f) 电源电压超过额定电压 6%的变化值：…………

g) 其他使用条件。…………

轨道型号：…………

许用轮压：………… N

每米轨道许用载荷：………… N

限位开关

说明对特殊限位开关的要求

工作速度

	额定速度	慢速或微速(要求时)
主起升：	………… m/min	………… m/min
副起升：	………… m/min	………… m/min
小车运行：	………… m/min	………… m/min
大车运行：	………… m/min	………… m/min
回转：	………… r/min	………… r/min
变幅(最大幅度时)：	………… m/min	………… m/min

法规或技术上的特殊要求：…………

…………

…………

间隙要求(见图 1)

J：…………

K：…………

E：…………

ICS 71.100.40
G 75

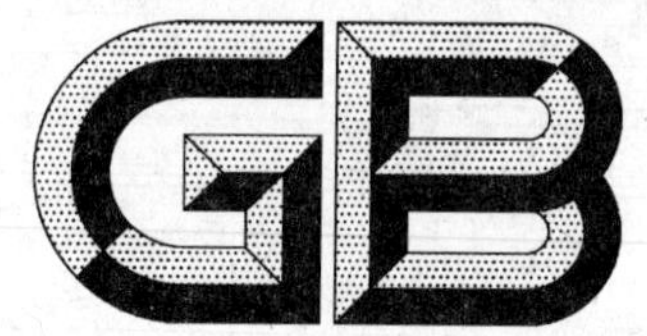

中华人民共和国国家标准

GB/T 18881—2009
代替 GB/T 18881—2002

轻型汽油车排气净化催化剂

Catalyst for light-duty petrol vehicle exhaust purification

2009-04-23 发布 2010-02-01 实施

中华人民共和国国家质量监督检验检疫总局
中国国家标准化管理委员会
发布

前　言

本标准代替 GB/T 18881—2002《汽油车排气净化催化剂》。

本标准与 GB/T 18881—2002 相比，主要变化如下：

——标准名称修改为“轻型汽油车排气净化催化剂”；

——引用标准中增加了“XB/T 505 汽油车排气净化催化剂载体”；

——删除了“JC/T 686 蜂窝陶瓷”引用标准；

——删除了氧化型催化剂的定义、要求和试验方法；

——增加了对同一型式催化剂的要求；

——调整了催化剂的催化性能、物理性能要求；

——调整了催化剂整车催化性能和寿命要求、检验方法；

——删除了附录 A。

本标准由全国稀土标准化技术委员会提出并归口。

本标准由昆明贵研催化剂有限责任公司、中国有色金属工业标准计量质量研究所、贵研铂业股份有限公司负责起草。

本标准主要起草人：贺小昆、杨冬霞、计永波、朱玉华、高兰、亢锦文、王向红。

轻型汽油车排气净化催化剂

1 范围

本标准规定了轻型汽油车排气净化催化剂的要求、试验方法、检验规则和标志、包装、运输、贮存。

本标准适用于以堇青石蜂窝陶瓷材料作为基体并负载稀土、贵金属或其他金属等活性组分的轻型汽油车排气净化催化剂。

2 规范性引用文件

下列文件中的条款通过本标准的引用而成为本标准的条款。凡是注日期的引用文件，其随后所有的修改单(不包括勘误的内容)或修订版均不适用于本标准，然而，鼓励根据本标准达成协议的各方研究是否可使用这些文件的最新版本。凡是不注日期的引用文件，其最新版本适用于本标准。

GB/T 2828.1 计数抽样检验程序 第1部分:按接收质量限(AQL)检索的逐批检验抽样计划

GB/T 5181 汽车排放术语和定义

GB/T 8170 数值修约规则

GB 18352.3 轻型汽车污染物排放限值及测量方法(中国Ⅲ、Ⅳ阶段)

GB/T 18377 汽油车用催化转化器的技术要求和试验方法

XB/T 505 汽油车排气净化催化剂载体

3 术语和定义

GB/T 5181确立的以及下列术语和定义适用于本标准。

3.1

汽油车排气净化催化剂 catalyst for petrol vehicle exhaust purification

指安装在汽油车排气系统中用于降低污染物排放的催化转化器的芯体，其主要作用是通过催化氧化还原反应降低汽油车排放污染物(一氧化碳(CO)、碳氢化合物(HC)和氮氧化合物(NO_x))的排放量。

3.2

三效催化剂 three-way catalyst

TWC

一种氧化碳氢化合物和一氧化碳并同时还原氮氧化物的催化剂。为了获得最佳转化效率，发动机必须在很狭窄的空燃比范围(接近理论配比状态)内工作。

3.3

催化剂转化效率 catalyst conversion efficiency

指在规定工况下，催化转化器入口与出口污染物浓度的变化率，按式(1)计算：

$$\text{转化效率}(\%)=\frac{\text{转化器入口污染物}(i)\text{测量数值}-\text{转化器出口污染物}(i)\text{测量数值}}{\text{转化器入口污染物}(i)\text{测量数值}}\times 100 \quad\cdots\cdots\cdots(1)$$

式中：

i——分别代表污染物CO、HC或NO_x。

3.4

起燃温度 light-off temperature

指催化剂对某一污染物的催化转化效率达到50%时所对应的催化转化器入口气体温度。用符号$T_{50(i)}$表示，"T"为摄氏温度，"i"分别代表污染物CO、HC或NO_x。

4 要求

4.1 产品分类

4.1.1 同一型式催化剂应采用相同的载体结构和材料，相同的载体容积、外形尺寸和孔密度，相同的催化剂活性组分含量及其比例。

4.1.2 产品分类见表1。需方有特殊要求时，由供需双方协商确定。

表1

产品牌号		201100	201101	201102
形　状		圆柱体	椭圆柱体	跑道型
规　格	截面尺寸/mm	ϕ30～ϕ180	30×20～190×170 （长轴×短轴）	30×20～190×170 （长轴×短轴）
	高度/mm	10～180		
孔密度/（孔/cm²）		62,93,140	62,93,140	62,93,140

4.2 尺寸偏差

截面尺寸、高度、孔密度偏差应符合XB/T 505的规定。

4.3 催化性能

4.3.1 新鲜催化剂催化性能发动机台架检测结果应符合表2的规定。

表2

转化效率			起燃温度		
CO≥90%	HC≥85%	NO_x≥90%	$T_{50(CO)}$≤250 ℃	$T_{50(HC)}$≤260 ℃	$T_{50(NO_x)}$≤270 ℃

4.3.2 产品整车催化性能和寿命应符合GB 18352.3的规定。

4.4 物理性能

催化剂物理性能应符合表3的规定。

表3

检　测　项　目	性　能　指　标
抗压强度/MPa	应符合XB/T 505中规定
热膨胀系数（室温～800 ℃）/℃$^{-1}$	≤2.2×10^{-6}
软化温度/℃	≥1 350

4.5 外观

催化剂外观质量应符合XB/T 505的规定。

5 试验方法

5.1 尺寸偏差的试验方法按XB/T 505的规定进行。

5.2 催化剂催化性能发动机台架试验方法按GB/T 18377的规定进行。

5.3 催化剂整车催化性能和寿命试验方法按GB 18352.3的规定进行。

5.4 物理性能和外观的试验方法按XB/T 505的规定进行。

5.5 数值修约按GB/T 8170的规定进行。

6 检验规则

6.1 检查和验收

6.1.1 产品应由供方质量技术监督部门进行检验，保证产品质量符合本标准的规定，并填写质量证明书。

6.1.2 需方应对收到的产品按本标准的规定进行检验，如检验结果与本标准的规定不符时，应在收到产品之日起的三个月内向供方提出，并由供需双方协商解决。如需仲裁，仲裁取样在需方共同进行。

6.2 组批

产品应成批提交检验，每批应由同一牌号、同一生产工艺、同一规格、同一批号的产品组成。

6.3 检验项目

6.3.1 每批产品出厂前应进行尺寸偏差、催化性能发动机台架及外观检验。

6.3.2 产品装载于整车的催化性能和寿命、产品物理性能检验由供需双方协商确定检验周期。但供方应以工艺保证产品可达到本标准的质量要求，如用户要求按批做出厂检验，应在合同中注明。

6.4 取样

产品取样应符合表4的规定。

表 4

检验项目	取样规定	合格质量水平 AQL	一般检查水平 IL	要求的章条号	试验方法的章条号
尺寸偏差	按 GB/T 2828.1 的规定	4.0	S-2	4.2	5.1
催化性能发动机台架	$N=1$，批生产量≤8 000 件 $N=2$，批生产量>8 000 件	—	—	4.3.1	5.2
整车催化性能和寿命	由供需双方协商确定	—	—	4.3.2	5.3
物理性能	按 GB/T 2828.1 的规定	4.0	S-2	4.4	5.4
外观	逐件检验	—	—	4.5	5.4
注：N 表示取样数量(件/批)。					

6.5 检验结果判定

6.5.1 尺寸偏差、物理性能检验有任一结果不合格时，应按 GB/T 2828.1 中规定的抽样方案进行不合格项目的重复检验，如仍不合格，则判定该批产品为不合格。

6.5.2 催化性能发动机台架检验结果不合格时，取双倍试样进行不合格项目重复检验，如仍不合格，则判定该批产品为不合格。

6.5.3 整车催化性能和寿命检验结果不合格时，由供需双方协商解决。

6.5.4 外观检验结果不合格时，按件判定为不合格。

7 标志、包装、运输和贮存

7.1 标志、包装

7.1.1 产品包装箱上应打印上产品名称、产品规格、批号、数量、本标准编号、供方名称、供方地址、出厂日期以及防水、防酸、防压、防摔等标志。

7.1.2 包装箱设计应考虑产品防水、防碰撞，保证产品在运输中不受损伤。

7.2 运输

运输途中不应强烈震动，防止水或其他液体渗入。

7.3 贮存

产品应装箱贮存于通风、干燥、无腐蚀的仓库内。

7.4 质量证明书

每批产品应附有质量证明书，注明：

a) 供方名称；

b) 产品名称、牌号、规格；

c) 生产批号；

d) 件数；

e) 质量技术监督部门印记；

f) 本标准编号；

g) 出厂日期。

ICS 59.080.01
W 09

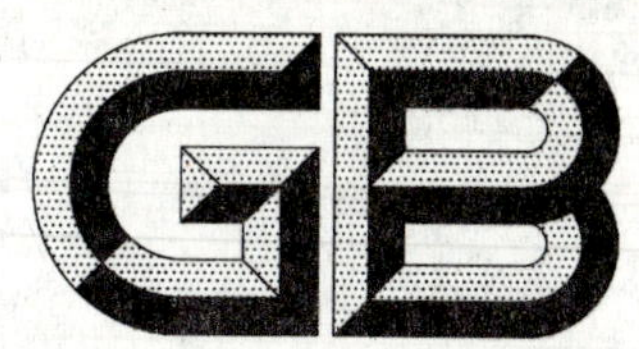

中华人民共和国国家标准

GB/T 18885—2009
代替 GB/T 18885—2002

生态纺织品技术要求

Technical specifications of ecological textiles

2009-06-11 发布 　　　　2010-01-01 实施

中华人民共和国国家质量监督检验检疫总局
中国国家标准化管理委员会　发布

前　言

本标准的产品分类和要求参照国际环保纺织协会 Oeko-Tex® Standard 100《生态纺织品通用及特殊技术要求》(2008 年第 1 版)。

本标准代替 GB/T 18885—2002《生态纺织品技术要求》,与 GB/T 18885—2002 的主要差异如下:

——标准的英文名称改为"Technical specifications of ecological textiles"。

——规范性引用文件中增加了 GB/T 20382《纺织品　致癌染料的测定》等 9 项试验方法标准,取消了 Oeko-Tex200《检测程序》和 SN 0704《出口皮革手套中铬(六价)含量的检测方法　分光光度法》。

——婴幼儿的年龄由 24 个月改为 36 个月。

——取消了表 1 中装饰材料重金属锑的限量值,对重金属铅增加了"禁止使用铅和铅合金"的注解。

——将表 1 中四氯苯酚、五氯苯酚及邻苯基苯酚统称为苯酚化合物,其中四氯苯酚的限量改为 3 个同分异构体的总量,并对邻苯基苯酚的限量值进行了调整。

——将表 1 中有机氯载体的名称改为氯苯和氯化甲苯。

——将表 1 中 PVC 增塑剂的名称改为邻苯二甲酸酯,并在直接接触皮肤用品中增加了对邻苯二甲酸二(2-乙基) 己酯、邻苯二甲酸丁基苄基酯和邻苯二甲酸二丁酯总量的限量值。

——表 1 有机锡化合物中直接接触皮肤用品、非直接接触皮肤用品和装饰材料增加了二丁基锡(DBP)的限量值,全部四类产品增加了三苯基锡(TPhT)的限量值。

——表 1 中致敏染料的限量值改为 50 mg/kg。

——表 1 中取消了一般气味的检测项目,增加了其他染料和禁用纤维两项新内容。

——附录 A 中增加了一种芳香胺 4-氨基偶氮苯(见表 A. 2)、两种致癌染料碱性紫 14 和分散橙 11 (见表 A. 3)及一种致敏染料分散棕 1(见表 A. 4),并增加了两种其他有害染料(见表 A. 5)。

——附录 B 中增加了六种杀虫剂。

——附录 E 中增加了两种禁用阻燃剂。

——增加了附录 F"含氯酚",将原附录 F 顺延为附录 G。

本标准的附录 A、附录 B、附录 C、附录 D、附录 E、附录 F、附录 G 为规范性附录。

本标准由中国纺织工业协会提出。

本标准由全国纺织品标准化技术委员会基础标准分会(SAC/TC 209/SC 1)归口。

本标准由国家纺织制品质量监督检验中心负责起草,浙江生态纺织品禁用染料检测中心有限公司参加起草。

本标准主要起草人:李治恩、李纯、王宝军、卢鸯。

本标准所代替标准的历次版本发布情况为:

——GB/T 18885—2002。

生态纺织品技术要求

1 范围

本标准规定了生态纺织品的术语和定义、产品分类、要求、试验方法、取样和判定规则。

本标准适用于各类纺织品及其附件。

2 规范性引用文件

下列文件中的条款通过本标准的引用而成为本标准的条款。凡是注日期的引用文件，其随后所有的修改单(不包括勘误的内容)或修订版均不适用于本标准，然而，鼓励根据本标准达成协议的各方研究是否可使用这些文件的最新版本。凡是不注日期的引用文件，其最新版本适用于本标准。

GB/T 2912.1 纺织品 甲醛的测定 第1部分:游离和水解的甲醛(水萃取法)(GB/T 2912.1—2009,ISO 14184-1:1998,MOD)

GB/T 3920 纺织品 色牢度试验 耐摩擦色牢度(GB/T 3920—2008,ISO 105-X12:2001,MOD)

GB/T 3922 纺织品耐汗渍色牢度试验方法(GB/T 3922—1995,eqv ISO 105-E04:1994)

GB/T 5713 纺织品 色牢度试验 耐水色牢度(GB/T 5713—1997,eqv ISO 105-E01:1994)

GB/T 7573 纺织品 水萃取液 pH 值的测定(GB/T 7573—2009,ISO 3071:2005,MOD)

GB/T 17592 纺织品 禁用偶氮染料的测定

GB/T 17593(所有部分) 纺织品 重金属的测定

GB/T 18412(所有部分) 纺织品 农药残留量的测定

GB/T 18414(所有部分) 纺织品 含氯苯酚的测定

GB/T 18886 纺织品 色牢度试验 耐唾液色牢度

GB/T 20382 纺织品 致癌染料的测定

GB/T 20383 纺织品 致敏性分散染料的测定

GB/T 20384 纺织品 氯化苯和氯化甲苯残留量的测定

GB/T 20385 纺织品 有机锡化合物的测定

GB/T 20386 纺织品 邻苯基苯酚的测定

GB/T 20388 纺织品 邻苯二甲酸酯的测定

GB/T 23344 纺织品 4-氨基偶氮苯的测定

GB/T 23345 纺织品 分散黄23和分散橙149染料的测定

GB/T 24279 纺织品 禁/限用阻燃剂的测定

GB/T 24281 纺织品 有机挥发物的测定 气相色谱-质谱法

3 术语和定义

下列术语和定义适用于本标准。

3.1

生态纺织品 ecological textiles

采用对环境无害或少害的原料和生产过程所生产的对人体健康无害的纺织品。

4 产品分类

按照产品(包括生产过程各阶段的中间产品)的最终用途，分为四类:

4.1 婴幼儿用品:供年龄在36个月及以下的婴幼儿使用的产品。

4.2 直接接触皮肤用品：在穿着或使用时，其大部分面积与人体皮肤直接接触的产品（如衬衫、内衣、毛巾、床单等）。

4.3 非直接接触皮肤用品：在穿着或使用时，不直接接触皮肤或其小部分面积与人体皮肤直接接触的产品（如外衣等）。

4.4 装饰材料：用于装饰的产品（如桌布、墙布、窗帘、地毯等）。

5 要求

生态纺织品的技术要求见表1。

表 1

项目		单位	婴幼儿用品	直接接触皮肤用品	非直接接触皮肤用品	装饰材料
pH 值[a]		—	4.0～7.5	4.0～7.5	4.0～9.0	4.0～9.0
甲醛 ≤	游离	mg/kg	20	75	300	300
可萃取的重金属 ≤	锑	mg/kg	30.0	30.0	30.0	—
	砷		0.2	1.0	1.0	1.0
	铅[b]		0.2	1.0[c]	1.0[c]	1.0[c]
	镉		0.1	0.1	0.1	0.1
	铬		1.0	2.0	2.0	2.0
	铬(六价)		低于检出限[d]			
	钴		1.0	4.0	4.0	4.0
	铜		25.0[c]	50.0[c]	50.0[c]	50.0[c]
	镍		1.0	4.0	4.0	4.0
	汞		0.02	0.02	0.02	0.02
杀虫剂[e] ≤	总量(包括 PCP/TeCP)[f]	mg/kg	0.5	1.0	1.0	1.0
苯酚化合物 ≤	五氯苯酚(PCP)	mg/kg	0.05	0.5	0.5	0.5
	四氯苯酚[f](TeCP,总量)		0.05	0.5	0.5	0.5
	邻苯基苯酚(OPP)		50	100	100	100
氯苯和氯化甲苯[f] ≤		mg/kg	1.0	1.0	1.0	1.0
邻苯二甲酸酯[g] ≤	DINP, DNOP, DEHP, DIDP,BBP,DBP[f](总量)	%	0.1	—	—	—
	DEHP,BBP,DBP(总量)			0.1		
有机锡化合物 ≤	三丁基锡(TBT)	mg/kg	0.5	1.0	1.0	1.0
	二丁基锡(DBT)		1.0	2.0	2.0	2.0
	三苯基锡(TPhT)		0.5	1.0	1.0	1.0
有害染料 ≤	可分解芳香胺染料[f]		禁用[d]			
	致癌染料[f]		禁用			
	致敏染料[f]		禁用[d]			
	其他染料[f]		禁用[d]			

表 1（续）

项目			单位	婴幼儿用品	直接接触皮肤用品	非直接接触皮肤用品	装饰材料
抗菌整理剂			—	无[h]			
阻燃整理剂		普通	—	无[h]			
		PBB，TRIS，TEPA，pentaBDE，octaBDE[f]	—	禁用			
色牢度（沾色）	≥	耐水	级	3	3	3	3
		耐酸汗液		3-4	3-4	3-4	3-4
		耐碱汗液		3-4	3-4	3-4	3-4
		耐干摩擦[i,j]		4	4	4	4
		耐唾液		4	—	—	—
挥发性物质[l]	≤	甲醛[50-00-0]	mg/m³	0.1	0.1	0.1	0.1
		甲苯[108-88-3]		0.1	0.1	0.1	0.1
		苯乙烯[100-42-5]		0.005	0.005	0.005	0.005
		乙烯基环己烷[100-40-3]		0.002	0.002	0.002	0.002
		4-苯基环己烷[4994-16-5]		0.03	0.03	0.03	0.03
		丁二烯[106-99-0]		0.002	0.002	0.002	0.002
		氯乙烯[75-01-4]		0.002	0.002	0.002	0.002
		芳香化合物		0.3	0.3	0.3	0.3
		挥发性有机物		0.5	0.5	0.5	0.5
异常气味[k]			—	无			
石棉纤维			—	禁用			

a 后续加工工艺中必须要经过湿处理的产品，pH 值可放宽至 4.0～10.5 之间；产品分类为装饰材料的皮革产品、涂层或层压（复合）产品，其 pH 值允许在 3.5～9.0 之间。

b 金属附件禁止使用铅和铅合金。

c 对无机材料制成的附件不要求。

d 合格限量值：对 Cr(Ⅵ)为 0.5 mg/kg，对芳香胺为 20 mg/kg，对致敏染料和其他染料为 50 mg/kg。

e 仅适用于天然纤维。

f 具体物质名单见附录 A、附录 B、附录 C、附录 D、附录 E、附录 F。

g 适用于涂层、塑料溶胶印花、弹性泡沫塑料和塑料配件等产品。

h 符合本技术要求的整理除外。

i 对洗涤褪色型产品不要求。

j 对于颜料、还原染料或硫化染料，其最低的耐干摩擦色牢度允许为 3 级。

k 针对除纺织地板覆盖物以外的所有制品，异常气味的种类见附录 G。

l 适用于纺织地毯、床垫以及发泡和有大面积涂层的非穿着用的物品。

6 试验方法

6.1 pH 值的测定按 GB/T 7573 执行。

6.2 甲醛含量的测定按 GB/T 2912.1 执行。

6.3 可萃取重金属的测定按 GB/T 17593 执行。

6.4 杀虫剂的测定按 GB/T 18412 执行。

6.5 苯酚化合物中含氯酚和邻苯基苯酚的测定分别按 GB/T 18414 和 GB/T 20386 执行。

6.6 氯苯和氯化甲苯的测定按 GB/T 20384 执行。

6.7 邻苯二甲酸酯的测定按 GB/T 20388 执行。

6.8 有机锡化合物的测定按 GB/T 20385 执行。

6.9 有害染料中可分解芳香胺染料的测定按 GB/T 17592 执行，其中 4-氨基偶氮苯的测定按 GB/T 23344 执行；致癌染料的测定按 GB/T 20382 执行；致敏染料的测定按 GB/T 20383 执行；其他有害染料的测定按 GB/T 23345 执行。

6.10 禁用阻燃剂的测定按 GB/T 24279 执行。

6.11 耐摩擦色牢度的测定按 GB/T 3920 执行。

6.12 耐汗渍色牢度的测定按 GB/T 3922 执行。

6.13 耐水色牢度的测定按 GB/T 5713 执行。

6.14 耐唾液色牢度的测定按 GB/T 18886 执行。

6.15 挥发性物质的测定按 GB/T 24281 执行。

6.16 异常气味的测定按本标准附录 G 执行。

7 取样

7.1 按有关标准规定或双方协议执行，否则按 7.2～7.4 执行。

7.2 从每批产品中随机抽取有代表性样品，试样数量应满足第 6 章中全部试验方法的要求。

7.3 样品抽取后，应密封放置，不应进行任何处理。

7.4 布匹试样：至少从距布端 2 m 以上取样，每个样品尺寸为 1 m×全幅；服装或制品试样：以一个单件(套)为一个样品。

8 判定规则

如果测试结果中有一项超出表 1 规定的限量值，则判定该批产品不合格。

附 录 A
（规范性附录）
有 害 染 料

A.1 还原条件下染料中不允许分解出的芳香胺

A.1.1 第一类：对人体有致癌性的芳香胺，见表 A.1。

表 A.1

中文名称	英文名称	化学文摘编号
4-氨基联苯	4-Aminobiphenyl	92-67-1
联苯胺	Benzidine	92-87-5
4-氯-邻甲基苯胺	4-Chloro-*o*-toluidine	95-69-2
2-萘胺	2-Naphthylamine	91-59-8

A.1.2 第二类：对动物有致癌性，对人体可能有致癌性的芳香胺，见表 A.2。

表 A.2

中文名称	英文名称	化学文摘编号
邻氨基偶氮甲苯	*o*-Aminoazotoluene	97-56-3
2-氨基-4-硝基甲苯	2-Amino-4-nitrotoluene	99-55-8
对氯苯胺	*p*-Chloroaniline	106-47-8
2,4-二氨基苯甲醚	2,4-Diaminoanisole	615-05-4
4,4'-二氨基二苯甲烷	4,4'-Diaminobiphenylmethane	101-77-9
3,3'-二氯联苯胺	3,3'-Dichlorobenzidine	91-94-1
3,3'-二甲氧基联苯胺	3,3'-Dimethoxybenzidine	119-90-4
3,3'-二甲基联苯胺	3,3'-Dimethylbenzidine	119-93-7
3,3'-二甲基-4,4'-二氨基二苯甲烷	3,3'-Dimethyl-4,4'-diaminobiphenylmethane	838-88-0
对甲酚定	*p*-Cresidine	120-71-8
4,4'-亚甲基-二-(2-氯苯胺)	4,4'-Methylene-bis-(2-chloroaniline)	101-14-4
4,4'-二氨基二苯醚	4,4'-Oxydianiline	101-80-4
4,4'-二氨基二苯硫醚	4,4'-Thiodianiline	139-65-1
邻甲苯胺	*o*-Toluidine	95-53-4
2,4-二氨基甲苯	2,4-Toluylendiamine	95-80-7
2,4,5,-三甲基苯胺	2,4,5,-Trimethylaniline	137-17-7
邻甲氧基苯胺	*o*-Anisidine	90-04-0
2,4 二甲基苯胺	2,4-Xylidine	95-68-1
2,6 二甲基苯胺	2,6-Xylidine	87-62-7
4-氨基偶氮苯	4-Aminoazobenzene	60-09-3

A.2 致癌染料

见表 A.3。

表 A.3

染料索引商品名		染料索引结构号	化学文摘编号
中文名称	英文名称		
酸性红 26	Acid Red 26	16150	3761-53-3
碱性红 9	Basic Red 9	42500	569-61-9
直接黑 38	Direct Blue 38	30235	1937-37-7
直接蓝 6	Direct Blue 6	22610	2602-46-2
直接红 28	Direct Red 28	22120	573-58-0
分散蓝 1	Disperse Blue 1	64500	2475-45-8
分散黄 3	Disperse Yellow 3	11855	2832-40-8
碱性紫 14	Basic Violet 14	42510	632-99-5
分散橙 11	Disperse Orange 11	60700	82-28-0

A.3 致敏染料

见表 A.4。

表 A.4

染料索引商品名		染料索引结构号	化学文摘编号
中文名称	英文名称		
分散蓝 1	Disperse Blue 1	64500	2475-45-8
分散蓝 3	Disperse Blue 3	61505	2475-46-9
分散蓝 7	Disperse Blue 7	62500	3179-90-6
分散蓝 26	Disperse Blue 26	63305	
分散蓝 35	Disperse Blue 35		12222-75-2
分散蓝 102	Disperse Blue 102		12222-97-8
分散蓝 106	Disperse Blue 106		12223-01-7
分散蓝 124	Disperse Blue 124		61951-51-7
分散橙 1	Disperse Orange 1	11080	2581-69-3
分散橙 3	Disperse Orange 3	11005	730-40-5
分散橙 37	Disperse Orange 37	11132	
分散橙 76	Disperse Orange 76	11132	
分散红 1	Disperse Red 1	1110	2872-52-8
分散红 11	Disperse Red 11	62015	2872-48-2
分散红 17	Disperse Red 17	11210	3179-89-3
分散黄 1	Disperse Yellow 1	10345	

表 A.4（续）

染料索引商品名		染料索引结构号	化学文摘编号
中文名称	英文名称		
分散黄 3	Disperse Yellow 3	11855	2832-40-8
分散黄 9	Disperse Yellow 9	10375	6373-73-5
分散黄 39	Disperse Yellow 39		
分散黄 49	Disperse Yellow 49		
分散棕 1	Disperse Brown 1		23355-64-8

A.4 其他禁用染料

见表 A.5。

表 A.5

染料索引商品名		染料索引结构号	化学文摘编号
中文名称	英文名称		
分散橙 149	Disperse Orange 149		85136-74-9
分散黄 23	Disperse Yellow 23	26070	6250-23-3

附 录 B
（规范性附录）
杀虫剂

B.1 杀虫剂见表B.1。

表 B.1

中文名称	英文名称	化学文摘编号
2,4,5 涕	2,4,5-T	93-76-5
2,4 滴	2,4-D	97-75-7
艾氏剂	Aldrine	309-00-2
甲氨甲酸奈酯	Carbaryl	63-25-2 （原为 63-25-3）
二羟二奈基二硫醚	DDD	53-19-0,72-54-8
滴滴意	DDE	3424-82-6,72-55-9
滴滴涕	DDT	50-29-3,789-02-6
狄氏剂	Diedrine	60-57-1
α-硫丹	α-endosulfan	959-98-8 （原为 115-29-7）
β-硫丹	β-Endosulfan	33213-65-9
异狄氏剂	Endrine	72-20-8
七氯	Heptachlor	76-44-8
七氯环 7 氧化物	Heptachloroepoxide	1024-57-3
六氯苯	Hexachlorobenzene	118-74-1
α-六六六	α-Hexachlorcyclohexane	319-84-6
β-六六六	β-Hexachlorcyclohexane	319-85-7
γ-六六六	γ-Hexachlorcyclohexane	319-86-8
高丙体六六六	Lindane	58-89-9
甲氧滴滴涕	Methoxychlor	72-43-5
灭蚁灵	Mirex	2358-85-5
毒杀芬	Toxaphene	8001-35-2
氟乐灵	Trifluralin	1582-09-8
谷硫磷	Azinophosmethyl	86-50-0
乙基谷塞昂	Azinophosethyl	2642-71-9
乙基溴硫磷	Bromophosethyl	4824-78-6
敌菌丹	Captafol	2425-06-1
氯丹	Chlordane	57-74-9
毒虫畏，杀螟威	Chlorfenvinphos	470-90-6

表 B.1（续）

中文名称	英文名称	化学文摘编号
香豆磷，蝇毒磷，库马福司	Coumaphos	56-72-4
氟氯氰菊酯，百树菊酯	Cyfluthrin	68359-37-5
(RS)-氟氯氰菊酯	Cyhalothrin	91465-08-6
三硫代磷酸三丁酯	DEF	78-48-8
氯氰菊酯，腈二氯苯醚菊脂	Cypermethrin	52315-07-8
溴氰菊酯	Deltamethrin	52918-63-5
二嗪磷，敌匹硫磷，二嗪农	Diazinon	333-41-5
2,4-滴丙酸	Dichorprop	120-36-2
百治磷	Dicrotophos	141-66-2
乐果	Dimethoate	60-51-5
地乐酚	Dinoseb and salts	88-85-7
氰戊菊酯	Esfenvalerate	66230-04-4
杀灭菊酯	Fenvalerate	51630-58-1
氯苯甲脒，氯二甲脒	Chlordimeform	1970-95-9
马拉硫磷	Malathion	121-75-5
2-甲-4-氯苯氧乙酸	MCPA	94-74-6
2-甲-4-氯苯氧丁酸	MCPB	94-81-5
2-甲-4-氯苯氧丙酸	Mecoprop	93-65-2
甲胺磷	Metamidophos	10265-90-6
久效磷	Monocrotophos	6923-22-4
对硫磷，硝苯硫磷酯 E-606，1605	Parathion	56-38-2
甲基对硫磷	Parathion-methyl	298-00-0
速灭磷，磷君，法斯金	Phosdri/mevinphos	7786-34-7
烯虫磷	Propetamphos	31218-83-4
丙溴磷	Profenophos	41198-08-7
喹硫磷	Quinalphos	13593-03-8
异艾氏剂	Isodrine	465-73-6
克来范	Kelevane	4234-79-1
十氯酮	Kepone	143-50-0
乙滴涕	Perthane	72-56-0
毒杀芬	Strobane	8001-50-1
碳氯灵	Telodrine	297-78-9

附 录 C
（规范性附录）
邻苯二甲酸酯

C.1 邻苯二甲酸酯见表 C.1。

表 C.1

中文名称	英文名称	化学文摘编号
邻苯二甲酸二异壬酯	Di-iso-nonyl phthalate (DINP)	28553-12-0
邻苯二甲酸二辛酯	Di-n-octyl phthalate (DNOP)	117-84-0
邻苯二甲酸二(2-乙基)己酯	Di(2-ethyl hexyl)-phthalate (DEHP)	117-81-7
邻苯二甲酸二异癸酯	Diisodecyl phthalate (DIDP)	26761-40-0
邻苯二甲酸丁基苄基酯	Butylbenzyl phthalate (BBP)	85-68-7
邻苯二甲酸二丁酯	Dibutuyl phthalate (DBP)	84-74-2

附 录 D
（规范性附录）
氯苯和氯化甲苯

D.1 氯苯和氯化甲苯见表 D.1。

表 D.1

中文名称	英文名称
二氯苯类化合物	Dichlorobenzenes
三氯苯类化合物	Tichlorobenzenes
四氯苯类化合物	Tetrachlorobenzenes
五氯苯类化合物	Pentachlorobenzenes
六氯苯类化合物	Hexachlorobenzenes
氯甲苯类化合物	Chlorotoluenes
二氯甲苯类化合物	Dichlorotoluenes
三氯甲苯类化合物	Trichlorotoluenes
四氯甲苯类化合物	Tetrachlorotoluenes
五氯甲苯类化合物	Pentachlorotoluenes

附 录 E
（规范性附录）
禁用阻燃剂

E.1 禁用阻燃剂见表 E.1。

表 E.1

中文名称	英文名称	化学文摘编号
多溴联苯	Polybrominated biphenyles (PBB)	59536-65-1
三-(2,3-二溴丙基)-磷酸酯	Tri-(2,3-dibromo-propy)-phosphate(TRIS)	126-72-7
三-(氮环丙基)-膦化氧	Tris-(azir-idinyl)-phos-phinoxide (TEPA)	5455-55-1
五溴二苯醚	Pentabromodiphenylether(pentaBDE)	32534-81-9
八溴联苯醚	Octabromodiphenylether (octaBDE)	32536-52-0

附　录　F
（规范性附录）
含　氯　酚

F.1　含氯酚见表F.1。

表 F.1

中文名称	英文名称	化学文摘编号
五氯苯酚	Pentachlorophenol	87-86-5
2,3,5,6-四氯苯酚	2,3,5,6-Tetrachlorphenol	935-95-5
2,3,4,6-四氯苯酚	2,3,4,6-Tetrachlorphenol	58-90-2
2,3,4,5-四氯苯酚	2,3,4,5-Tetrachlorphenol	4901-51-3

附　录　G
（规范性附录）
异常气味的测定　嗅辨法

G.1　范围

本附录规定了一种纺织品上异常气味的测定方法。

本方法适用于除纺织地板覆盖物以外的所有纺织品。

G.2　原理

将纺织品试样置于规定环境中，利用人的嗅觉来判定其带有的气味。

G.3　取样

G.3.1　织物试样：尺寸不小于 20 cm×20 cm。

G.3.2　纱线和纤维试样：重量不少于 50 g。

G.3.3　抽取样品后应立即将其放入一洁净无气味的密闭容器内保存。

G.4　程序

G.4.1　试验应在得到样品后 24 h 之内完成。

G.4.2　试验应在洁净的无异常气味的测试环境中进行。

G.4.3　将试样放于试验台上，操作者事先应洗净双手，戴上手套，双手拿起试样靠近鼻腔，仔细嗅闻试样所带有的气味，如检测出下列气味中的一种或几种，即判为不合格，并做记录。

a)　霉味；

b)　高沸程石油味（如汽油、煤油味）；

c)　鱼腥味；

d)　芳香烃气味；

e)　香味。

如未检出上述气味，则在报告上注明“无异常气味”。

注：为了保证试验结果的准确性，参加气味测定的人员，事先不能吸烟或进食辛辣刺激食物，不能化妆。由于嗅觉易于疲劳，测定过程中需适当休息。

ICS 29.020
K 09

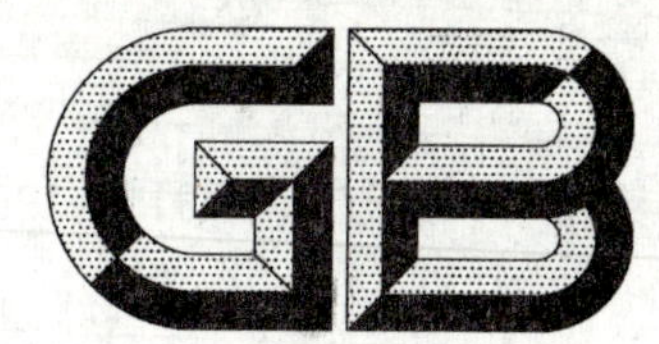

中华人民共和国国家标准

GB/T 18891—2009/IEC 60152:1963
代替 GB/T 18891—2002

三相电力系统相导体的钟时序数标识

Identification by hour numbers of the phase conductors of 3-phase electric systems

(IEC 60152:1963,IDT)

2009-05-06 发布　　2009-11-01 实施

中华人民共和国国家质量监督检验检疫总局
中国国家标准化管理委员会　发布

前　言

本标准等同采用 IEC 60152:1963《三相电力系统相导体的钟时序数标识》(英文版)。

本标准与 IEC 60152:1963 的编辑性差异为:

——取消了 IEC 标准前言和引言;

——增加了我国标准的前言。

本标准代替 GB/T 18891—2002《三相电力系统相导体的钟时序数标识》。

本标准与 GB/T 18891—2002 相比,主要差异如下:

——修改了标准的前言,删除了原标准中不应包含的说明性信息;

——将 3.4 中的字母 U、V、W 分别改为 A、B、C,与 IEC 60152 的标识一致。

本标准由全国电气安全标准化技术委员会(SAC/TC 25)提出并归口。

本标准起草单位:机械工业北京电工技术经济研究所、正泰电气股份有限公司、机械科学研究院、北京国电华北电力工程有限公司(华北电力设计院)。

本标准的主要起草人:曾雁鸿、仲照龙、郭汀、高惠民。

本标准所代替标准的历次版本发布情况为:

——GB/T 18891—2002。

三相电力系统相导体的钟时序数标识

1 范围

本标准提出了用钟时(时钟表盘)序数来标识三相互连系统的导体的方法。所用钟时序数以任意原点为起点,以施加其上的电压相序为基础。

采用钟时序数的本标识系统考虑了由于接入电力变压器所产生的并由其绕组的连接方式所决定的相电压矢量的相位移,但不考虑由导体和变压器绕组的阻抗所造成的相位移。因为,该阻抗是随导体和绕组的长度和所连接的负载而变化,而且在该导体标识系统中,不起任何作用。

因此,同一根导体,沿其整个长度上的序数是一样的,只有在导体系统经过变压器后,该序数才会变化。对于给定的变压器,此钟时序数的变化是恒定的,这个变化表明了变压器空载时的电压矢量的位置发生了变化。

2 应用

钟时序数用于:

——在给定的变电站中,确定与在别处已连接好的网络有关的三相导体组能够互相连接的可能性;

——清楚地指出为达到所要求的互相连接,需将这些三相导体组里的哪些导体连接在一起;

——在运行中,特别是系统受到扰动时,便于识别和利用分配给不同相的测量设备和保护设备所提供的指示信号。

3 钟时序数编制的基本要点

3.1 网络或一组网络中的每根导体都有一个序数,该序数适用于同一相的所有导体。

只有同一序数的导体才能连接在一起。

3.2 以相位差为 30 电角度作为一个标记用单位,这个角度对应于时针从某一个小时数移到下一个小时数的实际角度(此系统已用于指示由于电力变压器绕组互相连接而产生的相位移)。

12 个钟时序数可以从 1 到 12,或从 0 到 11。

注:显然写 0(即零相位差)或写 12(即 360°相位差)是一样的。一般来讲,写这两个序数中的任何一个都是可以的。然而,有时候只可采用其中的某一个。例如:当数字 0 或字母 O 已有其他的含义时,如已用来表示中性线,就需要采用 12;但若用 0 而不会有混淆的危险时,就优先采用 0。本文以下均用 12(0)。

这样,组成三相组的三根导体具有三个彼此相差四个单位(相当于 120 电角度)的数。例如 4-8-12(0)或 3-7-11。

3.3 电压滞后的导体用大一些的钟时序数表示。这样,用序数 8 标志的导体的电压比用序数 4 标志的导体的电压滞后 120 电角度。

3.4 连接到电力变压器以同一相字母表示的对应绕组端子的导体,其序数的差值必须等于变压器钟时序数。

如果高压端子相字母的顺序是和相序一致的(即:端子 A、B 和 C 所连接的导体的序数分别按 4 递增),低压导体的序数则可从高压导体的钟时序数加上变压器连接的钟时序数来得到。

例如一台钟时序数为 11 的星形—三角形连接的变压器,其高压侧端子 A、B 和 C 分别接到导体 12(0)-4-8,则连接到低压侧端子 A、B 和 C 的导体,其序数应为 11-3-7(加 11 与减 1 是一样的)。

相反,如果高压侧端子相字母的顺序和相序是相反的(即端子 A、B 和 C 所连接的导体的序数分别按 4 递减),则低压端子的序数可从高压导体的钟时序数减去变压器连接的钟时序数来得到。

例如一台钟时序数为 11 的星形—三角形连接的变压器,其高压侧端子 A、B 和 C 分别接到导体

12(0)-8-4，则连接到低压侧端子 A、B 和 C 的导体，其序数应为 1-9-5(减 11 与加 1 是一样的)。

这些例子表明，钟时序数为 11 的变压器(它和钟时序数为 1 的变压器一样)，可以将 4、8、12(0)系统连接到 1、5、9 系统，也可以连接到 3、7、11 系统。但连接到其中一个系列时，必须使端子顺序与相序相反。

注：我国输变电设备的三相互联系统导体的端子(如变压器、高压开关等)均用 A、B、C 标识；有些产品的端子(如发电机)使用 U、V、W 标识。但是在电力行业系统运行安装时，一律改用 A、B、C。

3.5 为保证所有互连网络间或将来要互连的网络之间的钟时序数的一致性，应将具有星形连接绕组的所有超高压网络中的其中一根导体的钟时序数标为 12(0)。

注：此一设想基于下列考虑：

a) 一般来说，接到超高压系统的变压器绕组都是星形连接，并且即使将来采用更高的电压，这些新电压的绕组也可能是星形连接。那么在所有这些系统之间的直接耦合是或将要是没有相位移的。所以，一开始就把它们设计为同一钟时序数。选择钟时序数 4、8、12(0)是因为在一些已经采用钟时序数标识的国家里的高电压系统从一开始就采用了这种序数。

b) 如果在这些超高压系统之间的现有耦合已经是通过较低电压系统来进行，实际上常常是可以安排直接耦合的，即高压系统之间没有相位移的直接耦合。

因此，对于电压高于约 100 kV 的超高压系统的导体，实际上常常可以采用钟时数 4、8、12(0)。自然，对这些系统中的其中一个系统，选择数码为 12(0)的导体，就需要把已经互连在一起的全部系统逐个都编出序数。至于那些尚未互连的系统，当有需求时，应把具有同一钟时序数的导体连接在一起，才能实现系统之间的互连。

4 钟时序数的标注位置

钟时序数一般不标注在导体自身，而是标注在它们附近的合适之处。

对于测量设备和保护设备，标注出对应相的钟时序数，也将会带来方便。

ICS 43.040.01;83.140.40
G 42

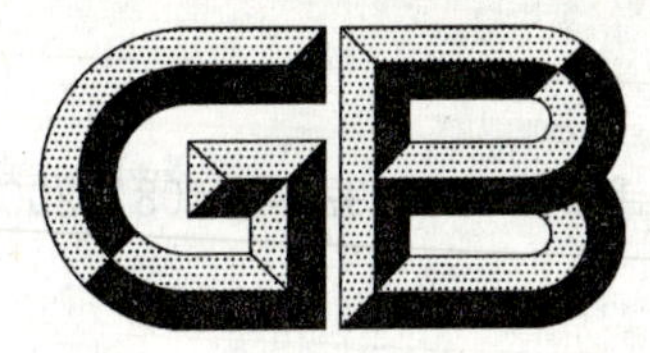

中华人民共和国国家标准

GB/T 18948—2009/ISO 4081:2005
代替 GB/T 18948—2003

内燃机冷却系统用橡胶软管和纯胶管规范

Rubber hoses and tubing for cooling systems for internal-combustion engines—Specification

(ISO 4081:2005,IDT)

2009-06-15 发布　　　　2010-02-01 实施

中华人民共和国国家质量监督检验检疫总局
中国国家标准化管理委员会　发布

前　言

本标准等同采用 ISO 4081:2005《内燃机冷却系统用橡胶软管和纯胶管　规范》(英文版)。

本标准等同翻译 ISO 4081:2005。

本标准第 2 章引用的 GB/T 1690—2006 是修改采用国际标准 ISO 1817:2005,本标准所涉及的 3 号标准油与国际标准一致。

为便于使用,本标准做了下列编辑性修改:

a)“本国际标准”一词改为“本标准”;

b) 用小数点“.”代替作为小数点的逗号“,”;

c) 删除国际标准的前言;

d) 本标准第 5 章中用序号“5.1、5.2…”代替“a)、b)…”。

本标准代替 GB/T 18948—2003《轿车和轻型商用车辆冷却系统用纯胶管和橡胶软管》。

本标准与 GB/T 18948—2003 的主要变化如下:

——修改标准名称;

——对软管类型进行了重新规定,由原来的 3 个型别改为现在的 4 个型别,采用了国际标准的分类形式;

——删去了 GB/T 18948—2003 标准中第 4 章的内壁清洁度;

——删去了 GB/T 18948—2003 标准中第 5 章的 5.1 硬度,5.2 拉伸强度和拉断伸长率,5.3 热空气老化后性能的变化,5.4 压缩永久变形,5.5 耐冷却液性能和 5.6 耐 3 号油性能的内容;

——删去了 GB/T 18948—2003 标准中附录 A 的机械疲劳试验,附录 B 的低温弯曲试验(−40 ℃)和附录 C 的内容;

——将 GB/T 18948—2003 标准中第 5 章的 5.11 低温压缩变形改为本标准 5.10 压缩永久变形;

——将 GB/T 18948—2003 标准中第 5 章的 5.13 机械疲劳强度改为本标准 5.12 压力/振动/温度试验;

——增加了耐膨胀性(5.6)、耐电化学降解性(5.7)、耐热老化性(5.9)和耐润滑油的表面污染性(5.11)的内容;

——增加了检验频次(第 6 章)的内容;

——增加了规范性附录(附录 A、附录 B、附录 C、附录 E、附录 F)和资料性附录(附录 D、附录 G)的内容。

本标准的附录 A、附录 B、附录 C、附录 E、附录 F 是规范性附录,附录 D、附录 G 是资料性附录。

本标准由中国石油和化学工业协会提出。

本标准由全国橡胶与橡胶制品标准化技术委员会软管分技术委员会(SAC/TC 35/SC 1)归口。

本标准起草单位:四川川环科技股份有限公司、四川省汽车特种橡胶制品工程技术研究中心。

本标准主要起草人:文勇。

本标准所代替标准的历次版本发布情况为:

——GB/T 18948—2003。

内燃机冷却系统用橡胶软管和纯胶管 规范

警告:使用本标准的人员应熟悉正规实验室操作规程。本标准无意涉及因使用本标准可能出现的所有安全问题。制定相应的安全和健康制度,并确保符合国家法规是使用者的责任。

1 范围

本标准规定了用于自重含3.5 t以下车辆内燃机(见GB/T 3730.2的规定)中以1,2-乙二醇为冷却剂的增压或泄压冷循环系统的直式或预成型软管或纯胶管。本标准可用作分类方法,以使原始装备制造商(OEM)可对不包括所规定的主要型别内的专用试验进行详细标注(参见附录D的示例)。在这种情况下,软管或纯胶管不带有任何显示本标准编号的标记,而应按OEM的零部件图样详细标注的识别标记。

2 规范性引用文件

下列文件中的条款通过本标准的引用而成为本标准的条款。凡是注日期的引用文件,其随后所有的修改单(不包括勘误的内容)或修订版均不适用于本标准,然而,鼓励根据本标准达成协议的各方研究是否可使用这些文件的最新版本。凡是不注日期的引用文件,其最新版本适用于本标准。

GB/T 1690—2006　硫化橡胶或热塑性橡胶耐液体试验方法(ISO 1817:2005,MOD)

GB/T 2941　橡胶物理试验方法试样制备和调节通用程序(GB/T 2941—2006,ISO 23529:2004,IDT)

GB/T 3730.2　道路车辆　质量　词汇和代码(GB/T 3730.2—1996,idt ISO 1176:1990)

GB/T 5563　橡胶和塑料软管及软管组合件　静液压试验方法(GB/T 5563—2006,ISO 1402:1994,IDT)

GB/T 5564—2006　橡胶和塑料软管　低温曲挠试验(ISO 4672:1997,IDT)

GB/T 5565　橡胶或塑料增强软管和非增强软管　弯曲试验(GB/T 5565—2006,ISO 1746:1998,IDT)

GB/T 5567　橡胶和塑料软管及软管组合件　耐吸扁性能的测定(GB/T 5567—2006,ISO 7233:1991,IDT)

GB/T 5576　橡胶与胶乳　命名法(GB/T 5576—1997,idt ISO 1629:1995)

GB/T 9575　工业通用橡胶和塑料软管内径尺寸及公差和长度公差(GB/T 9575—2003,ISO 1307:1992,IDT)

GB/T 14905　橡胶和塑料软管　各层间粘合强度的测定(GB/T 14905—2009,ISO 8033:2006,IDT)

GB/T 24134—2009　橡胶和塑料软管　静态条件下耐臭氧性能的评价(ISO 7326:2006,IDT)

ISO 188[1)]　硫化橡胶或热塑性橡胶　加热老化和耐热试验

ISO 6162-1　液压传动　带分体式或整体式法兰以及公制或英制螺栓的法兰管接头　第1部分:用于3.5 MPa至35 MPa压力下,DN13至DN127的法兰管接头

SAE J20:2004　冷却系统软管

SAE J1638　软管或实心圆盘的压缩永久变形

SAE J1684:2000　评价冷却系统软管及材料电化学性能的试验方法

---

1) 与ISO 188:1998对应的国家标准是GB/T 3512—2001。

3 分类

橡胶软管和纯胶管由橡胶层和增强层或仅由橡胶层组成，最终硫化前可经过预成型，也可不经过预成型。软管和纯胶管可带有歧管，在这种情况下，与歧管的连接方法应使软管在按照本标准测试时保持完整性。本标准不包括装配到连接器的安装要求。

软管和纯胶管按用途分为四种型别：

1 型：工作环境温度范围为－40 ℃～＋100 ℃

2 型：工作环境温度范围为－40 ℃～＋125 ℃

3 型：工作环境温度范围为－40 ℃～＋150 ℃

4 型：工作环境温度范围为－40 ℃～＋175 ℃

在经济和技术条件允许的情况下，软管和纯胶管在其制造过程中应使用可回收材料。同样，在经济和技术条件允许的情况下，软管和纯胶管应使用消费后可回收材料或工业生产可回收材料。

4 尺寸和公差

软管和纯胶管的内径和公差应符合 GB/T 9575 的规定，管壁厚度应满足本标准要求。

5 橡胶软管和纯胶管的性能要求

软管和纯胶管的型式检验(见第 6 章定义)在附录 E 中给出。对于每种用途的软管或纯胶管，试验应根据最终产品的性能要求，从以下列项中选择。

5.1 爆破压力

当按 GB/T 5563 规定，在 GB/T 2941 规定的标准实验室温度下，最小爆破压力应为：

纯胶管：所有尺寸的纯胶管，0.2 MPa

橡胶软管：直径小于或等于 18 mm，1.2 MPa

直径大于 18 mm、小于或等于 35 mm，0.9 MPa

直径大于 35 mm，0.5 MPa

5.2 粘合强度(适用于带两层或更多层粘合层的结构)

当按 GB/T 14905 中适合程序进行测定时，未老化软管的层间粘合强度应不小于 1.75 kN/m，对于经 5.9 老化、5.11 浸油和 5.12 振动疲劳后的软管层间粘合强度应不小于 1.25 kN/m。

5.3 低温曲挠性

5.3.1 对于内径为 25 mm 及以下的软管和纯胶管，取自由直段部分长度至少为 300 mm：当冷却至－40 ℃±2 ℃，保持 5 h±0.5 h 并按 GB/T 5564—2006 中的方法 B 进行试验时，将其在半径为软管或纯胶管最大外径 10 倍的冷却至相似程度的芯轴上弯曲 4 s 后，放大 2 倍检查不应出现龟裂现象。弯曲试验后，软管或纯胶管应符合 5.1 爆破强度要求。

5.3.2 对于内径大于 25 mm 的软管和纯胶管，取自由直段部分长度至少为 300 mm：当按 SAE J20：2004 中 5.1.2 进行试验时，放大 2 倍检查，软管或纯胶管不应出现龟裂现象。弯曲试验后，软管或纯胶管应符合 5.1 爆破强度要求。

5.4 耐吸扁性

5.4.1 对于内径 16 mm 及以下的软管，当按 GB/T 5567 规定，在 100 ℃条件下对软管或纯胶管施加 0.015 MPa 绝对压力，保持 10 min，外径塌扁不应超过 30％；

5.4.2 对于内径大于 16 mm 但小于 25 mm 的软管，当按 GB/T 5567 规定，在 100 ℃条件下对软管或纯胶管施加 0.02 MPa 绝对压力，保持 10 min，外径塌扁不应超过 30％；

5.4.3 对于内径 25 mm 及以上软管，当按 GB/T 5567 规定，在 100 ℃条件下对软管或纯胶管施加 0.03 MPa 绝对压力，保持 10 min，外径塌扁不应超过 30％。

5.5 耐弯折性(仅适用于内径为 19.5 mm 或小于 19.5 mm 的直软管或纯胶管)

当按 GB/T 5565 测定时,最大变形系数(T/D)不应大于 0.7。所用的芯轴尺寸为:对于内径小于或等于 10.5 mm 的软管和纯胶管,芯轴为 140 mm;对于内径大于 10.5 mm,小于或等于 16.5 mm 的软管和纯胶管,芯轴为 220 mm;对于内径大于 16.5 mm,小于或等于 19.5 mm 的软管和纯胶管,芯轴为 300 mm。

5.6 耐膨胀性(仅适用于软管)

当按附录 A 测定时,膨胀不应超过 12%。

5.7 耐电化学降解性

当按 SAE J1684:2000 中方法 1 试验时,软管和纯胶管内表面不应出现龟裂或"条痕"。

5.8 耐臭氧性

当在下列条件下,按 GB/T 24134—2009 中方法 2 试验时,放大 2 倍检查,软管或纯胶管不应出现龟裂现象。

臭氧分压:50 mPa±3 mPa

持续时间:72 h±2 h

温度:40 ℃±2 ℃

伸长率:20%

5.9 耐热老化性

按 ISO 188 规定,软管或纯胶管的 1 型在 100 ℃下,2 型在 125 ℃下,3 型在 150 ℃下或 4 型在 175 ℃下老化 1 000 h±5 h 后,所有的结构应符合 5.2 粘合强度,5.3 低温曲挠性和 5.8 耐臭氧性要求。

5.10 压缩永久变形

当按 SAE J1638 测定时,软管或纯胶管的 1 型在 100 ℃下,2 型在 125 ℃下,3 型在 150 ℃下或 4 型在 175 ℃下保持 24 h±2 h,所有型别的软管或纯胶管的压缩永久变形不应超过 50%。

5.11 耐润滑油的表面污染性

当按附录 B 要求使用 GB/T 1690—2006 中的 3 号标准油试验时,所有的结构应符合 5.2 粘合强度要求。

5.12 压力/振动/温度试验

当按附录 C 试验时,所有结构应符合 5.2 粘合强度,5.3 低温曲挠性(爆破压力至少为原爆破压力的 85%)和 5.8 耐臭氧性要求。外径的变化应小于 15%。

6 检验频次

型式检验和例行检验的项目应分别符合附录 E、附录 F 的规定。

型式检验是制造方为明示其特定方法制造的特定软管或纯胶管的设计符合本标准的所有要求而进行的试验。此试验应至少每 5 年进行一次,或在制造方法或使用材料发生变化时进行。

例行检验应按制造商和客户认可的频次,在发货前对最终的软管或纯胶管产品实施。

生产验收检验是参见附录 G 规定的检验,制造方为控制其产品质量而采用的检验。附录 G 规定的频次仅做参考。

7 标记

所有的软管都应连续标识如下内容:

a) 制造厂名称或商标;

b) 本标准编号及年份;

c) 根据第 3 章的型别分类;

d) 内径,单位:mm;

e) 制造的年份和季度；

f) 按 GB/T 5576 的要求标明制造材料的代码。

例如：MAN/制造商/GB/T 18948—2009/1 型/10/2Q05/EPDM

在产品长度或形状不允许按上述要求做标记处，可按客户和制造方之间的协议执行。

附 录 A
（规范性附录）
膨胀试验

A.1 设备

作为密封系统的试验装备应允许制冷剂在软管内进行加压，压力和温度在整个试验过程中应保持不变。

A.2 步骤

将软管安装在压力设备上，填充等体积1,2-乙二醇和蒸馏水的混合物，并安全密封。在给系统施加压力前，测量外周长或外径。增加压力至0.2 MPa并升温至125 ℃，保持此压力和温度8 h，然后在此条件下，在原测量位置再次测量外周长或外径。膨胀情况用周长或直径增加百分比表述。

附 录 B
（规范性附录）
耐润滑油造成的表面污染性

将适当长度的软管或纯胶管的端部密封，以确保粘合强度试验（见5.2）、低温曲挠性试验（见5.3）、耐臭氧试验（见5.8）的进行。

将每个试样完全浸没在规定的60 ℃的含介质的流体中2 h。

浸泡过程结束后，将软管或纯胶管的表面擦干，并按要求进行试验。

附 录 C
（规范性附录）
压力、振动和温度试验

C.1 设备

压力、振动和温度试验设备应能使软管或纯胶管试样承受规定的温度下，即水平与纵向振动（见图 C.1）和压力脉冲。设备应由一个固定歧管和一个振动歧管组成，振动歧管可在各个方向上线性运动。除另有规定外，固定歧管和振动歧管应能以实际使用位置安装。

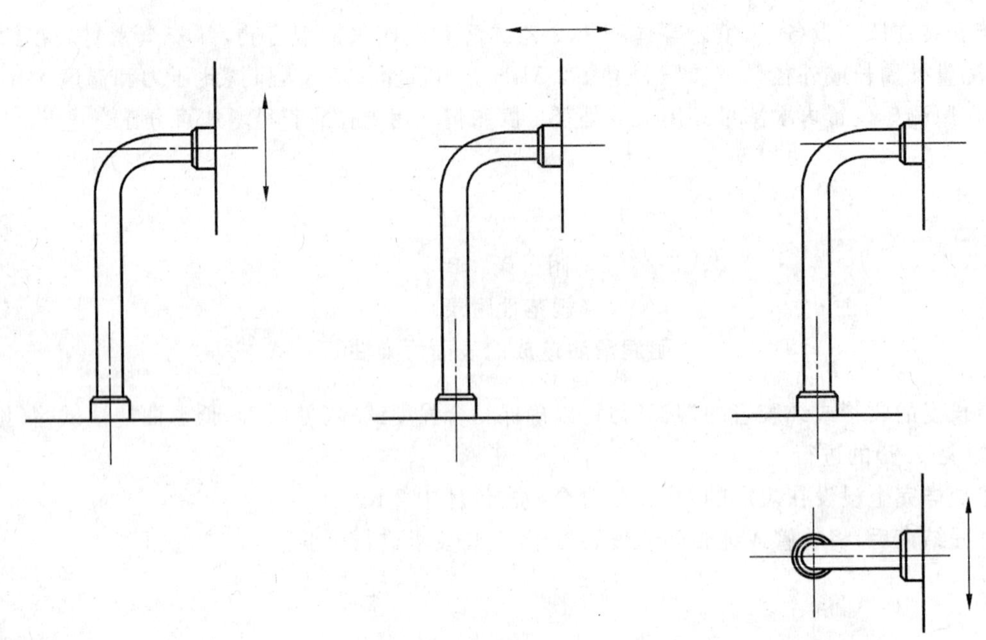

图 C.1 试样的振动方向

试验设备应能在以下参数范围内操作：

振幅：	0 mm～30 mm
振动频率：	2 Hz～15 Hz（正弦曲线）
脉冲压力：	0 MPa～0.5 MPa
压力脉冲循环时间：	1 s～5 min
压力上升和下降时间：	1 s～5 min
试验流体温度：	−20 ℃～130 ℃（公差±3 ℃）
试验流体速率：	5 L/min～250 L/min
环境温度：	−20 ℃～+180 ℃

连接到歧管上的软管或纯胶管应符合 ISO 6162-1 规定的内径为 10 mm～70 mm 的软管或纯胶管的要求。

试样数量：　　2～6 件

C.2 试样

应至少测试 2 个试样。

C.3 试验软管和纯胶管的调节

软管或纯胶管制造后的 24 h 内不应进行试验。试验前，试样应在标准温度和湿度(见 GB/T 2941)下至少调节 3 h，该调节时间可作为制造后 24 h 的一部分。

C.4 程序

C.4.1 将试样装配管接头，并将软管组合件安装到试验设备上。

C.4.2 除另有规定外，试验按以下条件进行：

振幅：	8 mm
振动频率：	10 Hz(正弦曲线)
脉冲压力：	软管 0.07 MPa～0.20 MPa
	纯胶管 0.01 MPa～0.06 MPa
压力脉冲循环周期：	2 次/min
试验流体：	1,2-乙二醇/水(体积比 50/50)
试验流体温度：	100 ℃(1 型)、125 ℃(2、3 和 4 型)
试验流体速率：	20 L/min
环境温度：	100 ℃(1 型)、125 ℃(2 型)、150 ℃(3 型)、175 ℃(4 型)
试验持续时间：	250 h

附　录　D
（资料性附录）
原始设备制造商(OEM)使用矩阵图规定非标准型别的软管或纯胶管的示例

表 D.1　符合 GB/T 18948—2009 中第 5 章的软管或纯胶管

5.1	×
5.2	×
5.3	×
5.4	N.A
5.5	×
5.6	×
5.7	N.A
5.8	×
5.9	×
5.10	×
5.11	×
5.12	×
z1	×
z2	×

注：z1,z2,…,等表示 OEM 规定的附加试验。
×表示要求的试验,N.A 表示试验项目不适用。

附　录　E
（规范性附录）
型　式　检　验

表 E.1　型式检验项目

试验项目(见第 5 章)	所有型别
5.1	×
5.2	×
5.3	×
5.4	×
5.5	×
5.6	×
5.7	×
5.8	×
5.9	×
5.10	×
5.11	×
5.12	×
注：×表示应进行试验项。	

附 录 F
（规范性附录）
例 行 检 验

表 F.1 例行检验项目

试验项目	适用性
尺寸	×
第 5 章中试验项目：	
5.1	N.A
5.2	N.A
5.3	N.A
5.4	N.A
5.5	N.A
5.6	N.A
5.7	N.A
5.8	N.A
5.9	N.A
5.10	N.A
5.11	N.A
5.12	N.A
注：×表示应进行试验项，N.A 表示不适用试验项。	

附 录 G
（资料性附录）
生产验收检验

生产验收检验应在表 G.1 给出的每一批或每 10 批产品中进行。最多 1 000 m 长的软管或纯胶管为一批。

表 G.1 生产验收检验项目

试验项目	每 批	每 10 批
直径	×	×
同心度	×	×
第 5 章中试验项目：		
5.1	×	×
5.2	×	×
5.3	×	×
5.4	×	×
5.5	×	×
5.6	×	×
5.7	N. A	×
5.8	N. A	×
5.9	N. A	N. A
5.10	×	×
5.11	N. A	×
5.12	N. A	×
注：×表示应进行试验项，N. A 表示不适用试验项。		

参 考 文 献

[1] GB/T 3512—2001 硫化橡胶或热塑性橡胶 热空气加速老化和耐热试验(eqv ISO 188:1998)

ICS 91.120.30
Q 17

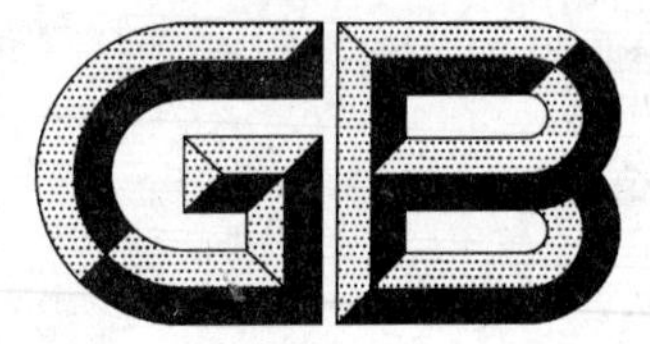

中华人民共和国国家标准

GB 18967—2009
代替 GB 18967—2003

改性沥青聚乙烯胎防水卷材

Modified bituminous waterproof sheet using polyethylene reinforcement

2009-03-25 发布　　　　2010-03-01 实施

中华人民共和国国家质量监督检验检疫总局
中国国家标准化管理委员会　发布

前　言

本标准的5.3条为强制性的，其余为推荐性的。

本标准对应于西班牙标准UNE 104-242—1989(1990)第1部分:《沥青和改性沥青防水材料　弹性体改性沥青卷材》，本标准与UNE 104-242—1989(1990)第1部分的一致性程度为非等效。

本标准代替GB 18967—2003《改性沥青聚乙烯胎防水卷材》。

本标准与GB 18967—2003相比，主要变化如下：

——增列了"术语和定义"(本版的第3章)；

——取消了按物理力学性能及上表面覆盖材料分类(2003版的3.1.3、3.1.4)；

——产品分类增加了按施工工艺进行分类(本版的4.1.1)；

——物理力学性能中增列了耐根刺穿卷材和自粘型卷材的技术指标；热熔型卷材增加了卷材下表面沥青涂盖层厚度；自粘型卷材增加了剥离强度、钉杆水密性、持粘性、自粘沥青再剥离强度(本版的5.3)。

——提高了物理力学性能中的不透水性、拉力和低温柔性指标，调整了耐热性、断裂延伸率指标(2003版的4.3，本版的5.3)；

——对试验方法进行了修订，按GB/T 328—2007进行试验(2003版的第5章，本版的第6章)。

本标准由中国建筑材料联合会提出。

本标准由全国轻质与装饰装修建筑材料标准化技术委员会(SAC/TC 195)归口。

本标准负责起草单位：建筑材料工业技术监督研究中心、盘锦禹王防水建材集团有限公司。

本标准参加起草单位：盘锦大禹防水建材有限公司、盘锦通达防水材料有限公司。

本标准主要起草人：杨斌、詹福民、窦艳梅、王颖、张延安、李讴颖、王贺华、陈斌。

本标准于2003年首次发布。

改性沥青聚乙烯胎防水卷材

1 范围

本标准规定了改性沥青聚乙烯胎防水卷材的术语和定义、分类和标记、要求、试验方法、检验规则、标志、包装、运输与贮存。

本标准适用于以高密度聚乙烯膜为胎基,上下两面为改性沥青或自粘沥青,表面覆盖隔离材料制成的防水卷材。

2 规范性引用文件

下列文件中的条款通过本标准的引用而成为本标准的条款。凡是注日期的引用文件,其随后所有的修改单(不包括勘误的内容)或修订版均不适用于本标准,然而,鼓励根据本标准达成协议的各方研究是否可使用这些文件的最新版本。凡是不注日期的引用文件,其最新版本适用于本标准。

GB/T 328.2—2007 建筑防水卷材试验方法 第2部分:沥青防水卷材 外观

GB/T 328.4—2007 建筑防水卷材试验方法 第4部分:沥青防水卷材 厚度、单位面积质量

GB/T 328.5—2007 建筑防水卷材试验方法 第5部分:高分子防水卷材 厚度、单位面积质量

GB/T 328.6—2007 建筑防水卷材试验方法 第6部分:沥青防水卷材 长度、宽度、平直度

GB/T 328.8—2007 建筑防水卷材试验方法 第8部分:沥青防水卷材 拉伸性能

GB/T 328.10—2007 建筑防水卷材试验方法 第10部分:沥青和高分子防水卷材 不透水性

GB/T 328.11—2007 建筑防水卷材试验方法 第11部分:沥青防水卷材 耐热性

GB/T 328.13—2007 建筑防水卷材试验方法 第13部分:高分子防水卷材 尺寸稳定性

GB/T 328.14—2007 建筑防水卷材试验方法 第14部分:沥青防水卷材 低温柔性

GB/T 328.20—2007 建筑防水卷材试验方法 第20部分:沥青防水卷材 接缝剥离性能

GB/T 18244—2000 建筑防水材料老化试验方法

JC/T 1075—2008 种植屋面用耐根穿刺防水卷材

3 术语和定义

下列术语和定义适用于本标准。

3.1

改性氧化沥青防水卷材 modified oxidized asphalt waterproof sheet

用添加改性剂的沥青氧化后制成的防水卷材。

3.2

丁苯橡胶改性氧化沥青防水卷材 SBR modified oxidized asphalt waterproof sheet

用丁苯橡胶和树脂将氧化沥青改性后制成的防水卷材。

3.3

高聚物改性沥青防水卷材 polymer modified asphalt waterproof sheet

用苯乙烯-丁二烯-苯乙烯(SBS)等高聚物将沥青改性后制成的防水卷材。

3.4

自粘防水卷材 self-adhering sheet

以高密度聚乙烯膜为胎基,上下表面为自粘聚合物改性沥青,表面覆盖防粘材料制成的防水卷材。

3.5

耐根穿刺防水卷材　root penetration resistance of waterproof sheet

以高密度聚乙烯膜为胎基，上下表面覆以高聚物改性沥青，并以聚乙烯膜为隔离材料制成的具有耐根穿刺功能的防水卷材。

4　分类和标记

4.1　类型

4.1.1　按产品的施工工艺分为热熔型和自粘型两种。

4.1.2　热熔型产品按改性剂的成份分为改性氧化沥青防水卷材、丁苯橡胶改性氧化沥青防水卷材、高聚物改性沥青防水卷材、高聚物改性沥青耐根穿刺防水卷材四类。

4.1.3　隔离材料

4.1.3.1　热熔型卷材上下表面隔离材料为聚乙烯膜。

4.1.3.2　自粘型卷材上下表面隔离材料为防粘材料。

4.2　规格

4.2.1　厚度

——热熔型：3.0 mm、4.0 mm，其中耐根穿刺卷材为 4.0 mm；

——自粘型：2.0 mm、3.0 mm。

4.2.2　公称宽度：1 000 mm 、1 100 mm。

4.2.3　公称面积：每卷面积为 10 m^2、11 m^2。

4.2.4　生产其他规格的卷材，可由供需双方协商确定。

4.3　标记

4.3.1　代号

——热熔型：T；

——自粘型：S；

——改性氧化沥青防水卷材：O；

——丁苯橡胶改性氧化沥青防水卷材：M；

——高聚物改性沥青防水卷材：P；

——高聚物改性沥青耐根穿刺防水卷材：R；

——高密度聚乙烯膜胎体：E；

——聚乙烯膜覆面材料：E。

4.3.2　标记方法

卷材按施工工艺、产品类型、胎体、上表面覆盖材料、厚度和本标准号顺序标记。

4.3.3　标记示例

示例：3.0 mm 厚的热熔型聚乙烯胎聚乙烯膜覆面高聚物改性沥青防水卷材，其标记如下：

T PEE 3 GB 18967—2009

4.4　用途

改性沥青聚乙烯胎防水卷材适用于非外露的建筑与基础设施的防水工程。

5　要求

5.1　单位面积质量及规格尺寸

单位面积质量及规格尺寸应符合表 1 规定。

表 1　单位面积质量及规格尺寸

公称厚度/mm		2	3	4
单位面积质量/(kg/m²)　≥		2.1	3.1	4.2
每卷面积偏差/m²		±0.2		
厚度/mm	平均值　≥	2.0	3.0	4.0
	最小单值　≥	1.8	2.7	3.7

5.2　外观

5.2.1　成卷卷材应卷紧卷齐,端面里进外出不得超过 20 mm。

5.2.2　成卷卷材在(4～45)℃任一产品温度下展开,在距卷芯 1 000 mm 长度外不应有裂纹或长度 10 mm以上的粘结。

5.2.3　卷材表面应平整,不允许有孔洞、缺边和裂口、疙瘩或任何其他能观察到的缺陷存在。

5.2.4　每卷卷材接头处不应超过一个,较短的一段长度不应少于 1 000 mm,接头应剪切整齐,并加长 150 mm。

5.3　物理力学性能

物理力学性能应符合表 2 的规定。

表 2　物理力学性能

序号	项　　目			技术指标				
				T				S
				O	M	P	R	M
1	不透水性			0.4 MPa,30 min 不透水				
2	耐热性/℃			90				70
				无流淌,无起泡				无流淌,无起泡
3	低温柔性/℃			−5	−10	−20	−20	−20
				无裂纹				
4	拉伸性能	拉力/(N/50 mm) ≥	纵向	200			400	200
			横向					
		断裂延伸率/% ≥	纵向	120				
			横向					
5	尺寸稳定性		℃	90				70
			%　≤	2.5				
6	卷材下表面沥青涂盖层厚度/mm　≥			1.0				—
7	剥离强度/(N/mm)　≥		卷材与卷材	—				1.0
			卷材与铝板					1.5
8	钉杆水密性			—				通过
9	持粘性/min　≥			—				15
10	自粘沥青再剥离强度(与铝板)/N/mm　≥			—				1.5
11	热空气老化	纵向拉力/(N/50 mm)　≥		200			400	200
		纵向断裂延伸率/%　≥		120				
		低温柔性/℃		5	0	−10	−10	−10
				无裂纹				

5.4　耐根穿刺卷材应用性能

高聚物改性沥青耐根穿刺防水卷材(R)的性能除符合本标准表 2 的要求外,其耐根穿刺与耐霉菌腐蚀性能应符合 JC/T 1075—2008 表 2 的规定。

6 试验方法

6.1 标准试验条件

标准试验条件(23±2)℃。

6.2 面积

按 GB/T 328.6—2007 测量长度和宽度，以其平均值相乘得到卷材的面积。

6.3 单位面积质量

称量每卷卷材卷重，根据 6.2 得到的面积，计算单位面积质量(kg/m^2)。对于自粘卷材，应扣除防粘材料质量。

6.4 厚度

按 GB/T 328.4—2007 进行。

6.5 外观

按 GB/T 328.2—2007 进行。

6.6 试件制备

将取样卷材切除距外层卷头 2 500 mm 后，取 1 m 长的试样按 GB/T 328.4 取样方法均匀分布裁取试件，卷材性能试件的尺寸和数量按表 3 裁取。

表 3 试件尺寸和数量

序号	项 目		试件尺寸(纵向×横向)/mm	数量/个
1	不透水性		150×150	3
2	耐热性		100×50	3
3	低温柔性		150×25	纵向 10
4	拉伸性能		150×50	纵横向各 5
5	尺寸稳定性		250×250	3
6	卷材下表面沥青涂盖层厚度		200×50	3
7	剥离强度	卷材与卷材	150×50	10(5 组)
		卷材与铝板	250×50	5
8	钉杆水密性		300×300	2
9	持粘性		150×50	5
10	自粘沥青再剥离强度		250×50	5
11	热空气老化		200×200	5

6.7 不透水性

按 GB/T 328.10—2007 中方法 B 进行。采用十字开缝盘，保持时间(30±2)min。自粘型卷材试验时应撕去两面的隔离纸，表面覆盖滤纸以防粘结。

6.8 耐热性

按 GB/T 328.11—2007 中方法 B 进行。上端用宽度 50 mm 以上的夹子夹住，垂直悬挂在规定温度下恒温 2 h，观察试件表面的涂盖层有无流淌、起泡。

6.9 低温柔性

按 GB/T 328.14—2007 进行。2.0 mm、3.0 mm 厚度卷材弯曲直径 30 mm，4.0 mm 厚度卷材弯曲直径 50 mm。取纵向 10 个试件，五个试件上表面，五个试件下表面分别试验，每面五个试件中至少四个试件目测无裂纹为该面通过，上下两面都通过为低温柔性符合要求。

6.10 拉伸性能

按 GB/T 328.8—2007 进行，夹具间距 70 mm。试验过程不得出现沥青涂盖层与胎基在夹具间范围内分离现象。

6.11 尺寸稳定性

按 GB/T 328.13—2007 进行。热熔型(T)试验温度 90 ℃，自粘型(S)试验温度 70 ℃。

6.12 卷材下表面沥青涂盖层厚度

按 GB/T 328.5—2007 进行。用光学装置测量下表面沥青涂覆层的厚度，每块试件测量两点，在距中间各 50 mm 处测量。取三块试件测量值的平均值为试验结果。

6.13 剥离强度

6.13.1 卷材与卷材

在(23±2)℃条件下，按 GB/T 328.20—2007 进行试验，一个试件的下表面与另一个试件的上表面粘结，粘合面为 50 mm×75 mm，用质量为 2 kg、宽度(50～60)mm 的压辊依次来回滚压三次，粘合后放置 24 h。

6.13.2 卷材与铝板

在(23±2)℃条件下，参照 GB/T 328.20—2007 将卷材试件粘在已用溶剂清洁的光滑铝板表面，粘合面为 50 mm×75 mm，用质量为 2 kg、宽度(50～60)mm 的压辊依次来回滚压三次，粘合后放置24 h。铝板一端夹入夹具，将同一端的卷材弯折 180°夹入另一夹具，进行试验，用最大力计算剥离强度，单位 N/mm，取 5 个试件的算术平均值作为试验结果，观察剥离位置。两面分别进行试验。

6.14 钉杆水密性

6.14.1 试件制备

在(23±2)℃条件下，去除试件的防粘材料，将卷材轻放在与卷材同样尺寸的胶合板(五合板)上。用质量为 2 kg、宽度(50～60)mm 的压辊依次来回滚压三次使其与胶合板粘合。胶合板不应重复使用。

在胶合板下放两个木块作支撑，以便于将钉子钉入。将长(30±4)mm，直径(3.5～4)mm 的无翼镀锌无螺纹钉，从卷材表面钉入胶合板，钉入两颗钉子，位置在试件的中心附近，钉子之间相距(25～50)mm，将钉子钉入到钉帽与卷材表面平齐，然后从背面轻敲钉头使钉子升起，使钉帽与卷材表面距离 6 mm。

共制备两块试件。

6.14.2 试验步骤

将一直径(150～250)mm，高不小于 150 mm 的圆管居中放在水平放置的试件卷材表面上，然后用密封胶沿外边一圈密封在卷材上，放置 2 h 后，在沿内边一圈密封，然后在室温养护 24 h。

将其放在一个无盖且与圆管直径相近的干燥容器上，然后向上面的圆管中加蒸馏水，水位高度为(130±3)mm，再将其移入(4±2)℃的冰箱中，放置 3 d。

6.14.3 结果评定

取出试件，观察并记录容器内、胶合板底部及钉杆末梢有无水迹。倒掉圆管中的水并拭干，揭下卷材，观察卷材背面有无水迹。

两块试件都没有观察到水迹，认为试验通过，报告无渗水。

6.15 持粘性

将试件粘在两块表面已用溶剂清洁干净光滑的镜面不锈钢板上，上板的不锈钢板上的粘结面积(50×50)mm，试件宽度为 50 mm，试件粘贴部位不允许接触手和其他物体，然后用 2 kg 的压辊来回碾压三次。

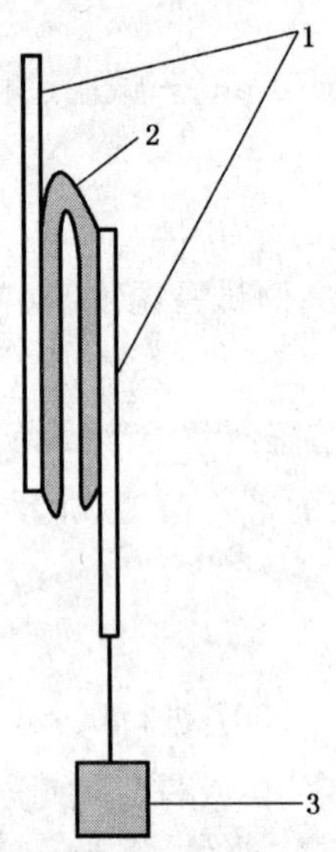

1——不锈钢板；
2——试件；
3——重物。

图 1 持粘性

在(23±2)℃条件下，将粘结好的试件放置 24 h 后，如图 1 所示方向垂直悬挂，在下板下端挂 1 kg 的重物(包括下板质量)，开始记录时间，记录试件从上板完全剥下所需时间，单位 min。取五个试件测定值的平均值为试验结果。若大于 60 min 未剥落，记录为大于 60 min。

两面分别进行试验。

6.16 自粘沥青再剥离强度

取一块自粘防水卷材，用热刮刀将卷材的涂盖层铲下，放入坩锅中，保证坩锅中的沥青有约 100 g，将坩锅放在电炉上加热至沥青融化，温度约 180 ℃，然后将沥青倒在防粘纸上刮平，厚度约 1.5 mm，立即用聚酯膜或聚酯胎基增强。共制备五个试件，为防止试件粘结可用硅油纸隔离。

在(23±2)℃条件下放置 4 h 后，按 6.13.2 进行试验。

6.17 热空气老化

按 GB/T 18244—2000 中第 4 章进行，试验温度(70±2)℃，试件水平放置 168 h。

老化后，裁取试件按 6.10 测定纵向拉力及断裂延伸率，按 6.9 测定低温柔性。

6.18 耐根穿刺卷材应用性能

按 JC/T 1075—2008 中 6.3.1 与 6.3.2 进行。

7 检验规则

7.1 检验分类

按检验类型分为出厂检验和型式检验。

7.1.1 出厂检验

出厂检验项目包括：面积、单位面积质量、厚度、外观、不透水性、耐热性、低温柔性、拉伸性能、卷材下表面沥青涂盖层厚度(T)、卷材与铝板剥离强度(S)、持粘性(S)、自粘沥青再剥离强度(S)。

7.1.2 型式检验

型式检验项目包括第 5 章要求的所有项目。在下列情况下应进行型式检验：

a) 新产品投产或产品定型鉴定时；

b） 正常生产时，每年进行一次；耐根穿刺性能试验每五年进行一次；

c） 原材料、工艺等发生较大变化，可能影响产品质量时；

d） 出厂检验结果与上次型式检验结果有较大差异时；

e） 产品停产六个月以上恢复生产时。

7.2 组批

以同一类型，同一规格 10 000 m^2 为一批，不足 10 000 m^2 时亦可作为一批。

7.3 抽样

在每批产品中随机抽取五卷进行单位面积质量、规格尺寸及外观检查。

在上述检查合格后，从中随机抽取一卷取至少 1.5 m^2 的试样进行物理力学性能检测。

7.4 判定规则

7.4.1 单项判定

7.4.1.1 单位面积质量及规格尺寸

在抽取的五卷样品中上述各项检查结果均符合 5.1，5.2 规定时，判定其单位面积质量及规格尺寸合格。若其中有一项不符合规定，允许从该批产品中再随机抽取五卷样品，对不合格项进行复查。如全部达到标准规定时则判为合格；否则，判该批产品不合格。

7.4.1.2 物理力学性能

7.4.1.2.1 耐热性、拉力、断裂延伸率、尺寸稳定性、卷材下表面涂盖层厚度 以其算术平均值达到标准规定的指标判为该项合格。

7.4.1.2.2 不透水性、钉杆水密性 以每个试件分别达到标准规定时判为该项合格。

7.4.1.2.3 低温柔性 两面分别达到标准规定时判为该项合格。

7.4.1.2.4 剥离强度、持粘性、自粘沥青再剥离强度（与铝板）、热空气老化 以试验结果符合表 2 规定时，判为该项合格。

7.4.1.2.5 各项试验结果均符合表 2 规定，则判该批产品物理力学性能合格。若有一项指标不符合规定，允许在该批产品中再随机抽取一卷对不合格项进行单项复验。达到标准规定时，则判该批产品物理力学性能合格。

7.4.1.2.6 高聚物改性沥青耐根穿刺防水卷材符合 5.4 规定时，判定该批产品应用性能合格。

7.4.2 总判定

试验结果符合第 5 章规定的全部要求时，判该批产品合格。

8 标志、包装、运输与贮存

8.1 标志

卷材外包装上应包括：

a） 产品名称；

b） 生产厂名、厂址；

c） 商标；

d） 产品标记；

e） 生产日期或批号；

f） 检验合格标识；

g） 生产许可证号及其标志；

h） 运输与贮存注意事项。

8.2 包装

卷材宜以塑料膜包装，柱面两端热塑封好，外用胶带捆扎；也可用编织袋包装。

8.3 运输与贮存

8.3.1 运输

运输时防止倾斜或横压，必要时加盖苫布。

8.3.2 贮存

贮存与运输时，不同类型、规格的产品应分别堆放，不应混杂。避免日晒雨淋，注意通风。贮存温度不应高于 45 ℃，卷材平放贮存，码放高度不超过五层。

8.3.3 贮存期

产品在正常运输、贮存条件下，贮存期自生产之日起至少为一年。

ICS 13.180
A 25

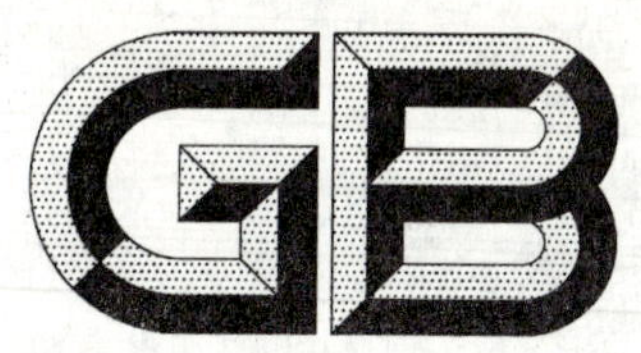

中华人民共和国国家标准

GB/T 18978.12—2009/ISO 9241-12:1998

使用视觉显示终端(VDTs)办公的人类工效学要求 第12部分:信息呈现

Ergonomic requirements for office work with visual display terminals (VDTs) — Part 12: Presentation of information

(ISO 9241-12:1998,IDT)

2009-05-06 发布 2009-11-01 实施

中华人民共和国国家质量监督检验检疫总局
中国国家标准化管理委员会 发布

前 言

GB/T 18978《使用视觉显示终端(VDTs)办公的人类工效学要求》涵盖了使用视觉显示终端所涉及的硬件和软件的人类工效学要求,分为17个部分:

——第1部分:概述
——第2部分:任务要求指南
——第3部分:视觉显示要求
——第4部分:键盘要求
——第5部分:工作台布局和姿势要求
——第6部分:工作环境指南
——第7部分:带反射的显示要求
——第8部分:显示颜色要求
——第9部分:非键盘输入设备要求
——第10部分:对话原则
——第11部分:可用性指南
——第12部分:信息呈现
——第13部分:用户指南
——第14部分:菜单对话
——第15部分:命令对话
——第16部分:直接操作对话
——第17部分:填表对话

本部分是GB/T 18978的第12部分。

本部分等同采用ISO 9241-12:1998《使用视觉显示终端(VDTs)办公的人类工效学要求 第12部分:信息呈现》(英文版)。

本部分的附录A为资料性附录。

本部分由全国人类工效学标准化技术委员会提出并归口。

本部分起草单位:联想(北京)有限公司、中国标准化研究院。

本部分主要起草人:陈柏鸿、王茜莺、刘太杰、冉令华、张欣、肖惠、赵朝义。

引　言

GB/T 18978 包括视觉显示终端使用的硬件和软件工效学方面的内容。GB/T 18978-1 中对 GB/T 18978 各部分及其相互关系、各部分的目标用户作出了说明。

本部分内容主要涉及用视觉终端(VDTs)呈现信息的相关问题,包含了一些设计目标,为信息的呈现提供了高层次的指导意见。本部分涉及为提高性能和用户满意度的信息组织和编码技术。第 5 章到第 7 章对显示设计提出了一些建议,基本上对各种对话技术均适用。本部分可与其他形式的指导意见一同使用,如 GB/T 18978-10(附录 B 中的 2)提出的 7 条原则,其中的每一条原则都可以帮助用户以合适的方式呈现视觉显示信息。

GB/T 18978 的本部分适用于以下类型的用户:

a) 用户界面设计人员,他们在开发阶段会应用本部分内容。

b) 产品采购人员,他们在采购过程中会参考本部分内容,产品的终端用户可能从本部分内容中获益。

c) 负责确保产品符合本部分建议的工作人员。

d) 为界面设计者设计界面开发工具的人员。

e) 软件行业内为界面设计人员撰写标准指导(如“界面风格指南”)的作者。

其他的指导信息包括软件行业的“界面风格指南”等。考虑到系统硬件和软件属性的技术问题,还可以提供一些关于帮助增强界面设计一致性的指导意见,特别是提供了关于本部分所提及的高级指南风格具体实施方法的指导。

本部分内容的最终受益者是视觉终端前的最终用户,尽管最终用户可能不会阅读本部分内容,甚至不知道有这样标准的存在,但该标准的应用却可以为用户提供更易用更统一的界面,由此带来更高的生产效率。

本部分内容包括了关于信息呈现的一般性建议和条件性建议。一般性建议适用于大多数用户、任务、环境和技术,而条件性建议只适用于特定的情况(如特定类型的用户、任务、环境和技术)。条件性建议采用“如果……那么”结构。这些建议主要是通过考察有关文献和经验事实,将这些内容归纳总结形成建议,供界面设计人员和/或评估人员使用。

使用视觉显示终端(VDTs)办公的人类工效学要求 第12部分:信息呈现

1 范围

GB/T 18978的本部分为用于办公室任务的信息呈现以及文字和图形用户界面上所显示的信息的特别属性提供人类工效学建议,以及关于视觉信息呈现的设计和评估的建议,其中也包括了编码技术。这些建议可在整个设计过程中应用(如为设计者在设计中提供指导、作为启发式评估的依据以及作为可用性测试的指导)。关于颜色的信息仅限于使用颜色作为强调和信息分类的人类工效学建议(关于颜色使用的其他建议见ISO 9241-8)。

GB/T 18978的本部分不涉及信息的听觉表达。

界面设计取决于任务、用户、环境和现有技术。本部分内容在了解界面的设计和使用环境的前提下运用,而且它并不是一套必须完全遵循的规则。本部分假定设计者已经掌握了关于任务和用户需求以及现有技术的应用的相关信息(这可能需要向合格的人类工效学专家咨询或对实际用户进行经验性的测试来获得)。

注1:尽管这是一部国际标准,但其中部分条件性建议是基于拉丁系语言的使用习惯,因而可能无法运用或者需通过修订后才能用到不同的语言环境中。如在从右往左阅读的语言环境下,那些专门针对从左往右的阅读方式的条件性建议可能就需要修改。在运用那些基于特定语言的条件性建议(如编码信息的字母顺序、列表中的项目等)时,如果要将本部分翻译到另一种语言,须注意本部分内容的意图。

注2:向用户提供修改界面的功能以适应他们的需求已成为软件界面设计中的一个流行做法。这经常是一个非常好的界面功能,但向用户提供定制功能并不能替代按工效学理论设计的界面(如默认窗口和颜色设置)。注意,信息呈现的定制可能会导致对本部分的偏离。

2 规范性引用文件

下列文件中的条款通过GB/T 18978的本部分的引用而成为本部分的条款。凡是注日期的引用文件,其随后所有的修改单(不包括勘误的内容)或修订版均不适用于本部分,然而,鼓励根据本部分达成协议的各方研究是否可使用这些文件的最新版本。凡是不注日期的引用文件,其最新版本适用于本部分。

ISO 9241-3:1992 使用视觉显示终端(VDTs)办公的人类工效学要求 第3部分:视觉显示要求

ISO 9241-8:1997 使用视觉显示终端(VDTs)办公的人类工效学要求 第8部分:显示颜色要求

ISO 9241-14:1997 使用视觉显示终端(VDTs)办公的人类工效学要求 第14部分:菜单对话

ISO 9241-15:1997 使用视觉显示终端(VDTs)办公的人类工效学要求 第15部分:命令对话

ISO 9241-17:1998 使用视觉显示终端(VDTs)办公的人类工效学要求 第17部分:填表对话

ISO/IEC 11581-3 信息技术 用户系统界面和符号 图标符号和功能 第3部分:指针

3 术语和定义

下列术语和定义适用于本部分。

3.1

区域 area

显示器或窗口中的一段或一部分。见图1。

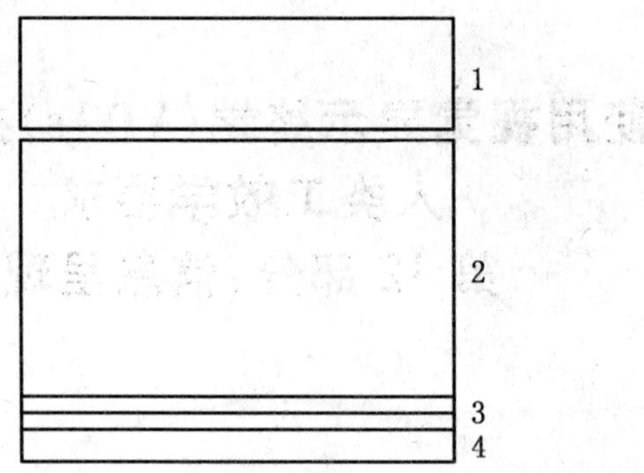

说明：
1——识别区域；
2——输入/输出区域；
3——控制区域；
4——消息区域。

图1 不同区域的可能布局

3.1.1

识别区域 identification area

提供所显示信息标题的区域，其中可包括对用户当前位置和任务的标示。

注：该区域还可能标明一个应用程序、文件或工作环境。

3.1.2

输入/输出区域 input/output area

接收来自用户的信息的区域和/或向用户显示信息的区域。

3.1.3

控制区域 control area

提供控制信息和/或交互控制、命令输入和命令选项的区域。

注：在某些窗口应用程序中没有明显的控制信息，但还是有诸如按钮、滚动块、复选框之类的用于与系统互动的控件。

3.1.4

消息区域 message area

显示诸如状态更新和错误提示、进度指示、系统反馈等其他信息的区域。

3.2

编码 code

通过由数字、字母、图形符号和诸如字体、颜色、突出显示等视觉技术构成的系统来呈现信息的技术。

注1：一般来说，用数字和字母比完全用文字来表达同样的信息所需要的代码要短。

注2：不要把这里的代码和计算机科学中的程序代码或者编程相混淆。后者指的是包含在可执行软件程序中的指令或编写这些指令的过程。

3.2.1

记忆辅助编码 memoric code

对用户有具体含义并与所要表达的文字有一定关联的代码。

注：记忆辅助编码通常由数字和字母组成，从而便于学习和回忆。很多记忆辅助编码是以缩写形式出现的。

3.3

控件 controls

通常是与实际中的控件(例如旋钮和收音机上的按钮)相似的图形物体。通过它们用户可以在应用程序中操作屏幕上的物体并改变它们的属性。

3.4

光标　cursor

输入字符时标示焦点所在位置的视觉指示符。

3.5

字段　field

用于输入或显示数据的有一定长度的区域,通常由固定数量的字符和空格组成。

3.5.1

输入字段　entry field

供用户输入数据或编辑数据的字段,见图2说明。

3.5.2

只读字段　read-only field

只显示数据但无法进行编辑的字段,见图2说明。

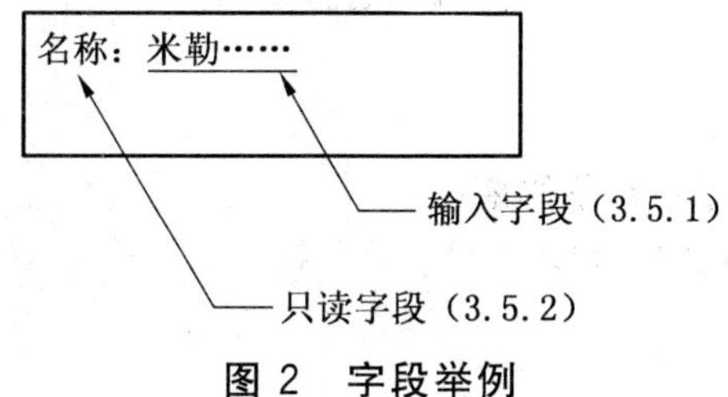

图2　字段举例

3.6

群　group

视知觉上区分开的一组字段。

3.7

突出显示　highlighting

将关键或重要信息通过醒目的方式加以强调的呈现技术。

注:突出显示技术包括图像的反转、闪烁、下划线、色彩运用、对比度增强(如调整亮度),添加辅助图形(如添加一个外框)和文字。

3.8

图标　icon

在视觉终端上代表一个对象、动作或功能的视觉显示。

3.9

标签　label

对于输入或只读字段、表格、控件或对象的简短描述性标题。

注:在有的应用中,标签被归为受保护的字段。标签包括标题、字段提示、描述性文字(如图标标签)。

3.10

列表　list

在屏幕上水平或垂直显示的"数据"项,它们通常会随着应用程序的状态变化而改变。

3.11

标记　marker

用于表示一个状态或引起对一个项目注意的符号(如 * 或√)。

3.12

指针　pointer

随着用户对指点设备的操作而在屏幕上移动的图形符号。

注:用户可将指针移动到屏幕上所显示物体的位置上并开始操作,从而实现与元素的互动。

3.13

表格　table

通常以若干纵列或矩阵列有序显示的、按照特定规则关联在一起的一组数据。

3.14

窗口　window

屏幕上独立的可控区域，用来显示界面元素或与用户进行对话。见图3说明。

注：窗口通常是矩形的，以边框定界。

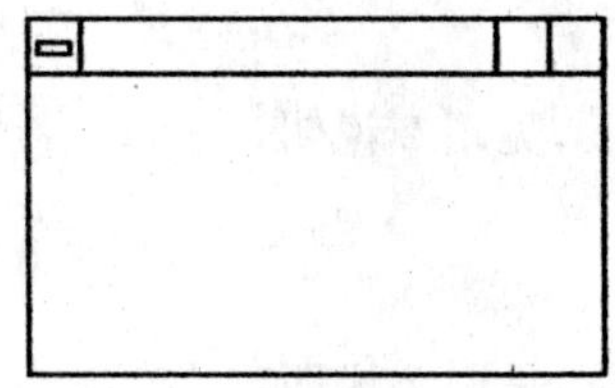

图3　窗口图示

3.14.1

主窗口　primary window

代表一个操作系统、应用程序或对象的窗口。

注：同一时间可能在显示器上有多个主窗口。

3.14.2

次窗口　secondary window

用户与主窗口在对话交互过程中产生的窗口。

注：次窗口同样可能是由系统开启的。

3.15

窗口显示格式　windowing format

多个窗口同时显示时的安排方式。

注：窗口可以以平铺、重叠以及混合等方式显示。

3.15.1

平铺窗口格式　tiled window format

并列窗口格式　side-by-side window

窗口互相并列而不相互重叠的显示方式。见图4说明。

1　2

4　3

说明：

1——窗口1；

2——窗口2；

3——窗口3；

4——窗口4。

图4　平铺窗口显示格式图示

3.15.2

重叠窗口显示　overlapping window format

窗口部分或全部相互重叠的显示方式。见图5和图6说明。

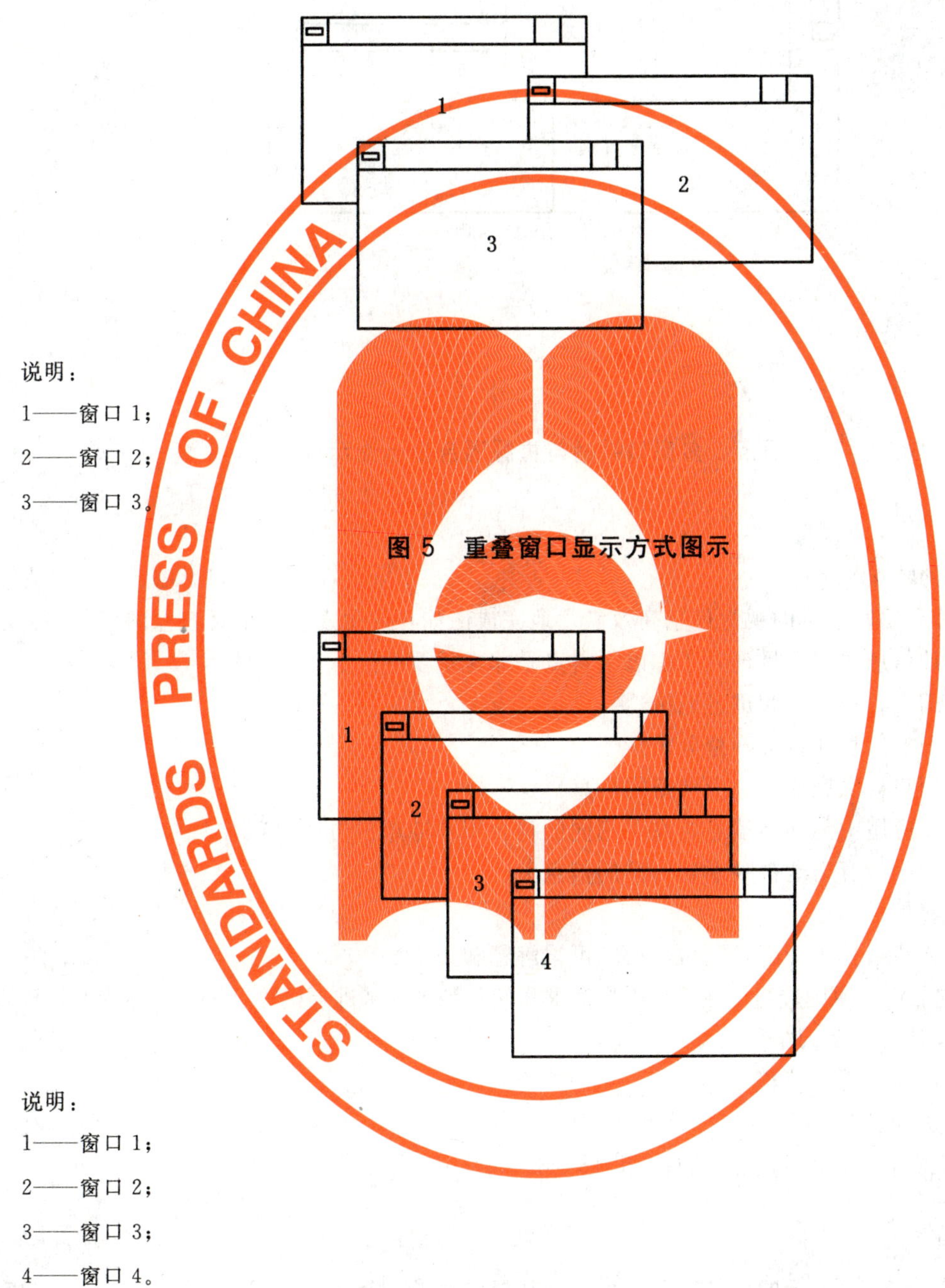

说明：

1——窗口1；

2——窗口2；

3——窗口3。

图5　重叠窗口显示方式图示

说明：

1——窗口1；

2——窗口2；

3——窗口3；

4——窗口4。

图6　阶梯式重叠窗口显示方式图示

3.15.3

混合格式　mixed format

混合使用平铺和重叠显示的方式。见图7说明。

注：最初的方式可能是平铺的，但重叠窗口可能会用来显示临时性的元素(如提示和建议信息)。或者最初的方式是重叠的，但一个窗口可能被分成若干个平铺的窗口。

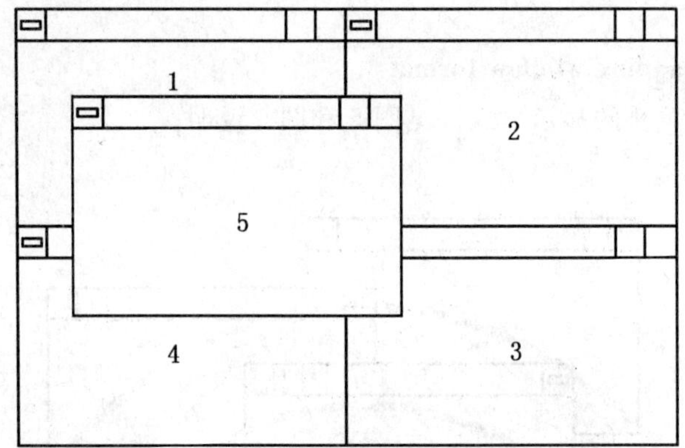

说明：

1——窗口1；

2——窗口2；

3——窗口3；

4——窗口4。

图7 多窗口平铺与重叠混合显示图示

4 本部分内容的应用

4.1 被呈现信息的特点

用户应当能够利用所显示的视觉信息高效满意地完成诸如在屏幕上搜索信息这样的任务。为了达到这个目标，在设计信息的视觉呈现时考虑以下特点是非常重要的。

明确性（信息的内容被准确和迅速地传达）

可分辨性（呈现的信息能被准确地分辨）

简洁性（仅向用户提供完成任务所必需的信息）

一致性（在整个应用中的同类信息始终以相同的符合用户期望的方式呈现）

可觉察性（用户的注意力能被吸引到所需的信息上）

可读性（信息容易阅读）

可理解性（含义清晰易于理解，不包含歧义，可被解释和识别）

视觉信息呈现的设计原则应当是在了解用户需求和任务场景的基础上始终以满足上述特点为目的。

视觉信息的设计涉及多门学科的知识，包括：

——生理学，例如感觉系统；

——心理学，例如认知负荷；

——人类工效学，例如使用背景，见GB/T 18978.11；

——版面设计；

——图形设计。

从人的绩效角度来看，显示的信息能通过提高用户对信息的理解来帮助用户完成任务，并且提高信息输入的速度和准确性。有关如何组织信息的建议可以增强视觉搜索的效率，并有助于提高单条和一组信息的可分辨性。

4.2 建议的应用

第5章至第7章中的每个建议的适用性都应该被评估，如果建议判断为适用，则应该加以实施，除非是有证据显示实施该建议会导致设计目的的偏离或实用性的整体下降。在评估建议的适用性时，评估者应该对系统加以评估并观察具代表性的用户如何使用系统完成工作。附录A中的核查列表（表A.1）提供了如何评估每个建议的适用性以及如何让设计符合这些建议的方法范例。

4.3 产品评估

如果产品声称满足了本部分中的适用建议，那么有关建立开发和评估要求的具体方法以及如何呈现信息的方法都应该有明确的说明。说明的详细程度由有关各方协商决定。

本部分内容的使用者可使用附件A中所提供的流程，或者自行设计一套适合自身开发和评估环境的流程。

5 信息的组织

5.1 信息的位置

信息的位置宜符合用户期望和任务要求(见5.3和5.8中的例子)。

注：根据用户期望的位置来放置信息可减少用户搜索的时间。

5.2 窗口使用的适应性

满足5.2.1和5.2.2中所列的任务要求和系统性能越多，使用窗口就越合适。

5.2.1 任务要求

——用户能同时监控或使用多个系统、应用或进程。

——用户能对多个信息源或同一信息源的不同呈现方式进行评估、比较或控制(如从一个应用程序中移动或复制信息到另一个应用程序)。

——用户能频繁地在任务、系统、应用程序、文件、区域或呈现方式之间进行切换。

——用户能需要在完成单个子任务的同时保持对任务总体环境的认识(如在处理客户订单时查看用户的信用等级)。

——用户能需要在继续完成主要任务前关注系统或应用程序的事件(如需要用户确认的显示注意或错误消息的弹出窗口)。

——用户能需要间或地使用在屏幕当前活动区域或焦点附近的含有诸如信息和菜单一类的辅助对话元素(如在用户选择了一个信息输入框之后系统在其边上显示一个包含可能取值的窗口)。

5.2.2 系统性能

——屏幕大小和分辨率：合适的屏幕大小和分辨率能够让用户在不需要进行过多的移动、调整大小或翻页操作的情况下通过多个窗口察看适量的信息。

——系统响应：构成窗口的图形元素不得明显减慢显示速度。例如，在对窗口进行控制操作时或一结束，系统宜有足够的响应时间用于对结果提供反馈。

注：如果使用窗口会严重地影响系统与用户的交互进程，那么就不应该使用窗口。

5.3 窗口的建议

有关窗口使用的建议提供了使用独立可控的区域来显示不同来源信息的指导原则。不同的信息来源可能包括不同的操作系统、应用程序、同一程序中的不同文件、同一文件的不同部分(如一个文本文件的开头和结尾)，同一信息的不同显示方式或版本(如文字方式和图形方式的视图)或同一程序的不同部分。

5.3.1 考虑使用多个窗口

如果需要显示或操作不同来源的信息，则应该考虑使用多个窗口或者在一个窗口中提供多个输入/输出的区域。

5.3.2 唯一的窗口标识

宜为每个窗口提供唯一的标识(如窗口名称、文件名或应用程序名)。

示例：在某个办公应用程序中的一个窗口通过系统名称、应用名称、功能和文件名等中间的一项或多项来标示。

注：在窗口的标识中包括用户当前的位置和任务的信息可能会对用户有所帮助。

5.3.3 默认的窗口参数

默认的窗口大小和位置宜被设计为使用户完成一项任务所需的操作最少(如窗口应该被放置在不会遮挡显示在其他窗口中的有关当前任务的关键信息)。

5.3.4 同一应用程序中的窗口外观一致

同一应用程序中,在适用于当前任务的前提下所有相同类型的窗口应该具有一致的外观。

示例:一个帮助系统中的所有窗口的外观都一致。

注:某些类型的窗口可能会有子类型。

5.3.5 多应用程序环境中的窗口外观一致

在多应用程序环境中,在适用于当前任务的前提下所有在一起使用的同类窗口应该具有一致的外观。

注:某些类型的窗口可能会有子类型。

5.3.6 主/次窗口关系的标示

主/次窗口的关系宜始终明显可见。

示例1:在某个办公应用软件中,次窗口总是包含在主窗口中。

示例2:主次窗口具有一致的窗口边框风格、突现方式和颜色。

示例3:主次窗口具有一致的识别标识。

5.3.7 窗口控制元素的分辨

用于控制窗口的各种功能元素(如关闭窗口和调整窗口大小)应该彼此易于分辨并总是位于每个窗口的相同位置。

5.3.8 重叠窗口格式

在如下情况下应使用重叠窗口:

——任务需要各种可改变的或是不受限制的类型、大小、数量、内容和窗口布局。

——显示屏很小或分辨率太低,使得若用平铺窗口用户将无法从任何一个窗口中获得足够的信息。

5.3.9 平铺窗口格式

在如下情况下应使用平铺窗口:

——任务不需要或极少需要各种需要改变的类型、大小、数量、内容和窗口布局。

——需要保持对当前所显示信息的持续监控(如关键信息、任务所必需的信息)。

——快速操作和显示重叠窗口所需要的处理会降低系统的反应时间和用户绩效。

5.3.10 窗口格式的选择

如果对任务合适的话,宜允许用户选择他们喜爱的窗口格式并将其设为默认格式。

5.4 区域

区域内信息组织的建议为区域内相对位置和区域内显示信息复杂程度提供指导。

5.4.1 区域的位置一致

在一个应用的对话中使用的区域(即标识、输入/输出、控制和消息区域),其位置应一致。

注1:标识区域一般在输入/输出区的上方。

注2:在非窗口的环境下,用于输入命令的控制区在输入/输出区的下方。

5.4.2 显示信息的密度

显示信息的密度不宜使用户有过于拥挤的感觉。

注1:对于很多基于字符的界面,40%(实际字符数占总字符位的比例)是一个合理的限制。

注2:对于图形用户界面,其他的一些图形元素(如线条、按键和图标等)也会增加显示信息的拥挤感。

5.5 输入/输出区域

在输入/输出区域,信息组织的建议为任务需要的信息的显示、分类和当前显示信息的相对位置提供指导。

5.5.1 需要的信息

如果可能的话,输入/输出区域应显示任务的所有信息。如果无法实现,则:

1) 将需要的信息根据任务的步骤分为不同的子集。

2) 分类的信息须对相应的子任务提供支持并对目标用户有意义。

3) 信息的分拆应不降低用户绩效。

5.5.2 滚动和翻页

如果显示的信息超过了现有的输入/输出区域,应向用户提供浏览当前未显示信息的简便方法(如横的或竖的翻页/滚动)。

如果用户需要对两块分别显示的信息进行比较以了解它们之间的信息,最好将两块信息呈现在单独的窗口中而不要用翻页/滚动。

注:用窗口、分屏、关键词、索引等技术可方便两部分信息的浏览。

5.5.3 呈现信息相对位置的显示

如果显示的信息超过了现有的输入/输出区域,应标出当前显示信息的对于全部信息的相对位置或比例(如用滚动条、滑动条或X/Y页)。

5.6 群

群的建议为将信息安排组合成群提供指导。将信息组合成群有助于用户感知、理解和解释信息。

5.6.1 群的区分

群宜用空格和位置区分以便于辨认(见图8)。如果必要,可采用其他方法提高区分度(如在群的边缘加框)。

图8 群的图例

注:在将信息组成群时,使用以下格式原则会有所帮助:

1) 临近原则

临近原则的说明可见图9。

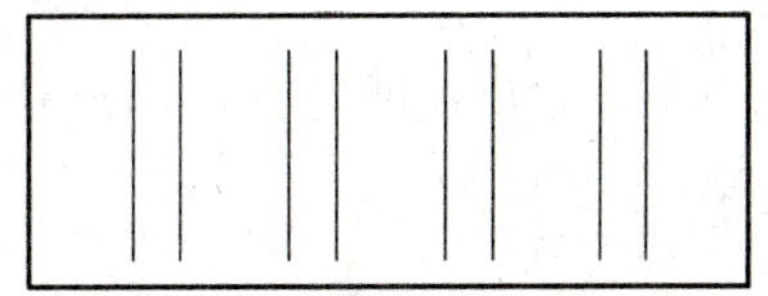

图9 临近原则的图示

空间上临近的元素会被知觉为属于同一个群。这里显示的是两条直线的情况，对于字段、标签、窗口及其阴影同样适用。

2) 相似原则

相似原则的说明可见图 10。

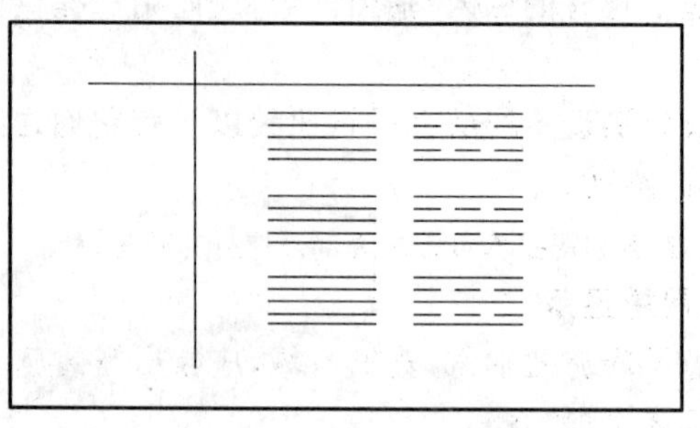

图 10 相似原则的图示

相似的元素会被知觉为属于同一个群。在本例中，观察者会把纵览作为一个群。

3) 封闭原则

封闭原则的说明可见图 11。

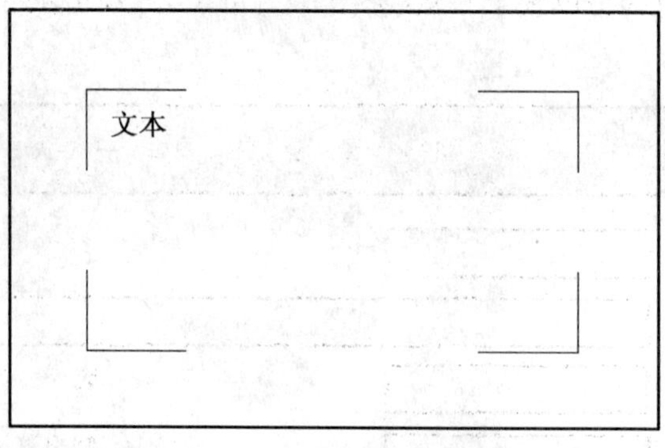

图 11 封闭原则的图示

图例中不存在的部分被添加到图中，未完成的图被自动完成。在本例中所有的信息是分开分布的，而观察者则试图构建一个相关的图形。

5.6.2 排序

如果任务需要特定的顺序，则信息宜按照该顺序进行组群及放置。

5.6.3 常规规则的使用

信息群应按常规格式、规则和习惯安排(如地址)。

5.6.4 功能性的信息分群

如果任务不需要特定的顺序，组成群的关于任务的信息宜在语义上相互关联。

5.6.5 视觉上彼此区分的群——组块

如果任务需要快速的视觉搜索，群的数量宜尽量最小，并且每个群占的视角范围应尽量接近 5 度。不宜为了往群内增加信息而减小字符大小，从而影响可读性(见 ISO 9241-3:1992 的 5.4 到 5.6 和 5.8 至 5.12)。

对于基于字符的界面，建议群区域的范围为 5 到 6 行高及 10 到 12 个字符宽。超出此范围的则需要更多的眼动由此需要更多的搜索时间。

5.7 列表

列表用于组织信息。针对列表的建议提供关于排序、编号和信息布局、标题使用的规则以及超过显示区域的列表的解决办法。

5.7.1 列表的结构

列表应按照适合任务的逻辑和自然顺序安排。

如没有合适的列表,可考虑按字母顺序排列。

5.7.2 项目的分隔

列表中的项目和项目群应互相区分以便于浏览。

5.7.3 字母信息

字母信息的格式取决于语言的习惯。如对于从左到右的文字竖写时应左对齐。如图 12 所示。

注:在层级列表中可用缩进来表示从属关系。

城市
  巴塞尔
  伦敦
  纽约
  巴黎

图 12 左对齐的文字信息图示

5.7.4 数字信息

数字信息的说明见图 13。不带十进制符号(点号或逗号)的数字信息应右对齐。带十进制符号的数字信息应按照十进制对齐。

345	34.500
34	0.34
32345	323.450

图 13 数字信息对齐图示

5.7.5 固定字体大小

在数字列表中宜固定字体大小及其恒定的空格。

5.7.6 项目编号

当用项目用数字编号时,编号应从 1 而不是 0 开始,除非这和用户的需要冲突。

5.7.7 项目编号的连续性

如果一个列表编号的项目超过了现有输入/输出区域需要翻页和滚动来继续。继续部分的项目应基于输入/输出区域继续编号。

在菜单中,此建议不适用于数字作为标识的选项选择和执行(见 ISO 9241-14:1997 的 7.2.6 和 7.2.7)。

5.7.8 列表待续的标示

列表待续的标示见图 14。如果一个列表超过了现有的显示区域,应标记继续的信息(如在最后显示的项目后加上"更多"、"第 2 页　共 3 页"或一个滚动条。见 5.5.3)。

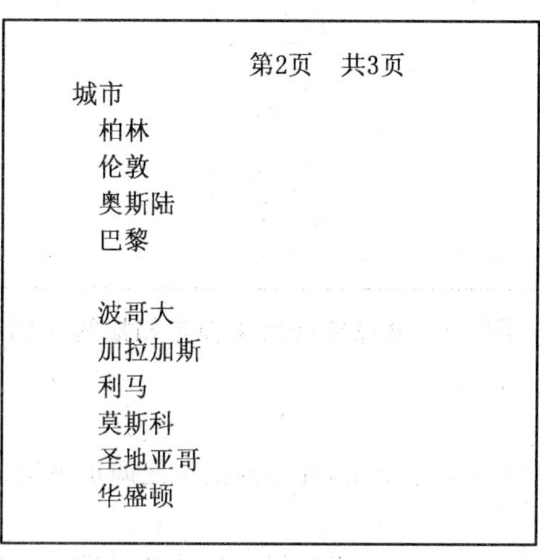

图 14 列表待续的标示

5.8 表格

表格适合于将信息组织成具有在视觉意义上进行区分的子集。表格信息组织的建议为合适形式表格信息安排提供指导。

5.8.1 表格中的列表组织

表格中的列表组织见图 15。在表格的安排中，与用户最相关的且最重要的资料应放在最左边一栏，而相关联但重要性较低的资料逐一向右排列，除非这和用户的需要冲突。

此规则适用于从左到右读写的语言。

姓　名	电　话	城　市
艾丹娜	40 12 03 89	南特
博壳基	40 34 90 00	雷恩
科林	97 23 32 00	巴黎
迪亚特	82 32 32 04	南锡

图 15　表格中的序列组织举例

5.8.2 与纸质形式保持一致

如果任务中使用了纸质形式，信息呈现的格式宜尽量与纸质形式相符合。

注：关于数据输入的任务，见 ISO 9241-17。

5.8.3 保持行和列的标题

如果一个使用了行和列标题的表格超过了现有的显示区域，行和列标题宜始终可见。

5.8.4 便于视觉扫描

宜设法使内容便于视觉扫描。如每隔约 5 行空一行(见图 16)。也可用其他技术(如颜色和线条)来辅助浏览或指示表格区域。

城市	国家	电话区号
柏林	德国	+4930
伯尔尼	瑞士	+4131
布鲁塞尔	比利时	+322
哥本哈根	丹麦	+45
里斯本	葡萄牙	+3511
伦敦	英国	+44171
马德里	西班牙	+341
奥斯陆	挪威	+47
巴黎	法国	+331
罗马	意大利	+396
瓦杜兹	列支敦士登	+4175
瓦莱塔	马耳他	+356
维也纳	奥地利	+431

图 16　通过空行简化视觉扫描的实例

5.8.5 栏间距

表格中应有明显的栏间距。

留空的技巧包括：在左边留 3 到 5 个空格，在不同的栏之间加分隔线以及用颜色区分等。

5.9 标签

标签是用来标识信息项目的内容。针对设计标签的建议提供了区分信息项目的规则和创建标签的规则。

5.9.1 为屏幕元素做标签

除非屏幕元素(字段、项目和图表)本身的意义非常明显,且目标用户能清楚的理解,否则宜用标签标记(关于图标标签,见 ISO 9241-14:1997 中 8.4.1)。

如果为图标标签不可行(如由于空间限制),可使用系统生成的对象标识(如工具提示、快速信息和气球帮助)。

5.9.2 标签的名称

标签应能解释其指定信息项目的用途和内容。

5.9.3 标签的语法结构

标签宜在语法结构上一致。如一致使用非动词词组。

5.9.4 标签位置

标签宜统一靠近所指示的信息项目。

示例 1:在应用程序中,所有字段的标签统一放在显示字段的左边。

示例 2:在应用程序中,所有图标的标签统一放在显示图标的下方。

示例 3:在应用程序中,所有广播按钮的标签统一放在右边。

5.9.5 标签和相关信息的区分

标签宜和其指示的对象(输入字段。项目、图标和图表)明显的区分开。

示例:在应用程序中,标签和所关联信息可用空格区分开。

5.9.6 标签格式和对齐

标签和字段的格式(如字体、大小和字形)和对齐方式(左对齐或右对齐)宜保持一致(关于对齐,见 ISO 9241-17:1998 中 5.2.7 和 5.2.8)。

5.9.7 计量单位的标签

显示信息的计量单位宜放在标签内或只读或输入字段的右边,除非用户对单位非常清楚。

示例 1:距离(km):[1.5]

示例 2:距离:[1.5](km)

5.10 字段

本部分提出了对字段内信息组织的指导,其涉及字段长度、格式、项目的位置、输入或只读字段的突出。关于用于填写表格内容对话框中的输入字段的建议见 ISO 9241-17:1998 中 5.3。

5.10.1 不同字段类型的区分

输入或只读字段必须在视觉上突出(如用通过标签,格式、形状和颜色等)。如果任务需要,用户输入的数据应能和系统生成的数据(如默认的数据)区分开来。

5.10.2 长信息项分隔

长信息项目应按输入和显示通常使用的长度分段。

示例:一个十位数的电话号码可表示为 10 00 33 45 35 或 100 033 4535。

应用空格作为分隔符,除非与现有的惯例或用户的期望冲突。

示例:一个 6 个数字的银行密码可表示为 339 456。

除非有惯例,数字和字母不应混合在同一个组中。

5.10.3 输入字段格式

如果数据输入字段需要一个特定的格式,则该格式应清楚地说明(如通过提示或字段的帮助)(除非格式已很明显)。见图 17。

本建议最适合于不熟悉字段格式的用户。

日期:年-月-日

图 17 格式说明实例

5.10.4 输入字段的长度

不可滚动的固定长度字段应如图18所示清楚地标明。

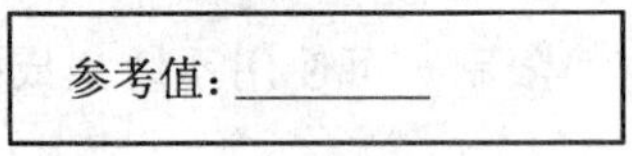

参考值：________

图18 字段长度标记实例

6 图形对象

6.1 图形对象的一般建议

6.1.1 图形对象特有状态

宜用编码技术用于表示图形对象的不同状态。

示例1：活动窗口应用不同格式的边界和其他窗口区别开来。

示例2：按下的按钮应和未按下的按钮用不同的阴影区别开来。

6.1.2 区别相同类型的对象

如果对不同对象使用了相同的图形标识(图标)，每个标识宜加上一个唯一的文字标签。

示例：为了区分3台打印机，系统在每台打印机图标旁加上了唯一的名称。

6.2 光标和指针

本部分提供关于光标和指针使用的指导。

关于指针的外观、格式和形状，见ISO/IEC 11581-3。

6.2.1 光标指示和指针位置

光标和指针宜用醒目的视觉效果(如形状、闪烁、颜色和亮度)标明其位置。

6.2.2 光标对字符的遮挡

光标不宜遮挡在光标位置显示的任何字符。

6.2.3 光标和指针的位置

光标和指针宜保持静止不变，直到用户改变其位置。

注：在一些任务中，系统自动重新定位光标从而进入到下一个任务步骤的效率可能更高。

6.2.4 光标的本位

如果光标有一个事先设定的本位，该位置宜与活动的输入/输出区域一致。

6.2.5 输入字段的初始位置

在输入字段第一次显示时，光标宜自动定位在用户当前任务和期望最合适的输入字段。光标的位置宜便于用户发现。

注：在没有其他更适合的输入字段时，光标的一般默认位置是左上角的输入字段。

6.2.6 指示准确性

如果对指示的准确性有要求(如在图形的交互环境中)，指针宜具备准确的特性(如准星或V形的标记)。

6.2.7 不同的光标和指针(见图19)

用于不同功能的光标和指针(如用于输入文本的与直接操作的)宜明显区分。

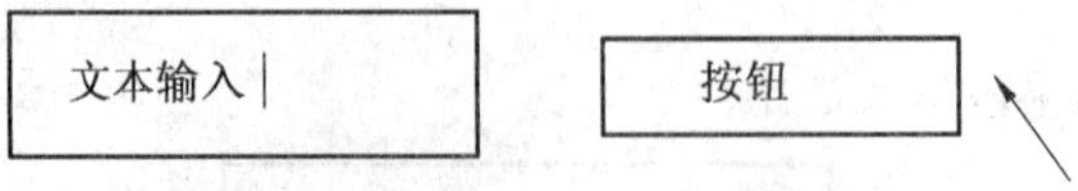

文本输入 |　　　按钮

图19 左 文本输入实例(竖线光标)
右 直接操作实例(指针)

6.2.8 活动光标/指针

如果显示光标/指针超过一个(如在基于计算机的合作工作环境中),活动光标/指针宜明显区别于当前不活动的光标/指针。

6.2.9 多个光标和指针

如果同一显示的信息被多个用户/操作员使用,宜为每个使用者提供不同的光标和/或指针。

7 编码技术

编码的结构或规则应和目标用户一起根据其期望与任务进行设计。如果需要额外的编码,应与用户一起确认。一般来说,应向用户解释编码构造的规则。

在显示屏上使用编码有助于设计者减少混乱(不整齐、间隔不合适、显示不必要的信息),方法是通过用文本或图形的短语(缩写形式)来代表信息。使用编码还可以通过加快速度和减少错误来提高用户信息输入绩效。编码不当的信息会延迟用户和系统的对话并可能导致出现频繁错误。

7.1 编码的一般建议

7.1.1 到 7.1.7 的建议针对编码的构建提供了指导。使用中编码类型应和目标用户类型、任务和应用环境相符。编码类型取决于多个因素,其中之一是目标用户的技术水平。

7.1.1 编码的可区分性

使用编码必须互相区别。

示例:在办公室的应用中,可通过减少多余的元素(在多个项目中相同的元素)来增强编码的可区分性。如 AI3404 和 AI3402 可用 A-04 和 A-02 代替。

7.1.2 编码一致性

对同一意思或功能的编码宜保持一致。

注:如果一个用户使用不同的应用程序,在这些不同的程序之间对相同的意义或功能使用统一的编码有助于任务的执行。

7.1.3 含义性

宜尽量在编码中体现含义性,如图 20。当编码信息和目标含义存在明确联系时,编码的含义性就增强了。应优先考虑便于记忆的编码,因为它随意的编码更有含义。如果编码有含义,任务的执行就会更加准确而迅速。

图 20 有含义的编码

7.1.4 编码含义的获取

当用户不清楚编码的含义时,关于编码含义的信息宜便于获取。

7.1.5 使用标准或常规的含义

编码的指定宜基于目标用户群认可的既成标准和常规含义(如邮政编码)。

示例 1:在美国,“关”的位置=开关朝上的位置
在英国,“关”的位置=开关朝下的位置

示例 2:水平方向的滑块的最大值在最右的位置。

7.1.6 编码构建的规则

宜建立编码构建的规则作为编码的规范。规则宜一致、清楚地执行。

7.1.7 编码的移除

如果信息的缺失对于用户的任务很重要,宜用编码标识该信息的缺失而不是把编码移除。

示例:如果一个网络连接不再存在,此时代表网络连接的图标显示为被叉掉而不是从屏幕上移除。

7.2 字母数字的编码

7.2.1 和 7.2.2 的建议提供了对字母编码编排的指导。

7.2.1 字符串的长度

编码宜简短,最好由 6 个或更少的字符组成(遵循保证含义性、唯一性和可添加额外的编码等几个原则)。

注:在这些因素中不可避免的会存在冲突的现象(如使用最少的字符与支持添加额外编码的功能是冲突的)。

7.2.2 字母编码与数字编码

一般情况下宜采用字母编码而不是数字编码,除非在某个特定的任务下,数字编码比字母编码对目标客户更有意义。

示例:通常使用的是 http://www.iso.ch/而不是 http://123.45.78.112。

7.2.3 大写字母的应用

如果字母编码用于输入,大小写字母标识的意义宜相同,除非与客户的期望冲突。

7.3 字母数字编码的缩写

7.3.1 到 7.3.5 的缩写建议主要适用于输入,其提供了用于信息缩写和避免令人混淆的相似缩写的建议(见 ISO 9241-15:1997 中 6.2)。

7.3.1 缩写的长度

缩写的长度越短越好,其主要取决于要缩写的词组的相似性和字数。

7.3.2 不同长度的缩写

如果在一组相同长度的缩写中,一些缩写还可以再缩短而不至于引起混淆,则宜将这些缩写再缩短以减少敲击键盘的次数。

7.3.3 截段

在不至于引起混淆的情况下,宜考虑通过去尾来构建编码。

示例:可用命令的前 3 位作为缩写(如 abbreviation:abb)。

7.3.4 偏离编码构建规则

如果某个缩写必须偏离编码构建规则(由于重复或误导),那么偏离的程度要尽量小。如果有 10%的缩写偏离了编码的规则,则编码构建的规则必须修改。

7.3.5 常规和与任务相关的缩写

只有在用户需要时,才使用常规和与任务相关的缩写以满足他们的要求。

7.4 图形编码

7.4.1 到 7.4.6 中关于图形编码的建议提供了关于符号设计的规则和提升图形编码的效果的考虑因素。

7.4.1 图形编码的等级

图形编码等级的数量宜有所限制。

例:在应用程序中,不同大小的编码不超过 3 种。

7.4.2 图标的构建

图标宜以容易区分和识别的方式构建,且易于理解。

注:ISO 11581-1,附录 B[3] 阐述了关于图标构建的几个方面。ISO 11581-2[4] 中有一些图标的例子。

7.4.3 三维的编码

宜考虑运用图形技术建立感觉上的三维图形来辅助用户区分不同类别的信息。

7.4.4 几何图形

宜考虑在图形编码中使用几个图形来辅助用户区分不同类别的信息。

对于每一类信息,应使用唯一的、可辨别的几何图形。信息类型和几何图形的数量应尽量少。

7.4.5 线条的编码

如果使用了不同外观的线条作为编码,线条类型(实线、虚线和点线)和宽度(黑体)的变化宜清晰可辨。

注:图形编码可用于地图和图标。能被区分的线条类型和宽度的组合约有 8 种。

7.4.6 线条指向

线条指向说明见图 21。如果线条指向用来标识一个方向或值,宜提供相关信息以保证方向或值能被正确地鉴别。

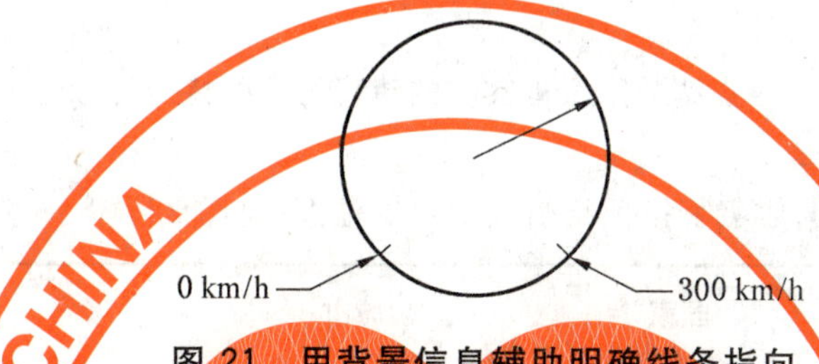

图 21 用背景信息辅助明确线条指向

7.5 颜色编码

7.5.1 到 7.5.10 关于颜色编码的建议提供了对用颜色进行屏幕设计的指导,以及使用颜色进行屏幕设计需要考虑的因素。这里涉及的是颜色的使用,而 ISO 9241-8 讲述的是影响颜色外观的因素。

7.5.1 用颜色作为辅助编码

颜色并不是编码的唯一手段,因为有些人辨别颜色的能力很差甚至无法辨别颜色。颜色是很好的辅助编码,宜作为冗余编码和其他编码技术组合使用。

7.5.2 颜色含义的标示

应避免不加选择地使用颜色。因为这样会造成屏幕显示看上去很拥挤,并影响其他屏幕颜色编码的效果。

7.5.3 附着于信息的类型

如果颜色被用作主要的编码,每种颜色只能代表一类信息。如果不同类型的信息使用了相同的颜色,用户对颜色表达的意义的理解就会受到影响。

示例:在某个特定的系统中,所有指出危险情况的消息被作为一类独立的信息。可用红色作为这些消息的背景色。

7.5.4 颜色编码的惯例

宜遵守人们熟知的颜色编码惯例:将背景环境考虑在内(如红色=警告;黄色=注意;绿色=可以或可行)。颜色的使用还应与任务和文化的惯例相符。

7.5.5 所使用颜色的数量

如果使用了颜色编码,颜色应易于被用户辨别。建议除黑和白之外的颜色不超过 6 种(见 ISO 9241-8:1997 中第 6 章)。

此最大颜色数量的限制不是指图片和图形中的颜色。

7.5.6 饱和蓝

避免在黑色背景上使用饱和蓝的文字和符号(小差别的饱和蓝的元素通常很难辨别)(见 ISO 9241-8:1997 中第 6 章、第 7 章)。

7.5.7 非彩色单元的颜色选择

如果信息要同时在彩色视觉终端和单色视觉终端上显示,选择的颜色应可以在单色显示终端上以清晰可辨的灰度显示。

7.5.8 颜色立体视觉

具有可见光谱两端波长的高饱和度的颜色(如红色和蓝色),会产生意外的颜色深度效果或视觉过度调节,因此不宜用在阅读任务中作为文字或作为背景邻近使用。

7.5.9 前景颜色

如果在中性的背景上(如白色、黑色或灰色等,见 ISO 9241-8:1997 中 3.1)使用前景颜色,应使用远离 1976CIE UCS 色度表的颜色以便于用户辨认。

示例:可将浅黄色和蓝色组合使用。

7.5.10 背景颜色

避免使用高饱和度的颜色(以及亮白色)作为背景。

注:例如淡灰色就可以作为一种理想的背景颜色。

7.6 标记符号

7.6.1 到 7.6.4 关于用标记符号强调数字字母文本的建议为这些特殊符号的选择和定位提供了建议。

7.6.1 特别的标记符号

可用标记符号(如 *)使所选数字字符项目引起用户的注意,见图 22。

地区	国家	城市
欧洲	德国	柏林
	英国	*伦敦
	挪威	奥斯陆
	法国	*巴黎
	意大利	*罗马

* =人口大于 600 万的城市

图 22 标记符号使用实例

7.6.2 选择的标记符号

对于单项选择和多项选择,应用不同的标记符号表示。

7.6.3 标记符号的唯一使用

标记符号的使用应保持一致。可能的话,这些符号不应用于其他目的或在容易与其他符号混淆的环境中。

7.6.4 标记符号的位置(见图 23)

标记符号应靠近其标记的项目,但也不能看上去像显示项目的一部分。标记符号和显示项目的位置安排应使其应便于用户辨认。

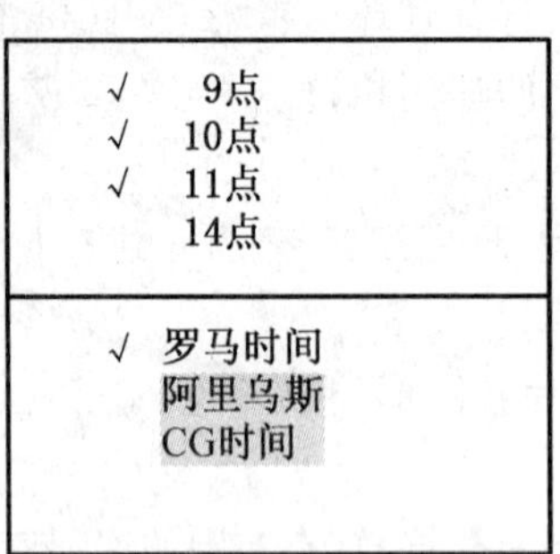

图 23 标记符号的位置

7.7 其他编码技术

关于其他编码的视觉技术的建议提供了几种特定的信息呈现方式。

7.7.1 闪烁编码

闪烁编码宜用于显示条目要求用户注意的重要任务场合。

如果用了闪烁的光标,整个屏幕上只能同时再有一个闪烁编码。

关于闪烁的频率,见 ISO 9241-3:1992 中 5.22。

7.7.2 通过闪烁进行强调

如果要通过闪烁进行强调且显示的项目很重要，宜考虑其他方法来强调项目。

示例：用一个标记标识某个项目，标记闪烁而该项目不闪烁，这样就既可吸引用户的注意而不影响信息的可读性。

注：闪烁的项目不容易阅读，如果用得太多容易引起读者的疲劳。

7.7.3 尺寸编码

尺寸编码即改变显示字符或标记的大小(高度和宽度)，其只在屏幕很空的情况下才考虑使用。

7.7.4 亮度编码

亮度编码只在需要区分两类不同的显示项目时(如将亮度作为一个二值编码：明亮和正常亮度)使用(见 ISO 9241-3:1992 中 5.21)。

7.7.5 图像色极反转

在项目需要用户注意的情况下宜使用图像色极反转。使用图像色极反转宜始终为了一个目的(见 ISO 9241-3:1992 中 5.19)。

7.7.6 下划线

下划线宜用于强调或/和指示某个项目，使用下划线不宜影响项目的清晰可读性。

7.7.7 区域的编码

如果需要将图表内的区域区分出来，用不同的编码技术(影线、阴影、点阵等)而不是颜色来填充该区域。还可以考虑一起使用用材质编码和颜色编码，以提供冗余编码。

附 录 A
(资料性附录)
评估适用性和一致性的流程实例

A.1 概述

本附录提供的是一个考察本部分中的适用建议是否得到实施的程序。需要指出的是,以下给出的流程仅供参考,而非可以替代标准本身的严格程序。该流程包含了两个阶段:

a) 确定哪些建议适用;

b) 确定是否遵循了适用的建议。

界面设计取决于任务、用户、环境和现有技术。因此本部分内容必须在了解界面的设计和使用环境的前提下运用,而且它并不是一套必须完全遵循的规定性的规则。本部分假定设计者已经掌握了关于任务和用户需求以及现有技术应用的相关信息(这可能需要向合格的工效学专家咨询或对实际用户进行经验性的测试)。

评估流程应基于典型用户的分析以及对其代表性、关键性任务和使用环境的分析。评估一般分为以下两种类型:

a) 若用户和用户的任务已知,评估者对产品进行评估或对产品的用户代表进行观察,研究在典型的使用环境下用户完成典型和关键任务的情况;

b) 若具体用户和用户的任务未知,评估者对待评产品中使用的信息呈现的各个方面都要进行评估。

判断一个产品是否符合某条建议时,应基于在以上评估过程中发现的有关信息呈现的一整套属性。显示信息确实优于本部分的规定时,亦视为本部分的建议得到满足。本部分的用户可罗列出判断适用性的方法(见 A.3)、判断是否与标准保持一致的方法(见 A.4),并且根据结果来展示产品是否符合建议。

A.2 适用性

建议的适用性基于以下两个因素:

a) 规定中所包含的条件语句是否为真。如果条件语句为真(假),则某个特定的建议适用(不适用)。

b) 设计环境。某个建议可能由于任务、用户、环境和技术的制约(如不知道用户所处的社会环境、任务变化、办公环境、屏幕分辨率、缺少指示设备等)。而如果设计环境确实涉及某个建议所要求的用户特征、任务或技术,该建议为适用。

确定某个建议适用性的方法如下:

a) 系统文件分析;

b) 详细记录的证据;

c) 观察;

d) 分析性评估;

e) 经验性评估。

以下的 A.3 将详细叙述各条适用性方法。

A.3 适用性方法说明

A.3.1 系统文件分析

系统文件分析指的是对可能描述一般或特殊信息呈现情形的文件进行分析。这些文件可能包含载有系统和用户需求、相关手册和用户指南等设计文件。

A.3.2 载入文档的证明

载入文档的证明指的是对关于任务需求或特点、工作流、用户技能、用户天资、现有的用户惯例或偏好、相似系统的设计测试数据等相关的载入文档的信息进行分析。这些信息可用来确定某个建议是否适用。

A.3.3 观察

观察指的是研究或查看显示信息，确定某个特定的可观察属性是否得到体现。任何具备必要技能、能够系统地检查显示信息的人都可以进行观察并确定某个关于显示信息的属性描述是否始终得到了满足。由于性质的显而易见，这种观察可以很容易地经由另外一个人来进行证实。

A.3.4 分析性评估

分析性评估指相关专家对呈现信息了解基础上的判断。这种方法通常用于对那些必须具备其他信息或知识才能作出判断的属性进行评估。此外，当系统还只存在于设计文档之中、用户人数不足以进行经验性评估或者时间和资源有限时，分析性评估都很适合。分析性评估可用于确定某条建议是否适用。

分析性评估可由任何具备审查显示信息相关属性的技能和经验的合适人选进行。如果显示信息的属性与工效学原理相关，则专家必须具备适当的软件工效学方面的知识。如果属性与工作环境、系统特点或设计的其他方面相关，审查应由具体相关领域的专家进行。

A.3.5 经验性评估

经验性评估指的是由代表性的终端用户实行测试程序，从而确定建议的适用性。当原型或实际系统以及潜在或实际的用户代表均可获得时，这个方法最合适。有很多种测试流程可供选用，但始终要注意，测试主题必须在终端用户中具有代表性，且代表应达到足够的数量，这样测试结果才能推广到整个用户群。

需要指出的是经验性评估应由具备一定测试方法和评估技巧的人员进行。

A.4 一致性

如果根据 A.2 中的标准某个建议适用，则有必要确定该建议是否得到满足。至于设计中是否与建议保持了一致性，可由以下方法中的一种或多种来确定。

注：在表 A.1 中列出了确定设计是否与建议相一致的方法以及建议内容。

a) 测量；

b) 观察；

c) 详细记录的证据；

d) 分析性评估；

e) 经验性评估。

要指出的是适用性的测试结果在确定一致性时是非常重要的。A.5 中介绍了几种确定一致性的方法。

A.5 确定一致性的方法

A.5.1 测量

测量指的是测量或计算一个关于显示信息的变量，如系统反应时间。可通过对比测量获得的值和建议的值来确定一致性。

A.5.2 观察

观察指的是研究或查看显示信息，确定某个特定的可观察属性是否得到体现。任何具备必要技能、能够系统地检查显示信息的人都可以进行观察并确定某个关于显示信息的属性描述是否始终得到了满足。可通过对比观察到的属性和建议确定一致性。

A.5.3 详细记录的证据

对于一致性，载入文档的证明指的是关于显示信息与相应的有条件建议的一致性的证明信息。这类证明包括现有的用户惯例或偏好、原型的测试数据、相似系统的设计测试数据等。

A.5.4 分析性评估

如 A.3.4 所述，分析性评估指相关专家对显示信息的了解基础上的判断。这种方法通常用于对那些必须具备其他信息或知识才能作出判断的属性进行评估。此外，当系统还只存在于设计文档之中、用户人数不足以进行经验性评估或者时间和资源有限时，分析性评估都很适合。

分析性评估可由任何具备审查显示信息相关属性的技能和经验的人进行。对于一致性的评定，专家必须具备判断某个具体的设计方案的合适性和可用性的技能和知识。需要指出的是，分析性评估可以检验一个设计的可保持性，但不能用来确认设计。设计的确认只能通过经验性评估完成。

A.5.5 经验性评估

经验性评估指的是由代表性的终端用户实行测试程序，从而确定建议的适用性。当原型或实际系统以及潜在或实际的用户代表均可获得时，这个方法是最合适的。有很多种测试流程可供选用，但始终要注意，测试主题必须在终端用户中具有代表性，且代表应达到足够的数量，这样测试结果才能推广到整个用户群。可以对使用显示信息的终端用户的任务效能进行分析以确定设计与多个不同的有条件的建议之间的一致性。

通常，经验性评估可通过对测试结果与特定显示信息的建议进行比对来确定二者间的一致性。

A.6 流程

可遵照图 A.1 中的流程对本部分中建议的具体应用情况进行评估。

A.6.1 "IF"条件建议

a) 适用性——每个建议都有 IF 条件，不是直接在语句中出现就是隐含在标题和子语句中。对于每一个有条件的建议，都可应用提议的方法对条件语句的适用性进行"是否"判断。同时，当有一系列可选的条件建议时，应用提议的方法确定合适的方式。

b) 一致性——对于 a)中确定的各个适用的条件建议，应用提议的方法对建议的一致性进行确认。

A.6.2 其他有条件的建议

a) 适用性——无条件的建议对于任何的信息呈现都是适用的。但有的部分只有在显示信息运用了这些功能后方为适用。

b) 一致性——对于 a)中确定的每个适用的无条件建议，都有必要使用 A.6.1b)中描述的方法对设计与建议的一致性进行确认。如果有合理的原因不遵从建议，其原因和选择的设计方案都应对本部分标准的用户有利。

为了帮助应用以上的流程，表 A.1 提供了一个检查列表。

A.7 检查列表

表 A.1 中的检查列表可帮助信息呈现的设计者和评估者对本部分内容中的条件建议的适用性和一致性进行评估。该检查列表包括了本部分内容中所有建议的"精简"版本，并进行了逻辑化的编排，以帮助用户确定其适用性。很多有条件的建议允许选用数个可选的方案。检查列表中用"和/或"这样的连接词描述这些方案之间的独立关系。这些连接词的表示范围仅限于某个有条件的建议条款中(假定这些从句本身就包含了“和”的含义)。在有些情况下,“和/或”表示两个选择之间并不互相排斥。

A.7.1 检查列表说明

A.7.1.1 建议栏

检查列表的第一栏中包含的是有条件的建议的“精简”版本,由逻辑连接词连接,用子条款分开。每个有条件的建议都按照用其子条款号编上号,用户可以很方便地从本部分内容中的相应条款中找到对应的全文。

A.7.1.2 适用性栏

检查列表中适用性部分的前面两栏用于记录适用性检验的结果(在Y或N栏中选勾)。此外,检查列表的这个部分显示每个条件建议可使用哪些检验适用性的方法,并提供空间将设计者和评估者运用的方法“清点”出来。那些和某个具体的建议不相适合的方法被盖上阴影,以便于检查列表的使用。用于检验适用性方法的编码如下:

S=系统文件分析

D=载入文档的证明

O=观察

A=分析性评估

E=经验性评估

DM=其他方法

如果用了不同的方法(即“DM”栏被勾选),可在“备注”栏中描述该方法。还有一点需要指出,那就将使用过的适用性检验方法勾除也是表格的使用方法之一。

A.7.1.3 一致性栏

检查列表的这个部分显示的是哪些方法分别适合于检验哪个有条件的建议的一致性,并提供了相应的空间,设计者和评估者可以将已经使用过的方法从中“勾除”。那些和某个具体建议不相适合的方法被盖上阴影,以便于检查列表的使用。如果一致性测试的结果是肯定的,勾选“P”一栏(表示通过);若结果为否定,勾选“F”一栏(表示未通过)。用于一致性检验方法的编码如下:

M=测量

O=观察

D=载入文档的证明

A=分析性评估

E=经验性评估

DM=其他方法

注:本部分内容的用户可自由复制并使用本附件中的检查列表,并发表完成后的检查列表。

A.7.1.4 备注

备注栏空间用于为每个有条件的建议作出额外的陈述和评论,也可用于说明评估的来源(如专家的名字、证明文档的标题等)和描述所采用的“其他方法”。由于在特定情况下可能有不同的解决方案(方法),最好在备注栏中说明这些独特的方法。这种说明可包括这些方法与信息呈现的设计建议以及合理对话原则之间的关系。

A.7.2 总结数据

适用性和一致性检查列表的用户可通过计算一致性等级(AR)来总结评估的结果。AR是成功地与适用建议保持了一致的百分比(即用P栏中勾的数量除以Y栏中勾的数量)。强烈建议在报告中不仅要写明AR,还要包括所有的数据(即P的个数和Y的个数)。但要指出的是,AR仅仅是一个算术指标,而没有考虑到各个项目的权重(包括其自身的权重和在使用环境中的权重),并非一个与适用建议保持一致的程度的可靠指标。

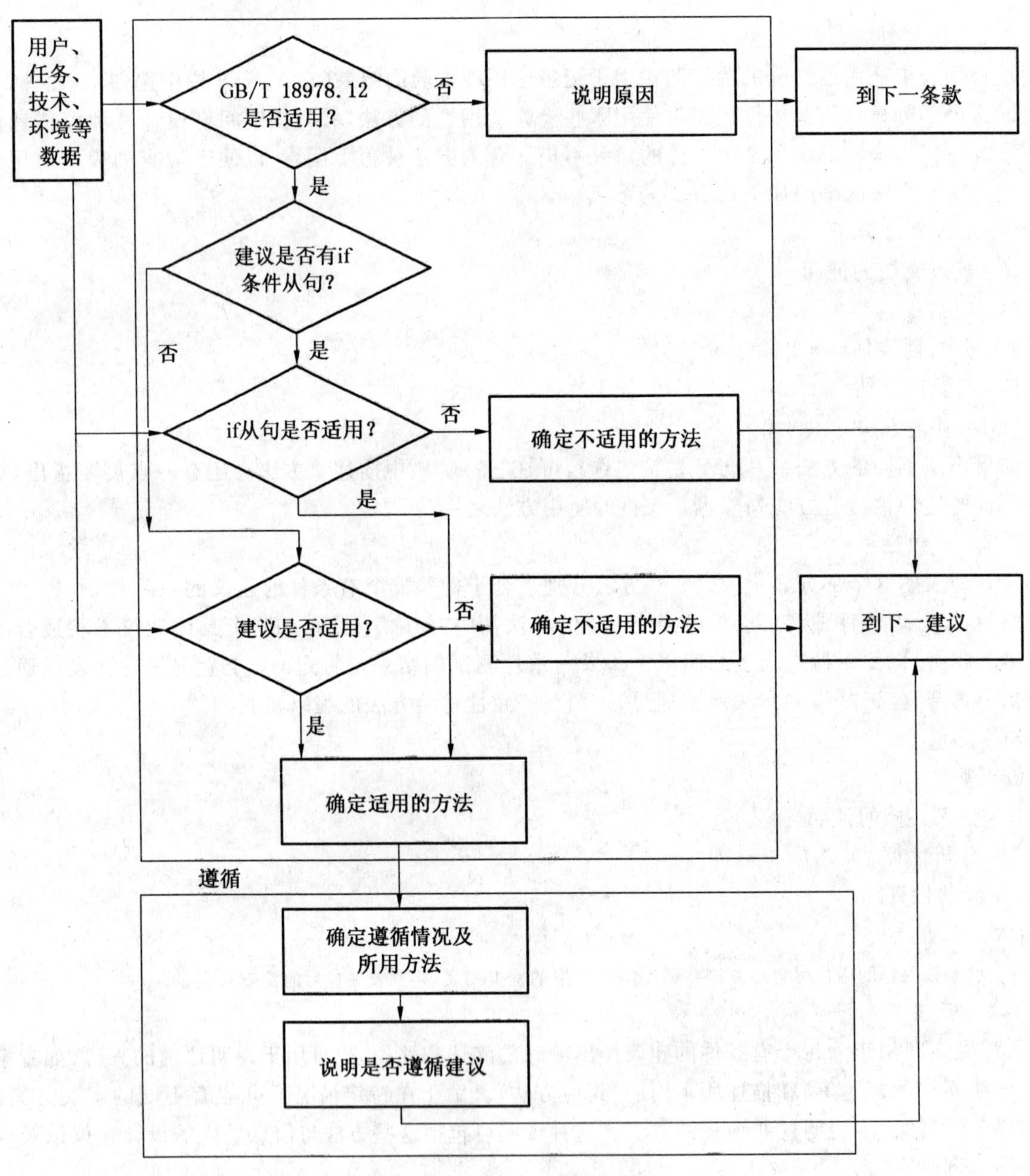

图 A.1 决定过程(评估条件)

表 A.1 适用性和一致性检查列表

建议		适用性								一致性								注释（包括来源）
		结论		评估方法						评估方法						结论		
		Y	N	S	D	O	A	E	DM	M	O	D	A	E	DM	P	F	
5	**信息的组织**																	
5.3	**关于窗口的建议**																	
5.3.1	**关于多窗口的考虑** 如果需要显示或操作不同来源的信息，宜考虑使用多个窗口或一个有多个输入/输出区域的窗口。																	
5.3.2	**唯一的窗口标识** 每个窗口都宜有唯一的标识(如窗口名、文件名或应用程序名)。																	
5.3.3	**默认的窗口参数** 默认的窗口大小和位置宜使用户完成一项任务所需的操作最少。																	
5.3.4	**同一应用程序中窗口外观一致** 所有同一类型的窗口须外观一致。																	
5.3.5	**多应用程序环境中的窗口外观一致** 在多应用程序环境中，如果对任务合适，所有混合使用的同一类型的窗口须外观一致。																	
5.3.6	**主/次窗口关系的标示** 主/次窗口的关系必须在显示上明显区别。																	
5.3.7	**窗口控制元素的分辨** 具备不同功能(如关闭窗口和调整窗口大小)的窗口控制元素宜易于互相区别，并设置在每个窗口的同一位置。																	
5.3.8	**重叠窗口格式** 如下情况下使用重叠窗口：																	
	任务需要各种可改变的或是不受限制的类型、大小、数量、内容和窗口布局。和/或																	
	显示屏很小或分辨率太低使得若用平铺窗口的话用户将无法从任何一个窗口中获得足够的信息。																	

表 A.1(续)

建　议		适用性								一致性								注释(包括来源)
		结论		评估方法						评估方法						结论		
		Y	N	S	D	O	A	E	DM	M	O	D	A	E	DM	P	F	
5.3.9	**平铺窗口格式** 如下情况下使用平铺窗口:																	
	任务不需要或极少需要各种需要改变的类型、大小、数量、内容和窗口布局。和/或																	
	需要保持对当前所显示信息的持续监控(如关键信息、任务所必需的信息)。和/或																	
	快速操作和显示重叠窗口所需要的处理会降低系统的反应时间和用户任务的表现。																	
5.3.10	**窗口格式的选择** 如果对任务合适,宜允许用户选择他们喜爱的窗口格式并将其设为默认格式。																	
5.4	**区域**																	
5.4.1	**区域的位置一致** 一个应用对话使用的区域(即标识、输入/输出、控制和消息区域),其位置宜一致。																	
5.4.2	**显示信息的密度** 显示信息的密度不宜使用户有过于拥挤的感觉。																	
5.5	**输入/输出区域**																	
5.5.1	**需要的信息** 如可能,输入/输出区域宜显示任务所有信息。如果无法实现,则:																	
	a) 将需要的信息按任务的步骤分为不同的子集,或/和																	
	b) 分类信息对相应子任务提供支持并对目标用户有意义,或/和																	
	c) 信息的分拆宜不影响任务的表现。																	
5.5.2	**滚动和翻页** 如显示信息超过现有的输入/输出区域,宜向用户提供浏览当前未显示信息的方法(如横或竖翻页/滚动)。																	

表 A.1(续)

建议		适用性								一致性								注释(包括来源)
		结论		评估方法						评估方法						结论		
		Y	N	S	D	O	A	E	DM	M	O	D	A	E	DM	P	F	
5.5.3	**显示信息相对位置的标识** 如显示信息超过现有输入/输出区域,宜标出当前显示信息的对于全部信息的相对位置或比例(如用滚动条,滑动条或 X/Y 页)。																	
5.6	**群**																	
5.6.1	**群的区分** 群宜用空格和位置区分以便于辨认																	
	如必要,可用其他方法提高区分度(如在群边缘加框)。																	
5.6.2	**顺序排列** 如任务需一定的顺序,信息必须按照该顺序组合排列。																	
5.6.3	**常规规则的使用** 信息群宜按常规格式、规则和习惯排列(如地址)。																	
5.6.4	**功能性的信息分群** 如任务不需一定的顺序,组成群的关于任务的信息宜在语义上相互关联(即对用户来说有含义)。																	
5.6.5	**视觉上突出的群——块** 如果任务需要快速的视觉搜索,群的数量宜尽量最小,和																	
	每个群占的视角宽度宜尽量接近5°,和																	
	不宜减小字符大小造成对可读性的影响																	
5.7	**列表**																	
5.7.1	**列表的结构** 列表宜按照适合任务的逻辑和自然顺序排列。																	
5.7.2	**项目的分隔** 序列中的项目和项目群宜互相区分以便于浏览。																	
5.7.3	**字母信息** 从左到右的文字竖写时宜左对齐。																	

表 A.1（续）

建议		适用性								一致性								注释（包括来源）
		结论		评估方法						评估方法						结论		
		Y	N	S	D	O	A	E	DM	M	O	D	A	E	DM	P	F	
5.7.4	**数字信息** 不带十进制符号（点号或逗号）的数字信息宜右对齐。																	
	带十进制符号的数字信息宜关于符号对齐。																	
5.7.5	**固定字体大小** 在数字序列中宜使用固定字体大小且空格一定。																	
5.7.6	**项目编号** 当用项目用数字编号时，编号宜从1而不是0开始，除非这和用户的需要冲突。																	
5.7.7	**项目编号的连续** 如果一个序列的编号的项目超过了现有的输入/输出区域需要翻页和滚动来继续。继续部分的项目宜基于输入/输出区域继续编号。																	
5.7.8	**序列继续的标记** 如一个序列超过了现有的显示区域，宜标记继续的信息。																	
5.8	**表格**																	
5.8.1	**表格中的列表组织** 与用户最相关的且最重要的资料放在最左边一栏，而相关联但重要性较低的资料逐一向右排列。																	
5.8.2	**与文件格式保持一致** 如果任务中使用了文件格式，信息呈现的格式宜尽量与文件格式相符合。																	
5.8.3	**保持行和列的标题** 如果一个使用了行和列标题的表格超过了现有的显示区域，行和列标题宜始终可见。																	
5.8.4	**便于视觉扫描** 宜使内容便于视觉扫描。																	
5.8.5	**栏间距** 表格中宜有明显的栏间距。																	

表 A.1（续）

建 议		适用性								一致性								注释（包括来源）
		结论		评估方法						评估方法						结论		
		Y	N	S	D	O	A	E	DM	M	O	D	A	E	DM	P	F	
5.9	**标签**																	
5.9.1	**为屏幕元素做标签** 除非屏幕元素本身的含义非常明显，且目标用户能清楚的理解，否则宜用标签标记。																	
	如图标标签不可行(如由于空间限制)，则可使用系统生成的对象标识。																	
5.9.2	**标签的名称** 标签宜能解释其指定信息项目的用途和内容。																	
5.9.3	**标签的语法结构** 标签宜在语法结构上一致。如一致使用非动词词组。																	
5.9.4	**标签位置** 标签宜统一靠近所指示的信息项目。																	
5.9.5	**标签和所关联信息的区分** 标签宜和其指示的对象(输入字段、项目、图标和图表)明显的区分开。																	
5.9.6	**标签格式和对齐** 标签和字段的格式(如字体、大小和字形)和对齐方式(左对齐或右对齐)宜保持一致。																	
5.9.7	**计量单位的标签** 显示信息的计量单位宜放在标签内，或																	
	加在只读或输入字段的右边，除非用户对单位非常清楚。																	
5.10	**字段**																	
5.10.1	**不同字段类型的区分** 输入或只读字段必须在视觉上突出(如用通过标签，格式、形状和颜色等)，和																	
	如果任务需要，用户输入的数据应能和系统生成的数据(如默认的数据)区分开来。																	

表 A.1（续）

建　　议		适用性								一致性								注释（包括来源）
		结论		评估方法						评估方法						结论		
		Y	N	S	D	O	A	E	DM	M	O	D	A	E	DM	P	F	
5.10.2	**将长信息项分隔** a) 长信息项目宜按输入和显示通常使用的长度分段。																	
	b) 宜用空格作为分隔符，除非这和现有的惯例或用户的期望冲突。和																	
	c) 除了有惯例外，数字和字母不宜在一个组中。																	
5.10.3	**输入字段格式** 如果数据输入字段需要一个特定的格式，则该格式宜清楚地说明（如通过提示或字段的帮助）。																	
5.10.4	**输入字段的长度** 不可滚动的固定长度字段宜清楚地标明。																	
6	**图形对象**																	
6.1	**图形对象的一般建议**																	
6.1.1	**图形对象特殊状态** 应用编码技术用于表示图形对象的不同状态。																	
6.1.2	**区别相同类型的对象** 如对不同对象使用了相同的图形标识（图标），每个标识宜加上一个唯一的文字标签。																	
6.2	**光标和指针**																	
6.2.1	**光标和指针的位置指示** 光标和指针宜用与众不同的视觉效果突出（如形状、闪烁、颜色和亮度）。																	
6.2.2	**光标对字符的遮挡** 光标不宜遮住该位置显示的字符。																	
6.2.3	**光标和指针的位置** 光标和指针宜保持静止不变直到用户改变其位置。																	

表 A.1（续）

建议		适用性								一致性								注释（包括来源）
		结论		评估方法						评估方法						结论		
		Y	N	S	D	O	A	E	DM	M	O	D	A	E	DM	P	F	
6.2.4	**光标的本位** 如果光标有一个事先设定的本位，该位置宜与活动的输入/输出区域一致。																	
6.2.5	**输入字段的初始位置** 在输入字段第一次显示时，光标宜自动定位在用户当前任务和期望最合适的输入字段。																	
	光标的位置宜便于用户发现。																	
6.2.6	**指示准确性** 如果对指示的准确性有要求（如在图形的互动环境中），指针宜具备准确的特性（如准星或 V 形的标记）。																	
6.2.7	**不同的光标和指针** 用于不同功能的光标和指针（如用于输入文本的与直接操作的）宜明显区分。																	
6.2.8	**活动的光标/指针** 如果显示光标/指针超过一个（如在基于计算机的合作工作环境中），活动的光标/指针宜明显区别于当前不活动的。																	
6.2.9	**多个光标和指针** 如果同一显示的信息被多个用户/操作员使用，宜为每个使用者提供不同的光标和/或指针。																	
7	**编码技术**																	
7.1	**编码的一般建议**																	
7.1.1	**编码的特殊性** 使用的编码必须互相区别。																	
7.1.2	**编码的一致性** 对同一意思或功能的编码宜保持一致。																	
7.1.3	**含义性** 宜尽量在编码中体现含义性。																	
	使用便于记忆的编码。																	

表 A.1（续）

建议		适用性								一致性								注释（包括来源）
		结论		评估方法						评估方法						结论		
		Y	N	S	D	O	A	E	DM	M	O	D	A	E	DM	P	F	
7.1.4	**编码含义的获取** 当用户不清楚编码的含义时，关于编码意义的信息宜便于获取。																	
7.1.5	**使用标准或常规的含义** 编码的指定宜基于目标用户群认可的既成标准和常规含义（如邮政编码）。																	
7.1.6	**编码构建的规则** 宜建立编码构建的规则作为编码的规范。																	
	规则宜一致、坚决地执行。																	
7.1.7	**编码的移除** 如果信息的缺失对于用户的任务很重要，应用编码标识该信息的缺失而不是把编码移除。																	
7.2	**字母数字的编码**																	
7.2.1	**字符串的长度** 编码宜简短，最好是6个或更少的字符组成（保证意义性、唯一性和可添加额外的编码）。																	
7.2.2	**字母编码与数字编码** 一般来说字母编码比数字编码用的更多，除非在某个特定的任务下，数字编码比字母编码对目标客户更有意义。																	
7.2.3	**大写字母的应用** 如果字母编码不是用于输入，大小写字母标识的意义相同，除非这和客户的期望冲突。																	
7.3	**字母数字编码的缩写**																	
7.3.1	**缩写的长度** 缩写的长度越短越好																	
7.3.2	**不同长度的缩写** 在一组相同长度的缩写中，一些缩写还可以再缩短以减少敲击键盘的次数。																	

表 A.1(续)

建议		适用性								一致性								注释(包括来源)
		结论		评估方法						评估方法						结论		
		Y	N	S	D	O	A	E	DM	M	O	D	A	E	DM	P	F	
7.3.3	**截段** 宜考虑通过去尾来构建编码,要求是不造成含义不清。																	
7.3.4	**偏离编码构建规则** 如果某个缩写必须偏离编码构建规则(由于重复或误导),那么偏离的程度要尽量小。																	
	偏离了编码规则的缩写宜少于10%。																	
7.3.5	**常规和与任务相关的缩写** 只有用户需要时,才使用常规和与任务相关的缩写以满足他们的要求。																	
7.4	**图形编码**																	
7.4.1	**图形编码的等级** 图形编码等级数量宜限制。																	
7.4.2	**图标的构建** 图标必须以容易区分和识别的方式构建,且易于理解。																	
7.4.3	**三维的编码** 可考虑运用图形技术建立感觉上的三维图形来辅助用户区分不同类别的信息。																	
7.4.4	**几何图形** 可考虑在图形编码中使用几个图形来辅助用户区分不同类别的信息。																	
7.4.5	**线条的编码** 如果使用了不同外观的线条作为编码,线条类型(实线、虚线和点线)和宽度(黑体)的变化宜清晰可辨。																	
7.4.6	**线条指向** 如果线条指向用来标识一个方向或值,宜提供相关信息以保证方向或值的准确性。																	
7.5	**颜色编码**																	

表 A.1(续)

建议		适用性								一致性								注释(包括来源)
		结论		评估方法						评估方法						结论		
		Y	N	S	D	O	A	E	DM	M	O	D	A	E	DM	P	F	
7.5.1	**用颜色作为辅助编码** 不要把颜色作为编码的唯一方式。																	
7.5.2	**颜色含义的标示** 宜避免不加选择地使用颜色,因为这样会造成屏幕显示看上去很拥挤。																	
7.5.3	**附着于信息的类型** 如颜色被用作主要的编码,每种颜色只代表一类信息。																	
7.5.4	**颜色编码的惯例** 宜遵守人们熟知的颜色编码规则;将背景环境考虑在内。																	
	颜色的使用还宜与任务和文化的惯例相符。																	
7.5.5	**使用颜色的数量** 如使用了颜色编码,颜色宜易于用户辨别。建议除黑和白之外的颜色不超过6种。																	
7.5.6	**饱和蓝** 避免在黑色背景上使用饱和蓝的文字和符号。																	
7.5.7	**非彩色单元的颜色选择** 如信息要同时在彩色视觉终端和单色视觉终端上显示,选择的颜色宜可在单色终端上以清晰可辨的灰度显示。																	
7.5.8	**颜色立体视觉** 处于光谱边缘具备极端波长的高度饱和颜色(如红和蓝)会产生意外色深效果或过度调节,故不能用在阅读任务中靠近文字地方或作背景。																	
7.5.9	**前景颜色** 如在中性背景上(如白色、黑色或灰色等,见ISO 9241-8:1997中3.1)使用前景颜色,宜使用远离1976CIE UCS色度表的颜色以便于用户辨认。)																	

表 A.1（续）

建议		适用性								一致性								注释（包括来源）
		结论		评估方法						评估方法						结论		
		Y	N	S	D	O	A	E	DM	M	O	D	A	E	DM	P	F	
7.5.10	**背景颜色** 避免使用高饱和度的颜色（以及亮白色）作为背景。																	
7.6	**标记符号**																	
7.6.1	**特别的标记符号** 可用标记符号（如 * ）使所选数字字符项引起用户的注意。																	
7.6.2	**选择的标记符号** 对于单项选择和多项选择，应用不同的标记符号表示。																	
7.6.3	**标记符号的唯一使用** 不宜用于其他目的或在容易与其他符号混淆的环境中。																	
	使用宜保持一致。																	
7.6.4	**标记符号的位置** 标记符号宜靠近其标记的项目。和																	
	标记符号不能看上去像显示项目的一部分。和																	
	标记符号和显示项目的位置排列宜使其便于用户辨认。																	
7.7	**其他的编码技术**																	
7.7.1	**闪烁编码** a） 闪烁编码用于显示要求用户注意的重要任务要求。																	
	b） 如果用了闪烁的光标，整个屏幕上只能同时再有一个闪烁编码。																	
7.7.2	**通过闪烁进行强调** 如果要通过闪烁进行强调且显示的信息很重要，必须考虑备用一套强调的方法。																	
7.7.3	**尺寸编码** 尺寸编码意即改变显示字符或标记的大小（高度和宽度），其只在屏幕很空的情况下才考虑使用。																	

表 A.1（续）

建议		适用性								一致性								注释（包括来源）
		结论		评估方法						评估方法						结论		
		Y	N	S	D	O	A	E	DM	M	O	D	A	E	DM	P	F	
7.7.4	**亮度编码** 亮度编码只在需要区分两类不同的显示项目时（如将亮度作为一个二值编码）使用。																	
7.7.5	**图像色极反转** 考虑对需要用户注意的项目使用图像色极反转。																	
	图像色极反转使用的目的宜统一。																	
7.7.6	**下划线** 下划线用于强调或/和指示某个项目。																	
	不能影响该项目的可读性																	
7.7.7	**区域的编码** 如果需要将图表内的区域区分出来，用不同的编码技术（影线、阴影、点阵等）而不是颜色来填充该区域。和																	
	同时还可以考虑用材质编码和颜色编码一起使用提供冗余码。																	

说明

Y=是（如适用）	S=系统分件分析	A=分析评估	M=测量
N=否	D=文件证据	E=实验评估	P=通过（符合建议）
O=观察	DM=其他评估方法	F=未通过（不符合）	

参 考 文 献

[1] GB/T 18978-1:2004 使用视觉显示终端(VDTs)办公的人类工效学要求 第1部分:概述

[2] GB/T 18978-10:2004 使用视觉显示终端(VDTs)办公的人类工效学要求 第10部分:对话原则

[3] ISO 11581-1 Information technology—User System Interfaces—Icon symbols and functions—Part 1:Icons—General

[4] ISO 11581-2 Information technology—User System Interfaces—Icon symbols and functions—Part 2:Objects icons

ICS 13.180
A 25

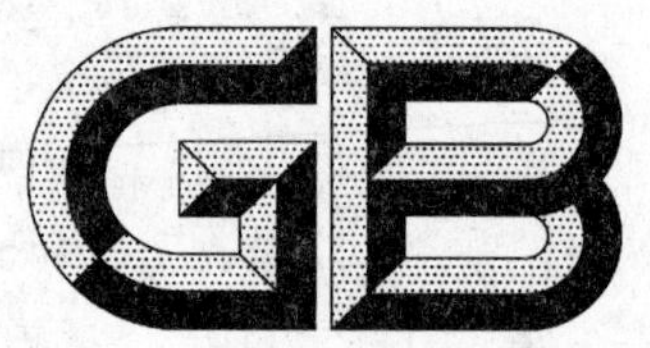

中华人民共和国国家标准

GB/T 18978.13—2009/ISO 9241-13:1998

使用视觉显示终端(VDTs)办公的人类工效学要求 第13部分:用户指南

Ergonomic requirements for office work with visual display terminals (VDTs)—Part 13: User guidance

(ISO 9241-13:1998,IDT)

2009-05-06 发布　　2009-11-01 实施

中华人民共和国国家质量监督检验检疫总局
中国国家标准化管理委员会　发布

前　　言

GB/T 18978《使用视觉显示终端(VDTs)办公的人类工效学要求》涵盖了使用视觉显示终端所涉及的硬件和软件的人类工效学要求,分为17个部分:

第1部分:概述

第2部分:任务要求指南

第3部分:视觉显示要求

第4部分:键盘要求

第5部分:工作台布局和姿势要求

第6部分:工作环境指南

第7部分:带反射的显示要求

第8部分:显示的颜色要求

第9部分:非键盘输入设备要求

第10部分:对话原则

第11部分:可用性指南

第12部分:信息呈现

第13部分:用户指南

第14部分:菜单对话

第15部分:命令对话

第16部分:直接操作对话

第17部分:填表对话

本部分是GB/T 18978的第13部分。

本部分等同采用ISO 9241-13:1998《使用视觉显示终端(VDTs)办公的人类工效学要求　第13部分:用户指南》(英文版)。

本部分的附录A和附录B为资料性附录。

本部分由全国人类工效学标准化技术委员会提出并归口。

本部分起草单位:中国科学院心理研究所、中国标准化研究院、清华大学。

本部分主要起草人:傅小兰、汪波、陈文锋、禤宇明、张欣、冉令华、李志忠。

引　言

本部分涉及规定了软件用户界面的用户指南。

用户指南的主要目的是从以下方面帮助用户与系统进行交互：

——提高系统使用效率；

——避免不必要的认知负荷；

——帮助用户管理出错情境；

——为不同技能水平的用户提供支持。

本部分适用于以下几种用户：

——用户指南的设计者，他们在开发过程中应用本部分；

——用户指南开发工具的设计者，这些工具将由对话设计者使用；

——产品购买者，在产品采购过程中他们将参考本部分，最终用户将从中获益；

——负责保证产品满足本部分要求的用户。

本部分的最终受益者将是视觉显示终端的最终用户，本部分给出的人类工效学建议正是为了满足这些用户的需求。尽管最终用户未必会读到本部分内容，甚至不知道它的存在，但采用本部分的建议能提升用户界面的可用性及一致性，从而提高工作效率。

本部分的应用涉及对预期用户、用户环境和任务的理解。宜列出用户任务，并明确指出关键任务，即最常使用的和最重要的任务。

资料性附录A给出了如何使用本部分的建议。

考虑到实用因素，本部分采用以下结构描述用户指南建议：

——一般性指南建议(见第5章)；

——提示(见第6章)；

——反馈(见第7章)；

——状态信息(见第8章)；

——出错管理(见第9章)；

——在线帮助(见第10章)。

使用视觉显示终端(VDTs)办公的人类工效学要求 第13部分:用户指南

1 范围

GB/T 18978 的本部分对软件用户界面的用户指南的属性及其评估提供建议。本部分规定的用户指南是指应用户要求提供的或系统自动提供的常规人机对话的补充信息部分。作为对本部分提供的一般性指南的补充,GB/T 18978 的第12、14、15、17部分提供了特定对话的用户指南建议。

本部分适用于那些帮助用户从出错状态恢复的交互组件。本部分所涵盖的建议包括提示、反馈和状态、出错管理、在线帮助,以及对所有这些类型的用户指南的一般性建议。

虽然可以通过其他方式(例如在线教程、在线文档、智能的系统性能帮助)提供用户支持,但本部分并不涉及这些方式。

本部分所阐述的建议不依赖于具体的应用、环境或实现技术。后者针对那些对信息和行为有特殊需要的典型情况。

与 GB/T 18978 的其他部分一样,本部分可以完全或部分采用。例如,如果软件不提供可浏览的帮助,则不必参考这方面的用户指南建议。

2 规范性引用文件

下列文件中的条款通过 GB/T 18978 的本部分的引用而成为本部分的条款。凡是标注日期的引用文件,其随后所有的修改单(不包括勘误的内容)或修订版均不适用于本部分,然而,鼓励根据本部分达成协议的各方研究是否可使用这些文件的最新版本。凡是不标注日期的引用文件,其最新版本适用于本部分。

GB/T 18978.12—2009 使用视觉显示终端(VDTs)办公的人类工效学要求 第12部分:信息呈现(ISO 9241-12:1997,IDT)

ISO 9241-14:1997 使用视觉显示终端(VDTs)办公的人类工效学要求 第14部分:菜单对话

ISO 9241-15:1997 使用视觉显示终端(VDTs)办公的人类工效学要求 第15部分:命令对话

ISO 9241-16:1997 使用视觉显示终端(VDTs)办公的人类工效学要求 第16部分:直接操作对话

ISO 9241-17:1998 使用视觉显示终端(VDTs)办公的人类工效学要求 第17部分:填表对话

3 术语和定义

下列术语和定义适用于本部分。

3.1

可浏览的帮助 browsable help

独立于当前任务情境的可浏览的帮助。可按用户期望的顺序或序列访问帮助主题。

3.2

情境相关的帮助 context-sensitive help

帮助文本或帮助主题的范围源自用户任务、用户的最后输入、选择的目标、系统或软件的当前位置、系统或软件的当前模式。

3.3

出错 error

用户目标和系统响应之间的不匹配。错误可包括导航出错、语法出错、概念出错等。

3.4

出错管理 error management

帮助用户进行出错检测、出错解释或出错恢复的手段。

3.5

出错预防 error prevention

最小化出错可能性的手段。

3.6

反馈 feedback

系统响应用户输入或系统事件而向用户呈现的信息。

3.7

指南 guidance

帮助用户达到他们预期结果的对话元素。指南可以帮助用户了解系统的能力,为完成其目标制定计划、实现目标或管理出错情境。

3.8

在线帮助 on-line help

除了提示、反馈、状态和错误信息以外的可由用户或系统激活而得到的附加的用户指南信息。典型情况下,在线帮助提供的信息包括系统和对话的特性,以及它们如何被用于帮助用户完成其任务。

3.9

提示 prompt

系统输出,用于请求用户输入。

3.10

状态信息 status information

说明系统当前状态的信息。

3.11

系统激活的指南 system-initiated guidance

用户并未采取明确行动请求时,由系统呈现给用户的指南。

注:系统自动提供的指南包括提示、反馈、状态信息等。

3.12

用户指南 user guidance

用户请求的或系统自动提供的常规人机对话的补充信息。

3.13

用户激活的指南 user-initiated guidance

仅当用户采取明确行动请求时才呈现给用户的指南。

4 本部分的应用

4.1 用户指南的适用性

用户指南适用于所有的交互形式、对话类型和情境,以帮助用户实现其目标。

4.2 建议的应用

第5章至第10章阐述了一般人类工效学设计的目标,为了实现这些目标,宜在特定情境(如特定用户类型、任务、环境、技术)下采用与该情景相符的具体建议。每条建议的格式是:建议声明、示例(若有必要)和注解(若有必要)。示例阐述了如何实施特定建议,一些示例也指出了最优方案。

宜评估每条建议的适用性。如果建议是适用的,宜在相关使用指南中将其付诸实施,除非有证据证明这样做将背离设计目标或造成可用性的整体下降。判定适用性一般要按相关章节中规定的顺序进行。判断是否已符合适用的建议时,评估者宜在借助用户指南完成用户任务的情境下进行产品评估,或对产品的典型用户进行观察。附录A给出了帮助判定建议适用性与符合性的示范程序。

4.3 产品评估

如果声称产品符合本部分的适用建议,应详细说明用户指南的需求确定、开发和(或)评估所采取的程序。程序说明的详细程度由参与的各方协商决定。

本部分的用户可以使用附录A提供的程序或者设计适合自己特定开发和(或)评估环境的其他程序。

5 用户指南的一般性建议

5.1 描述

本条款涉及用户指南的一般性建议(如:提示、反馈、状态、出错管理、在线帮助等)。

5.2 一般性建议

5.2.1 用户指南信息宜明显区别于其他的显示信息。有关采用图形对象和编码技术进行视觉信息显示的建议见ISO 9241-17:1998的第6章和第7章。

示例:当用户请求指南时,显示另一种背景色的对话框。

5.2.2 如果系统激活的用户指南信息不再适用于当前系统状态或用户行为,宜将该信息消除。

5.2.3 用户宜能控制自己激活的指南信息。

5.2.4 用户指南宜向用户提供与任务情景相关的特定信息而不是一般信息。

示例:日期应在1到31之间,而不是其他无效数据。

5.2.5 用户指南不宜干扰用户的工作和对话的连续性。

5.2.6 宜一致地使用可区分的信息或编码技术,以提醒用户需要特别注意的情况。

5.2.7 如果与系统的交互随用户的经验而变化,宜使用户能设定所需要的指南级别。

5.3 用户指南的措词

5.3.1 在描述如何执行动作之前宜先声明其结果。

示例:"需要清屏,请按RETURN键",而不是"请按回车键进行清屏"。

5.3.2 用户指南信息的措词宜增强用户对任务的控制感而不是系统在控制任务的感觉。

示例:宜显示:"要保存您的更改,请按OK",而不是"系统将仅保存您的更改,如果您按OK"。

5.3.3 一般来说,用户指南信息的措词宜使用肯定语句强调"做什么"而不是"避免什么";但是,宜使用否定语句来指出例外情形或强调某一点。

示例1:清除光标左边的字符请使用"后退键"而不是"删除键"。

示例2:"当备份程序运行时请不要使用磁带驱动器",而不是"数据可以存贮到磁盘或磁带驱动器中除非备份程序处于活动状态"。

5.3.4 用户指南的措词宜使用一致的语法结构。

示例:	可选项:		可选项:
	显示文件		显示文件
	打印文件	而不是	文件打印
	删除文件		文件的删除

5.3.5 如果用户指南包含书面或口头文本,宜使用简短的句子。

5.3.6 除非与用户的民族语言冲突,用户指南宜使用主动式。

5.3.7 用户指南宜使用用户群体完成任务时通常使用的术语。

注:用户术语的使用宜避免使用那些可能不适合该任务的设计者术语。

5.3.8 用户指南消息宜使用情感中性词表达,以使其:

——不表现出屈尊俯就;

——没有不恰当地暗示人的特征;

——不包含不适当的幽默。

6 提示

6.1 描述

提示意味着可以对系统进行输入,有一般提示和具体提示之分。一般提示表示系统等待用户的输入,但并不直接说明期望输入的类型(如:DOS的“>”,UNIX命令提示符“$”)。具体提示不但表明系统在等待用户输入,同时也为用户指明当前对话的合法输入类型(如:输入加载文件的名字)。

6.2 对提示的建议

很多对提示的建议同样适用于表格填写对话框中的“标签”。如需要更多信息,见ISO 9241-17:1998中5.3。

6.2.1 提示宜隐式(一般提示)或显式(具体提示)说明可被对话系统接受的输入类型。

6.2.2 在以下情形下宜显示具体提示。满足的条件越多,越适合使用具体提示。

a) 用户对系统不熟悉,需要知道如何继续进行操作。

b) 合法输入的数目很有限。

c) 任务需求(如:复杂任务、任务需遵循顺序步骤或需要使错误最小化)要求引导用户进行输入。

6.2.3 在以下情形下需显示一般提示。满足的条件越多,越适合使用一般提示。

a) 不满足具体提示的条件。

b) 有很多合法的用户输入并且没有足够的空间来显示每个合法输入的相关信息。

注:使用一般提示时,重要的是要考虑到不同类型的用户(如,熟悉提示的用户,不熟悉提示的用户)。

6.2.4 对于复杂的或用户难以理解的提示,用户宜能够获取有关的在线帮助。

6.2.5 如果任务要求用户按特定的顺序进行操作,宜提示当前所需步骤。(见GB/T 18978.12—2009中6.2.5)

6.2.6 对数据或命令输入的提示宜显示在输入域附近的标准位置。

示例:如果语言为从左向右书写,那么提示出现在输入域的左边。

6.2.7 如果为用户提示输入定义了默认值,该值宜可见。(见ISO 9241-17:1998中6.1.3)

示例:登陆时可以看到多少个窗口?

6.2.8 提示宜以一致且独特的数据输入域格式暗示将输入的数据类型。(见ISO 9241-17:1998中5.3.7)

示例:输入当前日期:__/__/__

6.2.9 为了便于对提示作出回应,光标宜自动定位在与请求输入类型相一致的位置的输入域内。

示例:每列数字数据为右对齐,即,光标定位在输入域的最右边并随着数字输入向左移动。文本数据是左对齐,即,光标定位在输入域的最左边并随着字符的输入向右移动。

7 反馈

7.1 描述

反馈是对用户输入的信息所作的响应。反馈类型因任务、系统状态以及用户输入的不同而不同。

反馈的示例包括:

——随着用户输入,屏幕上显示相应字符;

——显示信息表明已经接受命令并正在执行命令;

——输入更改某图形数据区域的元素的命令后,该数据区域出现视觉变化;

——用户按下帮助键后显示帮助窗口；
——在屏幕上移动指针以跟踪鼠标的移动。

7.2 对反馈的建议

7.2.1 对于每个用户输入，系统都宜产生及时的、可察觉的反馈。（见 ISO 9241-15：1997 中 7.9 和 ISO 9241-17：1998 中 7.1）

示例：用户的键盘输入在 150 ms 内会在显示器上响应，除非出于安全需要不能显示这些字符。

7.2.2 与正常任务执行相关的反馈宜是非干扰性的，不能分散用户的注意。

注：该建议不适用于某些用户指南信息，如删除确认信息或涉及安全的关键事件的警告信息，这些信息需要在用户连续执行任务的过程中出现，以促使用户思考判断并作出回应。

7.2.3 系统激活的反馈宜考虑到下列因素：

a) 用户特征：反馈的通道宜与用户的能力相协调（如：除视觉反馈外，为盲人设计的系统也宜提供语音反馈）；

b) 群体差异：为新用户提供的反馈比为有经验的用户提供的反馈宜包含更多的解释性信息；

c) 任务信息需求：反馈宜与任务的注意需求相协调；

示例：如果任务要求用户的视线离开显示器，则提供其他类型的反馈（如：声音、听觉音调）而不是视觉显示。

d) 系统功能：反馈信息的呈现不宜依赖于具体硬件的功能（如：如果一些系统没有语音输出功能，就不能使用语音输出作为唯一的反馈）。

7.2.4 任何时候系统状态（或模式）发生变化，宜使系统能清楚地显示变化后的状态。

示例：如果用户向系统输入中断序列，系统宜显示新的系统状态。

7.2.5 当用户选择一个显示项以对其进行某种操作或执行该项目时，该项目宜被高亮显示。（见 ISO 9241-14：1997 中 7.1.4）

7.2.6 如果提供远程请求服务（如使用远程打印机打印文档），本地机器上宜显示反馈信息，确认远程服务请求正在被处理。（见 ISO 9241-17：1998 中 7.4）

7.2.7 已完成用户的请求时，宜显示反馈信息。（见 ISO 9241-17：1998 中 7.5）

7.2.8 如果用户请求不能即时完成，对话系统宜提供信息表明该请求已经被接受。完成该请求后对话系统也宜予以提示。

示例：处理结束后用户得到提示。如果操作的运行时间超过 5 s，显示沙漏表明操作正在运行中。

7.2.9 系统对用户输入的响应（反馈）速度宜比较适当（既不能太慢也不能太快），以避免分散用户的注意。

示例 1：移动到新表格域时，在 250 ms 内给出反馈。

示例 2：在定点设备（如鼠标）运动 100 ms 内，显示器显示出指针的运动。

8 状态信息

8.1 描述

状态信息用以说明系统硬件和（或）软件的组件的当前状态。它包含的信息涉及可用的和活动的应用程序、模式、进程和硬件等。呈现的状态信息可以有不同的详细程度，详细程度需要与用户当前的任务相适应。尽管各种类型的用户都能受益于状态信息，有经验的用户受益更大，因为他们对系统已有足够理解，能够根据系统状态的变化调整自己的操作。

需要提供如下几方面状态信息：

——网络或邮件：请求信息的概要、其他系统或需要通信的用户；
——远程或本地设备：等待打印的文档队列、设备失效或打印完成；
——多任务：活动进程概要或系统负荷概要；
——当前的选择项；
——控件的当前状态（如单选按钮、多选框）。

在本部分涉及的状态不包含与错误情况相关的信息。

8.2 对状态的建议

8.2.1 在以下情况下需连续显示状态信息，满足的条件越多，越适合连续显示状态信息。

a) 信息与用户当前任务紧密相关，信息显示的延迟会导致任务错误、绩效下降或者严重的系统错误；

b) 信息一直与用户的当前任务紧密相关并且系统有足够的资源（例如：处理能力和显示空间）处理状态和任务信息。

8.2.2 在以下情况下宜自动显示状态信息，满足的条件越多，越适合自动显示状态信息。

a) 信息与用户当前任务紧密相关，并且自动显示不会干扰用户执行任务；

b) 状态信息是对用户操作的唯一反馈（例如：改变目标的颜色以表明目标已被选择）；

c) 用户关于系统或应用程序的训练或经验极少，不知道如何获得状态信息；

d) 系统或应用程序很少被使用；

e) 系统状态的改变（如可用的外设会变化）会影响系统对用户的输入所作出的响应。

8.2.3 在以下情况下仅当用户请求时才显示状态信息。满足的条件越多，越适合仅当用户请求时才显示状态信息。

a) 状态信息对用户的当前任务无关紧要；

b) 状态信息属非关键信息，仅对一部分潜在用户有用；

c) 状态信息只是偶尔用来指导用户作出响应；

d) 状态信息属迅速变化的非关键信息，且频繁改变所显示的信息可能会干扰用户的任务。

8.2.4 每种类型的状态信息所在的（窗口）位置宜保持一致性。

示例：每当收到新邮件时，状态信息的窗口都会在特定区域显示（如：在屏幕的右上角）。

8.2.5 如果对话系统使用户无法输入（如：键盘锁定），宜向用户提供针对该状态的提示（视觉的或听觉的）。

8.2.6 如果系统或应用程序有几种模式（即，在不同的系统状态下，特定的用户操作有不同的结果），宜使用户能够区别当前状态和其他状态。

示例1：在任务中如果用户无法在模式变换时看到显示，提供听觉提示以帮助用户区分不同的模式。

示例2：多选按钮标签左端的图形提示多选按钮的“关”或“开”状态。

9 出错管理

9.1 描述

人机交互中的错误包括：

——由软件或硬件故障导致的系统故障（如磁盘驱动器出现问题）；

——系统不能识别用户输入；

——用户的数据输入错误或用户导致的逻辑错误；

——用户输入导致的不可预见的后果。

系统或用户都可以进行错误检测。仅当出现故障或逻辑冲突时才可能进行系统检测，用户检测出的错误指的是只有用户才能够检测到的错误。

9.2 出错预防

9.2.1 出错预防总是必需的，在以下情况下尤其宜采取措施预防出错。满足的条件越多，越适合进行出错预防。

a) 用户使用系统的经验不足或只是偶尔使用系统；

b) 任务过程中的错误会使用户中断任务；

c) 错误会导致严重后果，或错误会频繁出现；

d) 任务需要用户正确的序列输入；

e) 系统有多种模式。

9.2.2 如果系统有多种模式，宜通过以下方法将用户错误最小化：

a) 在不同的模式下将相同的用户输入映射到输出相似或相关的功能键上；

示例：模式 1：F4—列出目录	而不是	模式 1：F4—列出目录
模式 2：F4—列出文件		模式 2：F4—改变窗口

b) 避免将用户输入重新映射到有破坏性的功能键上。

示例：如果功能键 F4 先前映射为“文件”，就不能再映射为“删除”。

9.2.3 如果能预测系统错误，在错误发生前宜提供对潜在问题的说明。

示例：在系统即将耗尽内存空间可能无法完成任务时，提供警告信息。

9.2.4 如果用户请求退出程序或下线，系统宜检查文件状态及待处理的任务。如果用户数据可能丢失或待处理的任务无法完成，宜显示信息请求用户确认，并说明哪些数据将会丢失或哪些任务将被中止。

9.2.5 如果任务允许且有利于用户绩效，宜使用户能够取消最近的操作（如：撤销）。如果用户操作能导致破坏性后果并且无法撤销，宜在执行所请求的操作前提供警告或确认信息，提醒用户可能出现的后果。

9.2.6 用户在执行某操作前宜能够修改或取消输入。如果可能并且不会对系统或数据造成破坏，宜向用户提供在运行过程中暂停操作或取消操作的方法。

9.3 系统的错误纠正

9.3.1 在以下情况下宜由系统来进行错误纠正，满足的条件越多，越适合由系统来进行错误纠正。

a) 由硬件和（或）软件故障导致的错误，系统对这类错误有潜在的解决方案。

b) 纠正错误的方案有限，这些方案明朗清楚，且能清楚判定用户愿意采取哪种方案。

9.3.2 如果提供了系统纠错方案：

a) 用户宜能够设定是否进行自动纠错，或

b) 宜向用户提供确认或警告信息，提示将由系统进行纠错。

9.4 用户的出错管理

9.4.1 如果任务要求用户进行出错管理，对话系统宜向用户提供能够继续对话的方式（信息和（或）功能）。

9.4.2 如果期望用户来纠正错误，宜提供检测错误的工具。

错误纠正工具的示例包括：

——撤销功能；

——语法检查器；

——交叉对照列表；

——历史功能；

——拼写检查器。

9.4.3 如果系统无法处理任务所要求的错误识别，宜向用户提供错误识别所需的诊断工具。

错误辨别的诊断工具示例包括：

——WYSIWYG 编辑器；

——预览功能；

——模拟功能；

——系统设置列表。

9.4.4 检测到错误后，宜允许用户修改错误的输入而不是让他们被迫全部重新输入。（见 ISO 9241-15：1997 中 8.3 和 ISO 9241-17：1998 中 6.4.3）

9.4.5 如果系统能够在用户输入中检测到多个错误：

a) 宜向用户提示有多个错误被发现，或者

b) 出现错误的所有区域或部分区域能够同时被用户发现。(见 ISO 9241-17:1998 中 6.4.2)

9.5 出错信息

9.5.1 如果显示了简要的出错信息，用户宜能够请求更详细的在线信息或能够参考附加的离线信息。

9.5.2 如果在一系列操作中出现了因用户的某个操作导致的错误，宜显示信息说明哪些系统操作已经被执行哪些尚未执行。

9.5.3 出错信息宜表明什么是错误的，可以采用哪些纠正措施，和

a) 错误原因(见 ISO 9241-15:1997 中 8.3 和 ISO 9241-17:1998 中 7.3);

示例：在输入逻辑单元中检测出错误后，光标定位在识别出的数据域或者命令字首个被识别出的错误处，以指明错误所在位置。

或者

b) 系统宜尽可能精确地指明错误类型[如文件读入错误(文件名)]。

9.5.4 如果出错信息显示在相同位置上并且覆盖了以前的出错信息，用户宜得到提示，以区别连续出现的相同出错信息。

示例：当出错信息重复出现时，为该信息添加编号以示错误的连续出现。

9.5.5 出错信息宜被消除：

a) 一旦错误得到纠正，或者

b) 在纠正错误之前(如果用户请求消除出错信息)。

9.5.6 出错信息宜显示在一致的位置上：

a) 显示位置尽可能靠近导致错误的用户输入，并且不会干扰用户的输入；或者

b) 显示在显示器或窗口中单一的一致的位置。

9.5.7 如果显示出错信息可能影响到重要的任务信息，系统宜允许用户移除出错信息。

9.5.8 与任务相关的单元被输入后，宜尽快地显示出错信息。

示例：填写表格时，某个字段的键入错误不会被提示直至用户离开该字段且没有纠正键入错误。

9.5.9 如果合法的用户输入集较小并且有足够的显示空间，宜同时显示输入集与出错信息。

9.5.10 根据用户特征、偏好或任务特征：

a) 用户宜能够关闭请求确认的建议性的信息；

b) 对于非关键的错误，用户宜能够控制出错提示的音量，或关闭声音或信息。

10 在线帮助

10.1 描述

与对话框或用户界面交互时，在线帮助为用户提供附加的帮助指南和支持。在线帮助解释可以做什么，在何时做、在何处做、以及怎么做。在线帮助也有助于用户实现目标，能为不同技能层次的用户提供不同级别的信息。

在线帮助能提供的信息示例包括：

——有关命令语法、可用的键和任务步骤的信息；

——解释(如：与任务有关的概念)；

——支持信息(如：选项列表)；

——描述(如：屏幕和相关操作)。

10.2 系统激活的帮助

10.2.1 在以下情况下可以考虑由系统激活的在线帮助，满足的条件越多，越适合由系统激活的在线帮助。

a) 用户缺乏经验且需要快速提高；

b) 用户不常使用系统或应用程序，需要得到提醒才能有效使用；

c) 用户不知道系统的快捷方式。

10.2.2 在以下情况下，不宜提供系统激活的在线帮助，满足的条件越多，越适合用户请求时才提供帮助。

a) 缺乏经验的用户希望显示在线帮助信息，而有经验的用户则不希望。

b) 显示在线帮助文本会影响用户在主要任务中的交互；

c) 显示在线帮助信息会显著降低系统(应用程序)的性能；

d) 在线帮助包含的大量详细信息仅适用于经验丰富的高级用户。

10.2.3 系统激活的在线帮助的内容宜与任务情境(如：屏幕，用户步骤)和最近的用户输入或输入集(如：选择的对象，菜单选择，键入的命令)相一致。

10.2.4 系统激活的在线帮助宜是非侵扰性的：

a) 系统激活的在线帮助宜显示在任务区的外围区域或单独的非覆盖的窗口中，以避免影响用户任务区的可见性；

b) 系统激活的常规在线帮助的显示方式宜不能分散用户对主任务区的注意(不能闪烁或不能使用极端的颜色)；

c) 系统激活的在线帮助文本绝不能覆盖整个任务显示区域。

10.2.5 如果用户希望关闭系统激活的帮助，向用户提供如何开启和关闭系统激活的帮助的方法。

10.3 用户激活的帮助

10.3.1 如果提供了用户激活的在线帮助，用户宜能以简单、一致并一直有效的方式请求在线帮助。

示例："?"键；功能键 F1；选择帮助图标；口头说出"帮助"。

10.3.2 在以下情况下宜提供由用户指明的在线帮助主题，满足的条件越多，提供由用户指明的在线帮助主题越适合。

a) 不存在有效的任务情景界定需提供的在线帮助类型。

b) 用户在同时执行几个任务并且可能需要灵活选择相应的在线帮助。

10.3.3 在以下情况下系统宜引导用户指定确切的帮助主题，满足的条件越多，越适合由系统引导用户来指定帮助：

a) 任务情景能界定用户可能需要的主题集而不是用户所需信息的确切主题；

b) 用户需要灵活地选择在线帮助，但难以在没有帮助的情况下准确指定在线帮助的主题。

10.3.4 如果用户通过非选择的方式(如：键入帮助请求)请求帮助主题，

a) 系统宜能接受指定的在线帮助主题的同义字(包括非技术性的同义字)；

b) 指定在线帮助主题时，系统宜能接受与标准系统术语相近的拼写。

10.3.5 如果用户请求在线帮助时没能指定需要的帮助主题，系统宜：

a) 显示与任务情景和当前任务相关的在线帮助信息，或者

b) 启动一个旨在澄清问题的对话，用户可以在这里指明需要解释的数据、信息或命令。

10.4 帮助信息的显示

10.4.1 如果用户指定了在线帮助主题，宜显示仅与指定主题相关的帮助信息。

10.4.2 接受用户请求后宜尽快显示在线帮助。

10.4.3 可根据在线帮助交互的类型推断出显示在线帮助所需要的响应时间。

10.4.4 使用用户可用的输出设备时，宜采用最适当的媒体来显示在线帮助信息，而不是以文本格式显示所有信息。

10.4.5 在线帮助宜提供涉及系统及其目标并与任务相关的信息。

10.4.6 在线帮助宜与用户的任务需要相匹配，且宜包含任务所需的描述性和程序性的信息。

示例：对于一个指定的命令，提供该命令的定义和语法要求，也提供与其他命令共同完成给定任务的步骤。

10.5 帮助导航和控制

10.5.1 如果用户因使用在线帮助而脱离任务的主对话框，宜提供适当的方式，使用户可以在主任务对话框和在线帮助间进行切换。

例如：在终端环境下，用户能够在在线帮助和任务屏幕间进行切换。

10.5.2 如果有在线培训或在线文档，宜提供在线帮助信息与在线培训或文档之间的链接。

10.5.3 如可能，宜使用户能够对在线帮助(系统激活的或用户激活的)进行控制，用户宜能够：

a) 设置系统激活的在线帮助(如：打开或关闭，选择等级)以满足自己的特定需要；

b) 一旦需要就能随时请求在线帮助；

c) 选择和改变在线帮助主题；

d) 在不同类型的帮助信息(如：教程、语法、任务)中进行选择；

e) 能在任何时刻退出在线帮助。

10.5.4 如果用户的系统性能有限，宜将在线帮助信息模块化，使用户可以选择一部分在线帮助信息保存在系统中。

10.5.5 如可能(有系统性能支持)，系统宜允许用户通过以下方式使在线帮助个性化：

——为单个用户进行在线帮助注释；

——保存在线帮助和任务间切换时的情景信息；

——增加帮助主题。

10.5.6 如果在线帮助以模式方式实现，

a) 宜提示用户，应用程序处于在线帮助模式；

示例：系统将提示符或鼠标指针改变为“?”形状。

b) 宜向用户清楚指明退出在线帮助模式和返回任务的方法。

示例：系统提供有退出按钮的对话框。

10.6 可浏览的帮助

10.6.1 用户宜能够浏览在线帮助显示(如：以熟悉系统功能或操作步骤)。

10.6.2 如果提供可浏览的在线帮助，宜提供在线帮助主题的列表或结构图以便用户从中选择。

10.6.3 如果可浏览帮助的列表中的主题太多，宜提供以下一种或几种方式帮助用户寻找他们需要的主题：

——主题列表的字符串查询；

——在线帮助文本的关键字查询；

——在线帮助文本的层次结构；

——在线帮助的结构图。

10.6.4 如果需要(如：对任务很重要，基于帮助内容)，系统宜提供：

——相关主题的直接链接；

——帮助用户寻找链接所处位置的提示；

——浏览的默认路径；

——主题间联系的表征(如结构图)；

——标记用户位置以便重新访问信息。

10.6.5 如果在帮助系统中用户能浏览不同主题，并且这样做有利于任务的完成，系统宜提供快速访问机制，例如：

——返回上一个帮助主题；

——返回到帮助系统的主界面；

——通过单个操作(交叉参考)访问相关主题；

——查询先前访问主题的记录。

10.6.6 如果在线帮助信息有层次结构：

a) 宜说明在线帮助主题的结构；

b) 用户宜能访问各个层次而不仅是顶层的帮助主题信息；

c) 宜向用户提供简单一致的方法访问更详细的在线帮助(即处于在线帮助结构中的较低层次的信息)；

d) 用户宜能够直接访问每个层次的上一层次的主题。

10.6.7 如果用户能随意访问在线帮助主题，在线帮助宜是独立的(也就是说，系统不宜假定用户在阅读当前信息之前已经阅读了它的先前章节)。

10.6.8 如果单个窗口或信息滚动条不能完全显示在线帮助信息，宜将信息的主题保持在明显的位置(如：信息的标题保持可见)。

10.7 与情景相关的帮助

10.7.1 如果任务包含特定步骤或清晰的情景信息，且系统可利用情景信息准确推断用户所需的帮助信息，则宜提供与情景相关的在线帮助信息。帮助信息宜适应用户当前任务的要求。

10.7.2 与情景相关的在线帮助信息宜提供以下几个方面的任务信息：

——当前对话步骤的各个方面(如：语义的或词法的，描述性的或程序性的)；

——当前任务；

——当前应用程序；

——屏幕显示的任务信息。

10.7.3 如果在当前的对话步骤中，多个与情景相关的在线帮助主题都很重要，宜选择一个默认主题，同时允许用户访问其他主题。

10.7.4 针对用户界面对象的在线帮助宜说明该对象是什么，该对象有什么作用，以及如何使用该对象。如果适用，这些帮助信息宜是与情景相关的。

示例：不可选的菜单选项用暗色显示，在线帮助说明为什么该选项不可用，用户怎么做才能使选项可用。

10.7.5 如果提供的在线帮助仅针对一部分用户界面对象，宜以视觉方式指明哪些用户界面对象能够被解释。

示例：如果某些对象有在线帮助，当鼠标指针放在这些对象上时会变成深色的“?”，或者指针指向该对象时，系统自动显示对该对象的描述。

附 录 A
（资料性附录）
判断适用性以及符合性的范例步骤

本附录提供一个范例步骤用以判断是否遵循本部分中适用的建议。必须说明的是，以下描述的步骤仅仅是一个指南，而不是用来替代标准本身的固定不变的程序。本附录的范例步骤分成两个阶段：

1） 判断哪些建议是适用的；

2） 判断是否遵循了这些相关建议。

界面设计依赖于任务、用户、环境和现有技术，因此，不了解界面的设计和界面的使用环境就不能应用本部分，它也不是一系列必须完全遵循的固定准则。本部分假定设计者对任务和用户需求比较了解并理解现有技术的使用（这需要咨询有资质的人类工效学专家，也需要对实际用户进行实验测试）。

评估步骤宜基于对典型用户、用户的典型和关键任务以及对典型使用环境的分析。用户指南评估一般有两个类别：

a） 当用户和用户任务已知时，评估师评估产品或在典型的使用环境下，观察典型用户使用该产品完成典型的和关键的任务；

b） 当具体用户和用户任务未知时，评估师评估产品用户指南的所有方面。

判断产品是否遵循特定的建议宜基于上述评估过程所涉及的具体用户指南，有的用户指南要优于本部分所描述的用户指南，宜将那些（更好的）用户指南也看作是达到了本部分的要求。

本部分的用户可通过列出下列几个项目来说明是如何达标的：被评估的用户指南；判断是否适用的方法（在 A.1 中描述）；判断是否遵循建议的方法（在 A.3 中描述）以及结果。

A.1 适用性

建议的适用性取决于两个因素：

a） 当条件语句属于条款的一部分时，条件语句是否为真。当条件语句为真时，该特定的建议是适用的；当条件语句不为真时，该特定的建议是不适用的。例如，如果任务不需要特定的用户操作序列，建议 6.2.5 是不适用的。

b） 设计环境。由于用户、任务、环境和技术等因素（如未知的用户群，任务的变化，吵杂的办公室，显示器分辨率，缺乏定点设备等）的限制，特定的建议可能不适用。但是，如果设计环境确实涉及特定建议提到的用户特征、任务或技术特点，该建议可能是适用的。例如，如果向用户提供了状态信息，宜评估 8.2 中的建议以判断它们的适用性。

下列方法可用于判定特定建议是否适用：

a） 系统文档分析；

b） 详细记录的证据；

c） 观察；

d） 分析性评估；

e） 实验评估。

A.2 详细介绍了用于适用性判定的各种方法。

A.2 用于适用性判定的方法

A.2.1 系统文档分析

系统文档分析是指对任何用以描述用户指南的一般或具体属性的文档的分析，这些文档可能包括一些设计文档，设计文档包含系统和用户需求、用户手册以及用户指南等等。例如，根据特定应用程序的系统需求，仅提供用户激活的帮助信息。

A.2.2 详细记录的证据

详细记录的证据指如下方面的任何相关信息：任务流、用户的现有技能、用户的潜在能力、用户的现有习惯或偏好、相似系统设计的测试数据等。利用上述信息可以判断给定的需求或建议是否适用。例如，任务分析数据可能表明用户经常需要知道系统状态信息。

A.2.3 观察

观察指的就是检查或检验用户指南中是否包含特定的可观察到的属性(如，是否使用了提示)。只要某个人能系统地检查用户指南，并能判断它是否具有与特定的条件性建议的适用性有关的属性，就能完成这个操作。由于观察本身的明显性质，观察结果可以很容易地被其他人核实。

A.2.4 分析性评估

分析性评估指的是由某位合适的专家在全面了解用户指南的属性后，对用户指南属性所作出的判断。分析性评估通常适用于这种情形：对用户指南的属性作出判断必须借助其他信息或知识。此外，分析性评估也可能适用于下列情形：系统以设计文档形式存在，找不到用户进行实验评估，或者时间和资源有限。分析性评估可以用来判断一个特定建议是否适用，例如，判断系统激活的在线帮助是否可能干扰用户的主要任务。

任何人员只要具备足够的相关技能和经验，都可以进行分析性评估。如果用户指南的属性涉及工效学原则的应用，评估专家需要具备软件工效学方面的适当技能。如果用户指南的属性涉及工作环境、系统特征或者设计的其他方面，评估者应当是特定的相关领域的专家。

A.2.5 实验评估

实验评估指的是依照一定的测试程序，利用有代表性的终端用户对建议的适用性作出判断。如果存在原型系统或真实系统，并且可以找到潜在的或实际的用户群体样本，那么最适合进行实验评估。可以使用各种测试程序，但是在每一种情况下，参与测试的被试必须是有代表性的终端用户，并且宜有足够的被试人数使测试结果能够推广到用户总体。例如，如果旨在判断用户是否经常需要请求某一主题的信息，可让一些典型用户在仅仅将线帮助作为用户指南的情况下执行一些有代表性的任务。宜指出，实验评估应由掌握测试方法和评估技术的人员负责开展。

A.3 判断是否遵循了合适的建议

如果根据 A.1 中描述的标准，某项建议是适用的，那么就需要判断用户指南是否遵循了该建议。可使用一种或几种下列方法来判断是否遵循了建议：

注：在表 A.1 的核查表中列出了各项建议以及判断是否遵循了所列建议的方法。

a) 测量；

b) 观察；

c) 详细记录的证据；

d) 分析性评估；

e) 实验评估。

需要指出的是，适用性测试的结果对判断是否遵循合适的建议是很重要的。下面进一步介绍各种判断是否遵循建议的方法。

A.4 判断是否遵循合适建议的方法

A.4.1 测量

测量指的是测定或计算涉及用户指南属性的变量，如响应时间。将建议中给出的变量值和实际测量值进行比较，就可以判断是否遵循了建议。

A.4.2 观察

观察指的就是检查或检验用户指南以确认是否已经满足了特定的可观察的条件,例如,确认视觉显示了定义的默认值(6.2.7)。可由合适的人员对用户指南进行观察,这些人员具备必要技能来系统检查用户指南以及判断是否一致遵循了涉及某个可观察属性的某个建议。把观察到的属性和相关建议进行比较,就可以判断是否遵循了建议。

A.4.3 详细记录的证据

详细记录的证据指的是详细记录的用以说明任何用户指南是否遵循了合适的条件性建议的相关信息。这样的证据可能包括当前的用户习惯或偏好、原型测试数据、以及相似系统设计的测试数据等等。例如,对相似系统设计的测试数据表明,正被评估的用户指南的帮助系统的导航与控制(10.5)对使用该程序的各种用户和任务都很适用。在这种情况下,用户指南是否遵循了建议在本质上取决于相似系统的用户指南是否遵循了建议。

A.4.4 分析性评估

如 A.2.4 所述,分析性评估指的是由某位合适的专家在全面了解用户指南的属性后,对那些属性作出的判断。该方法通常用于评估只有基于其他信息或知识背景才能作出判定的属性。此外,分析性评估也可能适用于下列情形:系统以设计文档形式存在,找不到用户进行实验评估,或者时间和资源有限。例如,分析性评估可能用于判断每当状态改变时系统能否清晰地显示其状态(7.2.4)。在上述例子中,"清晰地"是一个主观判断。

如 A.2.4 所述,具备判断指南相关属性的必要技能和经验的任何合适的有资格的人员都可以进行分析性评估。进行分析性评估的专家宜具备必要的技能和知识,以对特定设计方案的合适性和可用性进行可靠地评估。同样有必要指出的是,分析性评估只能检验设计方案的合理性,要证明设计方案的合理性,只能采用实验评估。

A.4.5 实验评估

实验评估指的是依据一定的测试程序,让典型的最终用户判断用户指南是否遵循了建议。如 A.2.5 所述,实验评估最适用于下列情形:存在原型系统或真实系统,可以找到潜在的或实际的有代表性的用户群体。可以使用各种测试程序,但是在每一种情况下,参与测试的被试必须是有代表性的终端用户,并且宜有足够的被试人数使测试结果能够推广到用户总体。通过分析使用用户指南的最终用户的工作绩效来判断用户指南是否遵循了各种条件性建议。例如,通过分析用户从错误中恢复所用的时间,判断出错信息是否指明了出错的是什么,可以采取什么纠正措施以及什么原因导致了错误发生(见 9.5.3)。在开发过程中(例如,通过快速原型)以及在系统设计和实现(例如,通过系统评估技术)之后均可以进行实验评估。实验评估既可以基于客观的也可以基于主观的用户数据。也可以设计特定的测试,以考查用户指南是否遵循了特定的建议。

通常,实验评估旨在通过将测试结果与特定的用户指南建议进行比较,判断用户指南是否遵循了建议。然而,从有效性的角度评估测试结果也是必要的(例如,用户指南对用户完成任务的支持表现为:导致任务绩效的提高,使原本困难的任务变得容易,或者使用户能够顺利完成原本无法完成的某项任务)。

A.5 步骤

在评估与本部分建议相关的某个用户指南的应用时,可以遵循以下步骤(见图 A.1)。

A.5.1 "如果语句"的条件性建议

a) 适用性:要么在语句本身,要么蕴含在子条款的标题(如 10.2)中,每个建议都有个"如果"条件。对于每个条件性的建议,宜采用本部分提出的方法测试"如果"条件是否为真,从而判断"如果"语句的适用性(例如,在 9.5.9 中,详细记录的证据、分析性评估或实验评估都适用于判定在错误消息中是否宜显示所有输入选择)。而且,当有一系列可选的条件性建议时,如 9.3.2a) 和 9.3.2b),宜采用本部分提出的方法确定适用的方法。通过使用"与"("或")逻辑连接符,在"适用性和符合性核查表"(即是否满足合适建议的要求)中进一步描述了不同的可选的条件性建议集。

b) 符合性：宜采用本部分提出的方法来判断用户指南是否遵循了a)中所列举的适用的条件性建议（例如，如果9.5.9适用，则宜采用观察法判断出错信息中是否包含输入备选集）。

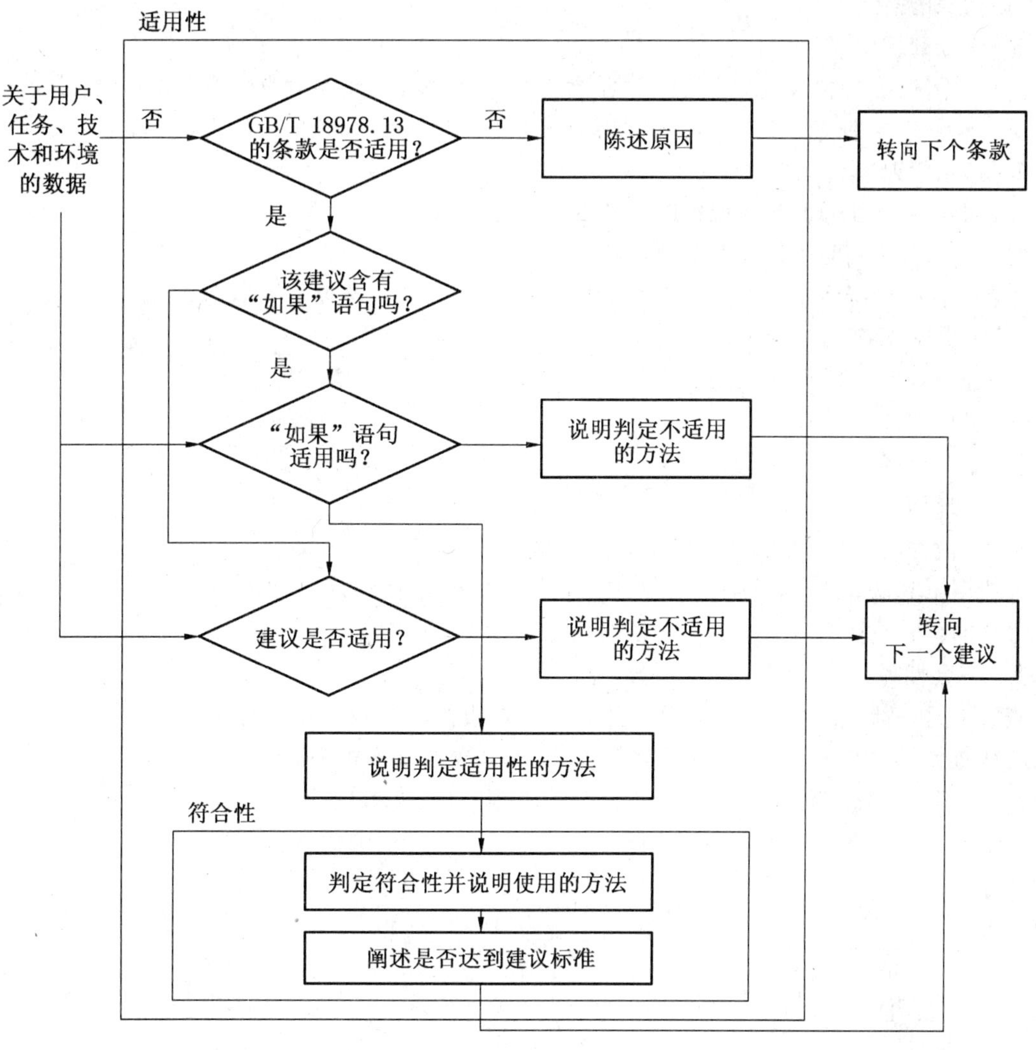

图 A.1 决定过程—评估情况

A.5.2 其他条件性建议

a) 适用性：非“如果”语句的条件性建议一般适用于任何用户指南，然而，仅当用户指南用到这些特点时，某些章节（例如：10.2系统激活的帮助信息）才适用。如果用户指南确实包含了系统激活的帮助，该子条款中的建议才适用（“如果”语句的适用性可用A.5.1中的方法进行判断）。

b) 符合性：对于每个如a)中定义的非条件性的“如果”语句，A.5.1b)中描述的是否遵循建议的信息是必要的。例如，对于判断系统对用户输入的响应速度是否适当，分析性评估或实验评估都适用于判断用户指南是否遵循了建议。如果有正当的理由不遵循提出的建议，宜指明原因以及所选择的设计方案，以供使用本部分的感兴趣的用户参考。

为了使有关人员更好地运用上述评估步骤，表A.1提供了用于评估适用性和符合性的核查表。

A.6 核查表

注：本部分的用户可复制附件中的核查表以达到本部分的预期目的，也可以发布附件中的全部核查表。

表A.1中的核查表旨在帮助用户指南的设计者和评估者评估用户指南是否适用以及本部分的条件性建议的适用性和符合性。该核查表包含本部分所有建议的“简写版”，并提供了帮助用户进行适用性评估的逻辑结构。许多条件性建议都允许若干方案选择。核查表中用连接符“与”和“或”来描述这样的相互依赖关系。连接符的使用仅限于特定条款内的条件性建议(假定该条款具有一定数量的固有的“与”,以确保该条款是适用的)。在一些情况下,各种选择并不相互排斥,因此对“与”(“或”)作了明确说明。

A.6.1 核查表的描述

A.6.1.1 建议列

核查表的第一列是本部分条件性建议的“简写版”,各条件性建议由逻辑连接符连接,并由子条款隔开。由于每个条件性建议用相应的条款编号,用户可以很方便地查看相关条款和子条款的全文。

A.6.1.2 适用性列

核查表中适用性部分的前两列用以记录适用性判定的结果,在“Y”或“N”列中用“√”表示。此外,核查表的这一部分还表明了与本部分的每项条件性建议相关的适用性评估方法,同时还留有空间用以核查设计者或评估者所使用的方法。为方便使用本核查表,适用性评估方法用如下代号替代:

S=系统文档分析

D=详细记录的证据

O=观察

A=分析性评估

E=实验评估

DM=其他方法(除上述方法之外的方法)

如果使用了其他方法(也就是说,在“DM”中打勾),可以在注释列描述该方法。需要指出的是,对适用性方法的核查被视为只是核查表的备选功能。

A.6.1.3 符合性列

核查表的这一部分说明哪些方法适合于判断是否遵循了各项条件性建议,并提供空间以便设计者或评估者核查使用的方法。为方便使用本核查表,与某项建议不相关的方法用阴影标明。

若结果表明用户指南遵循了相应的建议,在“P”列打勾(表示“通过”);若结果表明用户指南没有遵循了相应的建议,在“F”列打勾(表示“失败”)。符合性判断方法的代号为:

M=测量

O=观察

D=详细记录的证据

A=分析性评估

E=实验评估

DM=其他方法(除以上方法之外的方法)

对于适用性,如果使用了其他方法(在“DM”列打勾),可在注释列里描述该方法。此外,与适用性评估一样,对用以评估符合性的方法进行核查只是核查表的备选功能。

A.6.1.4 评论及注释

注释列的空间可以用于填写与各项条件性建议相关的其他陈述及评论,也可以用于注明评估来源(如,专家姓名、详细记录的证据的标题),还可以用于描述所使用的“其他方法”。由于在具体情形下适用的方法或方案可能不同,最好在注释列中对这些有特色的方案进行描述,说明这些方案与用户指南设计建议以及与恰当的对话原则有怎样的关系。

A.6.2 总结数据

使用适用性与符合性核查表的用户可以通过计算符合率(AR)总结评估结果。AR表示遵循适合建议的百分率(即“P”列里打勾的数目除以“Y”列里打勾的数目所得的值)。强烈建议报告所有与AR相关的数据(即“P”列里打勾的数目以及“Y”列里打勾的数目)。依据用户指南应用的复杂程度,宜针对系统里用到的每一种用户指南填写相应的核查表,然后求出所有核查表的AR的平均值,作为用户指南应用的AR平均值。然而,有必要指出的是,AR只不过是一个算术值,如果没有考虑各项目的自身权重以及在特定使用背景下的权重，仅采用 AR 平均值不能可靠地衡量用户指南在多大程度上遵循了适合的建议。

表 A.1 适用性与符合性核查表

建议	适用性								符合性								注释（包括来源）
	结果		所用方法						所用方法						结果		
	Y	N	S	D	O	A	E	DM	M	O	D	A	E	DM	P	F	
5 一般性建议																	
5.2 总体建议																	
5.2.1 容易与其他的显示信息相区分																	
5.2.2 移除不再适用的信息																	
5.2.3 用户激活的指南一直受用户控制																	
5.2.4 提供具体的与任务相关的信息																	
5.2.5 对用户任务无干扰																	
5.2.6 为引起注意而一致使用的特殊的消息或编码																	
5.2.7 如交互随用户的知识经验而变化，用户可以选择所需指南的级别																	
5.3 用户指南的表达																	
5.3.1 在描述怎么执行动作之前先声明结果																	
5.3.2 措辞增强对用户控制的理解																	
5.3.3 一般用肯定语句表达；需要强调某事项时用否定语句																	
5.3.4 用一致的语法结构表达																	
5.3.5 用简短语句表达																	
5.3.6 用主动语态表达（除非不符合用户的本族语习惯）																	
5.3.7 采用用户群体在任务中所使用的典型工作术语																	
5.3.8 用户指南消息用中性词表达																	
6 提示																	
6.2 针对提示的建议																	
6.2.1 显示对话系统接受的输入类型（一般的或具体的）																	
6.2.2 如合适，显示具体提示																	
6.2.3 如合适，显示一般提示																	
6.2.4 与提示相关的在线帮助																	
6.2.5 针对序列任务的步骤显示的提示信息																	
6.2.6 在输入域附近显示数据（命令）的提示																	
6.2.7 如定义有默认值，在提示输入域内显示																	

表 A.1（续）

建　议	适用性								符合性								注释（包括来源）
	结果		所用方法						所用方法						结果		
	Y	N	S	D	O	A	E	DM	M	O	D	A	E	DM	P	F	
6.2.8　提示提供了输入数据类型的线索																	
6.2.9　光标自动定位在输入域																	
7　反馈																	
7.2　对反馈的建议																	
7.2.1　用户的每个输入都有及时的可察觉的反馈																	
7.2.2　反馈不扰乱用户工作，不分散用户注意																	
7.2.3　反馈信息涉及下列内容：用户特征，用户群体的差异，任务信息需求以及系统性能																	
7.2.4　状态(或模式)一旦发生变化，能被清楚显示																	
7.2.5　高亮显示选中的项目																	
7.2.6　对远程请求显示本地反馈																	
7.2.7　完成用户请求的任务后提供反馈																	
7.2.8　如果不能立刻完成被请求的任务，提供反馈显示已经接受被请求的任务但无法立即完成																	
7.2.9　合适的反馈时间(不快不慢)																	
8　状态信息																	
8.2　针对状态信息的建议																	
8.2.1　如适用，连续显示信息																	
8.2.2　如适用，自动显示信息																	
8.2.3　如适用，仅在用户要求时显示信息																	
8.2.4　每种类型的状态信息显示位置一致																	
8.2.5　如果用户无法输入，提供对该状态的提示																	
8.2.6　如果使用模式，用户宜能够区分这些模式																	
9　出错管理																	
9.2　错误预防																	
9.2.1　如适用，提供错误预防措施																	
9.2.2　为模式的应用提供错误预防措施																	
9.2.3　提供潜在系统错误的信息																	
9.2.4　为预防数据丢失提供确认信息																	

表 A.1（续）

建议	适用性								符合性								注释（包括来源）
	结果		所用方法						所用方法						结果		
	Y	N	S	D	O	A	E	DM	M	O	D	A	E	DM	P	F	
9.2.5　可恢复的最近操作或确认信息																	
9.2.6　用户能修改或取消输入；暂停或取消操作																	
9.3　系统的错误纠正																	
9.3.1　如适用，提供系统纠错																	
9.3.2　用户能配置自动纠错功能或警告																	
9.4　用户的出错管理																	
9.4.1　为用户提供继续对话的方式																	
9.4.2　提供纠错工具																	
9.4.3　提供错误识别工具																	
9.4.4　用户能编辑错误输入																	
9.4.5　如果用户输入中有多个错误，对此给予提示																	
9.5　出错信息																	
9.5.1　为简短出错信息提供额外帮助信息																	
9.5.2　如果在系列操作中出现错误，显示完成状态																	
9.5.3　出错信息表明什么发生了错误，可以采取何种纠正措施以及什么原因导致了错误																	
9.5.4　如果显示在同一位置，提供连续出现相同出错信息的提示																	
9.5.5　纠正错误后或根据要求移除出错信息																	
9.5.6　出错信息显示在一致的位置																	
9.5.7　允许用户移动那些干扰任务信息的错误消息																	
9.5.8　输入后尽快显示出错信息																	
9.5.9　出错信息中显示备选输入																	
9.5.10　用户能控制出错信息特征																	
10　在线帮助																	
10.2　系统主动提供的帮助																	
10.2.1　如合适，显示系统激活的在线帮助																	
10.2.2　如不适合，不呈现系统激活的在线帮助																	
10.2.3　为系统激活的在线帮助提供任务特异性信息																	

表 A.1(续)

建议	适用性								符合性								注释(包括来源)
	结果		所用方法						所用方法						结果		
	Y	N	S	D	O	A	E	DM	M	O	D	A	E	DM	P	F	
10.2.4 系统激活的帮助信息是非侵扰性的																	
10.2.5 用户能开启或关闭系统激活的帮助																	
10.3 用户激活的帮助信息																	
10.3.1 提供简单一致的请求帮助的方法																	
10.3.2 如合适,用户能选择在线帮助的主题																	
10.3.3 系统可以支持主题选择																	
10.3.4 如果用户不是通过选择来指明帮助主题,而是通过输入信息的方式,那么宜接受同义词或相近的拼写方式																	
10.3.5 当前情景信息或起澄清作用的对话框支持模糊请求帮助信息																	
10.4 帮助信息的显示																	
10.4.1 仅提供与特定主题相关的信息																	
10.4.2 接受请求后尽快显示帮助信息																	
10.4.3 可以预测帮助信息的显示速度																	
10.4.4 使用最适合某一主题的媒体																	
10.4.5 提供系统及其目标的任务相关信息																	
10.4.6 请求任务所需的描述性和程序性信息																	
10.5 帮助导航与控制																	
10.5.1 如果帮助信息使用户脱离当前的任务对话,提供对话和帮助之间的切换方式																	
10.5.2 提供在线培训和文档的链接																	
10.5.3 用户能够对在线帮助进行适当控制																	
10.5.4 提供与系统功能匹配的可选帮助模块																	
10.5.5 能提供个性化的帮助信息																	
10.5.6 如提供帮助模式,同时提供模式提示和退出模式的方法																	
10.6 可浏览的帮助																	
10.6.1 能够浏览提供的帮助信息																	
10.6.2 提供在线帮助主题的列表或结构图																	
10.6.3 支持大量的帮助主题																	
10.6.4 可浏览的帮助信息提供的适当功能																	
10.6.5 提供对帮助信息的快速访问导航																	
10.6.6 适当地支持层级结构的帮助信息																	

参 考 文 献

[1] Akscyn, R. M., McCracken, D. L. and Yoder, E. A., KMS: A distributed hypermedia system for maintaining knowledge in organizations, *Communications of the ACM*, 1986, 31, 7, 820-835.

[2] Bell Communications Research, *Guidelines for Dialog and Screen Design*, JA-STS-000045, Sept. 1986. Piscataway, N. J. (based on course Dialog and Screen Design, Bell Communications Research, 1985).

[3] Butler, T. W., Computer response time and user performance during data entry. *Bell Laboratories Technical Journal*, 1984, 63, 100710018.

[4] Borenstein, N. S., Help texts vs. Help Mechanisms: A new mandate for Documentation Writers. *Proceedings of the* 1985 *SIGDOC Annual Meeting*, 1985, 8-10.

[5] Carbonell, J. R., Elkind, J. I. and Nickerson, R. S., on the psychological importance of time in a time-sharing system. *Human Factors*, 1969, 10, 135-142.

[6] Chen, H. and Tsoi, K., Factors affecting the readability of moving text on a computer display. *Human Factors*, 1988, 30, 25-33.

[7] Clark, H. H., and Clark, E. V., Semantic distinctions and memory for complex sentences. *Quarterly Journal of Experimental Psychology*, 1968, 20, 129-138.

[8] Cohill, A. M., and Williges, R. C., Computer-augmented retrieval of HELP information for novice use. *Proceedings of Human Factors Society 26th Annual Meeting*, 1982, 79-82.

[9] Cohill, A. M., and Williges, R. C., Retrieval of Help information for novice users of interactive computer systems. *Human Factors*, 1985, 27, 335-343.

[10] Conklin, J. A survey of Hypertext, STP-356-86 Rev. 2., Microelectronics and Computer Technology Corporation, 1987.

[11] DIN 66 234, Part 8, *Display Work Stations Principles of Dialog* Design, Deutsches Institut fur Normung, 1986.

[12] Engel, S. E. and Granoa, R., Guidelines for Man/Display Interfaces. *Technical Report TR* 00. 27200, IBM Poughkeepsie, New York, Dec. 1975.

[13] Fecht, B. A., Rideout, T. B., RANKIN, W. L., BARNES, V. E., SAARI, L. M., TRIGGS, and DeSteese J. G., *Human Factors Applications to Computer-Aided System Design in LNG Facilities*, *Volume* 1 *Design Principles. Technical Report GRI*-85/0183. 1, Battelle Pacific Northwest Laboratories, Richland, Washington 99352, 1985.

[14] Fisher, G., Computational models of skill acquisition processes. In R. Lewis and D. Tagg (Ed.) Computers in Education, *World Conference on Computers and Education*, Lausanne, Switzerland, 1981, 477-481.

[15] Fisher, G., Lemke, A., and SCHWAB, T., Active help systems. In Green, et al. (Ed..) Cognitive Ergonomics, Mind and Computer, *Proceedings of the Second European Conference on Cognitive Ergonomics*, *Mind and Computer*, Sept. 1984.

[16] Foley, J. D., and Van Dam, A., *Fundamentals of Interactive Computer Graphics*, Addison-Wesley, Reading, MA, 1982.

[17] Gregory, M. and Poulton, E. C., Even versus uneven right-hand margins and the rate of comprehension in reading. *Ergonomics*, 1970, 13, 427-434.

[18] *Human Computer Interaction Standards Committee*. General consensus of committee

members.

[19] Horton, W. K. , *Designing and Writing On-line Documentation*. John Wiley and Sons, 1990.

[20] Johnson-Laird, P. N. , and Tridgell, J. M. , When negation is easier than affirmation. *Quarterly Journal of Experimental Psychology*, 1972, 24, 87-91.

[21] Kearsley, G. , *On-line Help Systems: Design and Implementation*, Ablex Publishing Corp. , Norwood, New Jersey, 1988.

[22] Keister, L, and Shneiderman. B. , Making software user friendly, an assessment of data entry performance. *Proceedings of the Human Factors Society 27th Annual Meeting*. Santa Monica, Ca: Human Factors Society, 1983.

[23] Limanowski, J. J. , On-line documentation system: History and issues. *Proceedings of Human Factors Society 27th Annual Meeting*. Santa Monica, CA: Human Factors Society, 1983.

[24] Magers, C. S. , An experimental evaluation of on-line Help for non-programmers. *Proceedings of CHI'83 Human Factors in Computing Systems*. New York: Association for Computing Machinery, 1983.

[25] Mil-Std-1472C. Military standard: Human engineering requirements for military systems, equipment and facilities. Washington, DC: Department of Defense, Sept. 1983.

[26] Monk, A. , Mode errors: a user-centred analysis and some preventative measures using keying contingent sound. *International Journal of Man-Machine Studies*, 1986, 2, 313-327.

[27] Moskel, S. , Erno, J. , and Shneiderman, B. , *Proofreading and comprehension of text on screens and paper. University of Maryland Computer Science Technical Report*, June 1984.

[28] Neal, A. S. , Time intervals between keystrokes, records, and fields in data entry with skilled operators, *Human Factors*, 1977, 19, 163-170.

[29] Pakin, S. E. and Wray, P. , (1982). Designing screens for people to use easily. *Data Management*, 1982, 20, 36-41.

[30] Paron, D. , Huffman, K. , Pridgen, P. , Norman, K. , and Shneiderman, B. , Learning a menu selection tree: training methods compared. *Behaviour and Information Technology*, 1985, 4, 81-91.

[31] Ramsey, H. R. , and Atwood, M. E. , *Human Factors in Computer Systems: A Review of the Literature. Technical Report No. SAI-79-111-DEN*. Science Applications Inc. , Denver, CO, 1979.

[32] Rubinstein, R. and Hersh, H. , *The Human Factor: Designing Computer Systems for People*, Digital Press, Burlington, MA, 1984.

[33] Shneiderman, B. , System message design: Guidelines and experimental results. In Badre, A. , and Shneiderman, B. (Editors), *Directions in Human Computer Interaction*, Ablex Publishers, Norwood, NJ, 1982, 55-78.

[34] Shneiderman, B. , *Designing the User Interface: Strategies for Effective Human-Computer Interaction*. Addison-Wesley Publishing, 1987.

[35] Slatin, J. , *Hypertext and the teaching of writing. In Text, ConText and Hypertext: Writing with and for the Computer*. Cambridge, MA: The MIT Press, 1988, 111-129.

[36] Smith, S. L. , Exploring compatibility with words and pictures. *Human Factors*, 1981, 23, 305-315.

[37] Smith, S. L. , and Aucella, A. F. , 1983. *Design Guidelines for the User Interface to Computer-Based Information Systems. Technical Report ESD-TR-83-122m NTIS AD A127345*, USAF Electronic Systems Division, Hanscom Air Force Base, Massachusetts.

[38] Smith, S. L. and Mosier, J. N. , 1986. *Design Guidelines for the User Interface for Computer-Based Information Systems. Technical Report ESD-TR*-86-278, Mitre, Bedford Massachusetts.

[39] Snowberry, K-, Parkinson, and Sisson, N. , Effects of help fields on navigating through hierarchical menu structures. *International Journal of Man-Machine Studies*, 1985, 22, 479-491.

[40] Stibic, V. , A few practical remarks on the user-friendliness of on-line systems. *Journal of Information Science*, 1980, 2, 277-283.

[41] Tuerina, L, Chevalaz, G. , and Myers. , L. B. , 1985. *Human Factors Aspects of Computer Menus and Displays in Military Equipment*. Battelle Colombus Division, Columbus Ohio 43201-2693.

[42] Tinker, M. A. , Prolonged reading tasks in visual research. *Journal of Applied Psychology*, 1955, 39, 444-446.

[43] Wason, P. C. , The contexts of plausible denial. *Journal of Verbal Learning and Verbal Behaviour*. 1965, 4, 7-11.

[44] Watley, C. and Mulford, J. , A comparison of commands documentation: On-line vs hard copy, Unpublished student project, University of Maryland, 1983, cited in B. SHNEIDERMAN *Designing the User Interface: Strategies for Effective Human-Computer Interaction*. Addison-Wesley Publishing, 1987.

[45] White, C. T. , Eye movements, evoked responses and visual perception: some speculations. *Acta Psychologica*, 1976, 27, 337-340.

[46] Woqalter, M. S. , Godfrey, S. S. , Fontenelle, G. A. , Desaulniers, D. R. , Rothstein, P. R. , and Laughery, K. R. , Effectiveness of Warnings, *Human Factors*, 1987, 29(5), 599-612.

ICS 03.120.10
A 00

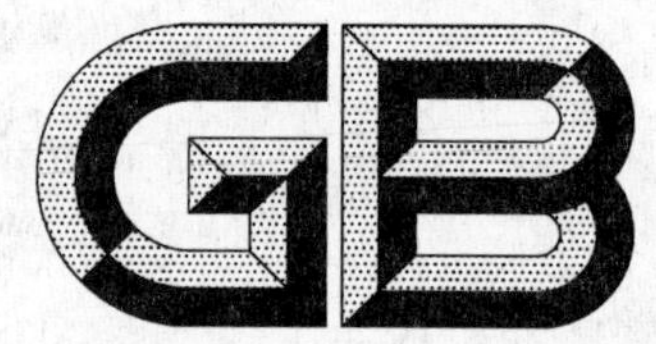

中华人民共和国国家标准

GB/T 19010—2009/ISO 10001:2007

质量管理 顾客满意 组织行为规范指南

Quality management—Customer satisfaction—Guidelines for codes of conduct for organizations

(ISO 10001:2007,IDT)

2009-09-30 发布

2009-12-01 实施

中华人民共和国国家质量监督检验检疫总局
中国国家标准化管理委员会 发布

前　言

本标准等同采用 ISO 10001:2007《质量管理　顾客满意　组织行为规范指南》。

本标准作了下列编辑性修改：

a) 将“本国际标准”改为“本标准”；

b) 删除了国际标准的前言。

本标准的附录 A、附录 B、附录 C、附录 F、附录 G 是资料性附录，附录 D、附录 E、附录 H 和附录 I 是规范性附录。

本标准由全国质量管理和质量保证标准化技术委员会(SAC/TC 151)提出并归口。

本标准起草单位：中国标准化研究院、中国质量协会、海尔集团、大长江集团有限公司。

本标准主要起草人：张荣静、郑兆红、康键、裴飞、朱立恩、王晓生、解居志、郑奎静、冯卫。

引　言

0.1　总则

保持高水平的顾客满意是许多组织面临的重要挑战，迎接这种挑战的途径之一就是实施顾客满意行为规范。顾客满意行为规范由承诺以及相关规定构成，包括产品交付、产品退回、顾客信息处理、广告，及与具体产品属性或性能有关的规定（示例见附录A）。顾客满意行为规范可以作为有效的投诉管理方法的组成部分，包括：

a)　投诉预防，通过适当使用顾客满意行为规范；

b)　内部投诉处理，例如在遇到顾客表示不满意时；

c)　外部争议解决，投诉无法在内部得到满意处理时。

本标准为组织确定顾客满意行为规范中的所有规定提供指南，使顾客满意行为规范满足顾客的需求和期望，并且是准确的，不会产生误解。其用途如下：

——促进公平交易及增强顾客对于组织的信赖；

——改进顾客对组织的产品及其与顾客关系方面预期的理解，以减少误解和投诉的可能；

——降低增加组织顾客管理行为新规则的可能性。

0.2　与GB/T 19001和GB/T 19004的关系

本标准与GB/T 19001《质量管理体系　要求》和GB/T 19004《质量管理体系　业绩改进指南》相容，并通过有效和高效地开发和实施与顾客满意相关的行为规范的过程支持上述两项标准的目标。本标准也可单独使用。

GB/T 19001《质量管理体系　要求》规定了质量管理体系要求，可供组织内部使用，也可用于认证或合同目的。遵循本标准实施的顾客满意行为规范可以作为质量管理体系的一个要素。用于认证或合同不是本标准的目的。

GB/T 19004《质量管理体系　业绩改进指南》为业绩持续改进提供指南。使用本标准能够进一步增强组织行为规范的业绩，提高顾客和其他相关方的满意程度，促进以顾客和其他相关方的反馈为基础的产品和过程质量持续改进。

注：除顾客外，其他相关方可能包括供方、行业协会及其成员、顾客组织、相关政府机构、员工、组织所有者及其他受到组织顾客满意行为规范影响的群体。

0.3　与GB/T 19012—2008和GB/T 19013—2009的关系

本标准与GB/T 19012和GB/T 19013相容。这三个标准均可独立使用，或与任何一个共同使用。当共同使用时，本标准、GB/T 19012和GB/T 19013可以作为一个更广泛的综合性框架的一部分，在这个框架下通过行为规范、投诉处理和争议解决来提高顾客满意（见附录B）。

GB/T 19012是内部处理与产品相关投诉的指南。组织可通过履行在顾客满意行为规范中做出的承诺，降低顾客对于组织及其产品的期望存在的潜在疑惑，减少产生问题的可能性。

GB/T 19013是与产品相关的投诉无法在组织内部得到满意解决时的争议解决指南。当争议产生时，行为规范可以帮助各方理解顾客的期望，并帮助组织满足这些期望。

0.4　符合性说明

本标准是一个指南性文件。本标准中提供的所有适用的指南，是对顾客满意行为规范的策划、设计、开发、实施、保持及改进进行指导。

但是，任何声称或暗示符合本标准的说明都是不适当的，因此不应作这样的说明。

注：在促销和沟通材料中任何有关符合本标准的声称或暗示都是不适当的，如新闻稿、广告、营销手册、视频资料、员工通告、标志、标语和用于各种媒体的言词，涵盖印刷、广播、互联网、多媒体应用、产品标签、标记和标语。

质量管理　顾客满意　组织行为规范指南

1　范围

本标准为策划、设计、开发、实施、保持和改进顾客满意行为规范提供指南。

本标准适用于与产品相关的组织行为规范，包括组织为了提高顾客满意度就其行为对顾客做出的承诺和相关规定。附录A提供了不同组织规范内容的简例。

注1：本标准中的术语“产品”包括服务、软件、硬件和流程性材料。

注2：本标准中的术语“产品”只适用于预期提供给顾客或顾客所要求的产品。

本标准可供各种类型、不同规模和提供不同产品的组织使用，包括为其他组织设计顾客满意行为规范的组织。附录C提供了小企业指南。

本标准未规定顾客满意行为规范的具体内容，也不涉及其他类型的行为规范，如组织与员工、与其他组织、与供方关系的行为规范。

本标准不宜用于认证或合同目的，也不拟改变适用的法律法规所规定的权利和义务。

注3：虽然本标准不宜用于合同，但顾客满意行为规范承诺可以包含在组织的合同中。

注4：本标准适用于所有的顾客满意行为规范，特别是针对顾客为个体或家庭购买或使用商品、财产或服务的顾客满意行为规范。

2　规范性引用文件

下列文件中的条款通过本标准的引用而成为本标准的条款。凡是注日期的引用文件，其随后所有的修改单(不包括勘误的内容)或修订版均不适用于本标准，然而，鼓励根据本标准达成协议的各方研究是否可使用这些文件的最新版本。凡是不注日期的引用文件，其最新版本适用于本标准。

GB/T 19000—2008　质量管理体系　基础和术语(ISO 9000:2005，IDT)

3　术语和定义

GB/T 19000—2008确立的以及下列术语和定义适用于本标准。

3.1

顾客满意行为规范　customer satisfaction code of conduct

规范　code

组织(3.6)为提高**顾客满意**(3.5)就其行为对**顾客**(3.4)作出的承诺及相关规定

注1：相关规定可以包括目标、条件、限制、联系信息和投诉处理程序。

注2：本标准中，术语“规范”即表示“顾客满意行为规范”。

3.2

投诉者　complainant

提出**投诉**(3.3)的个人、**组织**(3.6)或其代表

注：出自GB/T 19012，其中的“代表”能够代表个人或组织。

3.3

投诉　complaint

对组织的产品或投诉处理过程不满意的表示，其中包括期望得到回复或解决的明示的或隐含的表示

[GB/T 19012—2008，3.2]

注：投诉可以针对**规范**(3.1)。

3.4

顾客 customer

接受产品的组织(3.6)或个人

示例：消费者、委托人、最终使用者、零售商、受益者和采购方。

注1：顾客可以是组织内部的或外部的。

注2：本标准中的术语"顾客"包括潜在顾客。

注3：修改采用GB/T 19000—2008,3.3.5。

3.5

顾客满意 customer satisfaction

顾客(3.4)对其要求已被满足的程度的感受

注1：顾客抱怨(投诉,3.3)是一种满意程度低的最常见的表达方式,但没有抱怨并不一定表明顾客很满意。

注2：即使规定的顾客要求符合顾客的愿望并得到满足,也不一定确保顾客很满意。

[GB/T 19000—2008,3.1.4]

3.6

组织 organization

职责、权限和相互关系得到安排的一组人员及设施

示例：公司、集团、商行、企事业单位、研究机构、慈善机构、代理商、社团、政府机构或上述组织的部分或组合。

注：修改采用GB/T 19000—2008,3.3.1。

4 指导原则

4.1 总则

有效和高效地策划、设计、开发、实施、保持和改进顾客满意行为规范是建立在4.2至4.9中以顾客为关注焦点指导原则基础上的。

4.2 承诺

组织应积极致力于使用、整合和公布顾客满意行为规范,并履行其承诺。

4.3 能力

组织应配置充足的资源用于规范的策划、设计、开发、实施、保持和改进,并进行有效和高效的管理。

4.4 透明

应向顾客、员工和相关方公布规范。

4.5 方便

规范和相关信息应易于获取和使用(见附录D)。

4.6 响应

规范中应体现组织对顾客的需要和相关方的期望做出的响应(见附录E)。

4.7 准确

组织应确保规范及相关信息是准确的、不会引起误解、可验证,并符合相关法律和法规的要求。

4.8 职责

组织应规定和保持涉及规范的活动及决定的职责和报告制度。

4.9 持续改进

提高规范及其使用的有效性和效率应是组织永恒的目标。

5 规范框架

5.1 建立

规范的策划、设计、开发、实施、保持和改进应由进行决策和活动的组织框架给予支持。该框架包括

为实现规范目标进行相关活动所需资源的评估、提供和配置(见附录F),还包括最高管理者的承诺、职责和权限分配及全员培训。

5.2 整合

规范框架应以组织中的质量和其他管理体系为基础,必要时可与它们结合使用。

6 策划、设计和开发

6.1 确定规范目标

组织应确定规范要达到的目标。

注:规范的目标应表述清楚,其实现情况可以用组织确定的业绩指标测量。

6.2 收集和评价信息

收集和评价的信息应包括:

——规范要解决的问题是什么;

——这些问题是如何产生的;

——如何解决这些问题;

——这些问题对于规范范围以外的组织活动的影响方式和程度;

——其他组织是如何解决这些问题的;

——使用规范解决这些问题可能需要的资源和其他需要;

——与使用规范解决这些问题相关的法律法规要求。

注:这些信息可帮助组织明确规范的目的、确定与组织的活动相适应的开发和评价规范的适用方法。附录G提供了采纳其他组织(如行业或专业协会)制定的规范应考虑的因素。

6.3 获取和评价相关方的输入

获取和评价来自相关方(如顾客、供方、行业协会、顾客组织、相关政府机构、员工、组织所有者)关于规范内容及其使用的输入对组织非常重要(见附录E)。

6.4 制定规范

组织应根据收集到的信息制定规范(见附录H)。规范应清楚、精练、准确,不会引起误解,语言简炼。规范应包括:

——适合于组织及其顾客的规范的范围和目的;

——组织对其顾客可履行的承诺,以及与承诺相关的限制条件;

——规范中使用的关键术语的定义;

——对规范提出质询和投诉的联系人和联系方式;

——不能履行承诺时应采取的行动的说明。

注:可以针对规范的内容或使用提出质询和投诉。详见GB/T 19012和GB/T 19013。

制定规范时,组织应确保规范能够得到有效实施,且其规定不违反任何法律和法规的要求,尤其是关于欺骗性和误导性广告及禁止不正当竞争的法律法规要求。组织还应确保规范的规定考虑其他相关规范和标准。

组织应考虑对规范进行试行,以确定是否需要调整。

6.5 制定业绩指标

组织应制定定量或定性的业绩指标,以帮助判断规范目标是否成功实现。

注:与规范相关的业绩指标包括顾客满意调查评分或排序,或关于投诉及其解决情况的统计。示例见附录A。

6.6 制定规范程序

组织应制定规范实施、保持和改进程序,包括处理质询和投诉的方式。应识别和解决影响规范有效使用的障碍,识别任何可能促进规范实施、保持和改进的有利因素。这些程序将依规范和使用规范组织的性质而有所不同，但应符合适用的法律和法规要求。

注：上述程序包括的活动示例如下：

——就规范与顾客沟通；

——就规范对员工进行培训；

——解决规范中的承诺未履行的情况；

——记录关于规范的质询和投诉；

——记录和评价规范实施业绩；

——使用和保持记录；

——公布规范完成情况信息（见附录I）。

6.7 制定内部和外部沟通计划

组织应制定计划，使参与规范实施的员工和其他相关方能够获得规范及支持信息（如反馈表）（详见附录I）。

6.8 确定所需资源

组织应确定履行规范中承诺以及在无法履行承诺时提供适当补偿（如顾客赔偿）所需的资源。这些资源包括人员、培训、程序、文件、专家支持、材料和设备、设施、计算机硬件和软件、资金等。

7 实施

组织应按计划及时管理实施活动。

组织应在内部的适当层次：

a） 应用相关程序及内部和外部的沟通计划；

b） 对顾客提供适当的补偿（如赔偿）；

c） 当规范中的要求未能履行时，立即采取必要的行动，这些行动可能是因为对规范的投诉或由组织收集规范业绩信息的结果引起的。

组织应记录：

——规范实施中资源的使用情况；

——员工接受与规范相关的培训和指导的类型；

——内部和外部沟通计划的应用；

——对有关规范的质询和投诉的处理，及组织采取的补救措施。

8 保持和改进

8.1 信息收集

组织应定期和系统地收集有效和高效评价规范业绩的必要信息，包括第6章和第7章中所述的信息、输入和记录。

8.2 规范业绩的评价

组织应定期和系统地评价规范业绩，评价应包括验证和分析规范目标和规范承诺的总体履行情况。

应对规范及其使用的质询和投诉进行分类和分析，以识别系统性的、重复发生的和个案的问题及趋势，帮助消除与规范相关的投诉产生的原因。

注：组织还应进一步明确规范范围以外的对产品或过程的质询和投诉是否与规范的规定有关。这些质询和投诉可能会揭示出规范规定的不当使用。

为评价规范的影响，需要规范使用前后一定时期有关情况的信息，该信息不仅用于明确规范设计和实施中的不足之处，还可以表明使用规范达到的效果（如果有）及取得的进步。

8.3 规范的满意程度

应定期和系统地组织活动以确定顾客对规范及其使用的满意程度，可以采取随机顾客调查和其他方式进行。

注：评价顾客满意程度的方法之一是在法律允许的情况下，就规范中的某个问题模拟顾客与组织的接触。

8.4 规范和规范框架的评审

组织应定期和系统地对规范及其框架进行评审，以达到下列目的：

a) 保持其适宜性、充分性、有效性和效率；

b) 重点关注规范承诺未能履行的重要问题；

c) 评价改进的需要和机会；

d) 适当时，提出相关的决定和措施。

评审应包括以下信息：

——规范及其框架的变化；

——法律法规的变化；

——竞争者或技术创新方面的变化；

——社会期望的变化；

——规范承诺的履行情况；

——纠正和预防措施的情况；

——提供的产品；

——上次评审采取的措施。

8.5 持续改进

组织应持续改进规范及其框架，包括采用纠正和预防措施及创新性改进等方法，以提高顾客满意程度。

组织应采取措施消除导致投诉的现有和潜在问题的原因，以防止问题的发生和重复发生。

注：采纳其他组织开发的规范的组织应向开发方通报使用中发现的问题。

组织应：

——探索、识别和应用在规范的结构、内容和使用方面的最佳做法；

——在组织中提倡以顾客为关注焦点的原则；

——鼓励规范创新；

——树立与规范相关的突出业绩和突出实践的典型。

注：关于持续改进通用方法的附加指导，组织可参考 GB/T 19004—2000《质量管理体系　业绩改进指南》附录 B。

附 录 A
(资料性附录)
不同组织规范内容简例

表 A.1 提供了不同组织规范内容的简例。

表 A.1 不同组织规范内容简例

规范内容示例	组织类型				
	匹萨饼送餐公司	诊所	零售连锁机构	旅馆	列车
承诺	“如果匹萨送到时不热或未能在30分钟内送到，则该匹萨免费”	“如果预约就诊时间推迟将立即通知患者，并提供其他可供选择的时间”	“如果商品的扫描价格高于标识价格，个人或团体顾客有权免费获得该商品”	“如果顾客对旅馆的服务不满意，我们将尽一切努力改正，或者给顾客打折”	“如果列车晚点、盥洗室卫生差或服务不礼貌，乘客可以得到赔款”
向顾客公布承诺的限制条件	地点位置、天气或交通条件限制	急诊可能打乱正常的就诊预约	不适用于柜台销售的化妆品和单独定价商品	超出旅馆控制范围的因素	糟糕的气候条件
规范的其他规定	说明迟送匹萨的成本将不从送货者工资中扣除	说明在正常工作时间之外医生可以提供的就诊时间	说明规范的目标是“保持扫描价格的准确性”	说明规范的目标是“顾客完全满意”	说明规范的目标是“清洁、准时的列车和礼貌的服务”
支持性信息	如何进行投诉	如何进行质询	如何进行质询或投诉	如何得到折扣	到哪里领取赔款
规范策划、设计、开发和实施活动	预先试行程序	顾客服务培训	与零售连锁机构成员磋商	采用焦点小组访谈的方式确定最适当的补偿额	对员工进行如何与公众交往的教育
保持和改进活动	开展调查，并据此对规范用语进行修订	评估投诉资料	请顾客组织参与数据评审	修订营销宣传	修改盥洗室清洁程序
业绩指标	及时送货百分比	通知患者百分比	错误价格百分比	不满意顾客百分比	乘客投诉率

附　录　B
（资料性附录）
GB/T 19010、GB/T 19012 和 GB/T 19013 的内在联系

图 B.1 用于说明与行为规范、投诉处理和外部争议解决相关的组织过程。

注：投诉可以是由顾客或其他投诉者提出的。

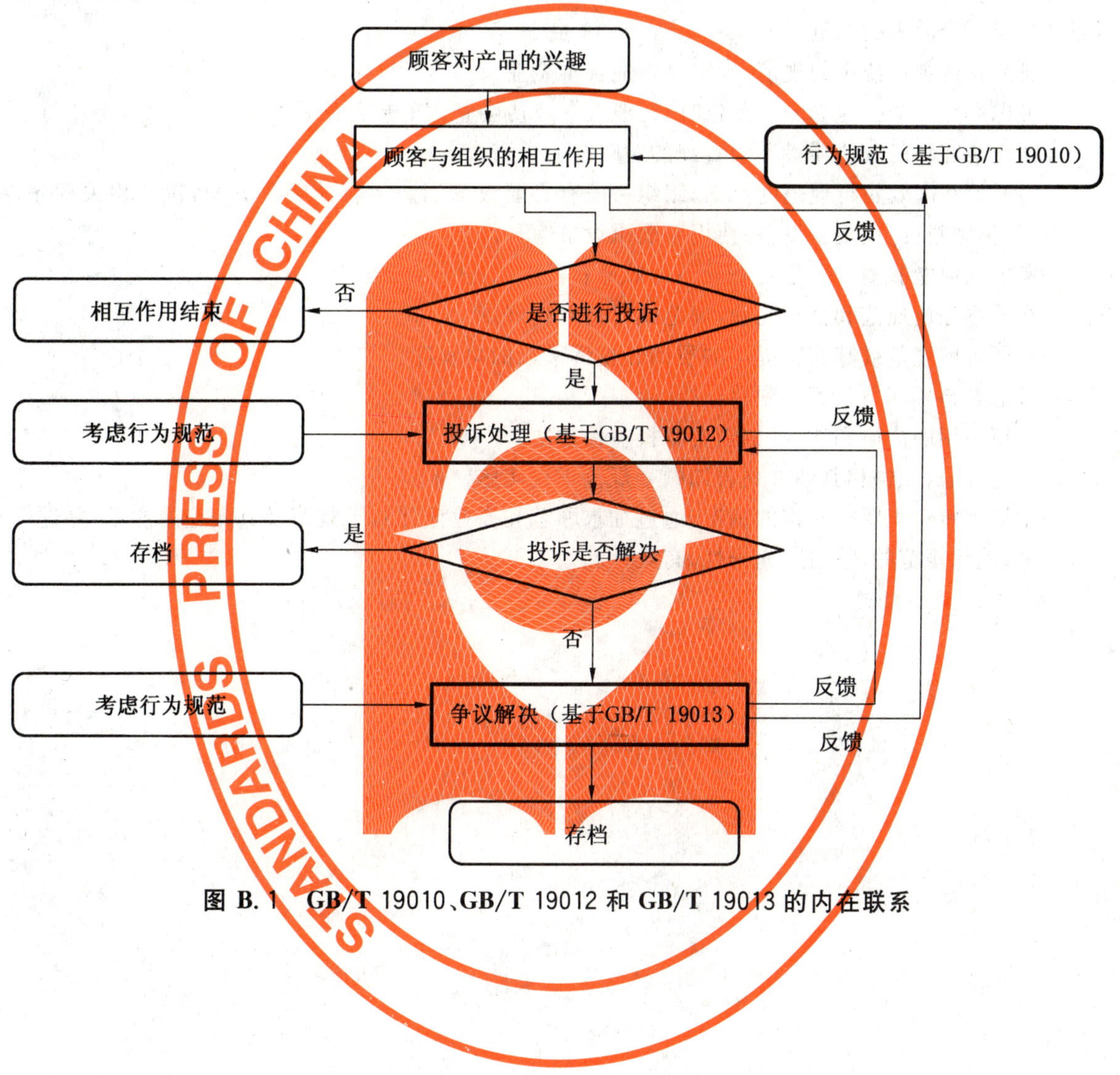

图 B.1　GB/T 19010、GB/T 19012 和 GB/T 19013 的内在联系

附 录 C
（资料性附录）
小企业指南

本标准适用于不同规模的企业。但应承认许多小企业在策划、设计、开发、实施、保持和改进顾客满意行为规范方面资源有限。以下示例突出了一些关键部分，并附有每项活动的建议，组织重点关注这些方面即可制定一个适用的规范。

——研究其他企业使用的规范，确定是否适合本企业。

——考虑遵照一个已建立的规范（如由行业或专业协会管理的规范项目）。

——征询顾客和商业伙伴最希望看到的对顾客的承诺。

——为有效和高效履行规范的承诺，组织考虑有必要改变当前运行的哪些方面，包括相关程序、培训、招聘新员工、更新设备、使用新通讯设备等。

——考虑如何能够测量出是否有效和高效地履行了承诺。

——在最终完成规范和公布之前，规范试行是否良好。

——对顾客就规范或其实施提出的质询和投诉采取简单程序。

——考虑参与外部争议解决项目。

——评审适用的法律和法规（如消费者权益保护法）。

——通过标志、广告和其他方式告知顾客规范正在实施。

——定期评审组织履行承诺的情况，通过征求顾客和商业伙伴对于规范及其实施的意见，并进行改进，确保规范的适宜性、充分性、有效性和效率。

附 录 D
（规范性附录）
方便性指南

组织应使顾客、员工和其他相关方易于获得规范和支持性信息(如投诉表)。组织应考虑潜在的相关人员的范围(可能包括儿童、老人、残障人士等),在提供或交付产品时应以多种语言和形式提供与产品相关的规范的信息和帮助,以使希望使用规范的顾客不会处于不利地位。当组织参加另一组织(如行业或专业协会)规范项目时,应使顾客和相关方通过该项目查阅到这一组织。

信息应语言清楚、明确,并应以可选择的形式提供给现有和潜在的顾客,如通过音频资料、大字体印刷、大凸起字、盲文、电子邮件或可以使用的网址。

注:可选择的形式是指用不同的表达或表现方式,旨在可以被不具有正常感觉能力的人获得这些信息。通过至少一种形式(如视觉或触摸)提供所有的输入和输出信息(即信息和功能),使更多的人,包括语言和读写能力有问题的人,都可以得到帮助。可能影响易读性和易理解性的表达方面的因素包括:

——版面设计;

——印刷颜色和对比度;

——字体和字形;

——多种语言的选择和使用。

详见 GB 5296.1《消费品使用说明　总则》。

附　录　E
（规范性附录）
获得相关方输入的指南

组织应识别相关方并听取他们的意见。组织应：

a） 考虑获得输入信息的各种适合的方法，包括公开会议、焦点小组访谈、问卷调查、顾问委员会、研讨会及电子讨论小组；

b） 确定为获得相关方输入信息所需的财务和人力资源。

为保证从相关方获得信息过程的有效性，组织应：

——清楚表达该过程的目的（包括目标、过程的范围及对最终结果的描述）；

——确定允许相关方参与的适当过程的时限，包括出现不可预见问题的一定的机动时间；

——选择适当的相关方参与其中；

——必要时确保对相关方提供的信息保密；

——确保有适当的机制获得输入信息，并有适当的资金支持；

——确保该过程的基本准则得到相关方的理解和接受。

获得相关方输入信息的过程完成后，组织应在后续的规范策划、设计、开发、实施、保持和改进活动中使用并向相关方通报这些结果。应评价从相关方获得信息过程的有效性和效率。

附 录 F
（资料性附录）
规 范 框 架

图 F.1 是策划、设计、开发、实施、保持和改进规范的决策和活动的组织框架的说明。

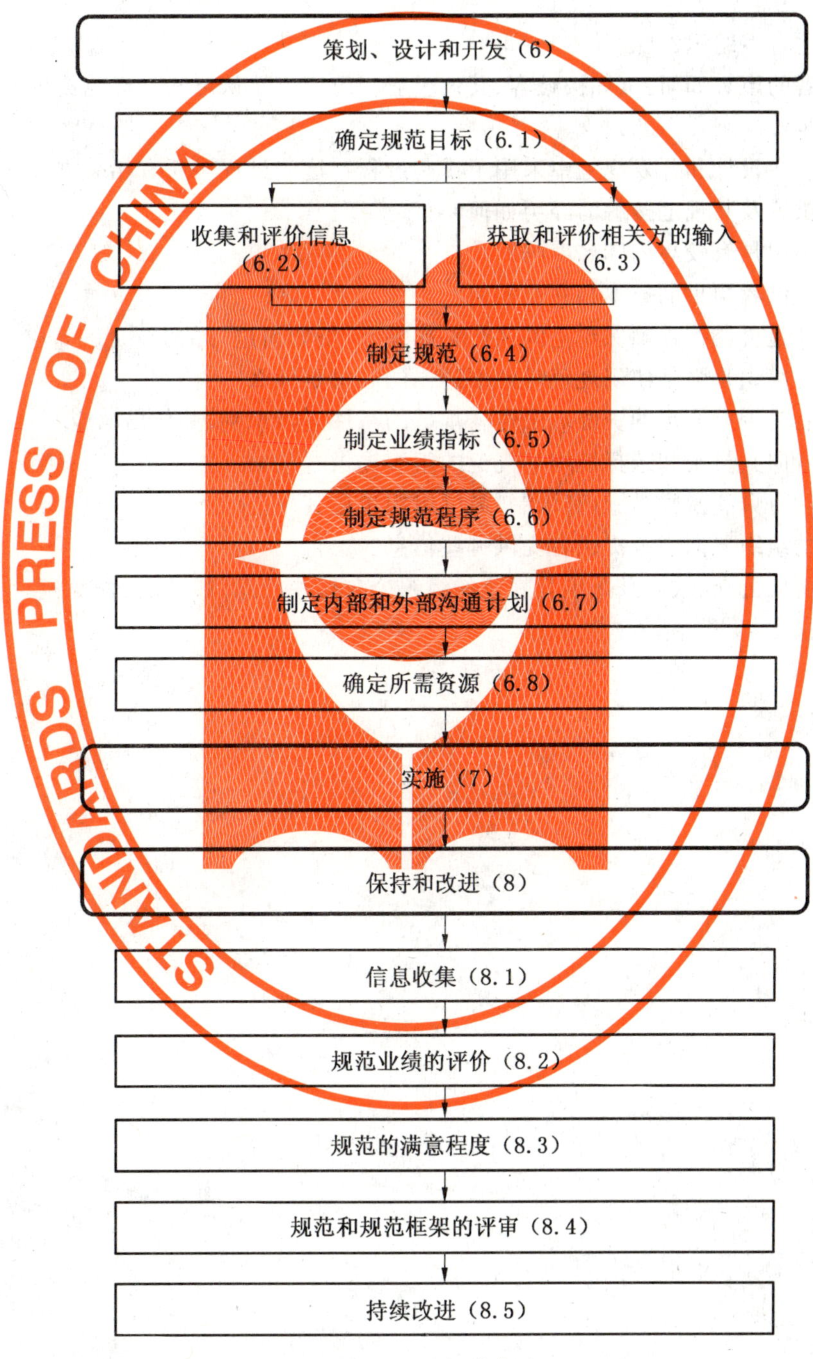

图 F.1 规范框架

附 录 G
（资料性附录）
采纳另一组织提供规范的指南

组织可以考虑采纳由另一组织（称为“规范提供者”）制定的规范或者参与规范提供者的项目。需要考虑的因素如下：

——规范是否适合本组织？

——规范提供者的声誉如何？（如被顾客、其他企业和政府广泛认可吗？规范提供者在本行业内有重要影响吗？）

——规范提供者在设计和开发规范中采用了哪些过程？这些过程对所有相关方公开吗？其他组织与规范提供者及其规范接触的经历如何？

——规范在市场中具有较高的知名度吗？

——参与规范提供者项目的成本和利益如何？

——规范提供者是否监控并确保规范的执行？如果有，是如何进行的？

——采纳规范的组织是强制使用规范吗？不遵循的后果是什么？

——规范提供者是否有充足的资源对未遵守规范的事件进行识别，并作出响应？

——规范提供者向其员工和选择使用其规范的组织提供哪些培训？

——规范提供者有哪些激励措施（和限制）鼓励组织采用其规范？

——采纳规范的组织要向规范提供者提供哪些信息？

——规范提供者向公众、政府及采纳其规范的组织公布哪些信息（如月度、季度、半年或年度报告）？

附 录 H
(规范性附录)
规范制定指南

规范应与规范目标保持一致。规范应依据组织的规模和性质而有所变化,但是通常其作用体现如下:

——明确规范的范围和界限(如规范适用于组织的所有产品还是部分产品?适用于所有地理区域还是限定区域?);

——通告任何免责和例外(如承诺不适用于指定的高峰时段或非正常环境);

——提供清楚的关键术语的定义;

——尽量避免使用技术术语、缩写词或首字母缩写词;

——明确承诺未能兑现时需遵循的步骤和程序;

注:这可能会涉及GB/T 19012和GB/T 19013提供的投诉处理和外部争议解决过程指南。

——在相关的时间向顾客提供规范的适当信息(如网上销售产品的组织可能要在其网址上、在信息收集处及顾客购买产品时提供关于隐私保护的信息);

——在顾客咨询、投诉或提建议时,提供有关联系人和联系方式的信息;

——确保规范可以有效和高效地实施,且规范规定不违背法律和法规要求,尤其是有关欺骗性和误导性广告及禁止不正当竞争的法律和法规要求。

附　录　I
（规范性附录）
沟通计划制定指南

I.1　总则

组织应制定计划，使参与规范实施的员工和其他相关方能够获得规范及支持性信息。该沟通计划取决于组织的规模和类型，以及规范的性质，应包括：

——识别内部和外部的受众和他们的特殊需求；

——识别进行沟通可使用的资源；

——识别和选择可能的沟通方法；

——评审上述方法的优点、缺点、有效性和成本（如使用标志、广告、销售点沟通）；

——向参与规范实施的组织人员和内外部相关方提供相关信息。

I.2　内部沟通

信息应包括：

——规范目标和对规范规定的解释；

——如何实施规范，包括与规范实施和信息沟通有关人员的职责；

——有关投诉处理过程和争议解决规定的信息。

员工还应了解所有的公开信息。

I.3　外部沟通

顾客、投诉者和其他相关方可以通过小册子、宣传单、标签和网址的形式获取信息。这些信息应采用准确、清晰、适当的语言和形式（见附录D）提供。应包括：

——组织对顾客的承诺；

——对规范和规范中的问题提出质询和投诉的途径和方式；

——如何处理质询和投诉，包括反馈的方式和该过程每个阶段的时间安排；

——质询确认和投诉补偿的选择权；

——可使用的外部争议解决过程；

——规范使用的结果。

注：关于投诉和争议解决，组织可使用GB/T 19012和GB/T 19013中提供的指南。

组织应保护个人信息，并为质询和投诉者保密。

参 考 文 献

[1] GB/T 19001 质量管理体系 要求

[2] GB/T 19004—2000 质量管理体系 业绩改进指南(idt ISO 9004:2000)

[3] GB/T 19013—2009 质量管理 顾客满意 组织外部争议解决指南(ISO 10003:2007,IDT)

[4] GB/T 19012—2008 质量管理 顾客满意 组织处理投诉指南(ISO 10002:2004,IDT)

[5] GB/T 19025—2001 质量管理 培训指南(idt ISO 10015:1999)

[6] GB 5296.1 消费品使用说明 总则

ICS 03.120.10
A 00

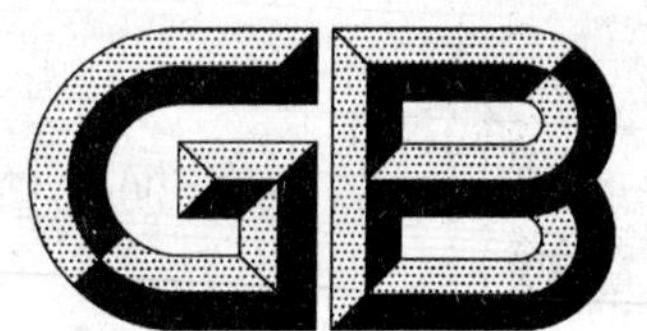

中华人民共和国国家标准

GB/T 19013—2009/ISO 10003:2007

质量管理　顾客满意
组织外部争议解决指南

Quality management—Customer satisfaction—Guidelines for dispute resolution external to organizations

（ISO 10003：2007,IDT）

2009-09-30 发布　　2009-12-01 实施

中华人民共和国国家质量监督检验检疫总局
中国国家标准化管理委员会　发布

前言

本标准等同采用ISO 10003:2007《质量管理　顾客满意　组织外部争议解决指南》。

本标准作了下列编辑性修改：

a） 将“本国际标准”改为“本标准”；

b） 删除了国际标准的前言；

c） 为保持本标准内容的协调一致，删除了3.5注中的“(3.3)”；

d） 为区分4.6和4.11的“能力”，4.6和附录G使用“(人员)能力”，4.11使用“(组织)能力”。

本标准的附录A、附录B、附录J、附录K、附录L和附录M是资料性附录，附录C、附录D、附录E、附录F、附录G、附录H和附录I是规范性附录。

本标准由全国质量管理和质量保证标准化技术委员会(SAC/TC 151)提出并归口。

本标准起草单位：中国标准化研究院、中国质量协会、海尔集团、大长江集团有限公司。

本标准主要起草人：郑兆红、张荣静、康键、裴飞、王晓生、朱立恩、冯卫、解居志、郑奎静。

引　言

0.1　总则

本标准为组织有效和高效地策划、设计、开发、实施、保持和改进与产品投诉相关的外部争议解决提供指南。争议解决是当投诉不能在组织内部解决时的一种补偿途径。大多数投诉都能够在组织内部成功地解决，不需要进一步耗费时间，也不需要更多的冲突过程。

注 1：鼓励组织依据 GB/T 19012 开发有效和高效的内部处理投诉过程。

解决争议有各种方法并使用不同的术语进行描述。这些方法是协调方法、建议方法和裁定方法(见附录 A)。每种方法可以单独使用，也可以多种方法依次使用。

本标准适用于：

a)　设计争议解决过程并确定在什么情况下向投诉者提供争议解决；

b)　选择能够满足组织具体需要和期望的争议解决提供方(以下简称"提供方"，见 3.9)。

注 2：提供方可以是国内外各种形式的公立和私营部门，包括行业的专业协会、政府监管部门及跨行业协会。

本标准的主要应用对象是组织，但争议解决提供方也可从中获得指导，并在其争议解决过程中使用该指南。

本标准鼓励组织结合顾客满意行为规范和内部处理投诉过程策划、设计、开发、实施、保持和改进争议解决过程，并与组织的质量或其他管理体系结合使用。

本标准可以帮助个人和组织评价一个组织的争议解决过程的有效性、效率和公正性。实施本标准将能够：

——提供一个灵活的争议解决过程，与司法过程相比，该过程费用较低、更方便快捷，尤其适用于解决跨国争议；

——帮助提高顾客满意和顾客忠诚；

——为个人和组织提供基准，用于评价组织和提供方的运作方式是否有效、高效和公平；

——帮助潜在的争议解决用户了解使用条件、费用和法律后果；

——提高组织识别和消除争议产生原因的能力；

——改进组织处理投诉和争议的方法；

——为组织的过程和产品改进提供附加信息；

——提高组织声誉，或避免对声誉的损害；

——增强国内外竞争力；

——在全球市场建立起公平和一致的处理争议的信誉。

值得注意的是，外部争议的解决应遵从法律法规的要求。

注 3：世界范围内解决争议使用的术语不尽相同，附录 A 给出了一些具有相同意思的术语汇总表。

0.2　与 GB/T 19001 和 GB/T 19004 的关系

本标准与 GB/T 19001《质量管理体系　要求》和 GB/T 19004《质量管理体系　业绩改进指南》相容，并通过有效和高效地实施争议解决过程支持上述两项标准的目标。本标准也可单独使用。

GB/T 19001《质量管理体系　要求》规定了质量管理体系的具体要求，可供组织内部使用，也可用于认证或合同目的。本标准中描述的争议解决过程可以作为质量管理体系的一个要素。用于认证或合同目的不是本标准的目的。

GB/T 19004《质量管理体系　业绩改进指南》为业绩持续改进提供指南。使用本标准能够进一步改进与投诉者相关的争议解决工作，提高顾客、投诉者和其他相关方的满意程度，促进以顾客、投诉者和其他相关方的反馈为基础的过程和产品质量持续改进。

注：除顾客和投诉者外，其他相关方可能包括供方、行业协会及其成员、顾客组织、相关政府机构、员工、组织的所有者及其他受争议解决过程影响的群体。

0.3　与 GB/T 19010—2009 和 GB/T 19012—2008 的关系

本标准与 GB/T 19010 和 GB/T 19012 相容。这三个标准均可以独立使用，或与任何一个共同使用。当共同使用时，本标准、GB/T 19010 和 GB/T 19012 可以作为一个更广泛的综合性框架下的一部分，这个框架通过行为规范、投诉处理和争议解决来提高顾客满意(见附录 B)。

GB/T 19010 是关于组织的顾客满意行为规范的指南。这些规范描述了顾客可以预期从组织及其产品中得到什么，从而可以减少问题发生的可能性，消除投诉和争议的原因。当投诉和争议发生时，行为规范可以帮助各方理解顾客的期望以及组织如何满足这些期望。

GB/T 19012 是关于组织内部处理与产品相关投诉的指南。当投诉无法在组织内部得到解决时可采用本标准。

0.4　符合性说明

本标准是一个指南性文件。在应用了本标准提供的所有适用指南时，方可说明争议解决过程是基于本指南。

但是，任何声称或暗示符合本标准的说明都是不适当的，因此不应作这样的说明。

注：在促销和沟通材料中任何有关符合本标准的声称或暗示都是不适当的，如新闻稿、广告、营销手册、视频资料、员工通告、标志、标语和用于各种媒体的言词，涵盖印刷、广播、互联网、多媒体应用、产品标签、标记和标语。

质量管理　顾客满意
组织外部争议解决指南

1　范围

本标准为组织策划、设计、开发、实施、保持和改进有效和高效的争议解决过程提供指南，争议解决过程是针对组织未能解决的投诉。本标准适用于：

——与组织提供给顾客或顾客要求的产品相关的投诉，以及与投诉处理过程或争议解决过程相关的投诉；

注1：本标准中的术语“产品”包括服务、软件、硬件和流程性材料。

——解决由国内或跨国的商务活动(包括电子商务)引起的争议。

本标准可供各种类型、不同规模和提供不同产品的组织使用，并涉及以下方面：

——对组织确定参与争议解决的时间和方式提供指导；

——对选择提供方和使用其服务提供指导；

——最高管理者参与解决争议和配置适当的资源，并履行职责；

——公平、适当、透明和方便的争议解决要点；

——对组织参与争议解决的管理提供指导；

——监视、评价和改进争议解决过程。

注2：本标准主要针对组织与下述方面的争议解决：

——为个体或家庭目的购买或使用产品的个人；

——小企业。

本标准不宜用于认证或合同目的，也不适用于其他类型争议的解决，如雇佣关系争议。本标准不拟改变适用的法律法规所规定的权利和义务。

本标准不适用于组织内部的投诉处理。

2　规范性引用文件

下列文件中的条款通过本标准的引用而成为本标准的条款。凡是注日期的引用文件，其随后所有的修改单(不包括勘误的内容)或修订版均不适用于本标准，然而，鼓励根据本标准达成协议的各方研究是否可使用这些文件的最新版本。凡是不注日期的引用文件，其最新版本适用于本标准。

GB/T 19000—2008　质量管理体系　基础和术语(ISO 9000:2005，IDT)

3　术语和定义

GB/T 19000—2008 确立的以及下列术语和定义适用于本标准。

3.1

协会　association

由成员组织或个人组成的**组织**(3.8)

3.2

投诉者　complainant

提出**投诉**(3.3)的个人、**组织**(3.8)或其代表

注1：本标准中，直接向提供方投诉的顾客也作为“投诉者”考虑。

注2：本定义由 GB/T 19012 确定，其中的“代表”可以是个人或组织。

3.3

投诉　complaint

对**组织**(3.8)的产品或投诉处理过程不满意的表示,其中包括期望得到回复或解决的明示的或隐含的表示

[GB/T 19012—2008,3.2]

注:可以针对**争议**(3.6)解决过程提出投诉。

3.4

顾客　customer

接受产品的**组织**(3.8)或个人

示例:消费者、委托人、最终使用者、零售商、受益者和采购方。

注1:顾客可以来自组织内部或外部。

注2:本标准中的顾客还包括潜在顾客。

注3:采用GB/T 19000—2008,3.3.5。

3.5

顾客满意　customer satisfaction

顾客(3.4)对其要求已被满足程度的感受

注1:顾客抱怨是一种满意程度低的常见表达方式,但没有抱怨并不一定表明顾客很满意。

注2:即使规定的顾客要求符合顾客的愿望并得到满足,也不一定确保顾客很满意。

[GB/T 19000—2008,3.1.4]

3.6

争议　dispute

〈争议解决〉提交给提供方的对某一投诉的不同意见

注:一些**组织**(3.8)允许**顾客**(3.4)首先向提供方表示其不满,这种不满意的表示如果反馈给组织就变为投诉;如果在提供方未进行干预的情况下组织未能解决,这种不满意的表示就变为争议。许多组织都希望顾客在采取外部争议解决之前首先向组织表达其不满意。

3.7

争议解决者　dispute resolver

提供方指定的帮助相关方解决争议的人

注:争议解决者可以是员工、志愿者或签约人员。

3.8

组织　organization

职责、权限和相互关系得到安排的一组人员及设施

示例:公司、集团、商行、企业、研究机构、慈善机构、代理商、社团或上述组织的部分或组合。

注1:本标准适用于各种类型的组织,每个组织在争议解决过程中的角色不同。其中包括未能解决**投诉**(3.3)的组织、解决争议的**提供方**(3.9),以及提供或主持争议解决过程的协会。为方便起见,单独使用本标准时,术语"组织"意指未能解决投诉,及现在或将来可能成为争议一方的实体。术语"提供方"和"协会"用于描述其他类型的组织。

注2:采用GB/T 19000—2008,3.3.1。

3.9

提供方　provider

〈争议解决〉组织外部提供和实施**争议**(3.6)解决过程的人或**组织**(3.8)

注1:通常,提供方是一个法律实体,独立于组织和**投诉者**(3.2),因此具有独立性和公正性(见4.5)。在某些情况下,组织内会设立一个处理未解决投诉的独立部门。本标准无意针对这种情况,但可能有所帮助。

注2:提供方与各方约定提供争议解决,并对执行情况负责。提供方安排争议解决者。提供方也利用支持人员、行政人员和其他员工提供资金、文秘、日程安排、培训、会议室、监管和类似职能。

注3:提供方可以是多种类型,包括非营利、营利和公共事业实体。**协会**(3.1)也可作为提供方。

4 指导原则

4.1 总则

应在4.2至4.12的指导原则基础上建立有效和高效的争议解决过程。

4.2 同意参与

投诉者参与由组织提供的争议解决应是自愿的。充分了解和理解该过程及其可能的结果应是同意参与的基础。当顾客是个体或家庭使用的产品的购买者或使用者时,同意参与不应成为接受产品的必要条件(见附录C)。

注1:对于B to B的电子商务交易,同意参与争议解决可以是必要条件。

注2:在世界不同区域,同意参与应符合各国的法律法规要求。

4.3 方便

争议解决过程应易于获取和使用(见附录D)。

4.4 适宜

提供给争议各方的争议解决方法(见附录A)以及提供给投诉者的可能的补偿方法应与争议性质相适应(见附录E)。

4.5 公正

组织应本着公平、公正的态度参与争议解决,解决与投诉者之间的争议。组织选择的提供方的争议解决人员和争议解决者应是客观公正的,以使过程、建议和决议对双方都是公平的,并被各方认定是独立做出的(见附录F)。

4.6 (人员)能力

组织的人员、提供方和争议解决者应具备能以令人满意的方式履行职责所需的个人素质、技能、培训和经验(见附录G)。

4.7 及时

在已经明确了争议及所采用解决过程的性质后,应尽可能快地进行争议解决(见附录H)。

4.8 保密

应对个人识别信息进行保密和保护,除非是法律要求或征得所涉及个人的同意方可给予披露。同样,商业机密也应保密和受到保护,除非是法律要求或征得所涉及相关方的同意方可给予披露。

注1:个人识别信息是用于识别某个人的信息,可通过名称、地址、电子邮箱、电话号码或类似的特殊标识符等进行检索。

注2:本项原则可以用作争议期间对获取信息使用和披露的指导方针,并应将此方针通告争议各相关方。

注3:鼓励组织自愿参与争议解决,有时保护组织身份是必要的,除非法律要求披露。

4.9 透明

应向投诉者、组织及公众披露有关争议解决过程、提供方及其业绩的足够的信息(见附录I)。

注:透明只涉及与争议解决过程、提供方及其业绩相关的信息,不包括投诉者的个人信息和组织的商业机密。

4.10 合法

争议解决过程的运作应符合适用法律和相关方协议。

4.11 (组织)能力

应有可使用的充足的资源用于争议解决过程,并对其进行有效和高效的管理。

4.12 持续改进

提高争议解决过程的有效性和效率应是永恒的目标。

5 争议解决框架

5.1 承诺

组织应承诺遵循争议解决方针(见5.2)建立有效和高效的争议解决过程。组织的最高管理者表明和倡导该承诺尤其重要。对争议解决的明确承诺有益于组织内部的投诉处理过程,将促使员工和投诉者都能为改进组织的过程和产品作出贡献。这种承诺应反映在建立和宣传争议解决方针和程序方面,并提供适当的资源(包括培训)。

组织还应承诺选择能遵循组织目标有效和高效地提供争议解决和过程设计的提供方(见附录J)。

注:提供方为协会时,建议该协会使用组织评价提供方的方法进行经验和能力的自我评价。

5.2 争议解决方针

5.2.1 方针的建立

最高管理者应建立明确的争议解决方针。该方针应说明在哪些情况下组织应向顾客告知争议解决过程和向投诉者提供争议解决(见附录K)。组织还应确定在进入争议解决过程之前,是否要求投诉者使用内部投诉处理过程。应使所有相关员工、投诉者、顾客和其他相关方可以获得该方针。方针应由争议解决过程中的程序和目标予以支持,这些程序和目标应规定每项职能和个人作用。

注:组织可以根据设定的准则,在争议发生之前或单个争议出现时同意提供争议解决。组织可以就所有事件或某一类事件作出这种承诺。可以使用不同的方法作出事先承诺,如担保书或顾客协议(见附录C)、做"保证"广告或与提供方签订协议。

建立争议解决过程的方针时,组织应考虑:

——相关的法律法规的要求;

——财务、运行和组织的需求;

——方针对顾客满意程度预计的影响;

——竞争环境;

——投诉者、顾客、员工与相关方的输入;

——质量管理过程、顾客满意行为规范和组织内部处理投诉的过程;

——可选择的争议解决方式,如法律解决。

5.2.2 方针的评审

应定期对方针进行评审并在必要时修订。

5.2.3 方针的一致性

与质量、投诉处理和争议解决的相关方针应协调一致。

5.3 最高管理者职责

最高管理者应确保:

——向组织内部传达争议解决方针,并建立各相关职能和层次的目标;

——依据目标策划、设计、开发、实施、保持和改进争议解决过程;

——让员工理解争议解决过程与组织在顾客满意方面所作努力之间的关系;

——确定和配置有效、公正、合法和高效的争议解决过程所需的资源,包括适当的培训;

——争议解决过程应在组织的全体相关人员、顾客和投诉者中推广和宣传(见4.3、4.9、附录D和附录I);

——明确规定组织中争议解决的职责和权限;

——快速、有效地公告有关争议解决过程的重大投诉、争议解决过程中组织的代表、提供方或任何结果。

6 策划、设计和开发

6.1 总则

组织应策划、设计和开发有效和高效的争议解决过程,包括制定争议解决过程的必要程序。

6.2 目标

组织应确定通过解决争议能够实现的目标。目标应与争议解决方针(见5.2)保持一致,且目标的实现情况应能够使用适当的业绩指标测量。这些目标应定期评审并在必要时做出修订。

6.3 行动

6.3.1 诊断

组织应评价当前解决投诉和争议所做的努力，以确定是否需要增加或变更资源。评价应考虑：

——投诉和争议的性质和发生频率；

——当前争议处理的方式；

——组织解决争议成功和未成功的方法；

——解决争议成功和失败的成本和收益；

——采用外部争议解决过程的成本和收益。

6.3.2 设计

组织应在分析投诉处理和争议解决活动、资源和争议解决方针的基础上设计争议解决过程。争议解决过程可以与组织的质量管理体系的其他过程相结合或保持一致。设计时应考虑其他组织有关争议解决的最佳实践，其中包括可能参与争议解决的提供方（见附录 L）。

考虑的因素包括：

——第 4 章中的原则；

——要解决的争议类型（如按顾客和投诉者或按产品分类）；

——有可能考虑的补偿；

——提供的争议解决方法的种类[协调、建议和（或）裁定的方法]；

——组织是事先承诺参与争议解决，还是针对具体情况逐一作出决定；

——争议解决者的资格；

——必要时投诉者需支付的费用（见附录 D）；

——相关方参与的方式[如当面、书面提交、电话和（或）网络方式]；

——评价有关争议解决的准则[法律法规要求、行为规范和（或）公正或衡平法]。

注：协会也应为其成员和其他方设计争议解决过程。

6.3.3 试行

在应用于所有投诉者之前，组织应考虑针对一部分投诉者试行争议解决过程的设计要求。试行可以限定区域和（或）使用两个以上提供方。应分析每个试行结果并提出针对设计要求的改进意见，以使组织的方针和目标得到最大程度的实现。

6.4 资源

组织应获得和配置资源，如人员、信息、原料、资金和基础设施，以使组织能够有效和高效地：

——选择适当的提供方；

——协助提供方完成相关的功能；

——参与争议解决过程；

——评价提供方及其争议解决者和争议解决过程的业绩。

7 实施

7.1 总则

组织应以公正、有效和高效的方法实施解决争议的程序。必要时，提供方和组织应调整其实施程序，确保在争议解决启动、争议跟踪、争议确认、争议初期评价、解决争议（包括收集相关证据的过程）、结果及后续行动的实施等相关方面协调一致。争议解决步骤的流程图见附录 M。

7.2 提交投诉

组织应根据争议解决程序向提供方提交未解决的投诉。组织可以提交在组织内部已经处理但未解决的投诉；也可以提交投诉者告知组织希望由提供方而不是组织进行处理的投诉，组织的争议解决方针应允许这种提交。组织应依据提供方协议或顾客合同中规定的准则评价投诉,如果投诉符合准则,应将投诉提交给提供方,否则,组织应使用适当的终止程序终止投诉。组织还应确保跟踪提交给提供方的所有投诉,使所有投诉得到处理。

7.3 接收争议通知

当争议解决启动后,组织应通知内部相关人员。除负责争议解决的人员外,还应通知具体负责质量保证、投诉处理、顾客服务和法律问题的人员。

7.4 组织响应方式

7.4.1 评价争议

组织应采取必要步骤评价争议,包括:

——获取引起争议的交易记录或过程记录,包括销售记录、广告复印件(适用时)、检查或维修记录、投诉处理结果记录以及投诉者提供的有关其他投诉的信息(如果有);

——适当时,与代表组织的技术、法律、销售、营销、投诉处理和其他人员磋商。

注:建议组织采用易于转换的形式保持交易、投诉和相关记录,以便这些记录能以适当的形式提交给提供方、争议解决者和(或)其他相关方。

7.4.2 确定最初的立场

在收集有关记录和必要的输入后,组织应就其可能承担的责任和愿意提供给投诉者的补偿确定最初的立场。组织应依据争议解决程序,将其立场通知提供方,或直接通知投诉者(同时告知提供方)。最初的立场可以是:

——按照投诉者的要求解决问题;

——提供所要求的部分但不是全部赔偿;或

——不能提供要求的赔偿。

注:解决争议时,组织决定向投诉者提供其认为并不是法律、行为规范或其他基本规定要求的一个或多个赔偿的情况并不罕见。组织可以把这当作是善意的姿态,是顾客满意方针的要求,或者认识到争议解决者、监管行为规范的协会或法院可能会因此有不同的看法。

7.5 解决争议

7.5.1 协调方法

在使用协调方法(见附录 A)时,当表明最初立场后,组织应做好接收解决问题的提议或反对提议的准备。提议可能直接来自投诉者,或是争议解决者努力的结果。如果组织接收到某个解决提议,应将投诉者的立场通知相关人员(见 7.3)。组织可以对提出的解决提议做进一步评价,并获得关于解决提议的附加输入(见 7.4)。组织应决定是接受、拒绝还是反对提案,并应使用符合提供方程序的方法通知投诉者和(或)争议解决者。如果接受,组织应将问题提交给适当人员,如法律顾问和参与执行结果的相关人员(见 7.6)。

如果该阶段没有形成一致的结果,组织应确定下一步适宜的和可应用的解决争议的方法,并告知提供方组织在这方面的理解。

7.5.2 建议和裁定方法

如果使用建议或裁定方法(见附录 A),组织应做出时间安排,并准备以有效和高效的方法参与该过程。所采取步骤示例如下:

——指定一名事件负责人;

——确定符合争议解决程序的首选参与方法(如直接面对面、通过电话、通过信件);

——必要时开展进一步调查;

——收集、整理证据;

——确定可能的证人和文件证据;

——确定组织可接受的争议结果的范围;

——确定具有该事件解决权的人员；
——适当时形成口头和(或)书面陈述；
——评价过程结束前达成协议的可能性；
——参与争议解决过程。

7.5.3 协议

当争议解决过程的结果是协议时，组织应将事件提交给适当人员，如法律顾问和参与执行结果的相关人员(见7.6)。

7.5.4 接受建议

当争议解决过程的结果是建议(见附录A)时，组织应认真考虑并确定是否接受建议。按照争议解决程序和相关行为规范，组织接受或拒绝都应告知提供方和投诉者。如果组织和投诉者都接受，事件应提交执行(见7.6)。如果组织拒绝，应将拒绝原因告知提供方和投诉者。

7.5.5 评审裁定结果

当争议解决过程的结果是裁定时，组织应确定是否采用适用的争议解决程序或适用的法律评审该结果。评审的目的是评价是否正确执行了相关的争议解决原则(见第4章)和程序。如果没有适用的评审，或组织决定不进行这样的评审，应将该决定提交组织内的相关人员，确保争议结果得到执行(见7.6)。

7.6 执行解决方案

争议解决后，组织应采取必要的步骤执行解决方案，并与协议、建议或裁定结果保持一致。这些步骤包括：

——确定组织是否要采取具体措施执行解决方案(如退款或支付其他金额、维修产品，或根据要求或协商一致采取其他具体措施)；

注1：可能有些协议、建议或裁定结果的具体措施是要求投诉者执行的(如按照退款条件退回产品、将产品送到组织指定的维修厂)。

——对组织内部和外部的相关人员(如顾客关系、财务主管、批发商、总经销商、销售和制造)指定权限，适当时，通知其最终期限或预定的执行时间安排；
——在责任人、投诉者和其他相关方之间协调结果的执行，并监视每个执行过程；
——确认已采取的必要措施；
——向提供方通报解决方案执行完毕的时间，或执行被延期的情况及延期原因；
——确定投诉者对解决方案执行情况的满意程度，如果投诉者满意，则终止该争议；如果投诉者不满意，确定需要采取的其他措施。

注2：其他措施可能包括确保解决方案执行的后续步骤，或继续进行争议解决过程。

7.7 结案归档

当争议解决方案的执行圆满完成，或过程的结果是不进行赔偿时，组织可以结案归档，并通知组织内部和外部的相关人员。争议记录应符合组织的记录保持制度和适用的法律要求。

8 保持和改进

8.1 监视

组织应收集和记录有关争议的性质、过程和结果的所有信息，可以保持自己的争议解决资料，或采用来自提供方的资料。

8.2 分析和评价

组织应定期分析所收集或获得的争议解决信息，以识别在组织的产品、顾客满意工作、投诉处理和争议解决程序、争议解决表现和提供方选择等方面的系统性问题和偶然发生的问题及趋势。

8.3 管理评审

8.3.1 总则

最高管理者应定期评审争议解决过程，以达到以下目的：

——保持争议解决过程的适宜性、充分性、有效性和效率；

——处理与争议解决中协议、建议或裁定结果严重不一致的情况；

——识别和纠正组织在争议解决过程中表现的不足；

——评价过程、产品和顾客满意工作的改进机会。

8.3.2 输入

管理评审应考虑以下与争议解决相关的信息：

——内部要素，如在方针、目标、组织结构、可用资源、过程和提供产品方面的变化；

——外部要素，如在法规、竞争行为或技术创新方面的变化；

——争议解决过程的整体绩效；

——对提供方使用方法的评价结果；

——预防和纠正措施状况；

——以往管理评审决定的措施。

注：争议解决过程整体绩效的信息包括有效性、效率、顾客对组织的信心、顾客满意、已解决投诉的比率、成本（包括与可能的法律解决成本的比较）和对提供方持续评价的结果。

8.3.3 输出

管理评审的输出应包括对以下问题的决定：

——对争议解决、投诉处理和其他过程的有效性和效率的改进，以及产品的改进；

——当前争议解决提供方的能力、业绩和适宜性；

——研究与争议解决相关的已确定的组织的需要和不足（如培训方案）。

应建立和保持管理评审记录。

8.4 持续改进

组织应持续改进争议解决过程的有效性和效率，这可以通过预防和纠正措施以及创新性改进实现。

组织应采取措施，消除导致投诉的现有和潜在问题的原因，以防止问题发生或重复发生。

组织应：

——探索、识别和使用最佳的争议解决过程；

——在组织内培育以顾客为关注焦点的方法；

——鼓励在开发争议解决方案方面的创新；

——向开发争议解决过程的责任人通告该过程存在的问题；

——树立有示范作用的争议解决典型。

注：关于持续改进通用方法的附加指导，组织可参考 GB/T 19004—2000《质量管理体系　业绩改进指南》附录 B。

附 录 A
（资料性附录）
争议解决方法指南

A.1 总则

世界各国使用不同的术语[1]描述各种争议解决方法。有时，相同的术语在一个国家用于描述一种特定方法，而在另一个国家却用于描述不同的方法。为了避免术语使用的不一致，本标准按其功能使用术语“协调”、“建议”和“裁定”描述这几种方法。本附录对各种方法的重要特性提供指南，并说明世界各地描述这些方法所用的术语。

A.2 协调方法

协调方法是帮助各方实现协商一致解决争议的方法。通常，争议解决者不对具体结果提出建议，也不对结果做出裁定。协调方法可以是被动的或主动的。

被动的方法是提供方人员的帮助仅限于与各方的沟通联系。这种帮助可以包括使用提供方的软件技术，如基于互联网的在线争议解决平台。在这种被动方法中，提供方的人员或技术只能传递各方的立场和提议的解决方案，综合和记录任何未来可能成为强制性合同的协议。这种协调通常称为和解或协商谈判。但是在世界上某些地方，这种比较被动的方法称为调停。

主动的方法需要争议解决者的积极参与，旨在帮助各方辨别问题，形成方案，考虑可供选择的方案，努力达成可以作为强制性合同的协议。这种主动的协调方法一般称为调解，在世界上有些地方也称之为和解。

有时，采用主动协调方法的争议解决者被称为协调人、和解人、调解人或中间人。

A.3 建议方法

建议方法是指就如何解决实际的、法律的和其他问题，可能的结果以及如何实现向各方提出意见，在某些情况下提出建议。

这种方法有时称为无约束力仲裁、评估或“小型审判”。虽然建议不具有法律约束力，但是组织也会接受，这主要是出于对组织承诺的行为规范是否得到满足的考虑（见 GB/T 19010）。

采用建议方法的争议解决者被称为顾问、仲裁人、陪审员、评估人、中间人或调查人。

A.4 裁定方法

裁定方法是对争议进行评价，落实事实观点（有时还要形成文件），并给出如何解决争议的决定。

这种方法对各方均具有法律效力，在存在下列情况之一时即可强制执行：

a) 当各方均无进一步行动时；

b) 在确定期限内投诉者已接受；

c) 在确定期限内未被各方拒绝。

注 1：a)中所述情况即为典型的（约束力）仲裁或评估；b)和 c)指有条件的约束力仲裁或评估。

注 2：世界上一些地区，法律不允许约束投诉者。

使用裁定方法的争议解决者被称为顾问、仲裁人、陪审员、评估人、中间人或调查人。

注 3：在世界上某些地区，争议解决者可以使用两种以上的方法解决同一个争议，如协调过程中投诉者不满意时，协调人可以从主动协调变为提供建议（这时就成为顾问）。同样，如果协调过程不能解决问题时，协调人可以做出决定。在另外一些地区，法律法规不允许争议解决者使用多种争议解决过程解决同一个争议。

---

1) 国家标准管理机构可以在本附录中使用本国术语。

附　录　B
（资料性附录）
GB/T 19010、GB/T 19012 和 GB/T 19013 的内在联系

图 B.1 用于说明组织中与行为规范、投诉处理和外部争议解决相关的过程。

注：投诉可以是由顾客或其他投诉者提出的。

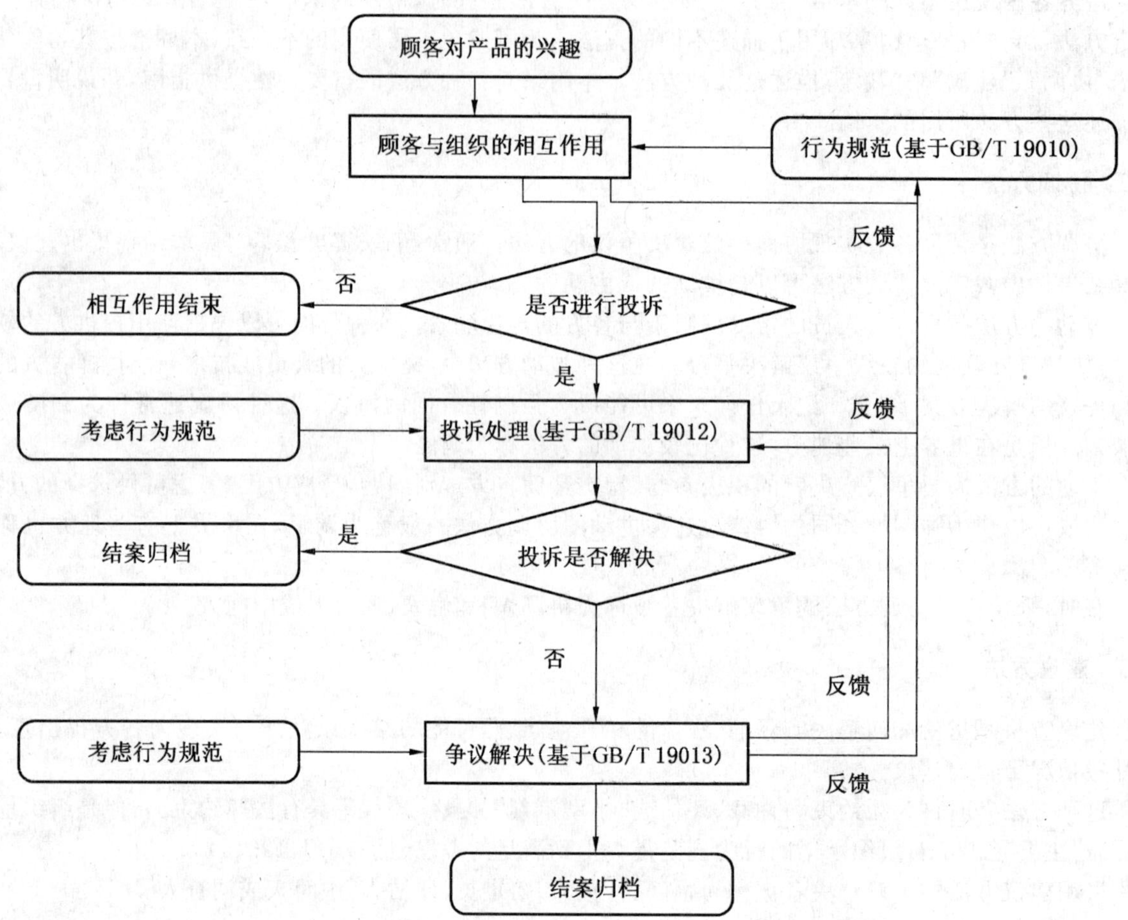

图 B.1　GB/T 19010、GB/T 19012 和 GB/T 19013 的内在联系

附 录 C
（规范性附录）
同意参与的指南

C.1 总则

投诉者参与组织提供的争议解决应是自愿的。同意参与的前提是对过程和可能产生结果的充分认识和理解。当顾客是为个体或家庭目的购买和使用商品、财产或服务的个人时，同意参与不应作为接收产品的必需条件。

自愿同意参与的基础是双方对过程和可能产生结果的充分认识和理解。

关于同意参与的两个重要问题是：

——应向顾客和投诉者提供什么信息，使其在充分认识和理解的情况下同意参与（见C.2）；

——同意参与的适当时间（争议发生之前同意参与见C.3，争议发生之后同意参与见C.4）。

C.2 同意参与之前的信息

在同意参与之前应提供给顾客和投诉者的争议解决信息包括：

——解决争议采用的方法；

——提供方的权力范围；

——投诉者应付的任何费用（如果有）；

——可能的补偿方式、最大赔偿限额以及争议解决导致的可能的退还费用；

——争议将依据的评价准则（如行为规范、法律原则、衡平法）；

——与法律程序的主要区别；

——对同意参与的争议或争议类型的准确描述；

——提供方名称、如何进入争议解决过程、如何得到适用的争议解决程序副本；

——采用每种方法预期完成的时间；

——投诉者如果对裁定结果不满意，是否要放弃进入司法程序的权力。

注：在世界上某些地区，要求投诉者放弃司法权力是不合法的。

C.3 争议发生之前同意参与

在销售合同中，有时要求顾客使用具有约束力的争议解决并放弃使用司法程序。这种情况通常出现在组织之间的合同中。在世界上某些地区，对于顾客为个体或家庭目的购买产品的情况，这种合同是不合法的。

希望提高顾客满意的组织，可以考虑其他解决争议的技术，这些技术可以预先制定争议解决条款，以获得较大的利益，但不能要求各方放弃使用司法程序的权力。这些其他技术包括：

——旨在实现各方自愿解决的协调方法；

——经双方协商一致，产生具有约束力的建议的方法；

——只有投诉者接受结果才具有约束力的裁定方法；

——争议发生之后同意参与争议解决的协议。

C.4 争议发生之后同意参与

争议发生之后，同意参与使用裁定方法解决争议时，各方应签署参与协议，协议中应包括提交争议解决过程的争议描述、提供方名称、如何得到适用的争议解决程序副本以及争议解决者的权力范围。

附　录　D
（规范性附录）
方便性指南

D.1　总则

争议解决过程应容易获取和使用。

争议解决的方便性取决于对过程的实用性、使用过程的成本、求助和参与过程无障碍性等方面的有效沟通和宣传。

D.2 和 D.7 给出了方便地使用争议解决过程不同方法的示例。

D.2　沟通

应当向投诉者、其他顾客和其他利益相关方广泛宣传争议解决的可用性。

与提供或交付产品相关的信息中，无论使用任何语言或形式，都应提供信息和帮助。信息应使用清楚、明确的书面方式提供，并应有可选择的形式，如通过音频资料、大字体印刷、大凸起字符、盲文、电子邮件或可以使用的网址。

注：可供选择的形式是指用不同的表达或表现方式，旨在使信息可以被不具有正常感觉能力的人获得。通过在至少一种形式（如视觉或触摸）中提供所有的输入和输出信息（即信息和功能），更多的人，包括语言和读写能力有问题的人，都可以得到帮助。可能影响易读性和易理解性的表达方面的因素包括：

——版面设计；

——印刷颜色和对比度；

——印刷字符的大小和字体；

——多种语言的选择和使用。

详见 GB 5296.1《消费品使用说明　总则》。

组织可在不同时间，如在销售时和对组织提出投诉时进行沟通宣传。至少应在内部投诉处理过程结束，但未能成功解决时进行沟通宣传。

用多种方法进行这种沟通宣传效果最佳，如在顾客满意行为规范、商店的展示、网站、投诉表、销售合同以及内部投诉处理存档文件中。

D.3　费用

以不收费或依争议价值收取合理成本费用的方式向顾客提供争议解决，应是一个可承受的过程。

D.4　求助过程和参与

应给予不满意的投诉者以尽可能多的使用和参与争议解决过程的机会。

电话、电子邮件、传真或网上提交等所有可用的方法都应在考虑范围之内。选择的方法应便于案件建档、查询案件信息或解答问题。在组织和投诉者相距很远的跨国争议解决和其他情况下，使用便于参与的不需要旅行的争议解决方法是非常重要的。

D.5　信息

用于启动争议解决的易于理解和完整的表格、其他用于描述争议解决过程的文字，以及关于各方能够更好参与的说明应易于获得。

信息和表格中的语言文字应与销售产品时使用的一致。

D.6 人员培训

应在争议解决过程的各方面，包括建立争议档案、描述事件和说明争议解决过程的范围等，为各相关方提供训练有素的人员及其他资源。

提供这种帮助时还应考虑残障人士或其他特殊需要，使其能够有效参与。

D.7 非正式方式

争议解决过程应不拘形式，适用于争议的各种情况。

不需要遵从法庭使用的正式规则。虽然争议解决者可以限制无关的或重复的证据，但仍允许各方提出各自的立场、论点和证据，倾听和查看其他方的重要内容。

允许各方得到其选择的任何代表人的帮助，除非当地法律不允许这种代表。提供方应确认这种选择是自愿的。在争议解决过程中，被代表方亲自出现会很有帮助，因为这通常是呈现的最好的证据，并可以确保具有争议解决权限的人员在场。

陈述可以当面进行，也可以使用电话、电子通讯或书面等方式。应允许各方在陈述方式上具有灵活性。

附 录 E
（规范性附录）
适宜性指南

E.1 总则

向各方提供的解决争议的方法类型、对投诉者可能的补偿方法都应与争议性质相适应。

E.2 方法的适宜性

组织可以基于以下方面向投诉者提出一个或多个争议解决方法：

——组织的需要和环境；
——顾客的偏好；
——提供方的建议；
——解决争议的可能期限；
——费用；
——问题的复杂性；
——保密的需要；
——各方之间维持关系的期望或需要；
——各方的讨价实力；
——可变通结果的需要；
——对不相符证据的决定或裁定的需要；
——外部执行的需要；
——技术或其他专家的需要，以及法律问题的重要性；
——对结果公开监督的需要。

依据组织争议解决方针提供协调方法的提供方，通常应提出一个解决争议的首选方法。协调方法一般较快捷、费用低、冲突较少。如果协调方法不能解决争议，而且组织已选择其他可使用的争议解决方法，则应提供这些方法。

E.3 补偿的适宜性

组织应授权提供方进行补偿，至少是对造成投诉的问题进行足够的补偿。适当时，应考虑和提供的补偿包括：

——维修产品；
——退还产品费用；
——废除销售合同；
——指导一个相关方采取具体措施进行纠正。

当地法律可能准许或要求进行额外补偿，如律师或其他代表的费用、相关的赔偿和其他赔偿。

附 录 F
（规范性附录）
公正性指南

组织在争议解决中应致力于公正、真诚地解决与投诉者的争议。组织应选择一个提供方，其争议解决人员和争议解决者应能公正、客观地进行争议解决，以使过程、建议和裁定结果对双方都是公正的，并被认为是独立做出的。

争议解决者和争议解决人员在整个过程中不应受各方的影响，以使其做出的决定是适宜的，所得出的争议解决结果是基于独立判断。公平、客观和公正是多种行为共同所致。

注1：在大多数私营部门 B to C 的争议解决方案中，由协会和（或）企业为具体争议提供全部或绝大部分经费。另外，为争议解决过程提供或背书经费的协会可能受其成员控制，这些成员有时是该争议解决方案的相关方。"公正性"原则应力求保证解决任何争议时不受这些资金或成员关系的影响。

注2：术语"争议解决人员"被用来表示提供方的行政主管人员（如行政主管、业务主管或财务主管），他们不参与争议解决，但可从事合同谈判和参与那些与处理争议无关的其他商业关系。公正性和独立判断的要求与具体争议的解决相关。

采取下述行动可以获得最佳的公正性：

——依据任何过程开始之前各方可得到的已公布的程序，使用建议或裁定的方法；这些程序及应用都应提供给各方，以使其完全、公正、同等机会地参与任何方法，并应确保根据证据和论证得出的建议或决定提交给争议解决者；

——当争议解决人员和争议解决者在利益方针和道德规范上产生冲突时，为保证客观性，应指定争议解决者实施争议解决过程；争议解决者的情绪、观点或兴趣不应受他人影响，如争议解决者受雇于争议的某一方，就可能影响争议解决者保持客观的能力；

——确保争议解决者做出的补偿（如果有）不受特定协议、建议或裁定结果的影响；

——没有恰当理由，争议解决者不能被免职；

——指派的争议解决者对任一方的重复服务最小化；

——当组织是争议一方并向提供方提供全部或部分经费时，确保经费的提供不影响具体争议的解决；

——应意识到，向各方透露选定的争议解决者的身份，以及争议解决者与任一方的关系将影响公正；应允许各方出于适当的原因有机会质疑对争议解决者的选择；

——需要时，为公正解决争议，可向投诉者提供技术专家服务（包括法律专家）；

——当需要且当地法律允许时，为公正解决争议，使用裁定方法提供强制证词；

——向各方明确通报争议解决者的职责范围，并保证任何建议或裁定结果在其职责范围内；

——事先向各方公开用于建议或裁定结果的准则；

——用普通语言和书面形式向组织和投诉者通报建议或裁定结果及其理论根据，应尽量详细，以便有效执行；

注3：不违反适用法律时，裁定结果可建立在法律原则、衡平法、行为规范或它们的组合基础之上。

——当各方采纳了协议建议时，建立书面文档，以使其在适用法律下具有强制性；

——确定各方是否已遵从协议或裁定决定。

附 录 G
(规范性附录)
(人员)能力的指南

G.1 总则

组织人员、提供者、争议解决者应具备能以令人满意的方式履行其职责所需的个人素质、技能、培训和经验,这些应通过诸如其他工作经历、持续培训(包括监督)和定期重新评价得以维持和改进。

能力可以通过以下方法得到保证。

G.2 资格

应建立人员和争议解决者的资格条件,确保他们对提供方审理的争议有适当的技能水平,勤奋和诚实是其中的重要条件。

G.3 培训

应对人员和争议解决者进行必要的知识和技能培训,如:

——与提供方审理争议有关的适当要求;

——公正的重要性及获得公正的方法;

——可以帮助各方的技术;

——适用于实施每种争议解决方法的方针和程序;

——任何适用的法律原则、行为规范或争议中适用的公平原则。

注:争议解决者正式的法律培训和专业执照可根据审理争议类型、建议或裁定决定及组织的偏好而定,一般不是必需的,除非当地法律要求。

G.4 定期评价

应定期评价争议解决者的业绩和资格,以及提供方建立的争议解决者资格条件准则。

注:关于人员能力的附加指南见GB/T 19025—2001《质量管理 培训指南》。

附 录 H
（规范性附录）
及时性指南

应根据争议及所采用过程的性质尽快提供争议解决。

在应用该原则时，针对完成每个不同方法建立预计时间框架，并告知所有相关方是有益的。时间框架应足够灵活，以应对争议的各种复杂情况和特殊争议中各方的不同要求。

时间框架可能会受到适用的法律法规要求的影响。相关各方和提供方在服从已确定的时间框架方面应分享责任。

跟踪争议过程、让各方了解过程或这些跟踪信息能够被各方及争议解决者使用也是有益的。

当各方有权使用司法程序或在某一时期使用其他提供方的方法时，及时性也是很重要的。如果争议解决过程被拖延，向法院提交案件将受到阻碍。当争议解决过程中组织的代表既有解决争议的明确职责权限，又能很快得到组织中其他人的认可，及时性就能得到很好实现。

附　录　I
（规范性附录）
透明性指南

I.1　总则

应向投诉者、组织和公众披露关于争议解决过程、提供方及其业绩的足够信息。

组织应确保所有利益相关方能够得到这些信息。

I.2　关于过程、方法和业绩的信息

有关提供方服务和业绩的有用信息应包括：

——提供方完成合同的信息；

——处理争议的类型和提供方法的类型；

——特定争议解决方法启动的方式，包括任何收费；

——各方的参与方式（直接面对面或通过电话、电子邮件及在线方式）；

——证明、选择和质疑争议解决者的资格和公正性的方式；

——解决争议的基础（如法律、衡平法、行为规范）和可获得的补偿；

——需要遵守的时间框架；

——裁定结果或裁定执行的阶段识别；

——保密方针；

——提供方是否从争议一方的组织得到经费，以及采取哪些措施确保该经费不影响协议、建议或裁定结果。

I.3　年度报告

组织应认识到，公布提供方年度报告是对提供方及其业绩有意义的评价。年度报告可以包括：

——接收的争议数量，使用每种争议解决方法解决和未解决的数量，提供全部、部分或不提供补偿的建议或裁定结果的数量；

——事件解决的及时性；

——通过争议解决过程识别的系统性问题。

未经组织同意公布的数据不应针对具体组织。

I.4　公布个别争议解决结果

在合适的情况（如事件量少且教育意义较大）下，不违反保密承诺，经各方同意，可以公布个别争议解决结果（建议、裁定结果、协议或相关信息）的内容。

附 录 J
（资料性附录）
选择提供方指南

组织选择提供方时应考虑的因素包括：

——组织应判断提供方选择使用了本标准还是其他相关的争议解决标准；

——提供方在组织的顾客、消费者和行业协会、媒体以及政府消费者保护机构中的声誉；

——来自第三方评估、管理评审或顾客调查的可以说明其趋势（如在业绩方面）的结果（如果有）；

——使用过该提供方服务的其他组织的推荐；

——提供方及其使用的方法与组织价值的符合程度；

——提供方的经验、财务状况，以及能够对组织及其投诉者履行职责的可能性；

——提供方的方法是否与组织的投诉处理及其他的管理过程相协调，包括使用的信息交换技术；

——提供方的程序满足组织需要的程度，包括如何向争议解决者提交案件（如口头或书面）；

——提供方提供的争议解决方法促进争议尽快解决的程度；

——组织及其投诉者直接或间接的成本；

——提供方用于接收、跟踪、解决其同意处理的争议类型和数量的资源的充分程度；

——提供方是雇用还是有权使用足够数量并经过充分培训的争议解决者和技术专家（包括法律专家）；

——当组织与投诉者居住地距离很远（如跨国）时，提供方是否有处理争议的方法；

——提供方是否有适当的过程，用于监视、评价和持续改进争议解决服务。

附　录　K
（资料性附录）
争议解决方针指南

K.1　事先承诺

在决定是否对争议解决事先承诺时，组织应考虑事先承诺对顾客满意总体效果，及其他方针和目标的价值。组织应考虑如下因素：

——提高组织总体声誉的可能性；

——任何法律法规的要求或激励；

——参与协会争议解决程序的任何要求或激励；

——提供方统计报告数据对组织质量和改进过程的效用；

——事先承诺对鼓励顾客愿意使用该过程可能的有利作用；

——投诉者寻求的解决方案的典型货币价值；

——减少由诉讼引发其他费用的机会；

——在组织内部投诉处理过程中未得到解决的投诉者的预期数量。

K.2　逐一参与

如果组织不对争议解决做出事先承诺，则应向参与投诉处理的员工发布以逐一案件为基础的确定何时参与争议解决的准则。准则应考虑如下因素：

——争议和寻求其他补偿的数量；

——避免采取法律程序的任何好处，如减少费用；

——法律法规的要求或激励；

——不解决争议对组织与顾客的关系及组织总体声誉的潜在影响。

附　录　L
（资料性附录）
争议解决设计要素指南

争议解决可以有很多种设计，每种都有其自身的优势和不足。本指南的原则以不同的方式用于各种设计，通常，这些设计由市场中解决争议的提供方、作为提供方的协会或由协会选择的为其成员或其他人解决争议的提供方确定。

表L.1中列出了争议解决设计中各种要素的说明，但并不是全部。

表L.1　争议解决设计要素指南

设计要素	示　例
可以选择哪些合法的提供方？	行业协会、消费者协会、非营利组织、商业组织、独资经营者
提供方能够处理什么类型的争议？	未履行担保、未按时交货、虚假广告、违约、产品责任
能够提供的争议解决方式是什么？	协调、建议和(或)裁定(约束或非约束)
争议解决的经费如何筹措？	一方或双方负担费用；协会会员费、政府或慈善基金
在具体争议中将使用什么争议解决方法？	单独使用协调方法；单独使用裁定方法；需要时使用先协调后裁定的方法
争议解决者的资格条件是什么？	40小时以上的培训；10年以上的相关经验；律师
如何保证独立性？	道德规范；多股东管理实体；争议解决者不受雇于提供方；争议解决者与其他提供方人员无关
争议解决裁定使用的准则是什么？	严格遵守法律原则；使用行为规范和(或)衡平法
解决争议的时间框架是什么？	60天内做出决定；采用协调法40天内做出决定
提出争议解决的方式是什么？	直接面对面；通过电话；通过信件；通过在线方式

附 录 M
（资料性附录）
争议解决流程图

图 M.1 是争议解决各阶段的说明。

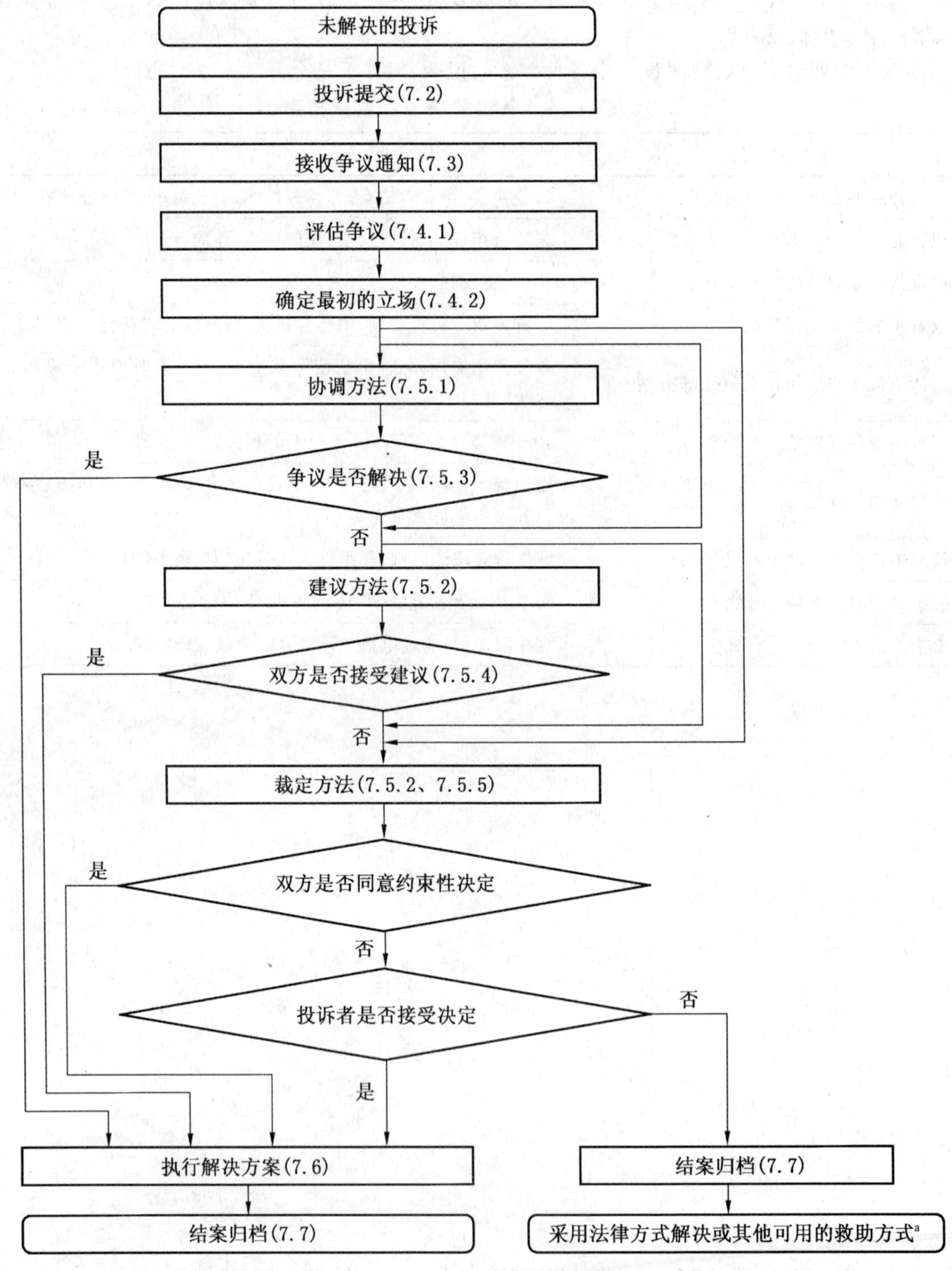

[a] 投诉者任何时间、任何阶段都可以行使争议解决过程以外的权力，但在某些情况下受到限制（如 B to B 的情况）。

图 M.1 争议解决流程图

参 考 文 献

[1] GB/T 19001 质量管理体系 要求

[2] GB/T 19004—2000 质量管理体系 业绩改进指南(idt ISO 9004:2000)

[3] GB/T 19010—2009 质量管理 顾客满意 组织行为规范指南(ISO 10001:2007,IDT)

[4] GB/T 19012—2008 质量管理 顾客满意 组织处理投诉指南(ISO 10002:2004,IDT)

[5] GB/T 19025—2001 质量管理 培训指南(idt ISO 10015:1999)

[6] GB 5296.1 消费品使用说明 总则

ICS 03.120.10
A 00

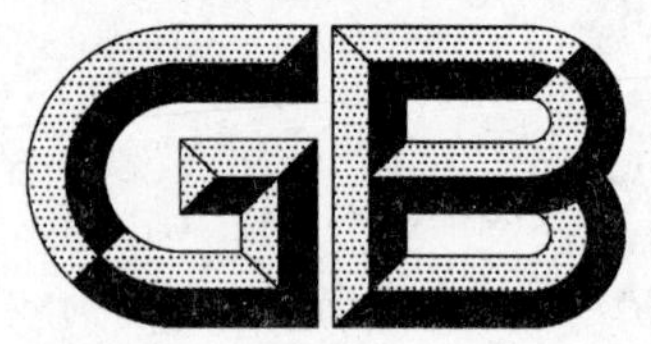

中华人民共和国国家标准

GB/T 19029—2009/ISO 10019:2005

质量管理体系咨询师的选择及其服务使用的指南

Guidelines for the selection of quality management system consultants and use of their services

(ISO 10019:2005,IDT)

2009-09-30 发布　　　　2009-12-01 实施

中华人民共和国国家质量监督检验检疫总局
中国国家标准化管理委员会　发布

前　言

本标准等同采用 ISO 10019:2005《质量管理体系咨询师的选择及其服务使用的指南》。

本标准是 GB/T 19000 族标准的组成部分,并与其保持一致。

本标准的附录 A 和附录 B 是资料性附录。

本标准由全国质量管理和质量保证标准化技术委员会(SAC/TC 151)提出并归口。

本标准由中国标准化研究院负责起草。

本标准参加起草单位:中国国家认证认可监督管理委员会、中国认证认可协会、中国合格评定国家认可中心。

本标准主要起草人:谷艳君、李镜、张志国、傅瑞云、延静清。

引　　言

在实现质量管理体系的过程中，一些组织选择依靠自身的力量，而另一些组织则借助外部咨询师的服务。为了确保拟建立的质量管理体系以有效和高效的方式达到组织所策划的目标，对咨询师的选择非常重要。此外，在使用质量管理体系咨询师服务的过程中，组织最高管理者的参与和承诺也是确保质量管理体系实现的重要因素。

本标准旨在对选择质量管理体系咨询师时所需考虑的因素提供指南。组织在选择能够满足其实现质量管理体系方面的特定需求、期望和目标的质量管理体系咨询师时，可以使用本标准。此外，本标准也可以用作：

a）质量管理体系咨询师进行质量管理体系咨询的指南；

b）咨询机构选择质量管理体系咨询师的指南。

质量管理体系咨询师的选择及其服务使用的指南

1 范围

本标准为质量管理体系咨询师的选择及其服务的使用提供了指南。

本标准旨在帮助组织选择质量管理体系咨询师。本标准为质量管理体系咨询师的能力评价过程提供指南，为咨询师的服务满足组织的需求和期望提供信任。

注1：本标准不拟用于认证目的。

注2：本标准用于质量管理体系的实现，但经过适当的修改，也可用于其他管理体系的实现。

2 规范性引用文件

以下引用文件对于本标准的运用来说是必不可少的。对于标明日期的引用文件，只引用提到的版本。对于未标明日期的引用文件，引用最新版本(包括任何修改)。

GB/T 19000—2008 质量管理体系 基础和术语(ISO 9000:2005,IDT)

3 术语和定义

GB/T 19000确立的以及下列术语和定义适用于本标准。

3.1

质量管理体系实现 quality management system realization

质量管理体系的建立、文件化、实施、保持和持续改进的过程

注：质量管理体系实现可包含以下内容：

a) 识别质量管理体系所需的过程及其在整个组织内的应用；

b) 确定这些过程的顺序和相互作用；

c) 确定为确保这些过程有效运行和得到有效控制所需的准则和方法；

d) 确保得到所需的资源和信息，以支持这些过程的运行和对这些过程的监视；

e) 对这些过程进行监视、测量和分析；

f) 采取必要的措施，以达到对这些过程的策划结果并对这些过程进行持续改进。

3.2

质量管理体系咨询师 quality management system consultant

对组织的质量管理体系实现给予帮助、提供建议或信息的人员

注1：咨询师也可以在部分质量管理体系的实现方面提供帮助。

注2：本标准为识别质量管理体系咨询师是否具备组织所需的能力提供了指南。

4 质量管理体系咨询师的选择

4.1 选择过程的输入

4.1.1 组织的需求和期望

在选择质量管理体系咨询师时，组织应基于实现质量管理体系的总体目标来识别对质量管理体系咨询师的需求和期望。最高管理者应参与对质量管理体系咨询师的评价和选择过程。

4.1.2 咨询师的作用

在选择咨询师的过程中，组织应考虑质量管理体系咨询师在质量管理体系实现中所起的作用(见附

录 A)。咨询师的作用通常包括：

a) 帮助组织确保所建立和实施的质量管理体系适合组织的文化、特色、教育水平以及特定的经营环境；

b) 以清楚、易于理解的方式在整个组织内阐明质量管理的相关概念，尤其是对质量管理原则的理解和运用；

c) 在组织的各个层次上与所有相关人员进行沟通，促使他们积极参与质量管理体系的实现；

d) 建议并帮助组织识别质量管理体系所需的适宜过程，明确这些过程的相对重要性、顺序和相互作用；

e) 帮助组织识别为确保有效地策划、运行和控制这些过程所需的文件；

f) 评价质量管理体系过程的有效性和效率，以激励组织寻求改进的机会；

g) 帮助组织促进过程方法的应用并持续改进其质量管理体系；

h) 帮助组织识别培训需求，使组织能够保持其质量管理体系；

i) 适当时，帮助组织识别质量管理体系和其他相关管理体系(例如环境或职业健康安全管理体系)的关系，促进这些体系的整合。

4.1.3 咨询师能力的评价

在评价咨询师的能力和适宜性时，组织应考虑：

a) 个人素质(见 4.2.2)；

b) 相关教育经历(见 4.2.3)；

c) 满足组织质量管理体系总体目标所需具备的知识和技能(见 4.2.3，4.2.4 和 4.2.5)；

d) 工作经历(见 4.2.6)；

e) 道德行为 (见 4.3)。

4.2 咨询师的能力

4.2.1 总则

在选择质量管理体系咨询师时，组织应评价咨询师是否具备与所提供的咨询服务范围相适应的能力。

质量管理体系咨询师的能力概念如图 1 所示。

注：GB/T 19000 中定义的能力是指经证实的运用知识和技能的本领。

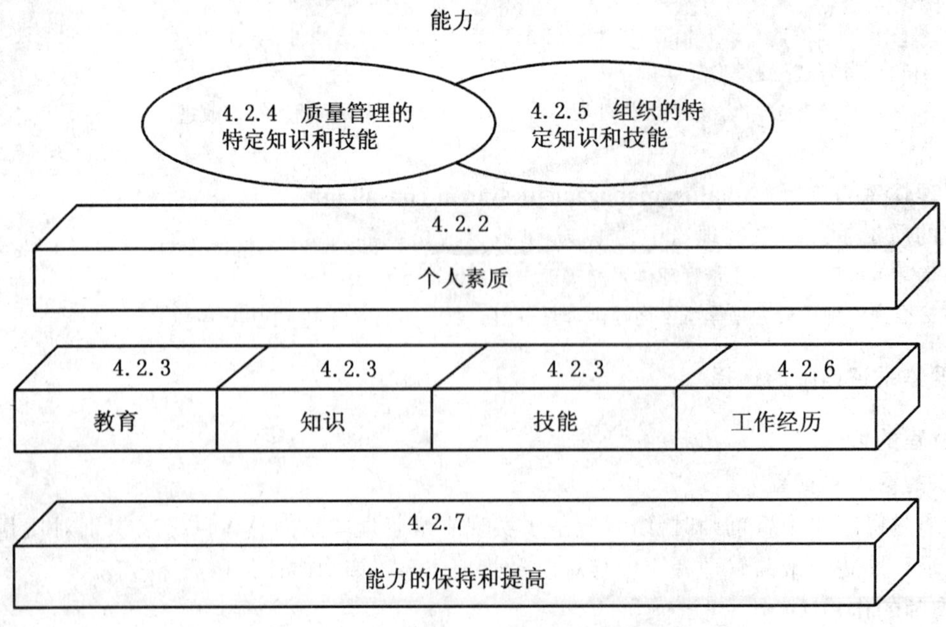

图 1 质量管理体系咨询师的能力概念

4.2.2 个人素质

个人素质对质量管理体系咨询师的良好表现具有很大影响。质量管理体系咨询师通常应：

a) 有道德：公平、诚实、忠诚、正直和谨慎；

b) 善于观察：能经常和主动了解组织的文化和价值观、周围环境和活动；

c) 有感知力：能够了解和理解对于变更和改进的需求；

d) 适应力强：能适应不同的环境，并能提供可供选择的和创造性的解决办法；

e) 坚忍不拔：为实现目标而坚持不懈；

f) 明断：能够根据逻辑推理和分析及时得出结论；

g) 自立：能够在同其他人的有效交往中独立工作并发挥作用；

h) 善于沟通：能与组织各层次进行有效地接触，听取他们的意见，信赖组织的文化并保持敏感性；

i) 有经验：有实际且灵活的良好时间管理经验；

j) 有责任感：能对自身的行为负责；

k) 有推动力：能够自始自终在质量管理体系实现中，为组织的管理者和员工提供帮助。

4.2.3 教育、知识和技能

为了获取提供相关咨询服务所需的知识和技能，质量管理体系咨询师应受过适当教育，典型示例见附录B。

注：本标准中的知识和技能与受教育水平有关，例如语言能力，以及基本的科学知识和人文知识。

4.2.4 质量管理的特定知识和技能

4.2.4.1 相关标准

质量管理体系咨询师应能够理解和应用对组织具有影响的相关标准，例如：

——GB/T 19000 质量管理体系 基础和术语；

——GB/T 19001 质量管理体系 要求；

——GB/T 19004 质量管理体系 业绩改进指南；

——GB/T 19011 质量和(或)环境管理体系审核指南；

——本标准参考文献中列出的其他相关标准。

此外，咨询师还应具备提供咨询服务所需的其他标准的知识。

注：典型示例包括：

a) 行业的特定标准；

b) 测量控制体系标准；

c) 认可标准；

d) 合格评定标准；

e) 产品标准；

f) 可靠性管理标准；

g) 安全方面的标准。

质量管理体系咨询师还应具备ISO 9000族介绍和支持文件包中相关指南文件的知识。

4.2.4.2 国家和国际认证认可制度

质量管理体系咨询师应具备以下方面的基本知识：

a) 国家和国际的标准化、认证认可制度以及这些制度对认证的要求(例如GB/T 27021)；

b) 国家产品、体系和人员认证的过程和程序。

4.2.4.3 质量管理的基本原则、方法和技术

质量管理体系咨询师应具备并能够运用质量管理原则、方法和技术等方面的知识。咨询师具有以下方面的经验和能力会有一定价值：

a) 质量管理原则；

b) 持续改进的工具和技术；

c) 适当的统计技术；

d) 审核方法和技巧；

e) 质量经济性原则；

f) 团队工作的技巧；

g) PDCA 方法；

h) 方针展开的方法；

i) 过程图示的技术；

j) 解决问题的技巧；

k) 监视顾客和员工满意度的方法；

l) 头脑风暴法。

4.2.5 关于组织的特定知识和技能

4.2.5.1 法律法规要求

具备与组织的活动和咨询师工作范围有关的法律法规要求方面的知识，对质量管理体系咨询来说非常重要。但是，组织不应期望质量管理体系咨询师在开始咨询服务之前就具备运用这些知识的经历。

该领域的相关知识应特别包括对组织产品的法律法规要求，例如 GB/T 19001 中所述。

4.2.5.2 产品、过程和组织的要求

在开始咨询服务前，质量管理体系咨询师应具备适当的有关组织的产品、过程和顾客期望等方面的知识，并要理解在组织运行中与产品相关的关键因素。

质量管理体系咨询师应能够将这些知识用于以下方面：

a) 识别组织过程及相关产品的关键特性；

b) 理解组织过程的顺序和相互作用及其对满足产品要求的影响；

c) 理解组织所在行业的术语；

d) 理解组织结构、职能和相互关系的性质；

e) 理解经营目标和所需的能力资源需求之间的战略关系。

4.2.5.3 管理实践

质量管理体系咨询师应具备相关管理实践方面的知识，以便理解质量管理体系如何与组织的整个管理体系相兼容和相互影响(包括了解组织的人力资源)，以及质量管理体系如何展开，以确保达到组织的目的和目标。

在某些情况下，为了满足组织的需求、期望和质量管理体系的总体目标，可能要求咨询师具备诸如经营和战略策划、风险管理、经营改进工具和技术等其他能力(见附录 B)。

4.2.6 工作经历

质量管理体系咨询师应具备在管理、专业和技术等方面提供咨询服务的工作经历。这些工作经历可包括对判断力、解决问题和与所有相关方沟通等方面的训练(见附录 B)。

参考咨询师以往可证实的工作经历和业绩对组织来说很重要，并且组织应得到这些方面的证明。

咨询师的相关经历可包括以下一部分或更多的内容：

a) 实际工作经历；

b) 管理经历；

c) 质量管理经历；

d) 质量管理体系审核经历；

e) 下列一个或多个实施质量管理体系的经历：

   1) 提供咨询服务；

   2) 作为质量管理体系的管理者代表；

3) 履行与质量管理有关的职能。

4.2.7 能力的保持和提高

质量管理体系咨询师应通过诸如其他的工作经历、审核、培训、继续教育、自学、教学、参加专业会议、学术会议和研讨会或参加其他相关活动的方式来保持和提高能力。

持续的专业发展应根据组织的需求、质量管理体系咨询服务的规定、标准以及其他相关要求而定。

注：能力的保持和提高可通过成为有资质的相关专业机构、组织或协会的会员和经证实的个人持续发展来实现。

4.3 道德行为

在选择质量管理体系咨询师时，组织应考虑下列道德行为方面的问题。咨询师应：

a) 避免任何影响工作进行的利益冲突或做出声明；

b) 对组织提供的或从组织那里获得的信息保密；

c) 与质量管理体系认证或认可机构保持独立性；

d) 在组织选择认证机构时保持公正性；

e) 对咨询服务项目提供切实的费用评估；

f) 在咨询服务上不引起不必要的依赖；

g) 在其不具备必要能力时不提供服务。

5 质量管理体系咨询师服务的使用

5.1 咨询师的服务

组织可使用咨询师的服务，以便在质量管理体系的实现中，帮助组织开展下列一项或多项活动(见附录 A.2)：

a) 确定目标和要求；

b) 初始评估；

c) 策划；

d) 设计和开发；

e) 实施；

f) 评价；

g) 持续培训和保持；

h) 改进。

5.2 咨询师服务合同

组织应确保签订合同，合同要明确规定质量管理体系咨询师的工作范围(包括输出)、可实现的里程碑、经济合理的费用(见附录 A.1)。在签合同时，组织应考虑以下活动(见附录 A.2)：

a) 商定合同目标，该目标需是具体的、可测量的、可实现的、切合实际的并要有时限要求；

b) 制定详细的合同计划，该计划要包含商定的阶段性成果和输出；

c) 与所有相关方沟通计划；

d) 识别对相关员工的培训需求，以使他们能够对质量管理体系作出评价，并加以保持和改进；

e) 实施计划；

f) 适当时，监视和评价计划的有效性以及采取临时措施；

g) 确保实现了商定的里程碑或重新作出规定；

h) 确定合同结果的验收过程。

组织应召开会议对质量管理体系实施的进展情况和咨询师的业绩进行评价。在每次会议上，组织都应根据质量管理体系实现活动的计划和其预算，对质量管理体系实施的进展情况进行评审，并应将进展情况评审的书面报告提交最高管理者。

5.3 使用咨询师服务时需考虑的事项

在接受质量管理体系咨询服务的过程中,组织应考虑以下方面:

a) 所形成的体系不应产生不必要的管理和文件;

b) 质量管理体系的成功主要取决于最高管理者的参与和承诺,而不是仅靠咨询师;

c) 指定一名管理人员(通常是负责保持质量管理体系的人员)对咨询师的活动进行协调和监督;

d) 为了在组织的全面运作中整合质量管理体系,所有层次的员工都要参与;

e) 为了评价组织的过程,应允许咨询师与组织的管理者以及所有层次的员工交流;

f) 尽管质量管理体系咨询满足了合同或市场要求,但组织还是应把握机会把已实现的质量管理体系作为有效和高效的管理工具;

g) 质量管理体系具有为持续改进组织业绩提供基础的潜能;

h) 咨询服务应与组织文化、员工能力和现有的过程和(或)文件保持一致。

附　录　A
（资料性附录）
质量管理体系咨询师的典型活动

A.1　初始评估和提出建议

A.1.1　初始评估和签订合同主要应包含以下内容：

a）识别最高管理者提出的组织需求、要求和目标；

b）对已识别的组织需求、要求和目标的初始评估要考虑：

1）顾客的相关要求；

2）符合相关标准要求；

3）符合相关法律法规要求；

4）提出管理方法和运行方法；

5）明确在组织现状和合同规定达到的目标之间的差距；

c）将达到符合条款 a)和 b)中 4)所述的需求、要求和目标的质量管理体系所需的活动形成文件；

d）准备并向最高管理者提出实现条款 c)所确定的活动的建议，作为合同的基础。

A.1.2　合同要语言明确，包含下列条款：

a）质量管理体系咨询活动的范围；

b）质量管理体系实现活动的策划；

c）咨询师和组织的承诺、角色、责任和结果；

d）组织提供内部资源的承诺；

e）支持咨询师开展活动所需的费用；

f）监视方法；

g）合同变更的条款；

h）保密性；

i）适用的标准；

j）里程碑和完成时间；

k）付款期限；

l）时间进度。

A.2　实现质量管理体系的示例

表 A.1 给出了实现质量管理体系的活动；表 A.2 给出了支持质量管理体系实施的示例。

表 A.1　实现质量管理体系的活动

活动的描述	职　责
1. 向最高管理者提供相关质量管理体系标准的主要要求方面的信息，以及组织和咨询师在质量管理体系设计和开发中所起的作用。	咨询师

表 A.1（续）

活动的描述	职　责
2. 分析顾客和其他相关方的需求和期望。 注：初始评估的结果通常用来： a) 确定组织的优势、劣势、机会和威胁； b) 理解和帮助确定组织的方针和目标； c) 作为策划质量管理体系的基础； d) 评价实施质量管理体系所需资源的可获得性； e) 作为初次审核的基础； f) 建立可测量的目标。	组织的最高管理者(咨询师可以提供帮助)
3. 指定管理者代表，确定质量方针、质量目标和质量承诺。 将这些目标传达到组织内的适当层次和职能部门。	组织的最高管理者(咨询师可以提供帮助)
4. 深入分析组织结构、过程、沟通渠道和现有接口。 识别达到组织目标所需的过程和职责。 确定这些过程的顺序和相互作用。	管理者代表和咨询师，与组织内每一职能的负责人进行合作
5. 制定计划，以确定质量管理体系架构和识别并开发质量管理体系所需的程序。同时，为了评价所采取措施的进展状况和质量，还应在计划中规定适宜的节点。这种评价可以针对： a) 已准备和已开展的活动与合同目标之间的一致性； b) 工作进展情况； c) 组织对质量管理体系咨询师所提供服务的满意度。	管理者代表和咨询师
6. 对已完成的分析结果和预先制定的计划进行评审。	组织的最高管理者和咨询师
7. 识别为达到质量目标所需的内部资源。	组织的最高管理者(咨询师可以提供帮助)
8. 对质量管理体系实现的开发活动的负责人和组织的其他人员(“促进质量管理体系实现的人员”)进行培训。	管理者代表和咨询师
9. 识别并确定过程、过程间的相互关系，制定必要的程序，包括记录的维护程序。	管理者代表(咨询师可以提供帮助)
10. 对相关过程和相应程序进行调整，以避免任何不一致、差距和重叠。	管理者代表和咨询师
11. 发布质量手册最终版。	管理者代表(咨询师可以提供帮助)
12. 对质量管理体系涉及的所有人员进行培训。	咨询师和管理者代表，或管理者代表(咨询师提供帮助)。培训也可以由其他能胜任的人员来进行
⇩	
实施质量管理体系。	组织(咨询师可以提供帮助)
注：在箭头上，咨询师的活动宣告结束。在箭头下，组织开始实施质量管理体系。	

表 A.2 为质量管理体系的实施提供支持

活动的描述	职　责
1. 内审员培训，强调审核概念、审核问题的展开、审核报告的准备，以及其他所需的培训。	咨询师（或组织指派的其他提供培训的人）
2. 制定内审方案。	管理者代表和咨询师
3. 与内审员一同参与内部审核，为内审员提供其他培训（包括编写审核报告和不符合报告），并帮助提供发现不符合及其产生根源的方法。	咨询师
4. 协助最高管理者召开有效的管理评审会议。	咨询师
5. 帮助组织解决在实施方面遇到的困难，重点关注纠正措施和预防措施，包括已发现的作为审核结果的不符合。	咨询师
6. 持续改进质量管理体系的实施过程。	组织的最高管理者（咨询师可以提供帮助）
7. 为组织提供认证方面的信息，如果需要，包括预审或为审核做好准备。	咨询师

附 录 B
（资料性附录）
对质量管理体系咨询师的评价

B.1 质量管理体系咨询师的教育和工作经历的示例

组织可以使用表B.1中给出的教育和工作经历，作为选择质量管理体系咨询师的模式。该表仅仅是一个示例，并不适合所有情况，质量管理体系咨询师的选择可能取决于质量管理体系实现活动的范围。在某些情况下，可能需要质量管理体系咨询师具备其他能力（见4.2）。

表 B.1 质量管理体系咨询师的教育和工作经历

工作经历（见注1）	教育和工作经历[a]		
	质量管理体系实现的复杂程度 − ←——→ +		
所有工作经历	适当减少年限	大学毕业，工作4年（见注2）；中等教育毕业，工作6年（见注3）	适当增加年限
质量管理工作经历	适当减少年限	至少2年	适当增加年限
质量管理体系实施的工作经历	适当减少实施经历	充分参与过至少3个质量管理体系的实施	适当增加实施经历
注1：咨询师具备与质量管理体系实现相关的经历是最基本的要求。 注2：大学（及以上）教育是国家教育体制的一部分，在此之前至少需要完成3年的中等教育。 注3：中等教育是国家教育体制的一部分，在初中教育之后，大学教育之前。			
[a] 规定的教育和经历不是要求，也不拟用于注册目的，组织可自行决定是否将其作为要求使用。			

B.2 对咨询师候选人的评价

评价应基于对客观证据的考核，可包含以下内容：

a) 考虑以往承担的任务；
b) 公开出版的有关质量管理方面的书籍和文章；
c) 职业道德；
d) 咨询师编写的质量管理体系文件；
e) 访问接受过该咨询师服务的组织；
f) 考虑咨询师在其专业经历中承担类似工作的时间；
g) 为类似组织咨询的经历和知识；
h) 咨询师的专业注册和资格；
i) 与咨询师面谈，评价其能力。

参 考 文 献

[1] GB/T 19001 质量管理体系 要求

[2] GB/T 19004 质量管理体系 业绩改进指南

[3] GB/T 19012 质量管理 顾客满意 组织处理投诉指南

[4] GB/T 19015 质量管理体系 质量计划指南

[5] GB/T 19016 质量管理体系 项目质量管理指南

[6] GB/T 19017 质量管理体系 技术状态管理指南

[7] GB/T 19022 测量管理体系 测量过程和测量设备的要求

[8] GB/T 19023 质量管理体系文件指南

[9] GB/T 19024 质量管理 实现财务和经济效益的指南

[10] GB/T 19025 质量管理 培训指南

[11] GB/Z 19027 GB/T 19001—2000 的统计技术指南

[12] GB/T 19011 质量和(或)环境管理体系审核指南

[13] GB/T 27021 合格评定 管理体系审核认证机构的要求

[14] Selection and use of ISO 9000 (brochure)

[15] Quality management principles brochure

[16] ISO 9000,Introduction and Support Package (obtainable from the official/TC 176 website http://isotc176.elysium-ltd.net and http://www.iso.org)

——Guidance on ISO 9001:2000,subclause 1.2 "Application"

——Guidance on the documentation requirements of ISO 9001:2000

——Guidance on the terminology used in ISO 9001:2000 and ISO 9004:2000

——Guidance on the process approach to quality management systems

[17] ISO Handbook:ISO 9001 for Small Businesses—What to do (Advice from ISO/TC 176)

ICS 03.120.10
A 00

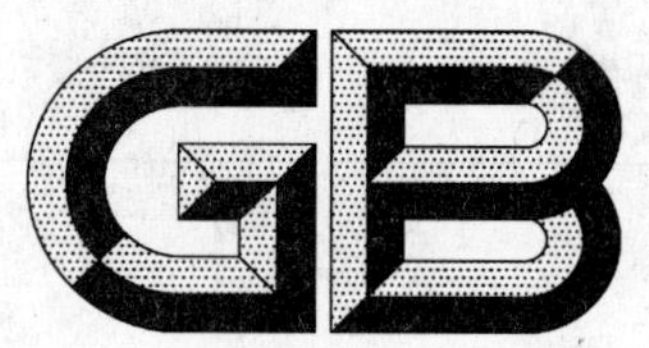

中华人民共和国国家标准

GB/T 19030—2009

质量工程 术语

Quality engineering—Vocabulary

2009-09-30 发布 2009-12-01 实施

中华人民共和国国家质量监督检验检疫总局
中国国家标准化管理委员会 发布

前　言

本标准的附录 A 是资料性附录。

本标准由全国质量管理和质量保证标准化技术委员会(SAC/TC 151)提出并归口。

本标准由中国标准化研究院和中国计量学院负责起草。

本标准起草单位:中国标准化研究院、中国计量学院、北京工业大学、中国质量协会、西安交通大学、中国航空集团 301 所、金发科技股份有限公司。

本标准主要起草人:洪生伟、李仁良、韩福荣、王晓生、苏秦、蒋家东、李钊、李建军。

引　言

为了在我国广泛有效地开展质量工程，本标准在确定质量工程概念体系后，以产品设计开发、采购、生产、检验、交付、服务过程为主线，推荐给现代企业尤其是制造业开展质量工程所需要的技术和方法。

质量工程(quality engineering)是为策划、控制、保证和改进产品的质量，将质量管理理论与相关专业技术相结合而开展的系统性活动。

目前，我国已先后制定和发布了GB/T 19000《质量管理体系　基础和术语》、GB/T 2900.13《电工术语　可信性与服务质量》和GB/T 3358《统计学词汇及符号》等一系列有关质量工程方面的术语标准，但没有形成系统、科学的质量工程概念体系，且质量工程等一些重要的术语还没有定义。

本标准在吸收国内外有关质量工程术语的基础上，采用集成创新的方法界定了质量工程及相关术语，包括：

——基本术语；

——与设计开发有关的术语；

——与采购生产有关的术语；

——与监视和测量有关的术语；

——与产品交付及其相关服务有关的术语。

同时，在附录A中列出了一部分常用的统计技术和工具。

本标准的制定为在我国广泛、科学、系统地开展质量工程，全面提高我国产品质量提供了一个质量工程概念体系框架。

质量工程 术语

1 范围

本标准给出了质量工程的基本术语和定义。

本标准适用于：

a) 通过实施质量工程追求卓越的组织；

b) 就质量工程方面所使用的术语需要达成共识的人员和组织；

c) 制定与质量工程有关的标准的人员和组织。

2 术语和定义

2.1 基本术语

2.1.1

顾客 customer

接受产品的组织或个人。

示例：消费者、委托人、最终使用者、零售商、受益者和采购方。

注：顾客可以是组织内部的或外部的。

[GB/T 19000—2008,3.3.5]

2.1.2

产品 product

过程的结果。

注1：有下列四种通用的产品类别：

——服务(如运输)；

——软件(如计算机程序、字典)；

——硬件(如发动机机械零件)；

——流程性材料(如润滑油)。

许多产品由分属于不同产品类别的成分构成，其属性是服务、软件、硬件或流程性材料取决于产品的主导成分。例如：产品"汽车"是由硬件(如轮胎)、流程性材料(如：燃料、冷却液)、软件(如：发动机控制软件、驾驶员手册)和服务(如销售人员所做的操作说明)所组成。

注2：服务通常是无形的，并且是在**供方**和**顾客**接触面上需要完成至少一项活动的结果。服务的提供可涉及，例如：

——在顾客提供的有形产品(如需要维修的汽车)上所完成的活动；

——在顾客提供的无形产品(如为准备纳税申报单所需的损益表)上所完成的活动；

——无形产品的交付(如知识传授方面的信息提供)；

——为顾客创造氛围(如在宾馆和饭店)。

软件由信息组成，通常是无形产品，并可以方法、报告或**程序**的形式存在。

硬件通常是有形产品，其量具有计数的**特性**。流程性材料通常是有形产品，其量具有连续的特性。硬件和流程性材料经常被称为货物。

注3：**质量保证**主要关注预期的产品。

[GB/T 19000—2008,3.4.2]

2.1.3

过程 process

将输入转化为输出的相互关联或相互作用的一组活动。

注1：一个过程的输入通常是其他过程的输出。

注2：组织为了增值通常对过程进行策划并使其在受控条件下运行。

注3：对形成的产品是否合格不易或不能经济地进行验证的过程，通常称之为“特殊过程”。

[GB/T 19000—2008，3.4.1]

2.1.4

项目 project

由一组有起止日期的、协调和受控的活动组成的独特过程，该过程要达到符合包括时间、成本和资源约束条件在内的规定**要求**的目标。

注1：单个项目可作为一个较大项目结构中的组成部分。

注2：在一些项目中，随着项目的进展，其目标才逐渐清晰，产品**特性**逐步确定。

注3：项目的结果可以是单一或若干个**产品**。

注4：根据GB/T 19016—2005改写。

[GB/T 19000—2008，3.4.3]

2.1.5

要求 requirement

明示的、通常隐含的或必须履行的需求或期望。

注1：“通常隐含”是指**组织**、**顾客**和其他**相关方**的惯例或一般做法，所考虑的需求或期望是不言而喻的。

注2：特定要求可使用限定词表示，如：产品要求、质量管理要求、顾客要求。

注3：规定要求是经明示的要求，如：在**文件**中阐明。

注4：要求可由不同的**相关方**提出。

注5：本定义与ISO/IEC导则第2部分：2004的3.12.1中给出的定义不同。

3.12.1

要求 requirement

表达应遵守的准则的条款。

[GB/T 19000—2008，3.1.2]

2.1.6

特性 characteristic

可区分的特征。

注1：特性可以是固有的或赋予的。

注2：特性可以是定性的或定量的。

注3：有各种类别的特性，如：

——物理的（如：机械的、电的、化学的或生物学的特性）；

——感官的（如：嗅觉、触觉、味觉、视觉、听觉）；

——行为的（如：礼貌、诚实、正直）；

——时间的（如：准时性、可靠性、可用性）；

——人因工效的（如：生理的特性或有关人身安全的特性）；

——功能的（如：飞机的最高速度）。

[GB/T 19000—2008，3.5.1]

2.1.7

质量 quality

一组固有特性满足要求的程度。

注1：术语“质量”可使用形容词，如：差、好或优秀来修饰。

注2：“固有的”（其反义是“赋予的”）是指本来就有的，尤其是那种永久的特性。

[GB/T 19000—2008，3.1.1]

2.1.8

质量特性　quality characteristic

与要求有关的，产品、过程或体系的固有特性。

注1："固有的"是指本来就有的，尤其是那种永久的特性。

注2：赋予产品、过程或体系的特性（如：产品的价格，产品的所有者）不是它们的质量特性。

[GB/T 19000—2008，3.5.2]

2.1.9

质量工程　quality engineering

为策划、控制、保证和改进产品的质量，将质量管理理论与相关专业技术相结合而开展的系统性活动。

2.1.10

质量方针　quality policy

由组织最高管理者正式发布的关于质量方面的全部意图和方向。

注1：通常质量方针与组织的总方针相一致并为制定**质量目标**提供框架。

注2：本标准中提出的质量管理原则可以作为制定质量方针的基础。

[GB/T 19000—2008，3.2.4]

2.1.11

质量目标　quality objective

在质量方面所追求的目的。

注1：质量目标通常依据组织的**质量方针**制定。

注2：通常对**组织**的相关职能和层次分别规定质量目标。

[GB/T 19000—2008，3.2.5]

2.1.12

质量管理　quality management

在质量方面指挥和控制组织的协调的活动。

注：在质量方面的指挥和控制活动，通常包括制定质量方针和质量目标以及质量策划、质量控制、质量保证和质量改进。

[GB/T 19000—2008，3.2.8]

2.1.13

质量策划　quality planning

质量管理的一部分，致力于制定质量目标并规定必要的运行过程和相关资源以实现质量目标。

注：编制**质量计划**可以是质量策划的一部分。

[GB/T 19000—2008，3.2.9]

2.1.14

质量控制　quality control

质量管理的一部分，致力于满足质量要求。

[GB/T 19000—2008，3.2.10]

2.1.15

质量保证　quality assurance

质量管理的一部分，致力于提供质量要求会得到满足的信任。

[GB/T 19000—2008，3.2.11]

2.1.16

质量改进　quality improvement

质量管理的一部分，致力于增强满足质量要求的能力。

[GB/T 19000—2008，3.2.12]

2.1.17

质量管理体系　quality management system

在质量方面指挥和控制组织的管理体系。

[GB/T 19000—2008,3.2.3]

2.1.18

质量成本　quality-related costs

为了确保和保证满意的质量所发生的费用以及没有达到满意的质量时所造成的损失。

注1：组织根据各自的准则对质量成本进行分类。

注2：某些损失是难以定量的，但很重要，如丧失信誉等。

注3：过程型生产经营组织质量成本方法可以采用过程成本法。

注4：为了降低废次品损失可以采用质量损失法。

2.1.19

全面质量管理　total quality management;TQM

以质量为中心，全员参与为基础，旨在通过让顾客满意和本组织所有成员及社会受益，而达到长期成功的管理途径。

注1："全员"指该组织中所有部门和所有层次的人员。

注2：最高管理者强有力和持续的领导以及该组织内所有成员的教育和培训是这种管理途径取得成功所必不可少的。

注3：在全面质量管理中，质量这个概念和全部管理目标的实现有关。

注4："社会受益"意味着在需要时满足"社会要求"。

注5：有时把"全面质量管理"或它的一部分称为"全面质量"、"公司范围内的质量管理"等。

2.1.20

质量管理小组　quality management group

由若干员工组成的质量改进或自我改进的小组。

注：质量管理小组又称 QC(quality control)小组。

2.1.21

卓越绩效　performance　excellence

通过综合的组织绩效管理方法，使组织和个人得到进步和发展，提高组织的整体绩效和能力，为顾客和其他相关方创造价值，并使组织持续获得成功。

[GB/T 19580—2004,3.1]

2.1.22

标杆　benchmarks

针对相似的活动，其过程和结果代表组织所在行业的内部或外部最佳的运作实践和绩效。

[GB/T 19580—2004,3.3]

2.1.23

六西格玛　six sigma

一套系统的业务改进方法体系，旨在对组织业务过程进行突破性的持续改进，实现顾客和其他相关方满意。它通过系统地、集成地采用业务改进过程，实现无缺陷的过程设计，并对现有过程进行定义、测量、分析、改进、控制，消除过程缺陷和无价值作业，从而提高质量和服务、降低成本、缩短周期时间，达到顾客完全满意，增强组织竞争力。

注：六西格玛水平在数理统计上的含义是 3.4 PPM。

2.1.24

持续改进　continual improvement

增强满足要求的能力的循环活动。

注：制定改进目标和寻求改进机会的**过程**是一个持续过程，该过程使用**审核发现**和**审核结论**、数据分析、**管理评审**或其他方法，其结果通常导致**纠正措施**或**预防措施**。

[GB/T 19000—2008,3.2.13]

2.2 与设计开发过程有关的术语

2.2.1

设计和开发 design and development

将要求转换为产品、过程或体系的规定的特性或规范的一组过程。

注1：术语“设计”和“开发”有时是同义的，有时用于规定整个设计和开发过程的不同阶段。

注2：设计和开发的性质可使用限定词表示(如产品设计和开发或过程设计和开发)。

[GB/T 19000—2008，3.4.4]

2.2.2

质量功能展开 quality function deployment；QFD

为实现产品的质量目标而使用的各种变换和展开的方法论，是“质量展开”、“技术展开”、“成本展开”、“可靠性展开”以及“业务职能展开”的总称。

2.2.3

田口方法 Taguchi Methods

由田口玄一提出的三次设计(系统设计、参数设计和容差设计)方法，它是把系统的产品设计、工艺设计改进为以误差因素模拟造成产品质量波动的各种干扰，以信噪比作为衡量产品质量稳定性的指标，通过对试验数据的统计分析，找出性能最优、可靠性好、成本又低的设计方案，以达到最优技术经济综合效果。

2.2.4

失效 failure

产品完成要求的功能的能力的中断。

注1：失效后，产品处于故障状态。

注2：“failure(失效)”与“fault(故障)”的区别在于，失效是一次事件，故障是一种状态。

注3：这里定义的“失效”，不适用于仅由软件构成的产品。

[GB/T 2900.13—2008/IEC 60050(191)：1990，191-04-01]

2.2.5

故障 fault

产品不能完成要求的功能的状态。预防性维修或其他计划的行动或因缺乏外部资源的情况除外。

注：故障通常是产品自身失效引起的，但即使失效未发生，故障也可能存在。

[GB/T 2900.13—2008/IEC 60050(191)：1990，191-05-01]

2.2.6

缺陷 defect

未满足与预期或规定用途有关的要求。

注1：区分缺陷与不合格的概念是重要的，这是因为其中有法律内涵，特别是在与产品责任问题有关的方面。因此，使用术语“缺陷”应当极其慎重。

注2：顾客希望的预期用途可能受供方信息的性质影响，如所提供的操作或维护说明。

[GB/T 19000—2008，3.6.3]

2.2.7

故障模式 fault mode

对给定的要求的功能，故障产品的可能状态之一。

注：从这个意义上，术语“失效模式”已拒用。

[GB/T 2900.13—2008/IEC 60050(191)：1990，191-05-22]

2.2.8

故障模式与影响分析 fault modes and effects analysis；FMEA

研究产品的每个组成部分可能存在的故障模式并确定各个故障模式对产品其他组成部分和产品要

求功能的影响的一种定性的可靠性分析方法。

[GB/T 2900.13—2008/IEC 60050(191):1990,191-16-03]

2.2.9

故障树　fault tree

表示产品的哪些组成部分的故障模式或外界事件或它们的组合导致产品的一种给定故障模式的逻辑图。

[GB/T 2900.13—2008/IEC 60050(191):1990,191-16-08]

2.2.10

故障树分析　fault tree analysis;FTA

以故障树的形式进行的一种分析,以确定产品的哪些组成部分的故障模式或外部事件或它们的组合可能导致产品的所述的故障模式。

[GB/T 2900.13—2008/IEC 60050(191):1990,191-16-05]

2.2.11

风险　risk

某一事件发生的概率和其后果的组合。

[GB/T 23694—2009,3.1.1]

2.2.12

风险管理　risk management

指导和控制某一组织与风险相关问题的协调活动。

注:风险管理通常包括风险评估、风险处理、风险承受和风险沟通。

[GB/T 23694—2009,3.1.7]

2.2.13

可信性　dependability

用于表述可用性及其影响因素(可靠性、维修性和保障性)的集合术语。

注:可信性仅用于非定量的总体表述。

[GB/T 19000—2008,3.5.3]

2.2.14

可用性　availability

在所要求的外部资源得到提供的情况下,产品在给定的条件下,在给定的时刻或时间区间内处于能完成要求的功能的状态的能力。

[GB/T 2900.13—2008/IEC 60050(191):1990,191-02-05]

2.2.15

适用性　fitness for purpose

产品、过程或服务在给定条件下,实现预定目的或规定用途的能力。

2.2.16

安全性　safety

不导致人员伤亡、危害健康及环境,不给设备或财产造成破坏或损失的能力。

[GJB 1405A—2006,2.34]

2.2.17

可靠性　reliability

产品在给定条件下和在给定的时间区间内能完成要求的功能的能力。

[GB/T 2900.13—2008/IEC 60050(191):1990,191-02-06]

2.2.18

维修性　maintainability

在给定的条件下，使用所述的程序和资源实施维修时，产品在规定的使用条件下保持或恢复能完成要求的功能的状态的能力。

[GB/T 2900.13—2008/IEC 60050(191):1990,191-02-07]

2.2.19

维修保障性　maintenance support performance

维修组织在给定的条件下，按照给定的维修策略，提供维修产品所要求的资源的能力。

[GB/T 2900.13—2008/IEC 60050(191):1990,191-02-08]

2.2.20

技术状态　configuration

在产品技术状态信息中规定的产品相互关联的功能特性和物理特性。

[GB/T 19017—2007,3.3]

2.2.21

产品技术状态信息　product configuration information

对产品设计、实现、验证、运行使用和支持保障的要求。

[GB/T 19017—2007,3.9]

2.2.22

技术状态基线　configuration baseline

在某一时间点确立并经批准的产品技术状态信息，作为产品整个寿命周期内活动的参照基准。

[GB/T 19017—2007,3.4]

2.2.23

技术状态管理　configuration management

指挥和控制技术状态的协调活动。

注：技术状态管理通常集中在建立并保持对某个产品及其产品技术状态信息在整个产品寿命周期内的控制的技术的和组织的活动方面。

[GB/T 19017—2007,3.6]

2.3　与采购和生产过程有关的术语

2.3.1

供方　supplier

提供产品的组织或个人。

示例：制造商、批发商、产品的零售商或商贩、服务或信息的提供方。

注1：供方可以是组织内部的或外部的。

注2：在合同情况下供方有时称为“承包方”。

[GB/T 19000—2008,3.3.6]

2.3.2

相关方　interested party

与组织的业绩或成就有利益关系的个人或团体。

示例：顾客、所有者、员工、供方、银行、工会、合作伙伴或社会。

注：一个团体可由一个组织或其一部分或多个组织构成。

[GB/T 19000—2008,3.3.7]

2.3.3

合同　contract

有约束力的协议。

注：在本标准中，所定义的合同的概念是通用的。在ISO的其他文件中，本词汇的使用可能更加具体。

[GB/T 19000—2008,3.3.8]

2.3.4

质量信用　quality credit

取得并保持对其质量信任的能力。

注：这种能力由企业在遵守质量相关法律法规、执行标准以及兑现质量承诺(或履行质量约定)的基础上，提供产品在生命周期内满足顾客的需求或期望来实现。

[GB/T 23791—2009,3.1]

2.3.5

质量信用风险　quality credit risk

因质量信用问题导致顾客潜在损失的可能性。

注1：因违反质量相关法律法规、未执行标准、没有兑现质量承诺(或履行质量约定)，或提供的产品未能满足顾客的需求或期望，导致顾客潜在损失的可能性。

[GB/T 23791—2009,3.2]

2.3.6

质量信用等级　quality credit grade

反映质量信用风险的程度。

[GB/T 23791—2009,3.3]

2.3.7

物料需求计划　material requirements planning;MRP

制造企业内的物料计划管理模式。根据产品结构各层次物品的从属和数量关系，以每个物品为计划对象，以完工日期为时间基准倒排计划，按提前期长短区别各个物品下达计划时间先后顺序的管理方法。

[GB/T 18354—2006,6.19]

2.3.8

制造资源计划　manufacturing resource planning;MRPⅡ

在物料需求计划(MRP)的基础上，增加营销、财务和采购功能，对企业制造资源和生产经营各环节实行合理有效的计划、组织、协调与控制，达到既能连续均衡生产，又能最大限度地降低各种物品的库存量，进而提高企业经济效益的管理方法。

[GB/T 18354—2006,6.20]

2.3.9

企业资源计划　enterprise resource planning;ERP

在制造资源计划(MRPⅡ)的基础上，通过前馈的物流和反馈的信息流、资金流，把客户需求和企业内部的生产经营活动以及供应商的资源整合在一起，体现完全按用户需求进行经验管理的一种全新的管理方法。

[GB/T 18354—2006,6.23]

2.3.10

主生产计划　master production schedule;MPS

以独立需求项目为对象，考虑预测、生产计划和其他的重要因素，如：未交付订货、可利用材料、可利用能力、领导的策略和目标等，按一定搭配、数量和日期表示客户订单、预测、未交付订货、预测库存和可签合同量的生产计划。

注：改写自 GB/Z 18728—2002 的 2.2。

2.3.11

供应链　supply chain

生产及流通过程中，涉及将产品或服务提供给最终用户所形成的网链结构。

[GB/T 18354—2006，2.5]

2.3.12

供应链管理　supply chain management

对供应链涉及的全部活动进行计划、组织、协调与控制。

[GB/T 18354—2006，2.6]

2.3.13

供应商关系管理　supplier relationships management；SRM

一种致力于实现与供应商建立和维持长久、紧密合作伙伴关系，旨在改善企业与供应商之间关系的管理模式。

[GB/T 18354—2006，6.14]

注：供应商又可称为供方。

2.3.14

5S 管理　5S management

通过整理、整顿、清扫、清洁和素养规范现场、现物，营造干净、整洁、舒适、有序的工作环境，培养员工良好的工作习惯。

注：“整理”就是明确区分需要的和不需要的物品，在生产现场保留需要的，清除不必要的物品；
“整顿”就是对所需物品有条理地定置摆放，这些物品始终处于任何人都能方便取放的位置；
“清扫”就是生产现场始终处于无垃圾、灰尘的整洁状态；
“清洁”就是经常进行整理、整顿和清扫，始终使现场保持整洁的状态，包括个人清洁和环境清洁；
“素养”就是自觉执行工厂的规定和规则，养成良好的习惯。

2.3.15

关键过程　key process

对形成产品质量起决定作用的过程。

注：关键过程一般包括形成关键、重要特性的过程，加工难度大、质量不稳定、易造成重大经济损失的过程等。

[GJB 1405A—2006，4.1]

2.3.16

特殊过程　special process

直观不易发现、不易测量或不能经济地测量的产品内在质量特性的形成过程。

注：特殊过程亦称特种工艺，通常包括：化学、冶金、生物、光学、电子等过程。在机械加工中，常见的有：铸造、锻造、焊接、表面处理、热处理以及复合材料的胶接等过程。

[GJB 1405A—2006，4.2]

2.3.17

统计过程控制　statistical process control；SPC

着重于用统计方法减少过程变异、增进对过程的认识，使过程以所期望的方式运行的活动。

注 1：SPC 能有效地控制过程特性或者生产过程中的特性的变异(这种特性与最终产品特性相关)和(或)通过增加过程的稳定性来减少变异。前一个供方的最终产品特性可能是后续生产线上供方的过程特性。

注 2：SPC 最初主要应用于制造业产品，但它也同样适用于服务或贸易，如那些涉及数据、软件、通讯和物料运输等过程。

注 3：SPC 包括过程控制和过程改进两部分。

[GB/T 3358.2—2009，2.1.8]

2.3.18

业务流程再造 business process reengineering;BPR

以增强顾客满意和提高效率为目标,在统计技术和其他方法分析的基础上,对现有业务流程再设计的过程。

2.3.19

返工 rework

为使不合格产品符合要求而对其采取的措施。

注:返修与返工不同,返修可影响或改变不合格产品的某些部分。

[GB/T 19000—2008,3.6.7]

2.3.20

返修 repair

为使不合格产品满足预期用途而对其采取的措施。

注1:返修包括对以前是合格的产品,为重新使用所采取的修复措施,如作为维修的一部分。

注2:返修与返工不同,返修可影响或改变不合格产品的某些部分。

[GB/T 19000—2008,3.6.9]

2.3.21

让步 concession

对使用或放行不符合规定要求的产品的许可。

注:让步通常仅限于在商定的时间或数量内,对含有不合格特性的产品的交付。

[GB/T 19000—2008,3.6.11]

2.3.22

放行 release

对进入一个过程的下一阶段的许可。

注:在英语中,就计算机软件而论,术语"release"通常是指软件本身的版本。

[GB/T 19000—2008,3.6.13]

2.3.23

报废 scrap

为避免不合格产品原有的预期用途而对其所采取的措施。

示例:回收、销毁。

注:对不合格服务的情况,通过终止服务来避免其使用。

[GB/T 19000—2008,3.6.10]

2.4 与监视和测量有关的术语

2.4.1

合格(符合) conformity

满足要求。

注:与英文术语"conformance"是同义的,但不赞成使用。

[GB/T 19000—2008,3.6.1]

2.4.2

不合格(不符合) nonconformity

未满足要求。

[GB/T 19000—2008,3.6.2]

2.4.3

纠正 correction

为消除已发现的**不合格**所采取的措施。

注1：纠正可连同纠正措施一起实施。

注2：返工或降级可作为纠正的示例。

[GB/T 19000—2008,3.6.6]

2.4.4

纠正措施 corrective action

为消除已发现的不合格或其他不期望情况的原因所采取的措施。

注1：一个不合格可以有若干个原因。

注2：采取纠正措施是为了防止再发生，而采取预防措施是为了防止发生。

注3：纠正和纠正措施是有区别的。

[GB/T 19000—2008,3.6.5]

2.4.5

预防措施 preventive action

为消除潜在不合格或其他潜在不期望情况的原因所采取的措施。

注1：一个潜在不合格可以有若干个原因。

注2：采取预防措施是为了防止发生，而采取纠正措施是为了防止再发生。

[GB/T 19000—2008,3.6.4]

2.4.6

鉴定过程 qualification process

证实满足规定要求的能力的过程。

注1："已鉴定"一词用于表明相应的状态。

注2：鉴定可涉及到人员、产品、过程或体系。

示例：审核员鉴定过程、材料鉴定过程。

[GB/T 19000—2008,3.8.6]

2.4.7

有效性 effectiveness

完成策划的活动并得到策划结果的程度。

[GB/T 19000—2008,3.2.14]

2.4.8

效率 efficiency

得到的结果与所使用的资源之间的关系。

[GB/T 19000—2008,3.2.15]

2.4.9

检验 inspection

通过观察和判断，适当结合测量、试验或估量所进行的符合性评价。

[GB/T 19000—2008,3.8.2]

2.4.10

试验 test

按照**程序**确定一个或多个**特性**。

[GB/T 19000—2008,3.8.3]

2.4.11

验证 verification

通过提供**客观证据**对规定**要求**已得到满足的认定。

注1："已验证"一词用于表明相应的状态。

注2：认定可包括下述活动，如：

——变换方法进行计算；

——将新设计**规范**与已证实的类似设计规范进行比较；

——进行**试验**和演示；

——文件发布前进行评审。

[GB/T 19000—2008，3.8.4]

2.4.12

确认 validation

通过提供**客观证据**对特定的预期用途或应用**要求**已得到满足的认定。

注1："已确认"一词用于表明相应的状态。

注2：确认所使用的条件可以是实际的或是模拟的。

[GB/T 19000—2008，3.8.5]

2.4.13

计数检验 inspection by attributes

对所考虑的产品集合内每个单位产品上的一个或多个特定特征的出现次数进行记录、对有多少个单位产品具有或不具有特征进行记数，或有多少个上述事件出现在产品、产品集合或机会空间的单位产品上进行记数的检验。

注：当所实施的检验仅记录单位产品/个体是否为不合格品时，称为不合格品检验。当所进行的检验是对每个单元上的不合格计数时，称为不合格数检验。

[GB/T 3358.2—2009，4.1.3]

2.4.14

计量检验 inspection by variables

通过测量单位产品的特性值进行的检验。

[GB/T 3358.2—2009，4.1.4]

2.4.15

抽样检验 sampling inspection

利用所抽取的样本对产品或过程进行的检验。

[GB/T 3358.2—2009，4.1.6]

2.4.16

随机抽样 random sampling

从总体中抽取 n 个抽样单元构成样本，使 n 个抽样单元每一可能组合都有一个特定被抽到概率的抽样。

注：随机抽样也称概率抽样(probability sampling)，特别在调查抽样中。

[GB/T 3358.2—2009，1.3.5]

2.4.17

分层抽样 stratified sampling

样本抽自于总体不同的层，且每个层至少有一个抽样单元入样的抽样。

注1：在某些场合下，要事先规定样本在各层的比例。如果是在抽样后进行分层，则事先不需规定此比例。

注2：每层中的抽样常采用随机抽样。

[GB/T 3358.2—2009，1.3.6]

2.4.18

验收抽样　acceptance sampling

基于样本结果，对产品、物料、服务的批或其他分组作出接收或不接收判定的抽样。

[GB/T 3358.2—2009，1.3.17]

2.4.19

审核　audit

为获得审核证据并对其进行客观的评价，以确定满足审核准则的程度所进行的系统的、独立的并形成文件的过程。

注1：内部审核，有时称第一方审核，由组织自己或以组织的名义进行，用于管理评审和其他内部目的，可作为组织自我合格声明的基础。在许多情况下，尤其在小型组织内，可以由与正在被审核的活动无责任关系的人员进行，以证实独立性。

注2：外部审核包括通常所说的"第二方审核"和"第三方审核"。第二方审核由组织的相关方，如顾客或由其他人员以相关方的名义进行。第三方审核由外部独立的审核组织进行，如提供符合GB/T 19001或GB/T 24001要求的认证(注册)机构。

注3：当两个或两个以上的管理体系被一起审核时，称为"多体系审核"。

注4：当两个或两个以上审核组织合作，共同审核同一个受审核方时，这种情况称为"联合审核"。

[GB/T 19000—2008，3.9.1]

2.4.20

评审　review

为确定主题事项达到规定目标的适宜性、充分性和**有效性**所进行的活动。

注：评审也可包括确定**效率**。

示例：管理评审、设计和开发评审、顾客要求评审和不合格评审。

[GB/T 19000—2008，3.8.7]

2.4.21

无损检测　non-destructive test

以不损害预期实用性和可用性的方式来检查材料或零部件的技术方法的开发和应用，其目的是为了：探测、定位、测量和评定伤；评价完整性、性质和构成；测量几何特性。

[GB/T 20737—2006，2.20]

注：无损检测又可称为无损检验、无损检查、无损评价。

2.4.22

感官分析　sensory analysis

用感觉器官检查产品的感官特性。

[GB/T 10221.1—1988，2.1]

注：感官分析又可称感官评价、感官检验和感官检查。

2.4.23

感官特性　organoleptic attribute

可由感觉器官感知的产品特性。

[GB/T 10221.1—1988，2.2]

2.4.24

监视　monitoring

为评估控制措施是否按预期运行，对控制参数进行策划并实施的一系列观察或测量活动。

[GB/T 22000—2006，3.12]

2.4.25

测量　measurement

以确定量值为目的的一组操作。

注 1：操作可以是自动地进行的。

注 2：测量有时也称计量。

[JJF 1001—1998，4.1]

2.4.26

计量 metrology

实现单位统一、量值准确可靠的活动。

[JJF 1001—1998，4.2]

2.4.27

检定 verification

查明和确认计量器具是否符合法定要求（即合格）的程序，它包括检查、加标记和（或）出具检定证书。

[JJF 1001—1998，9.12]

2.4.28

校准 calibration

在规定条件下，为确定测量仪器或测量系统所指定的量值，或实物量具或参考物质所代表的量值，与对应的由标准所复现的量值之间关系的一组操作。

注 1：校准结果既可给出被测量的示值，又可确定示值的修正值。

注 2：校准也可确定其他计量特性，如影响量的作用。

注 3：校准结果可以记录在校准证书或校准报告中。

[JJF 1001—1998，8.11]

2.4.29

测量准确度 accuracy of measurement

测量结果与被测量真值之间的一致程度。

注 1：不要用术语精密度代替准确度。

注 2：准确度是一个定性概念。

[JJF 1001—1998，5.5]

2.4.30

测量不确定度 uncertainty of measurement

表征合理地赋予被测量之值的分散性，与测量结果相联系的参数。

注 1：此参数可以是诸如标准偏差或其倍数，或说明了置信水准的区间的半宽度。

注 2：测量不确定度由多个分量组成。其中一些分量可用测量列结果的统计分布估算，并用实验标准偏差表征。另一些分量则可用基于经验或其他信息的假定概率分布估算，也可用标准偏差表征。

注 3：测量结果应理解为被测量之值的最佳估计，而所有的不确定度分量均贡献给了分散性，包括那些由系统效应引起的（如，与修正值和参考测量标准有关的）分量。

[JJF 1001—1998，5.9]

2.4.31

测量管理体系 measurement management system

为完成计量确认并持续控制测量过程所必需的相互关联或相互作用的一组要素。

[GB/T 19000—2008，3.10.1]

2.5 与产品交付及其相关服务有关的术语

2.5.1

物流 logistics

物品从供应地向接收地的实体流动过程。根据实际需要，将运输、储存、装卸、搬运、包装、流通加工、配送、信息处理等基本功能实施有机结合。

[GB/T 18354—2006，2.2]

2.5.2

物流管理 logistics management

为达到既定的目标，对物流的全过程进行计划、组织、协调与控制。

［GB/T 18354—2006，2.4］

2.5.3

物流服务 logistics service

为满足客户需求所实施的一系列物流活动过程及其产生的结果。

［GB/T 18354—2006，2.7］

2.5.4

配送 distribution

在经济合理区域范围内，根据客户要求，对物品进行拣选、加工、包装、分割、组配等作业，并按时送达指定地点的物流活动。

［GB/T 18354—2006，2.13］

2.5.5

运输 transportation

用专用运输设备将物品从一个地点向另一地点运送，其中包括集货、分配、搬运、中转、装入、卸下、分散等一系列操作。

［GB/T 18354—2006，3.3］

2.5.6

仓储 warehousing

利用仓库及相关设施设备进行物品的入库、存贮、出库的活动。

［GB/T 18354—2006，3.12］

2.5.7

储存 storing

保护、管理、储藏物品。

［GB/T 18354—2006，3.13］

2.5.8

保管 storage

对物品进行储存，并对其进行物理性管理的活动。

［GB/T 18354—2006，3.21］

2.5.9

装卸 loading and unloading

物品在指定地点以人力或机械载入或卸出运输工具的作业过程。

［GB/T 18354—2006，3.32］

2.5.10

搬运 handling

在同一场所内，对物品进行空间移动的作业过程。

［GB/T 18354—2006，3.33］

2.5.11

包装 package；packaging

为在流通过程中保护产品、方便储运、促进销售，按一定技术方法而采用的容器、材料及辅助物的总称，也指为了达到上述目的而采用容器、材料及辅助物的过程中施加一定技术方法等的操作活动。

［GB/T 18354—2006，3.34］

2.5.12

流通加工　distribution processing

根据顾客的需要,在流通过程中对产品实施的简单加工作业活动(如包装、分割、计量、分拣、刷标志、拴标签、组装等)的总称。

[GB/T 18354—2006,3.37]

2.5.13

等级　grade

对功能用途相同的产品、过程或体系所做的不同质量要求的分类或分级。

示例:飞机的舱级和宾馆的等级分类。

注:在确定质量要求时,等级通常是规定的。

[GB/T 19000—2008,3.1.3]

2.5.14

可追溯性　traceability

追溯所考虑对象的历史、应用情况或所处位置的能力。

注1:当考虑产品时,可追溯性可涉及到:

——原材料和零部件的来源;

——加工的历史;

——产品交付后的发送和所处的位置。

注2:在计量学领域中,使用VIM:1993,6.10中的定义。

[GB/T 19000—2008,3.5.4]

2.5.15

反馈　feedback

对关注的产品或投诉处理过程的意见、评价和表示。

[GB/T 19012—2008,3.6]

2.5.16

投诉　complaint

对组织的产品或投诉处理过程不满意的表示,其中包括期望得到回复或解决的明示的或隐含的表示。

[GB/T 19012—2008,3.2]

2.5.17

维修　maintenance

为保持或恢复产品处于能完成要求的功能的状态而进行的所有技术和管理活动的组合,包括监督活动。

[GB/T 2900.13—2008/IEC 60050(191):1990,191-07-01]

2.5.18

索赔　claim for damages

受经济损失方向责任方提出赔偿经济损失的要求。

[GB/T 18354—2006,7.23]

2.5.19

理赔　settlement of claim

一方接受另一方的索赔申请并予以处理的行为。

[GB/T 18354—2006,7.24]

2.5.20

电子商务　e-commerce;EC

以互联网为载体所进行的各种商务活动的总称。

[GB/T 18354—2006,5.27]

2.5.21

顾客服务　customer service

在产品寿命周期内组织与顾客之间的活动。

[GB/T 19012—2008,3.5]

2.5.22

顾客满意　customer satisfaction

顾客对其要求已被满足程度的感受。

[GB/T 19012—2008,3.4]

2.5.23

客户关系管理　customer relationships management;CRM

一种致力于实现与客户建立和维持长久、紧密合作伙伴关系,旨在改善企业与客户之间关系的管理模式。

[GB/T 18354—2006,6.15]

注:客户又可称为顾客。

附 录 A
（资料性附录）
常用的统计技术和工具

A.1

回归分析 regression analysis

为拟合模型，通过优化目标函数（例如用最小二乘法）来估计模型的参数，并对适当的模型假设作检验，以及用拟合好的模型作统计预报的一种方法。

A.2

方差分析 analysis of variance

为检验关于模型参数的某些假设或估计方差分量，把观测值 $X_1, X_2, \cdots, X_n$ 总的离差平方和 $\sum (X_i - X)^2$（其中 X 是 $X_1, X_2, \cdots, X_n$ 的平均数）分解为若干个意义明确，各与特定离差来源有关的部分，这种方法称为方差分析。

A.3

控制图 control chart

为监测过程、控制和减少过程变异，将样本统计量值序列以特定顺序描点绘出的图。

注1：特定顺序通常指按时间顺序或样本获得顺序。

注2：控制图用于监测关于最终产品或者服务的特性时最有效。

A.4

因果图 causality chart

系统地表示特性的结果和原因的关系的图。

注：因果图又叫鱼刺图、特性图、石川图。

A.5

排列图 arrangement graph

由两个纵坐标，一个横坐标，几个按高低顺序排列的矩形和一条累积百分率曲线所组成。它是以矩形高度下降的次序来显示每个问题在全部问题中的重要程度，从而找出关键的少数。

A.6

直方图 histogram

频数分布的一种图形表示，由一些相邻的长方形组成，每个长方形的底宽等于组距，面积与组的频数成比例。

注：要注意从不等组距的组中产生数据的情况。

A.7

流程图 flow chart

以图解的方式系统地表达各环节之间的顺序及相互关系。

A.8

雷达图 radar chart

形状与电子雷达形状相似的圆形图，图上有辐条和连接线，用来对有多个项目的进展进行追踪或表示，以可看出某些项目之间平衡的关系。

注：雷达图又称为径向图。

A.9

矩阵图 matrix chart

借用矩阵的形式分析因素之间相互关系的图示方式。在成为问题的事项中，找出成对的因素，将属

于因素群 L 的因素 $L_1, L_2, \cdots, L_i, \cdots, L_m$ 和属于因素群 R 的因素 $R_1, R_2, \cdots, R_j, \cdots, R_n$ 分别排列成行和列，在其交点上表示 L 和 R 各因素关系的图。

A. 10

饼图　pie chart

通过圆心将圆划分为若干份后所得到的图形。

A. 11

树图　tree chart

从一个项目出发，展开两个或两个以上分支，然后从每个分支再继续展开，依次类推。

A. 12

关联图　association graph or incidence graph

把几个问题与其主要因素之间的因果关系加以标示，以找出关键问题与因素的图形。

A. 13

亲和图　affinity chart

对未知问题的有关事实、意见、想法和信息，按照相应接近的要求分类、统一，然后从繁杂的现象中整理出思路，抓住问题的本质，找出解决问题的途径。

A. 14

矩阵数据分析法（主成分分析法）　principal components analysis

如果把矩阵图中符号用数据替换，就是矩阵数据分析法。它可以清晰地表述各种数据表示的质量问题。其中最简单的数据矩阵就是0-1矩阵，即用0表示无关或弱相关，1表示有关或强相关。

A. 15

系统图　system chart

把为了达到目的、目标所必需的手段和方法系统地展开，并绘制成系统图以便纵观全局、明确重点，寻求实现目的、目标的最佳措施和手段的方法。

A. 16

甘特图　gantt chart

在一个表内有计划内容、日期及完成计划的箭头的图示方法。

A. 17

箭头图　arrow chart

用箭头来计划和表示项目或流程中的工作所要求的顺序，整个项目的最优时间表，以及潜在的时间进度、资源配置问题及其解决方法。

A. 18

过程决策程序图　process decision program chart

为了实现研究开发目标，在制定计划和进行系统设计时，预测事先可以考虑到的不理想事态和结果，把过程的特性尽可能引向理想方向的方法。

参 考 文 献

[1] GB/T 10112—1999 术语工作 原则与方法

[2] GB/T 15237.1—2000 术语工作 词汇 第1部分:理论与应用

[3] GB/T 10221—1988 感官分析 术语

[4] GB/T 2900.13—2008 电工术语 可信性与服务质量(IEC 60050(191):1990,IDT)

[5] GB/T 19022—2003 测量管理体系 测量过程和测量设备的要求(ISO 10012:2002,IDT)

[6] GB/T 19017—2008 质量管理体系 技术状态管理指南(ISO 10007:2003,IDT)

[7] GB/T 20737—2006 无损检测 通用术语和定义(ISO/TS 18173:2005,IDT)

[8] GB/T 18354—2006 物流术语

[9] GJB 1405A—2006 装备质量管理术语

[10] GB/T 22000—2006 食品安全管理体系 食品链中各类组织的要求(ISO 22000:2005,IDT)

[11] GB/T 19000—2008 质量管理体系 基础和术语(ISO 9000:2005,IDT)

[12] GB/T 3358—2009 统计学词汇及符号

[13] GB/T 19580—2004 卓越绩效评价准则

[14] GB/T 19012—2008 质量管理 顾客满意 组织处理投诉指南(ISO 10002:2004,IDT)

[15] GB/T 23791—2009 企业质量信用等级划分通则

[16] GB/T 23694—2009 风险管理 术语 (ISO/IEC GUIDE 73:2002,IDT)

[17] ISO/IEC 指南 99:2007(BIPM/IEC/IFCC/ISO/OIML/IUPA/IUPAP,VIM:2007) 国际通用计量学基本术语

[18] JJF 1001—1998 通用计量术语及定义

[19] 傅大智,等.质量管理词典[M].中国计量出版社,1997.

[20] 梁国明.ISO 900 族标准常用统计技术方法 43 种[M].中国标准出版社,2004.

[21] 洪生伟.质量工程学[M].机械工业出版社,2007.

[22] 美国质量协会.质量术语表.王晓生,译.中国质量,2008.

[23] [美]南希.R.泰戈(Nancy R. Tague).质量工具箱(第二版)[M].何桢,施亮星,主译.中国标准出版社,2007.

中 文 索 引

A

B

C

D

F

G

H

J

K

L

P

Q

R

S

T

W

X

Y

Z

STANDARDS PRESS OF CHINA

英 文 索 引

A

B

C

D

E

F

G

H

I

K

L

M

N

O

P

Q

R

S

T

U

V

W

ICS 03.120.10
A 00

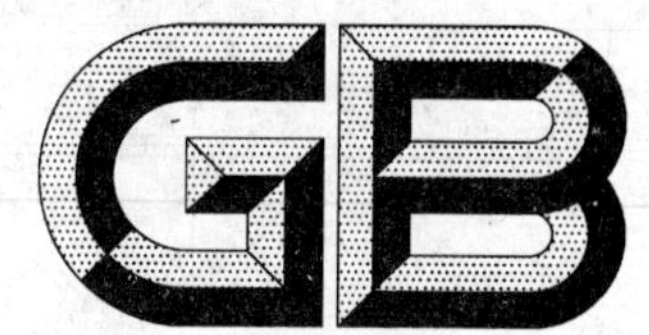

中华人民共和国国家标准化指导性技术文件

GB/Z 19031—2009/ISO/IWA1:2005

质量管理体系　医疗服务组织过程改进指南

Quality management systems—Guidelines for process improvements in health service organizations

(ISO/IWA1:2005,IDT)

2009-09-30 发布　　2009-12-01 实施

中华人民共和国国家质量监督检验检疫总局
中国国家标准化管理委员会　发布

前　言

本指导性技术文件的目的是帮助医疗服务组织建立、实施和改进质量管理体系,从而不断提高医疗服务质量,使顾客(病人及家属等)和其他相关方更加满意。

本指导性技术文件不是仅将GB/T 19000系列标准对医疗服务组织作出解释,而是提供了详细的指导。本指导性技术文件中的示例、术语和定义都是在医疗服务行业中具有代表性的,并大量应用了医疗服务行业中经常使用的其他专业词汇。

本指导性技术文件的编排方式:框内是GB/T 19001—2008的内容,框外带底色的是GB/T 19004—2000的内容,这是能应用于任何组织的两个通用性标准。其余的是本文件的附加内容,目的在于帮助医疗服务组织以满足其特殊性。本指导性技术文件的条款号与GB/T 19001—2008和GB/T 19004—2000的条款号是对应的。其中,4.2.2和4.2.3无具体的指南性内容,因此将其条款号删除。

如果一个医疗服务组织能够认真实施本指导性技术文件,并保持质量管理体系的有效运行,根据其他行业已有的经验,将在提高医疗服务质量,增加顾客满意度方面取得非常明显的效果。

由于本指导性技术文件是用于实施符合GB/T 19001标准的质量管理体系,因此,打算采用GB/T 19001标准的医疗服务组织,如果采用本指导性技术文件,将比直接采用作为认证依据的GB/T 19001方便得多。

本指导性技术文件等同采用ISO/IWA1:2005《质量管理体系　医疗服务组织过程改进指南》。

本指导性技术文件是GB/T 19000系列标准的组成部分,并与其保持一致。

本指导性技术文件正文中,原文所列的国际标准名称及编号,凡是已转化为国家标准的,仅列出国家标准的名称及编号,没有转化为国家标准的,则列出国际标准或其资料的编号和中译名。

本指导性技术文件的附录A和附录B均与GB/T 19004—2000中的附录内容相同,为资料性附录。

本指导性技术文件由全国质量管理和质量保证标准化技术委员会(SAC/TC 151)提出并归口。

本指导性技术文件起草单位:中国标准化研究院、中国合格评定国家认可中心、中国认证认可协会、北京中经科环质量认证公司、北京新世纪认证有限公司、北京协和医院。

本指导性技术文件主要起草人:李镜、谷艳君、穆瑾、吕艳、陈键、陈秋瑞、郝新华。

本指导性技术文件仅供参考。有关本指导性技术文件的建议和意见,请向国务院标准化行政主管部门反映。

引　言

本指导性技术文件的目的是帮助医疗服务组织(见3.1.8)建立或改进基本的质量管理体系。同时,提倡持续改进,强调预防错误或不良结果,减少不稳定状态和浪费,如无价值的附加活动。

本指导性技术文件结合了GB/T 19004—2000《质量管理体系　业绩改进指南》的内容,并提供了质量管理体系指南,包括有助于医疗服务组织的顾客和其他相关方满意的持续改进过程。质量管理体系应能使所有顾客对医疗服务组织提供的医疗产品、专业技术或医疗服务感到满意。

0.1　总则

见GB/T 19004—2000。

0.2　过程方法

本标准鼓励在建立、实施质量管理体系以及改进其有效性和效率时,采用过程方法,通过满足相关方要求,增强相关方满意。

为使组织有效和高效地运作,必须识别和管理众多相互关联的活动。通过使用资源和管理,将输入转化为输出的活动可视为过程。通常,一个过程的输出直接形成下一个过程的输入。

组织内诸过程的系统的应用,连同这些过程的识别和相互作用及其管理,可称之为“过程方法”。

过程方法的优点是对诸过程的系统中单个过程之间的联系以及过程的组合和相互作用进行连续的控制。

医疗服务组织应确定其所有过程。这些过程具有典型的多学科性,其中包括经营管理、诊疗服务和其他的支持性服务,例如:

a)　根据人员能力和资格的需要确定和提供培训;

b)　手术治疗、辅助治疗、支持疗法和必要的服务保障;

c)　采取控制和预防措施;

d)　采用循证医学;

e)　恰当的为医疗服务填表并编号(如:按诊断分类,按病例分型);

f)　在任何环境和地点,持续护理病人。

过程方法在质量管理体系中应用时,强调以下方面的重要性:

a)　理解并满足要求;

b)　需要从增值的角度考虑过程;

c)　获得过程业绩和有效性的结果;

d)　基于客观测量,持续改进过程。

图1所反映的以过程为基础的质量管理体系模式展示了4～8章中所提出的过程联系。这种展示反映了在规定输入要求时,相关方起着重要作用;对相关方满意的监视要求对相关方有关组织是否已满足其要求的感受的信息进行评价。图1的模式没有详细地反映各过程。

各项工作都可被看作一个过程,并且是体系(见GB/T 19000—2008,3.2.1)的一部分。为了改进体系,了解体系中各个部分如何互相作用是必要的。过程管理包括稳定性、能力和目标等变化所需要的管理(见GB/T 19004—2000,7.1.3)。

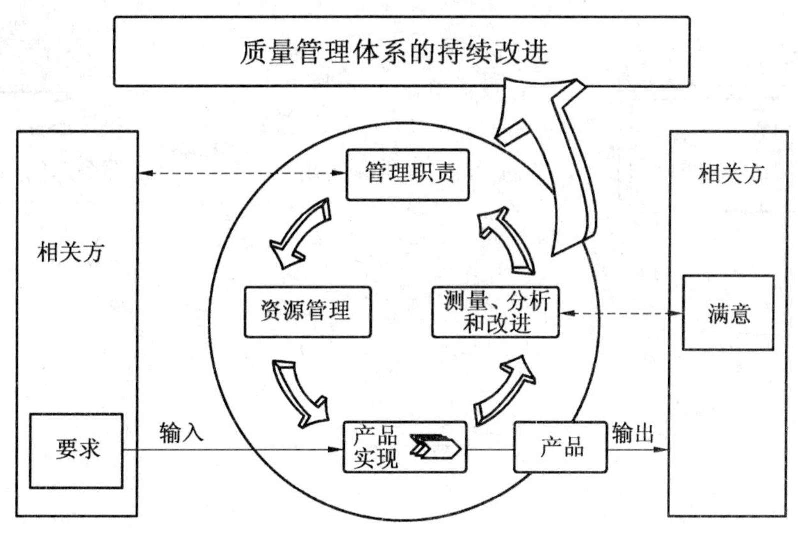

图释：

——►增值活动

----►信息流

图 1 以过程为基础的质量管理体系模式

0.2.1 主要医疗服务过程

医疗服务质量管理体系的主要受益者是病人(见 3.1.11)和家属，因此，医疗服务的设计、提供和管理的最终关注点应是病人和家属。对于某些医疗服务组织，受益者是个人、社区和居民，因此这些医疗服务组织的关注点应该是这些群体。

注：对于医疗服务行政主管机构来说，本条内容适用于其下属成员。

GB/T 19004—2000 并没有专门规定医疗专业人员(见 3.1.13)在技术上如何开展治疗工作。这些活动将由相应的专业人员根据医学诊断得出的一致意见进行。而 GB/T 19004—2000 可用于确保正确的活动始终以受控的方式开展。

图 2 中，把主要医疗服务过程中的病人(见 3.1.11)和家属作为顾客(见 3.1.3)。在该图中，提供医疗服务的组织的基本产品(见 3.1.14)是策划、设计和提供对病人和家属的服务。这个模式也适用于其他医疗服务过程。例如：疾病预防和康复的教育和培训。在图 2 中标有星号的设计的责任(见 7.3)可以是顾客或医疗服务组织。如果顾客不提供设计，则设计的责任在组织，即使组织将设计分包给其他外部组织或医疗专业人员(见 3.1.13)，设计的责任仍然在医疗服务组织。诊疗计划(见 3.1.2)和临床指导是质量体系文件的示例，而病人诊疗记录(见 3.1.12)是质量记录的示例。

对于组织选择针对 GB/T 19001—2008 要求的第三方认证，应当特别注意确定准确的认证范围，以确保覆盖如设计(见 7.3)等所有适宜的方面。还应适当考虑本指导性技术文件未包括的，GB/T 19001—2008 的“1.1 总则”和“1.2 应用”中给出的内容。

注：需要强调的是，在 GB/T 19000—2008 中 3.4.4 设计和开发的定义为“将要求转换为产品、过程或体系的规定的特性或规范的一组过程”。

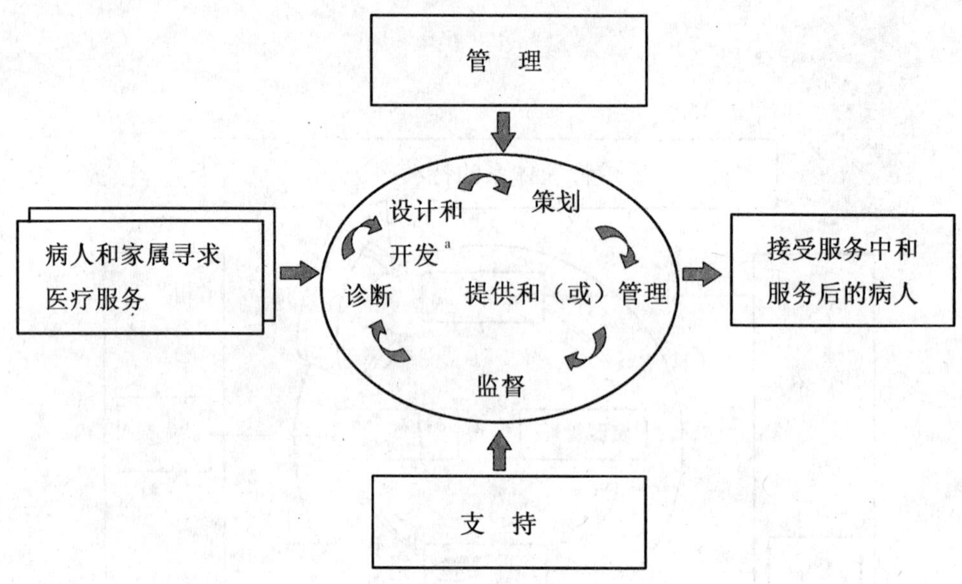

[a] 见 7.3　设计和开发。

图 2　医疗服务组织把病人和家属作为"顾客"的模式

0.3　与 GB/T 19001 的关系

见 GB/T 19004—2000。

本标准不包括针对其他管理体系的指南，如环境管理、职业卫生与安全管理、财务管理或风险管理所特有的指南。然而本标准使组织能够将自身的质量管理体系与相关的管理体系结合或整合。组织为了建立遵循本标准指南的质量管理体系，可能会改变现行的管理体系。

本指导性技术文件的每个章条都有所对应的 GB/T 19004—2000 中的内容，同时包括所对应的完整的 GB/T 19001—2008 的要求。这就为建立和实施的质量管理体系充分符合 GB/T 19001 标准提供了指南。

0.4　目的和意义

本指导性技术文件确定了下列目标：

——提高医疗服务质量和安全，以达到或增加对医疗服务组织的认可；

——促进过程改进，以增加医疗服务组织和顾客（见 3.1.3）的价值；

——改善医疗服务组织形象，增加顾客信任并奖励高质量的医疗服务；

——与 GB/T 18305 和 GB/T 19000 在其他行业的指南，如航空航天（HB 9100）、医疗器械（YY/T 0287）、电信（TL 9000）和医学实验室（ISO 15189）在总体方法上保持一致；

——确定和增加对行业特殊过程的要求；

——最大限度地减轻医疗服务组织的负担。

医疗服务组织应将本指导性技术文件连同任何有关医疗服务组织的其他外来标准一并采用。适当时，医疗服务组织可在未来的质量管理体系文件和定义中添加新的内容（如使用质量奖标准）。

质量管理体系　医疗服务组织过程改进指南

1　范围

本标准提供了超出GB/T 19001要求的指南，以便考虑提高质量管理体系的有效性和效率，进而考虑开发改进组织业绩的潜能。与GB/T 19001相比，本标准将顾客满意和产品质量的目标扩展为包括相关方满意和组织的业绩。

本标准适用于组织的各个过程，因此，本标准所依据的质量管理原则也可在整个组织内应用。本标准强调实现持续改进，这可通过顾客和其他相关方的满意程度来测量。

本标准包括指南和建议，既不拟用于认证、法规或合同目的，也不是GB/T 19001的实施指南。

1.1　医疗服务附加范围

本指导性技术文件为任何医疗服务组织（见3.1.8）提供指南，包括医疗服务的管理、提供或经营，还包括在人类生命过程方面的科学研究和培训，不论所提供的是产品还是服务，也不论其类型和规模。

注：YY/T 0287—2003和GB/T 27025—2008对医疗器械组织和商用实验室设施提供了专门信息。ISO 15189对（临床）医学实验室提供了专门信息。其他组织，例如：药品、医疗用品的生产商和分销商按规定必须符合其他专业标准。如果某些组织选择本指导性技术文件作为实施指南，则应将本指导性技术文件作为他们自愿补充的文件。

医疗专业的术语和定义，如：病人和家属，主要的、辅助的和特殊的护理等，由于不同的医疗服务地区而有所不同。这些活动都是医疗服务组织的过程，应当包括在质量管理体系中。本指导性技术文件中的建议和指南适用于医疗服务组织内能影响组织的产品或服务质量，包括必要的支持服务（见3.1.23）的任何一个人。

2　规范性引用文件

下列标准所包含的条文，通过在本标准中引用而构成为本标准的条文。本标准出版时，所示版本均为有效。所有标准都会被修订，使用本标准的各方应探讨使用下列标准最新版本的可能性。

GB/T 19000—2008　质量管理体系　基础和术语(ISO 9000:2005,IDT)

GB/T 19011—2003　质量和(或)环境管理体系审核指南(ISO 19011:2002,IDT)

3　术语和定义

本标准采用GB/T 19000中的术语和定义。

本标准表述供应链所使用的以下术语经过了更改，以反映当前使用的情况：

供方⟶组织⟶顾客(相关方)

在本标准中所出现的术语“产品”，也可指“服务”。

3.1　补充术语和定义

本指导性技术文件采用GB/T 19000—2008中的定义。当某些术语的定义在措词上与GB/T 19000—2008中的定义不同时，采用本指导性技术文件中的定义。

3.1.1

不良事件　adverse event

任何与组织的愿望、规定状态或通常状况不相符的事件

严重的不良事件要记录下来，并要求写出事故报告。这类严重的不符合又被称为“医疗事故”，要求

立即采取纠正措施。如果不良事件是由错误引起(未能完成预定计划或采用了错误的计划),可以被认为是可预防的不良事件。

包括下列示例:

——意外伤害或死亡,意外事件可能发生在病人和家属、医护人员或第三方;

——用药差错(延误、剂量不正确、给错病人和家属、药物不对);

——治疗或程序中出现的意外情况;

——非预期的外界物品遗留在病人体内;

——意外的神经损伤(入院时未表现);

——身份错误;

——院内感染;

——在错误的部位实施手术;

——关键设备出故障并造成或未造成病人和家属及医护人员受伤。

3.1.2

诊疗计划　care plan

对病人的评估、诊断、治疗、监视和再确认的文件,包括用药、治疗程序、诊断检查和鉴定,以及对病人(见 3.1.11)所做的一系列规定的辅助服务

3.1.3

顾客　customer

接受产品或服务(见 GB/T 19000—2008 的 3.3.5)的组织、个人或群体(相关的术语或顾客所涉及到的医疗服务的示例中有:家庭、团体、社区、邻居、协会、特定群体)

注 1:术语"顾客"中包括更具体的术语"病人",例如正在接受治疗的个人。

注 2:在本指导性技术文件中,"病人和家属"是医疗服务的主要顾客。

注 3:顾客可以是组织的内部人员或外部人员,包括病人和家属、病人的医生、医务人员、社区、员工、付款人等,例如:保险公司、第三方管理人员或行业组织成员。"顾客"和"供方"在治疗文件中规定,如果事项有变化,顾客可能会成为供方。

3.1.4

结束当前治疗　discharge

病人在完成了当前的医疗护理后离开

注:结束当前治疗并不排除建议做进一步的治疗,或紧接着在同一个组织的其他治疗安排,或转到其他组织。

3.1.5

预防失误　error-proofing

利用过程或设计特点,防止接收不符合

3.1.6

医疗服务　health service

全部的医疗护理、服务(见 3.1.18)、培训、科研和其他过程,对挽救生命、预防疾病、提高生命质量以及保持和改善身体健康所提供的鉴定、评估、诊断、治疗和随访的过程等

3.1.7

医疗服务事项　health service transaction

医疗服务相关方之间的事项

例如提交、接受病例报告,提供和接受医疗护理或服务。

3.1.8

医疗服务组织　health service organization

提供、经营或管理医疗服务的组织

3.1.9

测量系统　measurement system

为表示被测特征值，所使用的操作、程序、装置和其他设备、软件及工作人员的集合

注：测量系统包括为获得测量结果所利用的全部过程。

3.1.10

度量　metric

为查明或定量化表示某个(些)结果所选择的特定计量单位

注：通常一定时期的某些测量值能对管理提供指导，以确保对过程进行改进。

3.1.11

病人　patient；client

(见 3.1.3)

注：所有的病人都是"顾客"，但所有的顾客不一定都是"病人"。准确地识别病人要用规定的识别方法。

3.1.12

诊疗记录　health record

含有个人或群体接受医疗服务的医疗信息的文件

典型的文件包括：最初的诊断和评估、知情同意书、诊疗计划、SOAP 说明(见 3.1.19)、诊断图像和实验室的化验结果、用药和处方、阶段治疗小结，包括后续的家庭护理计划和建议。还可能包括病人和家属的教育资料、付款人所需要的表格，或针对病人和家属的意愿提前结束治疗，或针对医生的建议病人和家属自行结束治疗在法律方面所需要的文件。

3.1.13

医疗专业人员　health professional

直接提供医疗服务的医护人员(见 3.1.20)

例如：家庭医生或临床医生、实习或进修医生、护士、医疗辅助人员、治疗师、精神病医生、社会工作者、心理学家、药剂师和其他由专业协会或机构授予资格的人员，其中一些人或所有人可能是医疗服务的培训师和教师。

注：特定的医疗专业人员需得到批准，政府核发资格证，或在组织中的业务得到特许。

3.1.14

产品　product

过程的结果(见 GB/T 19000—2008 中的 3.4.2)

有四种通用产品类别：硬件；软件；服务；流程性材料。在医疗服务中的示例有：

——服务(例如：策划、诊疗计划的编制和执行、病人家庭医疗护理计划、确定治疗方案、接送病人、理疗、职业病或康复治疗、临床治疗、后勤保障、口腔治疗等)；

——硬件(例如：夹板、拐杖、轮椅、绷带、人工关节、移植物、假牙等)；

——软件(例如：计算机程序——定制的或修改而成的)；

——流程性材料(例如：血液和其他输入性液体制剂)。

3.1.15

康复服务　rehabilitation

人的身体和思维功能的恢复过程

注：康复服务包括：各类住院病人和门诊病人治疗过程中的训练计划(例如：理疗、职业病治疗和语言障碍治疗)。康复治疗是针对某个病人的需要单独进行的。为病人提供适当的康复治疗方法，以达到最大的功能恢复。这种康复治疗，能使病人恢复到以前日常生活中的活动功能。康复治疗促进痊愈并帮助病人重返工作岗位。

3.1.16

可重复性　repeatability

同一个人多次使用一个测量装置，对同一个产品或病人的同一个特点进行测量时，所得到的测量结果的变化程度

3.1.17

可再现性 reproducibility

由不同的人使用同一个测量装置，对同一个产品或病人的同一个特点进行测量时，所得到的测量结果的变化程度

3.1.18

服务 service

在供方和顾客接触面上至少需要完成一项活动的结果的无形产品(见 3.1.14)

(见 GB/T 19000—2008 的 3.4.2)

3.1.19

SOAP[1)]

一个代表通常使用的医院治疗记录表格式的词首字母缩略词：

S——Subjective(主观症状) 用于记录病人主诉、现病史及体征的表述，例如病人和家属的陈述。

O——Objective(客观症状) 用于记录通过对病人机体进行客观检查的表述。

A——Assessment(评估) 用于记录根据病人主观症状、客观检查综合得出诊断或初步印象的表述。

P——Plan(计划) 用于记录诊断依据，评估诊疗计划或诊疗方案。

3.1.20

员工 staff

医疗服务组织中提供产品和服务的医生、护士、医技人员和其他辅助人员

3.1.21

相关方 interested party

相关方的示例包括：

a) 病人和家属、他们的代表和辩护人(见 3.1.3)；

b) 付款人，例如：个人、政府、保险公司、从医疗服务组织(见 3.1.8)或通过医疗服务组织得到护理、服务(见 3.1.18)和其他产品的病人所在的公司；

c) 从医疗服务组织得到护理、服务和其他产品的公众所在的社区或社团；

d) 与医疗服务组织合作或通过医疗服务组织提供产品和服务的供方和其他组织；

e) 对医疗服务组织进行认证或认可的机构；

f) 制定法规管理医疗服务组织的管理机构；

g) 主持科研的组织；

h) 与医疗服务组织合作或通过医疗服务组织提供医疗服务的医疗专业人员、培训师、学员和科研人员；

i) 医疗服务组织的员工；

j) 金融风险承担人，包括医疗服务管理组织；

k) 对管理机构有影响的与行政有关的人员或组织；

l) 公众；

m) 政府机构；

n) 志愿者。

3.1.22

供方 supplier

向顾客提供下列产品和服务的人或医疗服务组织：

---

1) 本词条为词首字母缩略词，目前无对应的中文术语。

——陪护；
——服务；(见 3.1.18)
——培训；
——科研；
——顾客指定的其他产品。

3.1.23

支持服务 support services

支持医疗服务组织的核心工作的任何活动

在提供直接诊疗的组织中，支持服务包括：挂号、收费、入院管理以及医疗服务组织的财产和设备的管理和保养等。

3.1.24

技术人员 technologist；technician

在辅助检查过程中，帮助施术者或医生正确地实施操作以发挥专业技术能力的员工(见 3.1.20)

3.1.25

增值活动 value-adding activity

如果给顾客(见 3.1.3)选择的自由，顾客情愿支付报酬的活动

它是对具体的顾客进行的独特的延伸服务，体现经济性、持续性、循证性、预防性和有效性等的高效率的服务行为。

4 质量管理体系

GB/T 19001—2008 质量管理体系 要求

4 质量管理体系

4.1 总要求

组织应按本标准的要求建立质量管理体系，将其形成文件，加以实施和保持，并持续改进其有效性。

组织应：

a) 确定质量管理体系所需的过程及其在整个组织中的应用(见 1.2)；

b) 确定这些过程的顺序和相互作用；

c) 确定所需的准则和方法，以确保这些过程的运行和控制有效；

d) 确保可以获得必要的资源和信息，以支持这些过程的运行和监视；

e) 监视、测量(适用时)和分析这些过程；

f) 实施必要的措施，以实现所策划的结果和对这些过程的持续改进。

组织应按本标准的要求管理这些过程。

组织如果选择将影响产品符合要求的任何过程外包，应确保对这些过程的控制。对此类外包过程控制的类型和程度应在质量管理体系中加以规定。

注 1：上述质量管理体系所需的过程包括与管理活动、资源提供、产品实现以及测量、分析和改进有关的过程。

注 2：“外包过程”是为了质量管理体系的需要，由组织选择，并由外部方实施的过程。

注 3：组织确保对外包过程的控制，并不免除其满足所有顾客要求和法律法规要求的责任。对外包过程控制的类型和程度可受诸如下列因素影响：

a) 外包过程对组织提供满足要求的产品的能力的潜在影响；

b) 对外包过程控制的分担程度；

c) 通过应用 7.4 实现所需控制的能力。

4.1 体系和过程的管理

成功地领导和运作一个组织需要以系统和透明的方式对其进行管理。实施并保持一个通过考虑相关方的需求，从而持续改进组织业绩有效性和效率的管理体系可使组织获得成功。质量管理是组织各项管理的内容之一。

最高管理者应当通过以下途径建立一个以顾客为导向的组织：

a） 确定体系和过程，这些体系和过程能得到准确的理解，以及有效和高效的管理和改进；

b） 确保过程有效和高效地运行并受控，并确保具有用于确定组织良好业绩的测量方法和数据。

c） 通过员工参与过程改进，从而使他们为有效地实施质量管理体系内的这些过程承担起责任。应当利用适当的沟通渠道，以使员工的意见能引起管理者的注意。

建立一个以顾客为导向的组织所需开展的活动可包括：

——确定并推动那些能导致组织业绩改进的过程；

——连续地收集并使用过程数据和信息；

——引导组织进行持续改进；

——使用适宜的方法评价过程改进，如自我评定和管理评审。

见 GB/T 19004—2000。

检查：

组织是否有形成文件的质量管理体系？典型的文件包括：陈述方针的质量手册、相关的验收标准、程序、必要时，作业指导书。手册的数量和详细程度取决于组织的性质和需要控制的工作过程的数量。组织是否已确定了必要的工作过程，以满足所有顾客、病人和家属的要求？是否将辅助支持过程以及任何外包（合同）服务或产品包括在质量管理体系中？这些过程的相互作用和顺序是否经过评价？为确保工作过程按照策划的方式进行，确立了哪些监视和测量方法？

产品或服务的质量协议，包括了外包的产品或服务的哪些方面？对于这些外包项目是否存在有效的监督？当外包的产品或服务发生问题时，可获得哪些追索权？产品或服务的质量是否是确定价格的决定因素？

指南与示例：

大多数医疗服务组织应该具备质量方针和包括程序文件的质量手册。这种质量手册应当符合 GB/T 19001—2008 或本指导性技术文件的要求。外部文件需要提供产品和服务满足顾客或法律法规要求的保证。例如：医护人员临床工具参考书、放射诊疗管理规定、医疗机构基础设施消防安全规范、环境法规、设备操作和保养手册、认可标准或其他为使开展的工作满足顾客要求而使用的文件。

辅助的支持服务的示例可包括：行政管理、财务管理、物业管理、设备管理、饮食管理、消毒管理、采购管理、运输管理、风险管理、档案管理、入院管理、材料管理、人力资源管理、生物医学服务、临终关怀。

外包的产品和服务的示例可包括：特需服务、急诊服务、图像服务、生物医学服务、实验室服务、结算服务及某些病历的管理服务。

4.2 文件

GB/T 19001—2008 质量管理体系 要求

4.2.1 总则

质量管理体系文件应包括：

a） 形成文件的质量方针和质量目标；

b） 质量手册；

c） 本标准所要求的形成文件的程序和记录；

d） 组织确定的为确保其过程有效策划、运行和控制所需的文件，包括记录。

e） 病人的医疗和安全考虑。

注1：本标准出现“形成文件的程序”之处，即要求建立该程序，形成文件，并加以实施和保持。一个文件可包括对一个或多个程序的要求。一个形成文件的程序的要求可以被包含在多个文件中。

注2：不同组织的质量管理体系文件的多少与详略程度可以不同，取决于：

a) 组织的规模和活动的类型；

b) 过程及其相互作用的复杂程度；

c) 人员的能力。

注3：文件可采用任何形式或类型的媒介。

管理者应当规定建立、实施并保持质量管理体系以及支持组织过程有效和高效运行所需的文件，包括相关记录。

文件的性质和范围应当满足合同、法律、法规要求以及顾客和其他相关方的需求和期望，并要与组织相适应。文件可以采取适合组织需求的任何形式或媒体。

为使文件满足相关方的需求和期望，管理者应当考虑：

——顾客和其他相关方的合同要求；

——采用的国际、国家、区域和行业标准；

——相关的法律法规要求；

——组织的决定；

——与组织能力发展相关的外部信息来源；

——与相关方的需求和期望有关的信息。

管理者应当对照下述准则，就组织的有效性和效率对文件的制定、使用和控制进行评价：

——功能性(如处理速度)；

——便于使用；

——所需的资源；

——方针和目标；

——与管理知识相关的当前和未来的要求；

——文件体系的水平对比；

——组织的顾客、供方和其他相关方所使用的接口。

管理者应当依据组织有关沟通的原则，确保组织内人员和其他相关方能得到相应的文件。

注1：通常，文件载有用于指导工作过程的信息，例如：程序、操作说明、护理标准手册、法规、规定、表格、检查单、协议、药物的相互作用、数据库。记录是工作已完成的证据，例如：实验数据、采购记录、检验或试验结果、医疗记录、影像记录(胶片或数码)、填好的表格和检查单、电子数据库、交给药房的处方、麻醉剂使用记录。

注2：有关医疗服务行业的文件包括：各种规定和认可标准。组织的决定可以是方针或程序，例如：预付款规定、不复苏(DNR)的条件、使用限制和隔离的情况，以及处方配药的说明。

4.2.1 文件控制(补充)

对用于确定、指导和控制医疗服务(见3.1.6)和支持活动的文件应予以控制。(见7.1)

编制的内部和外部文件(包括表格和检查单)，在被授权人使用之前，应对文件的充分性和准确性进行评审和批准。

所有的医疗服务质量方针、程序和作业指导书应在工作过程中受到控制并可追溯。所有的医疗服务质量方针、程序、协议和作业指导书都应予以保持，并为参与相关活动的相关方提供完整的最新文件。

针对临床、病人的管理的行政指导性外来文件，应控制发放。

检查：

用于指导工作的文件，在发布前是否经过评审和批准？用于指导工作的文件，在工作人员拿到经过批准的文件时，是否达到受控的程度(有时最新版本不是正确版本)？外部文件是否受到控制，以确保能获得经过批准的文件？

指南与示例：

为了按规定的要求开展活动，需要文件，如程序和作业指导书。使用文件有助于防止错误。

医疗服务组织应确定质量方针、质量手册和程序文件。必要时，这些文件可参考其他资料或经过批准的文件。经批准的外部文件通常必须符合法律、法规和认可标准。其他外部文件可能有：流程图、协议或其他机构制定并在医疗服务组织内采用的程序，还可能有已批准使用的新技术装备的使用手册。考虑到这些文件或资料的数量，应评审文件的适宜性。

> GB/T 19001—2008　质量管理体系　要求
>
> **4.2.2　质量手册**
>
> 组织应编制和保持质量手册，质量手册包括：
>
> a)　质量管理体系的范围，包括任何删减的细节和正当的理由(见1.2)；
>
> b)　为质量管理体系编制的形成文件的程序或对其引用；
>
> c)　质量管理体系过程之间的相互作用的表述。

检查：

质量手册是否受控？在发布前是否经过评审和批准？

质量手册是否依据了GB/T 19001的要求，并与其保持一致？

指南与示例：

质量手册和程序文件有时包括医疗服务质量方针和医疗服务过程规范。质量方针应是最高管理者所陈述的对本组织的职能运行结果的期望。程序文件应用于关键性的工作和在组织内学科交叉的工作，比较典型的包括：何时、何地，由谁来开展什么已确定的工作。作业指导书是用于在一个岗位或一个职能开展活动，重点是告诉你如何开展这些活动。不是所有的活动都需要作业指导书，这取决于活动的复杂程度和参与活动的人员的能力。

质量手册不应当包含任何不允许公开的信息。如果质量手册是要送给那些确信其要求能得到满足的顾客的，其内容应当是公开的信息。

> GB/T 19001—2008　质量管理体系　要求
>
> **4.2.3　文件控制**
>
> 质量管理体系所要求的文件应予以控制。记录是一种特殊类型的文件，应依据4.2.4的要求进行控制。
>
> 应编制形成文件的程序，以规定以下方面所需的控制：
>
> a)　为使文件是充分与适宜的，文件发布前得到批准；
>
> b)　必要时对文件进行评审与更新，并再次批准；
>
> c)　确保文件的更改和现行修订状态得到识别；
>
> d)　确保在使用处可获得适用文件的有关版本；
>
> e)　确保文件保持清晰、易于识别；
>
> f)　确保组织所确定的策划和运行质量管理体系所需的外来文件得到识别，并控制其分发；
>
> g)　防止作废文件的非预期使用，如果出于某种目的而保留作废文件，对这些文件进行适当的标识。

检查：

用于开展满足病人和顾客的要求的活动使用的文件应易于获取，并对有效版本加以控制。其他文件是否已获得批准并已确定版本？需要使用文件的人是否便于获得文件？已作废或无效的文件是否已从在用文件中删除或者仅由于历史或法律的用途而保留时，至少已被标明？

指南与示例：

文件控制应确保组织内“需要知道”的每一个人真正知道；不需要知道的每一个人确实不知道。应利用修订等级、发布日期、开本、版次或其他标识区分不同版本的文件。许多质量体系文件每年修订，但如果没有变化，则版本是相同的。文件的示例包括：会议记录、程序、流程图或协议、作业指导书、设备运行规程、规定、当地治疗方案和治疗计划。

> GB/T 19001—2008　质量管理体系　要求
>
> **4.2.4　记录控制**
>
> 为提供符合要求及质量管理体系有效运行的证据而建立的记录，应得到控制。
>
> 组织应编制形成文件的程序，以规定记录的标识、贮存、保护、检索、保留和处置所需的控制。
>
> 记录应保持清晰、易于识别和检索。

4.2.4　记录控制(补充)

医疗服务(见 3.1.6)中的质量记录包括：病人诊疗记录(见 3.1.12)、设备校准和保养、人员培训、情况调查、审核、内部评价的可靠和可信特许、许可证、认证证书和其他能力记录等。质量记录应予保持，以提供符合法规要求的证据。如：协议、程序、合同和付款人要求。医疗服务组织应记录任何不良事件(见 3.1.1)。医疗服务组织应确保所有资料和记录的字迹清晰和内容准确，例如：临床医生的处置、处方、护士的笔记。

检查：

支持质量管理体系所需要的全部记录是否已确定和完善？如果需要，这些记录能及时得到吗？所有信息完整吗？活动的开展是否有记录的支持？

指南与示例：

记录不同于其他形式的文件，记录证明所要求的工作已经完成，并记录结果。医疗记录描述对单个患者的医疗护理过程。记录应考虑能够用于评价已完成的过程的状况，以及是否产生了所期望的结果。除了病人诊疗记录以外，支持质量管理体系的记录的示例还有：实验结果，影像结果，入院记录，用药记录，采购要求和采购定单，测量设备的校准记录，质量指标数据，一次完成的表格和检验单，顾客、病人和家属的投诉，纠正和预防措施结果记录，内、外部审核和调查报告，管理评审的证据，质量策划记录，人员记录(包括培训和能力)，设备和设施保养记录，票据和编码记录以及各部门使用的记录。

4.3　质量管理原则的应用

成功地领导和运作一个组织需要以系统和透明的方式对其进行管理。本标准提供的管理指南以八项质量管理原则为基础。

这些原则是为最高管理者制定的，以使最高管理者领导组织进行业绩改进。这些质量管理原则已融入本标准，它们是：

a)　以顾客为关注焦点

组织依存于顾客。因此，组织应当理解顾客当前和未来的需求，满足顾客要求并争取超越顾客期望。

b)　领导作用

领导者确立组织统一的宗旨及方向。他们应当创造并保持使员工能充分参与实现组织目标的内部环境。

c)　全员参与

各级人员都是组织之本，只有他们的充分参与，才能使他们的才干为组织带来收益。

d)　过程方法

将活动和相关的资源作为过程进行管理，可以更高效地得到期望的结果。

e)　管理的系统方法

将相互联系的过程作为系统加以识别、理解和管理，有助于组织提高实现目标的有效性和效率。

f)　持续改进

持续改进总体业绩应当是组织的一个永恒目标。

g） 基于事实的决策方法

有效决策是建立在数据和信息分析的基础上。

h） 与供方互利的关系

组织与供方是互相依存的，互利的关系可增强双方创造价值的能力。

组织成功地运用八项管理原则将使相关方获益，如：提高投资回报、创造价值和增加稳定性。

GB/T 19001—2008 质量管理体系 要求

5 管理职责

5.1 管理承诺

最高管理者应通过以下活动，对其建立、实施质量管理体系并持续改进其有效性的承诺提供证据：

a） 向组织传达满足顾客和法律法规要求的重要性；

b） 制定质量方针；

c） 确保质量目标的制定；

d） 进行管理评审；

e） 确保资源的获得。

5 管理职责

5.1 通用指南

5.1.1 引言

最高管理者的领导作用、承诺和积极参与，对建立并保持有效和高效率的质量管理体系使所有相关方获益是必不可少的。为使组织和相关方获益，有必要确立、保持并提高顾客的满意程度。最高管理者应当考虑以下活动：

——确立符合组织宗旨的设想、方针和战略目标；

——通过实例引导组织，以促进其人员间的相互信任；

——就组织在质量和质量管理体系方面的方向和价值观进行沟通；

——参与改进项目，寻求新的方法、问题的解决办法以及开发新产品；

——直接获得有关质量管理体系有效性和效率方面的反馈；

——识别能使组织增值的产品实现过程；

——识别影响产品实现过程有效性和效率的支持过程；

——营造鼓励组织内人员参与和发展的环境；

——提供支持组织战略计划实现所必需的结构和资源。

最高管理者还应当规定组织业绩的测量方法，以便确定是否达到了所策划的目标。

这些方法包括：

——财务测量；

——整个组织过程业绩的测量；

——外部测量，如水平对比和第三方评价；

——对顾客、组织内人员和其他相关方满意程度的评定；

——对顾客和其他相关方对产品性能的感受的评定；

——对管理者已识别的其他成功因素的测量。

从这些测量和评定所获得的信息应当作为管理评审的输入，从而确保通过质量管理体系的持续改进来推动组织业绩的改进。

5.1.2 需考虑的事项

在建立、实施和管理组织的质量管理体系时，管理者应当考虑 4.3 条款所概述的质量管理原则。

基于这些原则，最高管理者应当证实其在以下活动中的领导作用和对这些活动的承诺：

——除了了解顾客的要求外，还要了解顾客当前和未来的需求和期望；

——宣传方针和目标，以提高组织内人员的意识、能动性并鼓励参与；

——将持续改进作为组织的过程的目标；

——策划组织的未来并管理变更；

——确定使相关方满意的框架并予以沟通。

除了渐进的或连续的持续改进之外，最高管理者还应当考虑将过程的突破性更改作为组织业绩改进的一种手段。在更改期间，管理者应当采取措施确保提供为保持质量管理体系的功能所需的资源和沟通。

最高管理者应当识别组织的产品实现过程，这些过程与组织的成功直接相关。最高管理者还应当识别影响产品实现过程的有效性和效率或影响相关方的需求和期望的支持过程。

管理者应当确保过程都以有效和高效的网络方式运作。管理者还应当分析和优化过程（包括产品实现过程和支持过程）的相互作用。

管理者应当考虑：

——确保对过程的顺序和相互作用进行设计，从而有效和高效地达到预期结果；

——确保对过程输入、活动和输出作出明确规定并予以控制；

——对输入和输出进行监视，以便验证各过程是相互联系的，并有效和高效地运行；

——对风险进行识别和管理，并把握业绩改进的机会；

——对数据进行分析，以促进过程的持续改进；

——确定过程的负责人并赋予他们充分的职责和权限；

——对每个过程进行管理，以实现过程目标；

——相关方的需求和期望。

检查：

组织是否有表明隶属关系、所负责任和工作如何完成的组织结构图和过程流程图？这些图评审过吗？所规定的作用和职责是否表示得清楚？组织是否按岗位任职说明书来完成这些工作？

是否有用于证实下列情况的记录？

——在医疗服务的效率、可靠性与护理质量之间达到平衡的承诺；

——5.6 条款中所要求的各种输入的管理评审；

——提供充分的资源以满足顾客要求的承诺；

——积极地对过程的更改进行管理；

——具有实现日期的整个组织的质量目标的建立。

指南与示例：

最高管理者负责对组织的管理。当科技发展或需求改变时，他们负责对组织的管理体系的战略和实施作出调整，以保持其适应能力。

管理者的能力是提供高质量的诊疗服务的关键因素。这些管理者可来自于许多方面。组织应识别和吸纳这些人才，以确保组织的有效性和效率，以及安全的环境。管理者应在工作中互相协作，以便使组织内影响质量的所有活动，特别是那些为改进对病人所提供的临床服务所设计的活动能够协调并形成一个整体。

管理者应依据事实作出决定。要收集和分析数据，以确保管理者有必要的信息可供参考。要对事物的发展趋势进行评审，以确保数据是真实的，并且能代表过程的结果。

管理者评审全体员工的能力，并策划如何保持或提高这种能力。

岗位任职说明书可以是一个绘制的矩阵图，过程的步骤对应每个参与者，以识别每个交叉点上的人员的责任(每一项活动只有一个人员负责)和相互关系。

> GB/T 19001—2008 质量管理体系 要求
> **5.2 以顾客为关注焦点**
> 最高管理者应以增强顾客满意为目的,确保顾客的要求得到确定并予以满足(见7.2.1和8.2.1)。

5.2 相关方的需求和期望

5.2.1 总则

每个组织都有相关方,而每个相关方都有各自的需求和期望。组织的相关方包括:

——顾客和最终使用者;

——组织内人员;

——所有者和(或)投资者(如股东、个人或团体,包括公共部门,他们对组织有着利害关系);

——供方和合作者;

——社会,即受组织或其产品影响的团体和公众。

注1:相关方(见3.1.21)包括医疗专业人员(见3.1.13)和其他医疗服务组织(见3.1.8)。

注2:医疗服务相关方的要求往往是复杂或隐含的,医疗服务组织至少应在管理评审过程中定期确定和评审这些要求,以确保所有要求都能得到满足。

5.2.2 需求和期望

组织的成功取决于是否能理解并满足现有及潜在顾客和最终使用者的当前和未来的需求和期望,以及是否能理解和考虑其他相关方的当前和未来的需求和期望。

为了理解和满足相关方的需求和期望,组织应当:

——识别相关方,并始终兼顾他们的需求和期望;

——将已识别的需求和期望转化为要求;

——在整个组织内沟通这些要求;

——注重过程改进,以确保为已识别的相关方创造价值。

注1:在确定病人和家属的需求和期望时,医疗专业人员应评估病人和家属对预期的医疗护理结果的理解。同样,病人和(或)家属有义务向医疗专业人员询问相关的信息和他们关心的问题。

为了满足顾客和最终使用者的需求和期望,组织的管理者应当:

——理解顾客的需求和期望,包括潜在顾客的需求和期望;

——为顾客和最终使用者确定产品的关键特性。

注2:这包括相关方(见3.1.21),医疗专业人员(见3.1.13)和其他医疗服务组织(见3.1.8)。

注3:医疗服务组织应当确定谁是他们的顾客,以便建立目标、指标,用于监视顾客(见3.1.3)的要求是否得到满足以及他们是否满意。

——识别并评定组织在市场中的竞争能力;

——识别市场机会、劣势及未来竞争的优势。

与组织的产品有关的顾客和最终使用者的需求和期望可包括:

——符合性;

——可信性;

——可用性;

——交付能力;

——产品实现后的活动;

——价格和寿命周期的费用;

——产品安全性;

——产品责任;

——环境影响。

注4：针对医疗服务组织来说，顾客的需求和期望的示例可包括：

——入院制度；

——说明的义务；

——有效性；

——保护个人隐私；

——可信任的、获得许可和认可；

——符合实际的疗效标准；

——资料和过程完整。

组织应当识别其人员在得到承认、工作满意和个人发展等方面的需求和期望。对他们的这种关心有助于确保最大程度地调动其人员的参与意识和能动性。

组织应当对满足已识别的所有者和投资者的需求和期望的财务及其他结果作出规定。

组织的管理者应当考虑与其供方建立合作关系的潜在利益，以便为双方创造价值。合作关系应当基于共同的战略、共享知识和利润以及共同承担损失。在建立合作关系时，组织应当：

——识别可作为潜在合作者的主要供方和其他组织；

——对顾客的需求和期望共同达成清楚一致的理解；

——对合作者的需求和期望共同达成清楚一致的理解；

——建立确保持续合作机会的目标。

在考虑与社会的关系时，组织应当：

——表明对卫生和安全的责任；

——考虑对环境的影响，包括节约能源和保护自然资源；

——识别适用的法律法规要求；

——识别其产品、过程和活动对社会、尤其是对社区所产生的实际影响及潜在影响。

5.2.2.1 医疗安全

为了使病人和家属、其他顾客和员工及环境所受到的潜在危险降到最低，应在组织的质量方针和实际工作中，提出诊疗活动中的安全理念和相关措施。组织针对所提供的相关服务，应增强内部人员的安全意识。

5.2.2.2 医疗功效

组织应设计和推广其产品和服务，以便产生所希望的影响。

5.2.2.3 公共安全

组织应当制定公共安全管理计划，必要时还应有程序，为相关方和医疗信息提供安全。如控制进入特殊的设施和查阅特别的文件和记录。

注：特殊的设施可包括：新生儿室、放射设施区域、实验室或传染病区域(例如SARS)。

5.2.2.4 社区服务

组织应考虑提供社区医疗服务所需要的计划，如：健康状况普查、血压普查、产前检查、血脂普查。

5.2.2.5 社会责任

组织应履行公共卫生职能(如：承担突发公共卫生事件和重大灾害事故紧急医疗救援任务)。

5.2.3 法律法规要求

管理者应当确保组织具有适用于其产品、过程和活动的法律法规要求方面的知识，并应当将这些要求作为质量管理体系的要素之一。管理者还应当考虑：

——倡导在职业道德的规范下，有效和高效地遵守当前和预期的要求；

——高于法律法规要求而给相关方带来的收益；

——组织在保护社区利益方面所起的作用。

5.2.4 病人的护理

医疗服务组织应建立和保持与影响医疗服务和支持服务质量的适用法律、法规、规章、条例和标准相一致的质量管理体系。

检查：

组织是否向顾客(如病人、家属、居民)提供了方便、安全、适宜的医疗服务？组织是否有涉及顾客的包括处理顾客投诉和建议在内的明确程序？是否存在下列证据：

——方针、目标和任务与计划向公众公开；

——精神的、文化的和心理的需求得到重视；

——对减轻病人和家属的痛苦具备充分的条件；

——顾客能够获得相关信息；

——员工具备妥善处理与顾客的关系的能力；

——病人和家属的权利已经广泛告之；

——个人的医疗信息隐私受到保护；

——在可行的情况下，能够满足病人和家属的意愿或优先选择。

组织是否识别了适用于本组织业务活动的法律法规要求？是否存在职业安全、环境保护、交通或感染预防等问题？是否有形成文件的过程，以确保参与的人员能够在法律要求的范围内工作？

指南与示例：

组织应当考虑顾客和病人的意愿，在可能的情况下与他们协商制定诊疗计划。应当将诊断结果及时告知顾客，并以顾客能够理解的方式耐心介绍治疗方法。

组织应与公共和民营的医疗代理机构和供方等外部组织建立沟通和协调机制，以提高社区健康水平。

有关安全和环境影响的政府法规应当易于获得，并确保是当前有效的。注意有关运输医疗物资、药品或人员的规定，应确保是当前有效的。在已经形成文件的过程中的记录应予以识别，以保留符合规定和认可标准的证据。

GB/T 19001—2008　质量管理体系　要求

5.3　质量方针

最高管理者应确保质量方针：

a)　与组织的宗旨相适应；

b)　包括对满足要求和持续改进质量管理体系有效性的承诺；

c)　提供制定和评审质量目标的框架；

d)　在组织内得到沟通和理解；

e)　在持续适宜性方面得到评审。

5.3　质量方针

最高管理者应当将质量方针作为领导组织进行业绩改进的一种手段。

组织的质量方针应当是其总方针和战略的组成部分，并与其保持一致。

注：在某些情况下，组织如果把自身的“愿景”或“使命”的陈述表达为致力于关注顾客和持续改进的需求，就能够满足质量方针的要求。

在制定质量方针时，最高管理者应当考虑：

——为使组织成功，将来所需进行的改进的程度和类型；

——预期或期望的顾客满意程度；

——组织内人员的发展；

——其他相关方的需求和期望；

——超出 GB/T 19001 要求所需的资源；

——供方和合作者的潜在贡献。

可用于改进的质量方针应当：

——与最高管理者对组织未来的设想和战略相一致；

——使质量目标在整个组织内都能得到理解和贯彻落实；

——表明最高管理者对质量以及为实现目标提供足够资源的承诺；

——在最高管理者的明确领导下，有助于促进整个组织对质量的承诺；

——包括与顾客和其他相关方需求和期望满意程度相关的持续改进；

——以有效的方式表述，以高效的方式沟通。

质量方针应当像其他经营方针一样定期进行评审。

检查：

质量方针是否符合5.3条款的要求，是否适当的参考了质量手册中的内容？员工是否知道质量方针的重点和与他们工作的相关程度？质量方针是否适合于组织？

指南与示例：

组织应当有一个让员工容易记住的简明的质量方针的陈述。它应当指出组织未来的方向和关注的核心问题，关键的是应导致其后质量目标的产生。质量方针不应有不易评价和测量的浮夸内容。例如“为……提供世界上最好的医疗护理”。

GB/T 19001—2008　质量管理体系　要求

5.4　策划

5.4.1　质量目标

最高管理者应确保在组织的相关职能和层次上建立质量目标，质量目标包括满足产品要求所需的内容[见7.1a)]。质量目标应是可测量的，并与质量方针保持一致。

5.4　策划

5.4.1　质量目标

组织的战略策划和质量方针为确立质量目标提供了框架。最高管理者应当建立能导致组织业绩改进的目标。这些目标应当是可测量的，以便管理者进行有效和高效地评审。在建立这些目标时，管理者还应当考虑：

——组织以及所处市场的当前和未来需求；

——管理评审的相关结果；

——现有的产品性能和过程业绩；

——相关方的满意程度；

——自我评定结果；

——水平对比、竞争对手的分析、改进的机会；

——达到目标所需的资源。

质量目标应当以组织内人员都能对其实现作出贡献的方式加以沟通。质量目标的展开职责应当予以规定。目标应当系统地评审并在必要时进行修订。

检查：

是否有一个以上的质量目标？质量目标是否可测量？也就是说在规定的时间框架内达到某些指标。在组织内的相关职能和层次上是否确立了质量目标？质量目标是否已得到适当的分解？

组织的业务策划（见5.4.3）是否包括或参考了质量目标？

指南与示例：

质量目标的示例包括：减少医疗差错，缩短病人等待的时间，减少每个环节的失误（每个环节可以是一份报告、一段时间），缩短护理服务或提供医疗用品的周期，降低各种医疗服务指标比率，如：医院感染率、二次入院率或手术返治率。

质量目标应是可测量的并对组织是有意义的,它与质量方针是密切相关的。质量目标可以是短期的(不足一年)、长期的(超过一年)或在二者之间。质量目标的可能对象有:在一定时间内病人不同级别护理合格率,改进培训计划的结果;在一定时间内降低院内感染率,提高治愈率;缩短病人在急诊等待的时间;降低手术后72小时内病人返治率;或在一定时间内降低医疗差错率。

> GB/T 19001—2008　质量管理体系　要求
>
> **5.4.2　质量管理体系策划**
>
> 最高管理者应确保:
>
> a)　对质量管理体系进行策划,以满足质量目标以及4.1的要求;
>
> b)　在对质量管理体系的变更进行策划和实施时,保持质量管理体系的完整性。

5.4.2　质量策划

管理者应当对组织的质量策划负责。这种策划应当注重对有效和高效地实现与组织战略相一致的质量目标及要求所需的过程做出规定。

有效和高效策划的输入包括:

——组织的战略;

——已确定的组织目标;

——已确定的顾客和其他相关方的需求和期望;

——对法律法规要求的评价;

——对产品性能数据的评价;

——对过程性能数据的评价;

——过去的经验教训;

——已显示的改进机会;

——相关风险的评估及减轻的数据。

组织的质量策划的输出应当根据以下方面来确定所需的产品实现和支持过程:

——组织所需的技能和知识;

——实施过程改进计划的职责和权限;

——所需的资源,如资金和基础设施;

——评价组织业绩改进成果的指标;

——改进的需求,包括方法和工具改进的需求;

——文件的需求,包括记录的需求。

注:医疗服务组织(见3.1.8)应策划适用的设计阶段,以及医疗服务的开发、交付和评价,包括支持服务(见3.1.23)在内的资源配置、评价标准和改进程序,以实现顾客或相关方的期望和可测量的结果。策划应结合医疗水平,针对每个病人的具体情况考虑程序的水平,从而确定单独的诊疗计划。组织应首先考虑哪些活动构成质量策划,然后再考虑相应的文件和记录。

管理者应当对质量策划的输出进行系统的评审,以确保组织过程的有效性和效率。

5.4.3　业务策划

组织应制定战略性的业务规划,如重点科室扶持,特色医疗的开展等等,在此基础上制定综合业务计划。业务计划应是一份受控文件,其内容包括:

——与市场有关的问题;

——财务策划(例如预算、各种报告、再预测);

——发展战略和计划;

——设施计划;

——成本目标;

——外包的职能，例如：医疗专业人员(见 3.1.13)、诊断图像、生物医疗工程服务、采购、洗衣、信息技术；

——人力资源开发；

——科研和开发计划、规划、项目及相应的经费；

——质量目标和指标，包括低劣质量成本；

——顾客满意计划，例如：等待医疗专业人员(见 3.1.13)答复花费的时间；

——关键的内部质量和可测量的操作行为，例如：院内感染率，返治率，员工工作效率，免疫接种率，预约效果，紧急事件响应时间，健康、安全和环境问题；

——风险管理和协同活动(见 7.3.1)。

目标和计划应当包括短期(1 年至 2 年)和长期(3 年以上)的，其中确定顾客现在和未来的期望是适宜的。建立目标的过程应当用于确定信息的范围和收集信息的频度和方法。

跟踪、更新、修订和评审计划的方法应形成文件，以确保计划的执行并在适当时在整个组织内沟通。

5.4.4 预防失误

组织在制定诊疗活动、工作过程和设施的规划时，应采用适当的预防失误(见 3.1.5)方法，以避免不良事件(见 3.1.1)的发生。

注：通常，预防失误的治疗示例有：注射驱动泵——可用于异常情况皮下自动输注药物。如经电子录入测量数据感应发现室颤时，皮下注射自动给药。正常情况下，装置会屏蔽皮下注射针头。

检查：

长期规划：

——对每个病人的整体医疗护理，是否提供了已确定的完整和协调的医疗护理过程？

——提供给每个病人的医疗护理，是否被策划并记录在病人的诊疗记录中？

——在提供医疗护理服务之前，每个工作人员是否阅读并评审其他医疗护理人员所做的记录？

——当有症状表明治疗效果不佳时，对病人的治疗过程是否进行再评估？其计划是否经过修订？

——在适当时，对临床工作人员是否进行临床实践指导或通过其他方法，以支持根据实际情况用药？

——服务过程标准化的方法是由组织内的人员开发，还是评审和采用外部的方法？

指南与示例：

策划应包括下列适用内容：

——策划临床诊疗过程；

——确定指导方针；

——明确职业道德；

——考虑专业发展；

——防备紧急事件或灾害；

——监督组织的产品和服务质量；

——符合有关的规定和付款人的标准的问题。

策划应使相同和协调的产品和服务适用于组织的个人或部门。过程应能重复和复制。对外包工作也应进行设计，使之与组织达到无缝隙连接并接受与内部其他的设计相同的控制和监督。

服务计划应将使用临时临床医护人员数量降到最少，并通过建立轮班制的方法，开展交叉培训或择优选用。总工作时间应限制在法定范围。有数据显示延长不眠的时间(例如 17 小时不睡眠)可导致工作能力的衰减相当于血液中酒精浓度增加 0.05%。

组织内职能交叉的各部门领导应当在确定组织的计划和过程中合作。如果可能，应当与临床的管理人员共同评审计划。

组织的业务计划包括用于改进或替换主要业务系统、建筑或设备的资金计划。

有许多发生差错的原因,如:人为差错、理解错误、识别错误、服务设计、工作场所设计、疲劳或不良的人类工效学设计。如有可能,应当在硬件中装入防错装置,以避免在过程中发生差错,或将差错接收和传递到下一个环节。

临床路径图或诊疗流程图可用于过程防错。它应当建立在充分沟通的基础上,并用于指导病人的医疗护理和做记录。这种文件应当成为病人诊疗记录的组成部分。

> GB/T 19001—2008 质量管理体系 要求
>
> **5.5 职责、权限与沟通**
>
> **5.5.1 职责和权限**
>
> 最高管理者应确保组织内的职责、权限得到规定和沟通。

5.5 职责、权限与沟通

5.5.1 职责和权限

为了实施并保持有效和高效的质量管理体系,最高管理者应当对职责和权限作出规定并进行沟通。

组织的所有人员都应当被赋予相应的职责和权限,从而使他们能够为实现质量目标作出贡献,并使他们树立参与意识,提高能动性并作出承诺。

5.5.1.1 职责和权限(补充)

当医疗服务质量管理体系不符合规定的要求,或没有达到病人和家属及相关方的需要时,影响医疗服务(见 3.1.6)质量的管理、执行和检验工作的人员应当不受干预地进行鉴定、报告、记录和在适当情况下解决问题,同时不应受到报复。

在组织内对医疗服务质量进行鉴定的所有人员的职责和权限应当形成文件。应当确定适当的措施,以便鉴定、记录和解决病人和家属以及其他相关方的问题,识别出哪些顾客(见 3.1.3)的需求未得到满足。

管理者应建立一种机制,以确保病人和家属与组织沟通信息的权利和组织应履行的义务,例如:在重要的相关区域张贴通告,利用互联网发电子邮件,或会议记录。

检查:

管理者是否对各项工作已确定了职责和权限?员工是否知道对其所开展的工作的职责和权限?管理者是否已确定了与病人和家属进行沟通的人员的职责和权限?

指南与示例:

职责和权限可在岗位说明书、工作程序、组织的规章制度、组织方针或管理者提供的文件中确定。可以用文件、培训或口头告知病人和家属有关他们的权利和义务。

通过查看相关文件检查是否符合法律法规要求,如:可看到的病人的秘密资料、受控的内容、临床医护人员的许可证和资质证书。

> GB/T 19001—2008 质量管理体系 要求
>
> **5.5.2 管理者代表**
>
> 最高管理者应在本组织管理层中指定一名成员,无论该成员在其他方面的职责如何,应使其具有以下方面的职责和权限:
>
> a) 确保质量管理体系所需的过程得到建立、实施和保持;
>
> b) 向最高管理者报告质量管理体系的绩效和任何改进的需求;
>
> c) 确保在整个组织内提高满足顾客要求的意识。
>
> 注:管理者代表的职责可包括就质量管理体系有关事宜与外部方进行联络。

5.5.2 管理者代表

最高管理者应当指定一名管理者代表并赋予权限，以使其能对质量管理体系进行管理、监视、评价和协调，从而使质量管理体系有效和高效地运行并得到改进。管理者代表应当将有关质量管理体系的事宜向最高管理者报告，并与顾客和其他相关方进行沟通。

检查：

组织是否已任命了管理者代表并在组织内传达？

指南与示例：

证据可以是委任文件、电子邮件、质量手册或岗位说明书中的详细描述。

> GB/T 19001—2008 质量管理体系 要求
>
> **5.5.3 内部沟通**
>
> 最高管理者应确保在组织内建立适当的沟通过程，并确保对质量管理体系的有效性进行沟通。

5.5.3 内部沟通

组织的管理者应当规定并实施一个有效和高效的过程，以便沟通质量方针、要求、目标及完成状况。沟通这些信息有助于组织进行业绩改进，并有助于组织内人员直接参与质量目标的实现。管理者应当积极鼓励组织内人员进行反馈和沟通，并将其作为一种使其人员充分参与的手段。

沟通活动可包括：

——在工作区域内由管理者引导的沟通；

——小组简要情况介绍会或其他会议，如成绩表彰会；

——布告栏、内部刊物和(或)杂志；

——声像和电子媒体，如电子邮件和网址；

——组织内人员的调查表和建议书。

注1：在医疗服务中利用电子媒介的示例包括：推荐的医疗护理协议信息系统数据库，药物相互作用的相关数据库，质量手册，方针和程序文件，实验室记录，病人诊疗记录(见3.1.12)信息，计算机辅助培训，以互联网为基础的标准、规章制度和文件控制系统。

注2：在组织内使用电子“邮件”可能是内部沟通的有效和高效的方法。文件和资料的控制也适用于这些档案和资料。

检查：

是否有证据说明，为使职能有效和高效，员工有所需信息的沟通过程？是否有防止某些不需要的信息在组织内传播的方法？

在对病人的医疗护理工作中，员工的合作和协调的职责，包括：与其他单位或专业的接口的职责是否形成文件？

在安全系统中的电子版记录的病人信息是否符合保密规定？

指南与示例：

管理者已经建立起借助电子信息、通告板、方针、程序、简讯、向员工传递或口头传达会议记录等沟通方式。

为了方便电子通信，组织应采用易获得的信息组成标准，例如：ISO/TC 215 健康信息学(Health Informatics)。信息的组成应至少包括下列种类：

a) 一般知识和本组织的专业知识，如：临床医生应获得的新知识，药物相互作用的知识；

b) 与病人和家属有关的信息，如：病人医疗记录，预定次序，治疗安排，实验结果；

c) 有助于管理员工和设施的内部过程文件。

GB/T 19001—2008　质量管理体系　要求

5.6　管理评审

5.6.1　总则

最高管理者应按策划的时间间隔评审质量管理体系，以确保其持续的适宜性、充分性和有效性。评审应包括评价改进的机会和质量管理体系变更的需求，包括质量方针和质量目标变更的需求。

应保持管理评审的记录(见 4.2.4)。

5.6　管理评审

5.6.1　总则

最高管理者应当开展管理评审活动，使其不仅限于对质量管理体系的有效性和效率进行验证，且应扩展为在整个组织范围内对体系效率进行评价的过程。受到最高管理者领导作用激励的管理评审应当成为交流新观念、对输入进行开放式的讨论和评价的平台。

为使管理评审给组织带来增值，最高管理者应当通过系统的基于质量管理原则的评审，对产品实现和支持过程的业绩进行控制。评审的频次应当视组织的需求而定。评审过程的输入应当导致超越质量管理体系有效性和效率的输出。评审的输出应当提供用于组织进行业绩改进策划的依据。

注：这种评审应当包括对质量管理体系所有组成部分的评审，包括：医疗服务质量方针、工作程序、作业指导书和支持系统、系统业绩指标、相关方满意程度、评价标准、评价结果，其中包括：诊疗记录评审的结果，如已通过GB/T 19001认证，应审核是否符合其要求，以及持续改进的情况。这些评审应予以记录。

检查：

是否有证据表明已经召开过管理评审的会议？管理评审的输入是否如下面 5.6.2 所列出的输入？管理者是否利用评审过程作为持续改进的一种方式？

指南与示例：

证据可以是写在纸上的或电子版的、录像带、录音带或其中某些或所有种类的组合。会议议程通常确保应评审的所有方面都得到评审。会议中需开展的活动应形成文件，以便使需要开展的每一项活动在其后的会议上不被忽略。

GB/T 19001—2008　质量管理体系　要求

5.6.2　评审输入

管理评审的输入应包括以下方面的信息：

a)　审核结果；

b)　顾客反馈；

c)　过程的绩效和产品的符合性；

d)　预防措施和纠正措施的状况；

e)　以往管理评审的跟踪措施；

f)　可能影响质量管理体系的变更；

g)　改进的建议。

5.6.2　评审输入

为了评价质量管理体系的效率和有效性，评审的输入应当考虑顾客和其他相关方，并应当包括：

——质量目标和改进活动的状况和结果；

——管理评审措施项目的状况；

——审核和组织自我评定的结果；

——相关方满意程度的反馈，甚至可能是他们提出的观点；

——与市场有关的因素，如技术、研究和开发以及竞争对手的业绩等；

——水平对比活动的结果；

——供方的业绩；
——新的改进机会；
——不合格的过程和产品的控制；
——市场评估及战略；
——战略合作活动的状况；
——质量活动的经济效果；
——可能影响组织的其他因素，如财务、社会或环境条件以及相关法律法规的变化等。

检查：

在开会前，是否针对管理者要评审的问题准备会议议程？

指南与示例：

某些组织使用包括典型输入(5.6.2)和在新业务情况下的特殊内容的议程样本。

> GB/T 19001—2008　质量管理体系　要求
>
> **5.6.3　评审输出**
>
> 管理评审的输出应包括与以下方面有关的任何决定和措施：
>
> a)　质量管理体系有效性及其过程有效性的改进；
>
> b)　与顾客要求有关的产品的改进；
>
> c)　资源需求。

5.6.3　评审输出

通过扩展管理评审的范围，使之超越对质量管理体系的验证，最高管理者可将管理评审的输出作为过程改进的输入。最高管理者也可将评审过程作为识别组织业绩改进机会的强有力工具。评审计划应当有利于及时为组织的战略策划方案提供数据。经过选择的输出应当加以传达，以便向组织内人员表明管理评审如何导致使组织获益的新目标。

为了提高效率，其他的输出可包括：
——产品和过程的业绩目标；
——组织的业绩改进目标；
——对组织结构和资源的适宜性的评价；
——营销、产品以及使顾客和其他相关方满意的战略和切入点；
——针对已识别的风险所制定的预防和减少损失的计划；
——有关组织未来需求的战略策划信息。

评审记录应当充分，以便追溯和促进对管理评审过程自身的评价，从而确保其持续有效性和为组织增值。

检查：

见上面有关评审输入的条款。

指南与示例：

见前面的相关示例。

> GB/T 19001—2008　质量管理体系　要求
>
> **6　资源管理**
>
> **6.1　资源提供**
>
> 组织应确定并提供以下方面所需的资源：
>
> a)　实施、保持质量管理体系并持续改进其有效性；
>
> b)　通过满足顾客要求，增强顾客满意。

6 资源管理

6.1 通用指南

6.1.1 引言

最高管理者应当确保识别并获得实施组织战略和实现组织目标所必需的资源。这包括运行和改进质量管理体系以及使顾客和其他相关方满意所需的资源，它们可以是人员、基础设施、工作环境、信息、供方和合作者、自然资源以及财务资源。

注：组织应考虑家庭及社区服务，可将其作为病人出院后的重要合法护理资源。

6.1.2 需考虑的事项

为改进组织的业绩，管理者应当对资源作如下考虑：

——针对机会和约束条件，有效、高效并及时地提供资源；

——有形资源，如已改进的实现和支持设施；

——无形资源，如知识财产；

——鼓励开展创新性持续改进所需的资源和机制；

——组织结构，包括项目和矩阵管理的需求；

——信息管理和技术；

——通过注重培训、教育和学习来提高组织内人员的能力；

——培养组织未来管理人员的领导艺术和形象；

——自然资源的使用和资源对环境的影响；

——对未来的资源需求进行策划。

6.1.2.1 轮班人员的管理

组织应确保每个班有适当数量的员工并按法定的工作时间提供服务。所有轮班的员工都应安排有负责人管理或确定专门负责服务质量的人员。

检查：

管理者利用什么过程来获得所需要的资源？是否用一些数据来确定需要配备员工的数量，如：床位数？门诊量？护士和医生加班的小时数？当工作量改变时，谁有权调整员工的人数？自身的医疗组织都允许提供哪些医疗服务项目？

指南与示例：

评审人、财、物所要求的过程。有些组织建立了分级负责制度，不同级别的负责人有权审批本级的事物。有些组织的人力资源审批是由各部门负责人来做。

> GB/T 19001—2008 质量管理体系 要求
>
> **6.2 人力资源**
>
> **6.2.1 总则**
>
> 基于适当的教育、培训、技能和经验，从事影响产品要求符合性工作的人员应是能够胜任的。
>
> 注：在质量管理体系中承担任何任务的人员都可能直接或间接地影响产品要求符合性。

6.2 人员

6.2.1 人员的参与

管理者应当通过人员的参与和支持来提高组织（包括质量管理体系）的有效性和效率。为了有助于实现业绩改进的目标，组织应当通过以下活动鼓励其人员的参与和发展：

——提供继续培训，并进行个人发展的策划；

——明确各自的职责和权限；

——确立个人和团队的目标，对过程业绩进行管理并对结果进行评价；

——促进人员参与目标的确立和决策；

——对工作成绩给予承认和奖励；

——促进开放式的双向信息交流；

——对其人员的需求进行连续评审；

——创造条件以鼓励创新；

——确保团队工作有效；

——就建议和意见进行沟通；

——对人员的满意程度进行测量；

——了解人员加入和离开组织的原因。

注：本条内容适用于组织的员工和分包工作的人员。

检查：

所需要的员工的数量和类型，是否通过所有相关的职能部门和学科的管理者参加的部门之间交换意见的过程予以确定？

是否限定每个员工每周工作小时数，以避免因疲劳引起的失误？

如果员工人数低于规定的人数，护士长或医生是否有权拒绝接收超过定额的病人？

为了在组织的发展中不断获得新的知识和技能并努力达到先进的诊疗服务水平，管理者是否预先考虑人力资源问题？

指南与示例：

员工配备计划应定期评审并在适当时更新。

合理安排工作量，以避免疲劳的影响，如：反应速度慢或体能降低。每周轮班数或工作时数的限度应根据国家及行业的要求来规定。

应有一个在考虑确保病人“安全”的负荷量的基础上，配备护理人员和其他服务提供人员的总数的过程。

GB/T 19001—2008 质量管理体系 要求

6.2.2 能力、培训和意识

组织应：

a) 确定从事影响产品要求符合性工作的人员所需的能力；

b) 适用时，提供培训或采取其他措施以获得所需的能力；

c) 评价所采取措施的有效性；

d) 确保组织的人员认识到所从事活动的相关性和重要性，以及如何为实现质量目标作出贡献；

e) 保持教育、培训、技能和经验的适当记录(见 4.2.4)。

6.2.2 能力、意识和培训

6.2.2.1 能力

管理者应当确保组织具备有效和高效运行所需的能力。管理者还应当考虑对组织当前和预期的能力需求与现有的能力进行比较分析。

对能力需求的考虑包括以下来源：

——与战略和运行计划以及目标有关的未来需求；

——预期的管理者和劳动力的后继需求；

——组织的过程、工具和设备的变化；

——对执行规定活动的人员的个人能力的评价；

——对组织及其相关方有影响的法律法规要求和标准。

注：医疗服务组织(见 3.1.8)需要向相关方保证，拥有合格的人员满足相关方的需求，并且优先考虑人员(包括家庭

和其他条件)的能力,这些人所承担的任务可能影响到向病人提供医疗护理。所有的员工和从事分包工作的人员所持有的资格和许可证书、他们的工作经历、专业课程、继续教育及证书、实习以及所有的能够证明其能力的证据均应予以记录。

6.2.2.1.1 **学历和健康状况**

组织应确保所有医疗服务人员有适当的资历。当需要时,应能提供学历、行业许可和专业资格证书。

组织应有证明员工健康状况良好的证据,如健康体检报告。组织还应确定员工中已知的过敏反应并予以记录(例如:过敏体质);其他可能需要的限制,如膳食供应人员的健康状况也应予以记录。

6.2.2.1.2 **质量管理资格和专业资格**

组织应指定有能力胜任的人员从事质量管理工作。在员工中应当深入宣传控制和改进的概念。

注:能力范围的示例可包括:符合 GB/T 19000 系列标准,国家或国际质量奖方案或标准,统计过程控制,测量系统分析或其他第三方认可计划。

在适当的情况下,组织应对员工在不断提高能力的过程中进行评审。

6.2.2.1.3 **沟通技能**

管理者应确定标准以确保所有员工具有足够的沟通技能,适当时包括语言技能,以便与同事和顾客,包括病人和他们的家属进行沟通。

6.2.2.2 **意识和培训**

教育和培训需求的策划应当考虑因组织过程的性质、人员的发展阶段以及组织文化而引起的变化。

目标是使组织内人员具备相应的知识和技能,而这些知识和技能与经验相结合将提高他们的能力。

教育和培训应当强调满足要求和满足顾客和其他相关方需求和期望的重要性。教育和培训还应当包括对未能满足这些要求而对组织和其人员所造成后果方面的意识的教育。

为了支持组织目标的实现和人员的发展,对教育和培训的策划应当考虑:

——人员的经验;

——隐含的和明示的知识;

——领导作用和管理艺术;

——策划和改进的工具;

——团队的建设;

——问题的解决能力;

——沟通的技巧;

——文化和社会习俗;

——市场方面的知识以及顾客和其他相关方的需求和期望;

——创造和革新。

为促使人员积极参与,教育和培训还应当包括:

——组织的未来设想;

——组织的方针和目标;

——组织的变化和发展;

——改进过程的提出和实施;

——从创造和革新中获益;

——组织对社会的影响;

——对新人员的入门培训方案;

——对已受过培训的人员的定期再培训方案。

培训计划应当包括:

——培训目标;

——培训方案和方法；

——培训所需的资源；

——确定培训所必须的内部支持；

——针对人员能力的提高来评价培训；

——测量培训的有效性和对组织的影响。

管理者应当按照对组织的有效性和效率的期望及影响来评价所提供的教育和培训，并将此作为改进将来培训计划的手段。

6.2.2.2.1 在职培训

组织应定期评审员工的能力，以便确定和向所有的员工提供必要的在职培训，从而能够在规定的情况下使其能够顺利完成他们的任务。如果没有在职培训，将会降低操作的质量，那么在质量管理体系内应制定员工沟通的程序。对培训需求的定期评审应予以记录。

注：应提供前提条件、目标、评价标准、指导性计划、必要的控制和操作所用的资料。

6.2.2.2.2 确定病人和家属的教育培训计划

组织应当根据病人(见3.1.11)的原始评价资料和可查到的病人诊疗记录(见3.1.12)，确定病人和家属，包括其他人(适当时)的培训需求。组织应保持医患沟通记录和健康知识普及记录。如果适用，这些记录应包括在病人的诊疗记录中。组织应确保病人和其家属或其他人能证实他们有能力按医护人员的要求执行。

任何培训计划应当含有对学习条件的要求，包括：不损害健康和不分散注意力的安全的教室。支持服务应当促进学习而不干扰学习过程。

检查：

影响病人安全或服务质量的每个岗位的工作描述和培训要求是否形成文件？是否保存每个员工的有关资格、工作经历和培训的记录？员工是否定期评价，以确定其能力和继续教育或培训需要？是否有记录记载充分的员工人数和满足预期要求所需要的技能？为了确保提供安全的诊疗服务过程，在必要时，管理者是否已确定对病人和家属，包括其他人的教育培训的规定或要求。

指南与示例：

正确地药物发放，由医生开具处方，通过具有许可证的药剂师或司药员的监督准确配药。组织已经规定并授权他们开具处方、配药和管理药品。

具有中、高级任职资格的医护人员应当用于执行紧急、特殊医疗护理任务，例如：在抢救室和监护病房工作。

对病人及其家属的教育和培训应予以记录。

对聘用的医疗专业人员，组织有责任检查其专业注册状况，并且具有规定其职责和权限的程序，以确保从适宜的注册机构得到这些专业人员当前最新的注册状况。

> GB/T 19001—2008 质量管理体系 要求
>
> **6.3 基础设施**
>
> 组织应确定、提供并维护为达到符合产品要求所需的基础设施。适用时，基础设施包括：
>
> a) 建筑物、工作场所和相关的设施；
>
> b) 过程设备(硬件和软件)；
>
> c) 支持性服务(如运输、通讯或信息系统)。

6.3 基础设施

管理者在考虑相关方需求和期望的同时，应当规定产品实现所必须的基础设施。基础设施包括工厂、车间、工具和设备、支持性服务、信息和通信技术以及运输设施等。

确定有效和高效地实现产品所必需的基础设施的过程应当包括：

a) 根据诸如目标、功能、性能、可用性、成本、安全性、保密性和更新等方面的情况来提供基础设施；

b) 制定并实施基础设施的维护保养方法，以确保基础设施持续满足组织的需求；这些方法应当根据每个基础设施单元的重要性和用途，规定其维护保养和运行验证的类型与频次；

c) 对照相关方的需求和期望，对基础设施进行评价；

d) 考虑因基础设施而引起的环境问题，如：环境的保护、污染、自然资源的浪费和再循环等。

不可控制的自然现象会影响基础设施。基础设施计划应当考虑对相关风险的识别和减轻，并应当包括保护相关方利益的战略。

注：描述前提条件、目标、评价标准、指导性计划、必要的控制和操作中对所有材料的使用方法等资源应能够获得。

6.3.1 医疗废物的处理

组织应制定形成文件的程序，用以管理、处置和清除任何有害的材料，例如：放射性同位素、锋利物品或针状物、带菌病人的血液，以符合法规和标准的要求，并保护可能接触这些医疗废物的人员。

检查：

在基础设施的管理中是否包括紧急预案？医疗废物的处理是否符合法规的要求？如果外包，为了仍然符合法规要求，如何进行质量监视和控制？相关人员是否在处理医疗废物方面经过了培训？是否保存了工作过程的日常评审记录？

是否有一个过程来确认现行的程序符合适用的处理医疗废物的法规？

指南与示例：

水、医用气体和公用供给应定期检查和维护，必要时予以改进。饮用水和供电应能随时获得。备用资源应该是适当的，并通过日常检测记录其运转状况。各项检查及状况应予以记录，并用于持续改进。

组织应执行适用的“医疗废物系列管理规定”，并符合相关的要求。

> GB/T 19001—2008 质量管理体系 要求
>
> **6.4 工作环境**
>
> 组织应确定和管理为达到产品符合要求所需的工作环境。
>
> 注：术语“工作环境”是指工作时所处的条件，包括物理的、环境的和其他因素，如噪声、温度、湿度、照明或天气等。

6.4 工作环境

管理者应当确保工作环境对人员的能动性、满意程度和业绩产生积极的影响，以提高组织的业绩。营造适宜的工作环境，如人的因素和物的因素的组合，应当考虑：

——创造性的工作方法和更多的参与机会，以发挥组织内人员的潜力；

——安全规则和指南，包括防护设备的使用；

——人类工效；

——工作场所的位置；

——与社会的相互影响；

——便于组织内人员开展工作；

——热度、湿度、光线、空气流动；

——卫生、清洁度、噪声、振动和污染；

——预防院内感染。

注1：在与上述内容有关的标准中，组织还应考虑病人和家属的需要和舒适性。

注2：医疗护理组织应当建立同行心理辅助制度，以确保员工在与病人之间发生危急事件后和在日常的职业压力下能及时得到劝告。

6.5 信息

为了进行信息转换以及组织知识方面的持续发展，管理者应当将数据作为一种基础资源，这对以事实为依据作出决策以及激励人员进行创新也是必不可少的。为了对信息进行管理，组织应当：

——识别信息的需求；

——识别并获得内部和外部的信息来源；

——将信息转化为对组织有用的知识；

——利用数据、信息和知识来确定并实现组织的战略和目标；

——确保适宜的安全性和保密性；

——评估因使用信息所获得的收益，以便对信息和知识的管理进行改进。

6.6 供方及合作关系

管理者应当与供方和合作者建立合作关系，推动和促进交流，共同提高增值过程的有效性和效率。组织通过处理好与供方和合作者的关系，可获得各种增值机会，如：

——优化供方和合作者的数量；

——在双方组织的合适层次上双向沟通，从而促进问题的迅速解决，避免因延误或争议造成费用的损失；

——在确认供方的过程能力方面与其合作；

——对供方交付合格产品的能力进行监视，以便取消重复验证；

——鼓励供方实施业绩的持续改进方案并参与其他联合改进的启动；

——让供方参与组织的设计和开发活动，共享知识，并有效和高效地改进合格产品的实现和交付过程；

——让合作者参与采购需求的识别及合作战略的开发；

——对供方和合作者作出的努力和成就进行评价并给予承认和奖励。

6.6.1 提供采购的产品

组织应确保其员工知道如何获得和检查采购的产品，如：保证医疗护理服务质量的药品和其他医疗物品。

6.7 自然资源

管理者应当考虑影响组织业绩的自然资源的可获得性。组织通常不能直接控制这些资源，但它们却可能对组织的结果产生重要的正面或负面影响。组织应当制定计划或应急计划，以确保能得到或替代这些资源，从而预防对组织业绩的负面影响或将其减至最小。

6.8 财务资源

资源管理应当包括确定财务资源需求和确定财务资源来源的活动。财务资源的控制应当包括将资金的实际使用情况与计划相比较的活动，以及采取必要的措施。

管理者应当策划、提供并控制为实施和保持一个有效和高效的质量管理体系以及实现组织目标所必需的财务资源。管理者还应当考虑开发具有创新性的财务方法，以支持和鼓励组织的业绩改进。

提高质量管理体系的有效性和效率可对组织的财务结果产生积极影响，如：

a) 在组织内部，减少过程和产品故障，或减少材料和时间的浪费；

b) 在组织外部，减少产品故障，降低因担保而引起的赔偿费用，以及减小因失去顾客和市场所付出的代价。

提出这些问题的报告可以为确定效果差或效率低的活动，以及采取适宜的改进措施提供一种手段。

与质量管理体系业绩和与产品符合性有关的活动的财务报告应当用于管理评审。

检查：

工作环境的设计输入是否来自于那些正在使用中的基础设施？这些输入包括：工作流程、照明、清洁以及供热和降温等数据，这些数据是否是根据其他行业或其他基础设施内的类似工作的数据为基准得出的？

对于识别信息的需求，确定、收集和分析数据，然后转化为信息是否有形成文件的程序？当有规定的要求时，数据和信息是否能获得并保持其机密性？

在适当的部门，是否有同行心理辅助制度？

是否把失误作为有积极意义的改进机会？是否所有员工都是解决问题的推动者？

是否利用供方帮助策划新设施或新设备的安装？是否把供方作为合作伙伴？供方和组织在采购活动中是否能达到双赢？为满足组织的要求，是否定期对供方的能力进行评价？

指南与示例：

具有一个在适当时从员工那里得到关于工作环境情况的过程。类似工作的基准数据和自身的工作环境状况，提供了适用于工作环境的实际数据。

组织策划和实施过程，以满足上级主管部门对信息的需求。数据应得到保护，防止因疏忽大意造成遗失或误用。必要时，数据可在保密的条件下，及时在各相关职能科室之间共享。

关于病人的舒适性，组织应当避免使病人长时间处在高温或低温环境下，这可能是医疗设备运转的工作环境或诊断程序所必需的条件。组织还应制定程序，以避免可能引起病人和家属紧张的噪声。

组织应积极倡导“以病人安全为关注焦点”的文化，而不是一味的去责备所犯的错误。

专业术语、缩写词、符号和定义应当标准化，以便在组织内和各组织之间沟通和理解，这可能影响到产品质量或整个医疗护理过程的服务质量。应当使用统一的诊断代码和程序代码。

GB/T 19001—2008　质量管理体系　要求

7　产品实现

7.1　产品实现的策划

组织应策划和开发产品实现所需的过程。产品实现的策划应与质量管理体系其他过程的要求相一致(见 4.1)。

在对产品实现进行策划时，组织应确定以下方面的适当内容：

a)　产品的质量目标和要求；

b)　针对产品确定过程、文件和资源的需求；

c)　产品所要求的验证、确认、监视、测量、检验和试验活动，以及产品接收准则；

d)　为实现过程及其产品满足要求提供证据所需的记录(见 4.2.4)。

策划的输出形式应适合于组织的运作方式。

注 1：对应用于特定产品、项目或合同的质量管理体系的过程(包括产品实现过程)和资源作出规定的文件可称之为质量计划。

注 2：组织也可将 7.3 的要求应用于产品实现过程的开发。

7　产品实现

7.1　通用指南

注：产品实现活动应当把重点集中到降低或消除浪费，例如：过量库存的成本、场地利用率过低、无价值的过程、等待或亏损。

7.1.1　引言

最高管理者应当确保产品实现和支持过程以及相关的过程网络有效和高效地运行，从而使组织具备满足相关方的能力。产品的实现过程使组织获得增值的产品，产品的支持过程对组织也是必要的，它们间接产生增值。

任何过程都是具有输入和输出的一系列相关的活动或一项活动。管理者应当对所要求的过程输出作出规定，并确定为有效和高效地实现这些输出所必需的输入和活动。

注1：见0.2.1。

过程的相互关系可能是复杂的，它们将形成一个过程网络。为了确保组织有效和高效地运作，管理者应当认识到一个过程的输出可以成为某一个或更多其他过程的输入。

注2：在医疗服务中，产品实现的过程导致与病人的医疗护理有关的结果，也可以是与满足顾客其他要求有关的过程，例如：为提供的诊疗服务收费。

7.1.2 需考虑的事项

将过程理解为一系列的活动有助于管理者确定过程的输入。输入一经确定，则过程所要求的活动、措施和资源即可确定，以实现预期的输出。

过程和输出的验证和确认结果应当作为整个组织内持续改进其业绩并追求卓越的过程的输入。组织的过程的持续改进将提高质量管理体系的有效性和效率以及组织的业绩。附录B表述了“持续改进的过程”，它有助于组织确定对过程的有效性和效率进行持续改进时所需采取的措施。

过程应当形成文件，其文件化的程度要足以支持组织的有效和高效运作。与过程有关的文件应当有助于：

——对过程重要特征的识别和沟通；

——过程操作的培训；

——在团队和工作组中共享知识和经验；

——过程的测量和审核；

——过程的分析、评审和改进。

组织应当对其人员在过程中所起的作用进行评价，以便：

——确保人员的健康和安全；

——确保人员具备必需的技能；

——支持对过程的协调；

——在过程分析中提供来自其人员方面的输入；

——激励人员进行创新。

推动组织业绩的持续改进应当注重提高过程的有效性和效率，并应当将此作为获取有益结果的手段。更有效且效率更高的过程可通过诸如增加的收益、顾客满意程度的提高、资源利用的改善和浪费的减少等可测量的结果来体现。

7.1.3 管理的过程

7.1.3.1 总则

管理者应当识别实现产品以满足顾客和其他相关方的要求所需的过程。为了确保产品能够实现，组织应当考虑相关的支持过程以及预期的输出、过程的步骤、活动、流程、控制手段、培训需求、设备、方法、信息、材料和其他资源。

组织应当对包括下述内容的运作计划作出规定，以便对过程进行管理：

——输入和输出要求(如规范和资源)；

——过程中的活动；

——过程和产品的验证和确认；

——过程的分析，包括可信性；

——风险的识别、评估和减轻；

——纠正和预防措施；

——过程改进的机会和措施；

——对过程和产品更改的控制。

注1：计划应当包括对程序的验证和确认，包括新提出的程序和现有的程序，以确保治疗计划达到预期结果。组织

应当有形成文件的程序，以便确定组织内各部门的，特别是跨多个职能的工作职责和权限。

支持过程可包括：

——信息的管理；

——人员的培训；

——与财务有关的活动；

——基础设施的维护和服务的保持；

——工业安全和（或）防护设备的使用；

——营销。

注2：医疗服务（见3.1.6）的其他示例可包括：输液准备、确保病人（见3.1.11）的医疗护理进程按计划进行，其中包括符合要求的诊断和治疗程序，定制或安装植入物和假体。

7.1.3.2 过程的输入、输出和评审

过程方法应当确保对过程的输入作出规定并予以记录，以便为确定输出的验证和确认要求奠定基础。输入可来自组织内外。

组织可与受影响的内外各方共同协商解决含糊或矛盾的输入要求。由未经充分评价的活动而导出的输入则应当通过随后的评审、验证和确认进行评价。组织应当识别产品和过程的重要或关键特征，以便制定有效和高效的计划来控制和监视过程内的活动。

需考虑的输入的事项可包括：

——人员的能力；

——文件；

——设备的能力和监视；

——卫生、安全和工作环境。

已对照过程输入要求（包括验收准则）加以验证的过程输出应当考虑顾客和其他相关方的需求和期望。就验证的目的而言，输出应当根据输入要求和验收准则予以记录和评价。这种评价应当确定在提高过程的有效性和效率方面必须采取的纠正措施、预防措施或可能的改进。产品的验证可在运行过程中进行，以便识别变差。

组织的管理者应当对过程业绩进行定期评审，以确保过程与运行计划相一致。

这种评审的内容可包括：

——过程的可靠性和重复性；

——对潜在不合格的识别及预防；

——设计和开发输入和输出的充分性；

——输入和输出与所策划目标的一致性；

——改进的潜力；

——未解决的问题。

7.1.3.2.1 实现过程的策划

病人（见3.1.11）护理的策划应当考虑：

——病人和家属的权利；

——对病人的初步诊断及印象；

——视病人的就诊情况安排，例如：紧急、危重、优先救治；

——确定诊疗方案；

——需要时，特殊的或辅助的治疗；

——提供的诊疗过程与诊疗方案的一致性；

——在诊疗过程中预防失误（见3.1.5），以减少医疗差错和纠纷；

——巩固疗效和预防病情反复的后续要求。

注：医疗服务(见 3.1.6)是由所提供的一系列连续的诊疗服务流程所组成，这个诊疗服务的过程由不同的医疗护理提供方对病人所提供的不同阶段的治疗和护理活动所组成。有效和高效的治疗和护理过程可能需要使用对病人和病人家属的作业指导书，还可能需要所参与这一过程的不同服务提供方之间进行沟通。其中应包括循证医学、临床路径等相关规定，采用适用的以及病人和家属所选择的治疗和护理的途径和协议。

医疗行政主管部门在开展区域医疗资源策划时，应考虑地理位置、人口总数、服务类型，合理配置医疗管理和医疗提供者的比率。

7.1.3.3 产品和过程的确认和更改

管理者应当确保对产品的确认能证实产品满足顾客和其他相关方的需求和期望。确认活动可包括建立模型、模拟和试用，以及顾客和其他相关方参与的评审。

注：模型的制作可用于某些医疗服务项目中，例如在再造外科手术中用电脑制作具有骨骼和肌肉组织的手的模型。

需考虑的事项应当包括：

——质量方针和目标；

——设备的能力或鉴定；

——产品的生产条件；

——产品的使用或应用；

——产品的处置；

——产品的寿命周期；

——产品对环境的影响；

——使用自然资源(包括材料和能源)所产生的影响。

组织应当以适当的时间间隔对过去进行确认，以确保及时地对影响过程的更改作出反应，尤其应当注意具有以下特点的过程的确认：

——具有高价值和安全性至关重要的产品；

——仅在产品使用中才暴露出产品的不足；

——不可重复的过程；

——无法对产品进行验证。

组织应当实施有效和高效地控制更改的过程，以确保产品或过程的更改对组织有利并能满足相关方的需求和期望。组织应当对更改进行识别、记录、评价、评审和控制，以便了解更改对其他过程以及顾客和其他相关方的需求和期望的影响。

组织应当记录和传达任何影响产品特性的过程更改，以保持产品的符合性并为采取纠正措施或改进组织的业绩提供信息。组织还应当明确更改的权限，以确保对更改进行控制。

组织应当在任何相关的更改后，对以产品形式存在的输出进行确认，从而确保更改达到了预期结果。

可考虑使用模拟技术为预防过程故障或失效制定计划。

应当通过风险评估来评价过程中可能产生的故障和失效及其影响。评价结果应当用来确定并实施预防措施，以减轻已识别的风险。风险评估的方法可包括：

——故障模式和影响分析；

——故障树分析；

——关系图；

——模拟技术；

——可靠性预计。

检查：

在医院内是否有病人转科的程序？

医疗护理提供者和员工是否容易理解病人的诊疗记录，以便于沟通？

在整个医院内是否采用了临床数据的计算机控制系统？

对于可能影响到所提供的产品或服务质量的工作过程，是否需要确认？为了更好地区别人为错误与疏忽和处理失当，是否尽量将工作过程设计成统一的程序？在过程确认中是否考虑了预防失误？

管理者是否监视工作过程的结果？当结果不是所预期的，是否采取纠正措施？是否已经考虑过实行奖励制度，从而对减少错误给予鼓励？

指南与示例：

组织应当尽最大可能积极参加地区性疾病预防工作，其好处是在诸如糖尿病、高血压和心脏病等常见病方面，对所规定的检测要求和使用的标准医疗护理装置相互之间达到一致。服务提供者监督的目的在于早发现，早治疗。

合理膳食对健康很重要。由于膳食不当引发疾病，应当执行饮食疗法。饮食疗法的策划和提供应当是一个交叉的过程。应当提供与医疗护理计划一致并适合病人的年龄、文化和饮食爱好及无过敏反应的食物。

当实施手术、麻醉和开药物治疗处方时，在病人的诊疗记录中应当有报告。组织应当在文件中规定记载和修改这类医疗记录的职责和权限。

医疗护理的质量特性的示例包括：临床效果、及时性、方便性、易获得性和安全性。

失效模式和影响分析(FMEA)包括对潜在失效影响的预测和进行干预，防止此类失效发生或减轻这种失效的影响。故障树分析是描绘失效模式和影响分析的直观方法，就像一棵树，最终的系统失效是在树顶，失效的子系统就像支撑树顶的树枝，组成部分的失效在底部。

GB/T 19001—2008　质量管理体系　要求

7.2　与顾客有关的过程

7.2.1　与产品有关的要求的确定

组织应确定：

a)　顾客规定的要求，包括对交付及交付后活动的要求；

b)　顾客虽然没有明示，但规定用途或已知的预期用途所必需的要求；

c)　适用于产品的法律法规要求；

d)　组织认为必要的任何附加要求。

注：交付后活动包括诸如保证条款规定的措施、合同义务(例如，维护服务)、附加服务(例如，回收或最终处置)等。

7.2.2　与产品有关的要求的评审

组织应评审与产品有关的要求。评审应在组织向顾客作出提供产品的承诺(如：提交标书、接受合同或订单及接受合同或订单的更改)之前进行，并应确保：

a)　产品要求已得到规定；

b)　与以前表述不一致的合同或订单的要求已得到解决；

c)　组织有能力满足规定的要求。

评审结果及评审所引起的措施的记录应予保持(见 4.2.4)。

若顾客没有提供形成文件的要求，组织在接受顾客要求前应对顾客要求进行确认。

若产品要求发生变更，组织应确保相关文件得到修改，并确保相关人员知道已变更的要求。

注：在某些情况中，如网上销售，对每一个订单进行正式的评审可能是不实际的，作为替代方法，可对有关的产品信息，如产品目录、产品广告内容等进行评审。

7.2.3　顾客沟通

组织应对以下有关方面确定并实施与顾客沟通的有效安排：

a)　产品信息；

b)　问询、合同或订单的处理，包括对其修改；

c)　顾客反馈，包括顾客抱怨。

7.2 与相关方有关的过程

管理者应当确保组织对与其顾客和其他相关方相互认可的有效和高效的沟通过程作出规定。组织应当实施和保持这样的过程，以确保充分理解相关方的需求和期望，并将其转化为组织的要求。这些过程应当包括对相关信息的识别和评审，并使顾客和其他相关方积极参与。

相关过程的信息可包括：

——顾客或其他相关方的要求；

——市场调研，包括行业和最终使用者的数据；

——合同要求；

——竞争对手的分析；

——水平对比；

——法律法规要求的过程。

组织应当在表示同意之前充分理解顾客或其他相关方对过程的要求。这种理解和其影响应当为参与者共同接受。

注：组织应当考虑对病人(见3.1.11)的基本医疗服务和支持服务(见3.1.23)两个方面。支持服务的示例有：向相关方提供餐饮服务。

7.2.1 合同评审

组织应确保所有与顾客有关的合同经过合同评审。示例包括：知情同意书、交费通知单和体检协议等。

检查：

为提供治疗所必需的产品或服务，是否根据诊疗计划建立了相应的过程？在诊疗方案上是否有此项描述？

病人和家属是否了解诊疗计划和他们的权力和义务以及他们要求的任何措施？

膳食服务过程是否受到监视，以确保符合规定？

指南与示例：

诊疗方案包括所有的安排和与原安排有关的说明。在方案中对医患沟通的过程要予以描述。

是否了解所有顾客、病人和家属的要求？在制定护理计划时是否适当考虑了这些要求？例如：过敏史、家族史、经济承受能力、出院后病人处在对健康不利的环境、按医生要求复诊、药物之间的不良相互作用等。

> GB/T 19001—2008 质量管理体系 要求
>
> **7.3 设计和开发**
>
> **7.3.1 设计和开发策划**
>
> 组织应对产品的设计和开发进行策划和控制。
>
> 在进行设计和开发策划时，组织应确定：
>
> a) 设计和开发的阶段；
>
> b) 适合于每个设计和开发阶段的评审、验证和确认活动；
>
> c) 设计和开发的职责和权限。
>
> 组织应对参与设计和开发的不同小组之间的接口实施管理，以确保有效的沟通，并明确职责分工。
>
> 随着设计和开发的进展，在适当时，策划的输出应予以更新。
>
> 注：设计和开发的评审、验证和确认具有不同的目的，根据产品和组织的具体情况，可单独或以任意组合的方式进行并记录。

7.3 设计和开发

7.3.1 通用指南

最高管理者应当确保组织对所必需的设计和开发过程作出规定，并予以实施和保持，从而有效和高效地对顾客和其他相关方的需求和期望作出反应。

在设计和开发产品或过程时，管理者应当确保组织不仅要考虑它们的基本性能和功能，而且还要考虑影响满足顾客和其他相关方所期望的产品和过程业绩的所有因素，如：组织应当考虑寿命周期、安全和卫生、可试验性、可使用性、易用性、可信性、耐久性、人类工效、环境、产品处置和已识别的风险。

7.3.1.1 设计过程

医疗服务设计过程应当形成文件。医疗服务设计过程应当描述诊疗手段和诊疗评估，预期的医疗服务结果是如何被识别的。

注：医疗服务过程的某些测量值可被用于代替病人出现的结果。例如：测量接种后提升的免疫率比测量发病率更有意义。

管理者还有责任确保采取措施识别和减轻对组织的产品和过程的使用者存在的潜在风险。风险评估应当评价产品或过程中可能出现的故障或失效及其影响。这种评价结果应当用来确定和实施预防措施，从而减轻已识别的风险。设计和开发的风险评估方法可包括：

——设计故障模式和影响分析；

——故障树分析；

——可靠性预计；

——关联图；

——排序技术；

——模拟技术。

检查：

在医疗服务组织中，病人的诊疗计划和知情同意书是由谁设计、拟定的？设计、拟定人员或部门是否承担设计诊疗计划或知情同意书的责任？或是利用外部的程序或文件？如果医生不是组织中的员工，但是他以组织的名义行医是经过特许的，那么由谁来设计诊疗计划？

组织是否规定病人的诊疗计划由谁设计？知情同意书由谁拟定？

指南与示例：

外科医生学习一种新的程序或学习如何使用新的外科手术设备，当这个新的程序成为这项活动的标准时，这个外科医生就有责任制定手术方案，但不负责拟订用于外科手术的知情同意书。外科医生仍然对与病人及家属之间双方的沟通负责，病人和其他相关方当然不负责设计诊疗计划或手术方案。

GB/T 19001—2008 质量管理体系 要求

7.3.2 设计和开发输入

应确定与产品要求有关的输入，并保持记录(见 4.2.4)。这些输入应包括：

a) 功能要求和性能要求；

b) 适用的法律法规要求；

c) 适用时，来源于以前类似设计的信息；

d) 设计和开发所必需的其他要求。

应对这些输入的充分性和适宜性进行评审。要求应完整、清楚，并且不能自相矛盾。

7.3.2 设计和开发的输入和输出

组织应当对影响产品设计和开发以及促进有效和高效的过程业绩的过程的输入加以识别，以满足顾客和其他相关方的需求和期望。这些外部的需求和期望与组织内部的需求和期望都应当适合于转化为设计和开发过程的输入要求。

输入可包括：

a) 外部输入，如：

——顾客或市场的需求和期望；

——其他相关方的需求和期望；

——供方的贡献；

——来自使用者以实现稳健设计和开发的输入；

——相关法律法规要求的变化；

——国际或国家标准；

——行业规范。

b) 内部输入，如：

——方针和目标；

——组织内人员的需求和期望，包括来自过程输出接受者的需求和期望；

——技术开发；

——对完成设计和开发的人员应当具备的能力的要求；

——从以往经验获得的反馈信息；

——现有过程和产品的记录和数据；

——其他过程的输出。

c) 对确定产品或过程的安全性和适当功能以及维护保养至关重要的特性的输入，如：

——运行、安装和应用；

——贮存、搬运和交付；

——物理参数和环境；

——产品处置的要求。

基于对最终使用者和直接顾客的需求和期望的评估而获得的与产品有关的输入很重要。这种输入应当以能对产品进行有效和高效的验证和确认的方式来表达。

输出应当包括能按已策划的要求进行验证和确认的信息。设计和开发的输出可包括：

——证实将过程输入与过程输出相比较的数据；

——产品规范，包括验收准则；

——过程规范；

——材料规范；

——试验规范；

——培训要求；

——使用者和消费者的信息；

——采购要求；

——鉴定试验报告。

设计和开发输出应当对照输入进行评审，以便提供输出是否有效和高效地满足了过程和产品要求的客观证据。

注：医疗服务(见3.1.6)设计可包括：制定或修订诊疗或服务计划、指南、医疗护理流程、病人检查结果、科研和治疗协议、培训资料以及其他设备和产品的程序。

7.3.2.1 设施和设备的策划

组织应利用多学科协作的方式制定设施和设备计划。计划应说明病人的个人隐私和安全，以及适当时所需要的消毒和感染预防。设施的布局应当合理，人流、物流便捷通畅。组织应确保员工配置合理，以保证其工作的能力。

注：为了达到有效经营，在策划阶段就应当考虑确定适宜的设施和设备。

组织应制定应急预案，以便在紧急情况下合理地保护员工和顾客(见 3.1.3)，例如公用设施中断，关键设备出故障，或恶劣天气。应急预案还应当说明在异常情况下的安全区域。

检查：

当组织进行设计(从事医学研究，其结果是新的途径、技术或程序)时，应用 7.3 的要求。当组织开发某种不同的方式来实施这一途径、技术或程序时，也应用 7.3 的要求。如果组织严格采用过去熟知的技术、途径或程序，那么就可以删除 GB/T 19001 中的 7.3 条款。

对设施的策划应当形成文件。适用的文件包括：设施平面图、组织机构图和职责分配表(这些表确定了职能和职责)、作业指导书、失效模式及其影响分析表(FMEA)、观察控制、会议记录、人类工效学研究、预防措施和记录、制造厂或供方提供的设备手册、内部审核记录、特征矩阵、应急事件演练计划和记录。设施计划在实际开始执行之前，应当由多学科专家组评审和推荐工作流程、平面图、必要的设备和其他有关问题。

设施布局应合理，人流、物流便捷通畅，以此来实现对病人的有效和高效的医疗护理顺序。

指南与示例：

组织应决定是否进行设计和开发。如果不采用 7.3，应当在文件中说明删除这一要求的理由。当设计和开发的活动适合于组织时，应当制定一个在设计和开发活动开始之前如何对其进行评审和批准的程序。设计评审、验证和确认的记录应可获得。

组织的计划应写明下列各项内容：

a) 人身安全——建筑物、地面、设备和支持系统不应当对员工、病人和家属或来访者造成危险。

b) 公共安全——应当保护财产、病人和家属、来访者和资料不受包括灾害在内的伤害或损失。

c) 有害物质——对搬运、储存、运输和使用放射性物质或其他有害物质应进行管理并正确处置。

d) 应急事件——在灾害引起的应急行动中，对所有参与人员都要规定职责和权限。

e) 消防安全——应当保护财产、员工、病人和家属及来访者不受火灾的伤害。要进行日常防火演练，以确保适当的反应能力。

f) 医疗设备——应当选择、维护和校准设备，以确保在使用时减小风险，让病人和家属更安全。

g) 公用系统——应当保持供电、给排水、通讯、运输和其他公用系统的正常运转，使其能够应对灾害或有一个支撑计划，以确保病人和家属的安全。

GB/T 19001—2008 质量管理体系 要求

7.3.3 设计和开发输出

设计和开发输出的方式应适合于对照设计和开发的输入进行验证，并应在放行前得到批准。

设计和开发输出应：

a) 满足设计和开发输入的要求；

b) 给出采购、生产和服务提供的适当信息；

c) 包含或引用产品接收准则；

d) 规定对产品的安全和正常使用所必需的产品特性。

注：生产和服务提供的信息可能包括产品防护的细节。

7.3.3 设计和开发评审

最高管理者应当确保指派适宜的人员管理和实施系统的评审，以便确定是否达到了设计和开发目标。这样的评审可在设计和开发过程的选定阶段以及结束时进行。

评审的内容可包括：

——输入是否足以完成设计和开发任务；

——已策划的设计和开发过程的进展情况；

——满足验证和确认的目标；

——评价产品在使用中潜在的危害或故障模式；

——产品性能的寿命周期数据；

——在设计和开发过程期间对更改及其影响的控制；

——问题的识别和纠正；

——设计和开发过程改进的机会；

——产品对环境的潜在影响。

组织应当在适宜阶段对设计和开发的输出以及过程进行评审，以满足顾客和组织中接受过程输出的人员的需求和期望。此外，组织还应当考虑其他相关方的需求和期望。

设计和开发过程的输出验证活动可包括：

——将输入要求与过程的输出进行比较；

——采用比较的方法，如采用可替代的设计和开发计算方法；

——对照类似的产品进行评价；

——试验、模拟或试用，以验证输出符合特定的输入要求；

——对照以往的过程经验所吸取的教训进行评价，如不合格和不足之处。

注1：检验活动应通过在相关的诊疗的策划、疾病诊断和治疗时间等方面，检查正在开展的医疗护理活动，以达到最大的医疗活动的改进。

设计和开发过程输出的确认对于顾客、供方、组织内人员和其他相关方是否乐于接受和使用组织的产品非常重要。

注2：适当时，确认是在最终使用者的使用环境下进行。在医疗服务中，不同的人对药物治疗的反应、对疼痛的忍耐程度、治疗前后的身体状况均有所不同。

受影响的各方参与评审，可使实际使用者通过以下方式对输出作出评价：

——建筑、安装或应用之前的工程设计确认；

——软件安装或使用前的输出确认；

——广泛采用前的服务确认。

为了对产品的未来应用提供信任，可能需要对设计和开发的输出进行部分确认。

组织应当通过验证和确认活动获得足够的数据，以便对设计和开发的方法和决策进行评审。对设计和开发方法的评审应当包括：

——过程和产品的改进；

——输出的可用性；

——过程和评审记录的适宜性；

——故障的调查活动；

——未来的设计和开发过程的需求。

7.3.3.1 选择诊疗方法

确定适当的诊疗方法应当包括：评审最新的相关临床指南、治疗技术、程序、知情同意书和病人诊疗记录(见3.1.12)。所选择的诊疗方法应记录在诊疗计划中(见3.1.2)。

检查：

见前面“设计和开发”中的注。

指南与示例：

见前面“设计和开发”中的注。在一个设施内使用所考虑的新设备或药品时，对这些项目进行评价、试用和再评价是适宜的。

GB/T 19001—2008 质量管理体系 要求

7.3.4 设计和开发评审

应依据所策划的安排(见7.3.1),在适宜的阶段对设计和开发进行系统的评审,以便:

a) 评价设计和开发的结果满足要求的能力;

b) 识别任何问题并提出必要的措施。

评审的参加者应包括与所评审的设计和开发阶段有关的职能的代表。评审结果及任何必要措施的记录应予保持(见4.2.4)。

7.3.5 设计和开发验证

为确保设计和开发输出满足输入的要求,应依据所策划的安排(见7.3.1)对设计和开发进行验证。验证结果及任何必要措施的记录应予保持(见4.2.4)。

7.3.6 设计和开发确认

为确保产品能够满足规定的使用要求或已知的预期用途的要求,应依据所策划的安排(见7.3.1)对设计和开发进行确认。只要可行,确认应在产品交付或实施之前完成。确认结果及任何必要措施的记录应予保持(见4.2.4)。

7.3.7 设计和开发更改的控制

应识别设计和开发的更改,并保持记录。应对设计和开发的更改进行适当的评审、验证和确认,并在实施前得到批准。设计和开发更改的评审应包括评价更改对产品组成部分和已交付产品的影响。更改的评审结果及任何必要措施的记录应予保持(见4.2.4)。

检查:

见前面“设计和开发”中的注。

指南与示例:

确认应当考虑包括病人、医护人员和其他参与人员在内的所有相关顾客。满足一个顾客所需要的过程可能对另外一个顾客是不利的。例如,给一位艾滋病病毒(HIV)呈阳性的病人进行快速血液检验时,要避免实验室人员的锐器伤害和暴露伤害。

GB/T 19001—2008 质量管理体系 要求

7.4 采购

7.4.1 采购过程

组织应确保采购的产品符合规定的采购要求。对供方及采购产品的控制类型和程度应取决于采购产品对随后的产品实现或最终产品的影响。

组织应根据供方按组织的要求提供产品的能力评价和选择供方。应制定选择、评价和重新评价的准则。评价结果及评价所引起的任何必要措施的记录应予保持(见4.2.4)。

7.4.2 采购信息

采购信息应表述拟采购的产品,适当时包括:

a) 产品、程序、过程和设备的批准要求;

b) 人员资格的要求;

c) 质量管理体系的要求。

在与供方沟通前,组织应确保规定的采购要求是充分与适宜的。

7.4.3 采购产品的验证

组织应确定并实施检验或其他必要的活动,以确保采购的产品满足规定的采购要求。

当组织或其顾客拟在供方的现场实施验证时,组织应在采购信息中对拟采用的验证安排和产品放行的方法作出规定。

7.4 采购

7.4.1 采购过程

组织的最高管理者应当确保对评价和控制采购产品的有效和高效的采购过程作出规定并予以实施，从而确保采购的产品能满足组织以及相关方的需求和要求。

组织应当考虑在与供方沟通时使用电子媒体，以便使沟通要求最佳化。

为了确保有效和高效地实现组织的业绩，管理者应当确保在确定采购过程时考虑以下活动：

——及时、有效和准确地识别需求和采购产品规范；

——评价采购产品的成本，考虑采购产品的性能、价格和交付情况；

——组织对采购产品进行验证的需求和准则；

——独特的供方过程；

——考虑合同的管理，包括供方和合作者的协议；

——对不合格采购产品进行更换的保证；

——物流要求；

——产品标识和可追溯性；

——产品的防护；

——文件，包括记录；

——对采购产品偏离要求的控制；

——进入供方的现场；

——产品的交付、安装或应用的历史；

——供方的开发；

——识别并减轻与采购产品有关的风险。

组织应当与供方共同制定对供方过程的要求和产品规范，以利用供方的知识使组织获益。组织还应当吸收供方参加与其产品相关的采购过程，以提高组织采购过程的有效性和效率。这也有助于组织对库存量的控制和获取。

注：采购的产品可以包括由医疗专业人员（见 3.1.13）提供的医疗护理或由其他组织提供的服务以及原材料和经过加工的材料。

7.4.1.1 采购控制

组织应当考虑对日常服务中使用的物品实施“补充式”的库存量管理系统。

注：补充式库存量管理系统是基于材料被消耗后的补充，而不是基于对未来需求的预测。为了实施这种系统，组织必须确定：每一种库存物品的最佳保有库存量和根据向供方再订购产品的周期而定的最佳预订时间。补充式系统优化了库存成本，同时使库存缺货率降到最低。诸如起搏器、关节置换植入件、移植角膜等物品一般不库存。但是维持生命应急使用的物品应当有足够的安全库存量，以避免出现不良事件。

7.4.1.2 急需的采购产品

当需要时，组织为获得急需采购的产品应制定形成文件的程序。该程序应是受控文件。

注：文件规定的其他医疗资源包括：解蛇毒药、稀有血型的血液、贵重药品等。

组织应当规定有关采购产品的验证、沟通和对不合格作出反应等方面的记录的需求，以便证实其符合规范的要求。

7.4.2 控制供方的过程

组织应当建立有效和高效的过程，以识别采购材料的可能的来源，开发现有的供方或合作者，以及评价他们提供所需产品的能力，从而确保整个采购过程的有效性和效率。

7.4.2.1 预定的供方

对于由医疗行政主管部门预先确定的供方，供方的评价和选择由外部决定，组织应当监视供方的业绩和质量，并采取适当措施消除供方的不合格。对于为达到一定采购数量而形成的其他组织，由这类组织通知其所购物品的任何不合格情况。

控制供方过程的输入可包括：

——对供方相关经验的评价；

——供方与其竞争对手相比的业绩；

——对采购产品的质量、价格、交货情况及对问题的处理情况的评审；

——对供方的管理体系的审核和对其有效和高效地按期提供所需产品的潜在能力的评价；

——检查供方有关顾客满意程度的资料和数据；

——对供方的财务状况进行评定，以确信供方在整个预期供货及合作期间的履约能力；

——供方对询价、报价和招投标的反应；

——供方的服务、安装和支持能力以及满足要求的历史业绩；

——供方对相关法律、法规要求的意识和遵守情况；

——供方的物流能力，包括场地和资源；

——供方在公众中的地位和所起的作用以及被社会认可的情况。

管理者应当考虑在供方未能履约时保持组织业绩以及使相关方满意的措施。

7.4.2.2 分包服务

有服务分包的医疗服务组织应当对分包的工作给予足够的监督。

一个医疗服务组织应当向所有分包医疗服务的组织提供有关本组织的管理要求和程序等方面的信息(包括任何必要的表格)，包括：

——索赔的过程；

——评审要求的使用；

——赔偿程序；

——抱怨和上诉权；

——资质要求；

——日常办公业务评审；

——病人及家庭成员的权利和责任；

——病人及家庭成员的保密要求。

检查：

是否有证据证明组织在与供方的合作期间获得了互利的结果？

采购订单是否正确填写和是否足够详细地描述了产品或服务，以便使供方知道为满足组织的要求需要提供什么？

收到的物品和根据订单进行验货的结果是否作了详细的记录？

不合格的物品是否被识别出，以防止这些物品的非预期使用？是否可获得不合格物品的记录？

是否有经过批准的最新的供方名单，并且在组织中规定了保持和更新这个名单的职责和权限？

是否有对供方提供的产品和服务的质量所作的评价，至少用于内部的持续改进并及时反馈给供方？

指南与示例：

产品和服务应当从具有文件所规定的能力的供方采购，以有竞争力的价格(最佳值)满足包括产品质量、技术和服务规定的要求。一般情况下，采购所选择的是“最佳值”，而并不总是选择最低采购价。对于有潜力的新供方，如果没有其他可接受的有关他们的能力的记录，例如：资质证书、证明或推荐，可能需要进行审核。

当组织需要为某些医生从未经批准的供方采购物品时，则医务人员和医疗机构的管理者应当评审这些物品，以确定其是否适用。

组织应具备一个综合职能的团队，以确定对于每个过程什么是重要的采购物品。例如：对于放射科学而言，重要的物品是设备和胶片，而写报告的纸或候诊室的椅子可能就不作为重要物品。重要物品应当受到采购程序的控制(见7.4)。一般物品也应选择合格的供方,库存量管理采用前面描述的“补充式系统”(见7.4.1.1)。维持生命应急物品应当有足够的安全库存量,防备发生非正常事件和应对计划以外的紧急需要。

组织应当监视包括分包人在内的医师的质量业绩。即使服务被分包出去,组织也应当负责设计所交付的服务。组织应负责保证每个医师对医疗护理或服务的选择满足组织的设计要求。

GB/T 19001—2008 质量管理体系 要求

7.5 生产和服务提供

7.5.1 生产和服务提供的控制

组织应策划并在受控条件下进行生产和服务提供。适用时,受控条件应包括:

a) 获得表述产品特性的信息;

b) 必要时,获得作业指导书;

c) 使用适宜的设备;

d) 获得和使用监视和测量设备;

e) 实施监视和测量;

f) 实施产品放行、交付和交付后活动。

7.5.2 生产和服务提供过程的确认

当生产和服务提供过程的输出不能由后续的监视或测量加以验证,使问题在产品使用后或服务交付后才显现时,组织应对任何这样的过程实施确认。

确认应证实这些过程实现所策划的结果的能力。

组织应对这些过程作出安排,适用时包括:

a) 为过程的评审和批准所规定的准则;

b) 设备的认可和人员资格的鉴定;

c) 特定的方法和程序的使用;

d) 记录的要求(见4.2.4);

e) 再确认。

7.5 生产和服务的运作

7.5.1 运作和实现

最高管理者应当深化对实现过程的控制,以便做到既符合要求,又使相关方获益。这可通过提高实现过程以及相关支持过程的有效性和效率来实现,如:

——减少浪费;

——人员的培训;

——信息的沟通和记录;

——供方能力的开发;

——基础设施的改善;

——问题的预防;

——加工方法和过程投入产出比;

——监视方法。

注:为了形成和增强病人和家属及顾客的合理的期望,可能需要对其进行教育。

7.5.1.1 管理病人护理的过程

组织应当确保符合所规定的诊疗计划(见3.1.2)和行业、政府或顾客要求的标准、法规、要求或程序和适用的医疗服务级别资质标准。组织在医疗服务经营和管理中应当采用适宜的工具和原始资料,例如:已经开展的学科研究、水平对比、最高等级的结果、已经执行的程序或实施的外科手术数量、参考数据和正规的资料。

组织应当在适宜的环境中使用适当的工具和设备。适当时,应在医疗服务行业内、外做水平对比。建筑物内外应保持整齐有序的状态,清洁卫生并及时修复缺损,使其适合开展所提供的服务。

组织应当用文件或以流程图的形式规定适宜的病人医疗护理过程,确定采取什么措施为病人提供医疗护理。流程图和文件应当包括:任务分配、适用的临床指南和推荐的参考资料、员工同意的医疗护理协议、程序、手册和作业指导书,以及流程图中每一步骤由谁负责。

为了有助于识别、理解和管理所出现的变化,应当利用适当的统计工具。为了理解和便于正确使用这些数据(见 GB/T 19004—2000,8.4),在医疗护理中可以应用有关的统计工具,例如直方图、运行图、排列图、控制图、实验设计。

7.5.1.2 维修

当组织希望把维修作为服务的一部分,或规定在合同中时,应当对其提供过程进行策划,并根据制定的计划开展服务。如果一个产品的功能取决于定期维护,例如:心脏起搏器,则应当保存充分详细的维护记录,以表明其活动符合规定的要求。

注:这方面的示例还包括:医疗护理的跟踪,如疾病控制方案(例如:哮喘、高血压、家庭输液、理疗、职业病或呼吸治疗)。

检查:

由组织的方针和组织拟定的程序所控制的药品管理活动是否包含任何适用的法规要求?计算机辅助给药分发系统是否配置到整个组织?

组织对医疗设备和测量及监视装置是否有预防性维护保养计划?

组织是否监视给药差错率并对数据进行分析,以便确定差错是否发生在开具处方、调剂或其他药品管理环节?如果差错率是不可接受的,是否采取以防止差错重复发生为重点的纠正措施?

组织是否监视所有病人的诊疗计划的结果,尤其是那些未达到预期效果的结果?是否进行评审并在适当时采取纠正措施?

指南与示例:

应采取预防措施以防止发生不良事件。应有确保监视的程序,监视结果提供给管理者。

针对监视或测量结果超出预期限度所采取的应对措施要作记录。组织应当监视所有病人的诊疗计划的实施结果,对那些非预期的结果要进行评审,适当时,采取纠正措施。如果结果比预期的好,这种案例经过评审后可作为学习的经验,并证实这种结果是否对以后的病人能够重复。

如何实施监视的示例应包括监视和控制临床实验室计划和放射医学的结果。

注:本指导性技术文件未对"7.5.2 生产和服务提供过程的确认"给出指南,使用者对此应予以注意。

> GB/T 19001—2008 质量管理体系 要求
>
> **7.5.3 标识和可追溯性**
>
> 适当时,组织应在产品实现的全过程中使用适宜的方法识别产品。
>
> 组织应在产品实现的全过程中,针对监视和测量要求识别产品的状态。
>
> 在有可追溯性要求的场合,组织应控制产品的唯一性标识,并保持记录(见 4.2.4)。
>
> 注:在某些行业,技术状态管理是保持标识和可追溯性的一种方法。

7.5.2 标识和可追溯性

组织可建立超出要求的产品标识和可追溯性的过程,以便收集能用于改进的数据。

标识和可追溯性的需求可能来自:

——产品的状况,包括部件;

——过程的状况及其能力;

——业绩数据的水平对比,如营销;

——合同要求,如产品的召回能力;

——相关的法律法规要求;

——预期的使用或应用;

——危险材料;

——减轻已识别的风险。

注:在医疗服务组织中,所有与病人有关的产品,在有要求时,应确保其标识和可追溯性。某些物品需要追溯,如:麻醉药、埋入物、同位素。

检查:

必要时,病人和家属是否能够被正确识别?婴幼儿或其他没有交流能力的人是否能够被各自的监护人或家庭成员独立识别?是否有一个过程,用于在一般情况下识别病人?特别是在有重名或其他特殊的情况下是否能准确识别病人?

指南与示例:

应当采用一种程序识别病人和任何其他材料或物品,使发生错误的可能性降到最小。追溯应识别清楚并形成文件,以确保"事件链"在整个追溯活动中不会断开。在使用毒、麻、限、剧药品时,还需要一个"监管链条"。

追溯包括的活动有:

a) 质量记录的来源、修改和翻译;

b) 记录的验证;

c) 记录的增加,使用和保证病人信息的秘密;

d) 记录标识的消除,例如取消人员标识;

e) 记录解密、传递和接收;

f) 记录存档;

g) 记录销毁。

追溯还包括恢复给定日期和时间的质量记录的能力。

GB/T 19001—2008 质量管理体系 要求

7.5.4 顾客财产

组织应爱护在组织控制下或组织使用的顾客财产。组织应识别、验证、保护和维护供其使用或构成产品一部分的顾客财产。如果顾客财产发生丢失、损坏或发现不适用的情况,组织应向顾客报告,并保持记录(见4.2.4)。

注:顾客财产可包括知识产权和个人信息。

7.5.3 顾客财产

组织应当明确在其控制下的与顾客和其他相关方所拥有的财产和其他贵重物品有关的职责,以保护这些财产的价值。

这类财产可包括:

——顾客提供的构成产品的部件或组件;

——顾客提供的用于修理、维护或升级的产品;

——顾客直接提供的包装材料;

——服务作业(如贮存)涉及的顾客的材料;

——代表顾客所提供的服务,如将顾客的财产运到第三方;

——顾客的知识产权,包括规范、图样和专利方面的信息。

注:在医疗服务组织中,有许多顾客财产的示例,如:某些血液物品(比如:血小板、血浆、全血、自体捐献),身体组

织、修复装置、药物、个人的东西和贵重物品、助听器、假牙、移动辅助器材(例如:扶车、夹板、轮椅、拐杖)。

组织应当有搬运、储存、包装、保管和交还顾客财产的程序。如果丢失或不适合使用,应当通知顾客并妥善解决问题。

检查:

见上一条注。

指南与示例:

见上一条注。由顾客提供的知识产权或信息可能是秘密的,应按保密规定对待,例如艾滋病或精神病史。其他示例包括一些诊断影像产品,例如:病人提供的来自其他医疗服务机构的核磁共振(MRI)、CT胶片或报告。可能还应考虑未成年人和无行为能力的成年人的顾客财产权。新生婴儿应被考虑作为"病人"的顾客财产。

GB/T 19001—2008 质量管理体系 要求

7.5.5 产品防护

组织应在产品内部处理和交付到预定的地点期间对其提供防护,以保持符合要求。适用时,这种防护应包括标识、搬运、包装、贮存和保护。防护也应适用于产品的组成部分。

7.5.4 产品防护

管理者应当规定并实施产品的搬运、包装、贮存、防护和交付的过程,以防止产品在生产过程和最终交付时损坏、变质或误用。在确定和实施有效和高效的过程以保护采购材料时,管理者应当吸收供方和合作者参加。

管理者应当考虑因产品性质所引起的任何特殊要求的需求。这些特殊要求可能与软件、电子媒体、危险材料、要求具备特殊技能的人员提供服务、安装或使用的产品,以及与独特的或不可替代的产品或材料有关。

管理者应当确定在产品整个寿命周期防止其损坏、变质或误用,维护产品所需的资源。组织应当与所涉及到的相关方就保护产品在整个寿命周期的预期用途所需资源和方法方面的信息进行沟通。

7.5.4.1 产品防护(补充)

组织应为下列活动提供形成文件(如传染病控制工作手册)的程序:

——适宜的消毒设施和设备的维护;

——正确的搬运材料和采购的产品;

——适当时,限制或隔离病人,以防止伤害、感染、污染或传染性疾病;

——药品的控制(包括毒、麻、限、剧药品);

——医疗工具的控制;

——医疗装置的控制。

组织应利用库存量管理系统优化库存物品的周转时间并确保库存量周转。

注:"先进先出"是库存管理的一个原则。

做标记或贴标签是一种醒目且耐久的方法。物品在库存时不要紧邻相似的物品放置,以免因疏忽出错。

检查:

病人是否按程序"搬运"?病人的搬运是否及时?治疗过程符合诊疗计划,病人的健康状况在下降吗?药品和有害材料是否正确贮存,是否能防盗、防过期和防误用?对于放射性物质,试验中的药,处方药和毒、麻、限、剧药,不论在何处贮存、运输、分发和管理,对其贮存、分发和搬运均有相关程序予以控制吗?

指南与示例:

组织还应淘汰因贮存期有限而超过有效期从而导致变废的物品。库存周转采用先进先出的方法有助于完成这项工作。应制定一个程序用于定期评审库存物品的数量和质量。过期的物品要撤出仓库或做出标识，使其不被用于非预期的目的。

应当检查周转量很小的库存物品，确保最小的库存量以持续地满足需要。

组织应识别有关本条款的任何适用的法规要求，例如病人的安全、适当的限制或隔离，防止伤害、院内感染或交叉污染。

GB/T 19001—2008 质量管理体系 要求

7.6 **监视和测量装置的控制**

组织应确定需实施的监视和测量以及所需的监视和测量设备，为产品符合确定的要求提供证据。

组织应建立过程，以确保监视和测量活动可行并以与监视和测量的要求相一致的方式实施。

为确保结果有效，必要时，测量设备应：

a) 对照能溯源到国际或国家标准的测量标准，按照规定的时间间隔或在使用前进行校准和(或)检定(验证)。当不存在上述标准时，应记录校准或检定(验证)的依据(见 4.2.4)；

b) 必要时进行调整或再调整；

c) 具有标识，以确定其校准状态；

d) 防止可能使测量结果失效的调整；

e) 在搬运、维护和贮存期间防止损坏或失效。

此外，当发现设备不符合要求时，组织应对以往测量结果的有效性进行评价和记录。组织应对该设备和任何受影响的产品采取适当的措施。

校准和检定(验证)结果的记录应予保持(见 4.2.4)。

当计算机软件用于规定要求的监视和测量时，应确认其满足预期用途的能力。确认应在初次使用前进行，并在必要时予以重新确认。

注：确认计算机软件满足预期用途能力的典型方法包括验证和保持其适用性的配置管理。

7.6 测量和监视装置的控制

管理者应当规定并实施有效和高效的测量和监视过程，包括产品和过程的验证和确认的方法和装置，以确保顾客和其他相关方满意。这些过程包括调查、模拟以及其他测量和监视活动。

注：医疗服务组织可以使用装置和过程监视医疗护理、服务、科研或其他产品的质量和业绩。许多这样的装置用于医疗服务，包括：实验、分析、监视和诊断设备。监视过程也可包括满意度调查以及投诉和抱怨的跟踪。

7.6.1 测量和监视装置的控制(补充)

为了控制测量和监视装置，组织应分析和实施有效的测量系统(见 3.1.9)。组织应确保测量系统有适宜的灵敏度(见下面的注)，有可重复性(见 3.1.16)和可再现性(见 3.1.17)。受控装置应有唯一的标识。

注 1：测量经常被假设是准确的，而且常常根据这种假设进行分析和下结论。实际上所有的测量系统都有变化，这种变化影响每一次测量结果，从而影响依据测量数据作出的决定。如果测量系统没有足够的灵敏度，例如：测量系统不能测定和标示被测特性(比如血糖分析)很小的变化，则这种系统就不是识别过程变化或确定单个特性值的适合的系统。GB/T 27025 和 GB/T 19022 也提供了一些计量指南。

注 2：测量和监视装置的示例包括：血压计、影像诊断装置和心电监测设备，氧气流量表和测量工具等。还包括记录表，例如：用来证实这些装置是否满足规定的要求和检定或校准的频次的记录。

注 3：对测量过程的评价应提供测量系统变化方面的信息，包括：装置引起的变化和人为的变化。因此需要理解准确度、精密度、线性度和偏移。

为了获得可信的数据，测量和监视过程应当包括对装置是否适用的确认，对装置是否保持适宜的准确度并符合验收标准的确认，以及识别装置状态的手段。

为了对过程的输出进行验证，组织应当考虑消除过程中潜在错误的手段，如“防错”，从而将测量和监视装置的控制需求减到最小，为相关方增值。

检查：

组织是否有一个过程识别那些需要维护和校准的设备？是否有记录证实设备按照计划维护和校准？在这类设备上是否有某种形式的标志，便于使用者能够确定该设备是否在维护和校准期限内？

组织是否有能够将校准追溯到国家标准或国际标准的记录？如果由第三方校准，是否能追溯？

指南与示例：

在组织内用于设备的维护和校准的程序可能影响到医疗护理结果的质量。设备清单的项目包括：设备的序列号、维护和校准的频次、最近一次维护和校准的日期以及下一次维护和校准的日期。有些设备清单还包括“调整前的数据”和“调整后的数据”。

GB/T 19001—2008　质量管理体系　要求

8　测量、分析和改进

8.1　总则

组织应策划并实施以下方面所需的监视、测量、分析和改进过程：

a)　证实产品要求的符合性；

b)　确保质量管理体系的符合性；

c)　持续改进质量管理体系的有效性。

这应包括对统计技术在内的适用方法及其应用程度的确定。

8　测量、分析和改进

8.1　通用指南

8.1.1　引言

测量数据对以事实为依据做决策很重要。最高管理者应当确保有效和高效地测量、收集和确认数据，以确保组织的业绩和相关方满意。这应当包括对测量的有效性和目的以及数据的预期使用进行评审，以确保为组织增值。

组织的过程业绩测量可包括：

——产品的测量和评价；

——过程能力；

——项目目标的实现；

——顾客和其他相关方的满意程度。

组织应当持续监视其业绩改进活动并记录它们的实施情况，这将为以后的改进提供数据。

改进活动的数据分析结果应当作为管理评审的输入之一，以便为组织的业绩改进提供信息。

注：测量活动通过数据导致组织采取相关的措施，并对过程的业绩进行定期的评价。在评价病人的诊疗过程的效果时应当利用统计技术。

8.1.1.1　测量的策划

组织应当为收集适当的信息建立一种过程，包括识别信息来源。应当用数据评价对病人医疗护理的效果。例如包括：用来表示病人消费明细的一日清单或疗效评价的直方图、运行图。使用的测量方法应当有足够的分辨率来反映不同的状态，以便提供能采取措施的信息。测量方法还应提供有助于管理的直观信息，并用于杜绝浪费和持续改进。

8.1.2　需考虑的事项

测量、分析和改进包括考虑下列事项：

a)　应当将测量数据转化为有益于组织的信息和知识；

b) 应当将产品和过程的测量、分析和改进用于确定组织活动的适当的优先顺序；

c) 应当定期评审组织所使用的测量方法，并连续地验证数据的准确性和完整性；

d) 应当将各过程的水平对比作为改进过程有效性和效率的工具；

e) 顾客满意程度的测量结果对评价组织的业绩至关重要；

f) 测量结果的利用以及所获得信息的形成和沟通对组织很重要，它们是进行业绩改进和吸收相关方参加的基础；这种信息应当是当前的，其目的要作出明确规定。

g) 应当为从测量结果的分析所得到的信息提供适宜的沟通工具；

h) 应当测量与相关方沟通的有效性和效率，以确定信息是否得到及时明确地理解；

i) 在过程和产品性能准则得到满足的情况下，对过程和产品性能数据进行监视和分析仍有利于更好地了解所研究的特性的性质；

j) 使用适宜的统计技术或其他技术有助于了解过程和测量变差，因此可通过控制变差来提高过程和产品的性能。

k) 组织应当考虑定期进行自我评定，以评定质量管理体系的成熟水平、组织的业绩水平，并确定业绩改进的机会(见附录A)。

检查：

组织监视其产品和服务的业绩以及具体的员工的责任是临床和职能部门的责任吗？部门的管理者能否获得其核心过程和服务的现行有效的适用的数据和信息？

指南与示例：

组织应当跟踪其内部自身的业绩，并与其他组织的业绩进行比较。这项工作可通过参考一些基本数据来完成。组织应当关注某些重要的数据，以确保其对一些趋势作出反应，但是对某些特殊情况也不要有过度的反应。

GB/T 19001—2008 质量管理体系 要求

8.2 监视和测量

8.2.1 顾客满意

作为对质量管理体系绩效的一种测量，组织应监视顾客关于组织是否满足其要求的感受的相关信息，并确定获取和利用这种信息的方法。

注：监视顾客感受可以包括从诸如顾客满意度调查、来自顾客的关于交付产品质量方面数据、用户意见调查、流失业务分析、顾客赞扬、索赔和经销商报告之类的来源获得输入。

8.2 测量和监视

8.2.1 体系业绩的测量和监视

8.2.1.1 总则

最高管理者应当确保使用有效和高效的方法来识别质量管理体系业绩有待改进的区域。这些方法可包括：

——顾客和其他相关方满意程度的调查；

——内部审核；

——财务测量；

——自我评定。

8.2.1.2 顾客满意程度的测量和监视

对顾客满意程度的测量和监视应当以与顾客有关的信息的评审为基础。这些信息的收集可以是主动的或被动的。管理者应当认识到有许多与顾客有关的信息的来源，并应当建立有效和高效地收集、分析和利用这些信息的过程，以改进组织的业绩。组织应当识别以书面和口头方式得到的顾客和最终使

用者的信息的来源,包括内部来源和外部来源。与顾客有关的信息可包括:

——对顾客和使用者的调查;

——有关产品方面的反馈;

——顾客要求和合同信息;

——市场需求;

——服务提供数据;

——竞争方面的信息。

组织的管理者应当将顾客满意程度的测量作为一种重要工具。组织征询、测量和监视顾客满意程度的反馈过程应当持续地提供信息,并应当考虑与要求的符合性、满足顾客的需求和期望以及产品价格和交付等方面的情况。

组织应当建立并利用有关顾客满意程度方面的信息来源并与顾客合作,从而预测未来的需求。组织应当策划并建立有效和高效地倾听"顾客的声音"的过程。对这些过程的策划应当确定并实施数据收集方法,包括信息的来源、收集的频次和对数据的分析评审。有关顾客满意程度方面的信息来源可包括:

——顾客抱怨;

——与顾客的直接沟通;

——问卷和调查;

——委托收集和分析数据;

——关注的群体;

——消费者组织的报告;

——各种媒体的报告;

——行业研究的结果。

8.2.1.2.1 顾客满意程度的测量和监视(补充)

组织应有形成文件的过程,以确保顾客满意程度监视和测量结果的客观性与准确性。顾客满意程度的状况指标应予以记录,并有客观信息的支持。组织应以适当的频次与相关方交流顾客满意程度结果。

顾客满意程度监视和测量的示例包括:及时答复病人和家属提出的问题;关于员工对病人和家属礼貌与尊敬的调查;病人和家属的预约或检查等待时间,或随访的可能性;临床结果,其中包括已经发生过的不良事件。在采用调查的方法时,组织应当使用经过确认的调查工具。监视和测量结果应导致更改过程或产生所希望的表现或结果的设计活动。

组织应考虑在某些情况下测量顾客满意程度需要监视某些间接指标。例如:减少痛苦的程度可能导致较高的顾客满意程度。服务提供者应当监视病人和家属是否被告知必要的信息,从而了解策划的结果,并能确定和证实他们的了解程度,以避免因误解而导致不满意。

检查:

是否有监视和测量顾客满意程度的证据?是否不仅限于监视不满意?

是否对顾客投诉及时采取补救措施?

是否采取措施防止顾客不满意?

指南与示例:

病人或他们的家属应当参与满意程度调查。对这些调查的分析应作为改进服务的基础。许多组织监视投诉,那是监视顾客的不满意程度。有些顾客并不投诉,他们只是避开这种不愉快。机构内的数据分析还应包括改进服务的分析,从而提高顾客的满意程度。

最高管理者应确保顾客满意度调查报告作为组织持续改进过程的输入。在可能的情况下,应随时就某个事件做一次顾客满意程度的专项评价。

GB/T 19001—2008 质量管理体系 要求

8.2.2 内部审核

组织应按策划的时间间隔进行内部审核，以确定质量管理体系是否：

a) 符合策划的安排(见 7.1)、本标准的要求以及组织所确定的质量管理体系的要求；

b) 得到有效实施与保持。

组织应策划审核方案，策划时应考虑拟审核的过程和区域的状况和重要性以及以往审核的结果。应规定审核的准则、范围、频次和方法。审核员的选择和审核的实施应确保审核过程的客观性和公正性。审核员不应审核自己的工作。

应编制形成文件的程序，以规定审核的策划、实施、形成记录以及报告结果的职责和要求。

应保持审核及其结果的记录(见 4.2.4)。

负责受审核区域的管理者应确保及时采取必要的纠正和纠正措施，以消除所发现的不合格及其原因。后续活动应包括对所采取措施的验证和验证结果的报告(见 8.5.2)。

注：作为指南，参见 GB/T 19011。

8.2.1.3 内部审核

最高管理者应当确保建立有效和高效的内部审核过程，以评价质量管理体系的强项和弱项。内部审核过程可作为独立评定任何指定过程或活动的管理方面的工具。由于内部审核是评价组织的有效性和效率，因此内部审核过程可作为独立的工具，用于获取现有的要求得到满足的客观证据。

管理者确保采取对内部审核结果作出反应的改进措施很重要。内部审核的策划应当是灵活的，以便允许根据在审核过程中的审核发现和客观证据对审核的重点进行调整。在制定内部审核计划时，应当考虑来自拟审核区域的相关输入以及其他相关方的输入。

内部审核考虑的事项可包括：

——过程是否得到有效和高效地实施；

——持续改进的机会；

——过程的能力；

——是否有效和高效地使用了统计技术；

——信息技术的应用；

——质量成本数据的分析；

——资源是否得到有效和高效地利用；

——过程和产品性能的结果和期望；

——业绩测量的充分性和准确性；

——改进活动；

——与相关方的关系。

内部审核报告有时可包括组织卓越业绩的证据，以便提供管理者承认和激励组织内人员的机会。

注：有各种原因可使医疗服务组织开展内部审核。建立内部审核制度能够确保对组织的质量管理体系的所有方面进行完整的和一致的审核。适当时，与例行检查联合进行。内部审核可按特定要求开展，这些要求包括：关于医疗服务资质和证书、医疗差错、防止欺诈和污辱的规定、填报表单和编码或环境管理体系。

8.2.1.3.1 审核方案

组织应当策划年度审核方案，一年进行几次内部审核，关键活动要比非关键活动的内部审核更频繁。内部审核的频次应根据上一次审核的结果、顾客或病人和家属的投诉以及所识别的改进机会进行调整。审核计划应包括体系覆盖的所有范围(场所和班次)。

注：内部审核的目的应识别现存的或潜在的不合格和改进的机会。

8.2.1.4 财务测量

管理者应当考虑将过程有关的数据转换为财务方面的信息,以便提供对过程的可比较的测量并促进组织有效性和效率的提高。财务测量可包括:

——预防和鉴定成本的分析;

——不合格成本的分析;

——内部和外部故障成本的分析;

——寿命周期成本的分析。

8.2.1.5 自我评定

最高管理者应当考虑确立并实施自我评定。自我评定是一种仔细认真的评价,通常由组织的管理者来实施,最终得出组织的有效性和效率以及质量管理体系成熟水平方面的意见或判断。组织通过自我评定可将其业绩与外部组织和世界级的业绩进行水平对比。自我评定也有助于对组织的业绩改进作出评价,而组织的内部审核过程则是一种独立的审核,用于获取现行的方针、程序或要求得到实施的客观证据,以及评价质量管理体系的有效性和效率。

自我评定的范围和深度应当依据组织的目标和优先顺序进行策划。

见 GB/T 19004—2000。

检查:

是否对每个班次都进行内部审核?在完成了原因的分析之后,是否采取有效的纠正措施?适当时,是否对类似的过程实施补救措施作为预防措施?

是否有证据证明在内部审核计划执行并形成审核记录后,对采取的纠正或预防措施的有效性进行了跟踪及验证?

指南与示例:

有年度内部审核计划。适当时,根据之前的审核发现对其进行修订。审核报告记录了质量体系的哪些部分进行了内部审核,它们属于组织的什么职能部门和范围,以及记录审核结果。在审核报告中还应当说明改进机会。

有些组织同时进行质量、环境和安全审核,以避免组织内的审核活动过于分散。这种方式只能是审核员在这几方面均具备审核能力时才可行。财务审计或调查因审核的性质不同,通常单独进行。

GB/T 19001—2008 质量管理体系 要求

8.2.3 过程的监视和测量

组织应采用适宜的方法对质量管理体系过程进行监视,并在适用时进行测量。这些方法应证实过程实现所策划的结果的能力。当未能达到所策划的结果时,应采取适当的纠正和纠正措施。

注:当确定适宜的方法时,建议组织根据每个过程对产品要求的符合性和质量管理体系有效性的影响,考虑监视和测量的类型与程度。

8.2.2 过程的测量和监视

组织应当确定测量方法,并实施测量,以评价过程的业绩。这些测量应当纳入过程,并在过程管理中实施。

按照组织的设想和战略目标,测量应当用于日常运作的管理,用于适宜进行渐进的或连续的持续改进的过程的评价,以及突破性项目的过程的评价。

过程业绩的测量应当兼顾各相关方的需求和期望,可包括:

——能力;

——反应时间;

——生产周期或生产能力;

——可信性的可测量因素;

——投入产出比；
——组织内人员的有效性和效率；
——技术的应用；
——废物的减少；
——费用的分配和降低。

8.2.2.1 过程的测量和监视(补充)

组织应监视和测量员工有效地应用规定的过程或程序的能力。应当考虑可能影响质量的临床过程和支持过程。监视和测量过程业绩的示例包括：各项事物的循环周期，例如：诊疗报告和各种单据的流转时间，以及组织在满足员工的需求和期望的有效性方面对员工的调查。

检查：

是否通过利用数据、现场监督、提交给管理者的质量控制报表、财务报表、病人诊断符合率和来自不同相关方的反馈来进行日常过程的监视？

必要时，是否有药品全过程监视记录，以便识别和报告药品中存在的问题和变化？

是否把有关诊疗服务使用过度或不足的数据作为组织改进过程的输入？

指南与示例：

药品监视人员应包括：病人、医生、护士、药剂师和其他医护人员，目的是评价药品对病人的治疗效果。当允许时，调整药品的剂量或类型，然后评价病人的不良反应，从而避免在开具处方、调剂和药品管理方面可能出现的问题。

组织应当有识别和报告药品问题的过程，其中包括：以标准格式上报的问题说明和在报告过程中对员工进行的教育。应由医疗管理部门定期组织分析报告中产生的数据。

> GB/T 19001—2008 质量管理体系 要求
>
> **8.2.4 产品的监视和测量**
>
> 组织应对产品的特性进行监视和测量，以验证产品要求已得到满足。这种监视和测量应依据所策划的安排(见7.1)在产品实现过程的适当阶段进行。应保持符合接收准则的证据。
>
> 记录应指明有权放行产品以交付给顾客的人员(见4.2.4)。
>
> 除非得到有关授权人员的批准，适用时得到顾客的批准，否则在策划的安排(见7.1)已圆满完成之前，不应向顾客放行产品和交付服务。

8.2.3 产品的测量和监视

组织应当确定并详细说明其产品的测量要求(包括验收准则)。组织应当对产品的测量进行策划并予以实施，以验证达到相关方的要求，并用于改进产品实现过程。

组织在选择确保产品符合要求的测量方法以及在考虑顾客的需求和期望时，应当考虑下述内容：

a) 产品特性的类型，它们将决定测量的种类，适宜的测量手段，所要求的准确度和所需的技能；
b) 所要求的设备、软件和工具；
c) 按产品实现过程的顺序确定的各适宜测量点的位置；
d) 在各测量点要测量的特性、所使用的文件和验收准则；
e) 顾客对产品所选定特性设置的见证点或验证点；
f) 要求由法律、法规授权机构见证或由其进行的检验或试验；
g) 组织期望或根据顾客或法律法规授权机构的要求，由具有资格的第三方在何处、何时、如何进行下述活动：
 ——型式试验；
 ——过程检验或试验；
 ——产品验证；

——产品确认；

——产品鉴定。

h） 人员、材料、产品、过程和质量管理体系的鉴定；

i） 最终检验，以证实验证和确认活动均已完成并得到认可；

注1：在诊疗服务中，终末检查可在主要的诊疗服务期间或之后进行。示例包括：在医疗组织的门诊手术室为病人进行门诊外科手术之后的检查和门诊顾客满意程度的分析。

j） 记录产品的测量结果。

注2：在诊疗服务中，某些结果的记录（如：免疫接种记录）可以写入诊疗记录或其他的情况记录中。

组织应当评审产品测量所使用的方法和经策划的验证记录，以便寻求业绩改进的机会。为了进行业绩改进，可考虑的产品测量记录的典型示例包括：

——检验和试验报告；

——材料发放通知；

——产品验收单；

——所要求的符合性证书。

注1：组织应当监视诊疗服务使用的过度或不足。

注2：组织应当制定和使用测量诊疗结果的方法，以便监视医疗服务组织的关键过程。

8.2.3.1 产品的测量和监视（补充）

产品测量和监视的示例包括：单项服务费用、病人的诊疗记录与计划的符合性评审、现场随机检查病历、疗效评价以及对诊疗流程或其他活动的监视。

注：测量可包括针对当前的活动和追溯以往的记录。例如：诊断符合率、抢救及时率、仪器检查阳性率等。

8.2.4 相关方满意程度的测量和监视

组织应当识别满足顾客以外的相关方需求所要求的与组织过程相关的测量信息，以便均衡地配置资源。这种信息应当包括与组织内人员、所有者和投资者、供方和合作者以及社会有关的测量。测量可包括：

a） 对组织内人员，组织应当：

——调查人员对组织满足其需求和期望方面的意见；

——评定个人和集体的业绩以及他们对组织成果所作的贡献。

b） 对所有者和投资者，组织应当：

——评定其达到规定目标的能力；

——评定其财务业绩；

——评价外部因素对结果产生的影响；

——识别由于采取措施所带来的价值。

c） 对供方和合作者，组织应当：

——调查供方和合作者对组织采购过程的意见；

——监视供方和合作者的业绩及其与组织采购方针的符合性，并提供反馈；

——评定采购产品的质量、供方和合作者的贡献以及通过合作而给双方带来的利益。

注：为了减少浪费和提高效率，还应当包括：对非临床物品的供方和服务的供方的监视和测量。

d） 对社会，组织应当：

——规定并追踪与其目标有关的适宜数据，以使其与社会的相互影响令人满意；

——定期评定其采取措施的有效性和效率以及社会相关方面对其业绩的感受。

检查：

病人结束当前治疗是否形成文件？必要时，文件中是否包括出院说明，指出复诊需要或类似的后续措施？出院流程中是否将给病人一份满意程度调查表作为其中的一个环节？

组织是否监视付款人对所提供的产品和服务的满意程度?

指南与示例:

应当有病人和付款人满意程度调查的程序。病人调查表可寄回或在办理出院手续过程中完成。这一程序中应当规定向被调查人解释收集数据的目的。

不合格产品的其他示例包括:在错误的病人身上执行了正确的程序,执行的是错误的程序,误诊,误治,开具处方、调剂或药品管理错误所造成的任何不良结果。

> GB/T 19001—2008　质量管理体系　要求
>
> **8.3　不合格品控制**
>
> 组织应确保不符合产品要求的产品得到识别和控制,以防止其非预期的使用或交付。应编制形成文件的程序,以规定不合格品控制以及不合格品处置的有关职责和权限。
>
> 适用时,组织应通过下列一种或几种途径处置不合格品:
>
> a)　采取措施,消除发现的不合格;
>
> b)　经有关授权人员批准,适用时经顾客批准,让步使用、放行或接收不合格品;
>
> c)　采取措施,防止其原预期的使用或应用;
>
> d)　当在交付或开始使用后发现产品不合格时,组织应采取与不合格的影响或潜在影响的程度相适应的措施。
>
> 在不合格品得到纠正之后应对其再次进行验证,以证实符合要求。
>
> 应保持不合格的性质的记录以及随后所采取的任何措施的记录,包括所批准的让步的记录(见 4.2.4)。

8.3　不合格的控制

8.3.1　总则

最高管理者应当赋予组织内人员相应的权限和职责,以使其报告在过程的任何阶段出现的不合格,从而确保及时地查明和处置不合格。组织应当规定对不合格作出反应的权限,以便持续达到过程和产品要求。组织应当有效和高效地控制不合格产品的标识、隔离和处置,以防误用。

可行时,组织应当记录不合格及其处置情况,以便总结经验和为分析与改进活动提供数据。组织也可要求对产品实现过程和支持过程的不合格加以记录和进行控制。

组织也需考虑记录那些在正常工作中得到纠正的不合格的信息,这样的数据能为提高过程的有效性和效率提供有价值的信息。

注 1:组织还应努力解决所有察觉到的不合格。采购产品不合格的示例包括:接收了贴错标签的药品和物品或被污染的物品。不合格服务(见 3.1.18)的示例包括:程序或药品剂量错误,电话铃声等候时间过长,难以约见,伙食质量差,员工不友好或粗暴,对投诉或不满的反应迟缓。

注 2:由于病人和家属出错,造成不良后果,这种情况不属于不合格。这是组织质量体系之外的问题,它对预期的医疗效果有不利影响,应当记入病人的诊疗记录中。可能有必要对病人和家属进行教育,以便纠正问题并使病人和家属的不良因素降到最低。

注 3:在质量管理体系中所使用的术语,应当是该领域人员习惯使用和理解一致的典型术语。

8.3.1.1　不合格品的处置

不合格品(见 3.1.14)在使用中应当被分离出来,以防止被非预期使用。组织应制定一个纠正措施计划,以便量化、分析并减少不合格品。对计划的执行情况应当进行跟踪。

8.3.2　不合格的评审和处置

组织的管理者应当确保建立有效和高效地评审和处置已识别的不合格的过程。不合格的评审应当由授权的人员进行,以确定是否存在需要引起注意的产生不合格的趋势或规律。组织应当考虑对不良趋势进行改进,并将其作为管理评审的输入,同时还要考虑降低指标和配备资源的需求。

对不合格进行评审的人员应当有能力评价不合格产生的总体影响，并应当有权限和资源对不合格进行处置并确定适宜的纠正措施。对不合格处置的接受可以是顾客的合同要求，或其他相关方的要求。

检查：

是否有一个识别和处置不合格服务的程序？

如何处置不合格的产品和物品，以确保其至少在以后的过程中不被使用？

是否为了纠正或预防措施而收集并及时评审不合格数据，包括药品的不良反应？

指南与示例：

不合格品包括不合格服务。

评价采购的不合格物品，以确定是否需要供方采取纠正措施。

其他不合格产品的示例包括：在错误的对象（病人）身上执行了正确的程序，并产生了某些不良的结果。

参考前面的注 2，不严格遵守相关规定是一个复杂的问题，首先需要评审诊疗计划的适宜性。可能需要病人家属、社会各界参与的更复杂的评价。还可能有必要对病人和家属进行教育，以便纠正问题并使病人和家属的不良因素降到最低。当了解上述情况时，应写入病人的诊疗记录。

GB/T 19001—2008　质量管理体系　要求

8.4　数据分析

组织应确定、收集和分析适当的数据，以证实质量管理体系的适宜性和有效性，并评价在何处可以持续改进质量管理体系的有效性。这应包括来自监视和测量的结果以及其他有关来源的数据。

数据分析应提供有关以下方面的信息：

a)　顾客满意(见 8.2.1)；

b)　与产品要求的符合性(见 8.2.4)；

c)　过程和产品的特性及趋势，包括采取预防措施的机会(见 8.2.3 和 8.2.4)；

d)　供方(见 7.4)。

8.4　数据分析

决策应当基于对测量所获得的数据和按照本标准规定所收集的信息的分析。组织应当分析各种来源的数据，以便对照组织的计划、目标和其他规定的指标评定组织的业绩并确定改进的区域，包括相关方可能的利益。

基于事实决策要求进行有效和高效的活动，如：

——有效的分析方法；

——适宜的统计技术；

——基于逻辑分析的结果，权衡经验和直觉，作出决策并采取措施。

数据分析有助于确定现有或潜在问题的根本原因，因而可指导组织作出为改进所需的纠正和预防措施的决定。

为使管理者对组织的总体业绩作出有效的评价，组织应当汇总和分析来自各部门的数据和信息。组织整体业绩的表达方式应当适合组织的不同层次。组织可使用分析结果，以确定：

——趋势；

——顾客的满意程度；

——其他相关方的满意程度；

——过程的有效性和效率；

——供方的贡献；

——组织业绩改进目标的完成情况；

——质量经济性、财务和与市场有关的业绩；

——业绩的水平对比；

——竞争能力。

检查：

组织是否自始至终都有业绩数据？例如：每月的数据统计报表，适用时，包括：院内感染控制、病人或医生的投诉或呼吁，以及由于用药或医疗技术引起的并发症、费用减少或缺乏主动性等数据。数据分析是否用于管理者作决策？是否针对趋势采取预防措施？是否有分析数据的程序，以确保分析能提供可靠的结果来作为管理者利用的信息？

指南与示例：

可得到收集和分析数据的程序并被使用。有许多分析数据的方法，难易不同。员工知道如何收集和分析数据从而得到有价值的信息，以便作出以数据为基础的决策？

组织应当有一个动态的过程监视以降低运行费用，适用时，包括利用与其他内部或外部的医疗服务部门的数据和经验的水平对比。费用估算应当成为年度费用管理计划的组成部分。实际费用应当与估算费用进行比较和修正，以供将来使用。组织应当规定并知道各个具体项目的费用，例如：外科手术、试验、影像和医疗护理等费用，还包括相关的辅助性支持项目的费用。

> GB/T 19001—2008 质量管理体系 要求
>
> **8.5 改进**
>
> **8.5.1 持续改进**
>
> 组织应利用质量方针、质量目标、审核结果、数据分析、纠正措施和预防措施以及管理评审，持续改进质量管理体系的有效性。

8.5 改进

8.5.1 总则

管理者应当不断寻求对组织的过程的有效性和效率的改进，而不是等出现了问题才去寻找改进的机会。改进的范围可从渐进的日常的持续改进，直至战略突破性改进项目。组织应当建立识别和管理改进活动的过程。这些改进可能导致组织对产品或过程进行更改，直至对质量管理体系进行修正或对组织进行调整。

8.5.1.1 总则(补充)

组织应当在服务、质量和降低成本方面进行持续改进。

注1：改进包括：

——纠正措施，防止再次发生；

——预防措施，防止发生；

——持续改进，针对整个体系的过程、产品和服务，在实施过程中不断地发现问题，解决问题，形成良性循环。

组织应当通过评审，识别和及时实施有效的改进措施。由于任何措施的失误都将可能导致病人状况的恶化，因此及时性很重要。评审是改进临床过程的一种方法，如果好的建议被制度化，必将减少不良事件。在建议被制度化之前，应对由于建议所做的更改的有效性进行检查。

注2：评审所得到的信息，可能是在现有的法律及规章制度下“尚未涉及”的信息。组织应当对病人安全、风险管理、诊疗服务关键过程的验收标准等制定文件化的程序，利用并符合质量方针，防止潜在的或重复发生的不良事件。

注3：失效模式影响分析(FMEA)和故障树分析(FTA)可用于预防风险管理，还可用于识别所要求的受控的过程测量或改进的特性，以防止问题的发生或重复发生。

检查：

是否有证据表明在服务、质量和降低成本方面始终有比较主动的改进？

指南与示例：

组织应当持续改进诊疗服务的质量，向顾客、病人和家属提供有价值的服务。这可能需要依据包括一些数据所显示的趋势、不同时间数据构成的比较、所收集到的无法解释的评论或组织确定的其他方法等。

示例：

——针对质量目标的数据分析和应用；

——不断设定新的显示改进的质量目标；

——表明改进的数据的趋势分析或统计分析；

——趋势反映正确的方向，控制图有严格的控制界限；

——计算包括利用六西格玛法，表明改进的业绩的西格玛等级。

从一些文件的研究中可以了解到，医疗服务质量不如其他行业高。应当努力瞄准医疗服务行业内部和外部的成功范例，在可能的情况下重新设计和构造提供医疗服务的过程。

> GB/T 19001—2008　质量管理体系　要求
>
> **8.5.2　纠正措施**
>
> 组织应采取措施，以消除不合格的原因，防止不合格的再发生。纠正措施应与所遇到不合格的影响程度相适应。
>
> 应编制形成文件的程序，以规定以下方面的要求：
>
> a）评审不合格（包括顾客抱怨）；
>
> b）确定不合格的原因；
>
> c）评价确保不合格不再发生的措施的需求；
>
> d）确定和实施所需的措施；
>
> e）记录所采取措施的结果（见4.2.4）；
>
> f）评审所采取的纠正措施的有效性。

8.5.2　纠正措施

最高管理者应当确保将纠正措施作为改进的一种手段。纠正措施的策划应当包括评价问题的重要性，并应当根据对运作成本、不合格成本、产品性能、可信性、安全性以及顾客和其他相关方满意程度等方面的潜在影响来评价。组织应当吸收不同领域的人员参加纠正措施过程。当采取措施时，组织还应当强调过程的有效性和效率，并要对措施进行监视，以确保达到预期目标。在管理评审中应当考虑包含对纠正措施的评审。

为了制定纠正措施，组织应当确定信息的来源，收集信息，以确定需采取的纠正措施。所确定的纠正措施应当注重消除不合格的产生原因，以避免其再发生。纠正措施考虑的信息来源可包括：

——顾客抱怨；

——不合格报告；

——内部审核报告；

——管理评审的输出；

——数据分析的输出；

——满意程度测量的输出；

——有关质量管理体系的记录；

——组织内人员；

——过程测量；

——自我评定结果。

确定不合格原因的方法有许多，包括由个人或委托纠正措施项目小组所做的分析。组织应当根据所考虑问题的影响来权衡在纠正措施方面的投资。

为了评价纠正措施的需求，以确保不合格不再重复发生，组织应当考虑对指定的执行纠正措施项目的人员提供适当的培训。

适当时，组织应当将对不合格根本原因的分析纳入纠正措施过程。不合格根本原因的分析结果应当在确定和采取纠正措施之前通过试验来验证。

8.5.2.1　纠正措施过程

组织应有一个阐明要求以及报告和跟踪纠正措施的一致过程。

组织应当让有类似隐患的其他部门采取相同的纠正措施，以有助于其防止发生同样的问题。

注：纠正措施可能需要有多种信息来源。组织应识别这些来源并制定一种记录这些来源的统一规范的方法。

8.5.3　损失的预防

管理者应当策划如何减轻损失对组织产生的影响，以保持过程业绩和产品性能。所策划的损失的预防应当用于实现和支持过程、活动和产品，以确保相关方满意。

为了有效和高效，对损失预防的策划应当是系统的。这种策划应当基于通过采取适宜方法(包括对以往数据的评价以判断趋势)所获得的数据，以及对组织业绩和其产品性能相关的关键点，从而获得以定量方式表达的数据。数据可来自：

——风险分析方法的应用，如故障模式和影响分析；

——顾客需求和期望的评审；

——市场分析；

——管理评审的输出；

——数据分析的输出；

——满意程度的测量；

——过程测量；

——相关方信息来源的汇总系统；

——有关质量管理体系的记录；

——从以往经验获得的教训；

——自我评定结果；

——提供运作条件失控的早期报警过程。

如果是以电子数据的形式来存储，组织应当建立相关管理程序，用于防止和恢复丢失的电子数据和文档。

这种数据将为制定适于每个过程和产品的有效和高效的损失预防计划以及确定优先次序提供信息，以满足相关方的需求和期望。

对损失预防计划有效性和效率的评价结果应当是管理评审的输出，并应当作为修改计划和改进过程的输入。

注：可使用的预防措施包括：院内感染控制计划要求和程序，对员工、病人和家属的安全要求和程序，例如：临床工作指南。输入可以从员工、顾客和审核报告或某个事件的报告中获得。某些防止疾病的免疫接种可以考虑作为预防措施。为保持健康和预防疾病而拟定的预防接种计划是另一个示例。

检查：

为了有效地防止问题重复发生，是否跟踪纠正措施？纠正措施是否及时并与存在的风险相关？

指南与示例：

内部审核时，对以前的纠正措施要予以检查，以确保跟踪的实施。

GB/T 19001—2008　质量管理体系　要求

8.5.3　预防措施

组织应确定措施，以消除潜在不合格的原因，防止不合格的发生。预防措施应与潜在问题的影响程度相适应。

应编制形成文件的程序，以规定以下方面的要求：

a)　确定潜在不合格及其原因；

b） 评价防止不合格发生的措施的需求；

c） 确定并实施所需的措施；

d） 记录所采取措施的结果(见 4.2.4)；

e） 评审所采取的预防措施的有效性。

8.5.4 组织的持续改进

为了有助于确保组织的未来并使相关方满意，管理者应当创造一种文化，以使组织内人员都能积极参与寻求过程、活动和产品性能的改进机会。

见 8.5.1.1。

为使组织内人员人人参与，最高管理者应当营造一种环境来分配权限，从而使组织内人员都得到授权并接受各自的职责，以识别组织业绩的改进机会。通过下述活动可做到这一点：

——确定人员、项目和组织的目标；

——与竞争对手的业绩和最佳做法进行水平对比；

——对改进的成就给予承认和奖励；

——建议计划，包括管理者及时作出的反应。

为了确定改进活动的结构，最高管理者应当对持续改进的过程作出规定并予以实施，这样的过程适于产品的实现和支持过程以及各项活动。为了确保改进过程的有效性和效率，组织应当就以下方面考虑产品的实现和支持过程：

——有效性(如满足要求的输出)；

——效率(如以时间和费用来衡量的单位产品所耗用的资源)；

——外部影响(如法律法规发生变化)；

——潜在的薄弱环节(如缺少能力和一致性)；

——使用更好方法的机会；

——对已策划的和未策划的更改的控制；

——对已策划的收益的测量。

组织应当将持续改进的过程作为提高组织内部有效性和效率以及提高顾客和其他相关方满意程度的工具。

管理者应当支持将渐进的持续改进活动作为现有过程以及突破性机会的组成部分，以便为组织和相关方带来最大利益。

注 1：减少库存清单中的缝合材料的类型数量属于日常改进活动；应用一个新的伤口愈合方法以淘汰缝合材料属突破性改进。

注 2：应当识别改进结果的机会，使员工参与现有过程和过程改进创新的评价。这些创新可能是在支持性服务或临床服务方面。在不降低医疗护理质量的情况下，减少物品浪费和人员工时应当成为关注的焦点。

支持改进过程的输入可包括来自以下方面的信息：

——确认数据；

——过程的投入产出比数据；

——试验数据；

——自我评定的数据；

——相关方明示的要求和反馈；

——组织内人员的经验；

——财务数据；

——产品性能数据；

——服务提供数据。

管理者应当确保产品或过程的更改得到批准、优化、策划、规定和控制，以满足相关方的要求并避免超出组织的能力。

附录B表述了组织实施持续过程改进的过程。

检查：

为了有效地防止问题的发生，是否跟踪预防措施？预防措施是由于数据分析表明问题将要发生才采取的措施吗？

指南与示例：

内部审核时，对以前的预防措施要予以检查，以确保跟踪的实施。管理者要评审预防措施。

医疗服务组织的持续改进也应当取得其他行业所取得的效果。过程和程序的改进应当导致结果的改进。在组织内被许多人重复实施的、日常的、短周期的改进应当导致从始至终的持续改进。当某些医疗服务过程可能被改进时，原来的一些过程就要被放弃，以利于技术或知识方面的突破。

附 录 A
(资料性附录)
自我评定指南

A.1 引言

自我评定是一种仔细认真的评价,它最终得出组织有效性和效率以及质量管理体系成熟水平方面的意见或判断。自我评定通常由组织自己的管理者来实施,其目的是为组织用于改进的资源投向提供以事实为依据的指南。

自我评定也可用于测量组织实现其目标的进展情况,并可重新评价这些目标是否继续适宜。

目前,依据质量管理体系准则进行自我评定的模式有很多种。国家和区域质量奖是获得最广泛承认和使用的模式,它们也可作为组织追求卓越的模式。

本附录所表述的自我评定方法旨在提供一个简单易行的方法,以确定组织质量管理体系的相对的成熟程度并识别改进的主要区域。

GB/T 19004 自我评定方法的具体特点是:

——它能用于整个质量管理体系,或其中的一部分或任何过程;

——它能用于整个组织或组织的一部分;

——它能使用内部资源在很短的时间内完成评价;

——由跨职能小组完成评价,或由组织中得到最高管理者支持的一个人来完成评价;

——能作为更全面的管理体系自我评定过程的输入;

——易于识别改进机会的优先次序;

——能促进质量管理体系向世界级业绩水平发展。

GB/T 19004 自我评定方法是针对 GB/T 19004 的每个主条款在从 1(没有正式的方法)到 5(最好的运作级别)共 5 个等级来评价质量管理体系的成熟程度。本附录以组织可能提出的典型问题的方式为组织提供了指南,以评价 GB/T 19004 每个主条款的实施情况。

采用该方法的另一个优点是可用一段时间内的监视结果来评价组织的成熟程度。

自我评定方法既不能代替质量管理体系的内部审核,也不能代替现有的质量奖模式。

A.2 运作成熟水平

自我评定方法所采用的运作成熟水平如表 A.1 所示。

表 A.1 运作成熟水平

成熟水平	运作水平	指 南
1	没有正式方法	没有采用系统方法的证据,没有结果,不好的结果或非预期的结果
2	反应式的方法	基于问题或纠正的系统方法;改进结果的数据很少
3	稳定的、正式的系统方法	系统的基于过程的方法,处于系统改进的初期阶段;可获得符合目标的数据和存在改进的趋势
4	重视持续改进	采用了改进过程;结果良好且保持改进趋势
5	最好的运作级别	最强的综合改进过程;证实达到了水平对比的最好结果

本附录的其他部分经斟酌后被删除,其他内容可参见 GB/T 19004—2000。组织应编制自我评定的检查表。

附　录　B
（资料性附录）
持续改进的过程

组织的战略目标应当是对过程进行持续改进，从而提高组织的业绩，使相关方受益。

下面就是对过程进行持续改进的两条基本途径：

a）突破性项目，即对现有过程进行修改和改进，或实施新过程；它们通常由日常运作之外的跨职能的小组来实施；

b）由组织内人员对现有过程进行渐进的持续改进活动。

突破性项目通常包含对现有过程进行重大的再设计，并应当包括：

——确定改进项目的目标和框架；

——对现有的过程进行分析并认清变更的机会；

——确定并策划过程改进；

——实施改进；

——对过程的改进进行验证和确认；

——对已完成的改进作出评价，包括吸取教训。

突破性项目应当以有效和高效的方式按照项目管理方法来管理。更改完成之后，新的项目计划应当为过程的持续管理奠定基础。

组织内人员是提供渐进的持续改进信息的最佳来源，并通常参加工作组。组织应当对渐进的、持续的过程改进活动进行控制，以便了解它们的效果。参与改进的组织内人员应当被授予相应的权限，并应当得到与改进有关的技术支持和必需的资源。

通过上述方法之一进行的持续改进应当包括：

a）改进的原因：识别过程中存在的问题，选择改进的区域，并记录改进的原因；

b）目前的状况：评价现有过程的有效性和效率。收集数据并进行分析，以便发现哪类问题最常发生；选择特定问题并确立改进目标；

c）分析：识别并验证产生问题的根本原因；

d）确定可能解决问题的办法：寻求解决问题的可替代办法。选择并实施最佳的解决问题的办法，即选择并实施能消除产生问题的根本原因以及防止其再发生的解决办法；

e）评价效果：确认问题及其产生根源已经消除或其影响已经减少，解决办法已产生了作用，并实现了改进的目标；

f）实施新的解决办法并规范化：用改进的过程替代老过程，防止问题及其根本原因的再次发生。

g）针对已完成的改进措施，评价过程的有效性和效率；对改进项目的有效性和效率作出评价，并考虑在组织的其他地方使用这种解决办法。

改进过程应当重复用于遗留问题，以及用于为进一步改进过程制定目标和解决办法。

为使组织内人员积极参与改进活动并提高他们的意识，管理者应当考虑以下活动：

——成立小组并由组员选出组长；

——允许组织内人员对他们的工作场所进行控制和改进；

——将培养组织内人员的知识、经验和技能作为组织整个质量管理活动的组成部分。

参 考 文 献

[1] GB/T 19003 软件工程 GB/T 19001—2000 应用于计算机软件的指南(GB/T 19003—2008, ISO 90003:2004,IDT)

[2] GB/T 19001 质量管理体系 要求(GB/T 19001—2008,ISO 9001:2008,IDT)

[3] GB/T 19004 质量管理体系 业绩改进指南(GB/T 19004—2000,idt,ISO 9004:2000)

[4] GB/T 19012 质量管理 顾客满意 组织处理投诉指南(GB/T 19012—2007,ISO 10002:2004,IDT)

[5] GB/T 19015 质量管理体系 质量计划指南(GB/T 19015—2008,ISO 10005:2005,IDT)

[6] GB/T 19016 质量管理体系 项目质量管理指南(GB/T 19016—2005,ISO 10006:2003, IDT)

[7] GB/T 19017 质量管理体系 技术状态管理指南(GB/T 19017—2007,ISO 10007:2003, IDT)

[8] GB/T 19022 测量管理体系 测量过程和测量设备的要求(GB/T 19022—2003, ISO 10012:2003,IDT)

[9] GB/T 19023 质量管理体系文件指南(GB/T 19023—2003,ISO/TR 10013:2001,IDT)

[10] GB/T 19024 质量管理 实现财务和经济效益的指南(GB/T 19024—2008,ISO 10014:2006,IDT)

[11] GB/T 19025 质量管理 培训指南(GB/T 19025—2001,ISO 10015:1999,IDT)

[12] GB/Z 19027 GB/T 19001—2000 的统计技术指南(GB/Z 19027—2005;ISO/TR 10017:2003,IDT)

[13] GB/T 19011 质量和(或)环境管理体系审核指南(GB/T 19011—2003,ISO 19011:2002, IDT)

[14] ISO 10576-1:2003 Statistical methods—Guidelines for the evaluation of conformity with specified requirements—Part 1:General principles

[15] ISO/TR 13425:2003 Guidelines for the selection of statistical methods in standardization and specification

[16] YY/T 0287 医疗器械 质量管理体系用于法规的要求(YY/T 0287—2003,ISO 13485:2003,IDT)

[17] GB/T 24001 环境管理体系 要求及使用指南(GB/T 24001—2004,ISO 14001:2004, IDT)

[18] GB/T 24004 环境管理体系 原则、体系和支持技术通用指南(GB/T 24004—2004, ISO 14004:2004,IDT)

[19] ISO 15189:2003 Medical laboratories—Particular requirements for quality and competence

[20] GB/T 27025 检测和校准实验室能力的通用要求[1)](GB/T 27025—2008,ISO/IEC 17025:2005,IDT)

[21] IEC 60300-1:2003[2)] Dependability management—Part 1:Dependability management systems

---

1) 以前称为 ISO/IEC 导则 25。

2) 根据 ISO 9000-4:1993 修订而成。

[22] Statistical methods for quality control—Vol. 1:Statistical methods in general—Terminology and symbols—Acceptance sampling. ISO Handbook,5th edition,2000

[23] Statistical methods for quality control—Vol. 2:Measurement methods and results—Interpretation of statistical data—Process control. ISO Handbook,5th edition,2000

[24] Quality Management Principles Brochure

[25] ISO 9000+ISO 14000 News (a bimonthly publication which provides comprehensive coverage of international developments relating to ISO's management system standards,including news of their implementation by diverse organizations around the world)

[26] 参考网站:
http://www.iso.ch/
http://www.tc176.org
http://www.bsi.org.uk/iso-tc176-sc2
http://www.asq.org/
http://www.aiag.org/
http://www.csa.ca/
http://www.who.int/

ICS 03.120.10
A 00

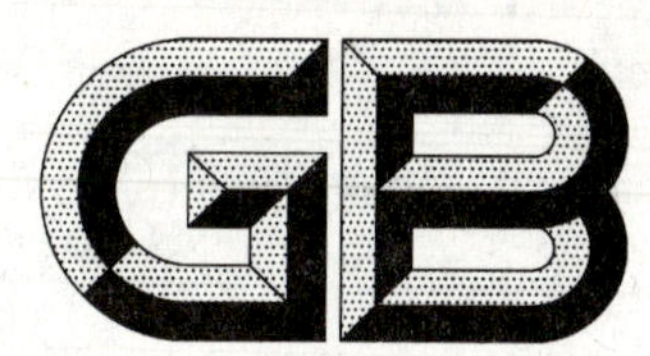

中华人民共和国国家标准化指导性技术文件

GB/Z 19032—2009

质量管理体系 GB/T 19001在教育组织中的应用指南

Quality management systems—
Guidelines for the application of GB/T 19001 in education

(ISO/IWA 2:2003,MOD)

2009-09-30 发布　　　　2009-12-01 实施

中华人民共和国国家质量监督检验检疫总局
中国国家标准化管理委员会　发布

前　言

本指导性技术文件修改采用ISO/IWA 2:2003《质量管理体系　ISO 9001:2000 在教育组织中的应用指南》。

本指导性技术文件对ISO/IWA2:2003的修改除了编辑性和文字性的修改外，主要包括：

——对3.3“教育产品”的“注”进行了适当修改；

——对5.4.1“质量目标”的指南增加了可以从哪些方面考虑建立质量目标的内容；

——对4.1“总要求”的指南增加了有关外包过程的内容；

——增加了7.4“采购”的指南；

——对7.5.5“教育产品的防护”的指南增加了有关健康卫生安全的内容；

——对7.6“监督和测量装置的控制”指南的内容进行了重新编写；

——对8.5.1“持续改进”的指南增加了有关对持续改进的总体要求。

为了进一步提高教育组织实施GB/T 19001标准的有效性，本指导性技术文件为如何将GB/T 19001应用于各类教育组织提供了指导。

为便于组织应用本指导性技术文件，本指导性技术文件在含有GB/T 10991—2000要求的实线框下，描述了针对这些要求所提供的相关指导。

本指导性技术文件仅供参考。有关对本指导性技术文件的建议和意见，向国务院标准化行政主管部门反映。

本指导性技术文件由全国质量管理和质量保证标准化技术委员会(SAC/TC 151)提出并归口。

本指导性技术文件由中国标准化研究院负责起草。

本指导性技术文件起草单位：中国标准化研究院、南京信息工程大学、北京师范大学、中教英才教育认证中心、江苏省教育学会、紫琅职业技术学院、江阴市山观实验小学。

本指导性技术文件主要起草人：李仁良、周长春、程凤春、李钊、高毅强、叶水涛、张荣生、孟彩娟。

引　言

<table><tr><td>

0.1　总则

采用质量管理体系应当是组织的一项战略性决策。一个组织质量管理体系的设计和实施受各种需求、具体目标、所提供的产品、所采用的过程以及该组织的规模和结构的影响。统一质量管理体系的结构或文件不是本标准的目的。

本标准所规定的质量管理体系要求是对产品要求的补充。“注”是理解和说明有关要求的指南。

本标准能用于内部和外部(包括认证机构)评定组织满足顾客、法律法规和组织自身要求的能力。

本标准的制定已经考虑了 GB/T 19000 和 GB/T 19004 中所阐明的质量管理原则。

</td></tr></table>

0.1　概述

本指导性技术文件针对 GB/T 19001 的要求,结合教育组织的特点,提出了 GB/T 19001 在教育组织中的应用指南,以帮助这些组织实施符合 GB/T 19001 要求的质量管理体系。

注:为了保证实施质量管理体系的所有成本能够由其所获得的持续收益得到回报,教育组织应当根据自身规模和具体情况来策划该体系,并且将该体系作为一个项目或项目方案来实施。

教学计划说明了需要学习的内容,以及如何对学习进行评价。但是,如果教育组织中存在不完善的过程,教学计划就不能确保顾客的需求和期望得到满足。本技术性指导文件提出的目的是为了改进教育组织中的不完善过程,帮助教育组织实施有效的质量管理体系。对教育教学工作及其支持性工作的持续评价可以保证教育过程的有效性。内部质量审核可以验证教育教学工作是否符合要求,以实现所要求的效果。

质量管理体系应当简便而且有效。该体系要求全面地满足教育组织所应达到的质量目标。质量控制是质量管理体系中的一项重要的工作。人的行为难以精确测量,但在教育过程中却经常需要评价个人的工作绩效(如教师的教育教学绩效)。

<table><tr><td>

0.2　过程方法

本标准鼓励在建立、实施质量管理体系以及改进其有效性时采用过程方法,通过满足顾客要求,增强顾客满意。

为使组织有效运作,必须识别和管理众多相互关联的活动。通过使用资源和管理,将输入转化为输出的活动可视为过程。通常,一个过程的输出直接形成下一个过程的输入。

组织内诸过程的系统的应用,连同这些过程的识别和相互作用及其管理,可称之为“过程方法”。

过程方法的优点是对诸过程的系统中单个过程之间的联系以及过程的组合和相互作用进行连续的控制。

过程方法在质量管理体系中应用时,强调以下方面的重要性:

a)　理解并满足要求;

b)　需要从增值的角度考虑过程;

c)　获得过程业绩和有效性的结果;

d)　基于客观的测量,持续改进过程。

图 1 所反映的以过程为基础的质量管理体系模式展示了 4～8 章中所提出的过程联系。这种展

</td></tr></table>

示反映了在规定输入要求时，顾客起着重要作用。对顾客满意的监视要求对顾客有关组织是否已满足其要求的感受的信息进行评价。该模式虽覆盖了本标准的所有要求，但却未详细地反映各过程。

注：此外，称之为"PDCA"的方法可适用于所有过程。PDCA模式可简述如下：

P——策划：根据顾客的要求和组织的方针，为提供结果建立必要的目标和过程；

D——实施：实施过程；

C——检查：根据方针、目标和产品要求，对过程和产品进行监视和测量，并报告结果；

A——处置：采取措施，以持续改进过程业绩。

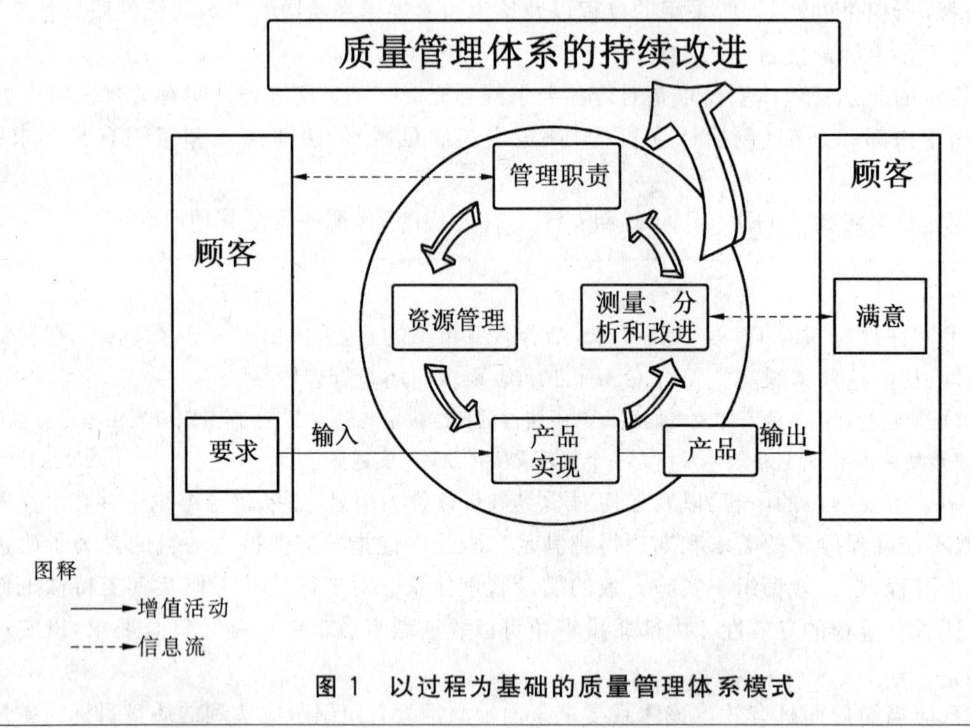

图1 以过程为基础的质量管理体系模式

0.2 教育组织的过程方法

提供教育产品的教育组织应当对其过程进行定义。这些过程通常涉及多学科教育教学，其中包括行政管理服务、其他形式的支持服务以及相关的评价，例如：

——教育组织在社会经济环境下的战略定位；

——教师所提供的教育教学服务能力；

——维护教育组织的工作环境；

——开发、评审和改进教育教学计划、课程教学大纲和资料；

——挑选和接纳学习申请人；

——对学生教育教学的后续工作和评价；

——针对学生所做的最终评价，最终的评价结果表现为毕业证书、学位证书、各类等级证书或者是合格证书等；

——帮助学生满意地完成课程学习的教与学过程的支持性服务，并支持学生直到获得学位或其他相应证书；

——内部和外部沟通；

——对教育过程的测量，包括顾客对教育组织、教育教学服务的评价。

质量管理体系
GB/T 19001在教育组织中的应用指南

> 1 范围
>
> 1.1 总则
>
> 本标准为有下列需求的组织规定了质量管理体系要求：
>
> a) 需要证实其有能力稳定地提供满足顾客和适用的法律法规要求的产品；
>
> b) 通过体系的有效应用，包括体系持续改进的过程以及保证符合顾客与适用的法律法规要求，旨在增强顾客满意。
>
> 注：在本标准中，术语"产品"仅适用于预期提供给顾客或顾客所要求的产品。
>
> 1.2 应用
>
> 本标准规定的所有要求是通用的，旨在适用于各种类型、不同规模和提供不同产品的组织。
>
> 当本标准的任何要求因组织及其产品的特点而不适用时，可以考虑对其进行删减。
>
> 除非删减仅限于本标准第7章中那些不影响组织提供满足顾客和适用法律法规要求的产品的能力或责任的要求，否则不能声称符合本标准。

1 范围

本指导性技术文件给出了GB/T 19001在教育组织中的应用指南。

这些指导对GB/T 19001的要求没有做任何增减或改动，也无意用于有关合格评定或认证的合同。

> 2 引用标准
>
> 下列标准所包含的条文，通过在本标准中引用而构成为本标准的条文。本标准出版时，所示版本均为有效。所有标准都会被修订，使用本标准的各方应探讨使用下列标准最新版本的可能性。
>
> GB/T 19000—2000 质量管理体系 基础和术语(idt ISO 9000:2000)

2 规范性引用文件

下列文件中的条款通过本指导性技术文件的引用而成为本指导性技术文件的条款。凡是注日期的引用文件，其随后所有的修改单(不包括勘误的内容)或修订版均不适用本指导性技术文件，然而，鼓励根据本指导性技术文件达成协议的各方研究是否可使用这些文件的最新版本。凡是不注日期的引用文件，其最新版本适用于本指导性技术文件。

GB/T 19000 质量管理体系 基础和术语(GB/T 19000—2008，ISO 9000:2005,IDT)

GB/T 19001 质量管理体系 要求(GB/T 19001—2008,ISO 9001:2008,IDT)

GB/T 19004 质量管理体系 业绩改进指南(GB/T 19004—2000,idt ISO 9004:2000)

GB/T 19023 质量管理体系文件指南(GB/Z 19023—2003,ISO/TR 10013:2001,IDT)

3　术语和定义 本标准采用 GB/T 19000 中的术语和定义。 本标准表述供应链所使用的以下术语经过了更改，以反映当前的使用情况： 供方———→组织———→顾客 本标准中的术语“组织”用以取代 GB/T 19001—1994 所使用的术语“供方”，术语“供方”用以取代术语“分承包方”。 本标准中所出现的术语“产品”，也可指“服务”。

3　术语和定义

本指导性技术文件采用 GB/T 19000 中的术语和定义以及下列术语和定义。

3.1

顾客　customer

接受产品的组织或个人

[GB/T 19000—2008，3.3.5]

示例：顾客可以是消费者(在教育领域通常是指学习者)、委托人或购买者(在教育领域通常是指资助学习者的个人或组织，其本身也可能是学习者)、最终顾客(在教育领域通常是指从学习者所取得的学习成果中获益的个人或组织，例如用人单位、政府、社会)。

3.2

相关方　interested party

与组织的业绩或成就有利益关系的个人或团体

[GB/T 19000—2008，3.3.7]

示例：相关方可以是客户、母公司、其他相关的教育组织或者是社团。

注：团体可以包括一个组织、部分组织或多个组织。

3.3

教育产品　educational product

与教育有关的产品

注：教育产品通常是指提供以教育教学为主的服务，也包括教育教学软件和一些帮助信息转化和继续留作参考的电脑软件或者是书面资料。

3.4

教育过程　educational process

实现教育产品(见 3.3)的过程

注：参见 0.2。

3.5

教育组织　educational organization

提供教育产品(见 3.3)的组织

3.6

教育提供者　education provider

将教育产品(见 3.3)提供给学习者的人

注：教育提供者的习惯称呼根据国家和教育等级划分的不同而改变，例如教师、培训者、讲师或教授等。

> **4 质量管理体系**
>
> **4.1 总要求**
>
> 组织应按本标准的要求建立质量管理体系，形成文件，加以实施和保持，并持续改进其有效性。
>
> 组织应：
>
> a) 识别质量管理体系所需的过程及其在组织中的应用(见1.2)；
>
> b) 确定这些过程的顺序和相互作用；
>
> c) 确定为确保这些过程的有效运行和控制所需的准则和方法；
>
> d) 确保可以获得必要的资源和信息，以支持这些过程的运行和对这些过程的监视；
>
> e) 监视、测量和分析这些过程；
>
> f) 实施必要的措施，以实现对这些过程策划的结果和对这些过程的持续改进。
>
> 组织应按本标准的要求管理这些过程。
>
> 针对组织所选择的任何影响产品符合要求的外包过程，组织应确保对其实施控制。对此类外包过程的控制应在质量管理体系中加以识别。
>
> 注：上述质量管理体系所需的过程应当包括与管理活动、资源提供、产品实现和测量有关的过程。

4 质量管理体系

4.1 总要求

本条款是本指导性技术文件其余内容的基础，为教育组织建立质量管理体系提出如下要求：

a) 教育组织应当规定和管理有关培养目标、教育教学设计和开发、教学计划、教育教学实施以及实施和测量教育教学结果等过程；

b) 在提供教育产品的同时关注教育产品的接受条件；

c) 持续改进这些过程并提供资源。

教育组织应当清晰地界定要实施质量管理体系的“机构”。例如，确定该机构是一家大型教育组织内部的一个部门或学校，或者是政府下属的一个教育组织或所有教育组织。

确定该机构可以帮助教育组织明确谁是“最高管理者”，以及管理体系和教育过程的特点，这将有助于教育组织实现持续改进和顾客满意。

确定该机构还有助于明确所提供的服务内容，这是识别和区分顾客和其他相关方的关键。

应当从课程、教与学过程、组织结构、责任以及保证教育教学质量所使用的资源等方面来理解教育组织的质量管理体系。这其中包括了教育组织的员工或相关供方的大部分活动。可以在以下过程中对教育教学进行控制：

——教育组织的目标定位；

——培养目标的确定；

——教育教学需求分析；

——教育教学设计和开发；

——教学计划的制定；

——教育教学实施；

——教育教学评价；

——教职员工的发展；

——图书馆、实习实训场所和实验室的运行。

应当识别和控制教育组织质量管理体系的外包过程，如教育组织将某一个教育过程或教育活动委托给其他组织。

4.2 文件要求

4.2.1 总则

质量管理体系文件应包括：

a) 形成文件的质量方针和质量目标；

b) 质量手册；

c) 本标准所要求的形成文件的程序；

d) 组织为确保其过程的有效策划、运行和控制所需的文件；

e) 本标准所要求的记录(见 4.2.4)。

注 1：本标准出现“形成文件的程序”之处，即要求建立该程序，形成文件，并加以实施和保持。

注 2：不同组织的质量管理体系文件的多少与详略程度取决于：

a) 组织的规模和活动的类型；

b) 过程及其相互作用的复杂程度；

c) 人员的能力。

注 3：文件可采用任何形式或类型的媒体。

4.2 文件要求

4.2.1 总则

本条款可参考 GB/T 19001 对应要求。

4.2.2 质量手册

组织应编制和保持质量手册，质量手册包括：

a) 质量管理体系的范围，包括任何删减的细节与合理性(见 1.2)；

b) 为质量管理体系编制的形成文件的程序或对其引用；

c) 质量管理体系过程之间的相互作用的表述。

4.2.2 质量手册

质量手册应当说明教育组织质量管理体系的范围、教育过程和支持性过程及其相互作用。其中应当包括或引用 GB/T 19001 所要求的所有适用的程序文件以及该质量管理体系所依据的其他标准。

在策划质量管理体系时，教育组织所制定的质量手册可以包括或引用 GB/T 19001 的条款，例如(但不限于)：

——组织所需要的术语和定义；

——适用的法律法规；

——组织的方针、规章制度；

——教职员工的能力；

——教学计划和课程标准；

——能力培养、信息提供、教育教学、培训和更新；

——支持性服务。

4.2.3 文件控制

质量管理体系所要求的文件应予以控制。记录是一种特殊类型的文件，应依据 4.2.4 的要求进行控制。

应编制形成文件的程序，以规定以下方面所需的控制：

a) 文件发布前得到批准，以确保文件是充分与适宜的；

b) 必要时对文件进行评审与更新,并再次批准;
c) 确保文件的更改和现行修订状态得到识别;
d) 确保在使用处可获得适用文件的有关版本;
e) 确保文件保持清晰、易于识别;
f) 确保外来文件得到识别,并控制其分发;
g) 防止作废文件的非预期使用,若因任何原因而保留作废文件时,对这些文件进行适当的标识。

4.2.3 文件控制

文件控制的目的是要确保质量管理体系文件适宜性,必要时更新,并且使用时能够获得这些文件的有效版本。为了实现这一目标,教育组织应当制定文件控制程序对下列活动作出安排:

——编制、审核和批准内部文件,包括这些文件的确认和修改的状态;
——识别、管理和控制外来文件,尤其是需要关注适时更新的相关文件,例如法律法规、规章制度、政府相关文件等;
——确保相关人员能够获得这些文件;
——管理和控制与学习者相关的法律法规规定的文档,以确保教育教学服务具有可追溯性,并检查各个教育教学阶段要求的满足情况。

应当对用来规定、指导和控制教育过程与支持性服务过程的文件进行控制(见7.1)。

应当对质量管理体系文件的准确性和一致性进行评审和批准。

应当对教科书或学习资料的版本、教育教学补充材料、练习册或者其他指导材料的信息进行控制,并且确保这些信息可追溯到其设计和开发的过程。

应当提供有关学生注册的程序、课程安排、研究报告的要求等方面所需要的完整和现行的文件。

4.2.4 记录控制

应建立并保持记录,以提供符合要求和质量管理体系有效运行的证据。记录应保持清晰、易于识别和检索。应编制形成文件的程序,以规定记录的标识、贮存、保护、检索、保存期限和处置所需的控制。

4.2.4 记录控制

记录提供组织实施的各种活动的信息,例如每个教与学阶段所取得的成果。

教育组织应根据记录的内容并结合组织自身的特点以及法律法规的相关规定确定记录的保存期限及处理方法。

有关学生的记录和教育教学记录通常由教育组织根据隐私保护的相关规定进行保管。记录包括(但不限于):

——设计和开发报告;
——教师的职称或证明;
——教育教学评价;
——外部对办学的评价;
——学生成绩记录;
——学业完成情况的凭证(证书、学分证明、毕业证等);
——学籍档案材料;
——对学生所提供的材料的丢失、损坏或使用不当的记录;
——教育教学事故及处理;

——投诉及处置；
——参与研究的情况；
——教职员工必备的技能的资料；
——版权记录或允许使用信息的证明。

第5章至第8章中规定了教育组织的质量管理体系对记录的要求。

5 管理职责

5.1 管理承诺

最高管理者应通过以下活动，对其建立、实施质量管理体系并持续改进其有效性的承诺提供证据：

a) 向组织传达满足顾客和法律法规要求的重要性；
b) 制定质量方针；
c) 确保质量目标的制定；
d) 进行管理评审；
e) 确保资源的获得。

5 管理职责

5.1 管理承诺

最高管理者(在最高管理层指挥和控制教育组织的一个人或一组人)应当识别并满足顾客的需要和期望。

最高管理者应当确保教育教学计划和教育过程符合法律法规规定的要求。

最高管理层应当确立并表明他们对质量管理体系的建立和持续改进所作出的承诺。

以下是一些可用于教育组织的策略：

——制定组织的质量方针；
——在整个组织内对质量管理体系策划进行沟通。

其他的措施包括制定沟通计划，并对计划进行评审和采取后续措施，以体现最高管理者所作出的承诺和工作的价值。

最高管理者应当为以下工作创造良好的环境：

——制定质量方针，以使组织的所有成员都能了解组织的愿景和使命，
——制定质量目标和考核方法，以实现质量方针所确定的方向；
——尽可能确保获得实现质量目标所需要的人力资源和其他资源；
——通过正式渠道在整个组织中讨论满足顾客需要的重要性，以及遵守有关教育教学服务方面的法律法规要求；
——公示教育组织有关质量事宜的沟通报告，并向顾客提供反馈信息；
——测量教育组织的绩效，以监视所制定的方针和目标的实现情况。

5.2 以顾客为关注焦点

最高管理者应以增强顾客满意为目的，确保顾客的要求得到确定并予以满足(见7.2.1和8.2.1)。

5.2 以顾客为关注焦点

教育组织的最高管理者应当明确顾客的需要和期望，并且应当努力予以满足以增强顾客满意程度。

在明确顾客的需要和期望时，应当考虑到顾客对每个教育组织都有一些特殊的需要和期望，因此应

当根据具体的教育组织来确定顾客的需要和期望。

顾客需要往往是隐含的。教育组织应当明确顾客的需要，形成文件，并转化成课程要求，包括明确的学习结果、具体的成绩指标、经过评审的教育教学设计。教育组织应至少保证每学年所有的教育教学要求都能得到满足，并且这些要求与组织的目标相一致。

5.3 质量方针

最高管理者应确保质量方针：

a) 与组织的宗旨相适应；

b) 包括对满足要求和持续改进质量管理体系有效性的承诺；

c) 提供制定和评审质量目标的框架；

d) 在组织内得到沟通和理解；

e) 在持续适宜性方面得到评审。

5.3 质量方针

质量方针应当文件化。

质量方针应当与行业标准、政府规定以及教育组织的其他方针相一致。管理者应当确保质量方针在组织内部被理解、执行及保持。

质量方针还应当与教育组织的办学理念保持一致。

最高管理者应当利用质量方针来指导和领导参与教育过程改进的人员的决策工作。

5.4 策划

5.4.1 质量目标

最高管理者应确保在组织的相关职能和层次上建立质量目标，质量目标包括满足产品要求所需的内容[见 7.1 a)]。质量目标应是可测量的，并与质量方针保持一致。

5.4 策划

5.4.1 质量目标

教育组织的质量目标除了与组织的质量方针相一致外，还应当具有可测量性，并且与质量管理体系的活动和教育过程有关。

质量目标应当与教育组织的总体目标整合，并符合教育教学服务规范的要求，还应当包括绩效的测量标准或测量指标。

质量目标的建立可从以下方面考虑(但不限于)：

——教育教学成果；

——学习效果；

——教育过程的有效性；

——对教育过程控制的效果；

——顾客要求；

——相关方的要求。

5.4.2 质量管理体系策划

最高管理者应确保：

a) 对质量管理体系进行策划，以满足质量目标以及 4.1 的要求。

b) 在对质量管理体系的变更进行策划和实施时，保持质量管理体系的完整性。

5.4.2 质量管理体系策划

质量管理体系策划应当包括实现教育组织的目标所需要的活动和资源。当对体系作出变更时，应注意保持质量管理体系的完整性。

> 5.5 职责、权限与沟通
>
> 5.5.1 职责和权限
>
> 最高管理者应确保组织内的职责、权限得到规定和沟通。

5.5 职责、权限与沟通

5.5.1 职责和权限

教育组织的最高管理者应当明确组织结构及其职责和权限，确保在组织内得到沟通，并重点说明质量管理体系的建立和实施，这其中包括了对质量管理体系各项工作的责任和权力的划分。

> 5.5.2 管理者代表
>
> 最高管理者应指定一名管理者，无论该成员在其他方面的职责如何，应具有以下方面的职责和权限：
>
> a) 确保质量管理体系所需的过程得到建立、实施和保持；
>
> b) 向最高管理者报告质量管理体系的业绩和任何改进的需求；
>
> c) 确保在整个组织内提高满足顾客要求的意识。
>
> 注：管理者代表的职责可包括与质量管理体系有关事宜的外部联络。

5.5.2 管理者代表

教育组织的最高管理者应当指定一名或多名本组织的管理者，确保按照 GB/T 19001 的要求建立和实施质量管理体系并实施本指导性技术文件提供的指南。管理者代表应当了解标准的内容，并且能够对质量管理体系的实施提供指导。

> 5.5.3 内部沟通
>
> 最高管理者应确保在组织内建立适当的沟通过程，并确保对质量管理体系的有效性进行沟通。

5.5.3 内部沟通

教育组织的最高管理者应当确保在组织内部建立全方位畅通的沟通渠道，以使整个组织都能了解有关质量管理体系有效性的信息。

> 5.6 管理评审
>
> 5.6.1 总则
>
> 最高管理者应按策划的时间间隔评审质量管理体系，以确保其持续的适宜性、充分性和有效性。评审应包括评价质量管理体系改进的机会和变更的需要，包括质量方针和质量目标。
>
> 应保持管理评审的记录(见 4.2.4)。

5.6 管理评审

5.6.1 总则

根据教育组织的需要，教育组织的最高管理者应当定期对质量管理体系进行评审，以评价质量管理体系有效性和符合性，并且应当针对不合格的情况制定纠正措施。

质量管理体系的评审应当包括对教育教学系统和支持系统、工作改进、顾客满意程度、评价标准、评价结果等方面的定期评审。以上并没有包括所有的内容，且以上内容也不固定。教育组织应当保存管理评审记录。

5.6.2　**评审输入**

管理评审的输入应包括以下方面的信息：

a)　审核结果；

b)　顾客反馈；

c)　过程的业绩和产品的符合性；

d)　预防和纠正措施的状况；

e)　以往管理评审的跟踪措施；

f)　可能影响质量管理体系的变更；

g)　改进的建议。

5.6.2　评审输入

评价质量管理体系有效性的输入信息应当考虑到不同的顾客，也包括但不限于以下方面：

——与其他教育组织的比较研究，例如标杆对比；

——学生毕业后的情况；

——关于教育教学方面改进的建议；

——可能影响质量管理体系的教育组织内外部环境的变化。

5.6.3　**评审输出**

管理评审的输出应包括与以下方面有关的任何决定和措施：

a)　质量管理体系及其过程有效性的改进；

b)　与顾客要求有关的产品的改进；

c)　资源需求。

5.6.3　评审输出

作为质量管理体系评审的结果，教育组织的最高管理者应当：

——对方针、目标的改进的决定和措施进行评审；

——建立教育组织的过程改进指标体系，如教与学过程；

——当教育教学资料或计划发生变化时，修改或重新进行设计评审。

6　**资源管理**

6.1　**资源提供**

组织应确定并提供以下方面所需的资源：

a)　实施、保持质量管理体系并持续改进其有效性；

b)　通过满足顾客要求，增强顾客满意。

6　资源管理

6.1　资源提供

教育组织应当明确完成教与学过程所需的各种资源。教育组织还应当确保资源能够获得，以便能使质量管理体系有效地发挥作用、提高顾客满意程度。

组织应当：

——确定资源需求的相关信息；

——制定短、中、长期资源规划；

——进行后续的确认和评价；

——为教职员工和顾客之间的有效沟通提供资源。

> 6.2 人力资源
>
> 6.2.1 总则
>
> 基于适当的教育、培训、技能和经验，从事影响产品质量工作的人员应是能够胜任的。

6.2 人力资源

6.2.1 总则

教育组织应当对人力资源管理进行策划，以保持和提高教育教学和支持人员的工作能力。

胜任工作的能力包括：

——调整教育教学内容和方法以适应科学技术、社会环境和顾客需求的变化；

——根据教育教学目标的要求，评价学生的学习成绩和组织的工作效果；

——确保教职员工的工作能力适应岗位职责的要求。

教育组织应当确保具备合格的教育教学人员，能够提供满足顾客要求的教育教学。教育教学人员的能力可以是教育教学人员所拥有的学术水平、学位、职业经验、所接受的特殊课程或所获得的证书以及所接受的在职培训，这些都应该成为质量记录的一部分。

> 6.2.2 能力、意识和培训
>
> 组织应：
>
> a) 确定从事影响产品质量工作的人员所必要的能力；
>
> b) 提供培训或采取其他措施以满足这些需求；
>
> c) 评价所采取措施的有效性；
>
> d) 确保员工认识到所从事活动的相关性和重要性，以及如何为实现质量目标作出贡献；
>
> e) 保持教育、培训、技能和经验的适当记录(见 4.2.4)。

6.2.2 能力、意识和培训

最高管理者应当使教职员工清楚他们的能力、意识以及培训是如何与他们的责任、权力和学术管理工作相联系的。

教育组织应当：

——通过将课程要求与目前教职员工的能力相比较，系统地检测教职员工的能力是否符合要求；

——确定教职员工的培训需求，或者采用其他方式缩小能力上的差距；

——确保采用规定的评价标准来评价教职员工；

——保留教职员工的能力的记录(见 GB/T 19001—2000 的 4.2.4)。

记录应当包括对培训需要和结果的定期评审。

> 6.3 基础设施
>
> 组织应确定、提供并维护为达到产品符合要求所需的基础设施。适用时，基础设施包括：
>
> a) 建筑物、工作场所和相关的设施；
>
> b) 过程设备(硬件和软件)；
>
> c) 支持性服务(如运输或通讯)。

6.3 基础设施

教育组织应当确定满足教育教学的要求所需要的基础设施及设备。

适用时，基础设施应当包括：

a) 建筑物、工作场所：教室、实验室、实习实训场所、图书馆、体育运动场地、教师工作与学习场所、绿地等；

b) 相关的服务设施，包括：

——供水设施；

——供电及必要的电器；

——供应设备所需要的燃气和燃油；

——卫生服务设施；

——安全和消防设施。

c) 教育教学设备：包括辅助设备、教育教学用品和易耗品；

d) 支持性服务：如交通、书店、学习用品、咖啡厅、餐厅等。

如果教育教学使用的材料和设施不是按照上述内容配置的，那么教育组织应当提供证据说明所使用材料和设施的先决条件、目标、评价标准、教育教学安排、教育教学方法、必要的控制措施。

教育组织应当确认包括招标、采购、接收、储存、保卫、安装、使用和维护等各项工作的职责和权限。

教育组织应当确定相关的工作方法以策划、提供和维护必要的基础设施，以及分析人员安全和卫生方面的风险。

6.4 工作环境

组织应确定并管理为达到产品符合要求所需的工作环境。

6.4 工作环境

教育组织应当确保必要的教育教学条件，如教室、办公室、实验室、宿舍和公共场所，并确保安全卫生，不会分散学习注意力。支持性服务应当支持学习而不应干扰学习。教育组织还应当考虑周边的学习环境和条件。

7 产品实现

7.1 产品实现的策划

组织应策划和开发产品实现所需的过程。产品实现的策划应与质量管理体系其他过程的要求相一致(见4.1)。

在对产品实现进行策划时，组织应确定以下方面的适当内容：

a) 产品的质量目标和要求；

b) 针对产品确定过程、文件和资源的需求；

c) 产品所要求的验证、确认、监视、检验和试验活动，以及产品接收准则；

d) 为实现过程及其产品满足要求提供证据所需的记录(见4.2.4)。

策划的输出形式应适合于组织的运作方式。

注1：对应用于特定产品、项目或合同的质量管理体系的过程(包括产品实现过程)和资源作出规定的文件可称之为质量计划。

注2：组织也可将7.3的要求应用于产品实现过程的开发。

7 教育产品的实现

7.1 教育产品实现的策划

教育组织至少应当对不同阶段的教育教学设计、开发、提供、评价以及支持性服务、资源配置、评价标准和改进措施等方面进行策划，从而实现预期的结果。

教育组织应当对所有过程所必需的资源进行策划。

在教育组织中，教育产品实现的过程包括：

——教与学活动；

——课程的设计和开发；

——研究领域或项目的制定和建立；

——培训或其他活动；

——员工聘用；

——获取资料和其他资源；

——选择和接收学生；

——对课程设计和开发、课程安排与前提条件等方面变化的控制；

——保护项目认证、学术学位和研究生的研究资料；

——提供图书馆、影音设备、电脑和其他支持性服务；

——提供安全、保卫、心理咨询等服务；

——教室、实验室、实习实训场所、报告厅的分配；

——设施维护。

应当对主要教育产品实现过程进行控制，包括需求评价、教育教学设计、开发和提供以及结果测量等过程。GB/T 19001 中描述的主要支持性过程也应当得到控制。选择 GB/T 19001 的教育组织应当建立由教职员工或专门的控制委员会开发的控制方法。控制方法应当作为管理评审的部分内容，以确保教育教学服务规范得到满足，并确保控制方法符合所采取的质量管理措施。这些主要过程的控制方法如发生变化，应形成文件，并且在变化之后对教育教学重新进行评价。

应当观察控制方法是否有效。应当及时改进无效的控制方法。

7.2　与顾客有关的过程

7.2.1　与产品有关的要求的确定

组织应确定：

a）顾客规定的要求，包括对交付及交付后活动的要求；

b）顾客虽然没有明示，但规定的用途或已知的预期用途所必需的要求；

c）与产品有关的法律法规要求；

d）组织确定的任何附加要求。

7.2.2　与产品有关的要求的评审

组织应评审与产品有关的要求。评审应在组织向顾客作出提供产品的承诺之前进行（如：提交标书、接受合同或订单及接受合同或订单的更改），并应确保：

a）产品要求得到规定；

b）与以前表述不一致的合同或订单的要求已予解决；

c）组织有能力满足规定的要求。

评审结果及评审所引起的措施的记录应予保持（见 4.2.4）。

若顾客提供的要求没有形成文件，组织在接受顾客要求前应对顾客要求进行确认。

若产品要求发生变更，组织应确保相关文件得到修改，并确保相关人员知道已变更的要求。

注：在某些情况中，如网上销售，对每一个订单进行正式的评审可能是不实际的。而代之对有关的产品信息，如产品目录、产品广告内容等进行评审。

7.2.3　顾客沟通

组织应对以下有关方面确定并实施与顾客沟通的有效安排：

a）产品信息；

b) 问询、合同或订单的处理，包括对其修改；

c) 顾客反馈，包括顾客抱怨。

7.2 与顾客有关的过程

大多数情况下，教育组织提供的教育产品是无形的，且教育产品的提供和消费同时发生，无法储存。教育组织为学生提供了学习知识并进行实践的机会。教育组织同时设有行政支持系统帮助实现高质量的教育教学。一般的顾客通常会提出或隐含以下要求(但不仅限于以下内容)：

——提供安全卫生的设施，并由专人负责管理；

——确保学生个人和教育组织之间的双向沟通渠道通畅；

——确保所有的教职员工都能礼貌待人；

——由具有能力的人员提供所需要的服务。

7.2.1 教育产品要求的确定

教育组织应当明确教育产品的要求，包括教育组织的任何附加要求，该要求应当与学术、职业和社会的要求相一致。

应当特别关注与教育产品有关的法律法规要求。

7.2.2 教育产品要求的评审

教育组织在招生计划和招生简章发布之前或作出承诺之前，应当对以下方面进行评审(但不仅限于)：

——教育教学服务的质量与水平；

——教育教学服务的效果；

——选择和接纳学生的条件；

——招生计划或招生简章；

——组织的其他承诺。

教育组织所发布的广告、所设置的专业或课程以及其他介绍性材料应当明确地说明学生应具备哪些前期教育、培训和经验。

7.3 设计和开发

7.3.1 设计和开发策划

组织应对产品的设计和开发进行策划和控制。

在进行设计和开发策划时，组织应确定：

a) 设计和开发阶段；

b) 适合于每个设计和开发阶段的评审、验证和确认活动；

c) 设计和开发的职责和权限。

组织应对参与设计和开发的不同小组之间的接口进行管理，以确保有效的沟通，并明确职责分工。

随设计和开发的进展，在适当时，策划的输出应予更新。

7.3 设计和开发

注：本条款指南仅针对课程的设计和开发提供指导。

7.3.1 设计和开发策划

在设计和开发课程计划时，教育组织应当认识到即将进入下一阶段学习时目前阶段的学习或能力状况。

最高管理者应当根据学生和其他顾客的利益和需求考虑课程的设计和开发。

设计控制活动应当适应教育教学的目的和教育教学周期安排。

教育组织应当采取措施保证相关的教育教学资料符合教育教学要求。

一些教育教学工作可能需要使用校准设备。

评价学生的成绩和组织的绩效应当包括可能的或实际的成绩，以确定：

——教育教学如何帮助学生提高能力；

——如何才能满足新的需要；

——测量教育教学成果的专门的措施；

——获得的技能和知识是否符合课程要求。

这些评价应当提供能够用于教育教学检查工作的信息。如果无法通过试验来检验教育教学工作，可以采用同业评审的方式来检验。

需求分析报告应当为课程的设计和开发提供输入，描述需求评价的结果以及说明设计的目标。

通常，报告应当：

——说明教育教学所设计解决的实际能力与所要求的能力之间的差距；

——说明如何解决这些差距，并说明其中的原理；

——确定目标学生群；

——确定预防措施；

——说明教育教学活动中的变化；

——说明考虑了所有相关的安全和法律法规，即使在合同、教育教学声明或课程中并未提到。

7.3.2 设计和开发输入

应确定与产品要求有关的输入，并保持记录(见 4.2.4)。这些输入应包括：

a) 功能和性能要求；

b) 适用的法律、法规要求；

c) 适用时，以前类似设计提供的信息；

d) 设计和开发所必需的其他要求。

应对这些输入进行评审，以确保输入是充分与适宜的。要求应完整、清楚，并且不能自相矛盾。

7.3.2 设计和开发输入

教育组织应当明确课程设计与开发的输入。

这些输入应当包括(但不限于)：

——教育教学资料的预期效果；

——证书、执照或职业的要求；

——学生学习能力的信息；

——所要求的教师的能力；

——课程设置所需要的前提条件；

——达到目标的难易程度。

7.3.3 设计和开发输出

设计和开发的输出应以能够针对设计和开发的输入进行验证的方式提出，并应在放行前得到批准。

设计和开发输出应：

a) 满足设计和开发输入的要求；

b) 给出采购、生产和服务提供的适当信息；

c) 包含或引用产品接收准则；

d) 规定对产品的安全和正常使用所必需的产品特性。

7.3.3 **设计和开发输出**

设计和开发的输出应当至少包括下列方面：

——所获得的技能和知识；

——成绩评价准则与方法；

——适当的教育教学方法和资料选择；

——提供可靠的教育教学手段。

> 7.3.4 **设计和开发评审**
>
> 在适宜的阶段，应依据策划的安排(见 7.3.1)对设计和开发进行系统的评审，以便：
>
> a) 评价设计和开发的结果满足要求的能力；
>
> b) 识别任何问题并提出必要的措施。
>
> 评审的参加者应包括与所评审的设计和开发阶段有关的职能的代表。评审结果及任何必要措施的记录应予保持(见 4.2.4)。

7.3.4 **设计和开发评审**

根据其复杂性，设计和开发的评审可以在一个或几个阶段完成，或者可以根据 7.3.1 进行策划。在各个阶段参与评审的人员应当参照相应的要求(如职业背景和能力证书)评审设计和开发的输出。对于复杂的事宜可以以正式会议的形式并予以记录。

应当对所有的课程设计和开发进行评审。评审人员应当包括负责设计的人员、相关方以及未参与设计与开发的人员。评审人员负责对设计报告进行评审，并判断其是否符合要求。

设计和开发过程应当根据期望的教育教学结果进行评价和修改。对设计和开发的评审应当参考成功的项目经验和来自后续的研究和执行阶段的信息。

应当将设计和开发过程形成文件并由设计和开发者使用。

应当制定设计和开发报告或检验清单记录所使用的方法，以及这些方法如何确保教育教学工作符合设计规范。

对所有的教育教学都应进行评审。应当确定参与评审的人员和负责纠正的人员。应当根据教育教学组织的工作习惯，确定验收的标准，其可能包括以下内容：

——由一名或多名没有参加课程设计和开发的教育教学专家对内容的准确性进行审批；

——由编辑和制图专家来对文字、图形和版式进行审批；

——由技术专家对技术完备性进行审批，使用目标学生样本对教育教学和评价标准进行试验，并根据学生的经验进行修改；

——应当在类似于实际教育教学的环境中至少进行一次试验，该环境还应该为学生和教师提供相关的支持性材料。

在实施阶段，教育组织应当描述该如何评审设计和开发工作，以及如何在连续的项目实施基础上进行修改，并在过程中加入一些顾客的投诉内容。

> 7.3.5 **设计和开发验证**
>
> 为确保设计和开发输出满足输入的要求，应依据策划的安排(见 7.3.1)对设计和开发进行验证。验证结果及任何必要措施的记录应予保持(见 4.2.4)。

7.3.5 **设计和开发验证**

根据设计和开发的策划，教育组织应当对设计进行一个或多个阶段的验证。这一工作既可以由那些没有参加设计和开发的内部专家完成，也可以由外部来完成。设计和开发的输出应当符合设计和开发的输入要求。

7.3.6 设计和开发确认

为确保产品能够满足规定的使用要求或已知的预期用途的要求，应依据策划的安排(见 7.3.1)对设计和开发进行确认。只要可行，确认应在产品交付或实施之前完成。确认结果及任何必要措施的记录应予保持(见 4.2.4)。

7.3.6 设计和开发确认

确认过程确保课程计划或课程标准符合所策划的教育产品的特征。

确认工作通常都发生在设计的最终阶段；也可以通过实验和论证等方法进行确认。

注：必要时应考虑客户代表的确认。

7.3.7 设计和开发更改的控制

应识别设计和开发的更改，并保持记录。在适当时，应对设计和开发的更改进行评审、验证和确认，并在实施前得到批准。设计和开发更改的评审应包括评价更改对产品组成部分和已交付产品的影响。

更改的评审结果及任何必要措施的记录应予保持(见 4.2.4)。

7.3.7 设计和开发更改的控制

在实际的教育过程中，由于知识的迅速更新以及顾客需求的变化，需要定期对教学计划和课程标准的设计进行检查和修改。应当对这些变化进行评审、验证、确认、记录以及交流。

对任何科目进行修改后都应当评价其对整个教学计划和具体课程设置的影响，并采取相应的措施和对其进行记录。

7.4 采购

7.4.1 采购过程

组织应确保采购的产品符合规定的采购要求。对供方及采购的产品控制的类型和程度应取决于采购的产品对随后的产品实现或最终产品的影响。

组织应根据供方按组织的要求提供产品的能力评价和选择供方。应制定选择、评价和重新评价的准则。评价结果及评价所引起的任何必要措施的记录应予保持(见 4.2.4)。

7.4.2 采购信息

采购信息应表述拟采购的产品，适当时包括：

a) 产品、程序、过程和设备的批准要求；

b) 人员资格的要求；

c) 质量管理体系的要求。

在与供方沟通前，组织应确保规定的采购要求是充分与适宜的。

7.4.3 采购产品的验证

组织应确定并实施检验或其他必要的活动，以确保采购的产品满足规定的采购要求。

当组织或其顾客拟在供方的现场实施验证时，组织应在采购信息中对拟验证的安排和产品放行的方法作出规定。

7.4 采购

除通常的采购外，教育组织的采购还包括教育教学的外包项目。外包项目是指教育组织将某一个教育过程或教育活动委托给其他组织，例如教育组织采用的联合培养、合作培养、共同培养、实习实训等。所有这些外包项目都应按照采购要求进行控制。

教育组织在实施外包项目前，应确定外包项目的要求，包括过程控制的要求、检查的要求等，并且按照教育组织的要求评价和选择相关供方。

对于采购产品的验证，可以结合标准第 8 章的要求进行。

7.5 生产和服务提供

7.5.1 生产和服务提供的控制

组织应策划并在受控条件下进行生产和服务提供。适用时,受控条件应包括:

a) 获得表述产品特性的信息;

b) 必要时,获得作业指导书;

c) 使用适宜的设备;

d) 获得和使用监视和测量装置;

e) 实施监视和测量;

f) 放行、交付和交付后活动的实施。

7.5 教育产品的提供

7.5.1 教育产品提供的控制

教育组织应当按照策划的安排提供教育产品。

最高管理者应与教师合作确定具体教育教学课程的主题、内容以及教育教学方法,并制定可行的措施以确保达到教育教学目标。

教育组织应当确保对教育过程进行控制,并考虑下列过程是否适用:

——选拔和接收学生;

——为各门课程安排教学内容;

——设定课程表;

——分配师资力量;

——为实验室和实习实训场所制定操作手册;

——分配资源进行校外学习;

——开发具体课程资源;

——制定措施以检验学术成绩;

——安排教室、实验室、实习实训场所、图书馆和其他场所;

——为提供就业机会提供帮助和指导。

如果合同要求在学生完成学业后继续提供支持,那么教育组织应当说明如何提供支持并如何对此进行监控。

应当对新入学的学生的资质、知识、技能和能力进行评价,以便能够给学生安排适当的教学难度和进度。如果教育组织没有事先具体说明这些入学要求,教育组织可能需要考虑按照个别学生的教育教学要求调整教育教学工作。

应当制定可以测量教育教学的检查方法以确定实际的教育教学情况,其中包括:

——学生的课程学习记录;

——课程标准;

——教与学的时间安排;

——教科书的版本;

——教师的名单;

——教育教学资料;

——相关的背景知识或经验。

7.5.2 生产和服务提供过程的确认

当生产和服务提供过程的输出不能由后续的监视或测量加以验证时,组织应对任何这样的过程实施确认。这包括仅在产品使用或服务已交付之后问题才显现的过程。

确认应证实这些过程实现所策划的结果的能力。

组织应对这些过程作出安排，适用时包括：

a） 为过程的评审和批准所规定的准则；

b） 设备的认可和人员资格的鉴定；

c） 使用特定的方法和程序；

d） 记录的要求(见 4.2.4)；

e） 再确认。

7.5.2 教育产品提供过程的确认

当教育产品提供过程无法按照 8.2.3 要求进行监视和测量时，应当使用本条款进行确认。

教育产品提供过程的确认应当包括：

——对教育教学项目设计和开发的确认结果；

——教育教学服务规范；

——设备和教师资格的认定；

——与教育过程有关的文件，如教学计划、课程标准等；

——教学前准备(如教案)，以及考试试卷；

——确认记录；

——再次确认的频率。

7.3.6 的控制方法也可以用于教育产品提供过程的确认。

7.5.3 标识和可追溯性

适当时，组织应在产品实现的全过程中使用适宜的方法识别产品。

组织应针对监视和测量要求识别产品的状态。

在有可追溯性要求的场合，组织应控制并记录产品的唯一性标识(见 4.2.4)。

注：在某些行业，技术状态管理是保持标识和可追溯性的一种方法。

7.5.3 标识和可追溯性

在教育组织中，可追溯性管理是非常重要的，应标识和具有可追溯性的相关信息应当包括：

——课程与内容单元代码；

——学生标识记录，如学籍号；

——教科书、考卷、成绩单；

——教室、实验室、实习实训场所及其设备；

——合同或协议。

应当对正在进行的监视工作和学生的学习状态进行标识和记录。

7.5.4 顾客财产

组织应爱护在组织控制下或组织使用的顾客财产。组织应识别、验证、保护和维护供其使用或构成产品一部分的顾客财产。若顾客财产发生丢失、损坏或发现不适用的情况时，应报告顾客，并保持记录(见 4.2.4)。

注：顾客财产可包括知识产权。

7.5.4 顾客财产

在教育组织中，顾客所提供的财产是指他们在入学注册或继续注册时以及在学习期间所提供的财产。教育组织应当制定有关识别、验证、记录和保护顾客财产的规定。

顾客财产可以包括：

——学生所提交的文件，如证书、过去学校的学习证明、身份证件(出生证和身份证)以及其他信息；

——知识产权；

——学生的体检和学习或证书材料；

——学生进行的考试、测验或笔试材料；

——最后的作品、模型及其他；

——学生进行注册或继续注册所提交的申请材料、记录或文件；

——学生的学术背景的记录和文件；

——学生或顾客提供的设备；

——学生的其他在校注册财物。

顾客财产包括那些资助员工学习的公司所提供的教科书、练习册、案例研究、特殊教育教学用品、电脑、软件、艺术用品或设备。对于顾客所提供的资料，可以制定一些标准或规定以确保这些物品在教育教学中合理进行使用。

7.5.5 产品防护

在内部处理和交付到预定的地点期间，组织应针对产品的符合性提供防护，这种防护应包括标识、搬运、包装、贮存和保护。防护也应适用于产品的组成部分。

7.5.5 教育产品的防护

教育组织应当注意对学术文件进行保管，例如教育教学计划、课程标准和印刷或电子资料(书籍、课程笔记、影像资料、电脑程序和档案等)。

教育过程中需防护的产品也包括实验室的化学品、植物试验用的天然或加工后的材料、教育教学用的或用于研发的有保质期的产品等。

要采取必要的措施确保学生在教育过程中的健康卫生安全。

教育组织可以对下列过程制定限制性的规定，包括运输方式、如何向学生呈现物品、所需要的设备、影像资料等。对于住校的学生，教育组织还应当提供诸如卫生、咨询、个人安全、住宿和膳食等服务。

7.6 监视和测量装置的控制

组织应确定需实施的监视和测量以及所需的监视和测量装置，为产品符合确定的要求(见7.2.1)提供证据。

组织应建立过程，以确保监视和测量活动可行并以与监视和测量的要求相一致的方式实施。

为确保结果有效，必要时，测量设备应：

a) 对照能溯源到国际或国家标准的测量标准，按照规定的时间间隔或在使用前进行校准或检定。当不存在上述标准时，应记录校准或检定的依据；

b) 进行调整或必要时再调整；

c) 得到识别，以确定其校准状态；

d) 防止可能使测量结果失效的调整；

e) 在搬运、维护和贮存期间防止损坏或失效。

此外，当发现设备不符合要求时，组织应对以往测量结果的有效性进行评价和记录。组织应对该设备和任何受影响的产品采取适当的措施。校准和验证结果的记录应予保持(见4.2.4)。

当计算机软件用于规定要求的监视和测量时，应确认其满足预期用途的能力。确认应在初次使用前进行，必要时再确认。

注：作为指南，参见GB/T 19022.1和GB/T 19022.2。

7.6 监视和测量装置的控制

教育组织应确定教育教学需实施的监视和测量以及所需的监视和测量装置，为确定教育产品是否满足要求提供证据。

测量设备包括教育教学(包括实验室的教学、实习实训场所的教学)使用的教学仪器、设备等，应按照有关要求对其进行校准或检定，确保其满足教育教学的要求。

教学软件应当在初次使用前进行确认，以确认其满足预期用途的能力，必要时再确认。

注：参见 GB/T 19022—2003。

> **8 测量、分析和改进**
>
> **8.1 总则**
>
> 组织应策划并实施以下方面所需的监视、测量、分析和改进过程：
>
> a） 证实产品的符合性；
>
> b） 确保质量管理体系的符合性；
>
> c） 持续改进质量管理体系的有效性。
>
> 这应包括对统计技术在内的适用方法及其应用程度的确定。

8 测量、分析和改进

8.1 总则

教育组织应当制定措施以收集相关信息，包括信息来源的确认，使用数据确保教与学过程的有效性。

对于教育教学及其支持过程的测量应当分为以下几个步骤：

——确定对监视有用的测量措施；

——观察并制定定性或定量的测量；

——将信息转化为知识。

> **8.2 监视和测量**
>
> **8.2.1 顾客满意**
>
> 作为对质量管理体系业绩的一种测量，组织应对顾客有关组织是否已满足其要求的感受的信息进行监视，并确定获取和利用这种信息的方法。

8.2 监视和测量

8.2.1 顾客满意

教育组织应当使用可靠的方法以监视和测量顾客的满意程度，使用客观的证据记录顾客满意程度的倾向性指标，并应当适时地和相关方沟通顾客满意程度的结果。

顾客满意程度的监视和测量包括但不限于：

——对投诉的及时回复；

——对教职员工服务满意程度的调查；

——学生毕业后的跟踪。

> **8.2.2 内部审核**
>
> 组织应按策划的时间间隔进行内部审核，以确定质量管理体系是否：
>
> a） 符合策划的安排(见 7.1)、本标准的要求以及组织所确定的质量管理体系的要求；
>
> b） 得到有效实施与保持。

考虑拟审核的过程和区域的状况和重要性以及以往审核的结果，应对审核方案进行策划。应规定审核的准则、范围、频次和方法。审核员的选择和审核的实施应确保审核过程的客观性和公正性。审核员不应审核自己的工作。

策划和实施审核以及报告结果和保持记录(见 4.2.4)的职责和要求应在形成文件的程序中作出规定。

负责受审区域的管理者应确保及时采取措施，以消除所发现的不合格及其原因。跟踪活动应包括对所采取措施的验证和验证结果的报告(见 8.5.2)。

注：作为指南，参见 GB/T 19021.1、GB/T 19021.2 及 GB/T 19021.3。

8.2.2 内部审核

教育组织应当对教育产品、教与学过程中的得失、教育教学方法的效果、教育过程和质量管理体系的绩效等方面进行内部审核。应当保持内部审核记录。

内部审核的内容包括：

——验证实现教育教学目标的程序是否完全得到了执行；

——验证质量管理体系的要求是否得到了满足；

——验证是否提供了足够的资源实现质量目标；

——质量管理体系所要求的质量记录；

——组织内部影响质量的人员的工作；

——确保 GB/T 19001 的要求得到理解、贯彻和坚持。

注：参见 GB/T 19011—2003。

8.2.3 过程的监视和测量

组织应采用适宜的方法对质量管理体系过程进行监视，并在适用时进行测量。这些方法应证实过程实现所策划的结果的能力。当未能达到所策划的结果时，应采取适当的纠正和纠正措施，以确保产品的符合性。

8.2.3 过程的监视和测量

教育组织应当监视和测量用来管理和提供教育产品的过程。测量工作应当适时进行。

应当对教育过程进行监督和测量，以确保教育教学工作与所策划的要求相一致。这可能包括学生的成绩档案、个人记录的评价、书面的课程评价、对教师是否遵照教育教学计划的观察报告以及期末考试等。

监视和测量的过程包括(但不限于)：

——学生入学和评价的管理工作；

——出勤率等记录的管理；

——课内外教学安排。

教育组织应当记录所采用的测量方法。测量的方法包括比较分析法、统计方法和周期分析法等。

8.2.4 产品的监视和测量

组织应对产品的特性进行监视和测量，以验证产品要求已得到满足。这种监视和测量应依据所策划的安排(见 7.1)，在产品实现过程的适当阶段进行。

应保持符合接收准则的证据。记录应指明有权放行产品的人员(见 4.2.4)。

除非得到有关授权人员的批准，适用时得到顾客的批准，否则在策划的安排(见 7.1)已圆满完成之前，不应放行产品和交付服务。

8.2.4 产品的监视和测量

教育组织应当制定和采用系统的方法对教育产品进行监视和测量,从而验证所制定的教育过程是否符合所策划的要求。

针对各种类型的教育产品,应当采用具体的评价方法,如评估、测试或考试,以测量学生的学习是否符合教育教学计划的要求。

还可采用其他各种方法,包括成绩观察和各种综合测试。

应当对监视和测量的结果进行记录,用于表明教育产品符合了策划的目标。

8.3 不合格品控制

组织应确保不符合产品要求的产品得到识别和控制,以防止其非预期的使用或交付。不合格品控制以及不合格品处置的有关职责和权限应在形成文件的程序中作出规定。

组织应通过下列一种或几种途径,处置不合格品:

a) 采取措施,消除发现的不合格;

b) 经有关授权人员批准,适用时经顾客批准,让步使用、放行或接收不合格品;

c) 采取措施,防止其原预期的使用或应用。

应保持不合格的性质以及随后所采取的任何措施的记录,包括所批准的让步的记录(4.2.4)。

在不合格品得到纠正之后应对其再次进行验证,以证实符合要求。

当在交付或开始使用后发现产品不合格时,组织应采取与不合格的影响或潜在影响的程度相适应的措施。

8.3 不合格品控制

不合格品涉及的范围包括但不限于:教学计划、教师和学生的绩效、支持性资料或工具及教育组织提供的服务。

如果在对毕业生的追踪调查中发现教育教学中有遗漏或错误,教育组织应当采取措施予以弥补或纠正。

如果在学生所参与的教育过程中出现不合格的现象,在允许的情况下,学生可以:

——享受额外的培训,并且让教育组织对其再进行评价;

——根据确定的程序继续进行学业;

——被转入学习其他的项目。

应当每年对特殊项目的放弃进行记录和检查。

8.4 数据分析

组织应确定、收集和分析适当的数据,以证实质量管理体系的适宜性和有效性,并评价在何处可以持续改进质量管理体系的有效性。这应包括来自监视和测量的结果以及其他有关来源的数据。

数据分析应提供有关以下方面的信息:

a) 顾客满意(见 8.2.1);

b) 与产品要求的符合性(见 7.2.1);

c) 过程和产品的特性及趋势,包括采取预防措施的机会;

d) 供方。

8.4 数据分析

教育组织应当收集数据,对质量管理体系要求和教育过程的相关绩效进行分析。可以从以下方面(但不限于)收集数据:

——管理评审;

——培养目标的实现；
——教职员工以及学生(例如能力方面)；
——产品需求评审；
——教育教学项目和教学计划的设计和开发；
——教育产品的效果；
——相关供方及其合作效果的评估；
——顾客与其他相关方满意度调查；
——审核获得的结果；
——在过程开始、过程中和过程结束时进行的监视和测量；
——对教育教学符合性的鉴定；
——顾客财产；
——用于监视和测量的措施的检查和确认；
——不合格品。

教育组织应当对收集的数据和信息进行分析，并利用适用的统计分析方法，如：
——过程概念图；
——流程图；
——统计控制图；
——回归分析；
——排列图；
——因果图；
——失效模式和效果分析。

教育组织应当根据分析结果采取纠正和预防措施，进行持续改进。

统计方法可以用于质量管理体系的任何方面。对成绩指标、退学率、成绩记录、学生的满意程度等方面的统计分析可以证明有效的过程控制是质量管理体系的一部分。

教育过程通常既有定量的特点也有定性的特点。许多“教室”以外的可以量化的因素也能够影响到教育教学的效果。这些因素的数据，例如父母的学历、雇主与机构的关系、遭受重大事故的频率和程度等都应当作为信息加以收集。

教育过程的定量方面包括：教学时间、等待时间、学生成绩、退学率、成本、考试的信度和效度、可使用的学生座位数量、转课率、教科书数量、教育教学支持资源、学位和高级学位授予率等。

教育过程的定性方面包括信誉度、可获得性、安全性、反应性、礼貌程度、舒适性、能力、依赖性、尊重程度、有用性、环境的美观性以及卫生程度等。

测量和评价工作应当在教育过程中连续地、直接地开展。教育教学的效果只有等到技能得到了提高以及知识得到了应用才能体现出来，但是准确合适的统计方法可以预见到教育教学结果的成功应用。

教育组织应当分析来自不同渠道的数据，从而根据教学计划和培养目标对成绩进行评价，并确定需要改进的地方。教育组织应当考虑在数据分析时使用统计方法，有助于评价、控制和提高过程的有效性。

8.5 改进

8.5.1 持续改进

组织应利用质量方针、质量目标、审核结果、数据分析、纠正和预防措施以及管理评审，持续改进质量管理体系的有效性。

8.5 改进

8.5.1 持续改进

管理者应当不断寻求对教育过程的有效性和效率的改进,而不是等出现了问题才去寻找改进的机会。改进的范围可从渐进的日常的持续改进,直至战略突破性改进项目。组织应当建立识别和管理改进活动的过程。这些改进可能导致组织对产品或过程进行更改,直至对质量管理体系进行修正或对组织进行调整。

教育组织应当让所有的员工认识到并制定他们各自的工作范围内的改进计划,从而不断提高质量管理体系与教育过程的有效性。

教育组织应当使用适当方法识别改进的机会,可通过下列渠道(但不限于)收集信息并进行质量分析,例如:

——组织员工对质量方针理解的内部评价;

——质量目标的实现;

——学生学习的效果;

——来自顾客和其他相关方的输入:如学生家长、行业、政府和社会的输入。

改进的过程应当针对顾客和其他相关方的投诉和评价、质量审核的结果、体系的适宜性和有效性。

> **8.5.2 纠正措施**
>
> 组织应采取措施,以消除不合格的原因,防止不合格的再发生。纠正措施应与所遇到不合格的影响程度相适应。
>
> 应编制形成文件的程序,以规定以下方面的要求:
>
> a) 评审不合格(包括顾客抱怨);
>
> b) 确定不合格的原因;
>
> c) 评价确保不合格不再发生的措施的需求;
>
> d) 确定和实施所需的措施;
>
> e) 记录所采取措施的结果(见 4.2.4);
>
> f) 评审所采取的纠正措施。

8.5.2 纠正措施

教育组织应当根据不合格品的原因分析和改进机会采取纠正措施。纠正措施应当用于消除教育产品的不合格现象,例如:

——不合格的教育产品;

——未实现的教育教学目标;

——教育教学计划和员工培训计划实施中的偏差;

——教育产品设计和开发中的设计评审、验证、确认和更改的输出的数据;

——高退学率;

——顾客和其他相关方的投诉;

——审核的结果;

——在对教育过程和产品的监视和测量中发现的不合格现象。

应当制定纠正措施,并且这些措施应当能够解决在分析中发现的不合格和高风险的问题。

应当记录纠正措施以确保其得以实施。

对纠正措施应当有监视程序,包括对问题根源的分析,从而确保措施行之有效,并杜绝不合格现象的再次发生。在采取纠正措施之前应当制定评价方法以寻求问题的根源。

<table><tr><td>

8.5.3 **预防措施**

组织应确定措施，以消除潜在不合格的原因，防止不合格的发生。预防措施应与潜在问题的影响程度相适应。

应编制形成文件的程序，以规定以下方面的要求：

a) 确定潜在不合格及其原因；

b) 评价防止不合格发生的措施的需求；

c) 确定和实施所需的措施；

d) 记录所采取措施的结果(见 4.2.4)；

e) 评审所采取的预防措施。

</td></tr></table>

8.5.3 **预防措施**

教育组织应当根据对质量管理体系和教育过程中潜在不合格的原因分析和改进机会采取预防措施。所使用的数据包括：

——发展趋势所体现出的信息，教职员工工作成果的指标；

——质量目标的实现；

——质量目标实现的成本分析；

——顾客和其他相关方的满意程度调查；

——审核和管理评审的结果。

应当记录预防措施以确保其得以实施。应当对预防措施所产生的其他措施进行记录，并在相关部门进行沟通。

应当对采取预防措施后产生的情况进行检查，并在整个组织内部进行沟通。

参 考 文 献

[1] GB/T 19011 质量和(或)环境管理体系审核指南
[2] GB/T 19022 测量管理体系 测量过程和测量设备的要求
[3] GB/T 19023 质量管理体系文件指南

ICS 03.120.10
A 00

中华人民共和国国家标准化指导性技术文件

GB/Z 19036—2009

质量管理体系
GB/T 19001 在中小型组织中的应用指南

Quality management systems—
Guidelines for the application of GB/T 19001 in small businesses

2009-09-30 发布　　2009-12-01 实施

中华人民共和国国家质量监督检验检疫总局
中 国 国 家 标 准 化 管 理 委 员 会　发布

前　言

本指导性技术文件参照ISO小册子《ISO 9001:2000在小型组织中的应用指南》制定。

为了进一步提高各类组织,特别是中小型组织实施GB/T 19001标准的有效性,本指导性技术文件为如何将GB/T 19001应用于各类组织,特别是中小型组织提供了指导。

为便于组织应用本指导性技术文件,本指导性技术文件在含有GB/T 19001—2000要求的实线框下,描述了针对这些要求所提供的相关指导。

本指导性技术文件仅供参考。有关对本指导性技术文件的建议和意见,向国务院标准化行政主管部门反映。

本指导性技术文件由全国质量管理和质量保证标准化技术委员会(SAC/TC 151)提出并归口。

本指导性技术文件由中国标准化研究院负责起草。

本指导性技术文件起草单位:中国标准化研究院、华夏认证中心有限公司、中国合格评定国家认可中心、中国认证认可协会、中国电子质量管理协会、北京兆维电子(集团)有限责任公司、中国建筑材料检验认证中心、江苏东强股份有限公司。

本指导性技术文件主要起草人:李仁良、李钊、李宝丰、梁晓文、杨智宝、章学峰、李瑞平、马振珠、陈子洪。

引　言

0.1　总则

采用质量管理体系应当是组织的一项战略性决策。一个组织质量管理体系的设计和实施受各种需求、具体目标、所提供的产品、所采用的过程以及该组织的规模和结构的影响。统一质量管理体系的结构或文件不是本标准的目的。

本标准所规定的质量管理体系要求是对产品要求的补充。"注"是理解和说明有关要求的指南。

本标准能用于内部和外部(包括认证机构)评定组织满足顾客、法律法规和组织自身要求的能力。

本标准的制定已经考虑了GB/T 19000和GB/T 19004中所阐明的质量管理原则。

0.1　概述

GB/T 19001标准所阐述的质量管理体系要求是国际公认的经营管理的好方法。为了认证或注册，可以对质量管理体系进行评价，这不是强制的，但顾客可以把这作为对组织的要求。

质量管理体系的目的之一是给组织的顾客提供信任，告诉顾客组织处于良好的运营状态，这就要求组织证明其有能力满足顾客和相关法规的要求。展示组织过去业绩的记录，能使潜在的顾客对组织的能力产生充分的信任。

组织经营管理的方法不是唯一的，GB/T 19001标准为组织提供了可用于组织经营的一种好的管理方法体系，阐明了该体系所包含的一系列要求，但没有说明满足这些要求的方法，因此在满足GB/T 19001标准要求方面具有相当大的自由空间。

组织应根据其实际的业务活动建立其质量管理体系。组织需要优先考虑改进未达到要求的过程与方法。组织不必为了满足GB/T 19001标准而重写已经存在的全部质量体系文件。

对于中小型组织，所指的不仅仅是员工数量的问题，还有组织经营理念的问题。对于一个只有几名成员的小型组织来说，沟通通常简单且更直接。一名成员要承担组织内部大量的、各式各样的工作，而决策被限定于少数几个人，甚至是一个人。本指导性技术文件描述了GB/T 19001标准如何应用于中小型组织，其中的部分内容也涉及到较大的组织，但并不是总适合于较大的组织。

组织希望通过改进业务流程和产品、服务，增加销售，能够使所付出的时间和努力获得回报。特别是对于一个中小型组织的管理者来说，实施质量管理体系是一件需要投入时间、精力和资金的事情，管理者应像关注其他业务一样关注质量管理体系的建立和实施。

0.2　过程方法

本标准鼓励在建立、实施质量管理体系以及改进其有效性时采用过程方法，通过满足顾客要求，增强顾客满意。

为使组织有效运作，应识别和管理众多相互关联的活动。通过使用资源和管理，将输入转化为输出的活动可视为过程。通常，一个过程的输出直接形成下一个过程的输入。

组织内诸过程的系统的应用，连同这些过程的识别和相互作用及其管理，可称之为"过程方法"。

过程方法的优点是对诸过程的系统中单个过程之间的联系以及过程的组合和相互作用进行连续的控制。

过程方法在质量管理体系中应用时，强调以下方面的重要性：

a） 理解并满足要求；

b） 需要从增值的角度考虑过程；

c） 获得过程业绩和有效性的结果；

d） 基于客观的测量，持续改进过程。

图 1 所反映的以过程为基础的质量管理体系模式展示了 4～8 章中所提出的过程联系。这种展示反映了在规定输入要求时，顾客起着重要作用。对顾客满意的监视要求对顾客有关组织是否已满足其要求的感受的信息进行评价。该模式虽覆盖了本标准的所有要求，但却未详细地反映各过程。

注：此外，称之为“PDCA”的方法可适用于所有过程。PDCA 模式可简述如下：

P——策划：根据顾客的要求和组织的方针，为提供结果建立必要的目标和过程；

D——实施：实施过程；

C——检查：根据方针、目标和产品要求，对过程和产品进行监视和测量，并报告结果；

A——处置：采取措施，以持续改进过程业绩。

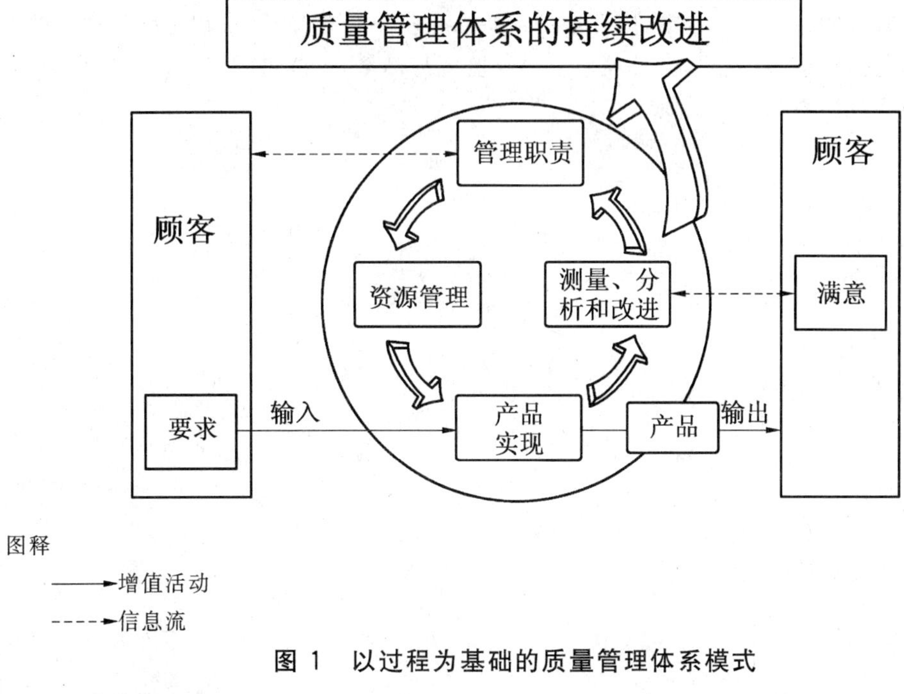

图释

——►增值活动

----►信息流

图 1 以过程为基础的质量管理体系模式

0.2 以过程为基础的质量管理体系模式

以过程为基础的质量管理体系模式是一个概念性的模型（见 GB/T 19001 的图 1），是 GB/T 19001 标准的要点，对于理解标准有重要作用。因为该图突出了与标准密不可分的主要过程，这些过程可能早已经存在于组织之内，只是以前没有以这种独特的方式出现。

该模式所采用的角度是所有与质量有关的过程都起始于顾客并终止于顾客。因此，该模式是以顾客为驱动力的。在图 1 中，顾客出现在左右两侧，多数情况下是同一个顾客，但也可以是不同的顾客。

该模式采用了顾客的意见和要求作为质量管理体系（图中的圆形）的输入，输入转换为生产和服务的策划以及产品和服务的要求。

产品与服务的主要过程在图中的下部分，标识为“产品实现”。此方框涵盖了组织制造产品和提供服务的各项活动，以产品或服务的形式成为组织的输出。

该模式强调了获取顾客满意信息的重要性(右侧虚线箭头指向测量、分析和改进的部分)，与其他测量和评价成为组织业绩的重要反馈，这些测量系统标识为“测量、分析和改进”的方框。

“管理职责”方框说明了质量管理体系中管理者作用的重要性，管理者需要通过这些信息和数据了解体系运行的状况，提供或调整需要的资源以保持和改进体系。

该模式还指出了保持顾客关系的必要性，以便了解顾客的需求并满足顾客。管理职责需要制定方针，确定目标，根据这些需要进行正确的策划。策划包括过程识别，确保适当的文件。这些文件需要规定过程运作的方式。

要确保有足够的资源保证产品和服务的质量。资源包括工作环境、设备、原材料和人员。还要确保人员的培训，使他们有能力承担分配的任务。这些标识为“资源管理”，为左侧方框。

数据和分析为右侧的方框，标识为“测量、分析和改进”，可以建议改进质量管理体系，正如箭头所指向的顶部方框中的内容——持续改进质量管理体系。

标准的一个主要特点是更多地利用反馈作为有力的管理工具——一个可以巩固业务的工具。当过程需要引起注意时，利用反馈作为监视的手段进行检查，用于提醒操作人员或管理者采取措施使其恢复到正常状态。如果没有这种机制，浪费就会增加，士气就会涣散，这两者都会影响组织的正常生产。

应当识别潜在的改进机会。如果证明其确实存在，那么就应采取必要的措施将其付诸实践。

图1中的过程模型与持续改进紧密地联系在一起，反映了两种可用于改进的机制：

——作为质量管理体系的一部分(指内环中的箭头)，包括不合格品控制、纠正措施和预防措施。

——评审过程包括审核、自我评定、管理评审以及监视与测量，这些过程可以改进质量管理体系，对整个质量管理体系都十分关键。

质量管理体系
GB/T 19001在中小型组织中的应用指南

1 范围

1.1 总则

本标准为有下列需求的组织规定了质量管理体系要求：

a） 需要证实其有能力稳定地提供满足顾客和适用的法律法规要求的产品；

b） 通过体系的有效应用，包括体系持续改进的过程以及保证符合顾客与适用的法律法规要求，旨在增强顾客满意。

注：在本标准中，术语“产品”仅适用于预期提供给顾客或顾客所要求的产品。

1.2 应用

本标准规定的所有要求是通用的，旨在适用于各种类型、不同规模和提供不同产品的组织。

当本标准的任何要求因组织及其产品的特点而不适用时，可以考虑对其进行删减。

除非删减仅限于本标准第7章中那些不影响组织提供满足顾客和适用法律法规要求的产品的能力或责任的要求，否则不能声称符合本标准。

1 范围

本指导性技术文件为GB/T 19001在中小型组织中的应用提供指导，对大型组织也有指导意义。

本指导性技术文件不设定任何要求，也不增加或更改GB/T 19001标准的要求。

标准1.2条款“应用”提供了必要的灵活性，只有满足1.2中的要求才能声称符合GB/T 19001。标准规定可以删减标准第7章（仅限于第7章）中的要求，当第7章中的内容不适用于组织（既没有第7章有关条款的活动，也不必为这些条款相应活动负责）或不适用于所提供的产品和服务时，在此条件下删减这样的要求不会影响产品和服务的质量。

不能因为不愿接受这些要求而删除标准第7章中的相应要求。事实上，以往没有执行这些要求并不意味着这些要求不适用于组织。

如果不理解某个要求，可通过以下问题了解：

——该要求背后的理念和原则是什么？

——满足该要求可以防止什么样的问题？

——满足该要求会得到顾客的信任吗？

——如果您不必对此要求负责，那么谁有责任？

例如：如果组织不进行设计（7.3），那么就不需要设计活动的任何过程。

其他可能例外的例子是：

——如果不使用设备进行测量，那么就不需要按要求进行校准（7.6）。

——如果没有顾客提供的任何财产，那么就不需要执行7.5.4。

可能会有这样的情况，第7章中某个子项中或许含有可删除的内容。例如：在标准7.5.3条款中，可追溯性要求可以作为例外情况考虑，但有关标识要求不可以作为例外情况。

第7章中任何影响产品和服务的质量的要求都不可以省略。

任何需删减的例外情况应在质量手册中加以描述（见4.2.2）。

> **2 引用标准**
>
> 下列标准所包含的条文，通过在本标准中引用而构成为本标准的条文。本标准出版时，所示版本均为有效。所有标准都会被修订，使用本标准的各方应探讨使用下列标准最新版本的可能性。
>
> GB/T 19000—2000 质量管理体系 基础和术语(idt ISO 9000:2000)

2 规范性引用文件

下列文件中的条款通过本指导性技术文件的引用而成为本指导性技术文件的条款。凡是注日期的引用文件，其随后所有的修改单(不包括勘误的内容)或修订版均不适用本指导性技术文件，然而，鼓励根据本指导性技术文件达成协议的各方研究是否可使用这些文件的最新版本。凡是不注日期的引用文件，其最新版本适用于本指导性技术文件。

GB/T 19000 质量管理体系 基础和术语(GB/T 19000—2008，ISO 9000:2005，IDT)

GB/T 19001 质量管理体系 要求(GB/T 19001—2008，ISO 9001:2008，IDT)

GB/T 19004 质量管理体系 业绩改进指南(GB/T 19004—2000，idt ISO 9004:2000)

> **3 术语和定义**
>
> 本标准采用 GB/T 19000 中的术语和定义。
>
> 本标准表述供应链所使用的以下术语经过了更改，以反映当前的使用情况：
>
> 供方——→组织——→顾客
>
> 本标准中的术语“组织”用以取代 GB/T 19001—1994 所使用的术语“供方”，术语“供方”用以取代术语“分承包方”。
>
> 本标准中所出现的术语“产品”，也可指“服务”。

3 术语和定义

本指导性技术文件采用 GB/T 19000 中的术语和定义以及按如下解释(但不是定义)的术语。

3.1

产品 product

过程的结果

[GB/T 19000—2008，3.4.2]

该术语是通用的，用来描述：

——有形产品；

——服务；

——设计输出；

——计算机软件；

——一个组织可以提供的任何形式的商品或服务。

“产品”的定义包括“服务”。本指导性技术文件采用“产品”和“服务”两个术语是为了强调所涉及的内容，特别是关于以服务为导向的中小型组织的内容。

3.2

最高管理者　top management

在最高层指挥和控制组织的一个人或一组人

[GB/T 19000—2008,3.2.7]

该术语指下列人员：

——首席执行官；

——总经理；

——主席；

——董事长；

——常务董事；

——执行董事；

——单一所有者；

——合伙人。

3.3

管理者　management

该术语用于描述(根据上下文恰当的含义)代表组织行使权力、承担责任、制定决策和完成类似管理功能的人，该术语在本指导性技术文件中指下列人员：

——单一所有者；

——合伙人；

——执行董事；

——董事；

——总经理；

——经理；

——高级主管。

3.4

持续改进　continual improvement

增强满足要求的能力的循环活动

[GB/T 19000—2008,3.2.13]

该术语用来表示如何发现机会以改进所建立的质量管理体系的任何一部分。

实施任何明显的改进都需要有必要的资源。

3.5

评审　review

为确定主题事项达到规定目标的适宜性、充分性和有效性所进行的活动

[GB/T 19000—2008,3.8.7]

该术语适用的场合包括管理评审、设计和开发评审、产品与顾客要求评审以及不合格评审等。

在每一种场合，可以表示与该情况相关的各种活动的总体评审。

3.6

审核　audit

为获得审核证据并对其进行客观的评价，以确定满足审核准则的程度所进行的系统的、独立的并形成文件的过程

[GB/T 19000—2008,3.9.1]

这可以认为是一个系统的检查，以发现已策划的与质量有关的活动以及相关结果是否和所期望的或所策划的一致。

3.7

不合格 nonconformity

未满足要求

[GB/T 19000—2008,3.6.2]

该术语用于描述任何未满足规定要求的情况。这或许是没能满足顾客的要求,产品或服务有问题,质量管理体系不健全,或是任何其他情况下发生的不是所要求的或所期望的。

3.8

客观证据 objective evidence

支持事物存在或其真实性的数据

[GB/T 19000—2008,3.8.1]

该术语可用于被证明为真实的信息,该信息基于事实,取自于试验、观察、测量或其他方式。

3.9

基础设施 infrastructure

组织运行所必需的设施、设备和服务的体系

[GB/T 19000—2008,3.3.3]

该术语涵盖了经营所需的厂房、设备、设施等,如建筑物、运输工具、信息系统、通讯系统和生产设备。

3.10

工作环境 work environment

工作时所处的一组条件

[GB/T 19000—2008,3.3.4]

该术语是指能够影响产品质量的工作场所中的环境条件(见6.4中的例子),但并不意味着应实施环境管理体系或职业健康安全管理体系。

4 质量管理体系

4.1 总要求

组织应按本标准的要求建立质量管理体系,形成文件,加以实施和保持,并持续改进其有效性。

组织应:

a) 识别质量管理体系所需的过程及其在组织中的应用(见1.2);

b) 确定这些过程的顺序和相互作用;

c) 确定为确保这些过程的有效运行和控制所需的准则和方法;

d) 确保可以获得必要的资源和信息,以支持这些过程的运行和对这些过程的监视;

e) 监视、测量和分析这些过程;

f) 实施必要的措施,以实现对这些过程策划的结果和对这些过程的持续改进。

组织应按本标准的要求管理这些过程。

针对组织所选择的任何影响产品符合要求的外包过程,组织应确保对其实施控制。对此类外包过程的控制应在质量管理体系中加以识别。

注:上述质量管理体系所需的过程应当包括与管理活动、资源提供、产品实现和测量有关的过程。

4 质量管理体系

4.1 总要求

建立质量管理体系

本条款涵盖了组织建立一个质量管理体系及开展与此相关活动的要求。这些活动在GB/T 19001标准的其他部分有较为详尽的描述。

为了达到这些要求，组织应确保其质量管理体系已经包括了从a)到f)所描述的内容。

描述过程的详细程度取决于过程活动的复杂程度和稳定性。简单的过程活动可能只需要简单的解释。

复杂的过程需要充分的解释，以使组织的人员能够理解这些活动、任务和相互之间的关系，有效地履行他们的职责。

一个重要的要求是，当组织把影响产品或服务的过程外包时，需要确定如何控制该过程。即使某个过程外包，组织仍有责任确保该外包过程符合顾客与组织之间签订的合同。

例如，如果组织是某项工程的主供应商，而设计是由另一个供应商承担，那么组织就要确定如何才能保证另一个供应商所开发的设计符合组织(或其顾客)提供的技术规范。其他外包过程的例子有热处理、清洗、镀锌、喷漆、信息技术和一般维护等。

> 4.2 文件要求
>
> 4.2.1 总则
>
> 质量管理体系文件应包括：
>
> a) 形成文件的质量方针和质量目标；
>
> b) 质量手册；
>
> c) 本标准所要求的形成文件的程序；
>
> d) 组织为确保其过程的有效策划、运行和控制所需的文件；
>
> e) 本标准所要求的记录(见4.2.4)。
>
> 注1：本标准出现“形成文件的程序”之处，即要求建立该程序，形成文件，并加以实施和保持。
>
> 注2：不同组织的质量管理体系文件的多少与详略程度取决于：
>
> a) 组织的规模和活动的类型；
>
> b) 过程及其相互作用的复杂程度；
>
> c) 人员的能力。
>
> 注3：文件可采用任何形式或类型的媒体。

4.2 文件要求

4.2.1 总则

使质量管理体系文件化

本条款描述了标准要求哪些文件。“文件”涵盖从a)到e)列出的不同类型文件。

在c)项中，标准要求组织具有特定的文件化程序。一个文件化的程序是一个以可复制形式存在的，如4.2.3所控制的程序。应保证以下6项活动中所描述的要求包含在文件化的程序之内。

4.2.3	文件控制
4.2.4	记录控制
8.2.2	内部审核
8.3	不合格品控制
8.5.2	纠正措施
8.5.3	预防措施

注：这些是仅有的专门要求有文件化程序的条款，其他程序是否需要形成文件完全取决于组织的决定。

文件包括标准要求的强制性的文件化程序以及其他文件,如规范、记录等。

d)项要求组织具有“确保过程的有效策划、运作和控制”的手段,这些手段可以形成文件,也可以不形成文件。这取决于组织。

重要的是组织的员工要有完成工作所需要的信息,包括:

——工作方法、工作程序或作业指导书;

——操作方法、操作指导或操作程序;

——生产日程;

——优先供应商清单;

——技术规范;

——图纸。

文件应指明谁做什么,在什么地方做,什么时候做,为什么这样做以及怎样做。文件不应是一份愿望清单,希望在经营中发生什么样的事情,而是应清楚、准确地反映实际发生的事情。例如,没有必要为“如何开门”专门制定一份正式的文件,只需在门上贴上“推”或“拉”就足够了。

组织应确定文件的详细程度,这将在很大程度上取决于所使用的方法,所需要的技能、所进行的培训以及所要求的管理力度。应避免文件过度的详细,否则不一定会使组织更好地对活动进行控制。如果培训能使每个人都得到正确地工作所需要的信息,可以减少对详细文件的需求。

现有的文件要充分满足需求,并且应能方便地在质量手册中找到查询文件的途径。

文件的类型是以可复制的任何形式,其范围从单独的正式文件到与图纸合并在一起的技术标准以及设备的指导手册等。

文件还可以是图片或图像的形式。图形格式、图像或简单的图片组合会特别有用,因为视觉帮助通常比长篇累牍的描述所传递的信息更准确。

质量管理体系和文件的准备工作需要最大限度地调动组织的人员参与,以便能够详细反映实际的工作实践。这项工作不能孤立地进行。相关人员介入得越早,涉及的员工越多,他们的理解、参与和主人翁意识就越强。

特别需要注意的是,组织不必为了满足 GB/T 19001 标准而重写已经存在的全部质量体系文件。

4.2.2 质量手册

组织应编制和保持质量手册,质量手册包括:

a) 质量管理体系的范围,包括任何删减的细节与合理性(见 1.2);

b) 为质量管理体系编制的形成文件的程序或对其引用;

c) 质量管理体系过程之间的相互作用的表述。

4.2.2 质量手册

规定要做的事情

组织可利用质量手册为其质量管理体系提供一个总图或路线图。除了要把从 a)项到 c)项的要求包括在内,还可以增加:

——组织的经营活动;

——质量管理体系的主要特点;

——质量方针和相关的质量目标;

——职责和权限的描述;

——组织介绍,如组织结构图;

——文件如何使用以及在哪里可以找到相关程序;

——组织的专用术语和定义。

如果上述内容没有包含在质量手册中,那么质量手册要指出在哪里可以找到这些内容。

质量手册还应包括质量管理体系过程间相互作用的描述，可通过流程图、图示、对照表等方式表示。

质量手册还应描述任何删减的合理性（见条款 1.2）。应识别第 7 章中哪些要求不适用于组织，并且未包括在质量管理体系内。组织可以选择适合组织的质量手册的形式。要考虑质量手册的不同读者，并且还有可能向外部人员展示。如果向外部人员展示质量手册，一定要注意质量手册不要包含任何保密的内容。

在 4.2.3 中可以看出，所有质量管理体系要求的文件，包括质量手册，应得到控制。

建议在质量手册和 GB/T 19001 标准之间建立一个对照表，以保证组织不会遗漏任何要求，也可作为其他读者（如：顾客或认证机构）阅读质量手册的指引。

质量手册应是一份工作文件，而不是一件给顾客看的展品。

4.2.3 文件控制

质量管理体系所要求的文件应予以控制。记录是一种特殊类型的文件，应依据 4.2.4 的要求进行控制。

应编制形成文件的程序，以规定以下方面所需的控制：

a) 文件发布前得到批准，以确保文件是充分与适宜的；
b) 必要时对文件进行评审与更新，并再次批准；
c) 确保文件的更改和现行修订状态得到识别；
d) 确保在使用处可获得适用文件的有关版本；
e) 确保文件保持清晰、易于识别；
f) 确保外来文件得到识别，并控制其分发；
g) 防止作废文件的非预期使用，若因任何原因而保留作废文件时，对这些文件进行适当的标识。

4.2.3 文件控制

为人们提供所需要的信息

本条款实际上是关于控制内部文件（如图纸、工艺规程、说明、验收标准以及其他参考材料等）和外部文件（如条例、标准、行业规范、技术规范等）的要求。

每个文件要求的控制（以及可能的控制程度）是不同的。内部文件和外部文件不一样，内部文件可能要涵盖 GB/T 19001 中 4.2.3 从 a)项到 e)项和 g)项；外部文件控制可能较少，只涵盖了 c)项到 g)项。

“文件”一词用于涵盖各种媒体中所包含的信息，如：文字文件、计算机硬盘、软盘、录像带和录音带或海报等。

文件控制主要是确保所使用的文件是正确的文件，并且证明是必需的。也就是说，只有使用适用的文件（一般是最新版本）才能完成工作。这很重要，因为员工应具有完成工作所需要的知识。

本条款清楚地表明，记录是一种特殊类型的文件（见 4.2.4），是某些行为产生的结果，是当时存在的事实的证明，并且不能修改。淘汰的文件（或修改后的文件）可以成为记录。

随着计算机网络的快速发展，达到文件控制的要求就变得相对容易了。使用电子的方法是有效控制文件的方式。如果使用计算机方法，务必要保存原始信息的拷贝，如备份、镜像等。

如果使用计算机方法，那么网络上的版本才是最新的版本。这时可以增加一个声明，说明书面拷贝是不受控制的，读者要查看网络才能确保了解最新版本。

要想控制来自于外部渠道的所有电子文件是不可能的。因此，每个人在开始工作前掌握正确的信息是重要的。

如果使用书面的方法，可利用文字处理软件的功能把最后保存的日期/时间嵌入到文件中。这就是版本或修改版的标识，而不需要借助于其他的项目，如“修改版 3.1”。即使不能解决所有的书面拷贝，该方法也会极大地减少编辑时的出错机会,使系统变得更简单。

要永远把文件的拷贝数量保持在最低水平。在中小型组织中获取普通文件要简便得多,因为正式手续少,潜在的用户少,以及地点少,通常是单一地点。

如果每个人都能容易地取得原始拷贝,那么有关复杂控制的要求就可以取消,控制变化的安排就可以简化。

在员工较少的组织中,谁手中有哪些文件要有一个清单。如果有变化,可以指派一个人收取旧文件并下发新文件。这时在相应的记录本或计算机记录中要做一个适当的说明。

文件化的过程需要说明是如何控制那些需要控制的文件。在更新和恢复方面要尽量避免复杂的手续。标准要求信息是最新的,但没有说明怎样去做。可利用本条款允许的灵活性采用最简单、最实际的方法控制文件。

在分发文件之前,要有一个合适的人对文件进行检查和认可,以确保文件适合于其目的。文件控制程序应该确定谁进行检查。在中小型组织中,这或许应该是经理的工作。但从另一方面讲,经理也可以委派某人进行检查和认可文件。

进一步的要求是,要有合适的人对控制文件的更改进行查看和认可。在中小型组织中,这可能还是经理的职责。在书面文件上签字是识别认可的方法之一。如果是电子文件,使用口令控制并结合批准日期也是识别认可的一种方式。

有时候,淘汰的或过期的文件因各种原因(如为法律或参考目的)可能需要保留。如果是这样,需要有辨别这些文件状态的方法,以防止意外地用于当前的文件中。

4.2.4　记录控制

应建立并保持记录,以提供符合要求和质量管理体系有效运行的证据。记录应保持清晰、易于识别和检索。应编制形成文件的程序,以规定记录的标识、贮存、保护、检索、保存期限和处置所需的控制。

4.2.4　记录控制

保存好记录

所有组织都有记录。这些记录可以为组织提供信息,帮助组织有效地管理,展示组织或员工实际做了哪些事情,记录了哪些信息,或满足了哪些特别的要求。本条款针对的就是如何管理这些记录,记录贯穿整个标准。

重要的是一个中小型组织要摆脱许多无用文件的负担。组织应确定哪些记录是有用的并与业务有关,哪些是标准需要的。应确定每种记录保存时间的长短,在哪里可以找到,以及如何处理。只有有价值的才保留下来。记录不应该只是为了满足审核员而保留。

在有些情况下,保留期限的规定取决于法律或条例的要求、财务要求、可能的产品可靠性要求或顾客的技术规范。这些细节应该记录或标注于文件化的规程之中。

以下是质量管理体系可能产生的记录:

——设计文件、计算结果;

——顾客订单、合同评审记录;

——会议笔录(如管理评审);

——内部审核报告;

——不合格详细说明(服务失败报告、担保声明、顾客投诉);

——纠正和预防措施报告;

——采购订单;

——关于供方的文件(如供方的评价及业绩记录);

——流程控制细节;

——监视和测量报告；

——校准与检定报告；

——培训的详细内容；

——收货和发货的细节；

记录、索引和归档可以是任何合适的形式(如硬拷贝或电子文件)。存储方式要适合于介质，损耗、损坏和丢失的风险应该降至最低。有必要确定谁可以使用这些记录以及如何获得记录。

若利用计算机技术来存储记录，要注意软件程序的发展和进步能导致读取几年以前制作的记录出现困难。建议保留旧版本软件程序来读取这些较老的记录，或者把文件转换成当前的软件。使用更新的反病毒软件也很重要。

备份电子存储的记录也是记录管理的一部分。

> **5 管理职责**
>
> **5.1 管理承诺**
>
> 最高管理者应通过以下活动，对其建立、实施质量管理体系并持续改进其有效性的承诺提供证据：
>
> a) 向组织传达满足顾客和法律法规要求的重要性；
>
> b) 制定质量方针；
>
> c) 确保质量目标的制定；
>
> d) 进行管理评审；
>
> e) 确保资源的获得。

5 管理职责

5.1 管理承诺

质量承诺

最高管理者在GB/T 19001标准中被定义为“在最高层指挥和控制组织的一个人或一组人”。在中小型组织中，最高管理者可以是组织所有者或合伙人以及几个直接向他们负责的关键人物。GB/T 19001要求这样一个人或一组人应证实其对质量管理体系的承诺。本条款列出了证实该承诺所必需的措施，明确这些措施是最高管理者的职责，并且强调了有效领导的必要性。5.2至5.6中列出的内容是对5.1a)到e)的扩充。

在提供证据方面，最高管理者不仅要保证整个组织都要了解其责任，并且还要留有适当的记录以表明是怎样获得的。管理会议的报告可以作为这样的一种证据。

> **5.2 以顾客为关注焦点**
>
> 最高管理者应以增强顾客满意为目的，确保顾客的要求得到确定并予以满足(见7.2.1和8.2.1)。

5.2 以顾客为关注焦点

顾客想要什么

在图1过程模式中，本条款强调的是输入的来源。除了与顾客的互动之外，确保理解顾客的要求和获得必要的资源也是最高管理者的责任。7.2.1和8.2.1的内容覆盖了该过程的范围。

应明确哪些对组织是重要的，哪些对顾客是重要的，适当时包括与产品或服务有关的法律法规要求。[见7.2.1 c)]

为实现组织的成功，组织应尽可能与顾客就顾客的需要达成一致，为此可采取以下方式：

——与顾客沟通；

——市场和(或)顾客调查；

——获取行业报告；

——确定市场行情。

> **5.3 质量方针**
>
> 最高管理者应确保质量方针：
>
> a) 与组织的宗旨相适应；
>
> b) 包括对满足要求和持续改进质量管理体系有效性的承诺；
>
> c) 提供制定和评审质量目标的框架；
>
> d) 在组织内得到沟通和理解；
>
> e) 在持续适宜性方面得到评审。

5.3 质量方针

制定质量方针

质量方针包括：

——质量承诺；

——质量管理体系持续改进的承诺；

——质量目标的框架；

——组织的目标如何适应顾客的要求。

通常有必要首先建立组织的总方针，包括营销或销售策略、财务策略等，因为这可使建立质量方针更容易。

质量方针应说明质量对组织和顾客的重要性。4.2.1要求把质量方针形成文件。

为了致力于实施质量方针，组织需要确定通常在一定时间框架内的总体质量目标。重要的是这些目标不要模糊不清，而是要明确哪些对组织和顾客是重要的。

最高管理者对质量的承诺应是看得见的、积极的并且是被有效沟通的。例如：一份公开展示的、由组织所有者签署的质量方针是一个可以用来表现对员工和顾客承诺的方法。另一个方法是在会议上宣读质量方针。

最高管理者应确定如何使所有员工了解质量方针，了解质量方针如何影响他们，以及他们在质量管理体系中的作用。

最高管理者还需要经常在5.6中所要求的管理评审期间对质量方针进行评审，以确定这些目标是否还是最适合组织。

> **5.4 策划**
>
> **5.4.1 质量目标**
>
> 最高管理者应确保在组织的相关职能和层次上建立质量目标，质量目标包括满足产品要求所需的内容[见7.1a)]。质量目标应是可测量的，并与质量方针保持一致。

5.4 策划

5.4.1 质量目标

建立质量目标

为了把质量方针付诸实践，最高管理者需要建立清晰的质量目标。质量目标可以不由最高管理者亲自制定，但制定质量目标的责任仍然是最高管理者。

在建立质量目标时，确定实现目标的时间框架是必要的。

标准针对的不仅是质量管理体系的目标，还有产品和服务的目标[见 7.1a)]。

目标应该是现实的，并与可取得的结果对应起来，如：

——满足产品和服务的要求(顾客和其他)；

——满足计划的进度；

——识别改进的机会；

——识别新的市场机会。

该条款还要求在组织的适当层次(如人力资源、生产、销售)建立相关的目标(如过程业绩、持续改进)。重要的是每位员工要清楚他们是如何致力于实现质量目标。

在服务接触界面或生产线上，目标可以非常简单和直接，如：

——在提供客运服务的运输业务会上规定公共汽车的比例目标，在设定的限度内按时间表运行；

——在生产地点，可以规定在最低可接受的限度内每小时的产出目标；

——在美发厅，在所有员工都忙的时候，可以指派一个人去迎接顾客，目标是“进入美发厅的顾客将在一分钟内受到接待以确定他们的要求”。

在组织的高层，目标可能更复杂。例如：以美发厅的情况来说，业主或经理可以设定更高的目标，安排足够的员工以满足高峰时的需求。这或许要求有计划，雇佣临时员工以及对他们进行培训等等。

要仔细考虑设定哪些目标以及实现目标的时间框架。目标应是可以测量的。如果目标只是“做得更好”，那只是一个主观愿望，而不是目标。要测量目标是否能够达到，如果不能，将如何改进。

> **5.4.2　质量管理体系策划**
>
> 最高管理者应确保：
>
> a)　对质量管理体系进行策划，以满足质量目标以及 4.1 的要求。
>
> b)　在对质量管理体系的变更进行策划和实施时，保持质量管理体系的完整性。

5.4.2　质量管理体系策划

组织打算如何去做

本条款要求在两个层次上进行策划。

第一个层次是编制计划，以使质量管理体系能够满足 4.1 的要求。该策划的大部分活动发生在质量管理体系的建立和实施的初始阶段。

然而，在检查质量管理体系而进行管理评审时(见 5.6)，可能需要增加计划，

——以确保质量管理体系的持续适宜、充分和有效；

——确定是否需要更改；

——确定是否有改进的机会。

增加计划的需要可能还会引起其他行为(如审核)。

第二个层次的策划是要求能够达到质量目标。由于质量目标可能随时间而改变，因此该层次的策划应随目标的改变持续跟进。

质量管理体系策划要求对任何变更都要进行管理，以确保质量管理体系在变更中和变更后能够持续有效。

> **5.5　职责、权限与沟通**
>
> **5.5.1　职责和权限**
>
> 最高管理者应确保组织内的职责、权限得到规定和沟通。

5.5 职责、权限与沟通

5.5.1 职责和权限

谁负责哪些事情

最高管理者要确保每一个人都知道他们要做的事情(责任),他们可以做的事情(权限),并使他们明白这些责任和权力之间的相互关系。

在有人员相互作用的地方,对责任和权限的描述不应含混不清,要让每个人都知道他们的责任(和权力)终止于何处,其他人开始于何处,以避免职责不清。这种描述不必精细或复杂,关键是要能清楚地反映实际的状况并且具有灵活性。

如果需要把责任和权力细化,那么一个岗位说明书或一个简单的组织结构图或许就足够了。另外,责任和权力可在过程文件中作出规定。如果相关人员知道并且清楚了责任和权力,那么适合工作方式的其他方法可同样满足要求。

在中小型组织,由于可用于执行本条款所要求的任务的人员数量有限,所以要经常计划分担义务和责任,使一个人能够替代另一个人的工作。这样的计划在假日、事故或有人生病时更有必要。

5.5.2 管理者代表

最高管理者应指定一名管理者,无论该成员在其他方面的职责如何,应具有以下方面的职责和权限:

a) 确保质量管理体系所需的过程得到建立、实施和保持;

b) 向最高管理者报告质量管理体系的业绩和任何改进的需求;

c) 确保在整个组织内提高满足顾客要求的意识。

注:管理者代表的职责可包括与质量管理体系有关事宜的外部联络。

5.5.2 管理者代表

由谁日常管理组织的质量管理体系

该条款的要求是指最高管理者应从具有职责和权限的管理者中提名某人管理质量管理体系。该人在组织中应有确保质量管理体系正常运行的必要权限,也可以履行其他职责。此人应是组织内部的一个管理者,职责和权限不能交给组织之外的任何人。

在中小型组织,业主或经理承担这一角色是适合的。管理者代表的一个关键职责就是知晓质量管理体系的业绩和改进的可能性。当业主或经理不能亲自履行该工作时,应保证他们获悉该工作的情况。

对于拥有一个以上的现场(或场所)的组织来说,可以在每一处现场委派一个人作地方管理者代表,但只能有一个人对组织全权负责。

管理者代表应确保组织内部需要知道的人都清楚顾客的要求。管理者代表不一定亲自去通知,但管理者代表应知道他们已经被通知到了(见 5.5.3)。

5.5.3 内部沟通

最高管理者应确保在组织内建立适当的沟通过程,并确保对质量管理体系的有效性进行沟通。

5.5.3 内部沟通

使员工多了解信息

为了使质量管理体系有效运行,良好的沟通是必要的。最高管理者应建立鼓励员工在组织的各个层次进行沟通的过程,而员工不必担心传递负面消息而受到处罚,避免报喜不报忧。

为了达到有效沟通,沟通过程应提供以下便利:

——快速传递和接收信息,并根据该信息采取措施;

——在相互之间建立信任；

——传递顾客满意、过程业绩等的重要性；

——识别业务机会；

——识别改进的机会。

应确保所有的信息清楚和容易理解，并传达给需要该信息的人。

质量管理体系的有效性将由管理评审(见5.6)来确定并进行适当的沟通。沟通方法可包括在公告板上发布信息或通过电子媒体(如电子邮件)使信息流通。

> **5.6 管理评审**
>
> **5.6.1 总则**
>
> 最高管理者应按策划的时间间隔评审质量管理体系，以确保其持续的适宜性、充分性和有效性。评审应包括评价质量管理体系改进的机会和变更的需要，包括质量方针和质量目标。
>
> 应保持管理评审的记录(见4.2.4)。
>
> **5.6.2 评审输入**
>
> 管理评审的输入应包括以下方面的信息：
>
> a) 审核结果；
>
> b) 顾客反馈；
>
> c) 过程的业绩和产品的符合性；
>
> d) 预防和纠正措施的状况；
>
> e) 以往管理评审的跟踪措施；
>
> f) 可能影响质量管理体系的变更；
>
> g) 改进的建议。
>
> **5.6.3 评审输出**
>
> 管理评审的输出应包括与以下方面有关的任何决定和措施：
>
> a) 质量管理体系及其过程有效性的改进；
>
> b) 与顾客要求有关的产品的改进；
>
> c) 资源需求。

5.6 管理评审

了解质量管理体系是否在有效实施

最高管理者应定期评审质量管理体系。对于一个已经建立并且有效的质量管理体系来说，每年评审一次就可以了。如果计划更改并已实施，则需要更频繁的评审。参与评审的人员应能够对任何结果采取措施。

评审的方法应适合组织的实际，并考虑以下事项：

——质量方针和目标对当前需求的适合程度；

——质量管理体系是如何工作的，目标是否达到；

——过程业绩分析；

——质量问题和采取的措施；

——顾客反馈，包括顾客投诉；

——质量审核报告(包括内部和外部审核报告)；

——需要改进和(或)更改的方面；

——上一次评审的主要措施。

要及时处理每一个发生的问题。如果等待下一次管理评审时再处理顾客的投诉，可能不会再有任何顾客了。管理评审就是要评审是否再一次出现类似的问题，采取的措施是否正确，顾客是否满意。

应以单个问题为切入点，进而评审整个质量管理体系是否

——适合——仍然适合目标吗？

——适宜——仍然适宜吗？

——有效——仍然能够获得想要得到的结果吗？

最高管理者应分析和确定重要的趋势。在管理评审时不要浪费时间一遍遍地讨论相对不重要的问题。如果管理评审认真研究了管理评审报告以获得明确的总体看法而不仅仅评审一些琐碎的事情，那么管理评审就更加有用。

8.4 要求的数据分析也应包括在管理评审之内，其他可以考虑的输入包括：

——培训需求；

——供应商问题；

——设备需求和维护；

——工作环境和基础设施。

通过确认这些问题，根据评审的结果，可以进一步修改质量、战略和业务计划，以备将来之需。

例如：当取得了改进并消除了问题时，可能需要对改进措施进行评审。由于问题的原因找到了，这些措施是否还有必要？修改或采取其他改进措施是否会节省一些费用？如果投诉率上升，就要决定调查原因，并设定适当的目标。

评审和审核不是一回事。事实上最好的理解是，审核的结果是管理评审的一部分。

评审的方法应适合组织的实践，包括：

——正式的面对面的会议；

——电话会议或互联网会议；

——组织范围内各种不同层次的评审，并将评审结果向最高管理者汇报，由最高管理者负责对报告进行评审。

评审记录需要保留，包括所有评审的问题点、采取的措施及完成的期限。

记录可以是适合组织的任何形式，如日志或日记、正式的会议备忘录或笔记等，可以书面或电子形式（计算机数据）进行生成、分发和存储。

作为评审的结果，还要作一些决策并执行这些决策，但这并不是说每一次的评审都要根据 5.6.3 中的 a)、b)和 c)条款作决策，而是当这种改进是合理的，需要决定如何在现有资源的基础上实施改进。

> **6 资源管理**
>
> **6.1 资源提供**
>
> 组织应确定并提供以下方面所需的资源：
>
> a) 实施、保持质量管理体系并持续改进其有效性；
>
> b) 通过满足顾客要求，增强顾客满意。

6 资源管理

6.1 资源提供

组织需要什么资源

组织应确保其拥有保持和改进质量管理体系（见 8.5）的资源，并按照 7.2.1 的规定，以满足顾客要求的方式进行工作。如果没有需要的所有资源，那么应确定如何充分利用现有的资源。

资源不仅包括人员，还有资金、设施和设备等，例如：

——开发新过程或新的工作方法；

——增加设备（租用、租赁或购买）；

——通过与供应商签订合同来获取资源和技能。

资源应定期评审(5.6.3),适当时作为管理评审的一部分(5.6)。考虑新的投标与合同时(见7.2),评审一下资源也是必要的。

> **6.2 人力资源**
>
> **6.2.1 总则**
>
> 基于适当的教育、培训、技能和经验,从事影响产品质量工作的人员应是能够胜任的。

6.2 人力资源

6.2.1 总则

组织的人员是否有能力做要求他们做的事

一个好的计划最基本的内容就是要考虑由谁来执行。被分配指定任务的人员要求有能力完成任务。这包括了没有直接介入生产的人员(如采购、规划、顾客关系等)。在一个中小型组织中,几乎每个人都可能以某种方式影响产品质量。

能力可以理解为能够表现出来的适当的教育、培训、技能和经验的结合。这里并非要求每个人都具备上述全部四种品质,只对执行特别任务的人才是必需的。

在制定工作分配计划和进行工作所需的能力鉴定时,可以把培训作为获得必要能力的一个选择。

> **6.2.2 能力、意识和培训**
>
> 组织应:
>
> a) 确定从事影响产品质量工作的人员所必要的能力;
>
> b) 提供培训或采取其他措施以满足这些需求;
>
> c) 评价所采取措施的有效性;
>
> d) 确保员工认识到所从事活动的相关性和重要性,以及如何为实现质量目标作出贡献;
>
> e) 保持教育、培训、技能和经验的适当记录(见4.2.4)。

6.2.2 能力、意识和培训

对员工能力进行检查并培训

组织应定期对员工的经验、资格、能力等与组织目前和将来的活动所需要的技能和资格等方面进行比较。可通过把现有人员能力(见6.2.1)和要求相比较,进行能力差距分析。该差距可能需要通过培训填补,或是通过招聘长期员工或定期合同工来获得另外的能力进行填补。

如果选择对自己的员工进行培训,或许这些员工既需要培训也需要经验才能具有所要求的能力。

通过工作分配、人员配置(6.2.1)、管理评审(5.6)、纠正措施(8.5.2)、预防措施(8.5.3)和内部审核(8.2.2)等都可以看出是否缺少培训。

对生产和服务方面所要求的技能和资格的考虑也可以看出是否有必要增加培训。

即使是中小型组织,也要对新员工(包括临时工和兼职员工)以及全职员工进行适当的意识培训,包括:

——业务性质;

——健康、安全、环境制度;

——质量方针和其他内部政策;

——新员工的作用;

——与员工有关的规程和指导书。

有必要制定分阶段的实施培训计划,这可能要包括一个培训期,然后是熟悉期,接着进一步培训,然后又是一个熟悉阶段。

如果能够发挥质量管理的全部经验为组织带来的潜力，那么进行质量技术培训，尤其是内部审核培训是非常必要的。

培训可以在实际的工作场所、室内或其他外部地点进行。根据培训的主题，展示相关的个人成绩或参加研讨会也可以提供有价值的培训。

6.2.2 中的 b)项指出还可以采用其他培训方式。作为培训替代，可以聘用有能力的人员或把培训外包。

组织还需要评价培训的效果[6.2.2c)]，如：

——选择的培训课程合适吗？

——培训内容有没有被很好地掌握？

——该培训可直接用于工作吗？

——教师的相关专业知识和授课技巧如何？

——培训的组织工作如何？

仅提供(和记录)培训是不够的，还应对培训效果进行评价。

某些工作要求具有指定水平的能力，这是正确、安全工作的前提(如内部质量审核、焊接或无损检测)。承担某些工作的员工具备资格是必要的(如驾驶叉车或卡车、计量等)。

组织应保存证明员工能力的记录，还要保存员工接受培训的记录和培训的所有结果。对培训项目的实施以及能力的表现可根据需要进行简单或复杂的记录。如果知道组织的人员有足够的能力，那么规程的详细程度就可以降低，但该能力应经过展示和记录。

简单地讲，记录可以是签字的形式，以确认员工现在可以使用指定的设备，执行指定的流程或遵循指定的规程。记录应包括一个清楚的声明，相信此人有能力完成其接受过培训的任务。经过一定的时期后，进一步教育和培训的效果应重新进行评价，以确认是否还具有培训所获得的能力。

有些工作要求具有指定的资格，如起重机操作工。培训应由具有相应技能、资格和经验的人员来进行。应保存记录，以证明用于培训目的的人员的资格。在培训过程中，有些课程内容需要法定机构的授权。

6.3 基础设施

组织应确定、提供并维护为达到产品符合要求所需的基础设施。适用时，基础设施包括：

a) 建筑物、工作场所和相关的设施；

b) 过程设备(硬件和软件)；

c) 支持性服务(如运输或通讯)。

6.4 工作环境

组织应确定并管理为达到产品符合要求所需的工作环境。

6.3 基础设施和工作环境

确保组织有适宜的工作环境

这些要求对组织来说永远是必要的。组织应考虑如何提供、管理和维护工作场所的各种要求以及过程设备。为了维护设备，准备足够的替换件或配件是必要的。还要为将来的需求确定和提供目前基础设施的要求和计划。

工作场所可以是办公室，其照明、噪音和空气质量对办公环境是重要的，也可以是一个工厂，要考虑工厂特有的安全性和其他特定的环境。

有些可能要考虑的问题是：

——对工作场所的温度、湿度、照明、气流、噪音和振动等是否有适当的控制；

——有没有适当的顾客等待区域和设施(如，服务业)；

——卫生条件是否保持正常(如，食品、饮品和制药等组织)；

——是否有方法或机制来防静电(如,制造电子部件的组织或处理挥发性化学品的组织)。

上述这些要求是用于提供合格的产品和服务所需的,当然还可以用于其他方面。

一个极端例子,紧靠鼓风炉旁边的一个温度控制检验室,需要进行敏感的测量。

另一个极端例子,仔细思考与制造产品和提供服务相关联的工效学。例如:更换操作人员是必要的,因为一个人很难长时间精力集中,还有肢体的重复性劳损。

7 产品实现

7.1 产品实现的策划

组织应策划和开发产品实现所需的过程。产品实现的策划应与质量管理体系其他过程的要求相一致(见4.1)。

在对产品实现进行策划时,组织应确定以下方面的适当内容:

a) 产品的质量目标和要求;

b) 针对产品确定过程、文件和资源的需求;

c) 产品所要求的验证、确认、监视、检验和试验活动,以及产品接收准则;

d) 为实现过程及其产品满足要求提供证据所需的记录(见4.2.4)。

策划的输出形式应适合于组织的运作方式。

注1:对应用于特定产品、项目或合同的质量管理体系的过程(包括产品实现过程)和资源作出规定的文件可称之为质量计划。

注2:组织也可将7.3的要求应用于产品实现过程的开发。

7 产品实现

7.1 产品实现的策划

策划好过程管理

产品实现是标准中使用的术语,指的是提供服务或制造产品的过程,或同时进行这两项工作。

组织应策划如何进行有关产品实现方面的活动,策划时可考虑诸如以下方面:

——顾客需求(见7.2);

——确定提高生产力和减少浪费、废料或不合格产品的工作目标,以及如何实现这些目标;

——确定所需要的资源;

——制定预算、购买机器、进行生产策划、制定作业指导书;

——根据设计输入规范、原型测试、顾客满意问卷调查或校准过程对设计的输出进行评审;

——确定所需要的记录(例如最终检验报告)。

所有的策划信息都应进行整理归档,以便能够顺利完成整个过程。

产品实现策划的程度取决于所制造的产品或提供的服务是否具有以下特点:

——重复的;

——项目的;

——创新的;

——以上都具有。

对于仅仅是日常的和高度重复性的产品制造或服务提供,也可以在制定质量手册和文件时进行策划。文件中有关的说明可以看作是策划的要求,尤其是与质量目标有关的说明(无论是对于产品还是服务)。

如果采用了上述方法,应每隔一段时间或在任何过程发生变化之后对所有的文件进行评审,以确定其是否仍然有效。

如果由于工作的性质决定不能采用上述方法，可能需要对每个新的任务或项目分别进行策划。在其他情况下，可能仅对那些非日常的产品和服务采取这种方法。

针对特定的情况，过程策划的结果可能是“质量计划”、“项目计划”或者是类似这样的文件，组织可以自己决定如何记录过程策划的结果。如果需要正式的质量计划，可以做成较为简单的列表或者是流程图，其中包括可以引用现有的文件。

对于较为复杂的工作，最好是制定非常详细的计划，可能要列出流程操作、验证过程、需要达到的验证标准以及应作出的记录。可能还需要列出所需要的资源的名称和用途。

7.2 与顾客有关的过程

7.2.1 与产品有关的要求的确定

组织应确定：

a) 顾客规定的要求，包括对交付及交付后活动的要求；

b) 顾客虽然没有明示，但规定的用途或已知的预期用途所必需的要求；

c) 与产品有关的法律法规要求；

d) 组织确定的任何附加要求。

7.2.2 与产品有关的要求的评审

组织应评审与产品有关的要求。评审应在组织向顾客作出提供产品的承诺之前进行（如：提交标书、接受合同或订单及接受合同或订单的更改），并应确保：

a) 产品要求得到规定；

b) 与以前表述不一致的合同或订单的要求已予解决；

c) 组织有能力满足规定的要求。

评审结果及评审所引起的措施的记录应予保持（见 4.2.4）。

若顾客提供的要求没有形成文件，组织在接受顾客要求前应对顾客要求进行确认。

若产品要求发生变更，组织应确保相关文件得到修改，并确保相关人员知道已变更的要求。

注：在某些情况中，如网上销售，对每一个订单进行正式的评审可能是不实际的。而代之对有关的产品信息，如产品目录、产品广告内容等进行评审。

7.2.3 顾客沟通

组织应对以下有关方面确定并实施与顾客沟通的有效安排：

a) 产品信息；

b) 问询、合同或订单的处理，包括对其修改；

c) 顾客反馈，包括顾客抱怨。

7.2 与顾客有关的过程

确保理解并满足顾客的要求

组织应向其顾客提供满足要求的产品和服务。但这些要求还包含了一些其他的因素，如法律法规、交货时间、付款条件以及顾客未明确说明的要求。

应对顾客的订单或合同进行全面的了解，以便能够满足他们的要求。

如果顾客的一些要求不在正常的工作范围之内，或者这些要求不切实际或无法实现，则应和顾客一同协商解决这些问题。

顾客发出订单的方式可能会有所不同，如：书面订单、口头协议、电话订购或者是通过电子商务。

其中遇到的最为普遍的一个问题，就是对顾客订购的产品是什么，或者是订购的产品使用在哪些地方产生误解。与顾客之间建立良好的沟通可以消除这些误解，可以研究一下沟通方式，可安排一个人专门与顾客进行联系，发现误解并解决误解。

书面或电子订单提供订单的细节，如通过邮件、传真、电子邮件或互联网传递的订单，这些可以作为永久性记录。

如果顾客采用电话和网络订购，需要做一些特殊的准备来记录并确认订单，并需要采取一些措施来处理这样的订单，如：

——对于电话订单，一种方法是为接收订单的员工准备一本记事本(或打印好的表格)来记录订单的细节，并向顾客复述一遍予以确认。

——另一种方法就是将这些细节直接输入电脑，再一次进行确认，可以是口头、传真或者是电子邮件的形式确认，同时将这些确认信息存入磁盘或者打印出来。

在收到订单但尚未确认之前，应安排一个人对订单进行评审，确保标准中7.2.2所列的要求能够得到满足。在中小型组织中，该人通常是经理。

同时还应确定订单中是否还有设计要求，标准中7.3的要求是否能够得到满足。

评审的记录可以比较简单，比如在能够履行的订单上做上注释，加上评审人的签名和评审日期就可以了。如果需要进行较为复杂的评审，可以自己决定如何来记录评审，但至少应包括主要的细节。

如果是为一个合同投标，或者是向潜在顾客提交建议，就应采取以上的方法。如果与顾客的要求有任何出入，应及时解决并确认商定的要求已被适当地记录。

不论出于何种原因，如果订单或投标或二者都发生了变化，应按照与原订单或投标相同的方式对变化进行评审并商定。如果变化得到了认可，应及时将变化的情况通知组织内部所有有关人员。

同时，与这些变化有关的文件也需要进行修改。

> **7.3 设计和开发**
>
> **7.3.1 设计和开发策划**
>
> 组织应对产品的设计和开发进行策划和控制。
>
> 在进行设计和开发策划时，组织应确定：
>
> a) 设计和开发阶段；
>
> b) 适合于每个设计和开发阶段的评审、验证和确认活动；
>
> c) 设计和开发的职责和权限。
>
> 组织应对参与设计和开发的不同小组之间的接口进行管理，以确保有效的沟通，并明确职责分工。
>
> 随设计和开发的进展，在适当时，策划的输出应予更新。

7.3 设计和开发

7.3.1 设计和开发策划

为设计和开发过程制定一套严格的方法

组织首先需要认真分析并确定该条是否适用，因为这一条仅适用于那些实际在进行设计和开发的组织。

许多组织本身并不设计产品和服务，但是却对现有的设计和过程进行应用、修改或调整，以满足顾客的不同需要，如：

——一个裁缝接到顾客的要求，在一件衣服或套装上增加一块布料。

——一家小商店只有一种规格的气动离合器，但是一位顾客需要在踏板上进行改动，对该离合器进行定制。

如果组织不进行设计和开发，并且不对这些过程负责，那么可以援引1.2中的条款。

如果所建议的产品或服务对于组织来说是新型的或者是新颖的，并且需要采用基本的专业原理或基本的工程原理来满足规范要求或者是新的应用要求，那么就需要进行设计。

该条款旨在控制设计和开发过程，并无任何有限制设计者或开发者创造力的意图。

注：如GB/T 19000中所解释的，“设计”和“开发”这两个词有时候意义相同，有时候是指整个设计和开发过程中的各个不同的阶段。为了简便起见，本文中的“设计”一词是指“设计和开发”。

该条款需要组织对设计过程进行控制，并对设计过程的控制有一套严格的方法。组织应考虑到所有的方面，并在设计中照顾到相关的各个方面。

组织应策划好在设计方面做什么和谁来做的问题。设计的责任应划分清晰，并且应有一套制定和更新设计计划的方法。

由于标准将设计和开发都看作是同一个连续过程中的一部分，因此确定一项工作是设计还是开发并不重要。设计控制通常包括了从最初形成概念到最终产品和服务成果的验收的整个过程，以及对一些相应的变化的控制。

如果有多个设计者，或者如果设计被分成了几个不同的设计部分（例如不同的专业或项目部分），那么各个设计部分就有可能会分派给不同的设计者。

通常较小的项目中只有一名设计者，除非主体项目就是设计。然而，设计或各个设计部分可能会外包出去（例如选择咨询师进行设计，则咨询商就是供方，见 7.4），那么设计策划中就应包括这些内容。工作中应确保满足标准中 4.1 的外包要求。

设计策划不一定要很复杂，可以简单地做成流程图的形式，并注明各个步骤以及实施的人。

作为要求的一部分，还要策划如何开展设计和开发的评审（7.3.4）、设计和开发的验证（7.3.5）以及设计和开发的确认（7.3.6）。

在大组织中，设计过程通常会牵涉到很多人员和部门，对其中的关系和沟通进行控制是非常重要的。

大多数中小型组织不会遇到这样的问题。但是，即使项目设计者只是一家较小的组织，与其他各方的关系和沟通也是非常重要的，这其中包括顾客、管理机构、供方等。

组织需要确定这其中哪些对设计是非常重要的，以及如何与这些方面建立良好的沟通。设计记录应记录与这些方面之间的信息，并且对这些信息进行回顾，以这些信息为依据开展工作。

7.3.2 设计和开发输入

应确定与产品要求有关的输入，并保持记录（见 4.2.4）。这些输入应包括：

a) 功能和性能要求；

b) 适用的法律、法规要求；

c) 适用时，以前类似设计提供的信息；

d) 设计和开发所必需的其他要求。

应对这些输入进行评审，以确保输入是充分与适宜的。要求应完整、清楚，并且不能自相矛盾。

7.3.2 设计和开发输入

需要考虑什么

组织应仔细考虑并记录所有与设计有关的因素，并且检查一下这些要求，确保没有任何冲突。

最主要考虑的问题是顾客的需要，这一点往往不会表述得很清楚。顾客所期望的但没有表述出来的愿望同样也非常重要，而且可能对设计会更加重要。对这些进行评审可能会发现更多需要考虑的信息。以下是其他可能需要考虑并记录的因素：

——与产品相关的法律法规的要求（例如环保方面的考虑或者是健康和安全方面的要求）；

——其他法律要求；

——市场调查；

——行业惯例和标准；

——以往的经验；

——包装和搬运要求。

> 7.3.3 设计和开发输出
>
> 设计和开发的输出应以能够针对设计和开发的输入进行验证的方式提出，并应在放行前得到批准。
>
> 设计和开发输出应：
>
> a) 满足设计和开发输入的要求；
>
> b) 给出采购、生产和服务提供的适当信息；
>
> c) 包含或引用产品接收准则；
>
> d) 规定对产品的安全和正常使用所必需的产品特性。

7.3.3 设计和开发输出

结果是什么

在设计过程上花费了时间和费用之后，应当确保其结果能够满足预计的要求。

设计输出可以是各种不同的形式，例如：

——工程设计通常的形式是制图和计算；

——风格设计可以是草图加上对各个材料的相关说明；

——图形设计可以是用在出版物上的具体的设计图案；

——食品产品的设计可以是食谱的形式；

——广告代理设计可以是一项市场运作计划。

设计计划应描述其结果的形式以及将如何来检查(例如核对或确认，见7.3.5、7.3.6)需求是否得到满足。在确定结果将采用何种形式时，需要考虑谁将用到该结果以及会在何种情况下使用该结果。例如，管理机构可能会有具体需要遵守的模式。

在有些情况下，设计结果就是所需要的产品或服务，例如建筑师、设计工程师以及图形师所从事的工作。

> 7.3.4 设计和开发评审
>
> 在适宜的阶段，应依据策划的安排(见7.3.1)对设计和开发进行系统的评审，以便：
>
> a) 评价设计和开发的结果满足要求的能力；
>
> b) 识别任何问题并提出必要的措施。
>
> 评审的参加者应包括与所评审的设计和开发阶段有关的职能的代表。评审结果及任何必要措施的记录应予保持(见4.2.4)。

7.3.4 设计和开发评审

路线对吗？

设计评审是对设计计划阶段和其中各个阶段的结果所做的正式的评审，以确定是否能够满足输入的要求，并发现问题和解决问题。

设计评审可以发生在设计过程中的任何阶段。对于相对简单的设计，评审一次就足够了。对于复杂的设计，可能需要进行多次评审。在进行软件设计时，可能需要对整个设计不断进行评审，其中还包括向顾客咨询。对于简单的采暖和通风空调系统的设计，在完成设计时可能只需要评审一次。

在决定评审的数量时，需要考虑：

——设计中是否有一些非常明显的阶段或自然阶段；

——如果出现了一些差错，直到很晚才被发现，这可能会发生什么结果？又将会采取什么措施；

——设计的时间是怎样安排。

在设计评审时还应让其他一些人员也参与进来，不仅仅是进行设计的人员，还应包括将进行产品生产和提供服务的人员，不仅仅是包括组织内部的人员，还应包括其他相关的外部人员，如顾客和供方。

如果在评审时发现问题，应采取措施解决这些问题。措施的结果应是下次评审的对象。

组织应采用适当的记录方法记录这些评审的内容。例如，一个复杂的设计可能会在一次正式的会议上进行评审，而会议记录就可以是评审记录。对于简单的设计评审可以不必太正式，评审记录可以是在计划书上标记一下，表示该设计已经接受了评审，并由评审人附上署名和日期。

由于设计和开发的评审(7.3.4)、设计和开发的验证(7.3.5)以及设计和开发的确认(7.3.6)的目的各不相同，因此互相之间会有许多重复和影响。在许多情况下，一项工作可能与这三项要求都有关系(尤其是对于简单的设计而言)，例如原型测试和对测试结果的评估就覆盖了这三项要求。

> **7.3.5 设计和开发验证**
>
> 为确保设计和开发输出满足输入的要求，应依据策划的安排(见7.3.1)对设计和开发进行验证。验证结果及任何必要措施的记录应予保持(见4.2.4)。

7.3.5 设计和开发验证

结果对吗？

验证就是确定设计过程的最终结果是否符合设计过程最初的需要。对于较大的项目，设计过程通常被划分为几个阶段，并且分阶段进行设计验证。

设计策划应确定所使用的验证方法，其中包括由谁实施、如何实施以及应保存哪些记录。验证设计的方法有很多，例如：

——进行选择性计算；

——将新设计与同类的现有的设计进行比较(如果可能的话)；

——进行测试和演示；

——在设计阶段文件发布之前进行检查。

组织应确定哪些方法是适宜的和有效的。如果验证结果发现不符合或未达到最初的需要，就需要决定如何解决这一问题。采取措施的结果将作为下次设计评审的对象(见7.3.4)。

如果顾客在订单(或合同)中要求参与验证，组织应让顾客参与验证过程。

> **7.3.6 设计和开发确认**
>
> 为确保产品能够满足规定的使用要求或已知的预期用途的要求，应依据策划的安排(见7.3.1)对设计和开发进行确认。只要可行，确认应在产品交付或实施之前完成。确认结果及任何必要措施的记录应予保持(见4.2.4)。

7.3.6 设计和开发确认

能用了吗？

确认是指确定最终产品或服务是否能够满足顾客和最终用户的要求，或者是当用于实际时是否满足顾客和最终用户的要求。

如果确认发现最终产品或服务不能满足上述要求，应决定如何解决这一问题。采取措施的结果将作为下次设计评审的对象(见7.3.4)。

设计和开发的确认可包括市场测试或运营测试。这是设计过程的最后一个阶段，而且有机会防止因产品或服务不能被接受而造成的严重的经济损失。验证和确认的结果再反馈到设计过程中的各个阶段，从而对设计进行修改和提高(甚至反馈到以后的设计修改过程中，或者是以后的产品或服务中)。

对于许多产品和服务来说，确认是较为简单的过程。其中的一个例子就是，一款新的庭院家具的设计可以在市场测试之后对原型进行测试来确认。

对有些产品或服务，对其全部的性能的确认可能只有在实际使用时才能实现。对于设计的极限测试可能无法确认,例如,如果这些问题是100年才出现一次就无法确认。举个例子,一台空调在最高和最低的外部设计温度下的极限性能就无法确认,除非这些极限温度真的出现了。

在有些情况下,产品就是设计成果本身,并且确认比较复杂,例如,要确认的是设计师或设计咨询师的产品。在这情况下,顾客对图纸、比例模型或实物的电脑模拟图是否接受可以用来表明对设计是否符合要求的确认。

顾客也可以进行确认,并将结果反馈给设计者。许多软件项目就是通过这种方法进行确认的。

设计策划应该确定所要采用的确认方法,其中包括由谁来实施、如何实施以及应记录哪些内容。

> **7.3.7 设计和开发更改的控制**
>
> 应识别设计和开发的更改,并保持记录。在适当时,应对设计和开发的更改进行评审、验证和确认,并在实施前得到批准。设计和开发更改的评审应包括评价更改对产品组成部分和已交付产品的影响。
>
> 更改的评审结果及任何必要措施的记录应予保持(见4.2.4)。

7.3.7 设计和开发更改的控制

控制更改

应记录、评审并批准设计更改的要求。以下情况可能会导致设计更改:

——顾客更改了要求;

——法规中新增或更改了要求;

——制造过程有变化;

——制造出现问题;

——市场需要改进的产品;

——设计评审的要求;

——验证的要求;

——确认的要求。

对于这些设计更改应按7.3.1至7.3.6中的步骤和要求实施,还应评价设计更改对产品或服务及其组成部分所产生的影响。

组织应遵守质量管理体系文件对设计更改的控制要求。

设计更改也可以要求重新考虑并回顾哪些才是顾客的真正需要(见7.2)。

设计更改文件的控制过程不可能比4.2.3中所述的对其他文件的控制系统更复杂。在其他情况下,控制可能更复杂,如软件设计中的控制可能会用于配置管理中。

> **7.4 采购**
>
> **7.4.1 采购过程**
>
> 组织应确保采购的产品符合规定的采购要求。对供方及采购的产品控制的类型和程度应取决于采购的产品对随后的产品实现或最终产品的影响。
>
> 组织应根据供方按组织的要求提供产品的能力评价和选择供方。应制定选择、评价和重新评价的准则。评价结果及评价所引起的任何必要措施的记录应予保持(见4.2.4)。

7.4 采购

7.4.1 采购过程

说明采购要求:从哪里采购

组织应识别其购买的那些会影响到所提供的产品和服务质量的材料和服务,并从那些符合其要求的供方中选择供应相关材料和服务的供方。

组织对外包或分包出去的过程、产品或服务应仔细斟酌,因为这些工作都会影响到产品和服务的质量。组织需要为这些外包或分包出去的过程、产品或服务负责,并进行必要的控制,以确保能获得所需要的产品或服务。应向供方明确地表述组织的需要,并且选择符合要求的供方。

通常外包或分包出去的产品或服务包括信息技术系统、校准服务、设计、运输和递送。

大多数组织都会有许多原因与特定的供方合作。组织可以在建立质量管理体系时继续采用现有的供方,质量管理体系仅仅是要求在选择的同时能够加以控制。

当决定采用某家供方时,应记下选择的标准和依据。选择供方时可考虑以下一些问题:

——可信度;

——能满足需要;

——必要的资源(例如设备和人员);

——交付期和价格;

——质量管理体系;

——过去成功的业绩;

——商业名声;

——信誉。

如果要购买专卖产品或者是品牌产品,一个明显的渠道就是批发或者是在零售网点购买,零售网点可以提供现货供应或自选服务。许多产品都可以通过这些渠道购买,例如电器、管件、通用工程工具以及服务业的食品。

在这些情况中,选择供方的标准以及相关的记录会非常少。

组织还可以考虑实行一段购买的试用期,在试用期结束时进行评审,对所供应的产品、服务或者供方作出接受程度的结论。

组织一方面要不断记录其所确认的供方的情况和确认的依据,另一方面还要定期监督供方的业绩,以确保供方持续符合要求。

然而,作为一家中小型组织,购买力是有限的,如果以断绝生意关系来威胁供方是没有用的,尤其是当向非常大的全国性的或者是国际性的组织购买产品或服务时。

对供方的业绩进行监督的程度取决于所供应的产品或服务对组织的产品和服务的质量的重要性。

例如,在印刷业,纸张的质量非常重要;旅行社可以使用普通的商业文具而不需要进行任何有关质量的采购控制,但印刷组织却要密切关注其纸张供应商的业绩,以确保其印刷产品和服务始终能达到预期的水平。

注:使用“外包”一词还是“分包”一词仅取决于当地的说法,意思通常是一样的。

7.4.2 采购信息

采购信息应表述拟采购的产品,适当时包括:

a) 产品、程序、过程和设备的批准要求;

b) 人员资格的要求;

c) 质量管理体系的要求。

在与供方沟通前,组织应确保规定的采购要求是充分与适宜的。

7.4.2 采购信息

说明采购要求:需要什么?

为了达到采购的需要,有关组织采购的信息不要留有任何疑问,应采取预防措施以确保组织的要求得到理解。最好是以书面订单的形式来作出采购说明,电话说明容易被供方误解。

不论是书面订单还是口头订单,都应记录下所定购的内容,以便可以确认得到的就是组织所需要的东西。

这一部分包括了在说明采购要求时应具体说明的内容。a)至c)条款中所列的内容的适用程度取决于所定购的货物和服务对主要业务的影响程度以及组织自身的产品和服务的质量。

在采购时要把所需要的物品或服务的所有相关的细节都表述清楚，包括图纸、目录或型号、数量以及需要交付的时间和地点等。在有些情况下，全部的订单描述可能会包含在目录编号或者是零件编号中。尽管要全面描述所需要的内容，但是不必要的内容也会导致误解和交付错误。

在发出书面采购订单之前应事先进行核对。对于中小型组织，进行采购的人可能会对其适宜性进行核对，这可能仅仅包括阅读订单、发出订单和记录日期。

> **7.4.3 采购产品的验证**
>
> 组织应确定并实施检验或其他必要的活动，以确保采购的产品满足规定的采购要求。
>
> 当组织或其顾客拟在供方的现场实施验证时，组织应在采购信息中对拟验证的安排和产品放行的方法作出规定。

7.4.3 采购产品的验证

组织是否得到了所定购的产品

大多数组织都有一些监视和测量措施，包括从简单的验证所采购的产品是否就是所定购的，到进入供方的现场验证所定购的产品。根据产品和服务的重要性，或者外购的情况，组织可以自己决定采用的验证方式和程度，例如检查、检验或测试。

如果供方有合适的质量管理体系，可以降低一些监视和测量的程度。

监视和测量的程度也取决于所供应的货物的性质。例如，对办公用品的检查可以仅仅是核对一下所定购的数量。由员工签字的交付明细表也可作为全部的检查文件。

如果外包的是比较复杂的服务，例如设计、运输等，就需要仔细考虑一下监视过程，并在采购订单或合同上说明所采用的方法。

如果是在一家供方定购货物或服务，或两者都有，并且希望在供方的现场对货物或服务进行监督和测量，就需要和供方进行商定，并在订单中予以说明。如：

——安装窗帘的工人在开工前先察看一下窗帘的布料；

——在批发或零售点进行自助购买；

——在训练基地观察员工的训练情况。

如果顾客想进入组织的供方的现场，进行产品或服务的验证，应事先在其订单(或合同)中说明，而组织也应在给供方的订单中说明。无论顾客是否去了供方现场，组织都应确保所有来自供方的产品和服务都能符合顾客所定购的要求。

在策划产品实现(7.1)的过程中，应确定所验证的活动。

> **7.5 生产和服务提供**
>
> **7.5.1 生产和服务提供的控制**
>
> 组织应策划并在受控条件下进行生产和服务提供。适用时，受控条件应包括：
>
> a) 获得表述产品特性的信息；
>
> b) 必要时，获得作业指导书；
>
> c) 使用适宜的设备；
>
> d) 获得和使用监视和测量装置；
>
> e) 实施监视和测量；
>
> f) 放行、交付和交付后活动的实施。

7.5 生产和服务的提供

7.5.1 生产和服务提供的控制

组织采取了哪些控制措施

这一条阐述了当组织实际开始生产和提供产品或服务时，需要采取的各种控制措施。该条是接着7.1a)和b)来论述的，其中要识别并策划好质量目标、产品要求、过程以及其他的资源。

组织应了解每一个过程是如何对最终产品和服务产生影响的，还应确保采取适当的控制措施以满足顾客规定的各种要求。在许多组织中，这些控制措施是以内部指令、图纸、生产计划、服务规范、服务质量标准以及作业指导书等来实现的。

组织所下达的作业规范或作业指导书应清楚易懂，传达的信息能够确保产品和服务符合顾客的要求。如果一般的操作者都能考虑到，则不必在文件中包括所有的细节问题。

例如，不必每次都要向一名训练有素的叉车司机说明如何来操作叉车。如果操作者不会操作叉车，就不要下达任何书面指令，而是要进行培训(6.2.2)。但是，程序文件可能会详细规定堆砌排列、搬运限制以及日常维护等。

如果产品质量会随着生产设备的磨损而降低，则应制定一些工作计划来维护生产设备。例如点焊设备应定期对电极进行维护才能保证焊接质量。

对设备的控制需要确保设备能够符合要求，而且不会由于工作场所的原因而产生任何问题。例如，在一家面包店里，烤箱应能够做出几乎一样的食品，而且工作场所应清洁卫生。

许多对设备控制和工作环境的要求都会在顾客或法律的要求中体现，在过程控制中应反映这些要求。

过程控制还应包括过程或产品是如何被进行监督的。例如，一个面包师可能会监督烤箱的温度或面包的颜色，或两者都有。而为了帮助监督，面包店会事先制定一些表格标明适合的烤箱温度范围，或者制作一些面包完成时的颜色和形状的图片。

许多产品和服务都承诺提供售后服务和维护，承诺同时也是合同的一部分。

在提供售后服务时，过程设计可考虑以下问题：

——提供综合服务项目；

——策划服务内容；

——由谁来提供服务，需要哪些培训；

——备用件的管理；

——制定服务标准；

——记录服务内容。

电脑零售商通过电话向顾客提供技术支持也是售后服务的一个例子。

在提供服务时，任何不合格的产品或服务都应反馈到纠正系统中，以便查找问题的原因。如果顾客曾经要求过保修服务，那么不能实现顾客要求的服务也是一种不合格。保持记录对评价过程是否处于受控制状态是必要的。

7.5.2 生产和服务提供过程的确认

当生产和服务提供过程的输出不能由后续的监视或测量加以验证时，组织应对任何这样的过程实施确认。这包括仅在产品使用或服务已交付之后问题才显现的过程。

确认应证实这些过程实现所策划的结果的能力。

组织应对这些过程作出安排，适用时包括：

a) 为过程的评审和批准所规定的准则；

b) 设备的认可和人员资格的鉴定；

c) 使用特定的方法和程序；

d) 记录的要求(见 4.2.4);

e) 再确认。

7.5.2 生产和服务提供过程的确认

当不能立即测量过程的结果时怎么办

可能会包括以下一些过程和相关的产品或服务:

——当不能立即得出产品或服务是否满足顾客要求的结论时;

——因产品或服务在测量过程中会被毁坏而无法测量产品或服务。

第一种情况的一个例子就是浇注水泥板。在浇注的时候混凝土的质量还无法确定。要达到所要求的强度,就需要准确地控制好水泥、添加剂以及水的量,把握好混合和生产工序,还应使用训练有素的工人来进行操作。混凝土需要经过几个星期才能完全变硬,试验样品也要在浇注后 28 天才能进行测试。通过这种流程并采用严格的控制措施,以确保 28 天后的测试得到令人满意的结果。

第二种情况的一个例子就是焊接,对焊缝表面的测试不能反映焊接的牢固性。为了保证焊接的牢固性,焊接的工序要求焊工应是有资格的。为了真正能够测试焊接的牢固性,则需要提取一些测试试件进行破坏性试验。

对于许多服务行业来说,所提供的服务都只是暂时的,在提供服务之前不易对其进行检查。一个典型的例子就是一家为顾客提供旅行安排、机票和列车时刻查询服务的中小型旅行社,如果旅行社没能提供很好的建议、正确传达信息或者是没能考虑到可能延误的时间,那么顾客也只有在准备旅行的时候才可能会发现。

在策划的阶段就应考虑并识别到这些过程(见 7.1)。

7.5.3 标识和可追溯性

适当时,组织应在产品实现的全过程中使用适宜的方法识别产品。

组织应针对监视和测量要求识别产品的状态。

在有可追溯性要求的场合,组织应控制并记录产品的唯一性标识(见 4.2.4)。

注:在某些行业,技术状态管理是保持标识和可追溯性的一种方法。

7.5.3 标识和可追溯性

跟踪记录正在做的工作

标识是要了解产品或服务是出自哪一个具体的过程。当需要识别一个产品或服务时,应明确所采用的方法和所做的记录。对零件编号、工作编号、条形码、提供服务的人员姓名、颜色代码、修改情况、正在开发的软件包的版本编码进行记录,这些都属于标识。

可追溯性是要了解一件产品或服务是来自哪里,现在在何处。对服务来说,目前处于何种阶段。大多数组织,无论组织大小,都需要在一定阶段跟踪了解哪些产品或服务流向了何处,已经做了哪些,还要完成哪些。如果需要进行跟踪的话,通常会采用以下的方法:

——工作出入证制度;

——检验记录(如待检、已检、已接收);

——服务记录(如银行出纳员的姓名);

——贴标签;

——电脑跟踪。

例如一家旅馆的入住情况,由于每间客房在客人离开后都会对其进行打扫,房间的状态就会从“未就绪”变成“准备就绪”。房间服务人员通常会将这些信息通知前台,然后再有人用一些方法将这些信息记录下来。

在汽车服务业，一项工作一旦完成，服务日志表上记录的该项工作的状态就会从“未完成”变成“完成”。

在电话答复服务中，收到的信息就会被记录为“信息已收到”，一旦信息传递给了顾客，其状态就会变成“信息已送达”。电话答复服务也是采用了一些方法来记录各种状态。

以上一些技术也可以用于标识。可追溯性的要求会产生一些书面工作和成本，因此要把握好必要的信息与多余的信息之间的关系。

标识和可追溯性的原因各有不同，如：

——在服装业，同一色系的材料通常一块处理，以避免出现颜色混乱的问题。

——快递服务业，跟踪记录被交付和被送达的物品，以便能够实现快递的承诺和时间安排。

如果一件产品被退回，有效的标识和可追溯性系统可以让事情变得非常简单。如果遇到顾客投诉，要退回服务是比较困难的，但是采取有效的标识和可追溯性系统就可以非常容易地追溯到质量差的服务人员，并且可以采取一些措施避免类似情况再次发生，例如对员工重新培训或者是重新检查工作过程。

在一些行业中，法律或合同对标识和可追溯性有其特定的要求。如，在制造压力容器的行业，对某种材料在整个制造过程中进行记录和跟踪是非常普遍的，这样即使是最终制造出来的零部件也可以追溯到原始的材料来源。在这种情况下，顾客在其订单中应提出标识和可追溯性要求，而组织在识别和评审顾客要求的时候也应考虑这些要求(见 7.2)。

可追溯性的记录(包括顾客在订单中的要求)应当予以保存(见 4.2.4)。

组织应描述所采用的最适于组织的方法(例如在作业指导书中)，以便每个员工都清楚该系统是如何运作的。

> **7.5.4 顾客财产**
>
> 组织应爱护在组织控制下或组织使用的顾客财产。组织应识别、验证、保护和维护供其使用或构成产品一部分的顾客财产。若顾客财产发生丢失、损坏或发现不适用的情况时，应报告顾客，并保持记录(见 4.2.4)。
>
> 注：顾客财产可包括知识产权。

7.5.4 顾客财产

保管好顾客提供的财产

以下是顾客向组织提供一些材料、设备、知识或者数据，用于生产产品或提供服务的一些例子：

——顾客向一位裁缝提供用于其衣服的材料；

——顾客将胶卷交给相片冲印店冲印；

——顾客向绿化工人提供铺路用的铺石材料；

——顾客提供用于测量的测量工具；

——顾客提供的训练房；

——送去修理或加工的汽车；

——送去修理的家用电器；

——为获取资金，组织向银行提供其详细的财务信息；

——顾客将自己的具体情况提供给设计顾问；

——提交给认证机构的质量手册。

组织对顾客提供的所有财产应有一套控制的过程，例如过程的监督和测量(8.2.3)以及产品防护(7.5.5)。

组织应告诉顾客，他们的财产是否损坏、丢失或者不适合进行加工处理，并且有必要记录这些交流的信息。

> 7.5.5 产品防护
>
> 在内部处理和交付到预定的地点期间，组织应针对产品的符合性提供防护，这种防护应包括标识、搬运、包装、贮存和保护。防护也应适用于产品的组成部分。

7.5.5 产品防护

保管好产品和服务

组织可以根据其业务性质来决定部分还是全部的适用该条款的要求。如果这些要求适用于搬运、储存和包装，产品和服务的防护和交付应记录在过程文件中。

本条款强调所提供的产品或服务的质量不得受到任何行为的影响，但组织可以自己决定如何来实现标准所规定的要求。

不仅需要组织自己遵守这些要求，还应在整个过程中，直到最终在指定地点交付产品或服务都应按照这些要求去做。

如果生产那些易碎的、无菌的、容易产生静电的或者是危险的产品，组织应按照质量管理体系对诸如标识、搬运、包装、储存和保护的这些活动（这些活动对此类产品和其他类似的产品非常重要）进行严格控制。

在许多领域，搬运问题都会影响到产品或服务的质量，如：

——大多数含铜的金属（例如铜、黄铜和青铜）都很容易受到指纹的腐蚀，而腐蚀又会影响到性能，因此在制作印制电路板或装饰品时，应戴上手套以防止留下印记。

——当搬运液体时，应将装过液体的容器洗净后再倒入其他的液体，以防止污染。

——在搬运食物时，当食物用具使用完后一定要清洗，以保证卫生。

组织应检查一下自己的操过规程，以确定需要采取何种的特定的搬运方法以及需要哪些文件。

对于一些特殊产品的储存也需要定期采取一些措施以防止变质。例如储存容易受潮的材料应定期打开加热器以防止凝结水珠。

对材料的包装也应采用较为适宜的方法。散装的材料，如沙子、煤炭和小麦等等都仅仅是用容器装载就可以了。但即使是这样的散装运输，也应该检查一下容器，看看其是否会污染产品。大型的拼装零部件可以简单地装上卡车并且用吊带卸下。

应根据产品、运输、搬运和储存方式以及产品的最终用途来进行包装。包装上面的标记可以用来向顾客说明存放要求，例如适合的温度以及易碎情况。应确保所采用的包装和标记材料适合被包装或标记的产品。标记材料有的具有腐蚀性，可能会损坏产品，因此要谨慎选择。

组织应注意一些法律对交付之前和交付之后对产品防护的有关规定。这些规定可能会提出“在某某日之前使用”、搬运须知或者是具体规定在包装上面所显示的内容。

储存要求根据行业不同而不同，如：

——食品冷藏；

——在无磁的环境下存放磁性介质（如录像带、录音带以及电脑磁盘）。

应考虑产品叠放的高度、光线、温度、湿度以及震动情况等因素，这些都可能会影响到产品。

大多数组织都已经有了适当的储存控制系统。在存货盘点时，通常就是检查存货的状态。应了解产品有哪些储存要求，再将产品存放到合适的地点。不一定每件产品都要单独存放。

如果产品容易变质或遭受污染，应对存放的产品进行定期的检查。检查的次数由产品的性质决定，比如对结实的产品的检查次数就比易腐坏和易碎的产品的次数要少。法律法规可能会在这方面有所要求，顾客可能也会在订单中强调防护系统。

产品在最终检验和试验完成之后的质量保障工作如今已延伸到了在指定地点交付的阶段。如果要将这一阶段的工作外包出去的话，就需要制定适当的程序和作业指导书，以确保最后的交付不会影响产品或服务满足顾客的要求或防止产品或服务不能满足顾客的要求。同时可能还需要对供方进行评价，如7.4.1所要求的。如果承担了运输责任,还应注意适用的相关法律法规。

> **7.6 监视和测量装置的控制**
>
> 组织应确定需实施的监视和测量以及所需的监视和测量装置,为产品符合确定的要求(见7.2.1)提供证据。
>
> 组织应建立过程,以确保监视和测量活动可行并以与监视和测量的要求相一致的方式实施。
>
> 为确保结果有效,必要时,测量设备应:
>
> a) 对照能溯源到国际或国家标准的测量标准,按照规定的时间间隔或在使用前进行校准或检定。当不存在上述标准时,应记录校准或检定的依据;
>
> b) 进行调整或必要时再调整;
>
> c) 得到识别,以确定其校准状态;
>
> d) 防止可能使测量结果失效的调整;
>
> e) 在搬运、维护和贮存期间防止损坏或失效。
>
> 此外,当发现设备不符合要求时,组织应对以往测量结果的有效性进行评价和记录。组织应对该设备和任何受影响的产品采取适当的措施。校准和验证结果的记录应予保持(见4.2.4)。
>
> 当计算机软件用于规定要求的监视和测量时,应确认其满足预期用途的能力。确认应在初次使用前进行,必要时再确认。
>
> 注:作为指南,参见GB/T 19022.1和GB/T 19022.2。

7.6 监视和测量装置的控制

对测量工作所采用的设备有信心

该条款适用于其产品或服务是否符合顾客要求通过使用监视装置和测量设备来检验的行业或组织。

首先应了解监视和测量的概念:

——监视用于观察和监督活动(使用监视装置);

——测量是确定数量、尺寸或者是大小(使用测量设备)。

采用测量设备得出的是量化的结论,而采用监视装置(如问卷调查)得出的是非量化的结论。测量设备可以进行校准(检定),而监视装置只能予以确认而无法校准。

组织应确定采用合适的监视装置或测量设备[见7.1c)]。

如果验收方法仅仅是目测,可能就不需要任何测量设备或监视装置,并且这一条也不适用。

如果采用测量设备来检验产品或服务是否满足顾客要求,就需要考虑如何对测量设备进行校准(检定)、控制、储存、使用,并使其精度控制在所要求的范围内。

如果使用测量设备仅是为了显示某种状态,则这些设备也不必每件都要机械地进行校准。

校准(检定)就是将测量设备与基准标准进行比较,以确定其精确程度以及是否还能够符合测量所要求的精确度。应定期进行校准(检定),可以以时间为准(按月或按年),或者以使用为准(每次使用前或使用数次后),或者是在发生过可能会影响精确度的事件后进行。

组织应建立一套基准标准。测量设备中可能会附带有一套基准标准。例如,一台涂料厚度测量器通常会附带一套厚度的基准。有时候,要获得一套合适的基准标准可能需要购买一台涂料厚度测量器或找供应商。

要使得基准标准具有效力,其依据应是来源于公认的标准,这通常是国家标准或国际标准。有时候没有合适的国家标准,那么就需要对基准标准的来源或背景进行描述。其中的一个例子就是在各实验室之间进行测试时,对样品所采用的化学分析可以作为校准的基准标准。

测量设备所需的精确度取决于测量工作允许有多大的误差。测量设备的误差通常应该比实际测量所允许的误差要小。如果测量工作不需要非常高的精确度,就不必将测量设备校准至那个程度。还应考虑使用测量设备的人员的技术水平以及他们需要进行的培训。

例如，一名汽车机械工在安排引擎上的空间时可能需要用的精度为0.1毫米（正负0.1mm），一位裁缝需要的精度为1毫米（正负1 mm），而一名修路工人对路面的宽度所能允许的误差则可以是正负50毫米。

应采取以下措施确保测量设备能有效地工作并得出可靠的结论：

——按有关规定和要求对设备进行保管、定期校准（检定）以及调试；

——若由组织自己来校准（检定），应规定如何校准（检定），以便获得可溯源到国家标准的校准的记录；

——识别哪件测量设备经过了校准（检定），并且适于使用（例如标识测量设备）。

如果发现测量设备有故障，应找出故障出现在哪个阶段，还应决定是否对那些由该设备测量通过的产品采取适当的措施。在检查后可以决定不采取任何措施或者是决定召回产品。其他可以采取的措施见8.5.2和8.5.3。

应对测试软件进行验证，确认其是否能够按照要求进行测量。方法之一就是要确保该软件能够准确有效地识别已知的带有故障和瑕疵的产品。最好是仔细研究一下如何对测试软件进行验证。

与测量设备不同，测试软件不会出现偏差或老化，因此不必对其定期进行复查。然而，软件会有版本级别不够的问题，并且容易出现一些不经意的错误。因此，对测试软件进行的复查就是保证其能够一直按照要求进行测量。

对软件可采取某些写保护安全措施，作用如同在硬件的校准调整部位贴上封条，以最大限度地减少不经意的调整。

如果由组织自己来进行校准（检定），则对所有的测量设备都应有一套校准（检定）程序，并且符合有关规定（若法规有要求）。

如果由服务商来校准（检定），除了要注意7.4中所提到的几点，还应考虑以下一些方面：

——服务商应当是一家由权威机构认证或授权的校准（检定）机构；

——服务商应当颁发校准（检定）证书，说明测量的不确定性（这是用来说明测量精确度的另外一种方法）；

——该证书应当表明其校准是依据国家标准或国际标准。

除非法规有规定，也可以选择未经过上述认证或授权的服务机构进行校准（例如原测量设备制造商或是邻近的组织）。但是，测量结果要能够证明其所采用的基准标准具有一定的精确度，并且具有可溯源到国家标准或国际标准的依据。

也许会有这样的情况，如果有几件相同的测量设备，其中最精确的一件设备在经过校准后可以用来校准其他的设备。例如，一只经过精确校准的数字温度计可以用作其他精确度稍差的温度测量设备的基准标准。

对于中小型组织来说，校准（检定）的费用可能是一个问题。因此，应分清楚对过程控制测量设备是否符合要求的检查不同于为了提高对验收和测量结果的信心而对测量设备进行的校准（检定）。

应确保校准的频次以及所要求精确度的标准都符合实际测量设备的需要并且是适宜的。如果确定了一套校准程序，该程序也不会永远固定不变，而是会随着业务的发展而有所调整。

在一些行业，员工通常会使用他们自己的一套测量设备（例如钢带、千分尺和游标卡尺）。组织在使用这些设备对产品进行测试时要确保这些设备是经校准的。组织应使员工同意对其设备进行校准。

除了对所有测量设备按规定进行校准（检定）外，还应对校准（检定）进行记录，以说明：

——测量设备最后一次校准（检定）的时间，校准的人员，校准程序，验收准则，验收结果，可接受程度以及对测量设备的适用性有何影响（校准状态）；

——下一次校准（检定）的时间，校准周期取决于测量设备的类型、用途以及这些测量对过程的重要性。

测量设备在不使用时应妥善存放，以防止损坏或腐蚀。测量设备的使用还应在适宜的工作环境下进行。对主要的测量设备或者是基准标准尤其要注意这些预防措施。

> **8 测量、分析和改进**
>
> **8.1 总则**
>
> 组织应策划并实施以下方面所需的监视、测量、分析和改进过程：
>
> a) 证实产品的符合性；
>
> b) 确保质量管理体系的符合性；
>
> c) 持续改进质量管理体系的有效性。
>
> 这应包括对统计技术在内的适用方法及其应用程度的确定。

8 测量、分析和改进

8.1 总则

策划好监视和测量活动

虽然在7.6中已经明确解决了如何控制监视和测量设备的问题，然而，本条款要解决的是质量管理体系中更广泛的监视、测量、分析和改进的问题。

组织在事先应就如何实施监视和测量活动作出策划，这些的活动包括：

——顾客满意(8.2.1)；

——质量管理体系的业绩(8.2.2)；

——过程的符合性(8.2.3)；

——产品和服务的符合性(8.2.4)。

所有这些条款提供的数据将依据8.4进行分析。8.4中提到的统计技术是最有可能使用到的。如果在8.2中使用了抽样方案，这些技术也可能是必要的。

8.3描述了当有不合格情况发生时应采取的措施。

8.2、8.3和8.4中所提供的数据可用于过程改进(8.5)和管理评审(5.6)中。

> **8.2 监视和测量**
>
> **8.2.1 顾客满意**
>
> 作为对质量管理体系业绩的一种测量，组织应对顾客有关组织是否已满足其要求的感受的信息进行监视，并确定获取和利用这种信息的方法。

8.2 监视和测量

8.2.1 顾客满意

顾客满意状况如何？

这是GB/T 19001的一个重要方面。组织应对自己的表现进行监视，监视顾客对本组织产品的意见的信息，本组织的产品在多大程度上满足了顾客明确(隐含)的需要和期望。要做到这一点，就要了解顾客是如何看待本组织的表现。

由于顾客对供方表现的要求会随时改变，监视顾客满意的工作应持续进行。

监视顾客满意的结果应该在管理评审和持续改进的活动中解决，以确定和实施改进措施来改善与顾客的关系。

应引起注意的是，顾客不只是一种类型。例如，如果组织是一个制造商，组织可能会把产品出售给批发商，批发商再出售给零售商，零售商再出售给广大消费者。在此情况下，该组织就有三类顾客，即批发商、零售商和广大消费者，他们会有各自不同的需求，组织有可能满足了一个顾客群体的需要，而没有满足另一个群体。如果组织想要扩大其产品和服务的销售，就需要满足所有顾客的需要。

需要理解的是，满意并非不满意的反面。顾客有获得满意和对产品和服务的质量表示认可的权利。如果他们不满意，他们也会做出不良反应或反应强烈。所以，满意可以产生中性的反应，而不满意可以产生强烈的负面反应。还有第三种可能性，就是强烈的积极反应，这有时侯是一种兴奋，超越了正常的满意。

理想的情况是对所有顾客的反映都进行监视。然而，这通常是不可能的，如成本可能就不允许。因此，组织有必要依据以下准则作出判断：

——任何一个个体顾客对组织的影响如何？

——产品或服务对组织的顾客的重要性如何？

——组织本身是一个批量生产商，单批制造商，还是服务提供商？

——个体顾客提供的重复性业务的程度如何？

这些准则能使组织确定应监视多少顾客，或应对哪些顾客进行积极监视。然而要注意的是，今天不常造访的顾客明天就有可能成为常客。

有很多方法可以找出顾客对组织的看法，如：

——定期电话调查或在交付产品和服务后电话调查；

——问卷调查或调查核实；

——以其他方法和顾客接触；

——对与顾客有接触的雇员进行内部询问；

——其他方法，例如监视应收帐户、质量保证要求等。

所有这些方法都是利弊兼有。可以从简单的方法开始，例如，可以给顾客打电话寻求反馈。打电话给处于更高职位上的人，而不是通常打交道的人，会获得有用的信息。位于更高职位上的人可能会知道更多的表现，并且可能会告诉是好还是坏。

调查和问卷是另一种监视顾客满意的方法。建议使用简单的问卷，仔细选择问题，确保问题清晰。这可以在发出问卷之前找个可信的朋友试一试问卷的效果。

在 8.2.1 中，标准清楚地表明，需要用顾客的观点作为一种测量组织质量管理体系业绩的方法，以满足顾客的需要。

最简单的就是知道不满意的顾客、满意的顾客和兴奋的顾客各自所占的百分比。但现实当中，要远比这复杂。

一个顾客可以既满意也不满意。例如，顾客可以满意产品，但不满意送货服务，所以需要通盘考虑，找出切实可行的措施。可以请顾客为组织打分，分值为 1 到 10，或者可以请顾客测量一下产品和服务的几个方面（例如，外观、包装、功能、送货表现、支持信息或是否物有所值）。

8.2.2 内部审核

组织应按策划的时间间隔进行内部审核，以确定质量管理体系是否：

a） 符合策划的安排（见 7.1）、本标准的要求以及组织所确定的质量管理体系的要求；

b） 得到有效实施与保持。

考虑拟审核的过程和区域的状况和重要性以及以往审核的结果，应对审核方案进行策划。应规定审核的准则、范围、频次和方法。审核员的选择和审核的实施应确保审核过程的客观性和公正性。审核员不应审核自己的工作。

策划和实施审核以及报告结果和保持记录（见 4.2.4）的职责和要求应在形成文件的程序中作出规定。

> 负责受审区域的管理者应确保及时采取措施，以消除所发现的不合格及其原因。跟踪活动应包括对所采取措施的验证和验证结果的报告(见 8.5.2)。
>
> 注：作为指南，参见 GB/T 19021.1、GB/T 19021.2 及 GB/T 19021.3。

8.2.2 内部审核

确定是否在做想要做的，做的是否有效

审核是要从各种渠道有计划地获取信息，并与当初的安排进行比较，以确定事情做得是否正确。

即使是中小型组织，熟悉日常工作，适当的审核也是有益的。应利用审核客观地看待组织，以确保质量管理体系在帮助组织做想做的事情和需要做的事情。

在审核时，需要找到某种形式的证据，文件记录的证据或其他的证据，这些证据可以确定质量管理体系正按原计划运行。如果没有适当的基础或支持证据显示质量管理体系运行满意，而只是审核并得出结论是不够的。

这一要求在 8.1 和 8.2 中得到加强，其中包括需要组织制定一些方法来测量质量管理体系的运行情况。

找出需要改进的地方现在变得尤为重要，因为 8.4 中要求分析的信息与 8.5 和 5.6 中要求实施的信息中需要增添这样的信息。

审核过程包括：

——策划审核(例如：审核计划，指派审核员，确定审核范围)；

——评审质量管理体系的相关文件；

——评审其他相关信息(例如：生产报告，失效趋势，顾客投诉)；

——实施审核；

——报告结果；

——通过核实上次审核后采取措施的有效性，对纠正措施进行验证。

审核应覆盖所有和质量相关的活动和本标准的所有要求。在确定如何管理审核计划和应多长时间对某一方面进行审核时，应考虑下列因素：

——有没有复杂的程序或过程需要个别的审核？

——质量管理体系的成熟程度如何？

——业务活动是否属于高科技而需要更加频繁的审核？

——是否有任何方面或任何地方曾经出现过问题？

——操作方法(如手工操作或机械操作等)是否显示需要较少频率的审核？

每次审核都要写出审核报告或总结，列出所有发现及要采取的措施。记录不一定要复杂。例如，在交易日记账、议程或日记上简单记录就可以了。如果上次审核建议或要求采取措施，当前的审核要验证并记录改进措施的效果。

来自内部审核的信息应作为管理评审的输入。

当内部审核显示有不遵守标准和与标准不符合的地方时，应采取必要的纠正措施。要确定一个时间框架使纠正措施付诸实施，以避免问题再次发生，或使其发生的可能性降低到最小。

审核人员不能审核自己的工作。审核人员应独立于审核的工作或过程，然而，他们可以来自同一工作区域或部门。他们还应具备审核的能力。

在一个中小型组织，整个管理层可能只有一两个人，这一要求就难以实现。建议在此情况下，由于不直接参与组织的生产活动，可由经理执行审核人员的职责，在审核时非常客观。

另一种方法是寻求另一中小型组织的合作，各自为对方提供内部质量审核服务。如果两个组织之间有良好的关系，这种方法比较好。一些机构(如商会、检验机构)如果具有有能力的审核员，也可以为组织提供独立的审核员。

> **8.2.3 过程的监视和测量**
>
> 组织应采用适宜的方法对质量管理体系过程进行监视，并在适用时进行测量。这些方法应证实过程实现所策划的结果的能力。当未能达到所策划的结果时，应采取适当的纠正和纠正措施，以确保产品的符合性。
>
> **8.2.4 产品的监视和测量**
>
> 组织应对产品的特性进行监视和测量，以验证产品要求已得到满足。这种监视和测量应依据所策划的安排(见 7.1)，在产品实现过程的适当阶段进行。
>
> 应保持符合接收准则的证据。记录应指明有权放行产品的人员(见 4.2.4)。
>
> 除非得到有关授权人员的批准，适用时得到顾客的批准，否则在策划的安排(见 7.1)已圆满完成之前，不应放行产品和交付服务。

8.2.3 过程和产品的监视和测量

检查事情做得是否正确

这两个条款要求组织确定如何监视和测量其过程及产品和服务。通常情况下两者会有很大的重叠，在许多情况下，同样的监视或测量程序就足以实现监视或测量过程和产品的目的。特别是在生产和服务提供过程中(见 7.5)。

GB/T 19001 标准使用的监视和测量是一个广泛的概念，包括了检验和试验活动。以下是一些监视和测量的例子：

——测量尺寸；

——校对出版物；

——品尝调料；

——匹配颜色；

——监视或测量时间或温度这样的过程参数；

——进行化学分析；

——查看事物以确定它们是否是所要求的事物。

组织应确定监视和测量的要求以及如何实施。实施监视和测量活动的人应能胜任(例如，接受过培训或曾有过这方面的经验)。

还要确定谁有权力决定工作的完成并且决定产品或服务可以交付，并记录这一有职权的人(见 5.5.1)。

胜任的人应能够检查他们自己的工作，而不需要别人对他们的工作进行第二次检查。这样的灵活性是必要的，可以防止过度重复劳动。

应考虑如何支持胜任的人履行他们的工作。例如，提供正确的监视设备、准确的文件、校准过的测量设备、明确的业绩评定准则，并且在适当的时间间隔对过程进行审核。

验证也是一项监视和测量活动。在一些行业，例如图书出版业，视觉验证可能是实施的主要监视和测量的形式。

在 7.4.3 中已经讨论了采购产品和服务的监视和测量。

饭店的声誉依赖于其提供的饭菜和服务的质量。检验和监视其所购买的配料对于饭店持续取得成功是十分重要的。事实上，饭店强调这一需要，不仅是为了检验和测量所采购来的配料，也是为了对过程阶段及最终产品或服务持续进行监视和测量。

食品加工和准备阶段的监视不仅包括食物的质量，还包括干净程度和卫生情况。会有各种各样适于饭店经营管理的法律法规，监视和测量过程也应考虑这些内容。

在把饭菜端给顾客之前，要检查一下饭菜以确保端给顾客的是顾客所点的，饭菜的制作和上菜的方式也要符合饭店的标准。这一检查可以由厨师完成，也可由服务员检查。

又如,在一些机器售货店里只有很少的员工,普遍的做法是由机器操作人员在传给下一道工序前检验他们自己的工作(自检),通常会在工作卡上记下所做过的工作。因为种种原因,如果传递的工作不正确,就会影响到下一个操作员的工作。

最终的审批阶段不仅是要检查成品或服务,还要确定所有应进行的检验和试验都已经完成,如果产品或服务还有附加的文件,还应准备好这些文件并确保使顾客满意。换句话说,如果您是顾客,您在接受产品或服务之前就希望知道所有这些工作都已经完成。

要进行的监视和测量可以多种不同的方式列出,如:

——质量计划;

——抽样计划;

——检验和试验计划;

——程序;

——作业指导书;

——检查表;

——顾客订单。

记录所进行的监视和测量的活动需要有一致的方法。在一个饭店中,提供房间服务的员工可以在完成服务之后在工作卡上作记录,以表示所有的服务和检验都已完成。一个更合适的方法可能会包括一份准备好的检查单并记录任何检验的结果。

有时难以确定该在哪一点进行最后的审批。例如,在一家饭店中,饭店管理者可能会通过与顾客交谈以确认顾客离开时对饭店的饭菜和服务是否满意。然而,就饭菜(而不是总体的服务)而言,这样的检查通常由餐厅管理者在顾客用餐完毕后进行,饭店管理者监视饭店总的各项活动以确保有效的服务。

如果在最后审批未完成前或未获得所有试验结果以前将一产品发送出去,当这一产品被发现有缺陷时应将其召回。例如,一些食物在试验结果出来之前就需要送到顾客的冷藏室里,以防止食物变质。如果发生了这样的事情,组织的质量管理体系应能够确定是哪些食物,而且一旦发现食物有缺陷应有召回机制。

组织应建立一个保存必要的监视和测量记录的系统,或用其他的方法表明检验已经完成。

记录应表明是否发生不符合及所采取的纠正措施。对于通过监视和测量发现的产品和服务不过关,可以用8.3中描述的活动处理不合格品。

一个典型的例子是空调工程师,他需要测量、调试和再调试风扇转速和空气流量直到满足要求,这样的重复方法并不等于检验失败或不符合。然而,如果该工程师签字证明符合要求而结果发现该产品不符合要求,这就是不合格,适用于8.3。

上述原则适用于与生产和服务提供有关的产品和过程的监视和测量。

在标准的4.1中,要求监视和测量活动应覆盖质量管理体系的所有过程,例如产品实现过程,管理评审过程,内部审核过程和培训过程,还有其他的过程。

需要特别强调的是,并非质量管理体系的所有过程都是可测量的。对于这些过程,应使用适当的监视方法,并记录监视的结果。例如,可以监视参加培训的人员的工作表现,以作为评价培训过程有效性的手段。

8.3 不合格品控制

组织应确保不符合产品要求的产品得到识别和控制,以防止其非预期的使用或交付。不合格品控制以及不合格品处置的有关职责和权限应在形成文件的程序中作出规定。

组织应通过下列一种或几种途径,处置不合格品:

a) 采取措施,消除发现的不合格;

b) 经有关授权人员批准,适用时经顾客批准,让步使用、放行或接收不合格品;

c) 采取措施,防止其原预期的使用或应用。

应保持不合格的性质以及随后所采取的任何措施的记录,包括所批准的让步的记录(4.2.4)。

在不合格品得到纠正之后应对其再次进行验证,以证实符合要求。

当在交付或开始使用后发现产品不合格时,组织应采取与不合格的影响或潜在影响的程度相适应的措施。

8.3 不合格品控制

找出产品或服务的问题

标准要求组织有识别产品或服务不符合标准的方法,并决定如何处理。可能有必要将不符合标准的产品或服务与合格的产品或服务分开。还需要有文件记录的程序,描述如何遵守要求,并记录这些活动。当不符合标准的情况发生在交货后或已经开始使用,应采取适当措施,包括通知受影响的顾客。

所使用的控制和记录不合格产品的方法和技术应适合组织。使用正式的不合格品报告或顾客投诉表等对于大组织来说可能是必要的,中小型组织则可以通过更简单、更方便的方法获得同样的控制效果。例如,顾客对不合格品的投诉不是经常发生时,处理投诉的整个过程、调查和所采取的纠正措施(包括检查实施有效性的跟踪措施)可以记录在相关的档案中。

在一个服务组织中,可能不会检测到不合格品的存在,但是当把产品或服务提供给顾客时可能就会发生,但不可能像处理实物产品那样作出纠正。对于服务组织,通常是通过采取纠正措施(8.5.2)来处理,从而建立一个防止问题再次发生的过程。

根据不合格产品或服务的性质,当未作出决定时,或许需要将产品或服务分离出来或暂停下来。用来满足标识和可追溯性(7.5.3)或其他各项要求的技术可以用于控制不合格产品和服务。

当检测到不合格产品或服务时,可以作出一些选择,见 8.3 要求中的 a)、b)、c)。部分选择示例包括:

——重新加工产品使其符合标准;

——与顾客协商,使顾客接受原产品或修理后的产品;

——使产品改做他用;

——报废产品。

管理者代表(见 5.5.2)或其他具有必要权力的人,应就每一个不合格产品或服务决定选用哪种方案。

一些顾客可能会要求通知他们任何不合格产品或服务,并审批要采取的措施。如果情况如此,在检测到不合格产品或服务后有必要通知顾客,包括随同通知所采取的措施的信息。

记录要包括所有决定、顾客的批准证明、所有再加工或修理程序,以及对再加工或修理进行监视和测量的结果。

例如,如果一家餐饮组织发现自己在用过期的加工肉为合同顾客(零售连锁店)制作三明治,可采取诸如以下一些措施:

——对问题的严重程度进行调查;

——分离剩余的加工肉并进行免疫;

——分离和免疫受到影响并准备送往零售商店的三明治;

——从零售店中召回那些可能受到影响的三明治。

根据潜在的危险程度,可能需要适当的监管当局介入,并使消费者意识到这一问题。

例如一家提供服务的公交组织,其服务是根据时间表提供交通服务,如果公共汽车在路上发动机坏了就是服务不合格。要解决这一服务不合格的问题,就需要找出办法帮助乘客继续他们的行程,并且呼叫维修人员修理发动机(见 8.5.2)。

8.4 数据分析

组织应确定、收集和分析适当的数据，以证实质量管理体系的适宜性和有效性，并评价在何处可以持续改进质量管理体系的有效性。这应包括来自监视和测量的结果以及其他有关来源的数据。

数据分析应提供有关以下方面的信息：

a) 顾客满意(见 8.2.1)；

b) 与产品要求的符合性(见 7.2.1)；

c) 过程和产品的特性及趋势，包括采取预防措施的机会；

d) 供方。

8.4 数据分析

测量数据是否显示了趋势

不应低估这一要求。八项质量管理原则中有一项突显了这一要求的重要性。数据分析是必要的活动，可以改进质量管理体系、过程及产品和服务。

如果不对数据和信息进行检查、评估、分析并转化为有用的决策建议，数据和信息收集本身是没有意义的。

下面是一些可能需要记录和分析的数据和信息：

——过程工作情况偏差；

——培训有效性的评价；

——顾客投诉；

——停机时间；

——返工率；

——错过的交货日期；

——排队时间；

——顾客满意程度；

——供方的情况；

——循环次数。

通过监视和测量活动会收集到很多的数据和信息，分析这些数据和信息可以找出趋势所在，所发现的任何趋势都可能意味着质量管理体系存在问题，并显示出需要改进的地方。

分析结果可用于：

——管理评审的输入(5.6)；

——决定纠正(8.5.2)和预防措施过程的输入(8.5.3)；

——评定顾客满意的输入(8.2.1)；

——符合顾客要求的证据。

可能还会发现一些活动尽管现在有效，但仍然存在需要进一步改进的地方。

统计技术是分析过程中的有用工具。标准虽然确定了四个需要进行分析的地方，但是数据分析可以应用到任何可为组织提供有用信息的领域。

8.5 改进

8.5.1 持续改进

组织应利用质量方针、质量目标、审核结果、数据分析、纠正和预防措施以及管理评审，持续改进质量管理体系的有效性。

8.5 改进

8.5.1 持续改进

可以做什么样的改进

持续改进应被理解为增强满足要求的能力的循环活动。意思是说，当出现改进的机会并且这样的改进有必要时，需要依托现有资源决定该如何进行改进。当多个改进机会同时存在时，可能还需要确定改进的优先次序。

纠正措施是要确定纠正所识别的问题的措施(及防止问题再发生)。预防措施是要确定预防潜在问题的措施。持续改进是一个反复采取措施、实施商定的解决方案的过程，这会给组织带来积极的利益。

改进过程包括一些步骤，如：

——识别改进质量管理体系的潜在机遇；

——分析并确认(考虑成本、收益)实施一项改进措施；

——确定是否可获得必要的资源；

——决定实施改进计划；

——实施改进计划；

——测量改进计划的影响；

——在下一次管理评审中审议改进结果。

这一条款列出了一些活动和参照信息，可以在计划改进方案和实施改进方案时使用。

可以改进质量管理体系的地方包括：

——内部沟通；

——跟踪措施；

——程序文件；

——管理评审会议的有效性；

——顾客反馈系统；

——培训计划(例如，给管理人员和内部审核人员提供的培训)。

> 8.5.2 纠正措施
>
> 组织应采取措施，以消除不合格的原因，防止不合格的再发生。纠正措施应与所遇到不合格的影响程度相适应。
>
> 应编制形成文件的程序，以规定以下方面的要求：
>
> a) 评审不合格(包括顾客抱怨)；
>
> b) 确定不合格的原因；
>
> c) 评价确保不合格不再发生的措施的需求；
>
> d) 确定和实施所需的措施；
>
> e) 记录所采取措施的结果(见 4.2.4)；
>
> f) 评审所采取的纠正措施。

8.5.2 纠正措施

消除产生问题的原因

纠正和预防措施都可以看做质量改进循环中的步骤。当出现内部不合格(产品、服务、过程或质量管理体系的问题)时，或出现外部问题(顾客投诉、质量保证要求或与供方之间的问题等)时，就需要采取纠正措施。

纠正措施是一项重要的改进活动，其目的是要消除问题的原因和问题所带来的后果，而这些问题可能会对以下方面造成负面影响：

——组织业绩；

——组织的产品、服务、业务流程、质量管理体系；

——顾客满意。

纠正措施是要找出某一特定问题的原因，并采取必要措施以防止问题再次发生。

在识别到不合格产品后，为寻求更长远的解决方案而实施纠正措施之前，纠正通常用来立即阻止不合格产品（或其带来的后果）持续发生。

会有不同的因素显示需要采取纠正措施，这些因素有：

——顾客投诉；

——索赔；

——与供方之间的问题；

——不合格；

——返工或返修；

——审核报告，

应为完成纠正措施设定一个时限，记录纠正措施活动，并跟踪调查所采取的措施是否有效。

由于所做的改进，可能需要修改质量手册、程序文件和任何其他相关的文件。对文件的修改应符合4.2.3的规定。

组织应建立程序文件以描述如何实施纠正措施活动。

为确保所要求的或商定的纠正措施得以实施，重要的是要获得足够的资源。

采取何种措施取决于问题的大小和为组织带来的附加风险，不需要花一百万美元去解决一个十美元的问题。应着力解决影响顾客的问题。

实施纠正措施时应仔细考虑和策划，确保组织在一个领域采取的纠正措施不会给另一领域造成不利影响。

在加工过期肉的餐饮组织的例子中，原因调查可能会显示库存循环存在问题，在本组织的存储或供方的存储中存在问题，另一个可能的原因是操作人员缺乏保质期的意识。所要采取的措施将取决于所找到的实际原因。

8.5.3　预防措施

组织应确定措施，以消除潜在不合格的原因，防止不合格的发生。预防措施应与潜在问题的影响程度相适应。

应编制形成文件的程序，以规定以下方面的要求：

a）确定潜在不合格及其原因；

b）评价防止不合格发生的措施的需求；

c）确定和实施所需的措施；

d）记录所采取措施的结果（见4.2.4）；

e）评审所采取的预防措施。

8.5.3　预防措施

预防潜在问题的发生

预防措施也是一项重要的改进活动。其目的是预防潜在问题的发生，而这些问题可能会对组织效益、产品、过程、质量管理体系或顾客满意造成负面影响。

程序文件应描述如何实施需要建立的预防措施活动。

需要确定数据来源，这会帮助组织监视运行的发展趋势，从而在潜在的问题变成不符合标准的问题以前做出很好的应对。

数据来源包括：

——统计过程控制结果；

——制造商推荐的机器服役年限；

——监视计算机服务器容量的使用；

——监视机器负荷的使用；

——员工的迟到率和缺勤率；

——服务报告；

——顾客或市场调查结果；

——销售趋势。

如果数据分析显示存在潜在问题，应采取必要措施以消除潜在问题。

实施预防措施时应做到：

——记录；

——对其完成设定时限；

——跟踪调查，检查是否有效。

由于采取了预防措施，可能需要修改质量手册、程序文件和任何其他相关的文件。文件修改应符合4.2.3的规定。

应用预防措施的例子包括：

——策划预防性维修；

——警报、指示；

——防错技术。

为确保预防措施活动得以实施，重要的是最高管理者应给予足够的资源。

实施预防措施时应仔细考虑和策划，确保在一个领域采取的预防措施不会给另一个领域造成不利影响。

参 考 文 献

[1] GB/T 19011 质量和(或)环境管理体系审核指南
[2] GB/T 19022 测量管理体系 测量过程和测量设备的要求
[3] GB/T 19023 质量管理体系文件指南

ICS 03.120.10
A 00

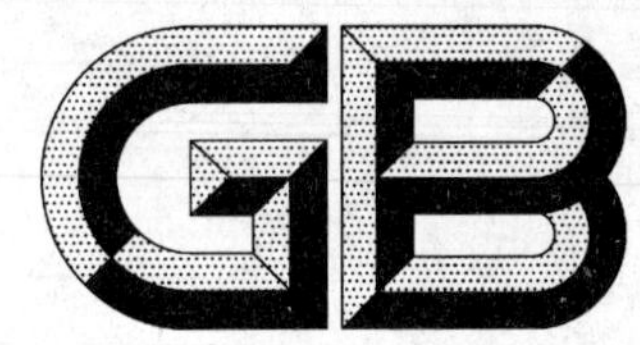

中华人民共和国国家标准

GB/T 19038—2009

顾客满意测评模型和方法指南

Guidelines for model and methods of customer satisfaction measurement

2009-09-30 发布　　2009-12-01 实施

中华人民共和国国家质量监督检验检疫总局
中国国家标准化管理委员会　发布

前　言

本标准的附录 A、附录 B、附录 C 和附录 D 为资料性附录。

本标准由全国质量管理和质量保证标准化技术委员会(SAC/TC 151)提出并归口。

本标准起草单位:中国标准化研究院、中国质量协会、海尔集团、大长江集团有限公司。

本标准主要起草人:康键、郑兆红、张荣静、咸奎桐、裴飞、王晓声、朱立恩、解居志、郑奎静、冯卫。

引　　言

以顾客为关注焦点是组织质量管理的重要原则之一，顾客满意测评为组织正确和有效地提高顾客满意提供了重要方法。

顾客满意测评方法众多，国内外研究表明结构方程模型方法是一种先进的测评方法，采用该方法能够实现对不可直接测量因素的测评，有效地反映组织所关注的各测评因素对顾客满意的影响程度；同时可在样本量较小的情况下实施测评，并保证测评结果的可靠性。

鉴于结构方程模型方法具有科学、稳定等优势和其广泛的应用前景，特制定本标准。标准规定了测评模型建立、抽样方案设计、数据收集方法选择、问卷设计、数据收集、统计与分析等测评实施过程中涉及的步骤和方法，为各类组织规范化地开展顾客满意测评工作提供指南。

顾客满意测评模型和方法指南

1 范围

本标准规定了采用结构方程模型实施顾客满意测评的方法，包括建立测评模型、设计抽样方案、选择数据收集方法、设计问卷、收集、统计与分析数据等。

本标准适用于组织采用结构方程模型方法实施的外部顾客满意测评。

组织也可参照本标准采用其他模型方法实施顾客满意测评。

2 规范性引用文件

下列文件中的条款通过本标准的引用而成为本标准的条款。凡是注日期的引用文件，其随后所有的修改单(不包括勘误的内容)或修订版均不适用于本标准，然而，鼓励根据本标准达成协议的各方研究是否可使用这些文件的最新版本。凡是不注日期的引用文件，其最新版本适用于本标准。

GB/T 19000—2008　质量管理体系　基础和术语

GB/T 3358.1—1993　统计学术语　第一部分　一般统计术语

3 术语和定义

GB/T 19000—2008 和 GB/T 3358.1—1993 确立的以及下列术语和定义适用于本标准。

3.1

顾客　customer

接受产品的组织或个人

示例：消费者、委托人、最终使用者、零售商、受益者和采购方。

[GB/T 19000—2008，定义 3.3.5]

3.2

顾客满意　customer satisfaction

顾客对其要求已被满足的程度的感受

注：采用 GB/T 19000—2008 中定义 3.1.4，该定义中的注被删除。

3.3

结构方程模型　structural equation model

基于变量的协方差矩阵来分析变量之间关系的一种多元统计分析技术

3.4

结构方程　structural equation

结构方程模型的构成部分，用以描述**潜变量**(3.6)之间关系的方程

3.5

测量方程　measurement equation

结构方程模型的构成部分，用以描述**潜变量**(3.6)与**可观测变量**(3.7)之间关系的方程

3.6

潜变量　latent variable

不能直接测量的变量，如智力、学习动机、顾客满意等

3.7

可观测变量 observable variable

可直接测量的变量,可用以间接测量**潜变量**(3.6)

3.8

样本 sample

按一定程序从总体中抽取的一组(一个或多个)个体(或抽样单元)

[GB/T 3358.1—1993,定义 3.5]

3.9

样本量 sample size

样本中所包含的个体(或抽样单元)的数目

[GB/T 3358.1—1993,定义 3.7]

3.10

抽样 sampling

从总体中抽取样本

[GB/T 3358.1—1993,定义 3.6]

3.11

抽样单元 sampling unit

为抽样目的,将总体划分成由个体组成的有限多个部分,每一部分称为一个抽样单元

注 1:一个抽样单元可以包含一个或多个个体。

注 2:抽样单元可以分级:总体由初级(抽样)单元组成,每个初级(抽样)单元由二级抽样单元组成,依此类推。

注 3:采用 GB/T 3358.1—1993 中定义 5.2,该定义中的注 3 被删除。

3.12

估计 estimation

根据样本推断总体分布的未知成分,例如参数

[GB/T 3358.1—1993,定义 3.39]

3.13

信度 reliability

在一定条件下,进行多次测量时,所得测量结果的一致性及稳定性

3.14

效度 Validity

测量工具或手段能够正确测出被测对象真实情况的有效程度

3.15

置信水平 confidence level

$[T_1, T_2]$是 θ 的一个双侧或单侧置信区间,$1-\alpha$ 是 0 和 1 之间的常数,若对一切 θ,有 $P(T_1 \leqslant \theta \leqslant T_2) \geqslant 1-\alpha$,则称 $1-\alpha$ 为该置信区间的置信水平。

注 1:当 $P(T_1 \leqslant \theta \leqslant T_2) = 1-\alpha$ 时,$1-\alpha$ 也常称为置信系数或置信度。

注 2:置信水平 $1-\alpha$ 通常取接近于 1 的值,如 0.90,0.95,0.99 等。

[GB/T 3358.1—1993,定义 3.49]

4 建立顾客满意测评模型

4.1 模型结构

在建立顾客满意测评模型之前,组织应首先识别顾客及顾客要求。

应根据顾客在购买及使用产品过程中“满意”形成的因果关系构建顾客满意测评模型。测评模型由

结构方程和测量方程构成。测评模型结构及其数学形式示例可参见附录 A。

4.1.1 结构方程

结构方程由潜变量按照相互影响关系构成。潜变量的设置应建立在顾客购买及使用产品过程中的心理体验基础上，并综合考虑顾客要求，一般可分为影响顾客满意的原因变量和结果变量。潜变量不能直接被测量。

4.1.2 测量方程

测量方程由潜变量和其所对应的可观测变量按照相互影响关系构成。可观测变量的设置应综合考虑其是否能够反映或代表其所观测的潜变量以及顾客要求。可观测变量能直接被测量。

4.2 模型的数学形式

顾客满意测评模型应有与模型结构相对应的数学形式，这些数学形式是运用计算机程序来估计所需要的模型参数的必要前提。

可观测变量的数值能通过对顾客调查得到，其他数值(潜变量数值、路径系数[1)]及残差等)需要采用相应的统计分析方法估计得到。

5 设计抽样方案

设计一套完整的抽样方案应包括以下四个步骤：

a) 定义目标总体，定义目标总体时应考虑个体、抽样单元、样本总体及时间因素(时间周期等)；

b) 建立抽样框，确定记录或表明总体所包含抽样单元的特征；

c) 选择抽样方法，可根据测评目的、调查对象、抽样框完备情况、成本预算等因素，选择相应的抽样方法，可选用的方法参见附录 B；

d) 确定样本量，确定样本量时应考虑总体的性质、调查结果精度、调查时间和费用等因素，可选择统计推断法、因子分析法及经验法等计算样本量。

6 选择数据收集方法

应根据调查目的、样本情况以及预算(时间和费用)选择适宜的数据收集方法。常用的数据收集方法有：

——电话调查；

——面访调查；

——邮寄调查；

——在线调查。

在选择数据收集方法时，应综合考虑以下因素：

——调查对象所属行业特性；

——调查对象的类型(如个人、组织等)；

——调查对象的流动性；

——调查对象群体比例等。

7 设计问卷

7.1 问卷结构

确定了数据收集方法后，应进行相应的问卷设计，一般问卷应包括以下几个部分：

---

1) 标准化的回归系数，用以衡量变量之间影响程度的大小。

——标题；

——问候语；

——甄别部分；

——顾客满意测评部分(包括问卷问题和测量量表)；

——人口统计信息部分；

——结束语。

7.2 问卷检验与修正

完成问卷设计后，应进行预调查，根据预调查结果对调查问卷同时进行信度和效度检验，信度和效度检验方法可参见附录C。一般信度与效度检验系数越大，表明问卷的一致性与有效性越好。

检验结果未达到要求时，应对问卷内容进行修正。

8 收集、统计与分析数据

8.1 收集数据

组织应按照第5章至第7章中确定的方法收集数据，同时加强对数据收集过程的控制，以确保数据的质量。

8.2 统计数据

获得调查数据后，应通过对测评模型的估计计算数据，并根据模型估计结果，评价与修正模型。

8.2.1 模型估计

模型估计宜采用偏最小二乘(PLS)、线性结构关系(LISREL)等估计方法。可根据不同方法的原理、假设约束条件以及样本量等因素选择估计方法。

8.2.2 模型的评价与修正

模型估计后，应对模型进行检验和评价，一般包括三个方面：参数检验、拟合程度检验、置信水平和解释能力评价。

当模型评价结果未达到要求时，需要对模型进行修正，如改变模型结构、删除或限制一些路径等。对修正后的模型进行再评价，如评价结果未达到要求，对模型进行再修正，直到评价结果达到要求。

8.3 分析数据

获得顾客满意数据后，组织可根据需要选择相应的分析方法对顾客满意数据进行分析。

8.3.1 描述性统计分析

可根据需要选择相应的统计方法(如百分数、平均数、方差或标准差等)对调查对象和测量情况进行描述。

8.3.2 多元统计分析

可采用方差分析等多元统计方法比较不同部门、不同细分市场或不同类型顾客满意水平的差异情况。

8.3.3 直接效用和间接效用分析

直接效用是结构方程中回归系数的估计值，用于反映结构方程模型中潜变量之间直接影响程度的大小。

间接效用用于反映潜变量A通过其他潜变量对潜变量B间接影响程度的大小。(潜变量A、B为结构方程模型中任意潜变量。)

可采用直接效用和间接效用分析原因变量对顾客满意的影响程度、顾客满意对结果变量的影响程度以及各变量之间的影响程度。

8.3.4 顾客满意重要性矩阵分析

顾客满意重要性矩阵是以各测评变量对顾客满意影响的重要程度和调查对象对各测评变量的满意程度评价为两坐标轴，建立矩阵。示例可参见附录D。

采用顾客满意重要性矩阵分析可以判断组织在哪些方面具备优势，哪些方面处于劣势并亟需改进。

8.3.5 顾客细分分析

组织（品牌）的众多顾客在某些方面可能存在着一定的规律，组织可根据测评需要进行顾客满意细分分析。一般可进行满意程度细分分析和顾客价值细分分析。

附 录 A
（资料性附录）
模型结构及数学形式示例

A.1 模型结构示例如下：

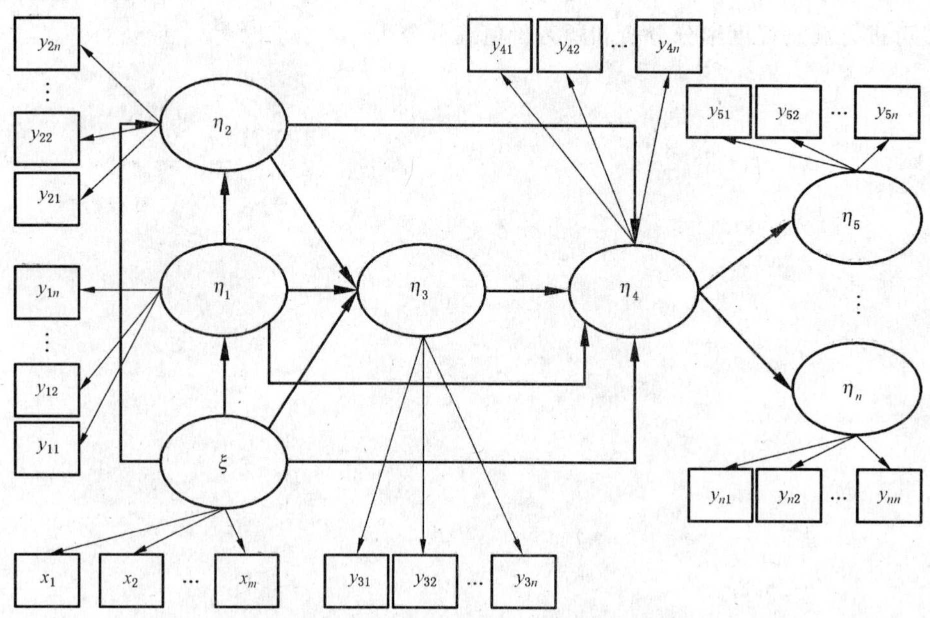

图 A.1 顾客满意测评模型结构示例

图中圆形表示潜变量，圆形之间的箭头指向表示潜变量间的因果关系；矩形表示可观测变量，矩形与圆形之间的箭头指向表示可观测变量与潜变量之间的反映关系。

各类组织进行顾客满意测评时，可根据组织所提供产品的特点构建相应的模型。

A.2 结构方程的数学形式示例为：

$$\eta = \mathrm{B}\eta + \Gamma\xi + \zeta$$

式中：

η——内生潜变量[2)]；

ξ——外源潜变量[3)]；

B——内生潜变量间的关系；

Γ——外源潜变量对内生潜变量的影响；

ζ——结构方程的残差项，反映了 η 在方程中未能被解释的部分，服从均值为零的独立正态分布。

A.3 测量方程的数学形式示例为：

$$\mathrm{X} = \Lambda_x\xi + \delta$$
$$\mathrm{Y} = \Lambda_y\eta + \varepsilon$$

式中：

X——外源指标[4)]组成的向量；

Y——内生指标[5)]组成的向量；

Λ_x——外源指标与外源潜变量之间的关系，是外源指标在外源潜变量上的因子负荷矩阵；

Λ_y——内生指标与内生潜变量之间的关系，是内生指标在内生潜变量上的因子负荷矩阵。

2） 受模型或系统中其他变量影响的潜变量。

3） 在模型或系统中，只影响其他变量而自身的变化又由模型或系统外部的其他因素所决定的潜变量。

4） 用以测量外源潜变量的指标。

5） 用以测量内生潜变量的指标。

附 录 B
（资料性附录）
可选用的抽样方法

通常，调查对象分为个人（家庭）顾客、组织顾客两种。组织应根据顾客类型选择抽样方法。

B.1 个人（家庭）顾客抽样方法

组织对个人（家庭）顾客进行抽样时，可根据调查需要选择如下方法：

——简单随机抽样；

——分层抽样；

——多级抽样（多阶段抽样）；

——等距抽样；

——判断抽样；

——配额抽样。

B.2 组织顾客

一般而言，组织顾客数量相对较少，且抽样框比较完备，因此通常采用简单随机抽样方法或全部调查。

当组织顾客重要程度差异较大时，可考虑不等概率抽样、等距抽样方法；当组织顾客总体很大且分布分散时，可考虑分层抽样方法。

附 录 C
（资料性附录）
信度与效度检验

问卷的信度与效度检验应在预调查中进行，并根据问卷的结构和内容、经费及计算工具等条件选择一种或几种方法进行检验。

C.1 信度检验方法

可采用的信度检验方法有：

——测量稳定性方面：重测信度、复本信度；

——测量一致性方面：折半信度、α 系数、基于因子分析的 θ 和 Ω 系数法、综合信度。

C.2 效度检验方法

可采用的效度检验方法有：表面效度、内容效度、效标效度和结构效度。

附 录 D
（资料性附录）
顾客满意重要性战略矩阵分析示例

进行顾客满意重要性战略矩阵分析时，首先应确定战略矩阵，然后根据各测评变量得分与测评变量对顾客满意影响的重要程度，将各测评变量分别列入四个象限。如图 D.1 所示。

左上角属于优先改进区，其中的测评变量得分较低，但对于顾客满意影响的重要度较高，如测评变量 4。右上区域属于优势区，其中的测评变量得分较高，对顾客满意的重要度也较高，如测评变量 1。左下角属于机会区，其中的测评变量得分较低，且对顾客满意影响的重要度也低，如测评变量 3。右下角属于维持区，其中的测评变量得分较高，但对于顾客满意影响的重要度较低，如测评变量 2。

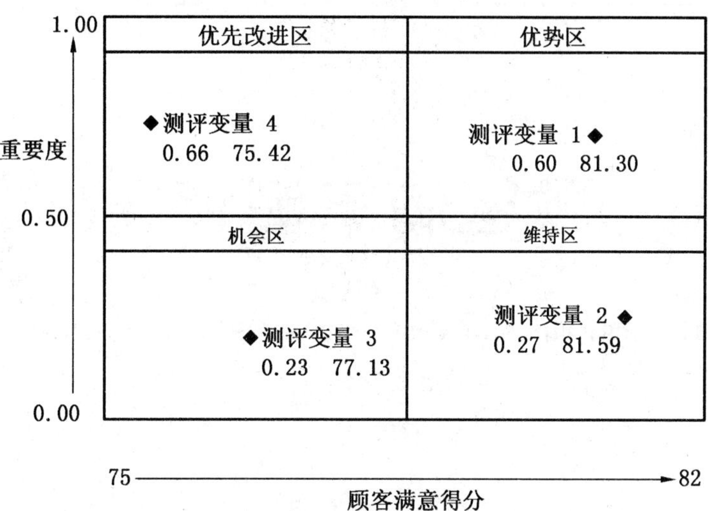

图 D.1 顾客满意重要性战略矩阵示例

ICS 03.120.10
A 00

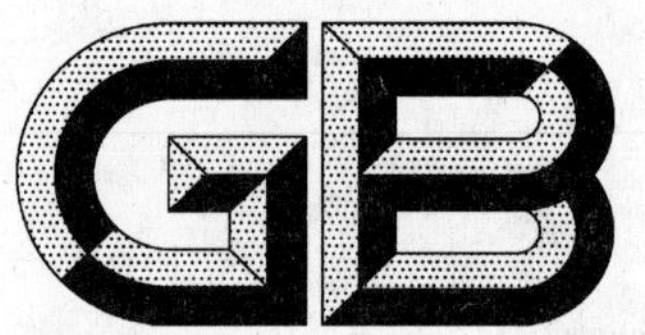

中华人民共和国国家标准

GB/T 19039—2009

顾客满意测评通则

General rules of customer satisfaction measurement

2009-09-30 发布　　2009-12-01 实施

中华人民共和国国家质量监督检验检疫总局
中国国家标准化管理委员会　发布

前　言

本标准由全国质量管理和质量保证标准化技术委员会(SAC/TC 151)提出并归口。

本标准起草单位:中国标准化研究院、中国质量协会、大长江集团有限公司、海尔集团。

本标准主要起草人:裴飞、咸奎桐、康键、张荣静、郑兆红、朱立恩、王晓生、郑奎静、解居志、冯卫。

引　言

以顾客为关注焦点是组织质量管理的重要原则，顾客满意测评为组织有效了解顾客满意程度提供了方法。

我国开展顾客满意测评的时间不长，但是测评工作得到越来越多的组织的重视。对目前各类顾客满意测评工作的分析表明，组织开展的测评工作存在着各种不规范的地方，影响了顾客满意测评结果的科学性和有效性。制定本标准的目的是帮助组织明确顾客满意测评的基本原则，规范顾客满意测评过程，使组织能够更加科学、规范地开展顾客满意测评工作。

顾客满意测评通则

1 范围

本标准规定了进行顾客满意测评工作的基本原则、测评的过程和测评结果的应用。

本标准适用于组织实施外部顾客满意测评。

2 规范性引用文件

下列文件中的条款通过本标准的引用而成为本标准的条款。凡是注日期的引用文件,其随后所有的修改单(不包括勘误的内容)或修订版均不适用于本标准,然而,鼓励根据本标准达成协议的各方研究是否可使用这些文件的最新版本。凡是不注日期的引用文件,其最新版本适用于本标准。

GB/T 19000—2008 质量管理体系 基础和术语

3 术语和定义

GB/T 19000—2008 确立的以及下列术语和定义适用于本标准。

3.1

顾客满意 customer satisfaction

顾客对其要求已被满足程度的感受。

注 1：顾客抱怨是一种满意程度低的最常见的表达方式,但没有抱怨并不一定表明顾客很满意。

注 2：即使规定的顾客要求符合顾客的愿望并得到满足,也不一定确保顾客很满意。

[GB/T 19000—2008,定义 3.1.4]

3.2

顾客满意测评 customer satisfaction measurement

组织为了解顾客对其提供的产品的满意程度,策划和设计获取顾客满意信息的程序,实施调查,计算并分析顾客满意结果的过程。

4 基本原则

4.1 总则

为保证顾客满意测评方法、测评过程及测评结果的有效,组织应遵循 4.2 至 4.5 的基本原则。

4.2 资源

组织应配置充足的资源(包括人力资源)用于顾客满意测评,并进行有效和高效的管理。

4.3 职责

组织应对参与顾客满意测评的人员制定相应的职责。

4.4 适宜方法

组织应针对不同情况选择适宜的顾客满意测评的方法,以确保测评过程及测评结果的有效。

4.5 持续测评

组织应根据需要建立持续测评制度,以利于不断提高顾客满意。

5 测评过程

5.1 确定测评范围

组织应首先确定顾客满意测评的范围,如:

——对组织的产品和(或)服务等方面的顾客满意全面测评;

——对组织某个过程或某项活动的顾客满意测评,如对售后服务的顾客满意测评等。

5.2 确定测评指标

组织应根据测评范围及所识别的顾客和顾客需求确定测评指标。

5.3 确定测评方法

组织应根据测评的范围、预算、产品的类别,选择适宜的测评方法。

5.4 获得测评数据

5.4.1 确定抽样总体和抽样方法

组织应确定抽样总体,并选择与测评方法相对应的抽样方法。

5.4.2 确定获得数据方法

收集数据可以使用多种方法,组织应根据测评范围、预算等选择数据收集方法,如电话调查、面访调查、邮寄调查、电子调查等。

5.4.3 设计问卷

组织应以问卷形式将已确定的测评指标转化为调查问卷。

5.4.4 收集数据

组织应根据5.1至5.3中确定的内容,在5.4.1至5.4.3的基础上实施数据收集,同时加强对数据收集过程的控制。

5.5 数据处理

5.5.1 准备数据

组织应对获得的数据进行检验,剔除不可用数据,并根据需要进行数据分类。

5.5.2 确定数据统计分析方法

组织应根据所获得的数据类型和测评范围选择相应的数据分析方法。

5.5.3 统计与分析

组织应根据所选的数据统计分析方法对可用数据进行统计,得出顾客满意测评结果,并可根据需要做进一步分析,如对综合测评结果或单项测评结果进行分析,识别导致顾客满意或不满意可能的因素,以及这些因素对于顾客满意的影响程度。

5.6 编写测评报告

必要时,组织应对整个测评工作进行总结,并形成测评报告。报告内容至少应包括测评范围、测评过程、测评结论以及改进建议等。

6 测评结果的应用

组织应将这些信息传递到相应的部门,使信息得到有效应用,以实现顾客满意的持续改进。

ICS 55.200
A 84

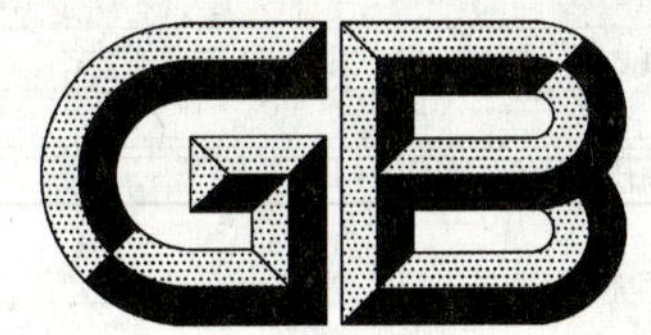

中华人民共和国国家标准

GB/T 19063—2009
代替 GB/T 19063—2003

液体食品包装设备验收规范

Acceptance specification of packaging equipment for liquid food

2009-09-30 发布　　2009-12-01 实施

中华人民共和国国家质量监督检验检疫总局
中国国家标准化管理委员会　发布

前　　言

本标准代替 GB/T 19063—2003《液体食品包装设备验收规范》。

本标准与 GB/T 19063—2003 相比，主要变化如下：

——增加了术语和定义中的内容；

——增加产品分类的内容；

——增加了材料与零部件验收技术要求；

——修改了加压试验要求；

——更正了对 RQL 数值的表达；

——修改了游离性余氯和过氧化氢残留量测定的试验方法；

——增加微生物增值检验中 pH 值差值范围的要求；

——增加了超洁净灌装设备的技术参数。

本标准的附录 A 为资料性附录。

本标准由全国包装机械标准化技术委员会(SAC/TC 436)提出并归口。

本标准负责起草单位：杭州中亚机械有限公司、广州达意隆包装机械股份有限公司、江苏新美星包装机械有限公司、南京乐惠轻工装备制造有限公司、廊坊百冠包装机械有限公司、建技集团佛山建邦机械有限公司、江苏星 A 包装机械集团有限公司、机械工业包装机械产品质量监督检测中心。

本标准主要起草人：史中伟、张颂明、褚兴安、陈小平、张铁军、黄伟迪、黄振华、吉永林、姚伟国、曹洋云、谌飞、陆佩忠、王利国、蔡林昌、陈润洁。

本标准所代替标准的历次版本发布情况为：

——GB/T 19063—2003。

液体食品包装设备验收规范

1 范围

本标准规定了液体食品包装设备术语和定义、产品分类、验收准备、验收技术要求、检验方法和设备质量判定及处理。

本标准适用于液体食品的无菌包装设备、保鲜包装设备、热灌装设备、超洁净灌装设备和普通包装设备;适用于液体食品的灭菌设备、灌装及封口设备和与其配套的设备、管道及配件。

本标准不适用于液体食品灌装封口后进行灭菌的设备。

2 规范性引用文件

下列文件中的条款通过本标准的引用而成为本标准的条款。凡是注日期的引用文件,其随后所有的修改单(不包括勘误的内容)或修订版均不适用于本标准,然而,鼓励根据本标准达成协议的各方研究是否可使用这些文件的最新版本。凡是不注日期的引用文件,其最新版本适用于本标准。

GB/T 4789.2　食品卫生微生物学检验　菌落总数测定

GB/T 4789.3　食品卫生微生物学检验　大肠菌群测定

GB/T 4789.4　食品卫生微生物学检验　沙门氏菌检验

GB/T 4789.5　食品卫生微生物学检验　志贺氏菌检验

GB/T 4789.10　食品卫生微生物学检验　金黄色葡萄球菌检验

GB/T 4789.11　食品卫生微生物学检验　溶血性链球菌检验

GB/T 4789.15　食品卫生微生物学检验　霉菌和酵母计数

GB 5226.1—2002　机械安全　机械电气设备　第1部分:通用技术条件(IEC 60204-1:2000,IDT)

GB/T 5750.11　生活饮用水标准检验方法　消毒剂指标

GB 14930.1　食品工具、设备用洗涤剂卫生标准

GB 14930.2　食品工具、设备用洗涤消毒剂卫生标准

GB 14934　食(饮)具消毒卫生标准

GB 16798　食品机械安全卫生

GB 19891　机械安全　机械设计的卫生要求(GB 19891—2005,ISO 14159:2002,MOD)

JJF 1070　定量包装商品净含量计量检验规则

消毒技术规范(中华人民共和国卫生部2002年版)

3 术语和定义

下列术语和定义适用于本标准。

3.1

液体食品　liquid food

液体、带颗粒液体、浆体等可以在管道中流动的食品。

3.2

保鲜包装　fresh keeping package

将经过灭菌的液体食品包装、密封在经过或未经过灭菌的容器中,用冷藏方法保持液体食品在保质期内的新鲜和卫生。

3.3

无菌包装　ase ptic package

将经过灭菌的液体食品在无菌条件下包装、密封在经过灭菌的容器中，使食品在保质期内能在常温下运输和贮存。

3.4

热灌装　hot filling

将经过灭菌的液体食品降温到83 ℃～95 ℃灌装、密封到容器中，经一定保持时间，以期杀灭容器中及顶盖上的微生物，使食品在保质期内能在常温下运输和贮存。

3.5

超洁净灌装　ultra-clean filling

依据微生物栅栏技术的原理和HACCP管理体系，用洁净的灌装设备，在洁净的充填环境下，将灭菌合格的物料充填到洁净的包装容器中，以延长产品的保质期。

注1：微生物栅栏技术原理，是将影响食品中微生物存活的不同栅栏因子，科学合理地组合起来，从不同的侧面抑制引起食品腐败的微生物，以保证食品的卫生性和安全性的理论。

注2：HACCP是Hazard Analysis Critical Control Point的缩写，中文译名为危害分析与关键控制点，是一个保证食品安全的预防性技术管理体系。

3.6

故障停机　breakdown

因设备的机电故障或由其引起的包装材料，包装容器的破裂、堵塞等原因引起的停机。

3.7

商业无菌　commercial sterilization

在被包装的液体食品中不含致病菌、不含常温下能增殖的微生物。

3.8

低酸性液体食品　low acid liquid food

除酒精饮料以外，杀灭菌后平衡pH值大于4.6的液体食品。

3.9

酸性液体食品　acid liquid food

灭菌后平衡pH值小于等于4.6的液体食品。

3.10

不合格质量水平　rejectable quality level，RQL

在抽样检验中，认为不可接受的批质量下限值。

3.11

批质量　lot quality

单个提交检验批的质量（用不合格品百分数或每百单位产品不合格数表示）。

4　产品分类

4.1　按液体食品包装容器的材料分为：

纸基复合材料容器、塑料及其复合材料容器、玻璃包装容器、金属包装容器等包装设备。

4.2　按设备的包装特点分为：

无菌包装、超洁净灌装、保鲜包装、热灌装和普通包装设备，划分依据参见附录A。

5 验收准备

5.1 设备供应方应做到：

a) 完成设备的安装、调试和试运转；

b) 培训用户方人员，达到能独立进行设备的操作和一般故障排除；

c) 与用户方协商确定指标不低于相应国家或行业标准的验收用包装材料或容器；

d) 会同用户方商定是否具备验收条件。

5.2 用户方应做到：

a) 与设备技术要求配套的水、电、气、蒸汽、包材等的供应；

b) 生产厂房应符合国家相应的卫生规范，灌装设备允许设置单独隔离间；

c) 按照表1规定提供验收用被包装液体食品原料；

表1 液体食品原始细菌总数和芽孢菌数

项目	包装设备类别				
	普通包装设备	保鲜包装设备	热灌装设备	超洁净灌装设备	无菌包装设备
细菌总数/(CFU/mL)	—	$\leqslant 1\times10^5$	$\leqslant 1\times10^5$	$\leqslant 1\times10^5$	$\leqslant 2\times10^5$
芽孢菌数/(CFU/mL)	—	—	—	—	$\leqslant 5\times10^2$

d) 会同设备供应方商定是否具备验收条件。

6 验收技术要求

6.1 外观验收

6.1.1 设备非加工表面的涂漆和喷塑层等应平整光滑、色泽均匀，应无明显的划痕、污浊、流痕、起泡等缺陷。

6.1.2 焊接表面应完整、光滑、均匀，焊缝不应有虚焊、渗漏现象。

6.1.3 各个连接接头处不应有滴漏、渗漏。

6.1.4 灌装设备的灌装出口在关闭时不应有滴漏现象。

6.2 材料与零部件验收

6.2.1 灌装机与灌装物料及包装材料相接触的表面材料应符合GB 16798中对食品生产设备的有关规定。

6.2.2 凡与包装材料、物料接触的设备表面应光洁、平整、易清洗或消毒、耐腐蚀，不与灌装物料发生化学变化。

6.2.3 设备所用的原材料、外购配套零部件应有生产厂的质量合格证明书，如果没有质量合格证明书则按产品相关标准验收合格后，方可投入使用。

6.2.4 料斗、导料管内壁光洁、平整、无死角。焊道打磨抛光，无存料缝隙。灌装装置不应对灌装物料产生污染。

6.2.5 设备所用的润滑剂、冷却剂等不应对物料或容器造成污染。

6.2.6 设备的机械设计卫生安全应符合GB 19891的要求。

6.3 安全性验收

6.3.1 电压波动(指用户方提供的电网电压与设备额定电压的差别)在设备额定电压的+5%～−10%范围内设备能正常工作。

6.3.2 动力电路导线和保护接地电路间施加500 V电压时测得的绝缘电阻应不小于1 MΩ。

6.3.3 设备应有可靠的接地装置，并有明显的接地标志，接地电阻应符合GB 5226.1—2002中19.2的要求。

6.3.4 电气设备的所有电路导线和保护接地电路之间应经受至少 1 s 时间的耐压试验。

6.3.5 电气控制柜、无菌包装设备灌装室的门未关闭时设备不能开机，调试开机时应有声、光等警示。

6.3.6 设备的外露机械运动部位应加以防护。

6.3.7 联结设备各部分的操作人员架空通道高度超过 1.5 m 时，两侧应有护拦，护拦高度不低于 1.05 m。

6.3.8 各设备热表面可能致操作人员烫伤的部位应加以防护或有明显的警示。

6.3.9 设备正常运行时噪声声压级不应超过 82 dB(A)，短时允许不超过 90 dB(A)。

6.3.10 设备使用紫外线杀菌时，不应使操作人员直视光源，观察窗应采用阻隔紫外线材料制造。

6.3.11 设备用洗涤剂应符合 GB 14930.1 规定的卫生标准。

6.3.12 设备用洗涤消毒剂应符合 GB 14930.2 规定的卫生标准。

6.4 连续工作稳定性验收

6.4.1 稳定性验收时除去允许用软水代替被包装液体食品外，其他所有条件都按正常生产条件进行。

6.4.2 连续开机 8 h(不包括物料灭菌、设备清洗、设备预灭菌所需时间)，故障停机次数不应超过四次，因排除故障而形成的停机时间不应超过 20 min。

6.4.3 随机抽取验收生产的批量产品的 10%进行目视外观检查，外形不一致、在灌装设备运行中造成的包装材料污染、包装破裂或泄露、印刷图案偏移、偏斜、瓶装产品的顶盖缺陷等都被认为不合格，不合格质量水平 RQL=30。

6.4.4 使用含氯化合物对设备或包装容器的洗涤或预杀菌时、游离性余氯的残留量应符合 GB 14934 的规定。随机抽取 10 个单位产品进行检验，不许出现残留量超标。

6.4.5 使用过氧化氢(H_2O_2)或过氧乙酸($C_2H_4O_3$)对包装容器杀菌时，过氧化氢或过氧乙酸的残留量应小于等于 0.5 mg/L。随机抽取 10 个单位产品进行检验，不应出现残留量超标。

6.5 生产性验收

6.5.1 以正常生产的条件连续开机 3 h，每隔 1 h 的产量作为一个检验批，根据设备验收需要随机抽取样本若干件，先后共抽取三批。

6.5.2 从每次抽取的样本中再随机抽取 100 件，按照相应的灌装产品标准规定进行相应的密封性试验。

6.5.3 从每次抽取的样本中再随机抽取 100 件，进行灌装精度试验，灌装精度应符合相应的产品标准规定和 JJF 1070 的规定。

6.5.4 从每次抽取的样本中，按表 2 规定进行微生物检验，先后共检查三次。

表 2 微生物指标

项目	包装设备类别				
	普通包装设备	保鲜包装设备	热灌装设备	超洁净灌装设备	无菌包装设备
微生物指标	按相应被包装产品的卫生标准	按相应被包装产品的卫生标准	商业无菌	商业无菌	商业无菌
RQL	20	20	20	20	20
菌落总数测定时样本大小	3	3	—	—	—
大肠菌群测定时样本大小	3	3	—	—	—
致病菌检验时样本大小	3	3	3	3	3
霉菌和酵母计数时样本大小	3	3	—	—	—

表 2（续）

项　　目	包装设备类别				
	普通包装设备	保鲜包装设备	热灌装设备	超洁净灌装设备	无菌包装设备
以上四项测定时的 Ac，Re	0，1	0，1	0，1	0，1	0，1
微生物增殖计数时样本大小	—	—	1 000	1 000	1 000
微生物增殖计数时 Ac，Re	—	—	1，2	1，2	1，2

7　检验方法

7.1　灌装精度检验

用天平对样品中每个包装成品(盒、袋、瓶等)进行称重，1 kg 以下的单位产品精确到 1 g，1 kg 以上的单位产品精确到 2 g，测得质量减去每一个单位产品所用包装材料的平均质量即为被包装产品的净重。

单位产品的净重除以被包装液体食品的平均密度即为以容积标识的净含量。

灌装精度检验方法按相应的设备标准和 JJF 1070 的规定进行。

7.2　菌落总数测定按 GB/T 4789.2 规定进行。

7.3　大肠菌群测定按 GB/T 4789.3 规定进行。

7.4　沙门氏菌检验按 GB/T 4789.4 规定进行。

7.5　志贺氏菌检验按 GB/T 4789.5 规定进行。

7.6　金黄色葡萄球菌检验按 GB/T 4789.10 规定进行。

7.7　溶血性链球菌检验按 GB/T 4789.11 规定进行。

7.8　霉菌和酵母计数按 GB/T 4789.15 规定进行。

7.9　无菌包装、热灌装和超洁净灌装设备所包装的液体食品的微生物增殖检验。

7.9.1　将全部封口合格样本在表 3 规定条件下保温，然后逐一进行检查。

表 3　样本的保温条件

液体食品种类	保温条件	
	温度/℃	时间/d
低酸性食品	36±1	7
酸性食品	30±1	7

7.9.2　目视检出胀包(盒、袋、瓶[1])、泄漏的样本，记录数量。

7.9.3　打开其余全部样本进行 pH 值测定(中性饮料做 pH 值测定)和感官检查，检出 pH 值与原灌装物料 pH 值之差大于 0.2 和感官检查有疑点(如浑浊、沉淀、色泽变化、嗅觉或味觉变化等)的样本，进行涂片染色镜检。用革兰氏染色法染色、镜检，至少观察五个视野，判断是否有微生物增殖现象，将有微生物增殖的样本记录数量。

7.9.4　将 7.9.2 和 7.9.3 记录的数量相加得出微生物增殖指标不合格样本的总数。

7.9.5　致病菌检查所需样本首先从有微生物增殖的样本中抽取，当有微生物增殖的样本不够三件时再从检查批中抽取，使样本大小达到表 2 要求。

7.9.6　当不出现微生物增殖时可不进行致病菌检验。

1) 此项检验，不包括玻璃容器。

7.10 游离性余氯的残留量检验按 GB/T 5750.11 的检测方法进行。

7.11 过氧化氢和过氧乙酸的残留量检验按消毒技术规范中的测定方法进行。

8 设备质量判定及处理

8.1 所有验收检验项目全部合格时,设备通过验收。

8.2 部分检验项目不合格时,由设备供应方对不合格项目进行补充调试或修理后,进行再次检验,检验合格后,设备通过验收。

8.3 经过三次补充验收仍不能达到所有检验项目全部合格时,设备不能通过验收。

附 录 A
（资料性附录）
液体食品包装设备分类标准

A.1 液体食品包装设备

A.1.1 “普通包装设备”带有基本的技术装备，符合被包装液体食品的卫生标准，用于调味品、碳酸饮料、低度酒等的包装，常温下运输和贮存。

A.1.2 “保鲜包装设备”带有附加的卫生装备限制二次污染，用于冷藏液体食品的包装。

A.1.3 “热灌装设备”在 83 ℃～95 ℃条件下进行灌装，杀灭包装物及顶盖上的微生物，符合商业无菌的条件，用于液体食品等的包装。产品在常温下运输和贮存。

A.1.4 “超洁净灌装设备”根据产品性质，超洁净灌装设备的技术性能和配置会有较大差异，但应达到微生物栅栏技术的基本要求和延长产品货架期为其宗旨。

A.1.5 “无菌包装设备”符合商业无菌条件的包装设备。

A.2 各类设备的要求

A.2.1 表 A.1 给出各类设备的配套要求及灭菌效率(SE)要求。

表 A.1 各类设备的配套要求及灭菌效率(SE)要求

项目	包装设备类别				
	普通包装设备	保鲜包装设备	热灌装设备	超洁净灌装设备	无菌包装设备
配套灭菌系统	—	巴氏灭菌或超高温灭菌	超高温灭菌或其他	巴氏灭菌或超高温灭菌	超高温灭菌
灭菌效率(SE)	—	1～5 或 5～9	≥5	≥5	≥9

灭菌效率计算见式(A.1)：

$$SE = \log \frac{\text{灭菌前微生物总数}}{\text{灭菌后微生物总数}} \qquad \text{(A.1)}$$

A.2.2 表 A.2 给出各类灌装设备应具备的基本技术要求。

表 A.2 各类灌装设备应具备的基本技术要求

项目	包装设备类别				
	普通包装设备	保鲜包装设备	热灌装设备	超洁净灌装设备	无菌包装设备
灌装区	敞开式灌装区	灌装区从包材进入到封口全过程保护	灌装区从包材进入到封口全过程保护	从包材进入到封口全过程封闭	从包材进入到封口全过程封闭
灌装区无菌保护	无	无	无	使用无菌空气(过压法)设备工作时灌装区所有出口和缝隙、不许有外界空气倒流入灌装区现象	使用无菌空气(过压法)设备工作时灌装区所有出口和缝隙、不许有外界空气倒流入灌装区现象

表 A.2（续）

项　　目	包装设备类别				
	普通包装设备	保鲜包装设备	热灌装设备	超洁净灌装设备	无菌包装设备
包装物处理	无处理	无处理或紫外线灭菌	清洗或灭菌剂灭菌	用过氧化物，含氯化合物或饱和蒸汽处理，SE≥3	用过氧化物、含氯化合物或饱和蒸汽处理，SE≥5
灌装区预灭菌	无	无	无	用过氧化物，含氯化合物或饱和蒸汽处理，SE≥3	用过氧化物，含氯化合物或饱和蒸汽处理，SE≥5
液体食品输送管道和阀门处理	无	无	无	SE≥5	SE≥5

A.2.3　表 A.3 给出设备清洗和灭菌的要求。

表 A.3　设备清洗和灭菌的要求

项　　目	包装设备类别				
	普通包装设备	保鲜包装设备	热灌装设备	超洁净灌装设备	无菌包装设备
灌装区	手工	手工	手工或 COP（包括化学处理）	COP＋SOP[a]	COP＋SOP SE≥5
无菌空气系统	不带	不带	不带	伸入灌装区的管道和喷头用蒸汽或 H_2O_2 蒸汽灭菌 SE≥5	伸入灌装区的管道和喷头用蒸汽或 H_2O_2 蒸汽灭菌 SE≥5
物料输送系统（灌装头、管道、阀门）	手工或 CIP	CIP	CIP	CIP＋SIP（用过热水或饱和蒸汽） SE≥5	CIP＋SIP（用过热水或饱和蒸汽） SE≥5
外部区域	手工	手工	手工	手工	手工

[a] 对灌装区小的场合、或被灌装的产品无要求时可不进行 COP＋SOP 作业。

A.2.4　表 A.4 给出灭菌和灌装配套件的要求。

表 A.4　灭菌和灌装配套件的要求

项　　目	包装设备类别				
	普通包装设备	保鲜包装设备	热灌装设备	超洁净灌装设备	无菌包装设备
卷状包材与食品接触表面的细菌总数	—	≤1 cfu/cm^2	≤1 cfu/cm^2	＜20 cfu/cm^2	＜20 cfu/cm^2
成型包装物（瓶）与食品接触表面的细菌总数	—	≤25 cfu/100 mL 容积	≤25 cfu/100 mL 容积	≤25 cfu/100 mL 容积	无菌包装用大袋应经过辐照灭菌，其他包装容器≤25 cfu/100 mL 容积

表 A.4（续）

项　　目	包装设备类别				
	普通包装设备	保鲜包装设备	热灌装设备	超洁净灌装设备	无菌包装设备
无菌过滤器过滤精度	—	—	—	≤0.3 μm	≤0.3 μm
在灭菌与灌装设备之间如有其他设备时的卫生要求（泵、阀、储罐、均质机等）	—	—	—	卫生级	无菌级